한국거미도감

한국거미도감

SPIDERS of KOREA

(사) 한국거미연구소 소장
이학박사 김주필 지음

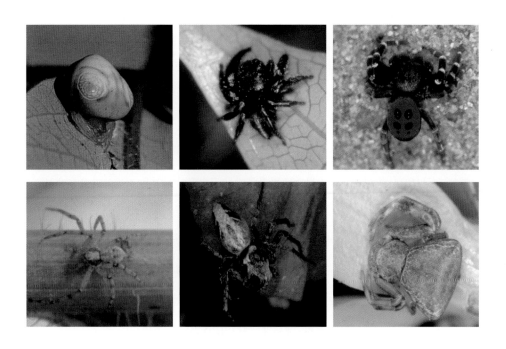

우물이 있는 집

머리말

내가 거미학을 처음 연구하던 1980년대 초, 그 당시 한국산(産) 거미목록이 170종이었다. 세월이 흘러 2020년대에 이르러 한국산 거미목록이 900여 종이 되었다.

한국산 거미학도 상당히 발전되어 후학도들도 많아졌으니 좋은 현상이다. 그러나 전체적인 도감이 없어 이제 내 인생의 마지막 업적으로 총정리하려 한다. 생명과학은 하루가 다르게 발전해 왔다. 이렇게 눈부신 성장을 보인 생명과학시대에 기초과학분야가 뒷받침이 되어야 한다는 것은 두말할 것도 없는 주지의 사실이다.

거미류는 생태적 측면에서 아주 중요한 익충으로서 지위를 차지하고 있음에도 불구하고 그간 우리나라에서는 생물학자들의 관심 밖에 있는 분야로 여겨져 몇몇 학자들에 의해 겨우 명맥을 유지하고 있는 실정이었다.

한국의 거미학 연구는 1907년 독일의 E. Strand가 한국넓적니거미(*Gnaphosa koreana→Gnaphosa sinensis*)를 처음으로 발표한 이래 일본의 Kishida, Saito, Kambe, Mori, Yaginuma 등 주로 외국학자들이 조사 연구해 오다가 백갑용, 남궁준 선생님 등이 미기록종이나 신종 발표 등을 중심으로 한 분류학 위주로 연구되어 왔다.

그 후 1985년 저자가 한국거미연구소를 설립하여 「한국거미 (Korean Arachnology)」라는 연구보고서를 연 2회 정기적으로 발간하면서 급속도의 발전을 거듭하며 오늘에 이르게 되었다.

그동안 거미류의 분류체계도 완전히 바뀌었고 과, 속, 종들도 많은 변동이 있었다. 이는 거미학 연구분야가 세계적으로 많은 발전이 있었기 때문이다. 세계적으로 거미학 연구에도 많은 학자들이 참여하고 있을 뿐만 아니라 유능한 학자들도 배출되고 있어 거미류의 분류학, 진화학, 행동학, 생태학, 생리학, 유전학뿐만 아니라 응용분야인 농업, 산림 해충의 천적, 거미줄의 활용, 거미류의 독 등과 같은 많은 분야들도 활발히 연구되고 있다.

하지만 아쉽게도 이러한 거미학 연구의 발전에도 불구하고 연구 결과를 발표하는 장이라 할 수 있는 관련 문헌의 출판은 아직도 미미하다고 할 수 있다.

1978년, 처음으로 문교부에서 주관하여 『한국동식물도감, 21권 동물편 - 거미류』가 백갑용 박사에 의하여 저술되었다. 29과 126종을 다룬 이 책은 도감이라기보다는 거미류 참고서로 후학들에게 큰 도움이 되었다.

물론 2002년 김주필, 유정선, 김병우 등의 『원색한국거미도감』, 2001년 남궁준의 『한국의 거미』라는 도감이 발행 되었으나 모두 많이 부족하였다.

40여 년의 세월이 흐르는 동안 한국의 거미학 연구도 상당한 수준에 도달하였고, 한국산 거미류가 50과 228속 950종이 조사 연구되고 있어 한국산 거미도감의 재정리 및 출판의 필요성이 커졌다. 이에 그간 자료를 준비해 온 저자는 더 이상 미룰 수 없어 이렇게 정리하여 도감을 만들었다. 특히 미국 아메리칸 뮤지움의 N. Platnick, 하버드 대학의 Levi, 스미소니언 자연사 박물관의 J. Coddington, 일본의 Yaginuma, Chikuni, Ono, 중국의 Song, Yin 등의 저서, 논문, 도감 등을 참고하여 가능한 한 독자들이 편하고 쉽게 활용할 수 있도록 최선을 다하여 정리하였다.

많은 후학들이 참고하여 거미학의 발전에 일익을 담당할 수 있었으면 한다. 선후배뿐만 아니라 많은 후학들에게 작으나마 도움이 된다면 더 이상 바랄 것은 없다.

끝으로 이 책을 발간해 주신 우물이있는집 대표와 편집부 직원 그리고 한국거미연구소의 김태우 군, 김대희 군, 이준기 군, 이형민 군에게도, 원고 교정에 힘쓴 윤혜원 선생님, 생태사진 1만여 점을 제공한 이영보 박사님께 심심한 감사를 표한다.

2023년 3월

아라크노피아 생태수목원에서

저자 김 주 필

목차

13

14

19

20

22

늑대거미과 Family Lycosidae Sundevall, 1833　　　　　603

거미류와 그 친족들
Spiders and related arthropods

    거미류는 연결부속지와 키틴화된 외피를 가진 동물 중에서 그룹이 가장 큰 절지동물문, 거미강, 거미목에 속한다. 최근 분류에 의하면 절지동물은 4개 아문(subphylum), 즉 ① 삼엽충아문[三葉蟲亞門, Trilobita; 절지동물의 조상으로 추측된다], ② 오지아문[螯肢亞門, Chelicerata; 촉각(antennae)이 없고 1쌍의 위턱을 갖고 있다; 투구게(horseshoe crab), 거미류, 진드기류 등], ③ 단지아문[段肢亞門, Uniramia; 1쌍의 촉각(antennae)과 1쌍의 대악(mandibles)이 있다; 곤충류, 순각류(centipedes; 지네 등), 배각류(millipedes; 노래기 등), 소각류(pauropods), 결합류(symphylans)], 그리고 ④ 갑각아문[甲殼亞門, Crustacea; 2쌍의 촉각(antennae)과 1쌍의 대악(mandibles)이 있다; 게, 새우, 물벼룩, 요각류(copepods), 만각류(barnacles; 굴, 조개삿갓 등), 쥐며느리(woodlice) 등]으로 나눈다.

    갑각아문에는 큰 거미강과 작은 해양 생물(Marine group)인 퇴구강(Merostomata; 투구게(horseshoe crabs))이 속하며 바다 거미류(sea spiders)는 일반적으로 분리된 문(Phylum)인 바다거미강(Pycnogonida)에 놓으며 거미강과는 밀접한 연관이 없다. 거미강(Class Arachnida)은 4쌍의 다리(일부 진드기는 더 작은 수의 다리를 가지고 있다)와 2부분의 몸(두흉부와 복부, 약간의 목(order)에서 합쳐져 있다)으로 이루어진 동물들이다. 거미강은 11목으로 나눈다. 즉, 거미목(Araneae, spiders), 응애목(Acarina, akari or tick), 장님거미목(통거미목 Opiliones, harvestmen or daddy longlegs), 전갈목(Scorpionida, scorpions), 의갈목(앉은뱅이목 Pseudoscorpionida, pseudoscorpiones or false scorpions), 미갈목(Uropygi, uropygida or whip scorpion), 피일목(Solifugae, solifuges, wind scorpions, sun spiders), 단미목(Schizomida), 무편목(Amblypygi, tailess whip spiders), 수각목(Palpigradi, palpigrdes or micro whip scorpions), 절복목

(Ricinulei, ricinuleida)이 그것이다. 이 11개목에서 앞의 5개목(거미목, 응애목, 장님거미목, 전갈목, 의갈목)만이 한국에 존재한다. 거미류는 배자루에 의해 연결된 2부분으로 이루어져 있다. 이 점에서 장님거미류, 진드기류, 전갈류, 미갈류 그리고 단미류와는 다르다. 예를 들어 장님거미류(통거미)에서 몸의 두 부분이 넓게 연결되어 있기 때문에 한 부분처럼 보인다. 거미류는 복부의 뒤쪽에 견사를 생산하는 실젖이라는 독특한 기관을 가지고 있다. 하지만 장님거미류는 실샘이나 실젖이 없으며 일부의 응애류는 많은 양의 견사를 생산하지만 촉각(palp)에 있는 샘에서 생산하고 실젖은 없다. 응애목을 제외하고 거미강에서 거미류가 가장 큰 목을 이룬다. 응애류는 매우 작기 때문에 연구하기가 매우 어렵고 종류도 굉장히 많다.

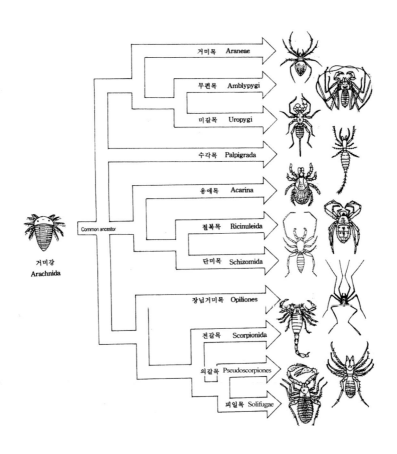

45

거미류의 생태 및 계통적 진화
Biological and Ecological evolution of spiders

거미류는 아마도 약 4억년 전인 고생대(Paleozoic) 데본기(Devonian)에 출현 (Attercopus fimbriunguis)한 것으로 추정되며, 현재 전하고 있는 3억년 전 석탄기 (Carboniferous)의 거미류화석(*Arthrolycosa protolycasa*)은 현존하는 가운데실젖거미아 목(Mesothelae, Liphistiomorphae)의 일종과 매우 흡사하다. 고대 생물학에 있어서 화석 에 대한 기록이 아주 적기 때문에 현존하는 무편류(無鞭類, Amblypygi)의 특징과 거미 류 발생학의 근거로 거미류 조상의 특징을 추리해낼 수밖에 없다. 거미류 조상의 두흉부 (Cephalothorax)는 6개의 체절로 되어 있고 복부(Abdomen)는 12개의 체절로 되어 있 으므로 모두 18개의 체절로 이루어져 있었다. 복부 제2절, 즉 제8절에는 생식기가 있고 제8절과 제9절에는 각각 1쌍의 호흡기가 있었다. 또한 제10절과 제11절에는 각각 4개의 실젖(Spinnerets)이 있었다. 진화 과정 중에 두흉부의 체절이 융합되고 등 부분에는 1개 의 배갑(Carapace)으로 덮이게 되었다. 복부 제1절인 제7절은 원래는 폭이 넓었으나 점 차 좁아지고 짧아져서 가늘고 짧은 배자루(Pedicel)가 되었다. 그 후 복부의 나머지 체절 도 소실되고 현재 가운데실젖거미아목에만 원체절의 등 부분에 골편과 체절이 남아 있 는 형편이다. 실젖은 복부 중간 부분에 존재하고 있거나 계속 진화가 되어 복부 끝부분 으로 이동해 갔고 거미류의 몸체는 점점 작아지고 수명도 단축되었다.

거미류의 행동진화 양상은 더욱 더 복잡하다. 생식적으로는 수염기관(Palpal organ)을 통하여 정자(Sperm)를 직접 암컷의 체내에 전하게 되면서 정포(精包, Spermatophore)를 사용하지 않게 되었다. 거미류는 처음에는 물속에서 살다가 육상 으로 상륙하였는데, 아마도 어둡고 습한 지역(낙엽층, 토양 틈 사이 등)에서 오랜 시간 을 지내며 정착하였을 것으로 추측된다. 그런 후에 일부 거미류는 땅속의 굴로 잠입하 기도 하고, 다른 일부는 자기가 직접 땅속에 굴을 만들어 살았을 것이다. 이러한 사실은 현존하는 하등 거미류의 대부분이 어두운 곳이나 땅속에서 생활하는 것을 통해 암시해 주고 있다. 즉 낙엽층이나 토양 틈 사이에서의 생활은 나중에 거미류가 여러 곳으로 진출하여 진화하는 본거지가 된 것이다. 현재 땅속 생활, 동굴 생활, 배회 생활, 공중 생활을 하는 모든 거미류들은 낙엽층 생활이나 토양 틈 사이에서의 생활을 거친 것이다. 현재도 낙엽층이나 토양 틈 사이에는 각양각색의 거미류가 서식하고 있다. 잔나비거미과(Leptonetidae) 굴뚝거미과(Cybaeidae), 굴아기거미과(Nesticidae)등이 이에 속한다. 물론 배회성 거미류(Hunting spiders)들도 이에 해당되는 것이 많다. 공중 생활로 발전적인 변화를 거친 접시거미과(Linyphiidae), 꼬마거미과(Theridiidae) 등이 이에 속한다. 또한 빛을 좋아하는 낮표스라소니거미(*Oxyopes sertatus*)의 새끼거미들이 가끔 낙엽층 속에서 발견되는데, 이는 낙엽층이 거미류들의 중요한 본거지임을 암시해 주는 장면이라 할 수 있다. 가운데실젖거미아목의 절판거미과(Liphistiidae)의 *Heptathela*속은 가장 원시적인 거미류이며 아직도 복부 등면에 체절이 흔적기관으로 그대로 남아 있다. 원실젖거미하목의 굴거미과(Antrodiaetidae), 문닫이거미과(Ctenizidae)의 라토치거미(*Latouchia typicus*)는 모두 땅속에서 굴을 파고 생활하는데 굴 입구에는 문닫이가 있다. 다만 사립문닫이거미(*Ummidia fragarla*)만이 땅속을 떠나서 나무의 수피(樹皮)에 굴을 파고 생활하고 있다. 땅거미과(Atypidae)의 고운땅거미속(*Calommata*)도 땅속 생활을 하는데, 이 거미는 굴 입구에 문닫이가 없는 대신에 방사형의 신호줄을 쳐놓고 먹이를 포획한다.

   이와 같이 거미류는 한편으로는 공주거미과(Segestriidae)의 공주거미속(*Ariadna*)과 돌거미속(*Segestria*)으로 발전하고 다른 한편으로는 긴꼬리거미과(Dipluridae)로 발전하였다. 땅거미과의 한국땅서미(*Atypus coreanus*)는 선사와 후사의 중간으로 생각된다. 즉, 한국땅거미의 집은 약 45cm 내외의 긴 대롱 모양인데 이 중에서 30cm 정도는 땅속으로 들어가 있고 15cm 정도는 지상부로 올라와 있다. 그러나 긴꼬리거미과의 경우 땅속은 주거용으로 사용하고 지상부는 사냥터로 이용함으로써 땅속과 지상 생활을 겸하고 있다. 거미류의 이와 같은 생활 방식이 가게거미과(Agelenidae)의 거미그물로 발전, 진화된 것으로 볼 수 있다. 즉 평평한 거미그물 뒤쪽에 터널 모양의 굴을 거처로 만들어 놓았다. 진화적인 측면에서는 대부분의 동굴거미류 역시 하등거미류에 속한다. 또한 낙엽층에서 생활하는 거미류와도 많은 공통점을 가지고 있다.

동굴거미류는 일반적으로 색소가 엷어졌고 눈은 퇴화되어 가고 체표는 연해지는 경향이 있다. 물론 이러한 형태의 변화가 동굴 생활 이전에 생긴 것인지 아니면 그 후에 생긴 것인지는 아직 의문의 여지를 가지고 있다. 석회암 동굴은 몇만 년 이전에 형성된 것이다. 오랫동안 동굴의 어둠 속에 갇혀 있었다면 이러한 변화가 생기는 것은 당연한 것이다. 그러나 근대의 용암 동굴, 현대와 더 가까운 인공 동굴 내에서 눈이 퇴화 중인 우에노굴아기거미(*Nestcus uenoi*)와 눈이 없는 장님잔나비거미(*Leptoeta caeca*) 등 동굴 생활을 하는 많은 거미들을 낙엽층에서 채집할 수 있으며, 눈이 6개인 요시아키굴뚝거미(*Cybaeus yoshiakii*)도 발견할 수가 있다. 그러므로 눈의 퇴화는 동굴생활 전 또는 동굴 생활 후에 진행된 것으로 생각된다.

동굴 거미류 중 동굴 안과 밖에서 모두 볼 수 있는 종류는 호동굴성이고 동굴 안에서만 볼 수 있는 것은 진동굴성 종류인데 이것을 엄격하게 구별할 수는 없다. 여러 종류의 동굴 속에서 살고 있는 거미류는 동굴 밖에서도 반드시 발견된다. 그렇지만 진동굴성 거미류는 동굴 밖에서는 발견할 수 없다. 진화적으로 이러한 거미류들이 생활의 본거지인 낙엽층을 떠난 후의 생활을 살펴보면 배회성 거미류도 정주성 거미류(*Settling spiders*)도 아닌 그 중간형의 형태를 취하는 것을 볼 수 있다. 즉 나무줄기나 가지에 집을 짓고 생활하며 거미그물은 치지 않는 것들이 있다. 예를 들어, 돌거미속(*Segestria*)과 공주거미속(*Ariadna*) 등은 나무 틈새에 긴 대롱 형태의 집을 짓고 입구에 신호줄을 쳐놓았다가 먹이가 신호줄을 건드리면 즉시 나와서 먹이를 포획한다. 사립문닫이거미(*Ummidia fragaria*)는 비록 나무에서 생활하지만 대롱 모양의 집 입구에 문닫이가 있다. 위턱 엄니 기부(肌膚)에는 굴을 파는 용도의 쇠스랑을 갖고 있다. 이러한 것들은 모두 땅속 생활이 남겨준 흔적 기관이다. 땅속에서 공중 생활로 이동한 방법에는 대략 두 가지 경로가 있다. 그 첫 번째가 가게거미과처럼 진화 발전하는 것이고 다른 하나는 왕거미과처럼 진화 발전하는 것이다. 먼저 가게거미류가 진화 발전하는 과정은 다음과 같다. 긴꼬리거미과(Dipluridae)는 땅속에 굴을 파서 거처를 만들고 지상에는 수평 그물을 친다. 이러한 형태로 땅속에 쳤던 거미그물을 나무 위로 옮겨 놓으면 풀거미속(*Agelena*)과 집가게거미속(*Tegenaria*)의 거미그물로 진화 발전될 수가 있다. 그들은 대롱모양의 터널에서 거주하는데 먹이가 거미그물에 걸리면 터널의 거처에서 튀어나와 먹이를 포획하는 습성이 긴꼬리거미과와 같다. 또한 늑대거미과(Lycosidae)는 가게거미과(agelenidae)가 진화하는 과정 중에 파생적으로 생겨난 거미류이다. 이 늑대거미과 중의 말늑대거미속(*Hippasa*)은 여전히 거미그물을 치지만 대부분은 이미 배회성 거미류로 변화되었다. 말늑대거미속(*Hippasa*)은 발톱이 3개로 2개의 발톱을 가진 다른 배회성 거미류와는 기원이 다르다. 말늑대거미속의 근친종으로는 스라소니거미과(Oxyopidae)와 닷거미과(Pisauridae) 등이 있다. 이 진화 과정 중에는 어둠에서 밝음으로의 변화도 포함된다. 가게거미속(*Coleotes*)은 어둠을 좋아하고 집가게거미속(*Tegenaria*), 풀거미속(*Agelena*), 은마디늑대거미속(*Lycosa*), 닷거미속(*Doloedes*) 등은 순서대로 밝은 곳으로 이동하게 되었다. 닷거미과(Pisauridae)의 닷거미속(*Dolomedes*)은 다시 물가 생활에 적응하면서 수면 위에서 활동하거나 심지어는 물속으로 들어가기도 한다.

그 다음 왕거미과로 진화 발전된 과정은 다음과 같다. 낙엽층과 토양 틈 사이에서 생활하는 동안에는 거미그물은 서식처가 될 수는 있지만 먹이 포획에는 이용되지 않았다. 공중으로 서식처를 옮김에 따라 거미줄의 구성 물질도 진화되어 복잡해졌다. 현재 우리가 볼 수 있는 각종 거미그물로 점차 진화되어 온 것이다. 몸의 구조도 이에 따라 변화되었다. 즉 다리가 길어지고 3개의 발톱 중에 윗발톱 2개와 아랫발톱 1개가 조화를 이루어 거미줄을 잡고 활동하기에 편해졌다. 최초의 거미그물은 말꼬마거미(*Achaearanea tepidariorum*)처럼 불규칙하게 쳤지만, 후에는 접시거미속(*Linyphia*)처럼 입체적이고 복잡한 거미그물로 진화 발전하게 되었다. 이러한 거미그물들은 왕거미과(Araneidae)의 궁형거미속(*Cyrtophora*)과 같은 무포획용으로 끈끈한 점액성이 없는 둥근 그물로 발전한다. 그 후 다시 끈끈한 점액성이 있는 왕거미속(*Araneus*), 호랑거미속(*Argiope*), 무당거미속(*Nephila*)의 둥근 그물이나 말발굽형 그물로 진화 발전하게 된다. 이 과정 중에 어두움을 좋아하는 꼬마거미속(*Theridion*), 접시거미과(Linyphiidae), 야행성의 왕거미속(*Araneus*), 주행성인 먼지거미속(*Lyclosa*)과 호랑거미속(*Argiope*)으로 진화되었음을 관찰할 수 있다. 또 가게거미과(Agelenidae)로 진화 발전하는 과정 중에 파생되어 생긴 것이 배회성 거미류들이다. 정주성 거미류의 발톱은 일반적으로 3개이지만 배회성 거미류는 대개가 2개이다. 그러나 이 배회성 거미류가 단순히 파생되어 나온 것이 아니고 서로 다른 기원을 갖고 있다고 말할 수 있다. 예를 들면 원시 거미류는 발톱이 2개 있는데, 간혹 발생 과정 중의 새끼 거미일 때에는 3개를 가지고 있다가 성장함에 따라 2개가 된다. 일부 거미류는 앞다리와 뒷다리의 발톱 수가 다른 것도 있다. 그러므로 계통 발생학적인 다양성도 고려해야 한다. 그 대표적인 종류로는 참게거미속(*Xysticus*) 염낭거미속(*Clubiona*), 깡충거미과(Salticidae), 너구리거미속(*Anahita*), 거북이등거미과(Sparassidae)와 꼬마거미과(Theriididae) 등이 있다.

수리거미과(Gnaphosidae)와 핀셋농발거미(*Heteropoda forcipata*)는 어둠을 좋아하고 농발거미(*Heteropoda venatoria*)는 야행성이며, 다른 거미류는 주행성이다. 핀셋농발거미를 제외한 다른 거미류는 동굴에서 생활하지 않는다. 정주성 거미류나 배회성 거미류 등은 일반적으로 광범위한 서식처에 자리를 잡고 살지만 추운 겨울에는 알, 유충, 성충으로 월동을 한다. 거북이등거미과(Sparassidae), 깡충거미과(Salticidae), 꼬마거미과(Theridiidae) 등의 일부는 겨울에는 추워서 야외에서 적응할 수가 없다. 결국 따뜻한 실내로 들어와 서식함으로써 실내에서 거처하는 거미류의 공통종이 있다. 예를 들면, 그 대표적인 것이 페이쿨어리두줄깡충거미(*Plexippus paykulli*)이다.

지금까지는 거미류의 생태학적 진화의 본질을 서술한 것이다. 그러나 계통분류 진화에 어긋나는 것들도 있다. 일부 정주성 거미류는 거미그물을 치는 습성을 잃어버린 것도 있다. 예를 들면 꼬마거미과의 모기꼬마거미속(*Conopistha*)은 실젖에서 거미줄을 뽑아낼 수는 있으나 거미그물을 칠 능력은 없다. 이 거미류는 다른 거미그물에 기생하여 더부살이로 살아간다. 다른 거미그물에 붙어 있는 먹이를 먹을 뿐만 아니라 알도 그 곳에 낳는다. 왕거미과와 비슷한 해방거미과(Mimetidae)는 원래 거미그물을 치지 않고 다른 정주성 거미를 습격하는데, 접시거미과와 꼬마거미과들이 주로 희생물의 대상이 되고 있다. 왕거미과의 깡충거미속(*Chorizone*)도 거미그물을 치지 않는다. 먼지거미속(*Cyclosa*), 시라함접시거미(*Litisedes shirahamensis*), 침묵거미속(*Desis*), 가게거미과의 집가게거미속(*Tegenaria*) 등은 유연관계가 깊은 것으로 주로 바닷가에 거미그물을 친다. 물거미(*Argyroneta aguatica*)는 물속에 거미그물을 친다. 이 물거미는 옛날에는 물속에서 살다가 육상 생활을 하게 되었는데 육상보다 수중이 생활하기에 더 적합하여 다시 물속으로 간 경우이다. 육상에서 물속으로 다시 들어갔을 때에는 체표면에 털이 밀생하여 공기를 물속으로 가지고 들어갈 수 있었다. 거미줄로 촘촘하게 짠 거미그물에 공기방울을 만들어 공기를 저장한다. 이러한 습성들은 가게거미과에서 파생된 수중에 들어갈 수 있는 거미와 닷거미에서 그 기원을 찾아볼 수가 있다. 그리고 거미류의 생태에서 상사 적응 진화로 추리해 볼 수 있는 것들도 있다. 진화 계통상으로는 완전히 다른 계통이지만 사는 환경이 같아 생태적으로나 형태적인 유사성이 자주 발견된다. 바로 이 유사성 때문에 현재까지 거미류의 계통을 확정지을 수가 없는 것이다.

　체판류(Cribellate Amauroboriidae, Dictynidae, Uloboridae, Oecobiidae)와 무체판류(Ecrib ellate Clubionaoidae, Gnaphosoidae, Thomisoidae, Salticoidae, Argiopoidae, Hersilioidae, Lycosoidae) 사이에는 놀랄 만한 유사성이 발견된다. 예를 들어 티슬거미속(*Oecobius*)과 납거미속(*Uroctea*)은 실젖, 항문두덩, 그리고 서식처의 형태까지도 유사하다. 알거미과(Onopidae)의 무도거미속(*Orchestina*)과 가게거미과의 풀거미속(*Agelena*)은 서식처, 형태 그리고 거미그물 모양 역시 아주 흡사하다. 응달거미과

(Uloboridae)의 둥근 그물과 왕거미과(Araneidae)의 둥근 그물 모양도 매우 유사하다. 그러나 계통 발생학적으로 살펴보면 체판의 유무는 근본적으로 다르다. 일반적으로 이러한 것을 상사 적응 진화라고 생각한다. 이것뿐만 아니라 또 다른 견해도 있다. 체판류의 티끌거미속(Oecobius)에서 무체판류의 납거미속(Uroctea)으로 진화하였다고 생각하는 것으로 이는 계통 진화상에 완전히 다른 2개로 분리된 것은 아니라고 보는 학자들도 있다.

지금까지의 내용을 요약하면 다음과 같이 6가지로 정리할 수 있다.

1. 거미류는 약 4억 년 전에 출현하였으며, 초기 형태는 두흉부의 6개 체절과 복부의 12개 체절로 총 18개의 체절로 되어 있고 제8절에 생식기, 제8절과 제9절에 각각 1쌍식의 호흡기가 있다. 제10절과 제11절에는 실젖이 각각 4개씩 있었다. 진화 과정 중 두흉부 체철은 융합되어 1개의 배갑으로 덮였고 제8절은 변하여 배자루가 되었으며 복부의 체절은 소실되어 현재 가운데 실젖거미아목의 일부 거미류에 그 흔적이 남아있다.

2. 생태학적인 진화는 서식처로 보아 수중 생활, 낙엽층 생활(토양 틈 사이의 생활 포함), 땅속 생활, 동굴 생활, 배회성 생활, 공중 생활의 과정을 거쳐 현재의 거미류들이 서식하고 있다.

3. 수중 생활을 제외하고 모든 거미류들의 본거지는 낙엽층 생활(토양 틈 사이의 생활 포함)이며 현재에도 낙엽층 생활을 하는 거미류를 발견하여 거미류의 진화 과정을 추적해 볼 수가 있다.

4. 땅속에서 거처하던 거미류들은 두 방향으로 진화를 하였는데 그 하나가 공주거미과 형태이고 다른 하나는 긴꼬리거미과 형태로 진화 발전하였다. 긴꼬리거미과에서 다시 가게거미과 형태로 진화하였다고 생각된다. 또 땅속에서 공중 생활로 이동하는데 역시 2가지 경로가 있었다. 그 첫 번째가 가게거미과처럼 진화한 것이고 다른 하나는 왕거미과처럼 진화한 것이다.

5. 거미줄은 처음에는 거처용이었기 때문에 끈끈한 점액성이 없었는데, 후에 진화하여 먹이 포획용인 끈끈한 점액성으로 진화하였다.

6. 상사 적응 진화 때문에 거미류의 계통적인 체계를 확정짓는 데 어려움이 많다.

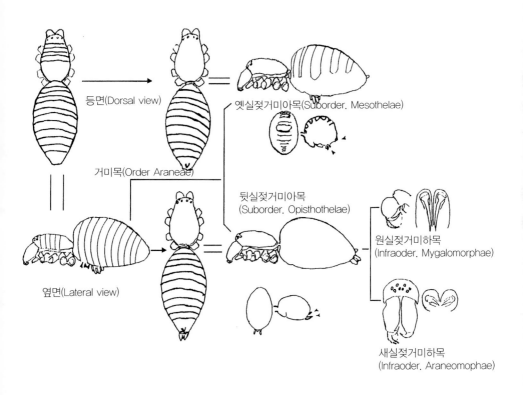

<거미목의 형태적 변화의 가설>

거미의 생태적 진화 과정 가설

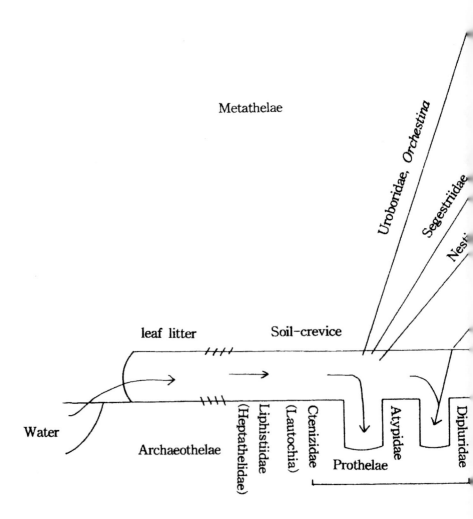

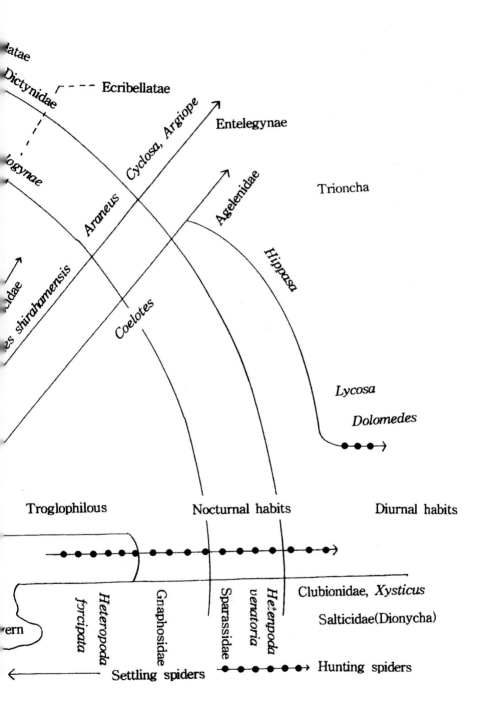

...latae

Dictynidae ⌐--- Ecribellatae

...logynae

...dae

...es shirahamensis

Araneus

Coelotes

Cyclosa, Argiope

Entelegynae

Agelenidae

Trioncha

Hippasa

Lycosa

Dolomedes

•••→

Troglophilous   Nocturnal habits   Diurnal habits

•••••••••••••••••••••→

Clubionidae, Xysticus

Heteropoda
forcipata

Gnaphosidae

Sparassidae

Heteropoda
venatoria

Salticidae(Dionycha)

...ern

←   Settling spiders   •••••••→ Hunting spiders

거미목의 아목, 하목, 과의 검색도
Pictorial key to suborder and family

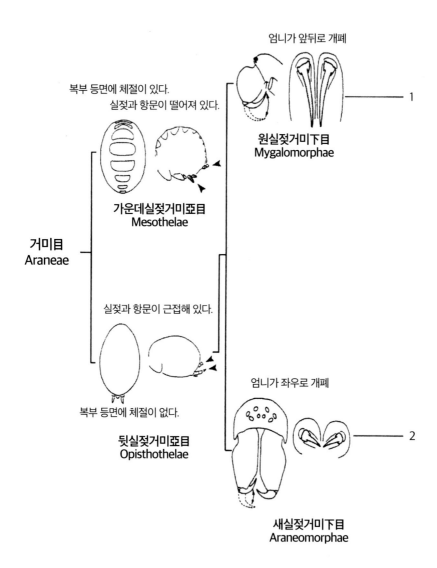

엄니가 앞뒤로 개폐

복부 등면에 체절이 있다.
실젖과 항문이 떨어져 있다.

원실젖거미下目
Mygalomorphae

1

가운데실젖거미亞目
Mesothelae

거미目
Araneae

실젖과 항문이 근접해 있다.

복부 등면에 체절이 없다.

뒷실젖거미亞目
Opisthothelae

엄니가 좌우로 개폐

새실젖거미下目
Araneomorphae

2

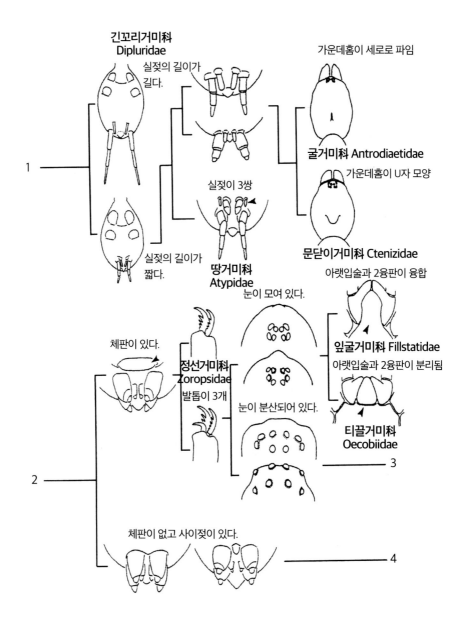

긴꼬리거미科
Dipluridae

실젖의 길이가
길다.

가운데홈이 세로로 파임

굴거미科 Antrodiaetidae

가운데홈이 U자 모양

문닫이거미科 Ctenizidae

1

실젖이 3쌍

실젖의 길이가
짧다.

땅거미科
Atypidae

눈이 모여 있다.

아랫입술과 2융판이 융합

잎굴거미科 Fillstatidae

아랫입술과 2융판이 분리됨

체판이 있다.

정선거미科
Zoropsidae

발톱이 3개

눈이 분산되어 있다.

티끌거미科
Oecobiidae

3

2

체판이 없고 사이젖이 있다.

4

57

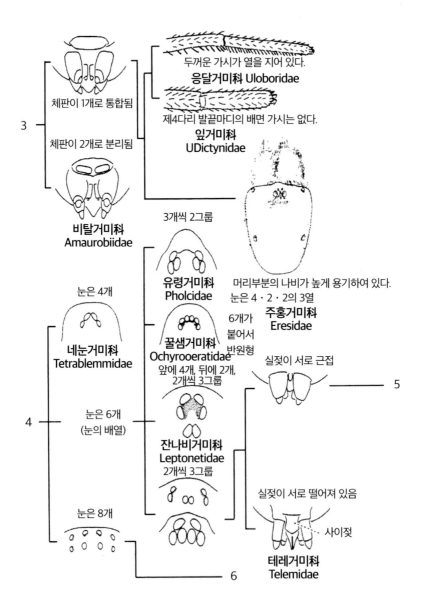

두꺼운 가시가 열을 지어 있다.

응달거미科 Uloboridae

제4다리 발끝마디의 배면 가시는 없다.

잎거미科 UDictynidae

체판이 1개로 통합됨

체판이 2개로 분리됨

3

비탈거미科 Amaurobiidae

3개씩 2그룹

유령거미科 Pholcidae

머리부분의 나비가 높게 융기하여 있다.
눈은 4·2·2의 3열

주홍거미科 Eresidae

6개가 붙어서 반원형

꿀샘거미科 Ochyrooeratidae
앞에 4개, 뒤에 2개, 2개씩 3그룹,

실젖이 서로 근접

5

눈은 4개

네눈거미科 Tetrablemmidae

잔나비거미科 Leptonetidae
2개씩 3그룹

눈은 6개
(눈의 배열)

4

실젖이 서로 떨어져 있음

사이젖

테레거미科 Telemidae

눈은 8개

6

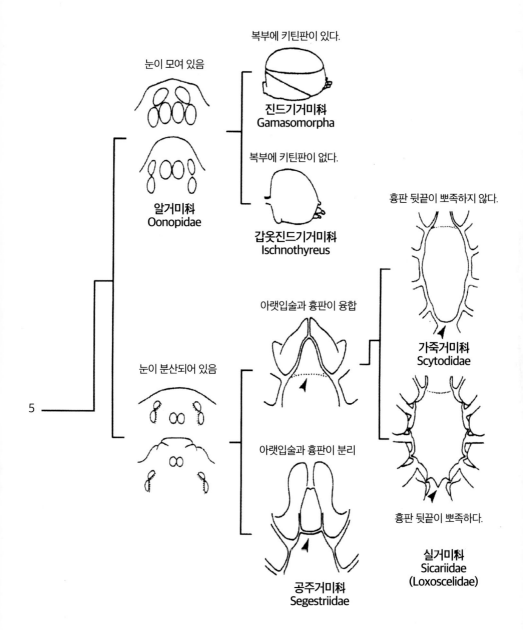

복부에 키틴판이 있다.

눈이 모여 있음

진드기거미科
Gamasomorpha

복부에 키틴판이 없다.

알거미科
Oonopidae

갑옷진드기거미科
Ischnothyreus

흉판 뒷끝이 뾰족하지 않다.

아랫입술과 흉판이 융합

가죽거미科
Scytodidae

눈이 분산되어 있음

5

아랫입술과 흉판이 분리

흉판 뒷끝이 뾰족하다.

실거미科
Sicariidae
(Loxoscelidae)

공주거미科
Segestriidae

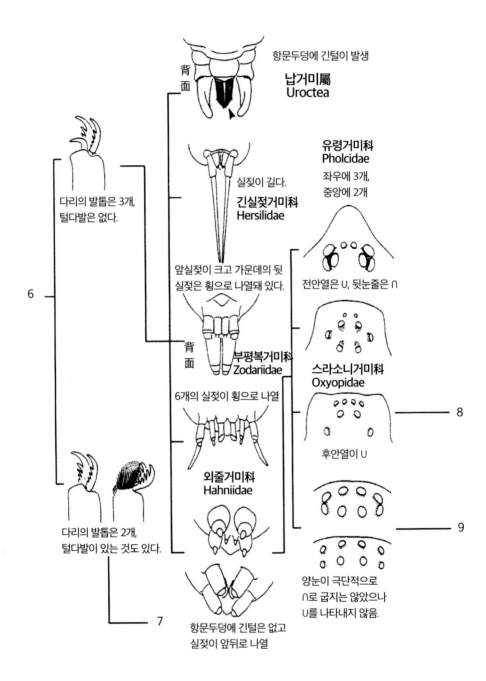

항문두덩에 긴털이 발생

납거미屬
Uroctea

背面

유령거미科
Pholcidae

좌우에 3개,
중앙에 2개

실젖이 길다.

긴실젖거미科
Hersilidae

전안열은 U, 뒷눈줄은 ∩

다리의 발톱은 3개,
털다발은 없다.

앞실젖이 크고 가운데의 뒷
실젖은 횡으로 나열돼 있다.

背面

부평복거미科
Zodariidae

스라소니거미科
Oxyopidae

6개의 실젖이 횡으로 나열

8

후안열이 U

외줄거미科
Hahniidae

6

9

다리의 발톱은 2개,
털다발이 있는 것도 있다.

양눈이 극단적으로
∩로 굽지는 않았으나
U를 나타내지 않음.

7

항문두덩에 긴털은 없고
실젖이 앞뒤로 나열

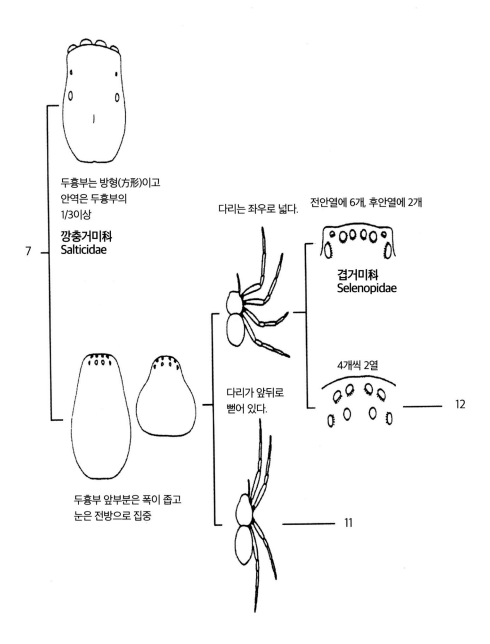

두흉부는 방형(方形)이고
안역은 두흉부의
1/3이상

깡충거미科
Salticidae

7

다리는 좌우로 넓다.

전안열에 6개, 후안열에 2개

겹거미科
Selenopidae

두흉부 앞부분은 폭이 좁고
눈은 전방으로 집중

다리가 앞뒤로
뻗어 있다.

4개씩 2열

12

11

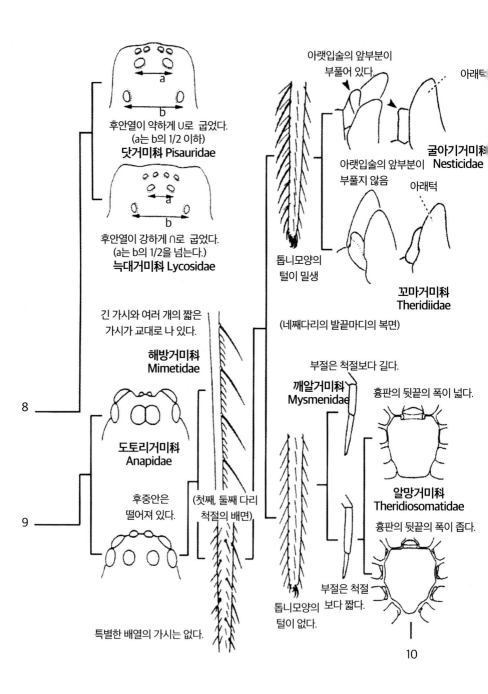

후안열이 약하게 U로 굽었다.
(a는 b의 1/2 이하)
닻거미科 Pisauridae

후안열이 강하게 ∩로 굽었다.
(a는 b의 1/2을 넘는다.)
늑대거미科 Lycosidae

아랫입술의 앞부분이 부풀어 있다.

아래턱

굴아기거미科 Nesticidae

아랫입술의 앞부분이 부풀지 않음

아래턱

긴 가시와 여러 개의 짧은 가시가 교대로 나 있다.

해방거미科 Mimetidae

톱니모양의 털이 밀생

(네째다리의 발끝마디의 복면)

꼬마거미科 Theridiidae

부절은 척절보다 길다.

깨알거미科 Mysmenidae

도토리거미科 Anapidae

후중안은 떨어져 있다.

흉판의 뒷끝의 폭이 넓다.

알망거미科 Theridiosomatidae

흉판의 뒷끝의 폭이 좁다.

(첫째, 둘째 다리 척절의 배면)

특별한 배열의 가시는 없다.

톱니모양의 털이 없다.

부절은 척절 보다 짧다.

8

9

10

62

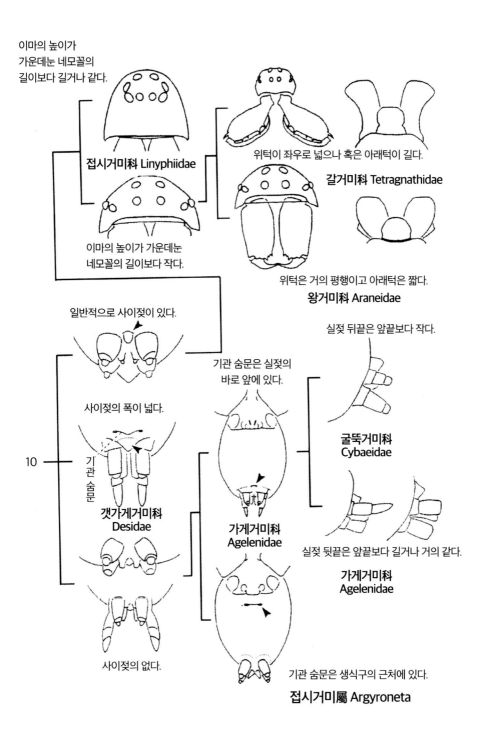

이마의 높이가
가운데눈 네모꼴의
길이보다 길거나 같다.

접시거미科 Linyphiidae

위턱이 좌우로 넓으나 혹은 아래턱이 길다.

갈거미科 Tetragnathidae

이마의 높이가 가운데눈
네모꼴의 길이보다 작다.

위턱은 거의 평행이고 아래턱은 짧다.

왕거미科 Araneidae

일반적으로 사이젖이 있다.

실젖 뒤끝은 앞끝보다 작다.

기관 숨문은 실젖의
바로 앞에 있다.

사이젖의 폭이 넓다.

굴뚝거미科
Cybaeidae

10

기관 숨문

갯가게거미科
Desidae

가게거미科
Agelenidae

실젖 뒷끝은 앞끝보다 길거나 거의 같다.

가게거미科
Agelenidae

사이젖의 없다.

기관 숨문은 생식구의 근처에 있다.

접시거미屬 Argyroneta

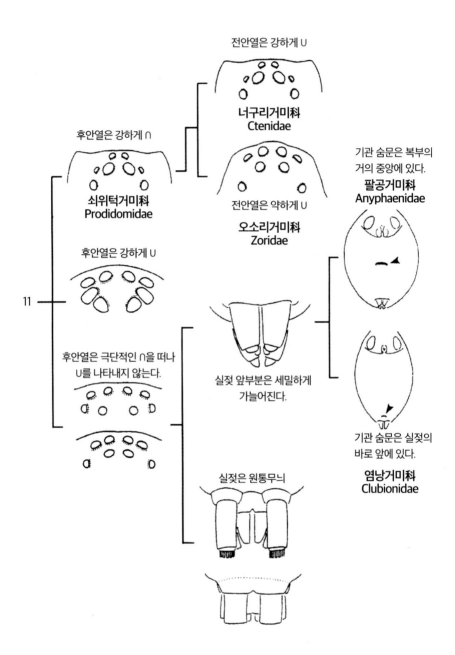

전안열은 강하게 U

너구리거미科
Ctenidae

후안열은 강하게 ∩

쇠위턱거미科
Prodidomidae

전안열은 약하게 U

오소리거미科
Zoridae

기관 숨문은 복부의
거의 중앙에 있다.
팔공거미科
Anyphaenidae

후안열은 강하게 U

11

후안열은 극단적인 ∩을 떠나
U를 나타내지 않는다.

실젖 앞부분은 세밀하게
가늘어진다.

기관 숨문은 실젖의
바로 앞에 있다.

염낭거미科
Clubionidae

실젖은 원통무늬

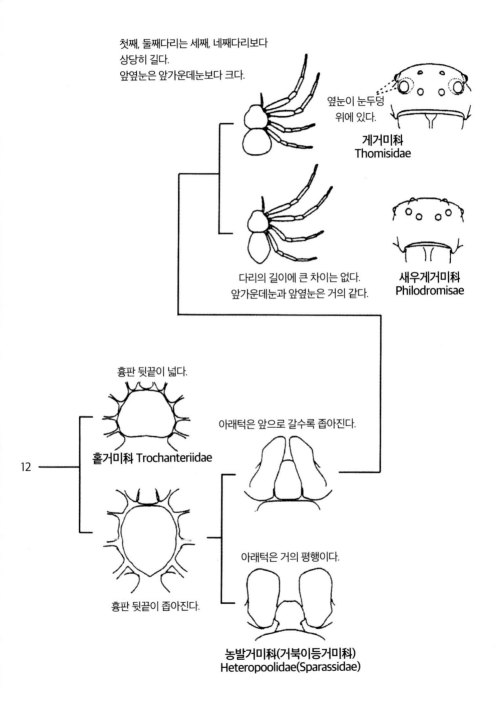

첫째, 둘째다리는 세째, 네째다리보다
상당히 길다.
앞옆눈은 앞가운데눈보다 크다.

옆눈이 눈두덩
위에 있다.

게거미科
Thomisidae

다리의 길이에 큰 차이는 없다.
앞가운데눈과 앞옆눈은 거의 같다.

새우게거미科
Philodromisae

흉판 뒷끝이 넓다.

홑거미科 Trochanteriidae

아래턱은 앞으로 갈수록 좁아진다.

12

아래턱은 거의 평행이다.

흉판 뒷끝이 좁아진다.

농발거미科(거북이등거미科)
Heteropoolidae(Sparassidae)

한국산 거미목(Araneae)의 분류체계

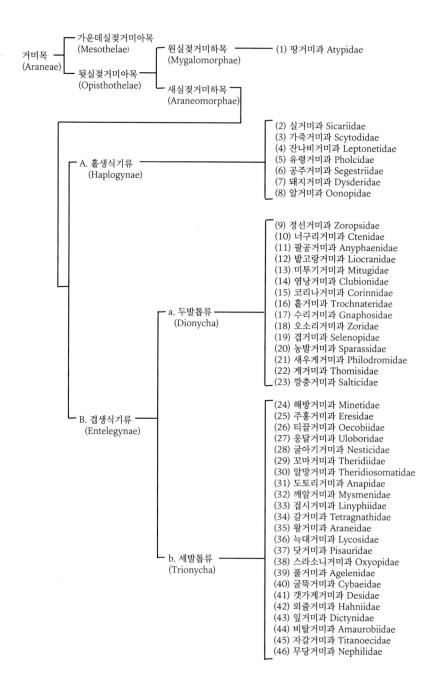

거미목
(Araneae)
─ 가운데실젖거미아목
(Mesothelae)
─ 뒷실젖거미아목
(Opisthothelae)
─ 원실젖거미하목
(Mygalomorphae) ── (1) 땅거미과 Atypidae
─ 새실젖거미하목
(Araneomorphae)

A. 홑생식기류
(Haplogynae)
- (2) 실거미과 Sicariidae
- (3) 가죽거미과 Scytodidae
- (4) 잔나비거미과 Leptonetidae
- (5) 유령거미과 Pholcidae
- (6) 공주거미과 Segestriidae
- (7) 돼지거미과 Dysderidae
- (8) 알거미과 Oonopidae

B. 겹생식기류
(Entelegynae)

a. 두발톱류
(Dionycha)
- (9) 정선거미과 Zoropsidae
- (10) 너구리거미과 Ctenidae
- (11) 팔공거미과 Anyphaenidae
- (12) 밭고랑거미과 Liocranidae
- (13) 미투기거미과 Mitugidae
- (14) 염낭거미과 Clubionidae
- (15) 코리나거미과 Corinnidae
- (16) 홑거미과 Trochnateridae
- (17) 수리거미과 Gnaphosidae
- (18) 오소리거미과 Zoridae
- (19) 겹거미과 Selenopidae
- (20) 농발거미과 Sparassidae
- (21) 새우게거미과 Philodromidae
- (22) 게거미과 Thomisidae
- (23) 깡충거미과 Salticidae

b. 세발톱류
(Trionycha)
- (24) 해방거미과 Minetidae
- (25) 주홍거미과 Eresidae
- (26) 티끌거미과 Oecobiidae
- (27) 웅달거미과 Uloboridae
- (28) 굴아기거미과 Nesticidae
- (29) 꼬마거미과 Theridiidae
- (30) 알망거미과 Theridiosomatidae
- (31) 도토리거미과 Anapidae
- (32) 깨알거미과 Mysmenidae
- (33) 접시거미과 Linyphiidae
- (34) 갈거미과 Tetragnathidae
- (35) 왕거미과 Araneidae
- (36) 늑대거미과 Lycosidae
- (37) 닷거미과 Pisauridae
- (38) 스라소니거미과 Oxyopidae
- (39) 풀거미과 Agelenidae
- (40) 굴뚝거미과 Cybaeidae
- (41) 갯가게거미과 Desidae
- (42) 외줄거미과 Hahniidae
- (43) 잎거미과 Dictynidae
- (44) 비탈거미과 Amaurobiidae
- (45) 자갈거미과 Titanoecidae
- (46) 무당거미과 Nephilidae

거미의 내·외 몸 구조

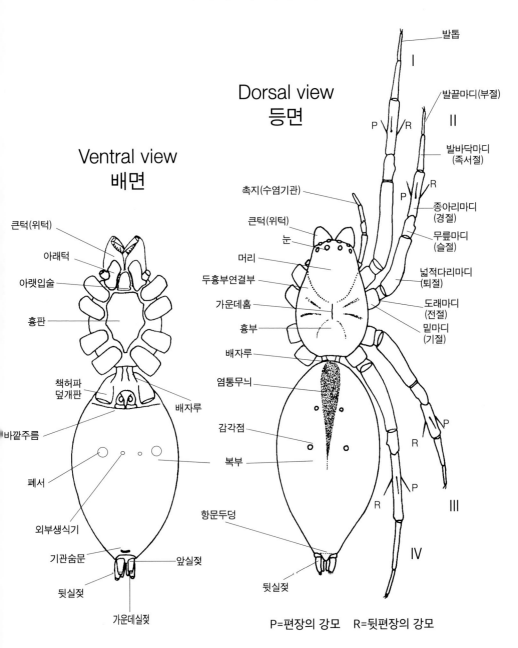

발톱

I

Dorsal view
등면

발끝마디(부절)

II

Ventral view
배면

P R

발바닥마디
(족서절)

R

촉지(수염기관)

P

종아리마디
(경절)

큰턱(위턱)

큰턱(위턱)

무릎마디
(슬절)

아래턱

눈

아랫입술

머리

넓적다리마디
(퇴절)

두흉부연결부

흉판

가운데홈

도래마디
(전절)

밑마디
(기절)

흉부

책허파
덮개판

배자루

배자루

염통무늬

바깥주름

P

감각점

R

폐서

복부

P

외부생식기

R

기관숨문

앞실젖

항문두덩

III

뒷실젖

IV

가운데실젖

뒷실젖

P=편장의 강모   R=뒷편장의 강모

1. 배면(Ventral view) 및 등면(Dorsal view)

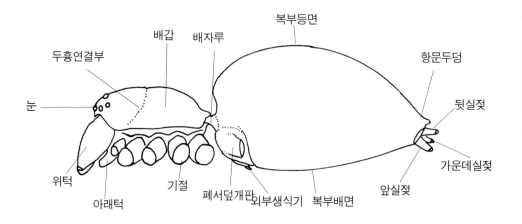

2. 옆면(Lateral view)

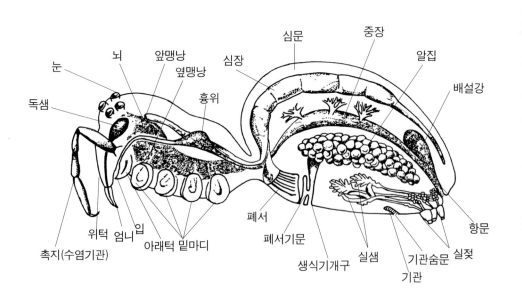

3. 거미의 내부 구조 (Spider's intenal structure)

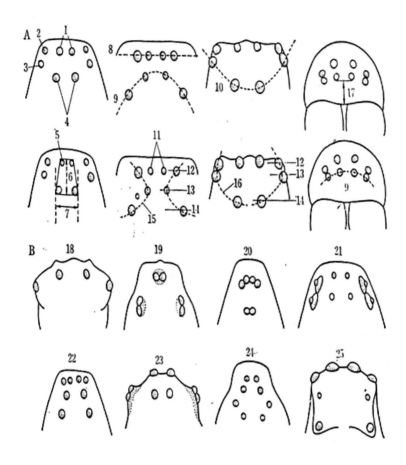

4. 눈의 명칭과 배열 및 눈구역(Terminology and arrangement of eye, eye area)

A. 눈의 명칭과 배열 (Terminology and arrangement of eyes)
1. 앞가운데눈, 2. 앞옆눈, 3. 뒷옆눈, 4. 뒷가운데눈, 5. 가운데눈네모꼴, 6. 가운데눈네모꼴의 높이, 7. 가운데눈네모꼴의 뒷면의 너비, 8. 직선, 9. 후곡, 10. 전곡, 11. 바로눈, 12. 제1간접눈, 13. 제2간접눈, 14. 제3간접눈, 15. 외곡, 16. 내곡, 17. 이마

B. 눈구역, 등면 (eye area, dorsal view)
18. 손짓거미 1종 (Miagrammopes sp.) , 19. 가죽거미 1종 (Scytodes sp.), 20. 잔나비거미 1종 (Leptoneta sp.), 21. 게거미 1종 (Xysticus sp.), 22. 늑대거미 1종 (Lycosa sp.), 23. 왕거미 1종 (Araneus sp.), 24. 스라소니거미 1종 (Oxyopes sp.), 25. 깡충거미科 (Salticidae)

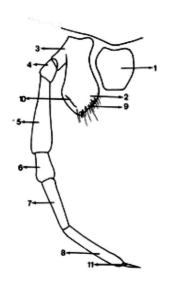

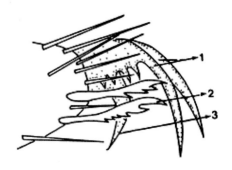

6. 발톱
1. 윗발톱, 2. 아래발톱, 3. 톱니모양의 센털

5. 촉지와 아랫입술부분
1. 아랫입술, 2. 아래턱. 3. 밑마디(기절),
4. 도래마디(전절), 5. 넓적다리마디(퇴절),
6. 무릎마디(슬절), 7. 종아리마디(경절),
8. 발끝마디(부절), 9.아래턱털다발, 10. 톱니,
11. 발톱

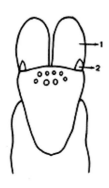

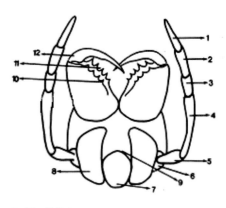

7. 얼굴과 위턱
1. 위턱, 2. 옆결절

8. 구기부분
1. 발끝마디, 2. 종아리마디, 3. 무릎마디,
4. 넓적다리마디, 5.도래마디, 6. 아랫입술의 기부관절,
7. 아랫입술, 8. 아래턱, 9. 입, 10. 뒷엄니두덩,
11. 앞엄니두덩, 12. 엄니

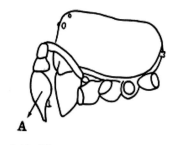

9. 수염기관

A. 수컷의 수염기관 B. 암컷의 촉지

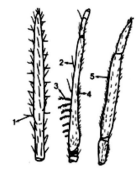

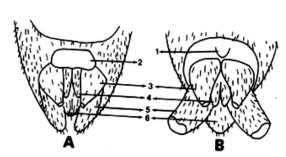

10. 다리의 여러가지 털

1. 센털(bristles), 2. 가시털(spine),
3. 귀털(trichobothrium), 4. 털(hair)
5. 털빗(calamistrum)

11. 실젖

A. 유체판실젖, B. 무체판실젖
1. 사이젖, 2.체판, 3. 앞실젖, 4. 가운데실젖, 5. 뒷실젖,
6. 항문

12. 수염기관(♂)

1. 삽입기, 2. 사정관, 3. 생식구, 4. 종아리마디

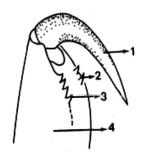

13. 위턱

1. 엄니, 2. 앞엄니두덩니, 3. 뒷엄니두덩니, 4. 밑마디

한국산 거미목의 검색표
Key to order of Korean Araneae

1. 2쌍의 폐서가 존재하고 일반적으로 두번째 쌍은 위 바깥홈에서 뒤쪽에 있으며 하얀 반점으로 보인다. 다리는 항상 견고하고 PT/C((경절+척절)/배갑)지수는 200이하이며 위턱의 엄니는 평행하다. 눈은 항상 8개이다. ––– Infraorder Mygalomorphae(원실젖거미하목)

2. 1쌍의 폐서가 존재하거나 없고 PT/C((경절+척절)/배갑)지수는 300~500이다. 위턱의 엄니는 서로 반대 방향(이축성)이거나 몇몇 종의 수컷에서는 기울어져 있으며 눈의 개수는 8개이거나 그보다 적다. –––––––Infraorder Araneomorphae(새실젖거미하목)

원실젖거미하목
Infraorder Mygalomorphae Pocock, 1982

눈은 8개이며 잘 발달된 위턱은 앞쪽으로 돌출되어 있고 엄니는 수직으로 움직인다. 땅거미과를 제외한 다른 거미류의 아래턱은 수염기관(촉지)과 융합되어 있지 않다. 흉판은 높고 평평하며 흉판 경흔(硬痕, sigilla)이 존재한다. 일반적으로 아랫입술과 윗입술에는 교두(咬頭, cuspules)가 존재하고 2쌍의 기저선(coxal gland)이 다리에 있다. 암컷의 외부생식기는 단순하고 실젖은 2~6개이다. 대부분 땅속이나 나무 줄기에 은신처를 만들고 생활한다. 전 세계적으로 약 15과 260속 2200종이 보고되어 있으며 한국에는 1과 2속 4종이 있다.

한국산 원실젖거미하목의 검색표
(Key to Families of Korean Magalomorphae)

1. 복부 경판(硬板, tergities)이 없고 아래턱에 교두가 있거나 또는 없으며 2쌍의 실젖을 가지고 있다. ································· ▶ 다른 상과(other superfamilies)

   1~3개의 복부 경판이 존재하고 아래턱에 교두가 없으며 2~3개의 실젖을 가지고 있다. ································· ▶ 2(Atypoidea, 땅거미상과)

2. 아래턱은 흉판 폭의 1/2 정도이거나 또는 그보다 작고 가운데홈(thoracic furrow)은 세로로 새겨져 있거나 둥글게 패인 모양이다. 아랫입술과 흉판은 봉합선이나 홈 또는 최소한 함몰에 의해 나누어져 있으며 2~3쌍의 실젖을 가지고 있다. ···························· ▶ 다른 과(other families)

   아래턱은 흉판 폭의 3/4 정도이고 말단 부위는 길고 뾰족하며 가운데 홈은 네모꼴 모양이거나 반구형이다. 아랫입술과 흉판은 융합되어 있으며 그들 사이에 분리 흔적은 없고 3쌍의 실젖을 가지고 있다. ··················· 땅거미과(Atypidae)

새실젖거미하목
Infraorder Araneomorphae Smith, 1902

위턱의 기절은 두부의 아래에 수평으로 아래로 향하고 엄니는 안쪽으로 기울어져 있다. 수염기관의 기절은 큰 아래턱에 붙어 있으며 흉판에 특별한 성흔은 없다. 후빙에 있는 호흡기관은 대부분 실젖의 앞에 있는 기관 숨문(tracheal tubes)의 형태로 대치되어 있다. 실젖은 일반적으로 6개 (때때로 4개 또는 2개)이며 체판이나 사이젖과 함께 수반된다. 응달거미과를 제외하고 두흉부의 앞쪽에 독샘이 있다. 밑마디샘은 1쌍의 외분비 구멍을 가지고 있다. 전 세계적으로 약 90과 2700속 45,000종이 보고되어 있으며 이 중 한국에는 50과 228속 950종이 있다.

한국산 새실젖거미하목의 검색표
(Key to Families of Korean Araneomorphae)

1. 3안열(4-2-2)이며 전안열은 직선이고 전중안이 제일 크며 후안열은 두흉부의 중간 부위 정도에 위치한다. 첫째다리는 매우 견고하고 배갑은 직사각형 모양이다. ……
   …………………………………………………… 깡충거미과(Salticidae)
   눈 배열이 다르고 첫째 다리가 특이하게 견고하지 않다. ……………………… ▶ 2

2. 항문두덩은 2마디로 되어 있으며 매우 긴 털들이 밀생한다. 배갑은 거의 원형이며 후중안의 렌즈는 거의 퇴화된 상태이다. ……………… 티끌거미과(Oecobiidae)
   항문두덩과 두흉부가 위와 다르다. …………………………………………… ▶ 3

3. 첫째다리와 둘째다리. 경절(勁節, tibia)과 척절(蹠節, metatarsus)의 전측면에 1줄의 긴 가시줄이 있고 첫째다리를 측면에서 보면 척절은 휘어져 있고 1~3쌍의 작은 돌기 가 복부에 존재한다. ……………………………… 해방거미과(Mimetidae)
   다리에 위와 같은 긴 가시줄이 없다. ………………………………………… ▶ 4

4. 경절은 최소한 척절 크기만하고 대부분 그보다 더 길며 폐 덮개는 없다. 암컷의 촉 지는 다소 감소되었으며 수컷의 첫째다리 복부면이나 전측면에는 큰 접합가시 (copulatory spine)가 있다. 몸길이는 1~3mm이고 복부는 강하게 경화되어 있다.
   ……………………………………………… 도토리거미과(Anapidae)
   경절이 척절보다 작다(매우 작은 접시거미류와 꼬마거미류는 제외). 폐 덮개가 있으 며 약간의 경화된 복부와 아랫입술 바늘(spur)이 존재한다. ………………… ▶ 5

5. 배갑은 거의 원통형이고 다리는 매우 길며 첫째다리는 몸길이의 4~5배 정도이 다. 다리에는 가시나 강모(剛毛, bristle)가 없으며 부절에는 탄력적인 헛마디

(psedosegment)가 있다. 아랫입술은 세로보다 너비가 더 길고 전중안은 없거나 축

소되었으며 가끔은 2개의 융기 부위에 눈이 위치한다. …… 유령거미과(pholcidae)

두흉부는 튀어나오지 않고 눈이 있는 삼각 모양의 눈두덩 부위는 없다. 눈은 대부분

6개 또는 8개이다. 다리는 길거나 짧으며 대부분 가시나 강모를 가지고 있다. ▶ 6

6. 4개의 눈이 있고 체판과 빗털이 존재한다. ……………………………………▶ 21

　6~8개의 눈이 있고 체판과 빗털이 있거나 또는 없다. ……………………… ▶ 7

7. 전중안은 축소되었거나 없고 체판과 빗털이 존재한다. ………………………………

　……………………………………………………………… 일부 잎거미과(Dictynidae)

　위와 다른 특징을 가지고 있다. ……………………………………………… ▶ 8

8. 동굴성거미보다 더 작고 눈은 6개이며 체판과 빗털이 없다. ………………… ▶ 9

　동굴성거미보다 더 작고 눈은 8개이며 체판과 빗털이 있거나 없다. …………▶ 14

9. 두흉부의 뒤쪽 부위가 돔 모양으로 높고 배갑에는 줄무늬가 있다. 눈은 3개씩 두 그

　룹으로 나눠져 있다. 복부와 다리에는 검은 무늬가 있고 다리는 가늘고 위턱은 작다.

　아랫입술과 흉판은 융합되어 있다. ………………………… 가죽거미과(Scytodidae)

　두흉부는 돔형이 아니고(일부 알거미과 제외) 눈배열이 다르다. ………………▶ 10

10. 몸길이가 1~3mm이하이다. ………………………………………………………▶ 11

　몸길이가 3~10mm이다. …………………………………………………………▶ 12

11. 몸길이가 1.5~2mm인 작은 거미류로 균일한 연황색이다. 위턱은 작고 6개의 눈을

　가지고 있다. 다리는 짧고 견고하며 경절과 척절의 합은 두흉부보다 더 짧고 복부는

　흔히 경화되어져 있다. …………………………………………… 일기미과(Oonopidae)

　후중안은 다른 눈들과 확연히 떨어져 있고 길고 가는 다리의 경절과 척절의 합은 두

　흉부보다 길며 복부는 부드럽다. ………………………… 잔나비거미과(Leptonetidae)

12. 매우 긴 다리로 측보(測步, laterigtade)하고 몸은 평평하다. 가죽거미과와 눈배열이

　비슷하며 위바깥홈 근처에 기관 숨문은 없다. ………………… 실거미과(Sicariidae)

견고한 다리로 전보(前步, prograde) 하고 몸은 평평하지 않다. 눈은 3개씩 무리를 이루거나 그렇지 않으면 2쌍의 독특한 기관 숨문이 위바깥홈 근처에 존재한다. …
··· ▶ 13

13. 몸길이가 13mm 정도인 중간 크기의 거미류로서 눈은 6개이며 2개씩 3무리를 이룬다. 넷째다리만 후방을 향하며 나머지 다리는 전방을 향한다. 두흉부는 암회갈색이고 복부에는 확실한 무늬가 있다. ························· 공주거미과(Segestriidae)
몸길이가 5~22mm인 큰 거미류로 원형인 6개의 눈배열이 위와 다르고 첫째다리와 둘째다리는 전방을 향하고 세번째와 네번째 다리는 후방을 향한다. 촉지의 부절에는 1개의 발톱이 있으며 두흉부는 갈색이고 복부에는 특별한 무늬가 없다. ·········
·· 돼지거미과(Dysderidae)

14. 옆으로 걸어 다니는 측보이고 몸은 일반적으로 평평하며 게 모양을 하고 있다. 두발톱을 가진 큰 거미류로 게거미과를 제외하고 일반적으로 둘째다리가 첫째다리보다 길다. ·· ▶ 15
다리는 전보형이고 몸은 평평하지 않으며 게 모양을 하지 않는다. 2~3개의 발톱을 갖는 거미류로 첫째다리는 둘째다리보다 길다. ································· ▶ 20

15. 앞실젖이 원통형이다. ································· 일부 수리거미(Gnaphosidae)
앞실젖이 원뿔형이다. ··· ▶ 16

16. 네번째 전절(轉節, trochander)이 다른 것보다 확연히 길다. ······························
··· ▶ 홀거미과(Trochanteriidae)
네번째 전절(轉節, trochander)이 다른 것보다 길지 않다. ·························· ▶ 17

17. 1쌍의 발톱은 매끄럽고 눈 구역은 넓으며 후측안은 두흉부의 가장자리에 존재한다.
·· 겹거미과(Selenopidae)
1쌍의 발톱에는 이빨이 있으며 안역은 넓지 않고 후측안은 두흉부의 가장자리에 존재하지 않는다. ··· ▶ 18

18. 척절과 부절(跗節, tarsus)에는 털다발(scopula)과 끝털다발(claw tuft)이 없고 횡행성(橫行性, laterigrade)으로 첫째다리와 둘째다리는 셋째와 넷째다리보다 확연히 길며 첫째다리가 제일 크다. 위턱의 양 가장자리에는 두덩니가 없고 대부분 눈두덩 위에 측안이 존재한다. ……………………………………………… 게거미과(Thomisidae)

    최소한 앞쪽 부절과 종종 척절에는 털다발이 있고 끝털다발이 존재한다. 첫째와 둘째다리가 셋째와 넷째다리보다 확연히 크지 않고 둘째다리가 첫째다리보다 더 크다. 위턱의 가장자리에는 최소한 1개의 두덩니가 있으며 낮거나 평평한 눈두덩에 눈이 존재한다. …………………………………………………………… ▶ 19

19. 위턱에는 1개의 앞두덩니가 있고 척절에는 단지 1줄의 귀털(trichobothria)만이 있다. 척절과 부절 사이에는 세갈래로 찢어진 막(trilobate 막)이 존재하지 않는다. … ……………………………………………… 새우게거미과(Philodromidae)

    위턱에는 최소한 2개의 앞두덩니가 있고 1줄 이상의 귀털이나 불규칙한 귀털들이 척절에 나 있다. 척절과 부절 사이에는 세갈래로 찢어진 막(trilobate 막)이 존재한다. …………………………………………… 거북이등거미과(Sparassidae)

20. 실젖 앞부분에 체판이 있고 넷째다리의 척절에 빗털(가시응달거미속과 응달거미속은 제외)이 있다. ………………………………………………………… ▶ 21

    체판과 귀털이 없다. ……………………………………………………………… ▶ 26

21. 퇴절(腿節, femur)에 1열의 긴 귀털이 있으며 체판은 이등분되어 있지 않고 매우 짧은 네번째 부절의 배면에는 짧고 견고한 플루트 모양의 가시가 있다. 오직 손짓거미속은 4개의 눈을 가지며 둥근 그물을 친다. ……………… 응달거미과(Uloboridae)

    퇴절에 귀털이 없다. ……………………………………………………………… ▶ 22

22. 두흉부의 앞부분 2/3가 융기되어 있으며 체판은 이등분되어 있다. 중안은 서로 붙어 있으며 측안은 넓게 떨어져 있고 위턱에는 중간돌기(median keel)가 있다. ……… ……………………………………………………… 주홍거미과(Eresidae)

두흉부에는 커다랗게 융기된 부위가 없고 눈배열도 다르며 위턱에는 중간 돌기가 없

다. ·· ▶ 23

23. 눈은 3열이고 발톱은 2개이며 부절의 귀털은 2열 또는 여러 줄로 불규칙하게 나열되

어 있으며 체판은 이등분되어 있다. ·························· 정선거미과(Zoropsidae)

눈은 2열이고 빗털은 1 또는 2열로 끝털다발은 없다. ····························· ▶ 24

24. 몸길이가 5~15mm인 거미류로 네번째 척절의 반 정도 크기인 빗털이 2열로 배열되

어 있고 보통 털보다 긴 수많은 귀털이 부절에 있다. ----비탈거미과(Amaurobiidae)

몸길이가 4mm 이하인 거미류로 네번째 척절의 3/4보다 긴 1열의 빗털이 있고 일반

적인 털 정도의 짧은 귀털이 약간 있다. ······································· ▶ 25

25. 아래턱은 평행이고 수컷의 위턱은 변형되지 않는다. ··· 자갈거미과(Titanoecidae)

아래턱은 아랫입술 위쪽으로 수렴하는 작은 체판 거미류로 1열 빗털이 있고 부절에

는 귀털이 없거나 1개만이 있다. 수컷의 위턱은 변형되었는데 끝이 분리되고 굴을

팔 수 있으며 혹 같은 것이 있다. ·························· 잎거미과(Dictynidae)

26. 두 발톱이 끝털다발에 묻혀 있고 두절에는 대부분 털다발이 있다(밭고랑 거미속은

예외). 몸길이가 2~10mm인 큰 거미류이다. ································· ▶ 27

끝털다발이 없고 3개의 발톱을 쉽게 볼 수 있으며 대부분 털다발이 없다. 몸길이는

1~2mm 이하에서 큰 거미류까지 크기가 다양하다. ························· ▶ 33

27. 폭넓은 기관 숨문은 실젖과 위 바깥홈의 중간 부위에 있고 다리의 끝털다발은 편평

한 털(Lamelliform hair)로 되어 있으며 좌우 2부분으로 갈라져 있다. 복부의 등면에

는 독특한 검은 무늬들이 있다. ·························· 팔공거미과(Anyphaenidae)

기관 숨문은 실젖 가까이에 있으며 너무 작아서 인식하기 어려운 경우도 있다. ▶ 28

28. 앞실젖은 원통형으로 뒷실젖보다 길다. 전중안만 검고 후중안은 타원형이며 1쌍의

발톱에는 이빨이 있다. 위턱에는 최소한 1개의 앞두덩니가 있다. ·····················

·························· 수리거미과(Gnaphosidae)

앞실젖은 원뿔형이고(약간의 염낭거미류, 수컷은 거의 원통형) 대부분 인접하며 후중안은 원형이다. ··· ▶ 29

29. 눈은 3열이다(2-4-2 또는 4-2-2) ··· ▶ 30

눈은 2열이다(4-4) ·· ▶ 31

30. 몸길이는 5mm 이하이고 눈은 3열(4-2-2)이며 암컷의 외부생식기에 측면뿔(lateral horn)이 없다. 위턱의 뒷두덩니는 2개이다. ·················· 오소리거미과(Zoridae)

몸길이는 5~40mm이고 눈은 3열(2-4-2)이며 암컷의 외부생식기에 측면뿔이 있다.

·· 너구리거미과(Ctenidae)

31. 안역은 매우 넓고 후안열은 폭의 4/5 정도를 차지한다. 복부는 매우 부드럽고 중간실젖은 평평하지 않고 방패판(tegulum)은 평평하다. ······ 염낭거미과(Clubionidae)

안역은 위보다 훨씬 작고(약간의 꽹이거미아과를 제외) 후안열은 전열의 폭보다 작거나 최대 폭의 1/3정도이다. 복부의 아랫면에는 순판(scutum)이 있고 암컷의 중간실젖은 편평하다. ·· ▶ 32

32. 대부분 높은 두흉부는 확연히 볼록하고 복부의 암컷의 외부생식기와 수컷의 복부면과 등면에 순판이 있다. 많은 부평복거미과(Zodaridae)처럼 개미를 닮았다. 특별히 생식구(生殖球, genital bulb)는 크고 휘어진 정자관(spern duct)을 가지고 있다. ···

·· 코리나거미과(Corinnidae)

두흉부는 평평하고 눈 구역의 폭은 배갑 폭의 1/2보다 더 작고 아랫입술은 너비와 세로가 비슷하다. 복부에는 특별한 순판(scuta)이 없고 생식구는 특별히 크지 않다.

·· 밭고랑거미과(Liocranidae)

33. 6개의 실젖은 하나의 횡열로 나열되어 있고 기관 숨문은 실젖에서 위바깥 홈 사이의 1/3~1/2에 존재하며 전절에 파임이 없다. ····················· 외줄거미과(Hahniidae)

모든 실젖이 횡열로 나열되어 있지 않다. ··· ▶ 34

34. 부절에는 귀털이 없고 최소한 첫번째와 두번째의 척절에 각각 1개씩의 귀털이 있다.

작은 접시거미류를 제외하고 경절 돌기(脛節突起, tibial apophysis)가 없고 대부분 후기저부배엽(後基底副杯葉, retrobasal paracymbium)이 있다(단, 알망거미과는 불확실하고 꼬마거미과는 결핍되어 있다). ⸱⸱⸱⸱⸱⸱⸱⸱⸱⸱⸱⸱⸱⸱⸱⸱⸱⸱⸱⸱⸱⸱⸱⸱⸱⸱⸱⸱⸱⸱⸱⸱⸱⸱⸱⸱⸱⸱▶ 35

부절에는 최소한 1개 이상의 귀털이 있으며 척절에는 여러 개의 귀털이 분포한다. 수염기관에는 경절 돌기가 있고 대부분 후기 저부 배엽은 없다. ⸱⸱⸱⸱⸱⸱⸱⸱⸱⸱⸱⸱⸱⸱⸱⸱▶ 40

35. 이마는 전중안의 직경보다 짧고 둥근 그물을 친다. ⸱⸱⸱⸱⸱⸱⸱⸱⸱⸱⸱⸱⸱⸱⸱⸱⸱⸱⸱⸱⸱⸱⸱⸱⸱⸱⸱⸱▶ 36

이마는 가운데 안역만큼 길고 알망거미과를 제외하고는 모두 원형 그물을 치지 않는다. ⸱⸱▶ 37

36. 중안은 측안보다 더 가까이 인접하고 퇴절에는 귀털이 없으며 일반적으로 옆혹(boss, lateral condyle)과 보조발톱(auxiliary foot-claws)을 가지고 있다. 부배엽은 조밀하고 생식구는 복잡하며 암컷의 외부생식기에는 현수체(懸垂體, scape)가 있다. ⸱⸱⸱왕거미과(Araneidae)

눈의 크기는 거의 비슷하고 퇴절에는 귀털열이 있다. 아래턱은 폭보다 훨씬 길고 약간의 좁은 위턱이 굉장히 신장되어 있다. 암컷의 외부생식기는 단순하고 수컷의 부배엽은 신장되어 있으며 큰 방패판이 있다. 생식구와 현수체가 없거나, 결핍 또는 단순하다. 대부분 원형 그물을 친다. ⸱⸱⸱⸱⸱⸱⸱⸱⸱⸱⸱⸱⸱⸱⸱⸱⸱⸱⸱⸱⸱⸱⸱⸱갈거미과(Tetragnathidae)

37. 위턱의 측면에 발음줄(發音線, stridulating file)이 있고 옆혹(boss, lateral condyle)은 없다. 부배엽은 뒤쪽에 있어 잘 보이지 않으며 낫(sickle)모양이다. 수컷에는 가슴홈(胸葉, cephalic lobes)과 경절 돌기가 있고 슬절과 경절 사이에서 자가절단(autospasy)이 일어난다. ⸱⸱⸱⸱⸱⸱⸱⸱⸱⸱⸱⸱⸱⸱⸱⸱⸱⸱⸱⸱⸱⸱⸱⸱⸱⸱⸱ 접시거미과(Linyphiidae)

위와 같은 발음줄은 없고 후기저 부위에 있는 부배엽은 없거나(꼬마거미과), 배엽(杯葉, cymbium)에 부동으로 연결되어 있다. 네번째 부절에는 톱니 모양의 강모(serrated bristle)가 복부면에 있다(알망거미과와 일부 꼬마거미과에서는 결핍). ⸱⸱⸱ ⸱⸱▶ 38

38. 몸길이가 1.5~3mm인 작은 거미류로서 흉판에는 작은 1쌍의 개구(開口, opening pits)가 아랫입술 근처에 있다. 복부는 구형이며 망상의 은색 무늬가 있고 측면에서 볼 때 첫번째 퇴절은 네번째 퇴절보다 2배 정도 더 두껍고 최소한 1개의 강모(bristle)와 경절에는 1쌍의 측면 강모가 있고 네번째 부절에는 톱니 모양의 강모가 없다. … ··· 알망거미과(Theridiosomatidae)

흉선 또는 흉판의 개구가 없고 퇴절과 경절에는 강모가 없다. 대부분의 속에는 톱니 모양의 강모가 존재한다. ··· ▶ 39

39. 위턱에는 두덩니가 없고 수컷의 두흉부 뒤쪽에 발음 돌기(發音突起, stridulating ridge)가 있다. 네번째 다리 부절에 톱니 모양의 센틸(serrated bristle)이 등면에 있지만 작은 거미류에서는 보기 힘들다. 아랫입술은 끝부분이 부풀어 있지 않고(예외, 가끔 *Euryopis, Theonoe & Robertus*에서 볼 수 있다) 수염기관의 경절은 판 모양으로 길고 부배엽은 작다. ··· 꼬마거미과(Theridiidae)

위턱에는 작은 두덩니가 있다. 두흉부 뒤쪽에는 발음 돌기가 없고 수염기관의 경절은 길지 않으며 부배엽은 매우 커서 눈에 잘 보인다. 네번째 다리 부절에 톱니 모양의 센틸(serrate bistle)이 복부면에 있고 아랫입술은 끝부분이 부풀어 있다. ········· ···굴아기거미과(Nesticidae)

40. 이마는 매우 높고 안구역은 육각형이며 전중안은 매우 작아 잘 보이지 않는다. 위턱에는 단지 1개의 뒤두덩니만이 존재한다. 다리에는 매우 긴 가시가 많이 나 있다. ··· 스라소니거미과(Oxyopidae)

이마는 높지 않고 위턱에는 여러 개의 두덩니가 존재한다. ······················ ▶ 41

41. 1줄의 부절 귀털이 있고 첫번째와 두번째 전절(轉節, trochanter)에는 파임(notch)이 없다. ··· ▶ 42

불규칙한 부절 귀털이 존재하고 첫번째와 두번째 전절에는 깊은 파임이 있다. ▶ 44

42. 대부분의 몸길이는 3.5mm 이하이고 부절에는 약간의 귀털만이 존재한다. ·········

··· 일부 잎거미과(Dictynidae)

대부분 몸길이는 3.5mm 이상이고 부절에는 많은 귀털이 존재한다. ··········▶ 43

43. 앞실젖은 약간 넓게 나누어져 있으며 2마디인 뒷실젖은 기저마디보다 1/3이상 길

다. 중간실젖도 쉽게 볼 수 있고 전절에 파임(notch)이 없다. ······························

··· 가게거미과(Agelenidae)

앞실젖은 일정(contiguous)하고 뒷실젖의 끝마디는 짧고 반구형이다. ···············

··· 굴뚝거미과(Cybaeidae)

44. 복부는 원형이고 발톱니는 없거나 단지 1개만 있다. 수염기관에는 경절 돌기가 없고

암컷은 실젖에 알낭(egg sac)을 붙이고 다닌다. 새끼거미(幼蛛, spiderling)는 등에

업고 다닌다. ··· 늑대거미과(Lycosidae)

복부는 길고 2~3개의 발톱니가 있다. 수염기관에는 경절 돌기가 있고 알낭은 흉판

밑에 놓고 다니며 새끼거미는 특별한 거미집에 넣고 보호한다. ···························

··· 닷거미과(Pisauridae)

땅거미과

Family Atypidae (Thorell, 1870)

위턱의 기절은 앞을 향하여 수평으로 나란히 돌출하고 엄니는 몸 정중선을 따라 상하로 움직이므로 위턱은 등축성이다. 아래턱은 잘 발달되어 있고 아랫입술은 흉판에 유착하여 움직이지 못한다. 다리는 끝털다발을 갖지 않고 발톱은 3개로 되어 있다. 눈은 8개가 눈두덩 위에 모여 있는데 중앙에 2개의 전중안이 있고 나머지 6개는 그 양쪽에 3개씩 집단을 이루고 있다. 이마는 넓고 가운데 홈은 세로로 달리거나 없다. 흉판에 4쌍의 도장 무늬가 있고 폐서는 2쌍이다. 실젖은 3쌍인데 뒷실젖은 3~4절로 되어 있다. 땅속에 대롱 모양(전대, Purse web)의 집을 짓고 산다.

땅거미속
Genus *Atypus* Latreille, 1804

이마는 좁고 배갑은 사각형을 이루며 방사홈과 목홈이 뚜렷하다. 가운데홈은 길고 가로로 달리며 양끝은 전곡 되어 있다. 눈은 비교적 낮은 눈두덩 위에 있으며 좌우 4개씩 집단을 형성하고 있다. 흉판의 양쪽 모서리는 모가 나 있다. 아래턱은 비교적 작고 두툼하며 안쪽 가장자리는 직선을 이룬다. 땅속에 깊이 30~45cm 내외의 수직 구멍을 파고 그 안벽에 조밀하게 거미그물을 쳐서 자루모양의 대롱집을 짓는다. 이 대롱집은 지상까지 연장되어 있고 그 길이는 10~15cm 정도이다. 종류에 따라 지표와 나무줄기, 바위 등에 붙어서 수직으로 뻗는 것, 지표를 따라 수평으로 뻗는 것 등이 있다. 대롱집의 지하부 끝은 맹낭으로 이곳이 서식처이며 지상부의 끝은 자연적으로 오므라져 있으며 먹이의 사냥터이다.

한국땅거미

Atypus coreanus Kim, 1985

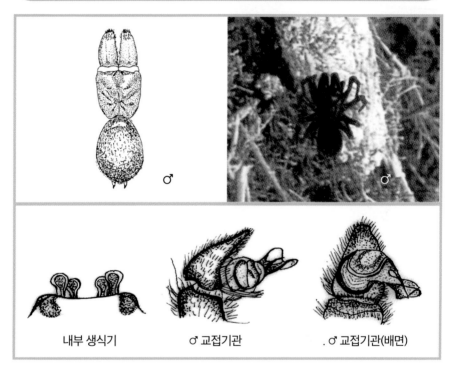

내부 생식기   ♂ 교접기관   . ♂ 교접기관(배면)

수컷: 가운데눈 네모꼴은 너비보다 세로가 길다. 전안열은 후안열보다 짧다. 다리식은 4-1-2-3이다. 배갑은 적갈색으로 긴 직사각형이다. 가운데홈은 은색이고 길게 횡단하며, 양끝의 등면은 초생달 모양으로 되었다. 방사홈은 뚜렷하다. 눈은 8개이며, 세 쌍은 전중안 주위에 삼각형을 형성한다. 길게 횡단하는 흰줄이 배갑과 위턱 사이에 있다. 위턱은 잘 발달되어 있고 암적갈색이다. 엄니두덩니는 암적갈색이다. 아래턱은 황갈색으로 짧고 두껍다. 입술은 홈이 없는 흉판에 복잡하게 연결되어 있고 앞쪽으로 뾰족하다. 다리는 황갈색이고, 기절과 전절 사이, 전절과 퇴절, 퇴절과 슬절 사이가 흰색이다. 부절은 밝은 갈색이며, 발톱다발은 없다. 복부는 대체로 흑갈색이며, 난형이다. 심장 무늬 구역은 밝은 황갈색의 등판을 가지고 있다. 복부 등면은 심장 무늬 구역을 제외하고 깊은 홈을 많이 지닌다. 실젖은 3쌍이다. 뒷실젖은 4절이다. 항문두덩은 뒤쪽의 실젖과 분리되어 있다.

암컷: 다리식은 1-4-2-3이다. 배갑은 밝은 황갈색으로 긴 직사각형이다. 가운데홈은 분

명하고 횡단한다. 양끝이 등면의 앞쪽을 향한다. 흉판은 적갈색이며 빈약하게 짧은 털이 나 있고 직사각형으로 4쌍의 점 무늬가 나타난다. 입술과 연결된 부위는 약간 돌출되어 있다. 다리는 황갈색이고, 기절, 전절, 퇴절, 그리고 슬절은 하얗다. 복부는 대부분 흑갈색이며 난형이다. 심장 무늬 구역 주변은 붉고 노란 반점이 많으며 불확실하다. 복부 등면에는 깊은 홈이 없다.

분포: 한국

광릉땅거미
Atypus magnus Namkung, 1986

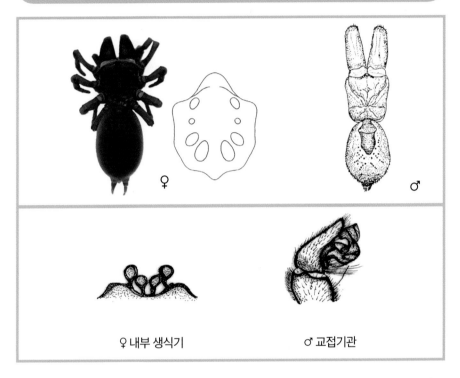

♀ 내부 생식기   ♂ 교접기관

암컷: 배갑은 황갈색이며, 긴 사각형으로 뒤로 갈수록 좁아진다. 흉부는 평평하며 매우 낮고 둥글다. 흉부의 홈은 깊고 넓으며 두부 길이의 3/4 뒤에 위치한다. 전안열은 후안열보다 좁고 위에서 볼 때 곧다. 흉판, 위턱, 아래턱, 아랫입술, 수염기관의 기절과 다리는 황갈색이다. 흉판은 길쭉하고, 가장자리에 확연한 융기부가 있으며, 4개의 근점이 잘 보인다. 아래턱은 비교적 짧고 두꺼우며, 넓게 분리되어 있다. 안쪽 가장자리는 흰색의 아래턱 딸다발과 소수의 톱니가 있다. 위턱은 12개의 큰 이빨이 앞엄니두덩에 있다. 다리식은 4-1-2-3이다. 퇴절은 작은 앞옆면돌기 1쌍을 지니고 있다. 복부는 타원형으로 상승되어 있으며 검고 흐릿한 색깔이다. 실젖은 황갈색이며 뒷실젖은 4절로 되어 있다.

분포: 한국, 러시아

정읍땅거미
Atypus minutus Lee, Lee, Yoo, Kim, 2015

♂ 교접기관(배면)

수컷의 몸길이는 14.4mm이다. 배갑은 다소 어두운 적갈색이며, 흉부쪽으로 갈수록 현저히 좁아지며 색이 약간 밝아진다. 흉부는 평평하며 낮고 둥글다. 가운데홈은 확연하며, 경부구는 뚜렷하게 있다. 전안열은 후안열보다 좁고 전안열 주위는 흑색이다. 협각, 흉판, 아랫입술, 기절과 다리는 적갈색이다. 위턱은 12개의 큰 이빨이 앞엄니두덩에 있다. 흉판의 세로가 너비보다 길다. 다리식은 4-1-2-3이다. 복부는 암갈색이며 넓다. 복부의 등면 앞쪽 끝에는 흰색 불규칙한 반점이 있다.

분포: 한국

한라땅거미

Atypus quelpartensis Namkung, 2001

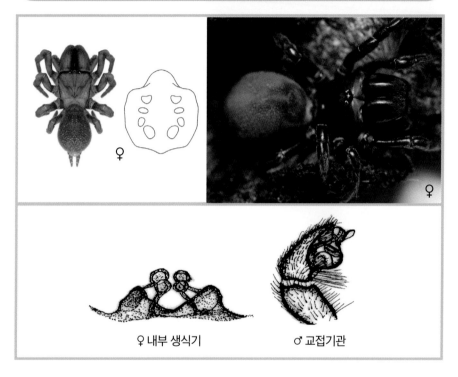

♀

♀

♀ 내부 생식기　　　♂ 교접기관

암컷의 몸길이는 18mm이며, 수컷의 몸길이는 10mm이다. 배갑은 암적갈색으로 나출되고, 길이>너비(8:7), 앞면>뒷면(7:5)인 사다리꼴이며, 눈두덩이 높게 융기한다. 배는 긴 난형으로 암갈색 바탕에 등면 앞쪽의 반원형 황백색 무늬가 있고, 그 뒤쪽으로 이어지는 5~6쌍의 점무늬와 3~4개의 활형 줄무늬가 있다. 배 밑면에는 노란색 반점이 산재하고, 뒷실젖은 장대하며 4절로 되어 있다. 암컷에 생식기의 내부 수정낭은 2개씩 염주 모양으로 꿰어 있다. 수컷은 암컷에 비해 날씬한 편이며, 몸 빛깔이 검고 교접기관의 삽입기가 단소하고 지시기의 밑부분이 살목하다. 비교저 어두침침한 산림의 암석 밑에 전대 모양의 집을 만들고 있으나 지상부는 노출되지 않는다. 암컷은 연중 성체가 보인다.

분포: 한국

서귀포땅거미
Atypus seogwipoensis Kim, Ye et Noh, 2015

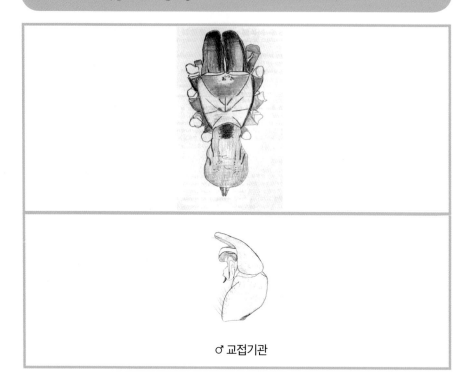

♂ 교접기관

수컷의 몸길이는 14.5mm이다. 배갑은 적갈색을 띠며, 모양은 직사각형이다. 다리는 검
정색이다.

분포: 한국

안동땅거미

Atypus sternosulcus Kim, Kim, Jung et Lee, 2006

♂

♂ 교접기관

수컷의 몸길이는 16.5mm이다. 배갑은 불그스름한 흑색이며 흉부쪽에는 색이 갈색이며, 수평을 이루고 있다. 가운데홈은 배갑의 1/6 지점에 확연하며 모양은 U형태를 띠고 있다. 전안열은 후안열보다 좁다. 다리는 전반적으로 어두운 적갈색을 띠고 있으며, 짧은 가시들이 빽빽하게 위치한다. 다리식은 4-1-2-3이다. 복부는 회색을 띠고 있으며 모양이 위쪽이 휘어있는 모양이다. 배면은 잿빛을 띠고 있으며 폐서는 옅은 회색을 띠는 갈색이다.

분포: 한국

수원땅거미
Atypus suwonensis Kim, Kim, Jung et Lee, 2006

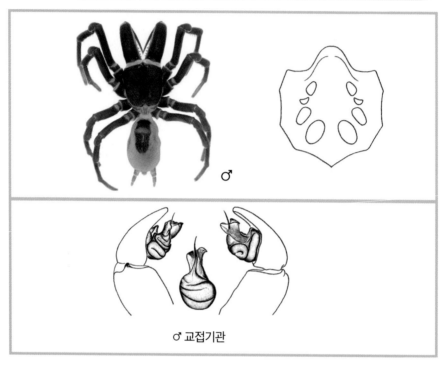

♂ 교접기관

배갑은 불그스름한 흑색이며 테두리에는 살짝 연해진 갈색이며, 흉부 쪽에는 붉은 갈색에 평평한 모양을 이루고 있다. 가운데홈은 배갑의 2/3 지점에 약하게, 모양은 'W'형태를 띠고 있다. 전안열은 후안열보다 좁다. 다리는 전반적으로 어두운 적갈색을 띠고 있으며, 짧은 가시들이 위치한다. 다리식은 4-1-2-3이다. 복부는 진한 검정색을 띠고 있으며 복부의 앞쪽이 위쪽으로 구부러진 모양이다. 배면은 잿빛을 띠고 있으며 폐서는 옅은 회색을 띠는 갈색이다.

분포: 한국

고운땅거미속
Genus *Calommata* Lucas, 1837

대체로 땅거미속과 비슷하지만 가운데홈은 점을 이루고 깊다. 전중안은 삼각형으로 융기된 눈두덩 위에 위치하고 나머지 눈은 3개씩 집단을 이루어 전중안 뒤쪽 양옆으로 약간 떨어져서 있다. 위턱은 길고 잘 발달하였으며 아래턱은 길다. 흉판 앞 양쪽 모서리는 모가 나지 않고 둥글다. 암컷의 첫째다리는 다른 것에 비해 매우 가늘고 짧다. 땅속에 수직의 구멍을 파고 대롱집을 짓고 살지만 땅거미의 거미그물에서 볼 수 있는 것과 같은 지상부는 없다.

고운땅거미
Calommata signata Karsch, 1879

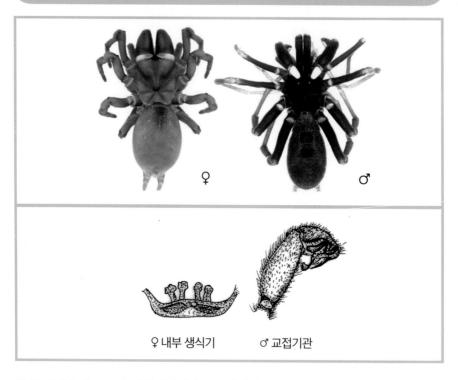

♀ 내부 생식기　　♂ 교접기관

암컷: 배갑은 밝고 고운 갈황색이지만 눈두덩이의 끝은 검다. 전중안에서 양쪽 3개씩의 눈의 집단에 이르는 능선은 희다. 눈은 배갑의 앞가장자리에서 상당히 뒤쪽으로 떨어져 있다. 배갑의 앞가장자리에 있는 1쌍의 반달 모양의 무늬와 뒤 바깥가장자리에 있는 무늬는 연한 보라색이다. 목홈, 방사홈 및 가운데홈은 뚜렷하다. 두부는 흉부보다 융기되어 있다. 엄니는 검은 적갈색이며 매우 길다. 엄니두덩에는 많은 이빨이 있다. 다리, 수염기관, 아래턱, 아랫입술 및 흉판은 밝은 황갈색이다. 아랫입술은 흉판에 유착되어 있으나 그 경계를 나타내는 홈줄이 있다. 흉판의 세로가 너비보다 길다. 복부는 난형이다. 복부 등면은 회황갈색이지만 정중선은 색이 짙다. 복부 등면 앞 끝부분에는 1개의 반원형의 등판이 있다.

분포: 한국, 일본, 중국, 대만

알거미과

Family Oonopidae Simon, 1890

무체판이며 3mm 이하의 매우 작은 거미류로, 홑자리생식구를 가지고 있다. 대부분 6개의 눈을 가지고 있으며 4개 또는 눈이 없는 종도 있다. 눈은 흰색이고 서로 모여 있다. 가운데홈은 없고 위턱에는 뚜렷한 엄니두덩니는 없다. 다리는 짧고 네번째 다리의 퇴절은 매우 두끼우머 부절에는 2개의 발톱을 가지고 있다. 복부는 타원형이고 복부의 등면을 감싸고 있는 경질판이 있다. 폐서는 있지만 희미하고 위 바깥홈 뒤쪽에 1쌍의 기관 숨문이 존재한다. 3쌍의 실젖이 있고 사이젖은 없거나 2개의 센털로 대치되어 있다. 수염기관에는 지시기가 없다. 나뭇가지나 낙엽층에서 서식하는 배회성 거미이다.

진드기거미속
Genus *Gamasomorpha* Karsch, 1881

내축에 2개의 전안이 있는데 크기가 크고 서로 떨어져 있다. 다른 4개의 눈은 작다. 후중안을 주간에 주로 사용하는 주행성이다. 두부는 전방이 높고 후방으로 경사져 있다. 후안열은 후곡 되어 있다. 복부는 크고 평평하고 키틴질판으로 되어 있다. 다리는 가늘고 길며 거의 동일하다. 발톱은 2개이다.

진드기거미
Gamasomorpha cataphracta Karsch, 1881

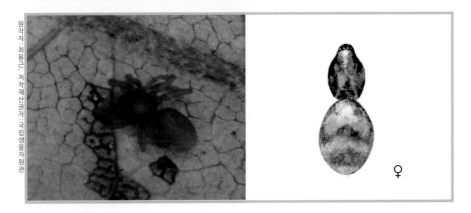

♀

몸길이는 2~3mm이고 눈은 6개이다. 복부의 등면을 덮는 경질판은 갈색이고 붉은색의 'W' 자형 무늬를 가지고 있다. 복부 양측면 가장자리 경질판은 황백색을 띤다. 가슴판은 갈색의 방패 모양이며 배갑과 연결되는 부분은 키틴화 되어 있다. 배는 넓적한 타원형으로 등면과 배면은 키틴화 된 갈색이고 옆면은 황백색 막으로 되어 있다. 실젖은 키틴질 고리로 둘러싸인 축대 위에 있다. 낙엽층에서 볼 수 있으며, 초목이나 나무껍질 위를 돌아다니기도 하고 나무껍질 속에 주머니 모양의 집을 만들고 겨울을 난다.

분포: 한국, 일본, 중국, 대만, 필리핀

풀진드기거미속
Genus *Orchestina* Simon, 1882

체색은 주로 주황색이나 밝은 갈색으로 배에 무늬가 있는 것도 있다. 배갑은 둥글고 흉부 중앙이 약간 솟아 있다. 눈은 6개이며 후중안이 크고 후중안 양옆에 전측안과 후측안이 세로로 배열되어 있다. 배에 경판이 없다. 넷째다리 퇴절이 두껍게 발달했다. 다리에 가시털이 없다.

풀진드기거미
Orchestina infrirma Seo, 2017

암컷의 몸길이는 1.4mm이다. 배갑은 노란색으로 세로가 너비보다 길며 털은 없다. 복부는 타원형이고 노란색이며 특별한 특징은 없다. 다리식은 2-4-1-3이다. 암컷의 외부생식기는 좌우 쌍을 이루고 측면이 돌출되어 있는 구조이다.

분포: 한국

삼열진드기거미속
Genus *Trilacuna* Tong et Li, 2007

앞쪽에 있는 2개의 눈은 붙어 있고 안역은 원형이다. 복부의 경질판은 등면보다 넓고 위 바깥홈 뒤쪽까지 뻗어 있다. 다리는 길고, 첫째와 둘째다리 척절 밑면에 가시털이 존재 한다.

한산진드기거미
Trilacuna hansanensis Seo, 2017

몸길이는 2mm 이하이고 배갑의 중앙은 볼록하고 황갈색이며 가장자리는 암갈색 또는 회갈색이다. 앞쪽에 있는 2개의 눈이 제일 크고 후안열은 후곡한다. 암컷의 복부 경질판은 황갈색이고 수컷은 진한 회색이다. 아랫입술은 'ㅅ'자 모양이다.

분포: 한국

공주거미과

Family Segestriidae Simon, 1893

배갑의 등면 뒤쪽은 융기하지 않는다. 배갑과 흉판은 키틴판 또는 경화된 막으로 연결되어 있지 않다. 흉판은 세로가 너비보다 길다. 눈은 6개로서(전중안 없음) 한가운데에 가로로 2개, 그 양옆에 세로로 2개씩 늘어서서 3군을 이룬다. 위턱은 이축성으로 원뿔형을 이루고 돼지거미과의 것처럼 길지 않다. 아랫입술은 세로가 너비보다 길다. 다리에 가시가 많고, 첫째, 둘째다리 복부면에 특히 가시가 많다. 귀털을 가지지 않으며 발톱은 3개가 있다. 끝털다발은 가지지 않는다. 폐서는 1쌍이고 폐서 숨문 바로 뒤에 1쌍의 기관 숨문이 열려있다. 체판과 털빗은 없고, 사이젓을 가진다. 네부 형테니 외부 형태에 있어서 돼지거미과와 매우 닮았으나, 위턱이 원뿔형을 이루고 흉판과 배갑이 키틴판이나 경화막으로 연결되지 않는 점, 셋째다리가 앞으로 향하는 점 등으로 뚜렷이 구별된다. 그러나 학자에 따라서는 돼지거미과의 1아과로 취급하는 사람도 있다.

공주거미속
Genus *Ariadna* Audouin, 1826

후중안과 후측안은 거의 직선을 이루고, 중안과 전측안을 연결하는 선은 강하게 전곡한다. 몸은 크고 원통형이다. 두부 양옆에 발음기를 가지지 않는다.

섬공주거미
Ariadna insulicola Yaginuma, 1967

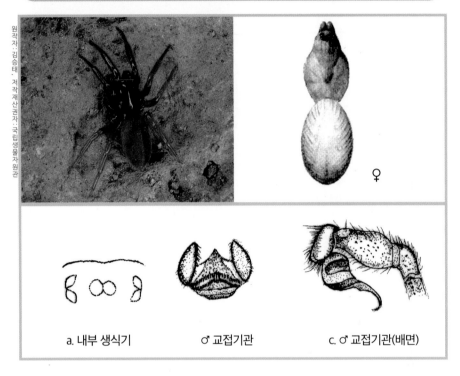

♀

a. 내부 생식기   ♂ 교접기관   c. ♂ 교접기관(배면)

암컷의 몸길이는 7~8mm이고 수컷은 5~6mm이다. 배갑은 갈색이고 두부가 흉부보다 더 진하고 가운데홈과 방사홈은 희미하다. 전중안은 공주거미보다 앞쪽에 있고 나머지 4개의 눈은 후곡한다. 흉판은 타원형이고 다리에는 많은 가시털이 존재한다.

분포: 한국, 일본

공주거미
Auiadna lateralis Karsch, 1881

♀

♀ 내부 생식기   ♂ 교접기관

암컷은 배갑이 검붉은 갈색이고 매우 융기되어 있으며, 특히 두부의 색이 짙다. 세로가 너비보다 길다. 이마는 비교적 좁고 두부는 흉판에 비해 너비가 넓다. 거의 비슷한 크기의 진주 광택을 내는 6개의 눈을 가진다. 위턱은 배갑과 같은 색깔을 하고 앞으로 비스듬히 돌출한다. 옆혹이 뚜렷하다. 앞엄니두덩니는 2개, 뒷엄니두덩니는 1개이고 비교적 작다. 앞엄니두덩에 위턱 털다발을 가진다. 엄니는 짧고 작다. 아랫입술은 검은 적갈색을 띠고 너비가 세로보다 길며 앞 가장자리는 파여 있다. 아래턱은 역시 검붉은 갈색을 하고 있으나 안쪽 끝부분은 황백색을 띠며 검은 아래턱 털다발을 가진다. 흉판은 검붉은 갈색이고, 세로로 긴 타원형을 이루며 뒤끝은 둔하게 넷째다리의 기절 사이에 약간 돌출한다. 복부는 긴 타원형이고 약간 보랏빛을 띤 검은색 바탕에 황갈색 털을 가진다. 위바깥홈 앞쪽에 1쌍의 폐서 숨문, 그 바로 뒤쪽에 1쌍의 기관 숨문을 가진다. 실젖과 폐서 덮개판은 황갈색이다. 뚜렷한 사이젖을 가진다. 발톱은 3개이고 윗발톱에는 여러 개의 이가 있으며, 아랫발톱에는 1개의 이가 나 있다. 촉지 끝에도 1개의 발톱을 가진다. 땅에 구멍을 파고 대롱 모양의 집을 짓고 산다. **분포**: 한국, 일본, 대만, 중국

106

유령거미과

Family Pholcidae C. L. Koch, 1851

두부는 작고 흉부는 비교적 평평한 원형을 이룬다. 8개의 눈이 2.3.3의 3군을 이루거나, 6개의 눈이 3.0.3의 배열을 가진다. 위턱은 비교적 약하고, 옆혹은 없고 앞엄니두덩에 1개의 이빨 모양의 넓적한 박판을 가진다. 아랫턱은 'ㅅ' 자 모양이고, 아랫입술은 너비가 넓으며 흉판에 유착되어 움직이지 못한다. 다리는 매우 가늘고 길며 가시털은 없다. 부절은 길고 유연하여 잘 굽힐 수 있고 발톱은 3개이다. 실내나 옥외, 산지 바위 틈 등의 그늘진 곳에 불규칙한 그물을 치고 거꾸로 매달려 있으며, 자극을 받으면 온몸을 심하게 진동시키는 습관이 있다. 알주머니를 위턱으로 물고 다니며 보호한다.

유령거미속
Genus *Pholcus* Walckrnaer, 1805

배갑은 너비가 세로보다 길고, 가운데홈을 가진다. 눈은 8개가 눈두덩 위에 3군을 이루고 있다. 가운데눈네모꼴은 너비가 세로보다 넓고, 양 전중안 사이는 전중안과 전측안 사이보다 좁다.

목이유령거미

Pholcus acutulus Paik, 1978

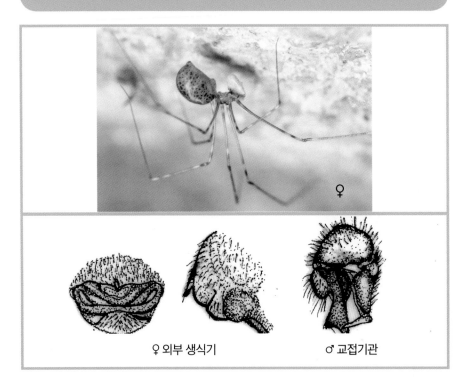

♀

♀ 외부 생식기　　　♂ 교접기관

암컷의 몸길이는 5mm이고, 수컷은 6mm 정도이다. 두흉부는 담갈색 바탕에 중앙에서 갈라진 회갈색의 복잡한 무늬가 흉부 전면에 발달되어 있다. 8눈이 2열로 각각 후곡하고, 전중안이 가장 작고 양측안의 크기는 같다. 위턱은 갈색으로 이빨 끝에 돌기가 나 있다. 아래턱과 아랫입술은 같은 황갈색이다. 흉판은 황갈색 바탕에 회갈색 얼룩 무늬가 있다. 다리는 갈색 바탕에 퇴절과 경절에 황색 고리 무늬가 있고, 다리식은 1-2-4-3으로 첫째다리가 가장 길다. 복부는 긴 원통형이며 엷은 황회색으로 등면에 갈회색 얼룩 무늬가 있다. 산지의 바위 밑에서 발견된다.

분포: 한국

부채유령거미
Pholcus crassus Paik, 1978

♀

♀ 외부 생식기   ♂ 교접기관

수컷의 몸길이는 5.7mm이고 암컷은 5.2mm 정도이다. 두흉부는 엷은 황색으로 중앙에서 좌우로 갈라지는 회갈색의 복잡한 무늬가 있다. 8눈이 3군을 이루며, 전중안이 검고 작으며 나머지는 모두 밝은색으로 크기가 같다. 위턱은 암갈색이고, 아래턱은 황갈색이며 끝은 황백색이다. 아랫입술은 황색으로 흉판에 유착되어 있다. 흉판은 황색 바탕에 암회색 얼룩무늬가 있다. 다리는 매우 길며 1-4-2-3(암컷에서는 1-2-3-4)의 차례로 첫째 다리가 길다. 갈색 바탕에 퇴절의 끝부분과 경절에 황색 고리 무늬가 있다. 복부는 긴 타원형으로 연한 황백색에 갈색 무늬가 있다. 주로 산지에 서식하며 바위 밑 등 침침한 곳에서 많이 볼 수 있고 동굴에서도 발견된다.

분포: 한국

산유령거미

Pholcus zichyi Kulczyński, 1901

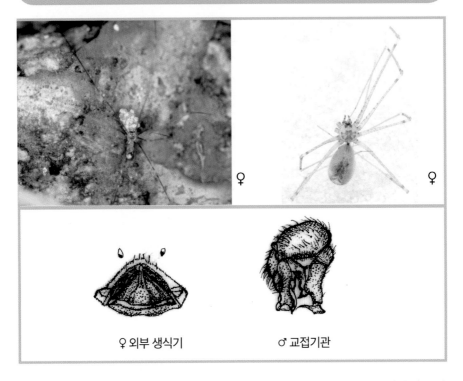

♀

♀

♀ 외부 생식기   ♂ 교접기관

암수의 몸길이는 4~6mm 정도이다. 두흉부는 평평하나 두부쪽이 약간 융기되어 있고 황백색 바탕에 암갈색의 복잡한 얼룩 무늬가 흉부 전면에 발달한다. 전중안은 작고 거의 접하며, 나머지는 3개씩 모여 있다. 위턱, 아래턱, 아랫입술은 암갈색이며 입술과 흉판이 유착되어 있다. 흉판은 암갈색이고 정중부의 세로 무늬와 각 다리 기절에 맞서는 둥근 무늬는 모두 황갈색이다. 수염기관과 다리는 연한 황갈색 바탕에 암갈색 얼룩 무늬와 강모(剛毛, bristle)가 있다. 복부는 긴 타원형으로 황갈색 바탕에 중앙부를 세로로 달리는 암갈색 무늬가 있고 복부면은 외비깥홈에서 실젖 앞끼지 폭넓은 암갈색 띠무늬가 있다. 바위 밑, 동굴 속 등 침침한 곳에 서식하며 불규칙한 그물을 친다. 성숙기는 5~8월이다.

분포: 한국, 중국, 러시아

111

엄지유령거미
Pholcus extumidus Paik, 1978

♀ 외부 생식기   ♂ 교접기관

암컷의 몸길이는 5mm이고, 수컷은 6mm 정도이다. 두흉부는 황백색 바탕에 정중선에 의해 좌우로 나누어지는 암갈색의 복잡한 무늬가 흉부 전면에 있다. 위턱은 갈색이고 아래턱과 아랫입술은 황갈색이며, 흉판은 황갈색 바탕에 검은 무늬로 얼룩져 있다. 다리는 갈색이며 퇴절과 경절에는 황색 고리 무늬가 있고, 다리식은 1-2-4-3이다. 복부는 원통형으로 길쭉하며 연한 황회색 바탕에 회갈색 얼룩 무늬가 있다. 성숙기는 5~9월이다.

분포: 한국

관악유령거미

Pholcus kwaksanensis Namkung et Kim, 1990

♀ 외부 생식기　　♀ 내부생식기　　♂ 위턱　　♂ 생식구　　♂교접기관

수컷의 두흉부는 회갈색이고 가운데홈은 연한 황색이다. 전안열은 앞쪽에서 보면 약간 후곡하고 후안열은 곧다. 가운데눈네모꼴은 앞쪽이 넓은 마름모형이다. 위턱은 갈색이 며 엄니두덩 위에 긴 이빨을 가지고 있다. 아래턱은 엷은 황색이고 그 끝은 황백색이다. 아랫입술과 흉판은 황갈색인데 회갈색과 섞여 있다. 다리는 매우 길며 황갈색 바탕에 경 절과 퇴절 부분 위에 짙은 갈색의 무늬가 있다. 다리식은 1-2-4-3이다. 복부는 긴 원통형 이고 엷은 황색이며 등면에 갈색빛의 회색점을 많이 가지고 있다. 암컷은 모양과 색은 수컷과 같으나, 다리식은 1-4-2-3으로 다르다.

분포: 한국

묏유령거미
Pholcus montanus Paik, 1978

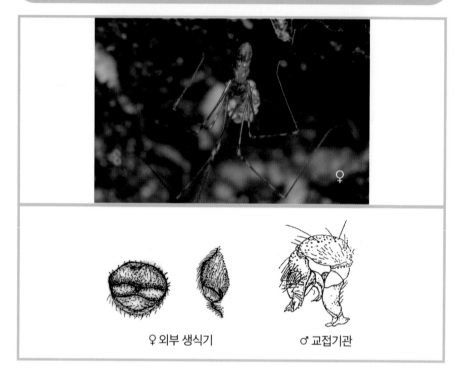

♀ 외부 생식기   ♂ 교접기관

암컷의 몸길이는 5~6mm이고 수컷은 5mm정도이다. 두흉부는 황백색 바탕에 중앙에서 이분되는 회갈색의 복잡한 무늬가 흉부 전면에 발달되어 있다. 위턱은 암갈색으로 3개의 앞엄니두덩니와 1개의 긴 돌기를 가지며 아랫입술은 황색이다. 흉판은 황색 바탕에 암회색 얼룩 무늬가 있다. 다리는 길고 갈색이며 다리식은 1-2-4-3으로 첫째다리가 가장 길다. 복부는 원통형으로 길며 회황색 바탕에 회갈색 얼룩 무늬가 있다. 산지나 바위 밑 등에서 발견된다.

분포: 한국

대륙유령거미
Pholcus manueli Gertsch, 1937

♀

♀ 외부 생식기   ♂ 교접기관

몸길이는 4~5mm 정도이다. 두흉부는 연한 황백색이며, 흉부 중앙의 암갈색 잎새 무늬
는 중앙에서 뚜렷이 갈라진다. 안역은 검정색으로 싸여 있고, 이마에 1쌍의 암갈색 줄무
늬가 있다. 위턱은 갈색이며 좌우의 것이 밑부분에서 서로 유착된다. 흉판은 폭이 크며
황갈색으로 중앙과 양옆에 황색의 희미한 무늬가 있다. 다리는 연한 황갈색인데 끝으로
갈수록 진하고 퇴절, 슬절, 경절의 끝부분에 희미한 암갈색 고리 무늬가 있다. 복부는 난
형으로 전면이 황백색이다. 산야에 서식하며 인가 부근에서도 보인다. 성숙기는 5~9월
이다.

분포: 한국, 일본, 중국(진북구)

집유령거미
Pholcus phalangioides Fusslin, 1775

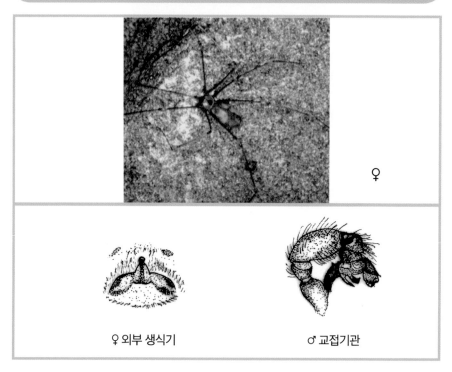

♀

♀ 외부 생식기   ♂ 교접기관

몸길이는 9~10mm 정도이다. 두흉부는 비교적 평평한 원반형으로 두부가 작고, 황백색 바탕에 갈라지지 않은 암황갈색 중앙 무늬가 있다. 위턱은 갈색으로 좌우 기부가 서로 유착되어 있다. 아랫입술은 황갈색이며 흉판에 유착되어 그 경계선이 뚜렷하지 않다. 흉판은 너비가 넓고 뒤끝이 넷째다리 기절 사이로 폭넓게 돌입하며 황갈색 바탕의 정중부에 세로로 뻗은 어두운 색 무늬가 있다. 다리는 장대하며 황갈색이다. 복부는 긴 난형이며 황백색으로 별다른 무늬가 없다. 불규칙한 그물을 구석진 곳에 치고 그 가운데에 거꾸로 매달려 있다. 자극을 받으면 오래도록 몸을 진동시킨다. 6~8월경에 성숙하며 알주머니를 입에 물고 다닌다. 유령거미류 중 대형 종이다.

분포: 한국, 일본, 중국, 대만(세계 공통종)

소천유령거미
Pholcus socheunensis Paik, 1978

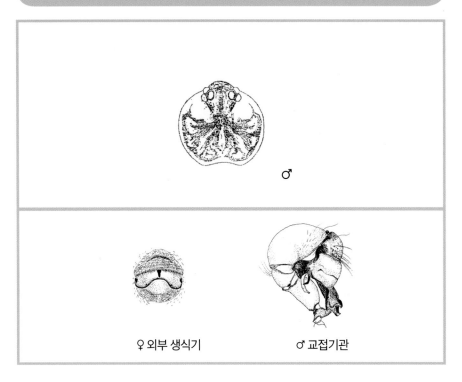

♂

♀ 외부 생식기   ♂ 교접기관

암컷의 몸길이는 5.3mm이고, 수컷도 5.3mm정도이다. 두흉부는 세로가 너비보다 약간 길며 밝은 황색 바탕에 회갈색 얼룩 무늬가 있다. 8눈이 눈두덩 위에 3군을 이루며 전중안이 가장 작고 후안들의 크기는 같다. 위턱은 회갈색이며 수컷의 기절 앞면에 3개의 이빨형 돌기와 1개의 뒷엄니두덩니를 가지고 있다. 아래턱과 아랫입술은 황갈색이다. 흉판은 밝은 황색 바탕에 회갈색으로 얼룩져 있고 미부는 셋째다리 기절 사이에 끼여 있지 않는다. 다리는 갈색 바탕에 퇴절과 경절에는 황갈색 고리 무늬가 있고, 다리식은 1-2-4-3이다. 복부는 원통형이며 밝은 황색에 회갈색 무늬가 있다.

분포: 한국

속리유령거미
Pholcus sokkrisanesis Paik, 1978

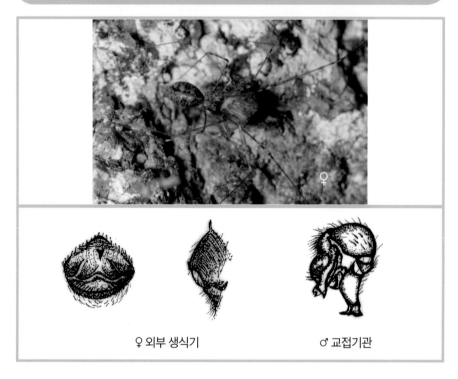

♀ 외부 생식기   ♂ 교접기관

암컷의 몸길이는 5.4mm이고, 수컷도 5.4mm 정도이다 두흉부는 세로와 너비가 거의 같고, 엷은 바탕에 회갈색의 복잡한 무늬로 얼룩져 있다. 8눈이 눈두덩 위에 3군을 이루고 있다. 전중안이 검고 가장 작으며 다른 것은 진주백색으로 후중안이 가장 크다. 위턱은 갈색으로 수컷의 기절 앞면에 3개의 이빨형 돌기가 있고 뒤쪽에 1개의 이빨이 나 있다. 아래턱은 황갈색으로 세로가 너비보다 길다. 흉판은 황색이며 미부가 넷째다리 기절 사이로 돌입한다. 다리는 갈색 바탕에 퇴절과 경절에 황색 고리 무늬가 있고, 다리식은 1-2-4-3이다. 복부는 타원형으로 길며 엷은 회황색 바탕에 회갈색 무늬가 있다. 성숙기는 5~8월이다.

분포: 한국

청옥유령거미
Pholcus cheongogensis Kim et Ye, 2015

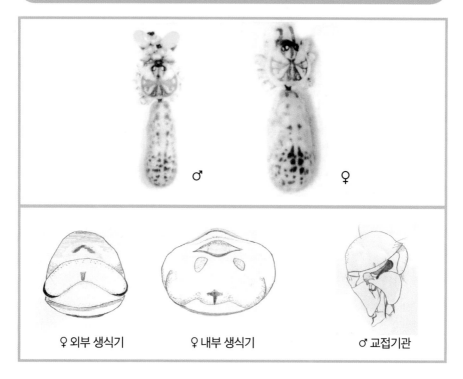

♂   ♀

♀ 외부 생식기   ♀ 내부 생식기   ♂ 교접기관

수컷의 몸길이는 5.21mm이고, 암컷의 몸길이는 5.28mm이다. 배갑은 연노랑 색이며 세로보다 너비가 더 길다. 눈 주위 부분이 돌출되어 있다. 가운데눈네모꼴 뒤너비보다 가운데눈네모꼴 앞너비가 길다. 앞가운데눈 사이 간격은 앞가운데눈과 옆눈 사이 간격 보다 약 2배정도 길다. 다리는 노랗고 회색 무늬가 반복적으로 나타난다. 수컷의 다리식은 1-2-3-4이며, 암컷의 다리식은 1-2-4-3으로 서로 다르다. 복부는 길며, 난형 및 비늘 모양의 직선형이다. 전반적으로 적은 수의 짧은 털이 자리하고 있다.

분포: 한국

치악유령거미
Pholcus chiakensis Seo, 2014

수컷의 몸길이는 5.5mm이고, 암컷의 몸길이는 5.3mm이다. 배갑은 길이와 너비가 거의 일정해서 원형을 이루고 있고 방사형의 모양으로 중앙에서 노란색과 갈색으로 눈, 옆, 흉부를 연결하는 줄무늬가 있다. 다리는 노란색과 갈색이 반복해서 나타나는데 갈색이 4번 반복된다. 다리식은 1-2-4-3이다.

분포: 한국

등줄유령거미
Pholcus crypticolenoides Kim, Lee et Lee, 2015

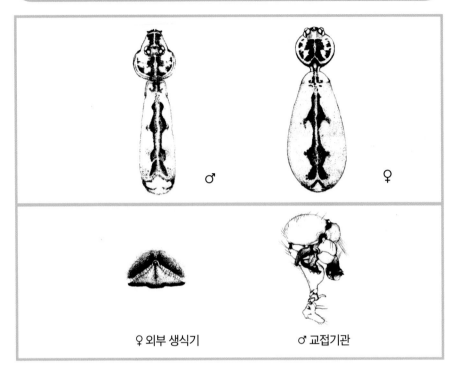

♂   ♀

♀ 외부 생식기   ♂ 교접기관

몸길이는 수컷이 4.1mm, 암컷이 4.7mm 정도이다. 체색은 황백색으로 배갑 흉부 중앙에 한 쌍의 회색 줄무늬가 있고, 흉부 가장자리에도 여러 회색 점무늬가 방사형으로 둘러져 있다. 이마에 한 쌍의 회색 줄무늬가 눈구역까지 이어져 있다. 수컷의 전측안, 후중안, 후측안이 모인 구역이 융기되어 있다. 배 등면 중앙에 3개의 거치가 있는 긴 세로줄무늬가 이어지고, 배 끝에는 흰 점무늬와 점무늬를 두르는 회색 살깃무늬가 있다. 배양옆에는 작은 점무늬가 적거나 없다. 다리에 작은 회갈색 점무늬가 산재한다. 산지의 바위 밑 등에 불규칙 그물을 치고 산다. 수컷 부배엽 말단 돌기에 1개의 작은 가시가 있고, 암컷 외부생식기 뒤쪽 판은 납작한 삼각형으로 아랫모서리의 피임이 얕다. 일본의 *Pholcus crypticolens* 와 유사하며, 남양주 운길산에서 처음 발견되었다.

분포: 한국

가지유령거미
Pholcus gajilensis Seo, 2014

수컷의 몸길이는 6mm이고 암컷의 몸길이는 5.1mm이다. 배갑은 세로와 너비가 거의 일정해서 원형을 이루고 있고 방사형의 모양으로 중앙에서 노란색과 갈색으로 눈, 옆, 흉부를 연결하는 줄무늬가 있다. 다리는 노란색과 갈색이 반복해서 나타난다. 다리식은 1-2-4-3이다. 복부에는 불규칙한 작은 결정 무늬가 있다.

분포: 한국

고수유령거미
Pholcus gosuensis Kim et Lee, 2004

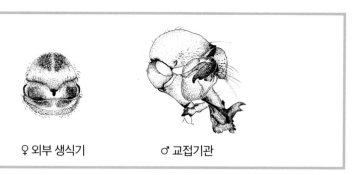

♀ 외부 생식기   ♂ 교접기관

배갑의 길이와 너비의 길이가 거의 일정하다. 복부에는 희미해서 잘 보이지 않는 어두운 점이 있다. 매우 발달된 후측면부배엽(procursus)과 위턱의 전면과 측면 돌기, 퇴화된 구보조돌기(appendix) 그리고 바깥자궁(uterus externus)에 있는 경질화된 알키스(arches)를 가지고 있다. 또한 비슷한 구돌기(uncus)와 삽입기를 보유한다.

분포: 한국

새재유령거미

Pholcus joreongensis Seo, 2004

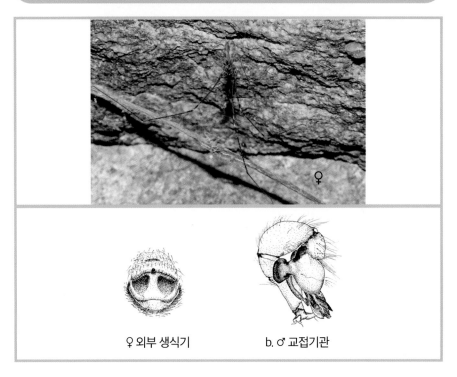

♀

♀ 외부 생식기　　　　b. ♂ 교접기관

수컷과 암컷 모두 몸길이의 길이가 5.9mm이다. 배갑은 노란색에 암갈색의 방사형 무늬가 있다. 복부는 노란색에 작은 점무늬가 분포하고 있다. 다리는 노란색이며 매우 얇고 길다. 다리식은 1-2-4-3이다. 특히 *P.clavimaculatus*와 수컷의 생식기 구조가 유사하지만 구돌기의 크기, 삽입기의 길이 셋째와 넷째다리의 길이에서 구별된다.

분포: 한국

주왕유령거미
Pholcus juwangensis Seo, 2014

수컷의 몸길이는 5.1mm이고, 암컷의 몸길이는 5.7mm이다. 배갑은 세로가 너비보다 더 길고 방사형의 모양으로 중앙에서 노란색과 갈색으로 눈, 옆, 흉부를 연결하는 줄무늬가 있다. 다리는 노란색과 갈색이 반복해서 나타난다. 다리식은 1-2-4-3이다. 복부는 원통 형이며 노란색 바탕에 갈색 점들이 배치 되어 있는 모양이다.

분포: 한국

광교유령거미
Pholcus kwangkyosanensis Kim et Park, 2009

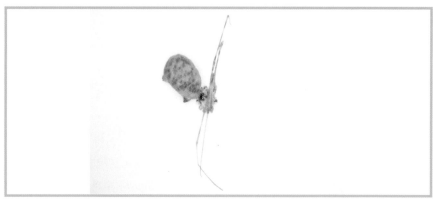

이 종은 중국산 *P. xianensis* Zhu et Yu., *P. hananensis* Zhu et Mao와 비슷하다. 이 종은 한국 고유의 종인 *Pholcus kwanaksanensis* Namkung et Kim, 1996과 비슷하다. 갈고리 형 돌기(uncus)의 앞부분이 새 모양이고, 부배엽 돌기(procursus)는 긴 일자 모양인 것 이 위 종들과 비슷하나 수컷의 수염기관(palpal organ)과 교접기관(epigynum)과 외부생 식기(genitalia)의 구조가 위 종들과 구분된다. 또한 *Pholcus kwangkyosanensis*는 암컷 복 부의 색 패턴과 고치 모양의 복부로 구분된다.

분포: 한국

노동유령거미
Pholcus nodong Huber, 2011

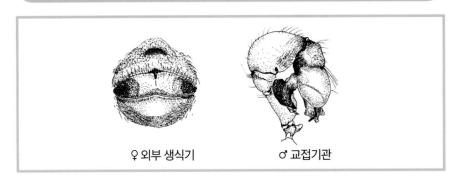

♀ 외부 생식기   ♂ 교접기관

몸길이는 4.5mm 정도이다. 체색은 밝은 상아색이다. 머리가슴은 둥글고 배갑에 방사형의 줄무늬가 있다. 가슴판은 아래쪽에 회색 무늬가 있고 특별한 문양이 없다. 배는 길고 난형이며, 등면 중앙에 큐티클에는 무늬가 없어 내부 장기가 비쳐 보인다. 등면 중앙에 염통무늬가 있고 등면 양옆과 측면에 다수의 둥근 점무늬가 있다. 수컷 더듬이다리 전절의 돌기가 매우 짧고, 경절 내측면에 작은 혹이 있다. 수염기관 생식구에는 반달 모양의 갈고리형 돌기(uncus)가 있으며 돌기 끝이 날카롭고 내치가 있기도 하다. 생식기 보조돌기(appendix)가 없고 삽입기는 경화되지 않았다. 부배엽 돌기(procursus)가 경절만큼 길고 돌기 등면에 2개의 가시가 있으며, 말단 내측면이 막질로 둥글고 끝에 외측면으로 향하는 가시가 1개 있다. 암컷 외부생식기 판 양옆에는 작은 경화된 무늬가 있다. 내부 생식기 양옆이 크게 발달했고, 강하게 안으로 굽어 있다. 충청북도 단양군 노동동굴에서 처음 발견되었으며 단양 일대에 분포한다.

분포: 한국

옥계유령거미
Pholcus okgye Huber, 2011

동굴에서 서식한다. 암컷과 수컷 모두 몸길이가 5.7mm 안팎이다. 배갑은 너비보다 약간 세로가 긴 원형으로, 황토색이며, 갈색 무늬가 뚜렷하다. 눈구역은 볼록하며, 가장자리는 갈색이다. 가슴판은 폭이 넓고 앞부분은 황토색으로 갈색 점이 산포한다. 뒷부분은 밝은 갈색이다. 다리는 밝은 갈색으로 가시털이 없다. 넓적다리마디 뒤쪽과 종아리마디 앞쪽 및 뒤쪽에 짙은 고리 무늬가 나타난다. 배는 너비보다 세로가 긴 원통형이다. 등면은 황회색으로 검은 점이 산포하며, 아랫면의 생식구역에 무늬가 관찰되나 뚜렷하지 않다. 암컷은 수컷과 유사하나 3무리의 눈이 서로 거리가 같으며, 가슴판 옆쪽에 크고 뚜렷하지 않은 무늬가 있다. 강원도 옥계면 옥계굴에서 발견된 우리나라 고유종이다
분포: 한국

팔공유령거미
Pholcus palgongensis Seo, 2014

수컷의 몸길이는 5.3mm이고, 암컷의 몸길이는 5.2mm이다. 배갑의 가운데홈에서 갈색 방사형무늬가 있다. 다리는 노란색이며 갈색 고리가 반복해 나타난다. 다리식은 1-2-4-3이다. 복부는 원통형이며 깃털처럼 휘어있다. 노란색 바탕에 갈색 점들이 배치 되어 있는 모양이다.
분포: 한국

박연유령거미
Pholcus parkgeonesis Kim et Yoo. 2009

수컷의 몸길이는 8~9.9mm이고, 암컷의 몸길이는 8.6~10.5mm이다. *P. crassus* Paik, 1978, *P. acutulus* Paik, 1978과 같은 종과 비교하면 배갑과 복부가 비슷하다. 하지만 수컷의 생식기가 제시된 종들과 다르다.　　　　　　　　　　　　**분포:** 한국

포전유령거미
Pholcus pojeonensis Kim et Yoo. 2008

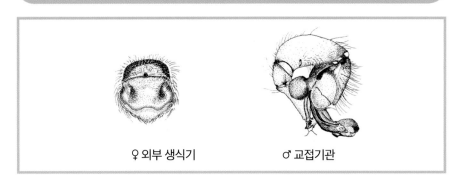

♀ 외부 생식기   ♂ 교접기관

수컷의 몸길이는 11mm이고 암컷의 몸길이는 10mm이다. 중국산 *Pholcus yichengicus* Zhu, Tu et Shi, 1986과 배면, 등면, 두흉부 무늬가 유사하나 수컷 수염기관과 암컷의 내부, 외부생식기 모양이 전혀 다르다. 수컷더듬이 다리의 부배엽 돌기(procursus)는 가늘고 사슴뿔처럼 길고 둥글게 휘었으며, 암컷의 외부생식기는 작은 원통모양으로 돌출되어 있다. 중부 돌기(uncus)는 검정색으로 각이 없는 사각형 모양이다. 다리식은 1-2-3-4이다.

분포: 한국

심복유령거미
Pholcus simbok Huber, 2011

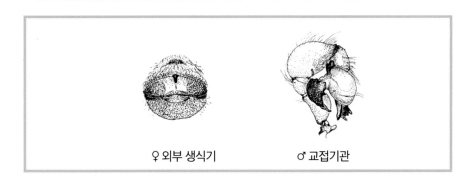

♀ 외부 생식기   ♂ 교접기관

동굴에서 서식한다. 암컷과 수컷 모두 몸길이는 4.8mm 안팎이다. 배갑은 너비보다 약간 세로가 긴 원형으로, 황토색이며, 갈색 무늬가 뚜렷하게 나타난다. 눈구역은 볼록하며, 가장자리는 갈색이다. 가슴판은 폭이 넓고 중앙이 엷으며, 황토색이다. 중앙 뒷부분에 갈색의 짧은 줄무늬가 있으며, 옆쪽과 뒤쪽은 갈색이다. 다리는 황토색으로, 가시털이 없다. 넓적다리마디와 종아리마디에 각각 2개와 4개의 짙은 고리 무늬가 있다. 배는 너비보다 세로가 긴 원통형이며, 등면은 황토색으로 검은 점이 산포한다. 아랫면은 생식구역에 밝은 갈색 무늬가 있다. 암컷은 수컷과 유사하나 3무리의 눈이 거의 근접한다. 충청북도 괴산군 심복굴에서 발견된 우리나라 고유종이다.

분포: 한국

운길유령거미
Pholcus woongil Huber, 2011

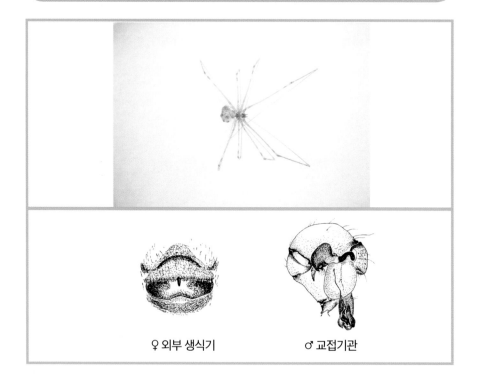

♀ 외부 생식기   ♂ 교접기관

산지에서 서식한다. 암컷과 수컷 모두 몸길이는 5mm 안팎이다. 배갑은 너비에 비해 세로가 약간 긴 원형으로, 황토색이며, 뚜렷한 갈색 무늬가 있다. 눈구역은 볼록하며, 가장자리가 갈색이다. 8개의 눈은 거의 근접한다. 가슴판은 폭이 넓고, 중앙부는 갈색의 점이 산포하는 황토색이다. 다리는 황토색으로 털이 전혀 없다. 넓적다리마디와 종아리마디에 각각 2개와 4개의 짙은 고리무늬가 나타난다. 배는 너비보다 세로가 긴 원통형으로, 등면은 검은 점이 산포하는 황토색이다. 아랫면의 생식구역에는 밝은 갈색의 무늬가 있다. 암컷은 수컷과 유사하나 눈두덩이 보다 근접하고 다리의 고리 무늬가 더욱 선명하다. 경기도 남양주시 운길산에서 발견된 우리나라 고유종이다.

분포: 한국

연천유령거미
Pholcus yeoncheonensis Kim, Lee et Lee, 2015

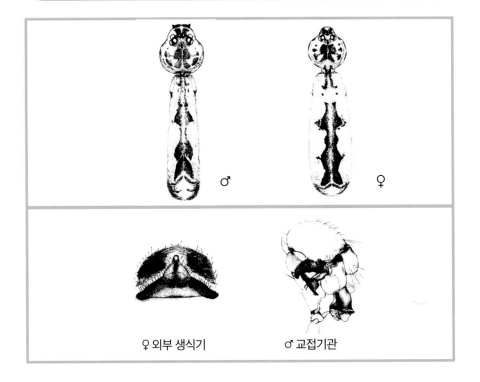

♂　　　　　♀

♀ 외부 생식기　　　　♂ 교접기관

수컷의 몸길이는 4.34mm이고, 암컷의 몸길이는 4.53mm이다. 배갑은 원형이며 밝은 암황색을 가지고 있고, 방사형으로 회색 반점이 위치한다. 등, 앞 자국 등의 회색의 선이 세로 줄무늬가 분리되어 있다. 작은등과 옆복부 반점 뒷부분에 하얀 다이아몬드 모양의 점이 있다. 흑갈색 색소 한 쌍이 복부의 중앙에 표시되어 있다. 짙은 회색 자국 다리는 매우 길고 거의 투명하다. 대퇴골에는 옅고 작은 반점이 많이 있으며 짙은 회색 반점이 있다. 다리식은 1-4-2-3이다.

분포: 한국

영월유령거미
Pholcus yeongwol Huber, 2011

♂ 교접기관

산지에 서식한다. 몸길이는 암컷과 수컷 모두 5mm 안팎이다. 배갑은 너비보다 세로가 약간 긴 원형으로 황토색이며, 뚜렷한 갈색 무늬가 나타난다. 눈구역은 약간 볼록하며, 가장자리는 갈색이다. 뒷부분에는 몇 개의 털이 나 있으며, 8개의 눈은 거의 근접한다. 가슴판은 폭이 넓다. 가장자리는 갈색이며 중앙부는 갈색 점이 산포하는 황토색이다. 다리는 황토색으로 털이 전혀 없다. 넓적다리마디와 종아리마디에 각각 2개와 4개의 짙은 고리 무늬가 있다. 배는 너비보다 세로가 긴 원통형으로, 등면은 검은 점이 산포하는 황토색이다. 아랫면의 생식구역에는 밝은 갈색의 무늬가 보인다. 암컷은 수컷과 유사하나 눈두덩이 거의 근접하며, 다리의 고리 무늬가 더욱 선명하다. 강원도 영월군에서 발견된 우리나라 고유종이다.

분포: 한국

제주육눈이유령거미속
Genus *Belisana* Thorell, 1898

속의 특징은 제주육눈이유령거미(*Belisana amabilis*)의 특징과 같다.

제주육눈이유령거미
Belisana amabilis Paik, 1978

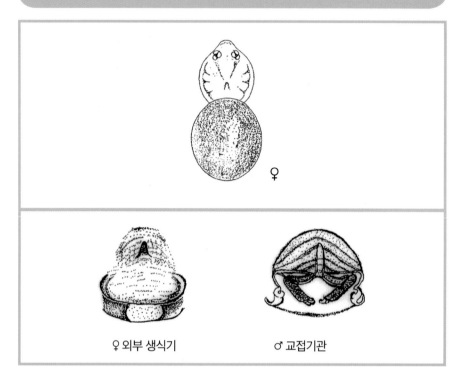

♀

♀ 외부 생식기   ♂ 교접기관

암컷의 몸길이는 2.1mm 정도이고 배갑은 황갈색이다. 6개의 눈은 3개씩 2군으로 배열되어 있으며 크기는 비슷하고 눈두덩은 없다. 위턱은 황갈색으로 매우 약하고 엄니는 작다. 흉판은 세로보다 너비가 더 넓고 넷째다리 기절 사이에 끼여 있다. 다리는 황갈색이며 다리식은 1-2-4-3이다. 복부는 구형이며 특별한 무늬가 없다.

분포: 한국

육눈이유령거미속
Genus *Spermophora* Hentz, 1841

몸길이는 2mm 정도이다. 두흉부는 황갈색으로 둥글며 세로가 너비보다 길다. 같은 크기의 6개의 눈이 3개씩 2군을 이루며 눈두덩이는 융기하지 않았다. 위턱은 황갈색으로 가늘고 연약하며 짤막한 갈고리와 박판을 가지고 있다. 아래턱, 아랫입술, 흉판은 모두 연한 황색이고, 흉판은 폭이 넓은 방패형으로 뒤끝이 넷째다리 기절 사이로 돌입한다. 다리는 황갈색이며 다리식은 1-2-4-3이다. 복부는 구형으로 불룩하고 황갈색이며 별다른 무늬가 없다. 매우 작은 거미로 야외의 그늘진 곳에 산다.

거문육눈이유령거미
Spermophora senoculata (Duges, 1836)

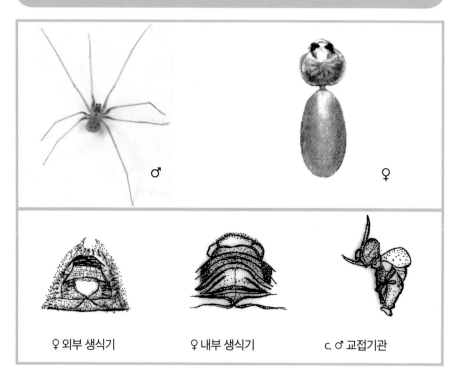

♂   ♀

♀ 외부 생식기   ♀ 내부 생식기   c. ♂ 교접기관

암컷의 몸길이는 2.5mm이고 수컷은 1.59mm이다. 안역은 검고 배갑과 그 밖의 부분은
대체로 담황색을 띠고 있다. 배갑은 서양배 모양이다. 전중안이 퇴화된 6개의 눈은 3개
씩 2군을 이루며 후안열은 후곡한다. 눈차례는 전측안>후중안=후측안이다. 이마의 높
이는 측안의 직경과 비슷하고 가운데홈은 없다. 위턱은 매우 약하고 앞엄니두덩에 1개
의 이를 갖는다. 다리는 가늘고 길며 다리식은 1-2-4-3이다. 복부는 비교적 둥근 난형으
로 그 너비와 높이가 모두 세로보다 짧다. 복부의 무늬나 색깔의 변이가 심하다. 수컷 수
염기관의 전절은 엄지손가락 모양의 돌기가 있다.

분포: 한국, 일본, 중국, 유럽, 북아프리카

잔나비거미과

Family Leptonetidae Simon, 1890

6개의 눈을 가진다. 그 중 4개는 서로 접근해서 약간 후곡한 안열을 이루고 있으며 나머지 2개는 서로 밀접해서 전안열 뒤에 멀리 떨어져서 위치한다. 간혹 눈이 더욱 퇴화하여 4개만 있는 것 또는 전혀 없는 것도 있다. 몸집은 매우 작고 다리는 길다. 위턱에 옆혹은 없지만 엄니두덩니는 있다. 아래턱은 거의 평행한다. 다리에 가시를 가지고 있으며 각 부절은 3개의 발이 있다. 윗발톱은 좌우 것의 모양과 크기가 같고 1줄로 늘어선 빗살니가 있다. 넷째 부절에는 헛발톱이 있다. 넷째다리의 좌우 기절은 서로 떨어져서 위치한다. 2개의 폐서 숨문과 1개의 기관 숨문을 가진다. 아랫입술은 흉판에 유착되어 있으나 그 사이에 뚜렷한 경계선이 보인다. 사이젖이 존재한다. 어두운 곳에 살며 동굴 속에서 흔히 발견된다.

잔나비거미속
Genus *Leptoneta* Simon, 1872

상기한 과의 표징 이외에 다리에 끝털다발을 가지고 있다. 암컷의 촉지에 발톱을 가진다. 아래턱은 일반적이고 끝이 부채 모양으로 넓어지는 일이 없으며 그 가장자리에 톱니가 없다. 전측안은 전중안에 닿아 있다.

호계잔나비거미
Leptoneta hogyegulensis Paik et Namkung, 1969

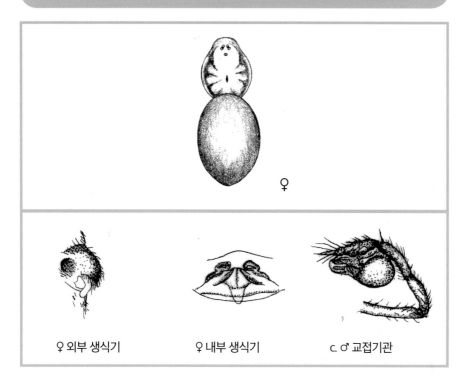

♀

♀ 외부 생식기   ♀ 내부 생식기   c. ♂ 교접기관

암컷의 몸길이는 2.4mm 정도이다. 두흉부는 갈색으로 긴 난형이며, 적갈색의 바늘형인 가운데홈과 목홈 및 방사홈이 뚜렷하다. 6개의 눈이 잘 발달해 있으며, 4개의 전안열은 거의 맞닿아 반원형으로 늘어서 있고 2개의 후안열은 작으며 서로 맞닿아 있다. 위턱은 갈색이며 8개의 앞엄니두덩니와 5개의 뒷엄니두덩니가 있다. 아랫입술은 갈색으로 너비가 세로보다 길다. 흉판은 갈색이며 위끝이 폭넓게 넷째다리 기절 사이로 돌입한다. 다리는 갈색이며 3개씩의 발톱과 헛발톱을 가진다. 복부는 긴 난형으로 밝고 연한 회색이며, 실젖은 원뿔형이고 2개의 센털을 가진다.

분포: 한국

홍도잔나비거미
Leptoneta hongdoersis Paik, 1980

♂

수컷의 몸길이는 2.5mm 정도이다. 두흉부는 세로가 너비보다 길며 연한 갈색으로 가장자리와 홈줄은 암갈색이고, 가운데홈은 적갈색 바늘형이다. 6개의 눈이 잘 발달되어 있으며, 4개의 전안열은 반원으로 후곡하고, 후안열은 매우 작고 서로 맞닿아 있다. 위턱은 갈색으로 앞엄니두덩니 8개, 뒷엄니두덩니 8개가 있다. 아래턱은 갈색으로 세로가 너비보다 길다. 아랫입술은 갈색으로 너비가 세로보다 약간 길다. 흉판은 암갈색으로 뒤끝이 넷째다리 기절 사이로 폭넓게 돌입한다. 다리는 연한 황갈색으로 다리식은 1-4-2-3, 복부는 밝은 회갈색으로 긴 난형이고, 사이젖에는 2개의 강모가 나 있다.

분포: 한국

장산잔나비거미
Leptoneta jangsanensis Seo, 1989

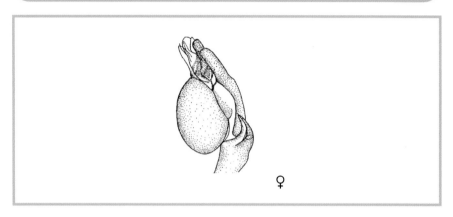

♀

수컷: 몸길이는 2.2mm이다. 배갑은 황갈색이고 가장자리, 목홈 그리고 방사홈은 배갑
보다 색이 진하며 가운데홈은 짧은 직선 모양이다. 이마의 높이는 전중안의 직경 크기
이고 후중안은 서로 붙어 있다. 위턱은 황갈색이고 7개의 앞엄니두덩니가 있다. 흉판은
황갈색이고 미부가 넷째 다리의 기절 사이에 끼인다. 다리는 연한 황갈색이고 다리식은
1-4-2-3이다. 복부는 연한 황색에 타원형이고 등면에 털이 많이 나 있다.

암컷: 몸길이는 2.4mm 정도이다. 전측안은 그들 직경의 1.6배만큼 떨어져 있고 후중안
은 0.6배 정도 떨어져 있다. 위턱에는 8개의 앞엄니두덩니가 존재한다.

분포: 한국

남해잔나비거미

Leptoneta namhensis Paik et Seo, 1982

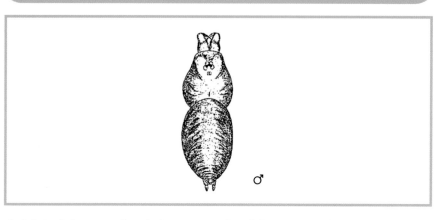

암컷의 몸길이는 2mm이고 수컷은 2.2mm 정도이다. 두흉부는 황갈색이며 가운데홈, 목홈, 방사홈 및 가장자리는 모두 암회색이다. 6눈이 뚜렷하다. 전안열 4눈은 반원형으로 늘어서 있고 2개의 후안열은 서로 접해 있으며 뒤로 멀리 떨어져 있다. 위턱은 갈색으로 8개의 앞엄니두덩니와 7개의 뒷엄니두덩니가 있다. 흉판은 방패형이며 갈색바탕에 암회갈색을 띤다. 다리는 엷은 갈색이고 다리식은 1-4-2-3으로 첫째다리가 가장 길다. 복부는 긴 난형으로 불룩하고 회갈색 바탕에 엷은 색의 긴 등줄 무늬가 보인다. 사이젖이 존재한다.

분포: 한국

백명잔나비거미
Leptoneta paikmyeonggulensis Paik et Seo, 1984

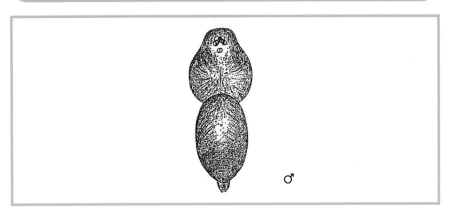

수컷의 두흉부는 짙은 회색의 양끝과 방사홈을 가진 황갈색이다. 가운데홈은 적갈색이고 바늘형이다. 6개의 눈은 잘 발달되어 있고 전안열은 서로 밀집되어 있으며 반원형으로 되어 있다. 후안은 인접해 있다. 전측안은 그들의 직경보다 1.2배 정도 떨어져 있다. 위턱은 황갈색이고 9개의 앞엄니두덩니와 6개의 뒷엄니두덩의 작은 이빨로 되어 있다. 아랫턱과 아랫입술은 연한 갈색이다. 흉판은 갈색 바탕에 엷은 갈색이 섞여 있고 그 끝은 넷째다리 기절 사이로 뻗어나와 있다. 다리는 황갈색이다. 다리식은 1-4-2-3이며 복부는 자주빛이 도는 회색이고 하얀 등면에 '之' 자형 무늬를 가지고 있는 타원형이다.

분포: 한국

141

소룡잔나비거미
Leptoneta soryongensis Paik et Namkung, 1969

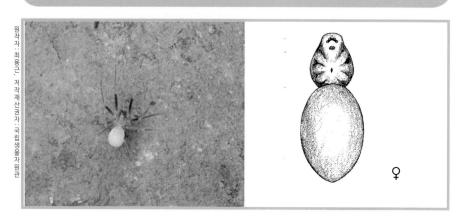

♀

암컷의 몸길이는 2mm 정도이다. 두흉부는 갈색으로 세로가 너비보다 길다. 가운데홈은 적갈색 바늘형이고 목홈과 방사홈이 뚜렷하다. 6개의 눈이 2열로 배열되어 있으며 전안열의 4개의 눈은 크기가 같고 후안열의 2개의 눈은 가장 작다. 위턱은 갈색으로 11개의 앞 엄니두덩니와 5개의 뒷엄니두덩니가 있다. 아래턱과 아랫입술은 갈색이다. 흉판은 갈색이며 뒤끝이 넷째다리 기절 사이로 돌입하고 있다. 다리는 갈색이고 다리식은 1-4-2-3이다. 복부는 연한 회색이며 긴 난형으로 원뿔형의 사이젖 끝에는 3개의 강모가 나 있다.

분포: 한국

대구잔나비거미
Leptoneta taeguensis Paik, 1985

수컷: 몸길이는 1.56mm이다. 배갑은 연한 갈색이고 가장자리와 방사홈은 어두운 회색이며 가운데홈은 적갈색으로 바늘형이다. 6개의 눈은 잘 발달되어 있으며 후중안이 가장 작고 전중안이 제일 크다. 위턱은 갈색이고 9개의 앞엄니두덩니와 3개의 뒷엄니두덩니가 있다. 아래턱은 갈색이고 안쪽 기저 부위에 돌기가 나 있으며 털은 없다. 흉판은 황갈색 바탕에 가장자리가 더 어둡고 뒤끝이 넷째다리 기절 사이에 끼여 있다. 다리는 연한 황갈색이고 다리식은 1-4-2-3이다. 복부는 구형이고 연한 황회색이다. 사이젖은 원뿔

형이고 2개의 강모가 나 있다.

암컷: 몸길이는 1.63mm이고 수컷과 외형이 유사하다.

분포: 한국

와흘잔나비거미
Leptoneta waheuigulensis Namkung, 1991

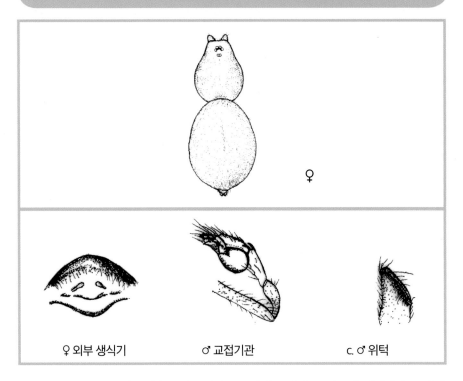

♀ 외부 생식기   ♂ 교접기관   c. ♂ 위턱

두흉부는 황갈색이고 가운데홈은 바늘처럼 뾰족하여 구별할 수 있으나 희미하다. 목홈과 방사홈은 짙은 갈색이다. 6개의 눈은 잘 발달되었고 후안이 작고 다른 것은 크기가 비슷하다. 전안들은 서로 밀집된 상태로 반원형 배열을 보인다. 위턱은 황갈색이며, 7개의 앞엄니두덩니와 2쌍의 센털을 그 앞부분에 가지고 있다. 아래턱은 황갈색이고, 아랫입술은 갈색이며 가로로 긴 반원형을 하고 있다. 흉판은 엷은 갈색이며 진한 회색 털을 가지고 있는데 뒤끝이 넷째다리 기절 사이로 뻗어나와 있다. 다리는 엷은 황갈색이고 다리식은 1-4-2-3이다. 복부는 황갈색의 타원형이다. 수컷과 암컷은 색깔과 형태에 있어 유사하다. **분포:** 한국

용담잔나비거미
Leptoneta yongdamgulensis Paik et Namkung, 1969

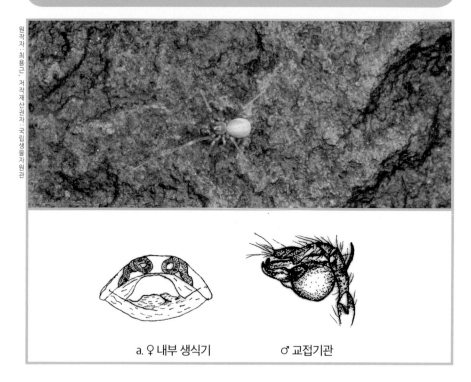

a. ♀ 내부 생식기   ♂ 교접기관

암컷은 배갑이 갈색이고 너비보다 길이가 길다. 가운데홈은 적갈색 바늘형이고 목홈과 방사홈은 뚜렷하다. 6개의 눈은 잘 발달되어 있고, 2개의 후안이 가장 작으며 4개의 전안은 크기가 서로 비슷하다. 전안은 서로 붙어 있는 반원형이고 전측안의 축을 연장한 선은 서로 평행하다. 위턱은 갈색으로 10개의 앞엄니두덩니와 작은 8개의 뒷엄니두덩니가 있다. 아래턱은 갈색이고 세로가 너비보다 길며 그 끝쪽은 눌려져 있는 것처럼 보인다. 아랫입술은 갈색이고 세로보다 너비가 길다. 흉판은 갈색이고 너비보다 세로가 길고, 뒤끝은 폭넓게 넷째다리 기절 사이에 돌출하고 있다. 다리는 갈색이고, 다리식은 1-4-2-3이다. 복부는 연한 회색이고 긴 난형이다. 사이젖은 원뿔형이고 그 끝에 2개의 긴 센털을 가진다.

분포: 한국

144

용연잔나비거미
Leptoneta yongyeonensis Seo, 1989

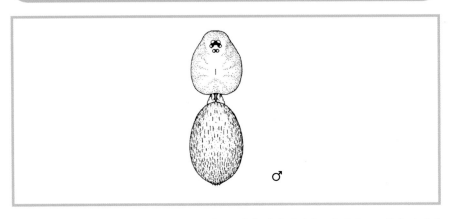

수컷의 두흉부는 황갈색이고 방사홈, 목홈은 진한 황갈색이다. 위턱에는 8개의 앞엄니두덩니만 있다. 다리식은 1-4-2-3이다. 암컷의 모든 부속지는 황갈색이다. 이마의 높이는 가운데눈네모꼴의 높이와 같다. 이마의 높이는 전중안 직경의 약 3배이다. 눈차례는 전중안〉전측안〉후중안이다. 가운데눈네모꼴은 높이〉앞변〉뒷변의 순으로 크다.

분포: 한국

칠보산잔나비거미
Leptoneta chibosanensis Kim, Yoo et Lee, 2016

몸길이는 수컷이 1.56mm 내외이다. 수컷의 배갑은 황갈색의 난형으로 너비보다 세로가 길다. 목홈이 뚜렷하고 가운데홈은 바늘 모양으로 흑갈색이다. 위턱은 황갈색으로 8개의 작은 이빨과 여러 개의 돌기가 양 두덩에 있다. 아래턱은 가운데가 볼록하다. 가슴판은 황갈색으로 얼룩덜룩하며 볼록하다. 다리는 엷은 황갈색으로 기늘고 약하다. 배는 닥한 회갈색의 난형으로 너비보다 세로가 길다. 수컷 더듬이다리의 종아리마디에 뾰족한 돌기가 있다. 삽입기는 짧은 부리 모양으로 지시기는 약간 굽어 있고 중부 돌기는 길고 가는 바늘 모양이고 라멜라는 꼬여 있고 끝이 뾰족하다. 암컷은 알려져 있지 않다. 산지 숲의 낙엽층에 서식한다. 경기도 화성시 칠보산에 분포한다. 한국 고유종인 대표적 동굴성 또는 토양성 거미로 개체군 밀도가 낮고 아직까지는 모식산지 이외의 지역에서 발견된 바 없다.

분포: 한국

한들잔나비거미
Leptoneta handeulgulensis Namkung, 2002

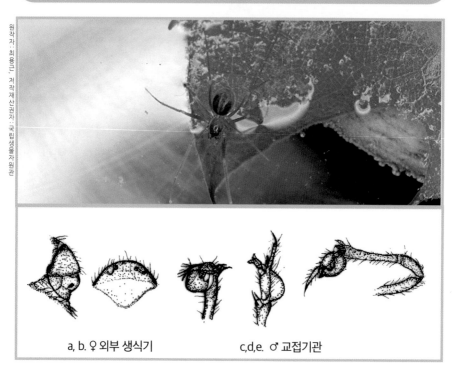

a, b. ♀ 외부 생식기   c,d,e. ♂ 교접기관

수컷의 몸길이는 2.2mm이고, 암컷의 몸길이는 1.9mm이다. 배갑은 황갈색으로 목홈, 방사홈, 가슴홈 등이 희미하다. 앞줄눈이 강하게 후곡하고, 뒷가운데눈은 서로 접하며, 앞옆눈과 그 지름만큼 떨어져 있다. 가슴판은 불룩한 담황갈색 반원형으로, 뒤끝이 무디게 넷째다리 밑마디 사이로 삽입되었다. 다리는 담황갈색으로 긴 센털이 다수 줄지어 나 있다. 배는 회갈색 난형으로 긴 털이 밀생하며, 암컷 생식기는 다소 부풀어 있고 1쌍의 수정낭이 투시된다. 수컷의 더듬이다리의 종아리마디 끝부분에 갈고리 모양의 2개의 가시돌기가 있고, 배엽 끝에 긴 갈고리가 있다. 동굴 속 벽면과 암반 틈에 작은 시트형 그물을 치고 있다. 호동굴성 거미로 연중 성체를 볼 수 있다.   **분포:** 한국

광릉잔나비거미
Leptoneta kwangensis Kim, Jung, Kim et Lee, 2002

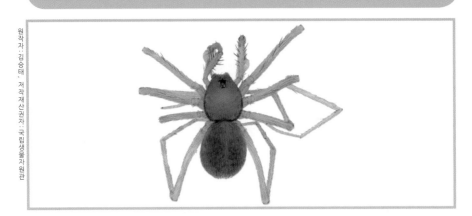

수컷의 몸길이는 2.1mm이다. 배갑의 길이는 너비보다 길다. 전반적으로 옅은 암황색을 띠고 있고, 여백 부분이 어두운 배갑 중에는 경추와 방사선은 뚜렷하게 어둡다. 다리는 밝은 회색빛과 갈색을 띠며 길고 가늘다. 다리에는 짧은 털들이 많이 분포하고 있다. 다리식은 1-4-3 (2번 다리는 부절로 인해 자료가 없음)이다.

분포: 한국

내장산잔나비거미
Leptoneta naejangsanensis Kim, Yoo et Lee, 2016

몸길이는 수컷이 1.96mm 내외이다. 수컷의 배갑은 흑갈색의 난형으로 너비보다 세로가 길다. 목홈과 방사홈은 짙은 흑갈색이고 가운데홈은 바늘 모양으로 적갈색이다. 위턱은 흑갈색으로 9개의 앞엄니두덩니가 있다. 아래턱은 가운데가 볼록하다. 가슴판은 탁한 흑갈색으로 얼룩덜룩하며 방패 모양이고 볼록하며 흑갈색의 무늬가 있다. 다리는 엷은 흑갈색으로 가늘고 약하다. 배는 탁하고 엷은 흑갈색의 난형으로 너비보다 세로가 길다. 수컷 더듬이다리의 종아리마디에 길고 뾰족한 돌기가 있다. 삽입기는 짧은 부리 모양으로 지시기는 넓고 중부 돌기는 길고 가는 바늘 모양으로 끝은 뭉뚝하며 라멜라는 넓고 끝이 거의 곧다. 암컷은 알려져 있지 않다. 산지 숲의 낙엽층에 서식한다. 전라북도 정읍시 내장산에 분포한다. 한국 고유종인 대표적 동굴성 또는 토양성 거미로 개체군 밀도가 낮고 아직까지는 모식산지 이외의 지역에서 발견된 바 없다. **분포:** 한국

남궁잔나비거미
Leptoneta namkungi Kim, Jung, Kim et Lee, 2004

수컷의 몸길이는 3.32mm이다. 배갑의 길이는 너비보다 길다. 전반적으로 옅은 적갈색을 띠고 있고, 배갑은 황갈색을 띠고 있으며 털이 없다. 중앙홈은 뚜렷하고, 세로방향이며 얇다. 가슴판은 볼록하고 방패모양이며, 검고 짧은 털이 있다. 다리는 적갈색을 띠며 길고 가늘다. 다리에는 검은 짧은 털들이 많이 분포하고 있다. 다리식은 1-4-2-3이다.
분포: 한국

가시잔나비거미
Leptoneta spinipalpus Kim, Lee et Namkung, 2004

수컷의 몸길이는 1.61mm이다. 배갑의 길이와 너비는 거의 비슷하며, 황갈색을 띠고 있다. 가슴홈은 암갈색이며 세로로 뻗어있고 매우 가늘고 2~3개의 털이 있다. 눈주위에는 어두운 부분이 있고 얇은 검은띠가 있다. 가슴판은 암갈색이며 방패모양으로 생겨있다. 다리는 길고 가늘며 황갈색이다. 다리식은 1-4(2번, 3번 다리는 부절로 인해 자료가 없음)이다.
분포: 한국

서귀포잔나비거미
Leptoneta seogwipoensis Kim, Ye et Kim, 2015

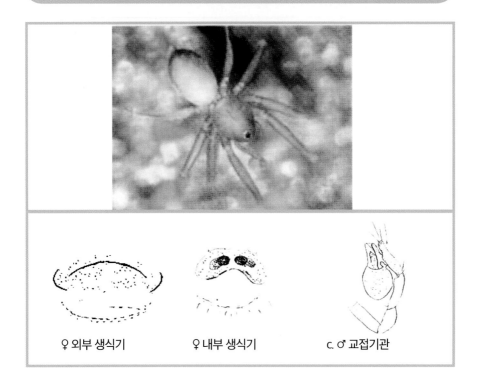

♀ 외부 생식기   ♀ 내부 생식기   c. ♂ 교접기관

수컷과 암컷의 몸길이는 모두 1.91mm이다. 배갑은 옅은 회분색이며 세로가 너비보다 길다. 가운데홈에서 방사형모양으로 갈색 선이 뻗어나 있다. 복부는 타원형이며 전반적으로 전부 노란색을 띠고 있다. 다리는 복부보다 밝은 노란색으로 짧은 털이 고르게 분포해 있다. 다리식은 다른 잔나비거미와 다르게 3-1-4-2이다.

분포: 한국

왜잔나비거미속
Genus *Falicileptoneta* Komatsu, 1970

수컷 더듬이다리 퇴절에 굵은 가시들이 없고, 경절에 1~2개의 가시털 모양의 돌기가 있다. 일부는 경절 중간에 깃털 모양의 털이 있고, 밑면에 돌기가 없다. 배엽 외측면에 돌기가 있다. 삽입기는 낫 모양이다. 암컷 수정낭은 짧고, 꼬여있지 않다.

고려잔나비거미
Falcileptoneta coreana (Paik et Namkung, 1969)

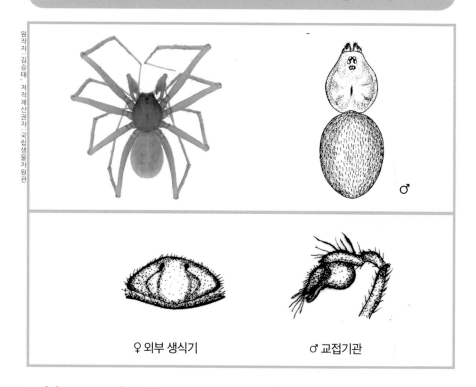

♀ 외부 생식기　　　　　♂ 교접기관

몸길이는 2.5mm 정도이다. 수컷은 배갑이 긴 난형이며 갈색을 띤다. 가운데홈은 적갈색의 바늘 모양을 이루고, 목홈과 방사홈도 뚜렷하다. 6개의 눈은 잘 발달하였으며 크기가 거의 같은데 뒤쪽의 2개만 약간 작은 편이다. 위턱은 갈색이고, 아래턱은 너비보다 길이가 길다. 다리는 갈색이고 3개의 발톱 및 헛발톱을 가지고 있다. 암컷은 전측안이 가장 크고 후안이 가장 적다. 아래턱에는 둔한 돌기가 있다.

분포: 한국

환선잔나비거미
Falcileptoneta hwanseonensis Namkung, 1987

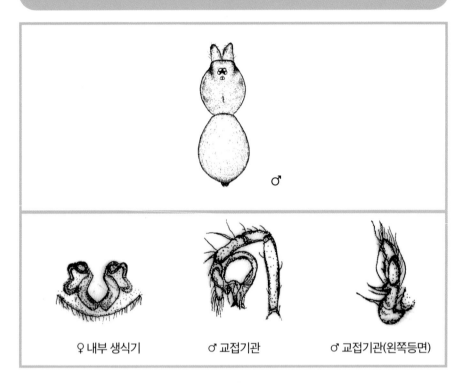

♀ 내부 생식기   ♂ 교접기관   ♂ 교접기관(왼쪽등면)

수컷의 몸길이는 2~3mm 정도이며, 두흉부는 밝은 갈색으로 너비보다 세로가 같다. 가운데홈은 암갈색으로 바늘형이고 목홈과 방사홈을 볼 수 있다. 전안의 크기는 같고 반원형으로 서로 접하고 있다. 후안은 매우 작다. 전측안은 그들의 직경만큼 서로 떨어져 있다. 위턱은 갈색으로 앞엄니두덩에 9개의 이빨이 있다. 아래턱은 갈색이며 아랫입술은 갈색으로 반원형이고 너비가 세로보다 길다. 흉판은 갈색으로 방패형이고 너비보다 세로가 조금 길다. 다리는 황갈색이다. 다리식은 1-4-2-3이다. 복부는 황갈색으로 긴 난형이다.

분포: 한국

152

마귀잔나비거미
Falcileptoneta secula (Namkung, 1987)

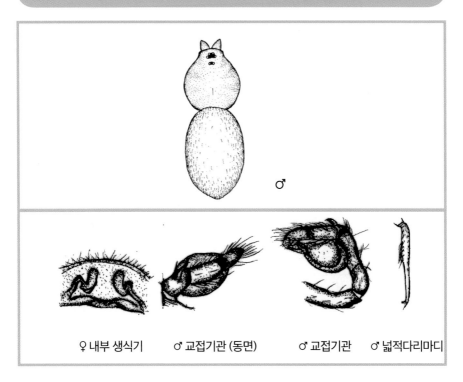

♀ 내부 생식기　　♂ 교접기관 (동면)　　♂ 교접기관　　♂ 넓적다리마디

암컷과 수컷의 몸길이는 1.5~2mm 정도이다. 두흉부는 황갈색으로 너비보다 세로가 길다. 가운데홈은 적갈색의 바늘형이다. 6개의 눈들은 모두 크기가 같지만 후안이 전안보다 약간 작다. 전안은 서로 거의 닿아 있으며 반원형으로 배열되어 있다. 위턱은 갈색으로 8개의 앞엄니두덩니가 있고 뒷엄니두덩니는 없다. 아래턱은 갈색이고 너비보다 세로가 길며, 아래턱 내부 중심 가까이에 긴 털을 가지고 있다. 아랫입술은 갈색으로 방패형이며 세로보다 너비가 약간 길다. 다리는 황갈색이고 다리식은 1-4-2-3이다. 복부는 황갈색의 긴 난형이다.

분포: 한국

심복잔나비거미
Falcileptoneta simboggulensis (Paik, 1971)

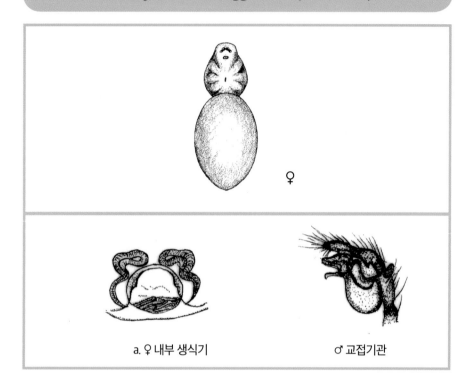

a. ♀ 내부 생식기   ♂ 교접기관

수컷: 배갑은 갈색이고 난형이다. 가운데홈은 적갈색 바늘형이고, 목홈, 방사홈은 뚜렷하다. 6개의 눈은 잘 발달되어 있으며, 전중안이 가장 크고 후안이 가장 작다. 4개의 전안은 서로 잇닿아 반원형으로 늘어서고, 후안은 서로 맞닿아 있으며 그 축은 평행하다. 위턱은 갈색이고 9개의 앞엄니두덩니와 7개의 뒷엄니두덩니가 있다. 아래턱과 아랫입술은 갈색이다. 흉판은 황갈색이고 세로와 너비의 길이가 같으며 뒤끝은 폭넓게 넷째다리 기절 사이로 돌출되어 있다. 다리는 황갈색이고 다리식은 1-4-2-3이다. 복부는 연한 황색을 띤 회색이고 난형이다.

암컷: 배갑은 물론 위턱, 아랫입술, 아래턱 및 흉판은 황갈색이다. 위턱에는 7개의 앞엄니두덩니와 8개의 뒷엄니두덩니가 있다.

분포: 한국

금대잔나비거미
Falcileptoneta geumdaensis Seo, 2016

수컷의 몸길이는 1.96mm이다. 배갑은 세로가 너비보다 길다. 다리식은 4-1-2-3이다. 복부는 흑색이며 투명 막으로 둘러져있다. 복부에는 무수한 작은 털들이 위치하고 있다.

분포: 한국

금산잔나비거미
Falcileptoneta geumsanensis Seo, 2016

수컷의 몸길이는 1.58mm이고, 암컷의 몸길이는 1.66mm이다. 배갑의 세로가 너비보다 길며, 방사형 모양으로 갈색 점이 분포하고 있다. 흉부에는 점이 없는 부분이 있다. 다리식은 1-4-2-3이다. 복부는 타원형에 노란색 반점과 갈색 반점이 분포하고 있다. 암컷의 외부생식기는 꼬여있는 형태이다.

분포: 한국

매화잔나비거미
Falcileptoneta maewhaensis Seo, 2016

원작자 : 김승태, 저작재산권자 : 국립생물자원관

수컷의 몸길이는 2mm이다. 배갑의 세로가 너비보다 길며, 전반적으로 황갈색을 띠고 있다. 다리식의 1-4-2-3이며, 다리는 황색을 띠고 있다. 복부는 타원형이며 갈색을 띠며 원위부 끝에는 실젖이 위치하고 있다. **분포:** 한국

순창잔나비거미
Falcileptoneta sunchangensis Seo, 2016

수컷의 몸길이는 1.3mm이고, 암컷의 몸길이는 1.29mm이다. 배갑의 세로가 너비보다 길며, 방사형 모양과 가슴홈이 선명하게 나타나 있다. 흉부에는 점이 없는 부분이 있다. 다리식은 1-4-2-3이다. 복부는 타원형에 적갈색이다. **분포:** 한국

예봉잔나비거미
Falcileptoneta yebongsanesis Kim, Lee et Namkung, 2004

원작자 · 김승태 · 저작재산권자 · 국립생물자원관

수컷의 몸길이는 2.45mm이고, 암컷의 몸길이는 2.17mm이다. 배갑의 세로는 너비보다 길다. 전반적으로 어두운 갈색을 띠고 있고, 배갑은 암갈색을 띠고 있으며 털이 없다. 중앙홈은 뚜렷하고, 세로방향이며 얇다. 가슴판은 볼록하고 방패모양이며, 검고 짧은 털이 있다. 다리는 밝은 갈색을 띠며 길고 가늘다. 다리에는 검은 짧은 털들이 많이 분포하고 있다. 다리식은 1-4-2-3이다. **분포:** 한국

긴잔나비거미속
Genus *Longileptoneta* Seo, 2015

수컷 더듬이다리가 긴 편이며, 퇴절에 굵은 가시들이 있고, 경절에 기둥 모양의 돌기가 있으며, 배엽은 내측면으로 굽었고 내측면에 가시털이 있다. 생식구 내측면과 중간에 리본 모양의 경판이 있다. 암컷 수정낭은 길고 구불구불하다.

가창잔나비거미
Longileptoneta gachangensis Seo, 2016

수컷의 몸길이는 1.76mm이다. 배갑은 갈색이며 세로가 너비보다 길다. 다리식은 1-4-2-3이다. 다리에는 많은 굵은 가시가 있으며 다양한 모양을 이루고 있다. 복부는 갈색이며 타원형이다.

분포: 한국

가야잔나비거미
Longileptoneta gayaensis Seo, 2016

수컷의 몸길이는 2.13mm이다. 배갑은 갈색이며 세로가 너비보다 길다. 다리식은 1-4-2-3이다. 다리에는 많은 굵은 가시가 있으며 다양한 모양을 이루고 있다. 복부 세로가 너비보다 길고, 갈색이며 타원형이다.

분포: 한국

장성잔나비거미
Longileptoneta jangseongensis Seo, 2016

수컷의 몸길이는 1.80mm이다. 배갑은 황갈색이며 세로가 너비보다 길다. 다리식은 1-4-2-3이다. 다리에는 많은 굵은 가시가 있으며 다양한 모양을 이루고 있다. 복부 세로가 너비보다 길고, 황갈색이며 타원형이다. **분포:** 한국

긴잔나비거미
Longileptoneta songniensis Seo, 2015

수컷의 몸길이는 1.32mm이고, 암컷의 몸길이는 1.3mm이다. 배갑은 갈색이며 세로가 너비보다 길다. 다리식은 1-4-2-3이다. 다리에는 많은 굵은 가시가 있으며 다양한 모양을 이루고 있다. 복부 세로가 너비보다 길고, 갈색이며 타원형이다. 암컷의 생식기는 약간 꼬여있다. **분포:** 한국

월악잔나비거미
Longileptoneta weolakensis Seo, 2016

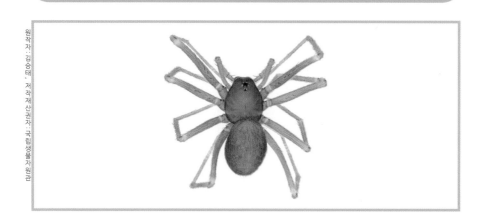

원작자 : 김승태, 저작재산권자 : 국립생물자원관

수컷의 몸길이는 1.44mm이다. 배갑은 갈색이며 세로가 너비보다 길다. 다리식은 1-4-2-3이다. 다리에는 많은 굵은 가시가 있으며 다양한 모양을 이루고 있다. 복부 세로가 너비보다 길고, 갈색이며 타원형이다.
분포: 한국

턱잔나비거미속
Genus *Masirana* Kishida, 1942

아래턱의 앞쪽 모서리가 양옆 바깥으로 둥글게 늘어나 있다. 수컷 더듬이다리가 긴 편이며, 퇴절에 굵은 가시들이 있고, 경절에 갈고리 모양, 털 모양, 또는 막질의 돌기가 있다.

봉화잔나비거미
Masirana bonghwaensis Seo, 2015

수컷의 몸길이는 1.86mm이다. 배갑은 갈색이며 세로가 너비보다 길다. 다리식은 1-2-3(4번 다리는 부절로 인해 자료가 없음)이다. 다리에는 많은 굵은 가시가 있으며 다양한 모양을 이루고 있다. 복부 세로가 너비보다 길고, 갈색이며 타원형이다.

분포: 한국

부채잔나비거미
Masirana fabelli Seo, 2015

수컷의 몸길이는 1.48mm이다. 배갑은 황갈색이고 세로가 너비보다 길다. 다리식은 4-3(1번, 2번 다리는 부절로 인해 자료가 없음)이다. 다리에는 많은 굵은 가시가 있다. 복부는 짙은 갈색을 띠고, 타원형이다.

분포: 한국

일월잔나비거미
Masirana ilweolensis Seo, 2015

수컷의 몸길이는 2mm이고, 암컷의 몸길이는 1.86mm이다. 배갑은 황갈색이고 세로가 너비보다 길다. 다리식은 4-3(1번, 2번 다리는 부절로 인해 자료가 없음)이다. 다리에는 많은 굵은 가시가 있다. 복부는 짙은 갈색을 띠고, 타원형이다. 암컷의 외부생식기는 세로가 너비보다 길다.

분포: 한국

실거미과

Family Sicariidae (Keyserling, 1880)

두흉부는 평평하고 가운데홈은 세로로 길게 뻗는다. 6개 눈이 2개씩 3군을 이룬다. 아래턱은 'ㅅ' 모양으로 앞쪽이 근접해 있으며 아랫입술은 흉판에 유착되어 있다. 다리는 가늘고 매우 길다. 넷째다리의 기절은 서로 접하고 발톱은 2개이다. 복부는 긴 난형이며 연한 털로 덮여 있으나 특별한 무늬는 없다. 사이젖은 크고 뚜렷하다.

실거미속

Genus *Loxosceles* Heinecken et Lowe, 1835

배갑은 낮고 가운데홈은 세로로 깊다. 6개의 눈이 있으며, 2개씩 3군을 이룬다. 전안열은 강하게 후곡한다. 위턱은 기부에서 접착한다. 복부는 길다. 수컷 수염기관의 생식구는 마디의 끝에 붙어 있다. 촉지에는 발톱이 없다.

실거미
Loxosceles rufescens (Dufour, 1820)

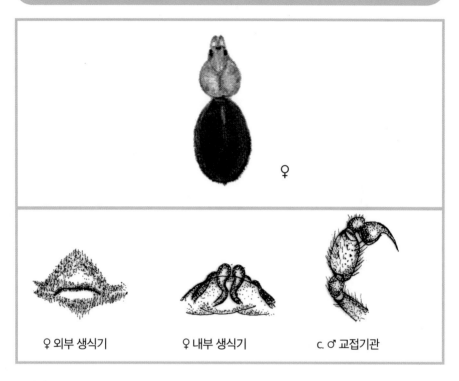

♀

♀ 외부 생식기　　　♀ 내부 생식기　　　c. ♂ 교접기관

몸길이는 8~9mm이고 두흉부는 황갈색으로 평평하다. 복부는 난형으로 회갈색에서 회황색까지 다양한 색체를 띤다. 다리는 가늘고 길다. 실내의 어두운 곳에서 주로 서식하며 성숙기는 연중이다.

분포: 한국, 일본, 중국, 대만 (세계 공통종)

가죽거미과

Family Scytodidae Bkackwall, 1864

두흉부는 뒤쪽이 매우 높고 가운데홈이 없다. 6개의 눈이 2개씩, 앞가운데와 그 옆 뒤쪽에 3군으로 떨어져 있다. 독샘이 잘 발달하여 앞쪽의 작은 것에서는 독액을, 뒤쪽의 윗부분에서는 접착물질을 분비한다. 거리가 멀리 떨어진 곳에서도 분비물을 내뿜어 먹이벌레를 끈끈이로 얽매어 잡는다.

검정가죽거미속
Genus *Dictis* L. Koch, 1872

흉판은 긴 타원형이고 미부는 둥글다. 복부는 보라빛을 띤 암갈색이다. 원뿔형의 검은색 사이젖이 있다. 다리는 가늘고 걸음걸이는 느리다. 먹이를 잡을 때에는 끈끈한 액을 내뿜어 포박하여 잡는다.

검정가죽거미
Dictis striatipes L. Koch, 1872

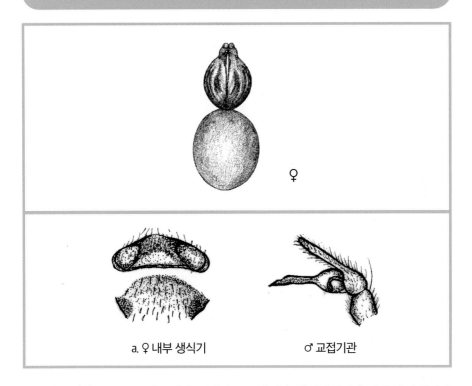

a. ♀ 내부 생식기   ♂ 교접기관

암수의 몸길이는 5~8mm 정도이다. 두흉부는 보랏빛을 띤 암갈색이나 갈색 내지 황갈색 바탕에 암갈색 줄 무늬를 가지기도 한다. 흉부 뒤쪽으로 높아지고 가운데 홈은 없다. 눈은 모두 진주 광택을 내며 앞쪽 한복판과 그 뒤 양옆면에 2개씩 3군을 이루고 있다. 흉판은 긴 타원형이며 뒤끝은 둥글다. 다리는 황갈색이고 퇴절의 대부분, 경절의 끝부분, 척절과 경절의 등면에는 암갈색 줄무늬가 있다. 복부는 보랏빛을 띤 암갈색에서 얼룩진 황갈색까지 변화가 있다. 원뿔형의 검은색 사이젖이 있다. 가느다란 다리로 느릿느릿 걸어다니며, 먹이를 잡을 때에는 끈끈한 액체를 사출하여 포박한다. 성숙기는 7 8일이니 연중 성체를 볼 수 있다.

분포: 한국, 일본, 중국, 대만, 호주

가죽거미속
Genus *Scytodes* Latreille, 1804

생식구역 뒤쪽에 1쌍의 경화된 홈이 있다. 위턱의 엄니는 짧고 통통하며 그 기부는 반구형을 이룬다. 배갑의 뒤쪽은 매우 높으며 앞쪽 이마 부분이 낮다. 각 부절의 윗발톱에는 2줄의 이가 나 있다. 넷째다리의 기절은 좌우가 넓게 벌어져 있다. 독샘이 매우 잘 발달하여 크다.

아롱가죽거미
Scytodes thoracica (Latreille, 1804)

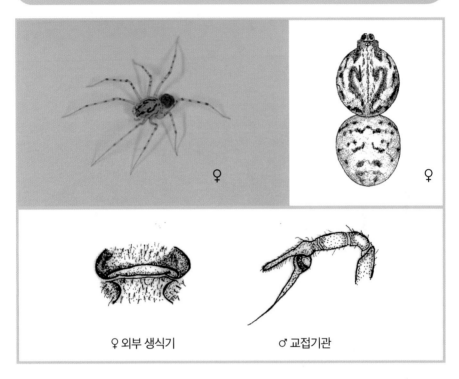

♀

♀

♀ 외부 생식기   ♂ 교접기관

몸길이는 5~8mm 정도이다. 두흉부는 볼록한 심장형으로 뒤쪽이 융기되어 있고, 황갈색 바탕에 복잡한 1쌍의 암갈색 세로 무늬가 있으나 개체에 따른 변화가 심하다. 6개의 눈이 모두 진주빛이 도는 백색이며 앞쪽에 2개, 뒤 옆쪽에 각 2개씩 3그룹을 이루고 있다. 위턱은 황갈색으로 약하고 엄니는 짧다. 아래턱은 '八'자형으로 앞으로 접근해 있고, 아랫입술은 흉판에 유착해 있다. 흉판은 긴 타원형으로 가장자리 선이 황갈색이다. 다리는 연약한 편이며 황갈색 바탕에 회색의 고리 무늬가 있다. 복부는 구형으로 둥글며 황백색 바탕에 여러 쌍의 흑갈색 지그재그 무늬가 있고, 복면에는 회갈색의 점무늬가 드문드문 흩어져 있다. 인가의 벽장이나 창고 속 등 침침한 곳에 주로 산다. 가느다란 다리로 느릿느릿 걸어다니며, 위턱의 독샘에서 끈끈이 액을 내뿜어 먹이를 잡아먹는다. 알을 거미 그물로 얽어서 물고 다니며 보호한다. 성숙기는 7~8월이나 연중 성체를 볼 수 있다.

분포: 한국, 일본, 대만, 유럽, 아메리카(전북구)

티끌거미과

Family Oecobiidae Blackwall, 1862

8개의 이질성 눈은 밀집해서 2줄로 늘어서 있고 후중안은 삼각형 또는 불규칙한 형태를 띤다. 위턱은 이축성으로 가늘고, 옆혹과 털다발 및 엄니두덩니는 가지지 않는다. 엄니홈은 아주 얕거나 전혀 없다. 아랫턱은 안으로 기울어져서 '入' 자 모양을 이루며 털다발을 가지지 않는다. 암컷의 촉지에는 발톱이 있으며 4쌍의 다리는 길이가 거의 같다. 다리에는 가시가 전혀 없거나 있어도 수가 매우 적다. 척절에 1~2개의 귀털을 가지지만 부절에는 귀털이 없다. 부절에 3개의 발톱을 가지는데 윗발톱은 좌우의 크기와 모양이 같고 일렬로 늘어선 이가 있다. 또한 헛발톱을 가진다. 폐서는 1쌍이 있고, 그 바로 뒤에 1쌍의 기관 숨문이 열려 있다. 뒷실젖의 끝절은 길다. 이분된 체판과 털빗을 가진다. 항문두덩은 2마디로 되어 있고, 크게 돌출하여 환상으로 늘어선 긴 털의 술을 가진다. 심장에 3쌍의 심문을 가진다. 기관계는 복부 내부에만 분포한다. 독샘은 크고 신경 덩어리를 약간 덮고 있다.

티끌거미속
Genus *Oecobius* Lucas, 1846

배갑은 너비가 세로보다 길고 두부는 흉부보다 약간 높다. 전중안과 후중안은 어두운 색이고 그 밖의 눈은 진주빛 광택을 낸다. 아랫입술은 너비가 세로보다 길다. 복부는 난형으로 약간 넓적하다. 체판은 부분적으로 이분되어 있다. 인가나 돌 밑에 서식하며 7~8개의 알집을 낳는다. 알집의 형태는 한쪽 면은 평평하고 반대편 면은 불룩한 주머니처럼 생겼다.

티끌거미

Oecobius navus Blackwall, 1859

♂

♀ 외부 생식기   ♂ 교접기관

배갑은 원형에 가깝고 한복판 앞가장자리가 돌출하였으며, 안역은 약간 융기되어 있다. 8개의 눈은 한 그룹을 이룬다. 위턱은 약하고, 옆혹, 엄니두덩니와 털다발은 없다. 아랫턱은 안으로 기울어져서 양쪽 앞 끝이 맞닿아 있고 털다발은 없다. 흉판은 삼각형에 가까우며 뒤끝은 넷째다리 기절 사이로 돌출한다. 다리는 몸에 비해 굵고 황갈색 바탕에 검은 회색 무늬가 흩어져 있다. 복부는 난형이며 우중충한 황색이고 회색의 어두운 무늬가 있다. 넷째다리 경절은 중간 등면에 한 덩어리의 털빗이 있다. 체판이 있고 뒷실젖은 다른 것보다 매우 길다.

분포: 한국, 일본, 중국, 대만(세계 공통종)

납거미속
Genus *Uroctea* Dufour, 1820

배갑은 세로보다 너비가 길고 앞가장자리 한복판은 뾰족하게 돌출한다. 8개의 눈은 이질성을 띠나 비교적 밀집해서 늘어서 있다. 위턱은 비교적 약하고 옆혹과 엄니두덩니는 없으며 아랫입술은 앞쪽에서 서로 맞닿는다. 다리에는 귀털, 털빗 등이 없고 발톱은 3개이며 윗발톱에는 1줄의 빗살니가 존재한다. 넷째다리의 기절 사이는 잘 분리되어 있다. 몸 중에서 특히 복부가 납작하다. 항문두덩은 매우 크고 두마디로 되어 있으며 그 둘레에 긴 털이 밀생한다. 뒷실젖은 앞실젖에 비해 길고 그 끝절은 기절보다 길며 위로 향한다.

왜납거미
Uroctea compactilis L. Koch, 1878

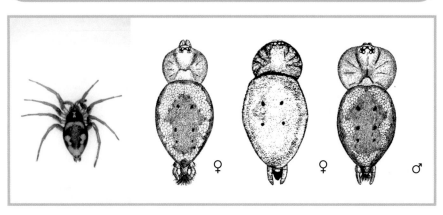

암컷은 몸이 평평하고 배갑은 반원형에 가까우며 갈색이지만 뒤쪽 경사부는 색이 연하고 안역은 검다. 방사홈은 분명하나 목홈은 희미하고 가운데홈은 가로로 달린다. 눈은 8개가 2열로 늘어서고 각 안열은 거의 일직선이다. 전중안은 약간 크며 검은색이고, 나머지 6개는 거의 크기가 같으며 진주빛 광택을 가진다. 위턱에는 엄니두덩니가 없고 아랫턱은 거의 겹쳐져 있으며 상단 부위에는 톱니가 나 있다. 다리식은 암컷과 수컷 모두 4-2-1-3이다. 복부의 모양과 색깔은 대륙납거미와 같으나 복부 등면의 흰 무늬가 대체로 연결되어 고리 모양을 이루는 경향이 있어서 육안으로 쉽게 구별할 수 있다. 대체로 대륙납거미가 더 검은색을 띤다. 그러나 흰 무늬는 변이가 심해서 분단된 것도 있으므로 결정적인 표징은 될 수 없다. 뒷실젖은 앞실젖에 비해 길다.

분포: 한국, 일본, 중국

대륙납거미
Uroctea lesserti Schenkel, 1937

♀ 외부 생식기   ♂ 교접기관

암컷의 배갑은 너비가 세로보다 더 길고, 안역과 중심부에 걸쳐 흑갈색 장모가 조생하며, 목홈, 방사홈, 가운데홈이 뚜렷하다. 안열은 모두 약간 전곡하며 전중안은 검지만 다른 것은 진주빛이 도는 백색이고 모두 검은 테두리로 싸여 있다. 흉판은 너비가 세로보다 길며 방패형이고 뒷끝이 약간 뾰족하나, 넷째다리 기절 사이에 삽입되지는 않는다. 전면에 갈색 장모가 조생하고 위턱, 아래턱, 아랫입술과 더불어 엷은 적갈색이다. 복부 등면은 암갈색 바탕에 전반부에 1쌍, 중앙부에 2쌍, 후반부에 1개씩의 커다란 흰색 반점이 나 있고 중앙부에 3쌍의 근점이 뚜렷하게 보인다. 복부면은 엷은 회갈색으로 검은 단모가 전면에 나 있고 회색 근점 2쌍이 양측면에 늘어서 있다. 뒷실젖은 앞실젖의 2.5배에 이르며 항문두덩은 흑갈색의 긴 털이 둘레에 밀생한다.

분포: 한국, 중국

주홍거미과

Family Eresidae (C. L. Koch, 1851)

배갑은 두부 쪽이 더 넓고 융기하며 흉부는 급경사를 이룬다. 배갑에는 가운데홈이 없다. 눈은 2-4-2 또는 4-2-2의 3줄을 이룬다. 가운데눈네모꼴은 매우 작고 앞변보다 뒷변이 크다. 양 전측안은 두부 양쪽에 멀리 떨어져 있다. 후측안은 나머지 다른 눈에서 멀리 떨어져서 두부 뒤쪽 높은 곳에 위치한다. 모든 눈은 검고, 이마는 매우 좁으며 양 위턱 사이에 작은 돌출부를 가진다. 위턱은 튼튼하고 뒷엄니두덩니는 없으며, 앞엄니두덩은 잘 발달히고 기기에 1개의 이빨과 털다발을 가진다. 흉판은 길고 좁다. 아랫입술은 세로가 너비보다 매우 길고 안으로 기울어져 있다. 다리는 짧고 굵으며 3개의 발톱을 갖는다. 체판은 이분되는데, 수컷에서는 체판이 퇴화한다. 앞실젖은 뒷실젖보다 길고 굵다. 항문두덩은 짧지만 잘 발달해 있다.

주홍거미속
Genus *Eresus* Walckenaer, 1805

주홍거미과의 특징과 동일하다.

주홍거미

Eresus kollari Rossi, 1846

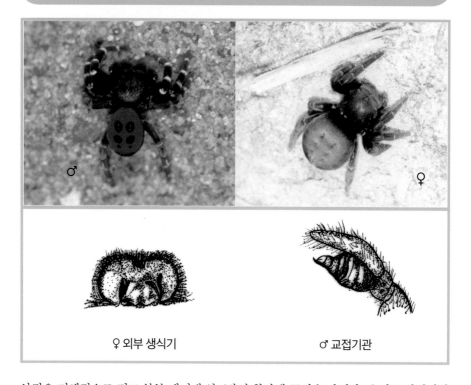

♂   ♀

♀ 외부 생식기   ♂ 교접기관

암컷은 전체적으로 검고 복부 배면에 약 4쌍의 황갈색 근점을 가진다. 수컷도 암컷처럼 털이 많고 검지만 복부 등면은 적등색 바탕에 4개의 검고 둥근 큰 무늬를 가지는데 이 무늬의 중심에 적등색의 근점이 있다. 다리는 짧고 굵어서 매우 튼튼해 보인다. 다리의 각 마디 끝부분에 흰 털이 나서 다리 전체가 검고 흰 색동 무늬를 나타낸다. 수컷 배갑의 흉부는 급격히 융기해서 마치 혹처럼 보인다. 암컷도 두부보다 높지만 수컷처럼 뚜렷한 경계를 두고 급격히 융기하지는 않는다. 눈은 8개가 있으며 모두 검다. 8개의 눈 중에서 전중안과 전측안은 거의 같은 크기이며 가장 작고 후중안이 가장 크다. 전중안과 후중안은 두부 앞쪽에 밀집해 있다. 기운데눈네모꼴은 뒷변보다 앞변이 좁은 사다리꼴을 이루고 있으며 눈과 눈 사이는 약간 융기되어 있다. 전측안은 중안에서 멀리 떨어져서 거의 배갑 양쪽 모서리의 앞가장자리 가까이에 위치한다. 후측안은 이들과 뒤로 멀리 떨어져 거의 배갑 길이의 1/2선보다 약간 앞쪽 양옆에 위치한다. 흉판은 길고 좁은 방패형이다. 1개의 앞엄니두덩니가 존재한다. 한국에 널리 분포하지만 비교적 희귀한 종이다. 땅속에 구멍을 파서 대롱 모양의 거미그물을 짓고 사는데 지상부는 없다.

분포: 한국, 중국, 러시아(구북구)

해방거미과

Family Mimetidae Simon, 1881

비교적 소규모의 과로 이질적인 8개의 눈이 2열을 이룬다. 양 안열의 측안은 서로 맞닿는다. 위턱에 옆혹이 없고 좌우 기절은 서로 유착되어 있다. 아랫 입술은 흉판에 유착하지 않고, 끝이 전을 이루는 일도 없다. 아래턱 끝이 안으로 기울어져 'ハ' 자 모양을 이룬다. 첫째다리와 둘째다리의 경절과 척절의 앞 가장자리에 긴 가시가 드문드문 나고 그 사이에 짧고 굵은 가시가 나 있다. 이 특징만으로도 이 과의 거미를 다른 거미와 쉽게 식별할 수 있다. 암컷의 촉지 끝에 발톱이 있다. 윗발톱은 모양과 크기가 같고 외줄의 이가 있으며 헛발톱도 가진다. 각 다리의 경절에는 2줄, 척절에는 1줄의 귀털을 가진다. 사이젖을 가지며 심장에는 3쌍의 심문이 있고 기관계는 복부에만 분포하며 숨문은 실젖에 접해 있다. 다른 거미를 공격하여 포식한다.

해방거미속
Genus *Ero* C. L. Koch, 1836

배갑은 너비가 넓고 그 중앙부가 현저히 높으며 흉부 한복판에 둥근 움푹이가 있다. 이마는 가운데눈네모꼴보다 높다. 후안열은 매우 경미하게 후곡하고 눈의 크기는 거의 같으며 양 중안 사이는 중안열과 측안 사이보다 좁다. 전안열은 앞면에서 보았을 때 매우 경미하게 후곡하고 중안은 어두운 색을 띠며 측안보다 약간 크다. 양 측안은 눈두덩 위에 위치한다. 복부는 높고 양 어깨에 원뿔형 돌기를 1~2쌍 가진다. 흉판의 뒤 끝은 넷째다리 기절 사이에 돌출한다. 아랫입술은 세로가 너비보다 과히 길지 않고 대체로 삼각형을 이루며 앞끝이 융기한 전을 이루지 않고 아래턱 길이의 반을 약간 넘는다. 위턱은 기부에서 좌우 것이 서로 유착하고 앞엄니두덩에는 이빨이 있으나 뒷엄니두덩에는 이빨이 없다. 옆혹을 가지지 않으며 첫째와 둘째다리는 셋째, 넷째다리보다 길지만 배해방거미속(*Australomimetus*)나 큰해방거미속(*Mimetus*)만큼 현저하지는 않다.

뿔해방거미

Ero japonica Bösenberg et Strand, 1906

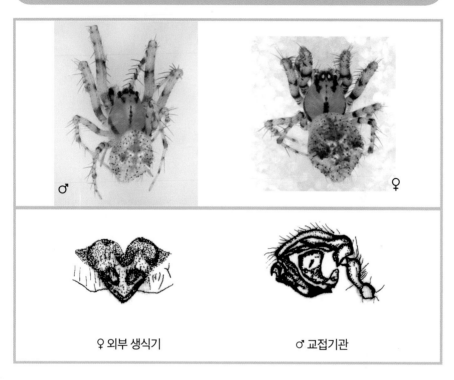

♂

♀

♀ 외부 생식기   ♂ 교접기관

몸길이는 암컷이 3~4mm이고, 수컷은 2~3mm 정도이다. 암컷은 배갑이 밝은 황갈색이고 양 가장자리의 선두리와 안역에서 가운데홈에 이르는 3개의 줄무늬는 암갈색이다. 배갑은 세로가 너비보다 길고 중앙부가 높다. 가운데홈은 원형의 움푹이를 이루고 목홈과 방사홈은 분명하지 않다. 후안열이 전안열보다 약간 길며, 양 안열의 측안은 서로 닿고 공통의 낮은 눈두덩이 위에 위치한다. 위턱은 암갈색이고 기절은 기부에서 좌우가 서로 유합해 있다. 아래턱은 길쭉하고 안으로 기울어져 있다. 흉판은 갈색 바탕에 검은 무늬를 가지고 있으며 뒤 끝은 뾰족하고 넷째 기절 사이에 돌출해 있다. 복부는 구슬 모양이고 등면에 1쌍의 혹 모양의 융기가 있다. 복부는 가시를 가진 암갈색의 작은 사마귀 모양의 돌기가 무수히 산포되어 있고, 등면에는 누르스름한 회색 바탕에 복잡한 흰 점이 산재해 있다.

분포: 한국, 일본, 중국

민해방거미

Ero koreana Paik, 1967

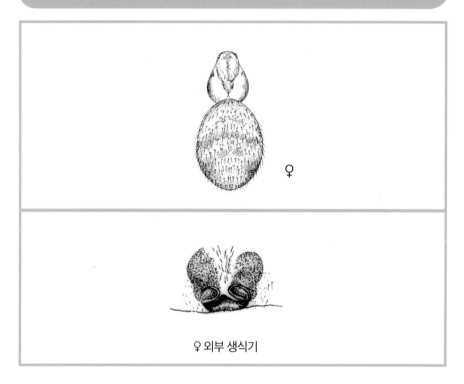

♀

♀ 외부 생식기

몸길이는 암컷이 5.5~6mm 정도이다. 두흉부는 복판이 불룩하며 밝은 황갈색으로 가장 자리 금과 안역에서 가운데홈에 이르는 암갈색의 3줄 무늬가 있다. 목홈과 방사홈은 뚜렷하지 않으나 가운데홈은 둥글게 움푹하다. 전안열은 전곡, 후안열은 후곡이고, 양 측안이 서로 접한다. 위턱은 갈색이고 길쭉한 기절은 밑부분이 융합되어 있으며 옆혹은 없다. 흉판은 갈색 바탕에 검은 얼룩 무늬가 있으며 뒤 끝에 넷째다리 기절 사이로 돌입한다. 다리는 갈색으로 각 퇴절과 경절에 3개씩, 슬절에 1개씩의 검은 고리 무늬가 있다. 복부는 난형으로 볼록하며 황회색 바탕에 등면과 양 측면에 복잡한 검정색 무늬가 있고 짧은 강모를 지닌 사마귀형 돌기가 많이 나 있다.

분포: 한국

얼룩해방거미

Ero cambridgei Kulczynski, 1911

♀ 외부 생식기   ♂ 교접기관

암컷의 몸길이는 2.5~3.5mm이다. 배갑은 황갈색으로 가장자리와 눈 구역, 정중부에 암갈색무늬가 얼룩져 있다. 가슴판은 짙은 갈색 바탕에 담갈색 무늬가 있고, 뒤끝은 뒷다리 밑마디 사이로 돌입한다. 다리는 황갈색 바탕에 암갈색의 폭넓은 고리 무늬가 둘러 있고, 앞다리 종아리마디와 발바닥마디에 긴 가시털과 짧은 가시털이 섞여 나 있다. 배 등면 앞쪽 중앙에 1쌍의 돌기가 있고, 전면에 짧은 가시털이 나 있으며, 황갈색 바탕에 전반부에는 암갈색의 복잡한 무늬가 있고, 뒤쪽은 담갈색이나 적갈색, 흰색 풍의 반점이 술지어 나 있다. 산야의 풀숲이나 관목 밑가지 사이 등을 배회하며 먹이 사냥을 한다.

분포: 한국, 일본, 카나리섬, 유럽 등

배해방거미속
Genus *Australomimetus* Heimer, 1986

배갑은 해방거미속에 비해 긴 편이고 높이도 과히 심하지 않다. 이마는 가운데눈네모꼴의 길이보다 낮다. 가운데눈네모꼴은 세로가 너비보다 길고 앞가장자리가 뒷가장자리보다 크며, 전안열은 후안열보다 크다. 위턱은 길며 좌우 기절이 서로 유착하고 앞엄니두덩에는 이빨이 있으나 뒷엄니두덩에는 이빨이 없다. 옆혹도 가지지 않는다. 아랫입술은 세로가 너비보다 길고 삼각형을 이루며 앞가장자리가 부풀어 전을 이루지는 않는다. 복부는 앞쪽이 높고 너비는 앞 끝에서 약간 뒤쪽으로 떨어진 곳이 가장 넓다. 따라서 복부의 외형은 잎새 모양의 무늬를 가지는 경우가 가끔 있다. 첫째, 둘째다리는 셋째, 넷째다리에 비해 현저히 길다(일반적으로 1.5배가 넘는다).

배해방거미
Australomimetus japonicus (Uyemura, 1938)

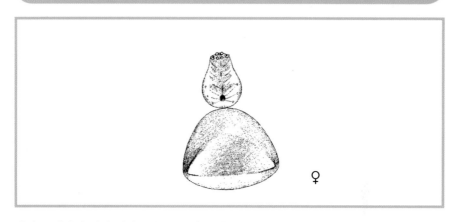

♀

암컷은 배갑이 연한 황갈색이고, 안역과 가운데홈 사이는 복잡하고 거무스름한 무늬가 감싸고 있다. 흉부 좌우 가장자리에 3개씩의 검은 점이 있다. 배갑은 세로가 너비보다 길다. 전중안이 가장 크고 후중안이 가장 작으며 양 안열의 측안은 크기가 거의 같다. 양 안열의 측안은 공통의 눈두덩 위에 서로 맞닿아 자리잡고 있다. 이마는 매우 좁다. 흉판은 난형이며 황백색이다. 아래턱과 아랫입술은 황갈색이다. 첫째다리와 둘째다리의 퇴절은 흰 바탕에 회갈색의 작은 반점을 가지며 끝부분에는 검은 고리 무늬를 가진다. 슬절은 진한 갈색이고 경절 및 척절은 연한 갈색에 끝이 약간 검다. 부절은 황갈색이다. 셋째다리와 넷째다리는 완전한 황백색이다. 복부는 너비가 세로보다 길고 모가 둥근 삼각형을 이루며 뒤 양끝에 돌기를 가진다. 복부 등면은 전체적으로 회색을 띠며 뒤 양끝의 돌기부만 약간 갈색이다.

분포: 한국, 일본

큰해방거미속
Genus *Mimetus* Hentz, 1832

배갑은 해방거미속에 비해 긴 편이고 높이도 과히 심하지 않다. 이마는 가운데눈네모꼴의 길이보다 낮다. 가운데눈네모꼴은 세로가 너비보다 길고 앞가장자리가 뒷가장자리보다 크며, 전안열은 후안열보다 크다. 위턱은 길며 좌우기절이 서로 유착하고 앞엄니두덩에는 이빨이 있으나 뒷엄니두덩에는 이빨이 없다. 옆혹도 가지지 않는다. 아랫입술은 세로가 너비보다 길고 삼각형을 이루며 앞가장자리가 부풀어 전을 이루지는 않는다. 복부는 앞쪽이 높고 너비는 앞 끝에서 약간 뒤쪽으로 떨어진 곳이 가장 넓다. 따라서 복부의 외형은 잎새 모양의 무늬를 가지는 경우가 가끔 있다. 첫째다리와 둘째다리는 셋째, 넷째다리에 비해 현저히 길다(일반적으로 1.5배가 넘는다).

큰해방거미
Mimetus testaceus Yaginuma, 1960

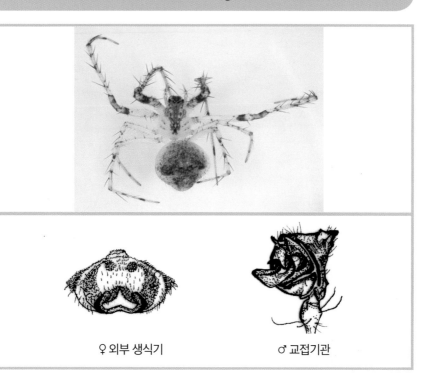

♀ 외부 생식기   ♂ 교접기관

몸길이는 5~6mm 정도이다. 두흉부는 황갈색 바탕에 안역에서 가운데홈에 이르는 암갈색의 복잡한 세로 무늬가 있으며, 길고 강모가 드문드문 나 있다. 두부 뒤쪽이 융기되어 있고, 목홈과 방사홈은 뚜렷하지 않으며 가운데홈은 둥근홈을 이룬다. 8눈이 2열로 위치하며, 전중안은 눈두덩 위에 있는데 검고 가장 크다. 양 측안은 서로 접하며 융기 위에 있다. 위턱은 길고 갈색 바탕에 검은 점이 산재해 있으며, 엄니두덩니와 옆혹은 없다. 흉판은 황갈색 바탕에 다리 기절과 맞서는 갈색 무늬가 있고 뒤 끝이 뾰족하며 넷째다리 기절 사이로 가볍게 돌입한다. 다리는 황갈색 바탕에 암갈색 점이 산포되어 있고, 앞다리가 장대하며 경절과 척절에 긴 가시털이 늘어서 있다. 복부는 중간 폭이 넓은 마름모형으로 등면은 갈색 바탕에 복잡한 무늬가 있다. 복부 전면에 가시 모양의 털이 성기게 나 있고 복부의 복부면은 황갈색 바탕에 중앙부가 검다. 실젖 앞쪽에 가로로 뻗는 점무늬가 있다. 산야, 풀숲 등에서 볼 수 있고 다른 거미류를 습격해 포식하는 습성이 있다. 성숙기는 5~9월이다. **분포:** 한국, 일본, 중국

잎거미과

Family Dictynidae O. P.-Cambridge, 1871

두흉부에 세로로 선 가운데홈이 있다. 눈은 8개 또는 6개로 2줄을 이루며 전안열은 곧고, 두 줄 측안은 근접해 있다. 전중안만 검고 나머지는 모두 진주빛이 도는 백색이며 후중안은 타원형이다. 위턱은 비교적 튼튼하며 옆혹, 털다발 및 엄니두덩니를 가진다. 아래턱은 앞쪽이 다소 접근해 있으며 털다발이 있고, 아랫입술은 가동적이다. 흉판은 뒤끝이 넷째다리 기절 사이로 돌입해 있다. 암컷의 촉지에는 이빨을 가진 발톱이 있다. 다리는 튼튼하며 경절과 척절에 2~3개의 귀털이 있고, 발톱은 3개로 외줄의 치열을 가지나 끝털다발은 없다. 넷째다리 척절에 1~2열의 비교적 긴 빗털이 나 있다. 체판은 이분되어 있지 않다. 주로 나무나 풀잎 위에 살며 작은 천막형 그물을 친다. 우리나라에서는 6속 12종이 기록되어 있다.

칠보잎거미속
Genus *Brommella* Tullgren, 1948

두흉부는 평평하고 두부와 흉부 사이의 경계선이 뚜렷하지 않다. 이마는 전안의 지름보다 살짝 크며 전중안보다 전측안이 더 크다. 후중안은 다른 눈들보다 크다. 아랫턱의 길이는 아랫입술의 두 배이며, 너비는 두 배 이상이다. 체판은 매우 작고 잘 발달되지 않았다.

칠보잎거미
Brommella punctosparsa (Oi, 1957)

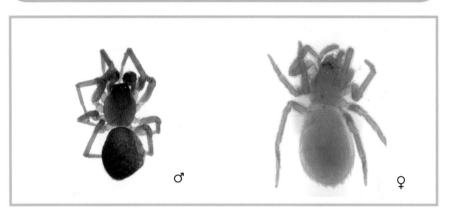

두흉부의 납작한 배갑에 가슴홈이 있다. 눈은 전중안이 없이 6개를 가지며 후측안이 다른 눈들보다 크다. 협각에는 3개의 앞두덩니와 5개의 뒷두덩니가 있고 털빗 다발이 암컷 넷째다리 발목마디에 절반가량 있다. 수컷 생식기의 종아리마디 돌기는 덮개만큼 길다.
분포: 중국, 한국, 일본

잎거미속
Genus *Dictyna* Sundevall, 1833

두부는 융기하고 목홈에 의해 흉부와 뚜렷이 구분되어 있다. 눈은 8개이고 크기가 거의 같다. 양 측안은 서로 닿으며, 후중안 사이는 그 눈의 지름과 같다. 이마는 전중안의 지름보다 훨씬 크다. 수컷의 위턱은 길고 그 앞면 중앙이 움푹하게 들어가며, 중앙부에서 밖으로 활처럼 휘어 있다. 등면 윗쪽에 돌기를 가지는데 뚜렷한 것도 있지만 작아서 잘 보이지 않는 것도 있다. 아래턱은 비교적 길고 아랫입술 앞쪽에서 접근한다. 흉판에는 길고 흰 털이 밀생하며, 흉판 뒷가장자리는 넷째다리 기절 사이에 돌출한다. 수염기관의 기절은 매우 길다. 수컷의 수염기관은 매우 복잡하고 큰 지시기를 가진다.

갈대잎거미
Dictyna arundinacea (Linnaeus, 1758)

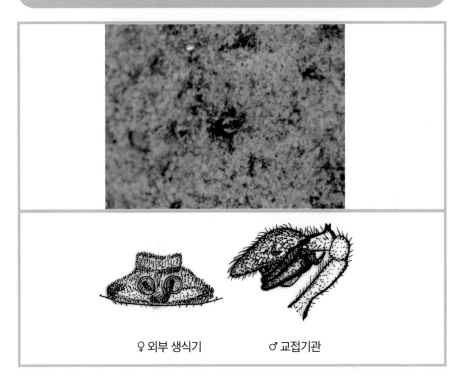

♀ 외부 생식기   ♂ 교접기관

몸길이는 암컷 2.5mm~3mm, 수컷 2.5mm가량이다. 두흉부는 광택이 있는 암갈색이고 융기한 두부에는 세로로 뻗은 5줄의 흰 털 무늬가 있다. 가운데홈, 목홈, 방사홈은 검정색이다. 같은 크기의 8눈이 2줄로 되어 있으며 전중안은 검고 나머지는 진주빛이 도는 백색이다. 위턱은 짙은 갈색으로 강하고 옆혹과 털다발을 가진다. 앞엄니두덩니는 큰 것 3개, 작은 것이 2개 있다. 흉판은 암갈색 바탕에 희고 긴 털이 밀생한다. 다리는 모두 밝은 황갈색 바탕에 검은 무늬가 정중선 상에 있다. 복부의 복부면은 황백색 바탕에 넓은 회갈색 띠무늬가 있다. 체판은 이분되어 있지 않다. 초원의 풀 덤불에 천막 그물을 치고 산다. 성숙기는 4~8월이다.

분포: 한국, 일본, 중국, 유럽, 시베리아, 미국(전북구)

잎거미
Dictyna felis Bösenberg et Strand, 1906

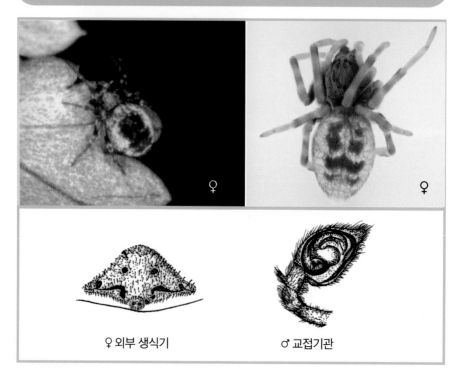

♀ 외부 생식기   ♂ 교접기관

몸길이는 암컷 4~5mm, 수컷 3~4mm가량이다. 두흉부는 흑갈색 바탕에 흰색 털이 몇 개의 띠줄을 이루어 전체적으로는 회갈색으로 보인다. 두부가 흉부보다 높고, 목홈, 방사홈 및 세로로 뻗은 가운데홈이 뚜렷하다. 8눈이 2열로 늘어서 있고, 양 안열의 측안은 서로 접한다. 크기가 가장 큰 전중안만 검고 나머지는 모두 진주 백색이다. 위턱은 암갈색이고, 아래턱은 황갈색으로 '八' 자 모양을 이루고 있다. 흉판은 심장형이며, 암갈색 바탕에 흰색 털이 밀생한다. 다리는 황갈색으로 짙은 갈색의 고리 무늬가 있고, 넷째다리 척절에 빗털이 있다. 복부는 난형이고, 등면은 황갈색 바탕에 앞쪽에 1쌍의 검은 무늬가 있고 뒤쪽에 2~3개의 '八' 자 모양 검정 무늬가 잇달아 있으며 측면은 검다. 실젖은 검고, 체판은 이분되어 있지 않다. 나뭇잎 등에 작은 천막형 그물을 치고 살며, 성숙기는 7~9월이다.

분포: 한국, 일본, 중국. 대만, 몽골

아기잎거미

Dictyna foliicola Bösenberg et Strand, 1906

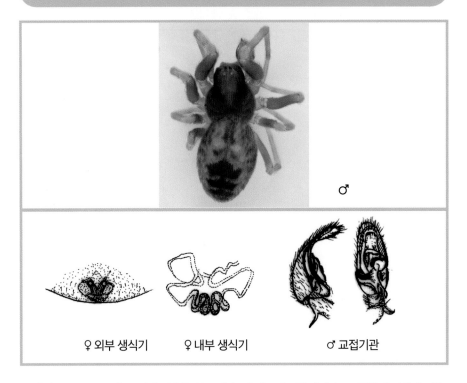

♂

♀ 외부 생식기　　　♀ 내부 생식기　　　♂ 교접기관

몸길이는 2~3mm 정도 된다. 두흉부는 밝은 갈색 또는 등갈색으로 두부에 4개의 가는 흰색 털줄이 있다. 8눈은 2열로 늘어서며, 전안열은 곧고 후안열은 약하게 후곡 되어 있다. 위턱은 밝은 갈색이고, 아래턱과 아랫입술은 황갈색이다. 흉판은 밝은 갈색 바탕에 검은 털이 덮여 있고 뒤끝이 넷째다리 기절 사이로 돌입한다. 다리는 흐린 황색이며, 퇴절은 암갈색이다. 다리식은 1-2-4-3으로 첫째다리가 길다. 복부는 긴 난형이며 흐린 갈색 바탕에 암갈색의 '王' 자 모양 무늬가 있다. 복부의 복부면은 회갈색 바탕에 어두운 무늬가 정중부에 있고, 이분되지 않은 체판이 있으며, 앞실젖은 떨어져 있다. 성숙기는 6~9월이다.

분포: 한국, 일본, 중국

갯가게거미속
Genus *Paratheuma* Bryant, 1940

두부는 폭넓게 부풀어 올라 있고 양측은 평행하다. 이마는 좁고 전중안 지름보다 작다. 앞엄니두덩에 큰 이빨이 3개 있고 뒷엄니두덩에는 작은 이빨이 7개 있다. 아랫입술은 세로와 너비가 같다. 실젖 중 앞실젖은 원통형이고 뒷실젖은 2마디이며 말단은 좁고 뾰족하다. 흉판의 끝부분은 넷째다리 기절 사이에 있다.

갯가게거미
Paratheuma shirahamaensis (Oi, 1960)

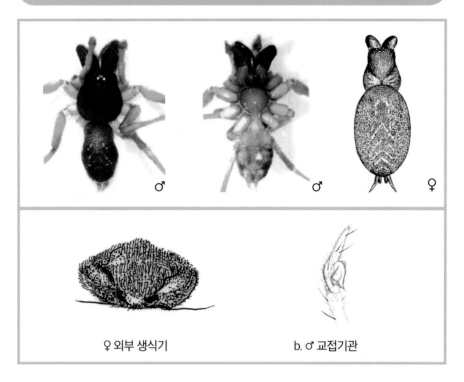

♀ 외부 생식기   b. ♂ 교접기관

암컷: 배갑의 두부는 적갈색이나 후방으로 갈수록 차츰 흑갈색을 띤 황색으로 변한다. 바늘형의 가운데홈은 적갈색이고 목홈과 방사홈은 거무스레하다. 배갑은 세로가 너비보다 길다. 두부는 흉부에 비해 폭이 넓다. 8개의 눈은 거의 같은 크기이지만 대체로 중안이 측안보다 약간 작아서 눈차례는 전중안=후중안<전측안=후측안이다. 눈은 이질성으로 전중안은 거무스레하고 나머지는 진주빛이 도는 백색이다. 전안열은 등면에서는 상당히 후곡하여 보이지만 앞에서 보았을 때는 거의 일직선을 이룬다. 후안열은 약간 후곡한다. 위턱은 두부와 같은 적갈색을 띠고, 등면이 불룩하여 비교적 굳세게 생겼다. 뚜렷한 옆혹과 3개의 앞엄니두덩니와 7~8개의 뒷엄니두덩니 및 위턱 털다발을 가지고 있다. 아래턱은 갈색이고 세로가 너비보다 길다. 아랫입술은 아래턱과 같은 갈색이지만 약간 거무스레하고 길이와 너비는 같으며, 아래턱 길이의 1/2을 넘고 기부관절 파임은 아랫입술 길이의 1/5에 이른다. 흉판은 가장자리가 약간 거무스레한 황갈색이고, 길이와 너비가 같은 둥근 심장형이다. 그 뒤끝은 넷째다리 기절 사이로 폭넓게 돌출하며, 좌우

201

기절을 그 직경과 같은 폭으로 분리한다. 흉판은 둘째다리 기절 사이에서 가장 넓다. 다리는 비교적 튼튼하고 황갈색이나 기부에 가까울수록 색이 엷어진다. 각 다리마다 빗살니를 가진 3개의 발톱을 가지고 있다. 복부는 난형을 이루고 등면은 바탕이 암회색이며 중앙부에 세로로 늘어선 갈매기형 무늬와 그 양옆에 흩어져 있는 수많은 점무늬는 회황색이다. 단 개체에 따라서는 복부 등면의 무늬가 거의 없는 것도 있다. 복부의 복부면은 엷은 회황색이다. 황갈색의 앞실젖은 원통형이고 좌우가 그 직경보다 더 멀리 떨어져 있으며, 끝절은 기절에 비해 매우 짧다. 뒷실젖이 가장 길고 가운데실젖이 가장 짧다. 사이젖은 비교적 큰 반원형을 이루고 털이 빽빽이 나 있다.

분포: 한국, 일본

202

마른잎거미속
Genus *Lathys* Simon, 1884

눈은 6~8개이다. 전중안이 다른 눈에 비해 매우 작고 따로는 완전히 소멸된 경우도 있다. 후안열이 전안열보다 넓고 양 안열의 측안은 서로 닿아 있지 않는다. 두부는 비교적 넓고, 흉부보다 많이 융기되어 있지 않다. 이마는 전중안 지름보다 좁거나 거의 같은 정도이다. 수컷의 위턱은 끝이 가늘고, 엄니가 매우 길다.

한산마른잎거미
Lathys annulata Bösenberg et Strand, 1906

수컷: 배갑은 갈색에 방사모양 줄무늬가 있다. 목홈이 뚜렷하다. 정면에서 봤을 때 전안열은 살짝 전곡되었으며 후안열은 일직선이다. 협각에는 앞두덩니 2개와 뒷두덩니 3개가 있다. 복부는 난형이며 등면은 갈색을 띠고 안쪽에 5개의 쉐브론 패턴이 있다. 수컷 생식기의 종아리마디에는 지시기 말단 부분을 잡아주는 등면, 후측면 돌기가 있다. 지시기 말단 끝은 두 번 꼬여있으며, 삽입기(embolus)는 시계방향으로 감아져 있다.

분포: 한국, 일본

쌍칼퀴마른잎거미
Lathys dihamata Paik, 1979

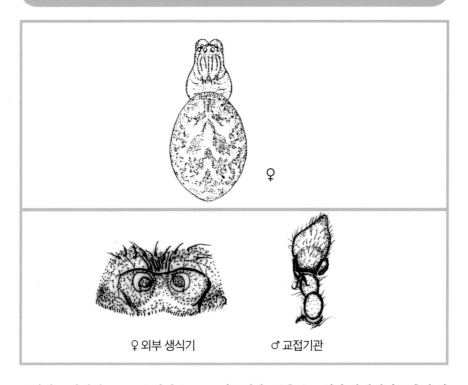

♀

♀ 외부 생식기   ♂ 교접기관

몸길이는 암컷이 2mm, 수컷이 1.9mm 정도이다. 두흉부는 연한 황색이며 목홈과 방사홈은 검다. 8눈이 2열로 늘어서 있다. 전안열은 곧고 후안열은 전곡하며, 전중안이 가장 작으며 검은색이고 나머지는 모두 밝고 크기가 같다. 위턱은 엷은 황색이며, 앞엄니두덩니와 뒷엄니두덩니는 각각 5개씩이고 옆혹과 끝절에 털다발을 가진다. 흉판은 갈황색이고 세로가 너비보다 큰 방패형으로, 뒤끝이 넷째다리 기절 사이로 돌입하고 있다. 다리는 엷은 황색으로 첫째다리는 검게 얼룩져 있고 넷째다리는 검은 고리 무늬가 있다. 다리식은 1-2-4-3으로 첫째다리가 길다. 복부는 볼록한 난형으로 회황색 바탕에 암회색 무늬로 얼룩져 있고, 실젖 사이가 넓게 떨어져 있다.

분포: 한국

마른잎거미
Lathys maculosa (Karsch, 1879)

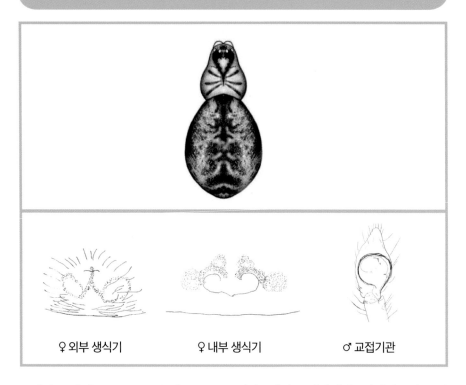

♀ 외부 생식기   ♀ 내부 생식기   ♂ 교접기관

몸길이는 암컷 2~2.5mm, 수컷 1.8~2mm이다. 체색은 갈색이다. 머리가슴에는 검정 가장자리선이 있고 가슴에는 검은 작살 모양 무늬가 있다. 눈은 8개로 앞눈줄은 곧고 후안면은 뒤로 굽는다. 크기는 전중안이 가장 작아서 전측안의 절반 크기이다. 앞, 뒤, 옆눈은 거의 맞닿아 있다. 협각은 어두운 갈색, 작은턱은 갈색에 앞쪽 끝이 넓적하다. 가슴판에는 어두운 가장자리선이 있고 뒤끝이 넷째다리 밑마디 사이로 깊게 들어간다. 다리에는 어두운 갈색 고리 무늬가 있다. 복부는 난형으로 흰색 바탕에 갈색 그물 무늬와 세로 무늬가 있다. 아랫면은 잿빛을 띤 노란색에 흰색 점 무늬가 있으며 거미줄돌기 앞에는 갈라지지 않은 거미줄판이 있다. 산의 나무껍질, 마른잎, 바위 틈, 담장 위에 천막 모양 집을 짓고 산다. 성체는 1년 내내 볼 수 있다.
분포: 한국, 일본

206

육눈이마른잎거미

Lathys sexoculata Seo et Sohn, 1984

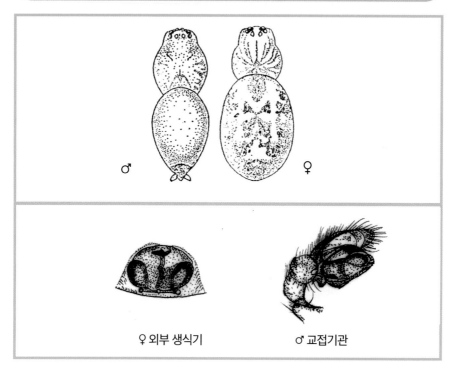

♀ 외부 생식기   ♂ 교접기관

암컷의 배갑은 짙은 갈색인데 검은색으로 덮인 가운데홈 주위에 두덩으로부터 검은띠가
쳐져있다. 이마는 앞줄 측안 직경의 0.4배이다. 후안열은 앞쪽과 위쪽에서 보면 심하게
전곡 되어 있다. 전측안은 그들의 직경보다 0.75배 떨어져 있다. 위턱은 배갑과 같은 색
이고 각 엄니두덩에는 4개의 이빨이 있다. 아랫턱, 아랫입술, 흉판은 황갈색인데 가시털
이 점점이 나 있다. 흉판의 끝은 넷째다리 기절 사이로 뻗어나와 있다. 흉판은 그 두덩을
따라 짙은 갈색줄무늬를 가지고 있다. 다리는 황갈색인데 모든 경절은 등면에 3개의 귀
털을, 척절과 부절의 등면에 2개의 귀털을 가지고 있다. 빗털우 넷째다리 척절에 2/3 점
도까지 나 있다. 다리식은 1-4-2-3이다. 복부는 타원형이고 딱딱한 털이 가늘게 나 있다.
등면에는 엷은 황색 바탕 위에 짙은 갈색 점이 있다. 복부의 복부면은 엷은 황색이며 점
은 없다. 생식기는 1쌍의 큰 저정낭을 가지고 있다. 수컷은 알려져 있지 않다.

분포: 한국, 일본

공산마른잎거미
Lathys stigmatisata (Menge, 1869)

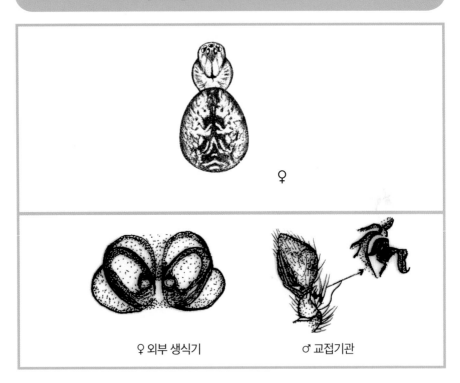

♀

♀ 외부 생식기　　　♂ 교접기관

몸길이는 암컷이 2.5mm가량이다. 두흉부는 갈색으로 두부 뒤쪽에 '山' 자형 무늬를 가지며, 흉부 앞가장자리에 검은 선두리가 있다. 목홈, 방사홈 및 가운데홈은 뚜렷하다. 눈은 8개가 2줄로 늘어서 있다. 전안열은 곧고 후안열은 전곡하며, 전중안이 가장 작고 전측안이 가장 크다. 위턱은 갈색이고 앞엄니두덩니는 6개, 뒷엄니두덩니는 5개이다. 흉판은 흐린 황갈색으로 심장형을 이루며 세로가 너비보다 길다. 다리는 황갈색 바탕에 퇴절, 경절, 척절에 각 2개씩의 고리 무늬가 있다. 복부는 타원형으로 등면은 황갈색 바탕에 검고 복잡한 무늬가 있다. 이분되지 않은 체판이 뚜렷하게 나타나 있다.

분포: 한국, 일본, 대만, 유럽(구북구)

흰잎거미속

Genus *Sudesna* Lehtinen, 1967

눈은 8개이며 2줄로 늘어서 있다. 전안열은 전곡 되어 있고 후안열은 후곡 되어 있다. 두부가 융기되어 있으며 흰색이고, 다리는 엷은 황색이다. 마른잎거미속과 비슷하지만 수염기관의 생식구 근처에 2개의 갈고리 모양이 나 있고, 암컷의 외부생식기가 작으며 저정낭이 외부에서도 보이는 것이 특히 특징적이다.

흰잎거미
Sudesna hedini (Shenkel, 1936)

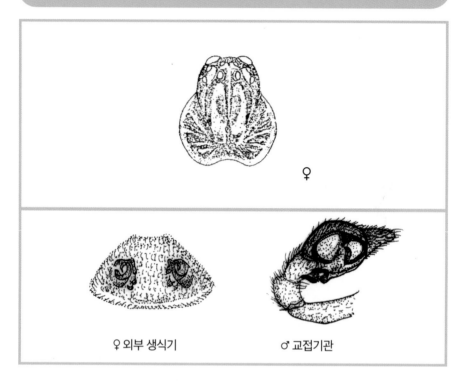

♀

♀ 외부 생식기   ♂ 교접기관

배갑은 밝은 갈색이고 이마는 갈황색이다. 배갑은 너비보다 세로가 길다. 8개의 눈은 형태가 같으며, 앞에서 보았을 때 후안열은 조금 후곡 되어 있고 전안열은 약간 전곡 되어 있다. 전측안과 후중안이 가장 크고, 전중안이 가장 작다. 눈차례는 전중안〉후측안〉후중안=전측안의 순이며, 가운데눈네모꼴은 세로보다 너비가 길고 앞보다는 뒤가 더 넓다. 2개의 작은 뒷엄니두덩니와 4개의 앞엄니두덩니가 있다. 아래턱, 아랫입술, 흉판은 황갈색이다. 아랫입술은 너비보다 세로가 약간 길다. 흉판은 심장형이다. 다리는 연한 황색이며 가늘고 길다. 다리에 가시털과 빗털은 없다. 다리식은 1-2-4-3이다. 복부는 난형으로 너비보다 세로가 길고 거의 흰색에 가까우며 회갈색의 털로 덮여 있다. 복부의 복부면은 회백색이다. 수컷 수염기관의 지시기는 거의 반원을 이루고 있다. 지시기는 매우 두텁고 비뚤어져 있다. 암컷의 몸 크기는 수컷보다 비교적 크다. 눈차례는 전중안〈후중안=전측안=후측안의 순이다. 복부는 거의 흰색이다.

분포: 한국, 중국

210

물거미속
Genus *Argyroneta* Latreille, 1804

두부는 길고 좁다. 가운데홈은 뚜렷하지 못하나 방사홈은 식별할 수 있다. 전안열은 약간 후곡하고 전중안이 가장 작다. 양 전중안 사이는 측안과의 사이보다 좁다. 후안열은 전안열보다 약간 강하게 후곡하고 4개의 눈은 거의 크기가 같을 뿐만 아니라 눈 사이의 간격도 거의 같다. 위턱이 튼튼하다. 암컷의 위턱은 거의 수직을 이루고 뒷엄니두덩에 거의 크기가 같은 2개의 이빨을 가진다. 수컷의 위턱은 암컷에 비해 길고 약간 앞으로 돌출되어 있으며 엄니도 역시 암컷보다 길다. 뒷엄니두덩에 서로 멀리 떨어져 있는 2개의 이빨을 가진다. 아랫입술은 폭이 넓고 평행하다. 아랫입술의 세로는 너비보다 약간 길고 아래턱 중간점을 훨씬 넘어선다. 흉판은 심장형이고 뒤 끝은 뾰족하며 넷째다리 기절 사이로 약간 돌출한다. 다리에는 짧은 털 사이에 긴 털이 끼어 있다. 첫째다리와 둘째다리에는 가시가 많지 않지만 셋째다리와 넷째다리에는 그 경절과 척절에 가시가 많이 나 있다. 복부는 짧은 털로 완전히 덮여 있다. 기관 숨문은 위바깥홈 바로 뒤에 위치한다. 앞실젖은 원뿔형으로 서로 접해 있고 뒷실젖은 앞실젖과 길이는 같지만 약간 가늘다. 사이젖은 전혀 없다. 물속에 산다.

물거미
Argyroneta aquatica (Clerck, 1757)

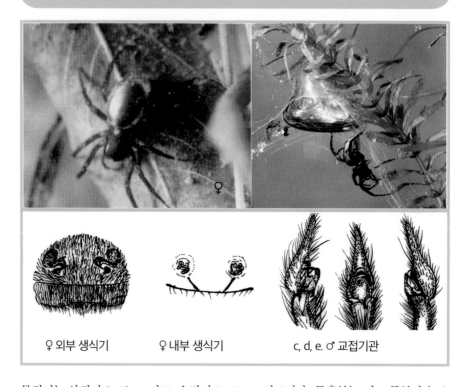

♀

♀ 외부 생식기   ♀ 내부 생식기   c, d, e. ♂ 교접기관

몸길이는 암컷이 8~15mm이고, 수컷이 9~12mm 정도이다. 두흉부는 길고 두부가 높으며 밝은 황색 내지 적갈색이다. 가운데홈은 잘 보이지 않으나 목홈과 방사홈은 뚜렷하다. 8눈이 2열로 늘어서며 전·후안열이 모두 약간 후곡한다. 전중안이 가장 작고 후안들은 크기가 같으며 두 열의 측안은 떨어져 있다. 위턱은 적갈색이고 2개의 뒷엄니두덩니를 가진다. 아래턱은 짧고 안 가장자리가 평행하다. 아랫입술은 길이가 길고 앞끝이 잘린 형태이다. 흉판은 심장형이며 뒤끝이 넷째다리 기절 사이로 돌입한다. 다리는 길고 털이 많이 나 있으며 셋째다리와 넷째다리의 경절과 부절에 털이 많이 나 있다. 복부는 회갈색이며 특별한 무늬는 없으나 짧은 털이 빽빽이 나 있다. 기관 숨문이 위 바깥홈 가까이에 있다. 앞실젖은 원뿔형이며 서로 접해 있고, 뒷실젖은 원기둥형으로 가늘고 길다. 호수나 오래된 연못 속 수초 사이에 종 모양의 집을 짓고 그 속에 공기를 채우고 있다. 공기는 다리나 복부의 털 사이에 붙여서 운반한다. 거미는 복부를 공기방 속에 넣고 두흉부와 앞다리는 공기방 밖의 물속에 내놓고 있다. 이 거미는 지상에서 살던 것이 2차

적으로 다시 물속 생활로 돌아간 것이다. 대부분을 물속에서 생활하지만 지상에서도 마음대로 행동할 수 있다. 물속에서는 거미 그물이나 수초를 따라 이동하거나 헤엄쳐 다니기도 한다.

분포: 한국, 일본, 중국, 시베리아, 유럽(구북계)

코리나거미과

Family Corinnidae Karsch, 1880

무체판이고 완전자리 생식구를 갖는 3~10mm 크기의 작은 거미류로 외관상 개미류와 비슷하다. 배갑은 난형으로 개미처럼 길어진 종도 있고 두부는 앞쪽으로 약간 융기한다. 외형상 어두운 금속빛이다. 다리는 가늘고 길며 2개의 발톱과 털끝다발이 있고 부절에는 귀털이 존재한다. 복부는 난형으로 개미처럼 길어진 것도 있으며 방패 무늬가 가로 줄무늬나 얼룩 무늬 또는 하얀 털이 나 있는 종들도 있다. 암컷의 뒷실젖에는 2개의 큰실샘이 있으나 수컷은 없고, 사이젖은 삼각형이다. 대부분의 수컷 수염기관에는 중간 돌기가 없으며 방패판은 지시기쪽으로 가늘어진다.

나나니거미속
Genus *Castianeira* Keyserling, 1879

몸길이는 4~10mm이고, 외형상 몸이 개미처럼 가늘고 길며 날씬한 다리를 가지고 있다. 두흉부는 긴 난형이고, 가운데홈은 뚜렷하며 다소 볼록하고 앞쪽이 높다. 눈은 작고 크기가 거의 동일하며 양 안열은 거의 곧고 후안열은 전안열보다 약간 길다. 가운데눈네모꼴은 너비보다 세로가 길고 뒤보다 앞이 좁다. 위턱은 길고 튼튼하며, 앞엄니두덩과 뒷엄니두덩에는 각각 2개의 이가 있다. 다리는 다소 길고 가늘며 암갈색 또는 검정색이다. 넷째 전절 아랫면에는 뚜렷한 'V' 자 모양 줄이 있다. 복부는 긴 난형이고 등면 앞쪽 끝에 직립한 긴 센털다발이 없다. 외부생식기는 둥글고 볼록하다. 주로 나뭇잎이나 덮개짚 또는 돌 아래에서 발견된다.

대륙나나니거미
Castianeira shaxianensis Gong, 1983

♀

두흉부의 가운데홈은 짧지만 뚜렷하고, 방사홈과 목홈은 뚜렷하지 않다. 배갑은 알모양이고 너비보다 세로가 길다. 8눈이 2열로 배열되어 있고 전안열은 후안열보다 짧다. 정면에서 보면 전안열은 약하게 전곡하고 후안열은 적당하게 전곡한다. 위에서 보면 전안열은 후곡하고 후안열은 적당하게 후곡한다. 가운데눈네모꼴은 너비와 세로가 같고 전안열보다 후안열이 더 넓다. 이마는 전중안 직경만큼 길다. 위턱은 갈색이지만, 옆혹은 황갈색이다. 앞엄니두덩에 3개의 이빨과 털다발이 있고, 뒷엄니두덩에 2개의 이빨이 있으며 정면에 긴 털이 있다. 아래턱은 황갈색이고 너비보다 세로가 길며, 꼭대기가 다소 잘렸다. 아랫입술은 흐린 갈색이고, 앞두덩은 더 밝으며 너비와 세로는 같고 아래턱의 중간 부위를 넘어선다. 흉판은 황갈색이고 두덩이 있다. 너비보다 세로가 약간 길다. 다리는 황갈색이다. 복부는 난형이고 미부가 좀더 뾰족하다. 너비보다 세로가 길고, 복부 등면은 담황색이다.

분포: 한국, 중국

괭이거미과

Family Trachelidae Simon, 1897

체색은 대개 머리가슴은 짙은 갈색이고 복부는 옅은 황색이다. 머리가슴이 둥글고 두부의 두께가 두껍다. 대개 다리에 가시털이 없다. 발톱이 2개이며 발톱 아래에 강하게 꺾인 다수의 털다발이 있다. 발톱 기부에 작은 돌기 (claw tuft clasper)가 나 있다. 수컷 수염기관 퇴절 밑면 정단부에 갈고리가 없고, 생식구에는 중간돌기가 없다.

괴물거미속

Genus *Paraceto* Jin, Yin et Jang, 2017

배갑은 짧고 뚜렷한 가운데홈이 있다. 전중안은 전곡이고 후중안은 약간 후곡이다. 전중안 사이는 측안으로부터의 거리보다 더 길다. 이마의 높이는 전중안의 직경보다 짧다. 위턱에는 2~3개의 앞엄니두덩니와 2개의 뒷엄니두덩니가 있다. 아랫입술은 폭만큼 길다. 다리에는 가시털이 없고 끝털다발이 있다.

보경괴물거미
Paraceto orientalis (Schenkel, 1936)

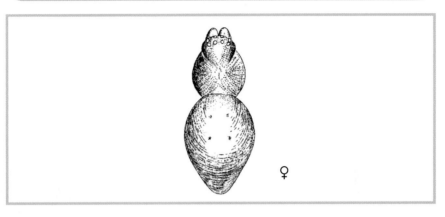

♀

암컷의 배갑은 광택을 띤 암갈색 바탕에 갈색의 긴 털이 나 있고 작은 곰보자국이 줄지어 흩어져 있다. 가운데홈은 세로로 달리며 짧고, 얕은 움푹이를 이루고 방사홈과 목홈은 희미하다. 전안열은 약간 전곡하고, 후안열은 후곡한다. 이마 높이는 전중안의 직경과 같다. 위턱에는 3개의 앞엄니두덩니와 2개의 뒷엄니두덩니가 나 있다. 복부는 미부가 뾰족한 난형이고 등면에는 밝은 황갈색 바탕에 2쌍의 근점이 있다.

분포: 한국, 중국

어리괭이거미속
Genus *Paratrachelas* Kovblyuk et Nadolny, 2009

괭이거미속과 유사하나, 이 속은 수컷 생식기 무릎마디돌기가 없고, 후측면 종아리마디 돌기가 있으며, 암컷 생식기에 앞자루(anterior pocket)가 한쌍의 앞측 저정낭(receptacles) 한쌍 앞에 있다는것, 또 암컷 생식기에 중간돌기(median ducts)가 없다는 점으로 구별된다.

한국괭이거미
Paratrachelas acuminus (Zhu et An, 1988)

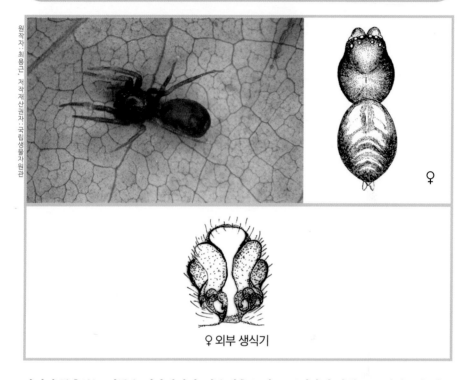

♀

♀ 외부 생식기

암컷의 두흉부는 어두운 적갈색이며, 가운데홈은 짧고 뚜렷하며 난형으로 너비보다 세로가 길다. 위에서 보았을 때 양 안열은 다소 후곡 되어 있다. 앞에서 보았을 때는 약간 전곡되어 있다. 전안열은 후안열보다 짧다. 가운데눈네모꼴은 세로보다 너비가 길고 앞보다 뒤가 넓다. 이마의 높이는 전중안의 반경과 같다. 위턱은 적갈색으로 작은 구멍모양으로 덮여 있으며 3개의 앞엄니두덩니와 2개의 뒷엄니두덩니로 되어 있다. 아래턱은 갈색으로 약간 경사져있고 너비보다 세로가 길다. 아랫입술은 암갈색으로 세로보다 너비가 넓다. 흉판은 갈색으로 작은 구멍과 두덩으로 덮여 있고 너비보다 세로가 길다. 넷째다리 기절 사이에서 끝이 약간 나와 있다. 다리는 갈황색이지만 앞의 두 다리는 나머지보다 더 어둡고 두툼하다. 퇴절, 경절, 부절은 앞, 뒤, 측면에 어두운 무늬가 있다. 넷째다리는 첫째다리보다 약간 길다. 다리식은 4-1-2-3이다. 대부분은 황갈색으로 앞쪽에 두 쌍의 흰 반점이 있고 뒤쪽에 4개의 '山'형 무늬가 있다. 수컷의 두흉부는 어두운 적갈색으로 작은 구멍으로 빽빽하게 덮여 있으며 난형으로 너비보다 세로가 길다. 가운데홈은 짧고 뚜렷하다.   **분포:** 한국

223

괭이거미속
Genus *Trachelas* L. Koch, 1872

암컷의 두흉부는 어두운 적갈색이며 가운데홈은 짧고 뚜렷하며 난형으로 너비보다 세로가 길다. 등면에서 보았을 때 양 안열은 다소 후곡 되어 있다. 앞에서 보았을 때는 약간 전곡 되어 있다. 전안열은 후안열보다 짧다. 위턱은 적갈색으로 작은 구멍 모양으로 덮여 있으며 3개의 앞엄니두덩니와 2개의 뒷엄니두덩니로 되어 있다. 아래턱은 갈색으로 약간 경사져 있고 너비보다 세로가 길다. 아랫입술은 암갈색으로 세로보다 너비가 길다. 흉판은 갈색으로 작은 구멍과 두덩으로 덮여 있고 너비보다 세로가 길다. 다리는 갈황색이지만 앞의 두 다리는 나머지보다 더 어둡고 두툼하다. 퇴절, 경절, 부절은 앞, 뒤, 측면에 어두운 무늬가 있다. 다리식은 4-1-2-3이다. 대부분은 황갈색으로 앞쪽에 두 쌍의 흰 반점이 있고 뒤쪽에 4개의 '山'형 무늬가 있다.

일본괭이거미

Trachelas japonicus Bösenberg et Strand, 1906

암컷의 가운데눈네모꼴은 세로보다 너비가 길고 앞보다 뒤가 넓다. 이마의 높이는 전중안의 직경만큼 넓다. 위턱은 밤색으로 작은 구멍 모양으로 덮여 있고 3개의 앞엄니두덩니와 2개의 뒷엄니두덩니가 있다. 아래턱은 갈색으로 약간 경사져 있으며 너비보다 세로가 길다. 아랫입술은 어두운 갈색으로 약간 경사져 있으며 세로보다 너비가 길다. 흉판은 암갈색으로 작은 구멍 형태로 덮여 있다. 넷째다리 기절 사이에서 끝이 넓게 나와 있다. 다리는 황갈색이지만 앞의 두 다리는 나머지보다 더 어둡고 두껍다. 다리식은 4-1-2-3이다. 복부는 난형으로 너비보다 세로가 길며 복부 등면은 황회색에서 암회색으로 4개의 근점과 회백색의 무늬가 있다. 수컷은 암컷과 거의 같으나 크기는 다소 암컷보다 작으며 첫째다리가 넷째다리보다 길다.

분포: 한국, 일본, 중국.

225

십자삼지거미속
Genus *Orthobula* Simon, 1897

두흉부는 갈색으로 오목점이 있고 주변은 검정색이다. 전안열은 전곡 되어 있고 중안이 측안보다 작다. 흉판은 난형으로 주변이 갈색이다. 앞실젖이 뒷실젖보다 크다.

십자삼지거미
Orthobula crucifera Bösenberg et Strand, 1906

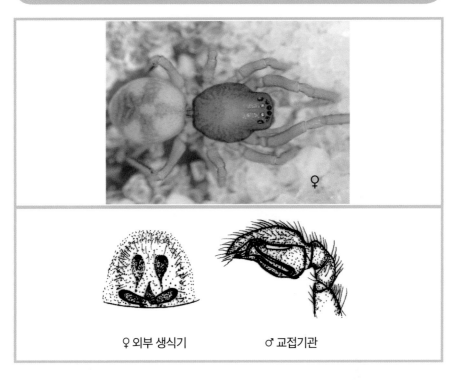

♀

♀ 외부 생식기   ♂ 교접기관

두흉부는 밝은 적갈색으로 많은 오목점이 있고 갓금은 검정색이다. 두부의 폭이 넓고 흉판은 둥글며 방사홈의 색은 짙다. 전안열은 전곡 되어 있고 중안이 측안보다 작다. 후안열은 후곡 되어 있고 거의 같은 거리로 있다. 가운데눈네모꼴은 직사각형을 이룬다. 아랫입술은 너비가 세로보다 길다. 흉판은 볼록한 난형으로 갓금이 암갈색이다. 다리는 황갈색으로 앞다리의 경절 복부면에 5~6쌍, 척절 복부면에 4쌍의 긴 가시털이 있다. 넷째다리의 경절측면에는 검정색의 줄 무늬가 있어 특징이 된다. 복부는 엷은 회갈색이고 등면에 십자모양의 섬성색 무늬가 있다. 앞실젖이 뒷실젖보다 크다.

분포: 한국, 일본, 중국

밭고랑거미과

Family Liocranidae Simon, 1987

몸길이는 3~15mm 정도이다. 배갑은 세로가 너비보다 길고, 안역에서 폭이 좁아진다. 8개의 눈이 2열로 배열되어 있다. 다리의 발톱은 2개이다. 토양성 거미로 숲의 풀 속 등에 서식하는 배회성 거미이다.

밭고랑거미속
Genus *Agroeca* Westring, 1861

본 속은 *Abrunnea* (Blackwall, 1833)와 닮았으나 그보다는 왜소하고 암컷의 외부생식기와 수컷의 수염기관의 구조에서 상이한 점이 있다. 성장기와 서식지도 대체로 비슷하며 8~9월에 삼림지역의 다소 습한 곳에서 발견된다.

봉화밭고랑거미
Agroeca bonghwaensis Seo, 2011

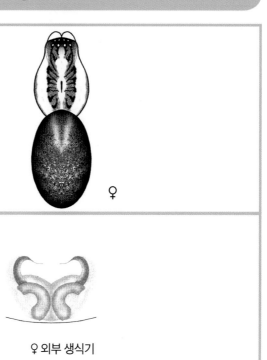

♀

♀ 외부 생식기

암컷: 배갑은 황갈색이고 가장자리에 얇은 검은색 경계선과 한쌍의 세로 줄무늬를 가진다. 가슴홈은 일직선으로 뚜렷하다. 등면에서 봤을 때 전안열은 살짝 전곡 되어 있고 후안열은 후곡 되어 있으나, 정면에서 봤을 때 모두 후곡 되어 있다. 가슴판은 노란색 바탕에 검은 점들로 얼룩덜룩하다. 아랫입술은 검은색이며 앞쪽에 노란색 영역을 가진다. 무릎마디와 넓적다리마디는 암황색이며, 나머지는 암갈색이다. 복부는 난형이고 등면에는 붉은빛이 도는 갈색 바탕에 검은색 그물무늬가 있다. 배면에는 밥통홈 전까지 검은 삼지창 무늬가 있다. 외부생식기에는 2개의 관이 뚜렷하게 보인다. 선연 교섭기는 넓으며 내부생식기에는 넓은 시삭 부분과 작은 수정낭이 보인다.

분포: 한국

밭고랑거미
Agroeca coreana Namkung, 1989

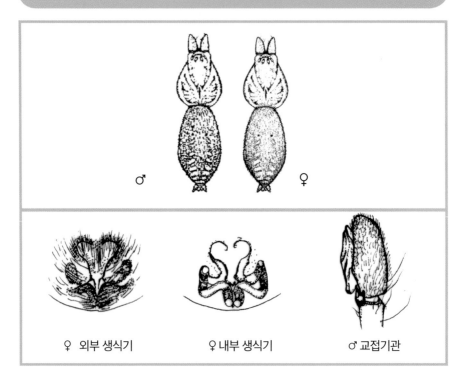

♂   ♀

♀ 외부 생식기   ♀ 내부 생식기   ♂ 교접기관

배갑은 옅은 갈색이며 난형이다. 너비보다 세로가 길고 앞쪽으로 폭이 좁다. 가운데홈은 어두운 갈색이고 목홈과 방사홈은 뚜렷한 별개의 측면줄 무늬를 나타낸다. 전안열은 후안열보다 비율이 4:5 정도로 좁고 정면에서 보면 후안열이 전곡되었고 전측안은 다른 것보다 크다. 가운데눈네모꼴은 뒤보다 앞이 좁다. 위턱은 황색빛이 도는 갈색이고 3개의 앞엄니두덩니와 2개의 뒷엄니두덩니가 있다. 입술은 세로보다 너비가 길고 아랫턱 중간까지는 닿지 않는다. 흉판은 희미한 갈색이고 적은 수의 흑자색 털이 있어서 앞쪽의 거친 모서리로부터 보호하는 형태로 되어 있다. 다리는 황갈색이고 어두운 고리 무늬를 가지고 있다. 다리식은 4-1-2-3이다. 복부는 긴 난형이고 회갈색과 연한 황색의 반점이 있다. 어두운 갈색 털이 두껍게 덮고 있으며 몇 개의 연갈색 갈매기형 무늬가 뒤편에 있다.
암컷: 수컷과 형태나 색깔이 거의 같다. 외부생식기와 2개의 교미구는 앞쪽으로 있고 눈에 잘 띄며 2쌍의 밖으로 굽은 관으로 되어 있다.
분포: 한국, 일본, 중국, 러시아

232

몽골밭고랑거미

Agroeca mongolica Schenkel, 1936

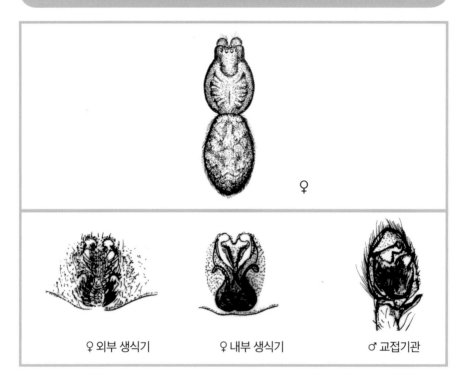

♀

♀ 외부 생식기   ♀ 내부 생식기   ♂ 교접기관

수컷: 배갑은 세로가 너비보다 길고 황색 바탕에 가장자리와 목홈, 방사홈, 가운데홈은 암갈색으로 뚜렷하고 암색 강모가 거칠게 나 있다. 두부는 약간 솟아 있다. 그 앞쪽으로 8개의 눈이 2열로 배열되어 있으며 전안열은 후안열보다 약간 짧고 모두 전곡 되어 있다. 전중안은 작고 어두운 색이며 나머지 눈들은 대략 크기가 같으며 밝은색을 띤다. 흉판은 황갈색이나 가장자리 쪽은 적갈색을 띠고, 짧은 털이 있으며 뒷부분이 넷째다리 기절에 삽입되어 있지 않다. 아랫입술은 세로가 너비보다 길며 아래턱의 1/2보다 약간 적다. 위턱은 작고 앞엄니두덩니 3개와 뒷엄니두덩니 2개가 있다. 경절은 밝은 미황색이고 슬절 이하는 암색 얼룩무늬가 있으며 불규칙적인 털이 많이 보인다. 다리식은 4-1-2-3이다. 복부는 긴 타원형으로 세로가 너비보다 길다. 등면은 바탕이 회갈색인데, 중앙 앞쪽 절반 부분은 희미한 심장형과 뒤쪽의 중앙부에는 몇 쌍의 엷은 황갈색 갈매기형 무늬가 보이고 그 앞으로는 암갈색의 굽은 긴 털이 촘촘히 나 있다. 복면에는 황갈색으로 윗바깥홈에 'U' 자형 회갈색 무늬가 있고 실젖은 짧고 크다.

암컷: 형태적으로 수컷과 거의 차이가 없으나 색깔이 대체적으로 어두운 편이다. 다리는 수컷보다 짧다. 외부생식기는 크고 전반부는 'V' 자 모양으로 2/5로 나눈 부분에서 잘록해지고, 후반부는 호리병 모양으로 둥글게 굽어 있으며 암갈색으로 둘러싸여 있다.

분포: 한국, 중국, 몽골

적갈밭고랑거미
Agroeca montana Hayashi, 1986

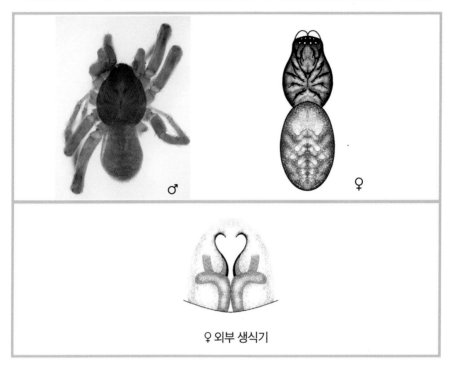

♂   ♀

♀ 외부 생식기

배갑은 적갈색에 가장자리에 검은색 방사형 무늬를 가지며 가슴홈은 뚜렷하다. 등면에서 봤을 때 전안열은 거의 일직선이고 후안열은 후곡 되어 있으나, 정면에서 봤을 땐 모두 후곡 되어 있다. 가슴판은 암갈색이고 앞쪽에 황색 영역이 있다. 다리는 암갈색이다. 복부는 타원형이고 등면은 검은색 바탕에 5쌍의 갈색 점과 2개의 갈색 갈매기형 무늬를 가진다. 암컷 외부생식기는 1쌍의 관을 가지며 앞측 교접기는 좁고 내부생식기는 꼬여 있는 관과 작은 수성낭을 가진다.

분포: 한국, 일본, 중국, 러시아

235

도사거미과

Family Phrurolithidae Banks, 1892

체색은 황색에서 검은색으로, 무늬도 종에 따라 다양하다. 다리에 가시털이 적지만, 첫째다리와 둘째다리의 경절 밑면에는 가시털이 줄지어 한 쌍이 나 있다. 발톱이 2개이며 발톱 아래에 강하게 꺾인 다수의 털다발이 있으며, 발톱 기부에 작은 돌기가 나 있다. 수컷 수염기관 퇴절 밑면 정단부에 갈고리 모양의 돌기가 있고, 생식구에 중간돌기가 없다.

도사거미속
Genus *Phrurolithus* C. L. Koch, 1839

몸길이가 1.8~5.0mm 정도로 작은 편이다. 배갑은 난형이고, 두부 구역은 중심 쪽이 좁으며 황갈색과 어두운 갈색으로 두드러진 대칭적인 무늬는 없고 짧은 목홈과 방사홈은 가장자리 쪽으로 폭이 넓어진다. 앞에서 보면 전안열은 전곡 되어 있고 후안열은 곧거나 거의 곧다. 후안열은 약간이기는 하지만 뚜렷하게 전안열보다 넓다. 안역폭은 배갑의 가장 넓은 곳의 1/2보다 약간 작은 넓이이다. 전중안은 나머지 눈보다 더 작다. 전중안은 다른 눈들보다 전측안에 더 가깝다. 위턱은 수직이고 단단하지 않다. 하나 또는 두 개의 가시털은 앞쪽으로 향하며 약간 안으로 굽어 있다. 이 가시털은 다른 밭고랑거미과의 속들과 구별할 수 있는 유용한 특징이다. 뒷엄니두덩니는 항상 2개이고 앞엄니두덩니는 2개 또는 3개이다.

고려도사거미
Phrurolithus coreanus Paik, 1991

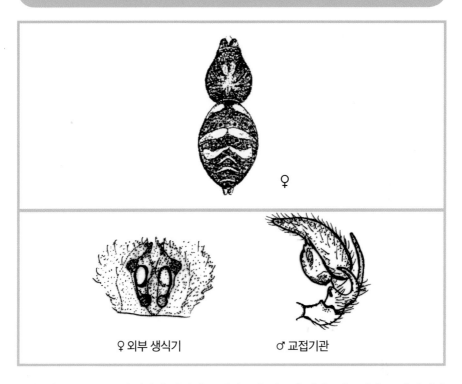

♀

♀ 외부 생식기   ♂ 교접기관

암컷: 배갑은 어두운 밤색이며 난형이고 너비보다 세로가 길다. 앞쪽에서 보면 안열이 앞으로 휘어 있고 위에서 보면 전안열이 약간 후곡 되어 있다. 후안열은 곧다. 전안열이 약간이기는 하지만 확실하게 후안열보다 좁다. 위턱은 탁한 노란색이고 3개의 앞엄니두 덩니와 2개의 뒷엄니두덩니를 갖추고 있으며 가시는 앞을 향하고 있다. 아래턱과 아랫 입술은 탁한 노란색이고 약간 기울어져 있다. 흉판은 탁한 갈색이며 가장자리에 어두운 갈색이 있는 심장 모양이다. 모든 다리의 퇴절부터 경절까지와 넷째다리의 척절은 어두 운 갈색이다. 다리식은 4-1-2-3이다. 복부는 난형이고 어두운 회색이며 흰색 띠들과 갈 매기 무늬가 있다. 첫 번째와 두 번째 띠는 다소 두껍고 중앙이 끊어져 있으며 측면까지 닿아 있다. 뒤따르는 세 번째 무늬는 다소 얇다. 마지막 띠는 실젖 가까이에 있고 약간 두껍지만 측면에 닿아 있지는 않다. 등면은 회색빛이 도는 노란색이며 외부생식기에서 실젖까지 1쌍의 옅은 세로줄이 있다.

분포: 한국, 일본

법주도사거미
Phrurolithus faustus Paik, 1991

♀

암컷: 배갑은 회색빛 황갈색이고 후중안부터 가운데홈 뒷부분은 희미한 황갈색이며 눈자리는 검은색이다. 앞에서 보면 각 안열이 앞으로 휘어져 있고 위에서 보면 전안열이 조금 뒤로 휘어져 있으며 후안열은 곧다. 전안열은 후안열보다 작지만 뚜렷하게 좁다. 위턱은 어두운 갈색이고 3개의 앞엄니두덩니와 2개의 뒷엄니두덩니를 갖추고 있고 가시털은 앞을 향하고 있다. 아래턱과 아랫입술은 황갈색이고 약간 기울어져 있다. 입술은 너비가 세로보다 길다. 흉판은 심장형이고 넷째다리 기절 사이가 약간 휘어져 있다. 다리는 탁한 갈색이고 퇴절은 다른 마디들보다 더 어둡다. 넷째다리 경절과 척절은 어둡고 실 같은 환대가 있다. 다리식은 4-2-1-3이다. 복부 등면은 어둡고 얼룩이 있고 갈매기형 무늬가 그려져 있다. 복부는 탁한 노란색이다.

분포: 한국

함덕도사거미
Phrurolithus hamdeokensis Seo, 1988

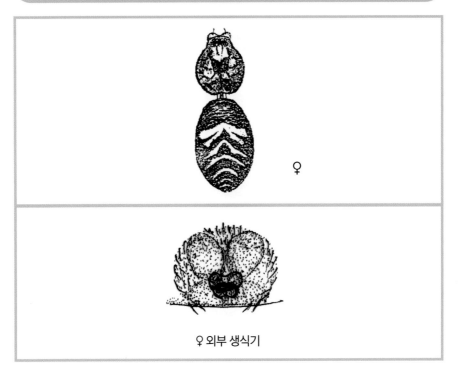

♀

♀ 외부 생식기

암컷: 배갑은 노란빛이 도는 갈색과 어두운 갈색이며 어두운 회색 무늬도 있다. 목홈, 방사홈, 가운데홈은 어두운 회색으로 되어 있다. 앞에서 보면 양쪽 안열이 알맞게 앞으로 휘어져 있고 위에서 보면 전안열은 아주 약간 후곡 되어 있고 후안열은 곧다. 전안열은 약간이지만 뚜렷하게 후안열보다 좁다. 가운데눈네모꼴은 높이>뒷변>앞변의 순이다. 전중안은 측면의 1/6지점에서 직경의 2/3를 차지하고 있다. 이마는 전중안 직경의 1.3배이다. 위턱은 탁한 황갈색이고 3개의 앞엄니두덩니와 2개의 뒷엄니두덩니가 있다. 복부는 난형이고 복부 능면은 어두운 회색이며 군데군데 흰색이 있고 갈매기형 무늬가 있다.

분포: 한국

입술도사거미
Phrurolithus labialis Paik, 1991

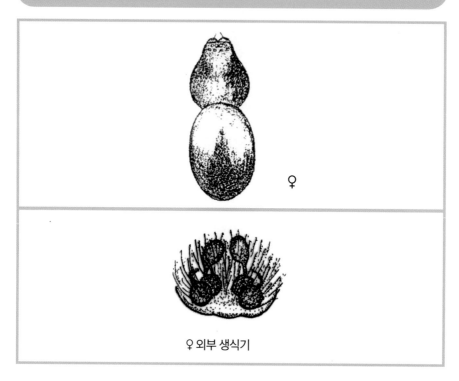

♀

♀ 외부 생식기

암컷: 배갑은 밝은 갈색이고 세로가 너비보다 길다. 앞에서 보면 전안열은 약간 앞으로 휘어져 있고 후안열은 상당히 앞으로 휘어져 있다. 위에서 보면 전안열은 약간 후곡 되어 있고 후안열은 다소 전곡 되어 있다. 가운데눈네모꼴은 높이〉뒷변〉앞변의 순이다. 위턱은 밝은 갈색이고 3개의 앞엄니두덩니와 2개의 뒷엄니두덩니가 있다. 가시털은 앞을 향하고 있다. 아래턱과 아랫입술은 밝은 갈색이고 세로보다 너비가 크다. 흉판은 황갈색으로 심장형이며 둘째다리 기절 사이가 가장 넓다. 다리는 갈색이고 무늬나 환대는 없다. 다리식은 4-1-2-3이다. 복부는 군데군데 흰색이 있는 난형이다.

분포: 한국

팔공도사거미
Phrurolithus palgongensis Seo, 1988

♀

♀ 외부 생식기　　　　　♂ 교접기관

암컷: 배갑은 갈색 또는 황갈색이고 목홈과 방사홈은 어두운 회색으로 퍼져 있다. 가운데홈은 적갈색으로 되어 있다. 앞에서 보면 양쪽 안열이 다소 전곡 되어 있고 위에서 보면 전안열은 약간 후곡 되어 있다. 후안열은 곧다. 전안열은 조금이기는 하지만 뚜렷하게 후안열보다 좁다. 위턱은 갈색 또는 황갈색이고, 3개의 앞엄니두덩니와 2갱의 뒷엄니두덩니가 있으며 앞쪽으로 가시털이 있다. 아래턱은 옅은 노란색과 옅은 황갈색이고 아랫입술은 황갈색으로 약간 경사져 있다. 흉판은 연한 황갈색이며 어두운 무늬가 있고 심장형이다. 나리는 어두운 황길색이고, 모든 뒤절에서 경절까지와 넷째다리 뒤절의 중간에 인접한 곳은 어두운 갈색이다. 다리식은 4-1-2-3이다. 복부는 난형이고 등면에는 어두운 회색과 함께 3개 또는 4개보다 많은 흰색의 갈매기형 무늬와 실젖 가까이에 흰색의 특이한 원형이 있다. 복부면, 항문관과 실젖은 군데군데 흰색이다.

분포: 한국

243

살깃도사거미
Phrurolithus pennatus Yaginuma, 1969

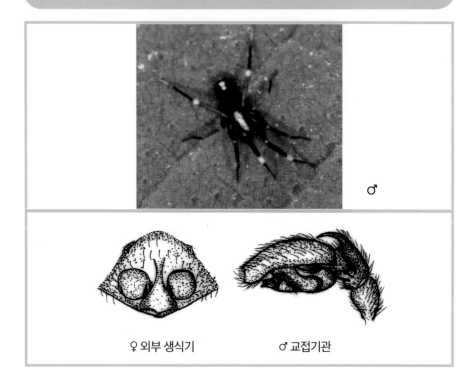

♀ 외부 생식기   ♂ 교접기관

암컷: 배갑은 밤갈색이고, 희미한 어두운 방사홈과 가운데홈은 붉은 빛이 나는 갈색이다. 세로가 너비보다 길다. 앞에서 보면 안열이 앞으로 휘어져 있고 위에서 보면 전안열은 곧고 후안열은 중간 정도로 후곡 되어 있으며 후안열이 전안열보다 약간 길다. 가운데눈네모꼴은 높이>앞변=뒷변이다. 위턱은 황갈색이며 3개의 앞엄니두덩니와 2개의 뒷엄니두덩니를 가지고 있으며 앞쪽으로 2개의 가시가 있다. 아랫입술과 아래턱은 탁한 갈색이고 약간 경사져 있다. 아랫입술은 세로보다 너비가 길지만 아래턱 중앙에는 미치지 않는다. 아래턱은 둥글게 경사져 있다. 흉판은 탁한 황갈색이고 너비보다 세로가 길다. 다리는 황갈색이지만 각 퇴절과, 첫째다리와 넷째다리 경절, 그리고 넷째다리 척절은 어두운 갈색이고, 첫째, 둘째 그리고 넷째다리 경절의 말단 부분은 연노란색이다. 다리식은 4-1-2-3이다. 복부는 난형으로 너비보다 세로가 길고 연한 어두운 회색과 함께 앞쪽 끝에 빛이 나는 붉은 빛의 순판이 있다. 등면은 회색빛의 노란색과 함께 외부생식기부터 실젖까지 쌍으로 세로줄 무늬가 있다. 실젖은 연노란색이다. **분포:** 한국, 일본, 중국

244

꼬마도사거미
Phrurolithus sinicus Zhu et Mei, 1982

♀

♀ 외부 생식기   ♂ 교접기관

암컷: 배갑은 옅은 황색 또는 연한 갈색을 띠는 황색으로 가장자리는 어두운 회색으로 되어 있다. 방사홈과 가운데홈은 희미하다. 전안열은 약간 후곡 되어져 있고 후안열은 곧다. 전안열은 약간이지만 뚜렷하게 후안열보다 폭이 좁다. 위턱은 연한 황색에서 연한 갈색빛이 도는 황색이다. 3개의 앞엄니두덩니와 2개의 뒷엄니두덩니를 가지고 있고 앞부분에 가시털이 있다. 아래턱, 아랫입술, 흉판은 옅은 황색과 연한 갈색빛이 나는 황색이다. 흉판은 심장형이고 너비보다 세로가 길다. 둘째다리 기절 사이가 가장 넓고 넷째다리 기절 사이의 끝이 튀어나와 있다. 다리는 연한 황색과 연한 갈색 및 나는 황색이며, 다리식은 4-1-2-3이다. 복부는 옅은 황색이고 난형이다. 실젖은 옅은 황색이다.

분포: 한국, 중국

수리거미과

Family Gnaphosidae Pocock, 1898

두흉부는 거의 융기하지 않으며 가운데홈이 세로로 뻗고 목홈과 방사홈이 뚜렷하다. 8개의 눈이 2줄로 늘어서 있고 전중안은 타원형 또는 삼각형이고 'Λ' 자 또는 거꾸로 된 'Λ' 자 모양을 이루는 경우가 많다. 위턱은 강대하며 옆혹과 털다발이 있고 엄니두덩니는 미소한 경우가 많고, 뒷엄니두덩니가 박판으로 대치되는 수도 있다. 암컷의 촉지에 갈고리가 있다. 다리는 비교적 길며 가시털이 많고, 다리식은 4-1-2-3이다. 도래마디에 'V' 자형 패인 자국이 있다. 부절에 털다발과 2개의 발톱 밑 끝털다발이 있다. 복부는 납작한 편이며 일반적으로 암색 바탕에 특별한 무늬가 없는 것이 많다. 실젖은 원기둥형이며 앞의 것이 길고 좌우가 서로 떨어져 있다. 거미그물을 치지 않고, 돌밑, 이끼, 가랑잎 밑 등 습한 곳에 많이 산다. 종에 따라서는 나뭇잎을 말아 그 속에 사는 것도 있다.

도끼거미속
Genus *Callilepis* Westring, 1874

배갑은 긴 난형이고, 두부가 흉부보다 높게 융기하는 일은 없다. 가운데홈은 세로로 달린다. 전안열은 전곡하고 각 눈의 크기는 거의 같다. 후안열은 직선 또는 매우 가볍게 전곡하며 전안열보다 약간 길 뿐이다. 후안열은 눈의 반지름 또는 그 이상과 거의 같은 간격을 두고 늘어서거나, 양 후중안 사이가 측안과의 사이보다 넓다. 후중안은 가로로 긴 타원형이며 좌우가 '八' 자 모양으로 늘어서고 그 밖의 눈은 모두 둥글다. 가운데눈네모꼴의 앞변은 뒷변보다 좁고 높이도 뒷변보다 좁다. 이마는 매우 높고 전측안 지름의 2~3배가 된다. 뒷엄니두덩에 작은 박판을 가지지만 그 윗가장자리에는 넓적니거미속에서 보는 것과 같은 톱니가 없다. 아래턱은 끝이 안으로 기울어지고, 삼각형을 이룬다. 흉판은 둥글고 뒤끝이 넷째다리 기절 사이에 돌출하지 않는다. 다리식은 4-1-2-3이다. 전절에는 파임이 없다. 후안열이 전안열보다 많이 길지 않고 박판에 톱니가 없는 점이 넓적니거미속과 뚜렷이 구분된다.

쌍별도끼거미
Callilepis schuszteri (Herman, 1879)

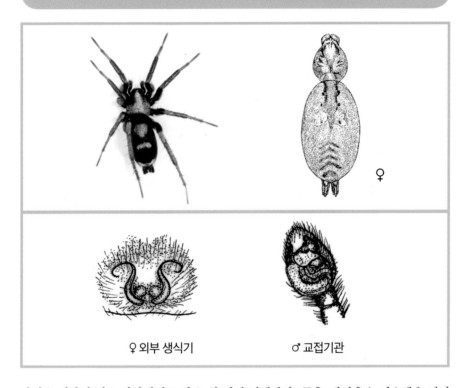

♀

♀ 외부 생식기   ♂ 교접기관

암컷은 배갑이 짙은 밤갈색이고 짧은 흰 털이 밀생한다. 목홈, 방사홈은 검은색을 띠며 뚜렷하고, 가운데홈은 세로로 달리고 적갈색이다. 배갑은 비교적 너비가 넓다. 8개의 눈이 2줄로 늘어섰는데 전중안만 어두운 색이고 그 밖의 눈은 진주빛이 도는 백색으로 광택을 가진다. 후중안은 옆으로 긴 타원형으로 좌우 것이 약간 '八'자 모양으로 늘어서 있다. 전안열은 등면에서는 직선으로 보이나 앞에서 보면 강하게 전곡하고 후안열은 약간 후곡한다. 눈차례는 전측안〉전중안=후측안〉후중안이다. 위턱은 황갈색과 암갈색으로 얼룩지고 옆혹은 없으며 뒷엄니두덩에 손도끼 모양의 암황갈색 박판을 가진다. 아래턱과 아랫입술은 우중충한 황갈색이고 아래턱은 앞 끝이 거의 서로 맞닿을 정도로 안으로 기울어져 있다. 아래턱 기부에 황색 무늬가 있다. 아랫입술은 삼각형에 가깝다. 흉판은 검은 갈색이고 심장형을 이루며 비교적 너비가 넓다. 그 뒤끝은 넷째다리 기절 사이에 약간 돌출하고, 넷째다리 기절은 그 지름에 1/2의 너비를 두고 떨어져 있다. 각 다리의 기절에서 퇴절까지는 검은 갈색이고 슬절 이하는 암황색이지만 끝으로 갈수록 밝은 황갈색을 띠게 된다. 다리식은 4-1-2-3이다. 복부는 긴 타원형으로 모두 검은색 또는 회갈색이지만, 등면에 2쌍의 근점과 이를 중심으로 한 1쌍의 회백색 무늬를 가진다. 심장 무늬와 이에 잇따른 '八' 모양의 무늬는 매우 희미한데 경우에 따라서는 없는 개체도 있다.

분포: 한국, 일본, 중국, 시베리아, 유럽(구북구)

갈래꼭지거미속
Genus *Cladothela* Kishida, 1928

흉판은 난형이고 위턱은 갈색이다. 다리는 매우 튼튼하고 각 마디는 갈색이다. 실젖은 짧고 갈색이다.

흑갈갈래꼭지거미
Cladothela oculinotata (Bösenberg et Strand, 1906)

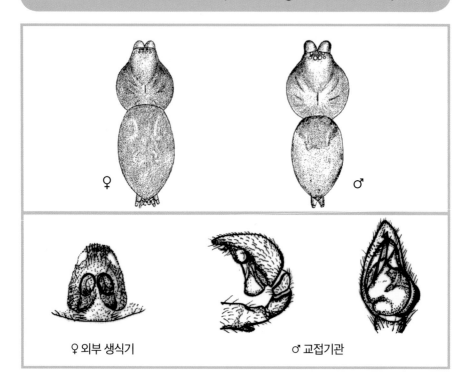

♀ 외부 생식기   ♂ 교접기관

암컷의 몸길이는 8mm 정도이다. 배갑이 어두운 앵두색이지만 두부는 흉부보다 약간 밝은색이다. 목홈, 방사홈 및 짧고 검은 가운데홈을 가진다. 너비가 넓은 난형의 흉판은 어두운 앵두색이고 좁기는 하지만 뚜렷한 가장자리 전을 가진다. 위턱은 적갈색이고, 엄니는 밝은 갈색이며 독특하게 구부정한 모양을 하고 있다. 아래턱과 아랫입술은 끝으로 갈수록 검은색을 띤 갈색이고 아랫입술은 세로가 너비의 2배나 되고 아래턱 길이의 2/3에 이른다. 수염기관(또는 촉지)은 약간 검은색을 띤 갈색이다. 다리는 매우 튼튼하게 생겼으며 그 기절, 퇴절, 슬절 및 경절은 암적갈색이고 부절은 밝은 갈색이다. 다리식은 4-1-2-3이다. 첫째다리와 둘째다리의 부절은 겨우 경절의 반 정도의 굵기를 가진다. 복부 등면은 검고 앞부분에서는 세로로, 뒷부분에서는 비스듬히 달리는 미세한 회갈색을 띤 파상의 줄무늬를 가진다. 복부의 복부면은 황갈색이고 그 양옆에 세로로 달리는 줄무늬를 가지는데, 이 줄무늬 사이의 너비가 좁은 부분은 단색이다. 크고 돌출한 암컷의 외부생식기는 광택을 가진 암갈색이고 검은 움푹이를 가진다. 암컷의 외부생식기의 둘레는 회색이고 폐서덮개판은 황갈색이다. 실젖은 비교적 짧고 갈색이며 앞실젖은 뒷실젖을 약간 지나서 돌출하고 뒷실젖처럼 굵지 않다.

분포: 한국, 일본

나사갈래꼭지거미
Cladothela tortiembola Paik, 1992

수컷의 배갑은 황갈색이고 가운데홈은 적갈색이다. 난형으로 너비보다 세로가 길다. 정면에서 보면 양 안열은 적당히 전곡되는데 후안열이 전안열보다 다소 많이 전곡된다. 후안열은 난형이며 밝다. 전측안과 후측안은 불규칙한 정사각형으로 밝다. 가운데눈네모꼴은 너비보다 세로가 길고 뒤보다 앞이 약간 좁다. 이마의 높이는 대략 전중안의 직경과 같다. 위턱, 아랫입술, 아래턱은 황갈색이다. 흉판은 심장형이며 밝은 황갈색이고 갈색 두덩들이 있다. 다리는 황갈색이고 다리식은 4-1-2-3이다. 복부는 난형이며 복부 등면은 황색빛이 노는 임갈색이다. 수컷의 수염기관의 지시기는 길고 꼬여 있다. 암컷은 잘 알려져 있지 않다.

분포: 한국

한국수리거미속
Genus *Coreodrassus* Paik, 1984

이 속의 수염기관에 경절 돌기는 *Orodrassus*속과 유사하나, 슬절의 후측면에 돌기가 매우 길고 말단 부분에서 갈고리 모양을 하고 있다. 후중안은 불규칙한 삼각형으로 그들의 반경보다 약간 좁게 서로 떨어져 있다. 이 속은 새매거미속(*Haplodrassus*)과도 유사한 점이 있으나, 수컷 수염기관의 경절 돌기 형태와 셋째다리 경절 등면에 1개의 가시를 갖는 특징에 의해 구분되어진다. *Orodrassus*속과는 후중안들이 그들의 반경보다 약간 좁게 떨어져 있는 점과 셋째다리 경절 등면에 1개의 가시를 갖는 점, 그리고 첫째다리와 둘째다리 경절 복부면에 가시가 없는 점에 의해 구분된다.

한국수리거미
Coreodrassus lancearius (Simon, 1893)

♀ 외부 생식기　　　　　　　♂ 교접기관

수컷: 몸길이는 8mm 정도이다. 배갑은 뒤로 갈수록 밝은 주황색이 도는 갈색이고 앞부분은 어둡다. 긴 난형으로 둘째다리와 셋째다리의 기절 사이가 가장 넓다. 가운데홈은 세로이고 방사홈과 목홈은 뚜렷하다. 이마의 높이는 전중안의 직경보다 약간 넓다. 앞에서 보았을 때 전안열은 약간 전곡 되어 있지만 위에서 보았을 때는 약간 후곡한다. 후안열은 앞에서 보았을 때, 약간 전곡한다. 전안열은 후안열보다 짧다. 눈차례는 전중안=전측안=후중안〈후측안이다. 가운데눈네모꼴은 너비보다 세로가 길고 뒷변보다 앞변이 넓다. 위턱은 밤색으로 3개의 앞엄니두덩니와 2개의 뒷엄니두덩니가 있는데 모두 잘 발달되어 있다. 흉판은 주황색이 나는 갈색으로 방패형이다. 복부는 회백색으로 긴 난형이다.

분포: 한국, 중국

수리거미속
Genus *Drassodes* Westring, 1851

몸은 연한 황색에서 적갈색에 이르기까지 색의 변화가 심하고, 매우 희미한 무늬를 가지는 경우도 있으나 무늬가 전혀 없는 것도 많다. 배갑은 평평하고 두부는 흉부에 비해 너비가 넓다. 가운데홈을 가진다. 흉부와 복부는 미세한 연모로 덮여 있다. 눈은 8개가 2줄로 늘어서 있는데 전안열은 약간 전곡하고 전중안은 전측안보다 작다. 양 전중안 사이는 측안과의 사이보다 좁다. 후중안은 난형이고 측안보다 크며 서로 접근해 있다. 전·후안열의 측안 사이는 그 지름보다 멀리 떨어져 있다. 간혹 3개의 뒷엄니두덩니를 가지는 일은 있으나 박판을 가지는 경우는 없다. 수컷의 수염기관 경절은 배엽보다 매우 길다. 흉판은 난형이고, 뒤끝은 돌출한다. 실젖은 과의 특징을 충분히 지니고 있으며 앞실젖은 뒷실젖보다 과히 크지 않다. 돌무더기 밑이나 바위 틈에 산다.

부용수리거미
Drassodes lapidosus (Walckenaer, 1802)

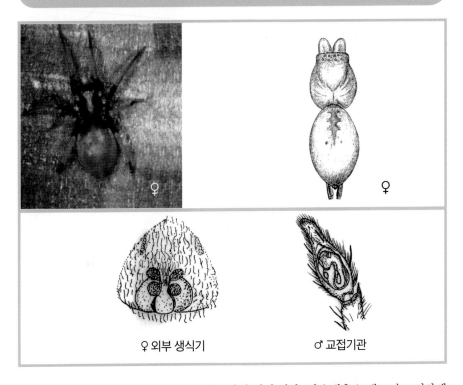

♀

♀

♀ 외부 생식기   ♂ 교접기관

암컷의 배갑은 적갈색으로 매우 짧은 털로 넓게 덮여 있다. 가운데홈은 세로이고 적갈색이다. 방사홈은 흐리고 두부 구역은 평평하다. 둘째와 셋째다리 기절 사이가 가장 넓다. 전중안은 검고 나머지는 백진주색이다. 앞에서 보면 전안열은 전곡 되어 있고 후안열도 적당히 전곡된다. 위턱은 적갈색이고 3개의 앞엄니두덩니와 2개의 뒷엄니두덩니가 있다. 아래턱과 아랫입술은 적갈색이며 약간 굽어 있다. 아랫입술은 너비보다 세로가 길고, 흉판은 황갈색이며 어두운 두 덩이 있는 방패형이다. 전절은 깊이 파여 있고 복부는 암갈색이며 희미한 심장 무늬와 6개의 근점이 있다. 다리는 황갈색이고 나리식은 4-1-2-3이다.

분포: 한국, 일본, 중국, 유럽, 구북구

톱수리거미
Drassodes serratidens Schenkel, 1963

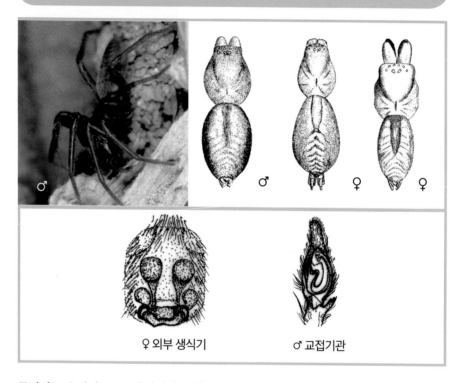

♀ 외부 생식기　　　　　♂ 교접기관

몸길이는 수컷이 7mm 내외이다. 두흉부는 밝은 황갈색으로 세로가 너비보다 길며 가운데홈은 적갈색 바늘형이고, 목홈과 방사홈이 뚜렷하다. 두부는 앞폭이 넓고 짙은 색이며 전면에 갈색 털이 성기게 나 있다. 8눈이 2열로 늘어서 있고, 전안열은 약간 후곡한다. 후안열은 전곡하며, 후중안은 타원형으로 거꾸로 된 '八' 자 모양을 이룬다. 위턱은 비스듬히 앞으로 돌출하고 황갈색 바탕에 검고 거친 털이 나 있으며, 옆혹은 크고 뚜렷하다. 흉판은 불룩한 방패형이고, 황갈색 바탕에 전체적으로 긴 갈색 털이 성기게 나 있으며 뒤끝이 뾰족하나 넷째다리 기절 사이로 돌입하지는 않는다. 다리는 황갈색 바탕에 갈색 털이 나 있으며, 부절에 털다발을 가지고 있다. 복부는 긴타원형으로 회갈색털이 나 있으며 등면 전반부에 희미한 심장 무늬가 있고, 후반부에는 '八' 자형의 무늬가 있다. 복부의 등면은 복부면보다 어두운 색이다.

분포: 한국, 일본, 중국, 몽고

태하동수리거미
Drassodes taehadongensis Paik, 1995

♀

암컷은 몸길이가 4.9mm 정도이다. 배갑은 황갈색이고, 두부와 흉부의 가장자리는 흐린 갈색이다. 가운데홈은 짧고, 적갈색으로 세로로 선다. 8개의 눈은 2줄로 앞에서 보았을 때 양 안열은 전곡하고 위에서 보았을 때 전안열은 후곡하며 후안열은 전곡한다. 가운데눈네모꼴은 너비보다 세로가 길고 앞변보다 뒷변이 넓다. 이마는 전중안 직경보다 약간 높다. 위턱은 황갈색이고 3개의 앞엄니두덩니로 되어 있다. 아래턱, 아랫입술, 흉판은 황갈색이다. 다리는 모두 황갈색이고 다리식은 4-1-2-3이다. 복부는 난형으로 회황색이다. 앞실젖은 그들의 직경만큼 기부에서 서로 떨어져 있다.

분포: 한국

참매거미속
Genus *Drassyllus* Chamberlin, 1922

참매거미속은 염라거미속, 텁석부리염라거미속 등과 함께 Zelotine(또는 Zelotes complex)이라는 군을 이루는데 이들은 셋째다리와 넷째다리의 척절의 끝 아랫면에 빗털이라는 특이한 강모열을 가짐으로써 수리거미과의 다른 속과 뚜렷이 구별된다. 한편 참매거미속은 염라거미속과 매우 닮았으나, 후중안이 매우 크고, 서로 거의 근접하거나 완전히 맞닿아 있다. 수컷은 수염기관의 말단 돌기(terminal apophysis)가 중앙에 위치하고 이분되어 있는 점 등으로 이들과는 쉽게 구별된다.

쌍방울참매거미
Drassyllus biglobus Paik, 1986

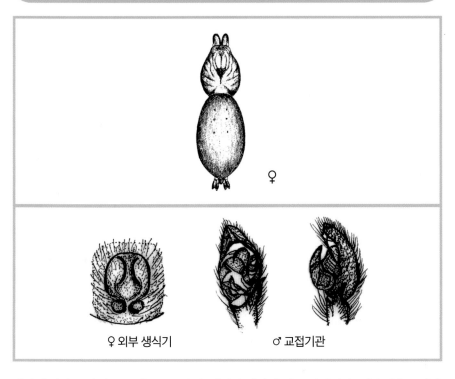

♀

♀ 외부 생식기　　　　　♂ 교접기관

암컷의 배갑은 난형으로 어두운 목홈과 적색의 안역이 있는 밤색이다. 가운데홈은 적갈색으로 바늘형이다. 위에서 보면 전안열은 약간 후곡 되어 있고, 후중안은 다소 전곡 되어 있다. 앞에서 보면 양 안열은 전곡 되어 있다. 전중안은 원형으로 어둡고 후중안은 진주빛이 도는 흰색이며, 전측안과 후측안은 난형의 백진주색이다. 가운데눈네모꼴은 너비보다 세로가 길고 앞보다 뒤가 넓다. 이마는 약간 앞쪽으로 미끄러져 내려오고 중앙의 높이는 전중안의 직경과 같다. 밤색의 위턱에는 4개의 앞엄니두덩니와 3개의 뒷엄니두덩니가 있다. 아래턱은 황갈색으로 약간 경사져 있고 너비보다 세로가 길다. 아랫입술은 아래턱과 같은 색깔이고 너비보다 세로가 길며 아래턱의 중앙 부분을 넘어서 있다. 흉판은 밤색으로 어두운 두덩이 있고 너비보다 세로가 길며 둘째다리와 셋째다리 기절 사이가 최대의 폭이 된다. 넷째다리 기절은 그들의 반경보다 약간 적게 서로 분리되어 있다. 다리는 황갈색이며 복부는 긴 난형이고 복부 등면은 갈색빛의 암회색이다. 복부의 복부면은 복부 등면보다 더 엷은색이다. 수컷은 잘 알려져 있지 않다. **분포**: 한국

고려참매거미
Drassyllus coreanus Paik, 1986

배갑은 갈색이고 목홈과 방사홈은 거무스름하고 가슴홈은 적흑색이다. 전중안은 검은 색 구형이고 테두리는 흰색이다. 후중안은 간혹 직사각형이나 테두리는 타원형이다. 전 안열은 전면에서 보면 전곡 되어 있고 위에서 보면 약간 후곡 되어 있다. 위턱은 갈색이 고 4개의 앞엄니두덩니와 2개의 뒷엄니두덩니로 형성되어 있다. 아래턱은 황갈색이다. 아랫입술은 황갈색이고 말단 부위가 둥글게 되어 있다. 흉판은 황갈색이며 말단 부위가 둥근 심장형이다. 다리는 갈색이고 다리식은 4-1-2-3이다. 복부는 어두운 회색이고 타원 형이다. 실젖은 회황색이다. 수염기관의 경절은 등면 위에 강모가 없으며 암컷은 잘 알 려져 있지 않다.

분포: 한국

삼문참매거미
Drassyllus sanmenensis Platnick et Song, 1986

♀ 외부 생식기　　　　　♂ 교접기관

수컷의 배갑은 황갈색에서 어두운 적갈색으로 방사홈은 더 어둡다. 가운데홈이 뚜렷하며 길다. 정면에서 보면 양 안열은 적당히 전곡되는데 후안열이 전안열보다 더 많이 전곡 되어 있다. 위에서 보면 전안열도 약간 후곡되고 후안열은 약간 전곡된다. 가운데눈네모꼴은 너비보다 세로가 길고 앞보다 뒤가 넓다. 이마의 높이는 전중안 직경보다 약간 크다. 위턱은 갈색에서 어두운 적갈색이며 5개의 앞엄니두덩니와 2개의 뒷엄니두덩니가 있다. 아랫입술과 아래턱은 갈색에서 어두운 적갈색이다. 아래턱은 약간 굽어 있다. 아랫입술은 너비보다 세로가 약간 길다. 흉판은 갈색이며 암살색의 두덩이 있고 둘째다리와 셋째다리 기절 사이가 가장 넓다. 다리는 황갈색에서 어두운 적갈색이다. 다리식은 4-1-2-3이다. 복부는 갈색빛이 도는 회색에서 어두운 회갈색이다.

분포: 한국, 일본, 중국

포도참매거미
Drassyllus vinealis (Kulczynski, 1897)

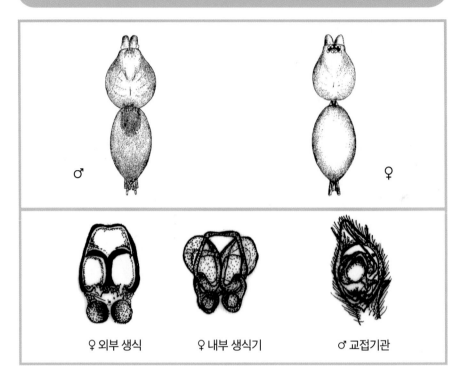

♂   ♀

♀ 외부 생식   ♀ 내부 생식기   ♂ 교접기관

암컷의 배갑은 담갈색에서 회갈색이고 목홈과 방사홈은 다소 검은색을 띤다. 세로의 짧은 가운데홈은 적갈색이다. 배갑의 세로는 너비보다 길고 전중안은 검은색이며 나머지는 진주빛이 도는 흰색이다. 위에서 보면 전안열은 약간 후곡하며 후안열은 아주 조금 전곡한다. 앞에서 보면 전안열은 상당히 앞으로 전곡 되어 있고, 후안열은 약간 후곡 되어 있다. 가운데눈네모꼴은 세로가 너비보다 길고 앞에서 보다 뒤에서 약간 넓다. 이마의 높이는 전중안 지름과 대략 같다. 위턱은 회갈색이며 4개의 앞엄니두덩니와 2개의 뒷엄니두덩니가 있다. 아랫턱은 회갈색이며 약간 뾰족하다. 아랫입술은 회갈색이다. 다리는 암갈색이고 복부는 황갈색에서 암갈색의 난형을 이룬다. 앞쪽에는 털다발이 있다.

분포: 한국, 러시아, 유럽(구북구)

넓적니거미속
Genus *Gnaphosa* Latreille, 1804

배갑은 난형이고 전면이 검은 털로 덮여 있으며 두부는 비교적 세로보다 너비가 길다. 앞에서 보면 전안열은 전곡 되어 있고, 두부 너비의 1/3 내지 1/2을 차지한다. 전중안은 측안보다 작다. 후안열은 전안열보다 너비가 매우 넓고 강하게 후곡한다. 후중안 모양은 난형 또는 삼각형 등이며 후측안보다 크다. 전중안 사이는 후측안 사이보다 넓고 후중안 사이는 그 측안과의 사이보다 좁다. 위턱은 과히 강하지 않고 수직을 이루고 있으며 뒷 엄니두덩에는 이빨이 없고 그 대신 가장자리가 톱니 모양을 이루는 박판을 가진다. 앞 엄니두덩에는 2개의 이가 있다. 아래턱은 앞 끝이 안으로 기울어져 있다. 다리는 배갑과 같은 색이고 무늬를 가지지 않는다. 첫째다리와 둘째다리의 경절 아랫면에는 1~2개의 가시를 가지며 첫째, 둘째다리의 척절과 부절 아랫면에 다리 털다발을 가진다.

창넓적니거미
Gnaphosa hastata Fox, 1937

♀ 외부 생식기

♂ 교접기관

수컷은 흉부가 황갈색이고 두부 부분은 더 어두우며, 어두운 목홈과 방사홈 그리고 가운데홈으로 되어 있다. 이마의 높이는 전중안 직경의 2배 정도이다. 전안열은 앞쪽에서 보면 점차적으로 전곡되고 위에서 보면 약간 후곡되며 후안열은 많이 후곡 되어 있다. 전안열은 후안열보다 짧다. 위턱은 밤색이며 긴 검은 줄을 가지고 있다. 아랫입술과 아래턱은 엷은 갈색이다. 흉판은 황갈색이고 그 끝부분이 기절 사이로 돌출하지 않았고 그 앞두덩은 평평하다. 다리는 흐린 황갈색에서 어두운 갈색이고, 그 색은 끝쪽으로 갈수록 점점 밝아진다. 다리식은 1-4-2-3이다. 복부는 원형이고 등면은 회황갈색으로 3쌍의 근육 흔적을 가지고 있다.

분포: 한국, 중국

감숙넓적니거미
Gnaphosa kansuensis Schenkel, 1936

♀

수컷의 두흉부는 황갈색에서 암갈색이며 목홈과 방사홈, 가운데홈에서 더 검다. 전안열은 앞에서 보았을 때 약간 전곡 되어 있고 후안열은 많이 후곡 되어 있다. 전안열은 후안열보다 짧다. 가운데눈네모꼴은 세로가 너비보다 길다. 다소 앞보다 뒤가 넓다. 양 안열은 넓게 떨어져 있다. 이마는 전중안 지름의 1.7배이다. 위턱은 적갈색이고 앞엄니두덩에 2개의 이빨이 있다. 아래턱은 황갈색이고 약간 뾰족하며 아랫입술과 흉판은 황갈색에서 암갈색이다. 아랫입술은 너비보다 세로가 길다. 흉판도 너비보다 세로가 길며 앞두덩이 잘라져 있고 끝은 돌출해 있다. 그러나 넷째다리 기절 사이에는 돌출해 있지 않다. 넷째다리 기절은 서로 분리되어 있다. 다리와 수염기관은 황갈색이다. 다리식은 4-1-2-3이다.

분포: 한국, 중국, 시베리아

넓적니거미

Gnaphosa kompirensis Bösenberg et Strand, 1906

♀ 외부 생식기   ♂ 교접기관

몸길이는 8~10mm이고, 두흉부는 적갈색이며 두부 앞부분이 검고 그 뒤쪽은 밝으며 전면에 검은색 털이 나 있다. 배갑은 난형으로 볼록하며 앞쪽이 비교적 넓고 가운데홈은 적갈색 바늘꼴이다. 8개의 눈은 2열로 늘어서고, 전안열은 다소 전곡하며, 후안열은 강하게 후곡한다. 후중안은 난형이다. 위턱은 갈색이고 앞엄니두덩니는 2개이며, 뒷엄니두덩에는 톱니 모양의 박판과 3개의 이빨이 있다. 흉판은 심장형으로 적갈색이다. 다리는 갈색으로 고리 무늬가 없으며 다리식은 4-1-2-3으로 넷째다리가 가장 길다. 복부는 넓적한 편이며 암회색에서 회갈색이며 긴 난형으로 3쌍의 달걀색 근육점이 보인다. 복부의 복부면의 색은 엷다. 거미그물을 치지 않고 지상을 배회한다. 성숙기는 5~7월이다.

분포: 한국, 일본, 중국, 시베리아

268

리센트넓적니거미
Gnaphosa licenti Schenkel, 1953

♂

수컷: 배갑은 황갈색이고, 목홈과 방사홈이 뚜렷하며 세로로 선 가운데홈은 적갈색으로 바늘형이다. 이마는 전중안 직경의 약 1.6배 정도이다. 정면에서 보면 전안열은 다소 전곡하고 후안열은 상당히 후곡한다. 눈차례는 전측안〉후측안〉후중안〉전중안이다. 가운데눈네모꼴은 너비보다 세로가 길고 앞변이 뒷변보다 약간 넓다. 양 안열은 넓게 분리되어 있다. 위턱은 황갈색으로 2개의 앞엄니두덩니와 톱날형의 돌기가 뒷엄니두덩에 있다. 아래턱, 아랫입술과 흉판은 황갈색이다. 다리는 흐린 황갈색이다. 다리식은 4-1-2-3이다. 복부는 난형으로 등면은 황갈색이고 어두운 회색 무늬가 있다. 복부의 복부면은 흐린 황갈색으로 앞실젖들이 그들의 직경만큼 서로 떨어져 있다.

분포: 한국, 중국, 몽골, 러시아, 카자흐스탄

포타닌넓적니거미
Gnaphosa potanini Simon, 1895

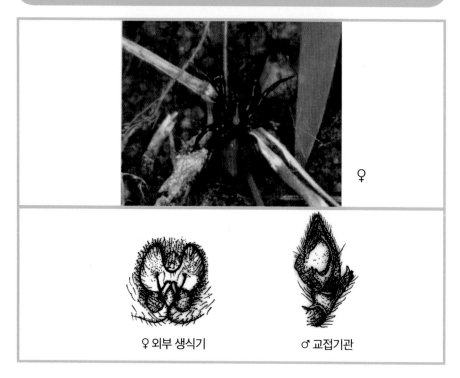

♀

♀ 외부 생식기   ♂ 교접기관

수컷: 배갑은 황갈색에서 밤색이고, 목홈과 방사홈 그리고 가운데홈이 더 어둡다. 앞에서 보면 전안열은 다소 전곡하고 후안열은 심하게 후곡한다. 눈차례는 전중안=전측안=후측안>후중안이다. 이마는 전중안 직경의 1.5배 정도이다. 위턱은 밤색으로 앞엄니두덩에 2개의 이빨이 있고 뒷엄니두덩에 톱니형의 돌기가 있다. 아래턱은 밝은 갈색이고 아랫입술과 흉판은 밤색이다. 다리는 황갈색이고 다리식은 4-1-2-3이다. 복부는 회색빛 황갈색부터 어두운 회색까지 있다. 난형으로 너비보다 세로가 길고, 3쌍의 근점이 있다. 수컷의 수염기관에 지시기는 길고 1개의 미세한 가시가 후측면의 중앙에 있다. 지시기의 기부는 전측면에 큰 돌기가 하나 있다. 말단돌기는 다소 얇다.

암컷: 일반적인 외형과 색깔은 수컷과 유사하나, 몸길이가 다소 크다.

분포: 한국, 중국

270

중국넓적니거미
Gnaphosa sinensis Simon, 1880

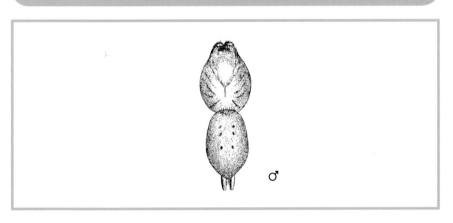

수컷: 배갑은 황갈색에 밤색이고, 두부가 더 어둡다. 목홈과 방사홈 그리고 가운데홈은 어둡다. 이마의 높이는 전중안 직경의 약 2배 정도이다. 앞에서 보았을 때 전안열은 다소 전곡하지만, 등면에서 보았을 때는 다소 후곡한다. 후안열은 심하게 후곡하고, 전안열은 후안열보다 짧다. 눈차례는 전중안〈후중안〈후측안〈전측안이다. 가운데눈네모꼴은 너비보다 세로가 길고 앞변보다 뒷변이 약간 넓다. 양 안열은 넓게 분리되어 있다. 위턱은 밤색으로 2개의 앞엄니두덩니와 1개의 톱날형 돌기가 뒷엄니두덩에 있다. 흉판은 황갈색으로 너비보다 세로가 길고 그 미부가 넷째다리 기절 사이로 돌출하지 않는다. 다리는 흐린 황갈색에서 어두운 갈색이고 다리의 말단으로 갈수록 색깔이 점점 밝아진다. 다리식은 1-4-2-3이다. 복부는 긴 난형으로 등면에는 회색빛이 도는 황갈색에서 어두운 회색까지 띠며 3쌍의 근점이 있다.

분포: 한국, 중국

새매거미속
Genus *Haplodrassus* Chamberlin, 1922

배갑은 긴 난형이고 둘째다리와 셋째다리 기절 사이가 가장 넓으며 그 앞쪽은 약간 좁아진다. 두부가 흉부보다 높이 융기하는 일이 없고 가운데홈은 세로로 달린다. 전안열은 둥글지만 후중안은 삼각형이고 후측안은 난형이다. 후중안이 가장 크다. 가운데눈네모꼴의 앞가장자리는 뒷가장자리보다 넓다. 전후 양 안열이 모두 전곡한다. 이마는 전중안의 지름보다 넓다. 위턱의 앞엄니두덩에는 2~3개의 매우 현저한 이빨을 가지고 있고 뒷엄니두덩에도 2개(매우 드물게 3개)의 이빨을 가진다. 아랫입술은 너비가 세로보다 길고 삼각형이다. 수컷 수염기관의 경절에는 넓적한 돌기가 나 있어서 배엽의 등면을 덮고 있는데 그 끝이 분기하거나 양옆으로 퍼지는 일은 없다. 셋째다리 경절은 등면 한복판에 1개의 가시를 가진다. 그러나 넷째다리 경절에는 이와 같은 가시가 없다. 부절에는 끝털다발과 2개의 발톱을 가진다. 전절의 파임은 얕다. 다리식은 4-1-2-3이다. 암컷 외부생식기의 양 가장자리는 현저히 키틴화된 두덩을 형성하는데 앞쪽은 좌우 것이 열려 있고 뒤끝이 서로 안으로 기울어져서 대체로 'V'자 모양을 이루는 경우가 많다.

큰수염새매거미
Haplodrassus kulczynskii Lohmander, 1942

♀외부 생식기　　♀내부 생식기　　♂교접기관

수컷: 몸길이는 3.15mm 정도이다. 배갑은 흐린 황갈색이고, 두부 쪽이 더 어두우며 너비보다 세로가 길다. 둘째다리와 셋째다리 기절 사이가 가장 넓다. 이마는 전중안 직경만큼 높다. 전중안은 어둡고 나머지 눈은 진주빛이 도는 백색이다. 앞에서 보았을 때, 전안열은 약간 전곡하나, 등면에서 보았을 때는 약간 후곡한다. 후안열은 앞에서 보았을 때 약간 전곡한다. 전안열이 후안열보다 짧다. 눈차례는 후중안〉전측안=후측안〉전중안이다. 위턱은 밤색으로 3개의 앞엄니두덩니와 2개의 뒷엄니두덩니가 있다. 아래턱과 아랫입술은 갈색이다. 흉판은 흐린 황갈색으로 너비보다 세로가 길다. 다리는 황갈색이고, 다리식은 4-1-2-3이다. 긴 난형의 복부는 황색빛의 암회색으로 몇몇의 흐리고 미세한 빗살 무늬가 뒷부분에 있다.

암컷: 몸길이는 4.2mm 정도이고, 위턱에는 2개의 엄니두덩니가 각 두덩에 있다.

분포: 한국, 유럽, 구북구

273

산새매거미

Haplodrassus montanus Paik et Sohn, 1984

♀

♀ 외부 생식기   ♂ 교접기관

수컷: 몸길이는 4.2mm 정도이다. 배갑은 황색부터 밝은 밤색까지 다양하고 너비보다
세로가 길다. 긴 가운데홈은 적갈색이며 안역이 어둡다. 이마는 전중안 직경보다 약간
넓다. 앞에서 보았을 때, 전안열은 약간 전곡하지만 등면에서 보았을 때는 다소 후곡한
다. 눈차례는 후중안〉전중안=전측안〉후측안이다. 후중안은 불규칙한 삼각형이고 나머
지 눈들은 원형이다. 가운데눈네모꼴은 너비보다 세로가 길고 앞변보다 뒷변이 약간 넓
다. 위턱은 밤색으로 3개의 앞엄니두덩니와 2개의 뒷엄니두덩니가 있는데 모두 잘 발달
되어 있다. 아랫입술은 밤색으로 너비보다 세로가 길고, 흉판은 밝은 갈색으로 너비보다
세로가 길다. 다리는 갈색이고 다리식은 4-1-2-3이다. 난형의 복부는 황색빛 암회색으로
흐린 빗살 무늬가 뒷부분에 있다.

암컷: 몸길이는 수컷보다 약간 길고 눈차례는 전측안=후중안〉전중안=후측안의 순이다.
위턱은 3개의 앞엄니두덩니와 2개의 뒷엄니두덩니가 있는데, 수컷의 이빨보다는 약간
작다. **분포:** 한국

274

팔공새매거미
Haplodrassus pargongsanensis Paik, 1992

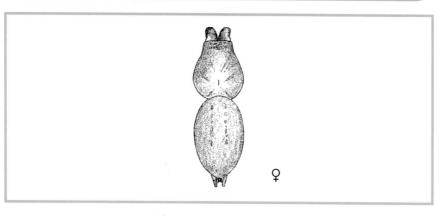

♀

암컷: 몸길이는 9.7mm 정도이다. 배갑은 갈색이고 두부는 적갈색이다. 방사홈은 어두운 회색이고 가운데홈은 적갈색이다. 위에서 보았을 때, 전안열은 다소 곧고, 후안열은 적당히 전곡한다. 앞에서 보았을 때, 전안열은 약간 전곡하고 후안열도 전곡한다. 전중안은 어둡고 나머지는 모두 진주빛이 도는 백색이다. 눈차례는 전중안〈후측안〈전측안〈후중안이다. 가운데눈네모꼴은 너비보다 세로가 길고, 뒷변보다 앞변이 넓다. 위턱은 적갈색이고 3개의 앞엄니두덩니와 2개의 뒷엄니두덩니가 있다. 흉판은 적갈색이고 암갈색의 테두리를 갖고 있다. 다리는 갈황색이고, 다리식은 4-1-2-3이다. 복부는 황회색이고 점으로 된 1쌍의 세로 무늬가 있다. 수컷은 알려져 있지 않다.

분포: 한국, 일본

표지새매거미
Haplodrassus signifier (C. L. Koch, 1839)

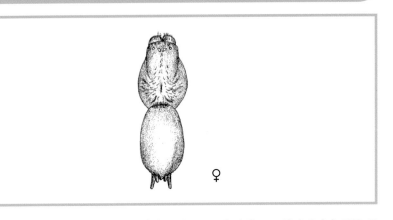

♀

몸길이는 암컷 7~8.5mm, 수컷 6~8mm이다. 두흉부는 긴 난형으로 황갈색이나 두부 쪽의 갈색이 짙다. 세로가 너비보다 길며 전면에 갈색 털이 성기게 나 있다. 가운데홈은 적갈색 바늘형이며 목홈과 방사홈이 뚜렷하다. 8눈이 2열로 늘어서고, 양 안열이 모두 전곡하며 전중안은 검고 나머지는 모두 진주빛이 도는 백색이다. 후중안이 가장 크고 난형이며 거꾸로 '八' 자 모양으로 배열한다. 위턱은 짙은 갈색이고 3개의 앞엄니두덩니와 2개의 뒷엄니두덩니가 있다. 흉판은 앞쪽이 곧은 방패형이고 뒤끝은 둔하게 돌출한다. 갈색 바탕에 가장자리가 짙은 색이며 갈색 털이 성기게 나 있다. 다리는 황갈색이고, 다리식은 4-1-2-3이다. 복부는 난형이며 회갈색 내지 암갈색으로 특별한 무늬는 없고, 복부의 복부면은 색이 약간 밝다.

분포: 한국, 중국, 유럽, 미국(전북계)

태백새거미

Hapoldrasus taepaiksanensis Paik, 1992

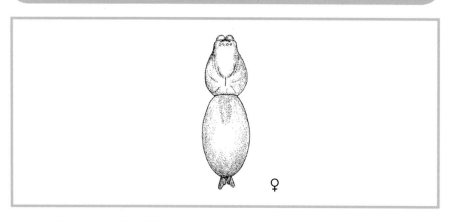

♀

암컷: 몸길이는 6mm 정도이다. 긴 난형으로 배갑은 갈색이고 가운데홈은 암적갈색으로 세로로 선다. 앞에서 보았을 때, 전안열은 약간 전곡하고, 후안열은 전곡한다. 등면에서 보았을 때, 전안열은 약간 후곡하고 후안열은 다소 전곡한다. 눈차례는 전중안〈후중안〈후측안〈전측안이다. 가운데눈네모꼴은 세로와 너비가 거의 같고 앞변이 뒷변보다 아주 약간 넓다. 위턱은 암갈색으로 3개의 앞엄니두덩니와 2개의 뒷엄니두덩니로 되어 있다. 흉판은 적갈색이다. 복부는 황회색이다. 수컷은 알려져 있지 않다.

분포: 한국

동방조롱이거미속

Genus *Sanitubius* Kamura, 2001

속의 특징은 동방조롱이거미(*Sanitubius anatolicus*)의 특징과 같다.

동방조롱이거미
Sanitubius anatolicus (Kamura, 1989)

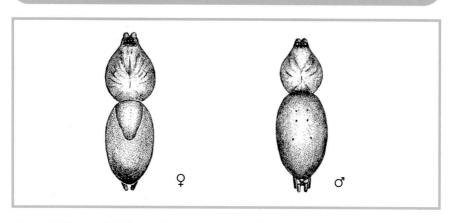

암컷의 두흉부는 암갈색이고 안역은 검고 가운데홈은 적갈색이다. 둘째다리와 셋째다리 기절 사이가 가장 넓다. 정면에서 보면 전안열은 적당히 전곡되고 후안열은 많이 전곡 되어 있다. 위에서 보면 전안열은 약간 후곡되고 후안열은 약간 전곡된다. 눈차례는 전측안〉전중안=후측안〉후중안의 순이다. 전안열은 후안열보다 짧다. 이마의 높이는 전중안의 직경보다 약간 더 크다. 위턱은 암갈색이며 3개의 앞엄니두덩니와 1개의 뒷엄니두덩니가 있다. 아래턱과 아랫입술은 암갈색이며 약간 굽었다. 아랫입술은 너비보다 세로가 약간 길다. 흉판은 적색빛이 도는 암갈색이며 심장형이다. 다리는 황갈색이고 퇴절만 검다. 첫째다리 퇴절은 세로로 황갈색 점들이 각 측면에 있다. 셋째다리와 넷째다리 전절은 얇게 파여 있다. 복부는 난형이고 등면은 어두운 회갈색이며 복부면은 회색빛이 도는 황갈색이다. 실젖은 암갈색이다. 수컷의 색깔과 일반적 특성은 암컷과 같지만 몸크기는 약간 작다.

분포: 한국, 일본

영롱거미속
Genus *Micaria* Westring, 1851

배갑과 위턱은 갈색이다. 전안열은 전곡되고 후안열은 후곡된다. 전중안이 제일 작고 그 밖의 눈은 비슷하다. 복부는 긴 난형이고 첫째다리 퇴절은 다른 마디에 비해 아주 굵다.

소천영롱거미
Micaria dives (Lucas, 1846)

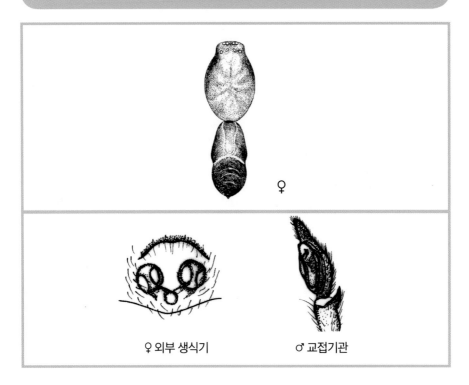

♀

♀ 외부 생식기　　　　♂ 교접기관

암컷: 배갑은 갈색이지만 목홈과 방사홈은 거무스레하고 비늘털로 덮여 있다. 개체에 따라 두부에서 가운데홈에 이르는 부분이 갈색인 것이 있고, 흉부는 연갈색인 것도 있다. 정면에서 보면 전안열은 강하게 전곡하고, 후안열은 아주 약하게 전곡하는데 후안열이 전안열보다 약간 길다. 전중안이 가장 작고, 그 밖의 눈은 거의 크기가 같다. 위턱은 갈색이고, 앞엄니두덩에 2개, 뒷엄니두덩에 1개의 작은 이빨이 있다. 아랫입술과 아래턱은 연한 갈색이다. 아래턱은 그 복부면에 가로로 비스듬이 달리는 움푹이를 가지고 있고, 아랫입술은 세로와 너비가 같다. 흉판은 등황색이고, 긴 방패형을 이루며 그 뒷끝은 넷째다리 기절 사이로 약간 돌출되어 있다. 다리는 첫째다리 퇴절의 기부와 둘째다리 퇴절의 전측면은 암갈색이고, 그 밖의 부분은 등갈색이다. 다리식은 4-2-1-3이다. 첫째다리 퇴절은 다른 마디에 비해 매우 굵다. 복부는 긴 난형이고, 그 한복판을 가로지르는 홈에 의하여 앞뒤의 두 부분으로 나눠지는데 등면 뒤쪽 반은 검고, 앞쪽 반은 황백색 바탕에 거무스레한 빛이 난다. **분포:** 한국, 중국, 유럽, 구북구

세줄배띠영롱거미
Micaria japonica Hayashi, 1985

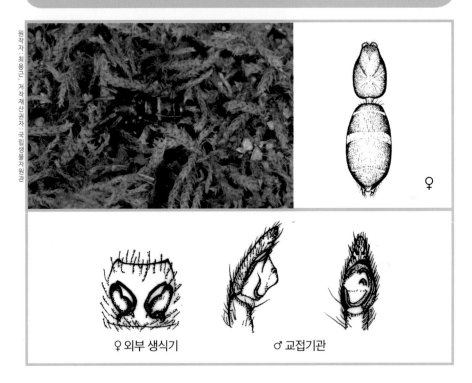

♀

♀ 외부 생식기   ♂ 교접기관

암컷: 몸길이는 3.3mm 정도이다. 배갑은 난형으로 두부가 다소 협소하고 너비보다 세로가 길다. 갈색이나 두부가 다소 짙은 편이며 전면에 번쩍이는 비늘털이 덮여 있다. 앞에서 보면 전안열은 강하게 전곡하고 후안열은 약하게 전곡하는데 후안열이 전안열보다 길다. 흉판은 갈색의 긴 방패형이며 가장자리는 암갈색으로 선이 둘러져 있고, 뒤끝은 넷째다리 기절 사이로 약간 돌입한다. 아래턱은 황갈색이고 위턱은 갈색으로 약하며 2개의 앞엄니두덩니와 1개의 작은 이빨이 뒷엄니두덩니에 있다. 다리식은 4-1-2-3이다. 복부는 긴 난형으로 등면은 암갈색이며 전면에 비늘털이 많이 산재하고 황백색의 뚜렷한 띠 무늬가 전·중·후부에 가로로 있다.

분포: 한국, 일본

이빨매거미속
Genus *Odontodrassus* Jézéqual, 1965

위턱은 2~3개의 앞엄니두덩니와 2개의 뒷엄니두덩니를 가진다. 수컷의 수염기관은 지시기의 기부가 매우 확장되고, 지시기는 매우 길어서 지시기의 후측면을 따라 전방으로 달리고 있으며 지시기는 크고 뚜렷하다. 암컷의 내부생식기는 1쌍의 저정낭과 여기서 출발하여 나란히 전방으로 달리는 1쌍의 긴 교미관으로 되어 있다.

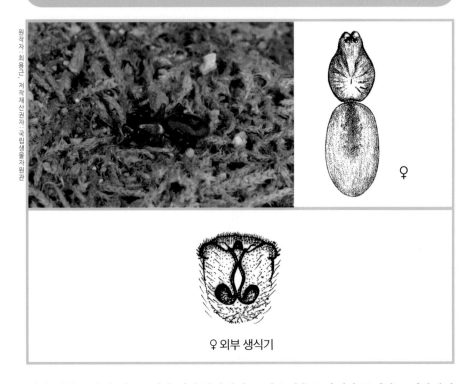

♀

♀ 외부 생식기

암컷: 배갑은 약간 거무스레한 연한 황갈색이고, 가운데홈은 짧지만 뚜렷하고 적갈색이다. 정면에서 보면 양 안열이 모두 전곡하고 있으나, 위에서 보면 전안열은 약하게 후곡하고 후안열은 거의 직선을 이룬다. 가운데눈네모꼴은 길이〉뒷변〉앞변이다. 후안열이 전안열보다 약간 길다. 전중안은 검고 나머지는 모두 진주빛이 도는 흰색이며, 각 눈에 검은 테두리가 있다. 후중안은 난형을 이루고 좌우 것이 거꾸로'八' 자 모양을 이루며 늘어서 있고, 나머지 눈은 모두 둥글다. 위턱은 배갑과 같은 갈색이다. 앞뒤의 양 엄니두덩에 제각기 2개의 이가 나 있다. 아래턱과 아랫입술은 연한 황갈색이며, 끝 부분만 황백색이다. 흉판은 심장형이고, 뒷끝은 넷째다리 기절 사이로 약간 돌출한다. 색은 연한 황갈색이나 가장자리는 갈색으로 둘러싸여 있다. 좌우 양 기절 사이는 그 직경의 1/3이다. 다리는 황갈색이고 끝으로 갈수록 갈색이 짙어지며, 각 다리의 슬절과 경절은 거무스레하다. 다리식은 4-1-2-3이다. 복부는 긴 난형으로 담황백색이고, 앞끝 가장자리에 강모 다발과 등면에 3쌍의 근점을 가지고 있다. 실젖은 황갈색이고, 좌우 앞실젖은 그 직경

보다 약간 넓게 떨어져 있다. 암 내부생식기는 앞쪽에 작은 덮개(hood)를 가지고 있다.

분포: 한국

기시다솔개거미속(한국솔개거미속)
Genus *Kishidaia* Yaginuma, 1960

체색은 대개 배갑이 잿빛 털로 덮여 있고, 배 등면 중간에 한 쌍의 '八' 자형 흰 점이 있다. 머리가슴의 가슴홈이 선명하다. 위턱의 독니 부분 바깥쪽에는 작은 두덩니와 넓은 능선 같은 두덩니가 있고, 안쪽에 1개의 두덩니가 있다. 수컷의 배등면에 경판이 있다. 암컷의 가운데실젖은 기둥 모양이다. 수컷 수염기관 퇴절 밑면에 돌기가 있고, 생식구에 중간돌기가 없다.

한국솔개거미
Kishidaia coreana (Paik, 1992)

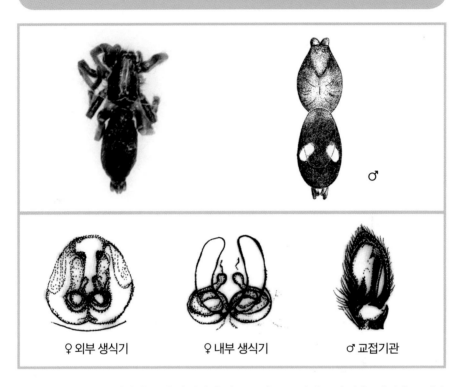

♀ 외부 생식기   ♀ 내부 생식기   ♂ 교접기관

수컷의 두흉부는 등면에서 보면 난형이며 앞으로 갈수록 점점 좁아진다. 첫째와 둘째다리 기절 사이가 가장 넓다. 두부는 올라가 있지 않고 정면에서 보면 양 안열은 전곡 되어 있다. 위에서 보면 전안열은 약간 후곡 되어 있고 후안열도 후곡된다. 후안열이 전안열보다 길다. 눈차례는 후중안〉후측안〉전측안〉전중안의 순이다. 전중안은 원형이고 후중안은 긴 난형이다. 가운데눈네모꼴은 세로와 너비가 거의 같고 앞보다 뒤가 넓다. 위턱은 암갈색이고 아랫입술은 넓은 삼각형으로 너비보다 세로가 길며 아래턱의 중앙점을 초과해 있다. 아래턱은 길다. 다리식은 4-1-2-3이다. 첫째다리와 넷째다리의 퇴절과 경절은 암길색이고, 슬절은 황색이며 나머지는 황갈색이다. 셋째다리와 넷째다리 전절은 매우 얕게 파여 있다. 복부는 난형이고, 앞의 2/3를 차지하는 4개의 흰색에서 황백색의 점들이 있다. 복부는 암회색이다. 암컷의 일반적 특성과 색깔은 수컷과 같다.

분포: 한국

287

흰별솔개거미속
Genus *Sergiolus* Simon, 1891

체색은 대개 배갑이 검거나 붉고 잿빛 털로 덮여 있으며, 배 등면에 흰 가로줄무늬가 있다. 위턱 독니 부분 바깥쪽에 넓은 능선 같은 두덩니가 있고, 안쪽에 두덩니가 없다. 수컷 수염기관에 막질의 지시기가 있고, 삽입기와 중간돌기가 지시기를 둘러 꼬여 있다.

흰별솔개거미
Sergious hosiziro (Yaginuma, 1960)

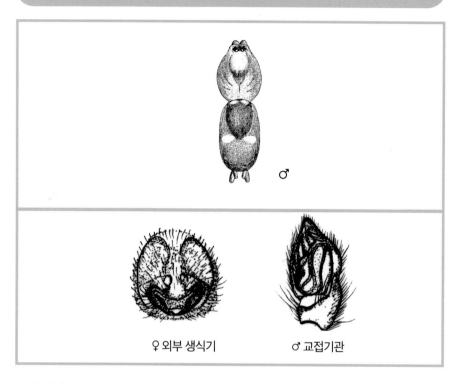

♂

♀ 외부 생식기　　　♂ 교접기관

수컷: 배갑은 거무스름한 갈색으로 변두리로 갈수록 검은색이 짙어진다. 가운데홈 앞쪽에 있는 'W'형 무늬와 방사홈, 목홈 및 안역은 검다. 가운데홈은 적갈색으로 뚜렷하다. 등면에서 보면 전안열과 후안열은 모두 약하게 후곡 되어 있다. 전중안은 검고 둥글며, 그 밖의 눈은 진주빛이 도는 흰색에 타원형이다. 위턱은 갈색이고, 양 엄니두덩에는 이가 없다. 아래턱과 아랫입술은 갈색이고 끝부분만 황백색을 띤다. 흉판은 거무스름한 갈색이고 너비보다 세로가 길며, 뒷끝은 넷째다리의 기절 사이에 돌출하지 않는다. 넷째다리의 기절 사이는 그 직경의 2/5로 분리되어 있다. 다리는 갈색이지만 각 다리의 퇴절, 각 슬절의 전후면, 각 경절기부의 전후면 및 첫째다리의 기절은 검다. 다리식은 4-1-2-3이다. 복부는 긴 타원형이고, 등면은 검은 바탕에 흰 무늬와 광택이 나는 암갈색의 큰 방패판을 가지고 있다. 이 판의 앞 양쪽은 밝은 갈색으로 보인다. 복부의 복부면은 거무스레하다. 실젖은 검고, 앞실젖이 뒷실젖보다 굵고 길다.

분포: 한국, 일본, 중국

솔개거미속
Genus *Poecilochroa* Westing, 1874

배갑은 갈색이다. 크기는 후중안이 제일 크고 전중안이 제일 작다. 다리식은 4-1-2-3이다. 위턱과 흉판은 갈색이다. 퇴절은 다른 마디보다 매우 굵다.

조령솔개거미
Poecilochroa joreungensis Paik, 1992

♂

암컷의 두흉부는 밤색이고 앞에서 보면 양 안열은 적당히 전곡 되어 있다. 위에서 보면 전안열은 약간 후곡되고 후안열은 거의 곧다. 전안열은 후안열보다 짧다. 전중안은 원형으로 검고 후중안은 긴 난형으로 밝다. 전측안과 후측안은 난형으로 밝다. 가운데눈네모 꼴은 너비보다 세로가 길고 앞보다 뒤가 넓다. 위턱은 밤색이고, 앞두덩에 1개의 이빨이 있으며 아랫입술과 아래턱은 밤색으로 황갈색의 끝이 있다. 아랫입술은 너비보다 세로가 길다. 아래턱은 길고 옆 두덩의 중앙이 압축되어 있다. 흉판은 밤색이고 긴 난형이며 너비보다 세로가 길다. 다리는 밤색이지만 둘째다리 경절과 넷째다리 부절은 황갈색이다. 퇴절은 다른 마디에 비해 매우 두껍다. 다리식은 4-1-2-3이다. 복부는 그 길이의 중간 근처에 1쌍의 흰 점이 있는 검은색이다.

분포: 한국

대구솔개거미

Poecilochroa taeguensis Paik, 1992

♀

암컷: 몸길이는 7.8mm 정도이다. 배갑은 밤색이고 안역과 가장자리는 어둡다. 등면에서 보면 난형이며, 앞쪽으로 갈수록 점차 좁아지고 둘째다리와 셋째다리 기절 사이에서 가장 넓다. 두부는 융기하지 않고 가운데홈은 세로로 선다. 앞에서 보면 전안열은 약간 전곡하지만 후안열은 전곡한다. 눈차례는 전중안<후중안<후측안=전측안이다. 가운데눈네모꼴은 너비보다 세로가 길고 뒷변이 앞변보다 넓다. 위턱은 밤색이고 아랫입술과 아래턱은 갈색이다. 흉판은 갈색으로 길고 앞가장자리가 절단되어 있다. 다리식은 4-1-2-3이다. 복부는 긴 난형으로 흰색의 무늬와 근점이 있다.

분포: 한국

톱니매거미속
Genus *Sernokorba* Kamura, 1992

가운데홈은 길고, 뚜렷하다. 위에서 보았을 때, 전안열은 약간 후곡하고 후안열은 거의 곧다. 후중안들은 그들의 직경보다 약간 더 떨어져 있다. 위턱에 뒷엄니두덩에는 1개의 뒷엄니두덩니가 있다. 아래턱과 아랫입술은 다소 짧다. 다리의 모든 경절과 척절에는 뚜렷한 털다발이 있다. 넷째다리가 가장 길고 나머지 다리들은 길이가 거의 같다. 복부는 등면에 흰색의 점들이 있다.

석줄톱니매거미

Sernokorba pallidipatellis (Bösenberg et Strand, 1906)

♀ 외부 생식기   ♂ 교접기관

수컷: 배갑은 밤색으로 암갈색과 어두운 홈으로 덮여 있다. 세로로 선 가운데홈은 적갈색이다. 둘째다리와 셋째다리 기절 사이에서 가장 폭이 넓다. 앞에서 보았을 때 전안열은 다소 전곡하고 후안열은 전곡한다. 위에서 보았을 때 전안열은 다소 후곡하고 후안열은 약하게 후곡한다. 전중안은 원형이고 후중안은 불규칙한 난형이며 측안들은 대체적으로 난형이다. 눈차례는 전측안〉후측안〉후중안〉전중안이다. 가운데눈네모꼴은 너비와 세로가 거의 비슷하다. 전안열은 후안열보다 짧다. 이마는 대략 전중안 직경의 약 2배이다. 위턱은 6개의 앞엄니두덩니와 1개의 뒷엄니두덩니가 있다. 흉판은 검은 황갈색이다. 다리는 검은 퇴절을 제외하고는 모든 마디가 황갈색이고 다리식은 4-1-2-3이다. 복부는 긴 난형으로 등면은 검고 앞에 순판과 흰색의 누운 털로 된 3개의 흰줄 무늬가 있다. 복부면은 위바깥홈 주변의 회백색을 제외하고는 암회색이다. 암컷은 알려져 있지 않다.

분포: 한국, 일본, 중국, 러시아

백신거미속
Genus *Shiragaia* Paik, 1992

셋째다리와 넷째다리 경절 등면 정중선에 제각기 2개의 가시를 가지고 있으며, 전절의 파임과 암컷의 외부생식기에 현수체를 가지지 않는 것으로 수리거미아과 (*Drassodinae*)의 모든 다른 속과 쉽게 구별된다. 백신거미속은 셋째다리와 넷째다리 경절 등면 정중선상의 가시의 수와, 전절에 파임을 가지지 않은 점이 *Sosticus*와 닮았으나 암컷의 외부생식기에 현수체를 가지지 않는 것으로 뚜렷하게 구별된다. 한편 수리거미속(*Drassodes*)과도 비슷해 보이나, 셋째다리 경절 등면 정중선상에 가시를 가지고 있을 뿐만 아니라, 전절에 파임을 가지지 않은 점으로 뚜렷하게 구별된다.

대구백신거미
Shiragaia taeguensis Paik, 1992

암컷의 두흉부는 갈황색이고 두부는 흉부보다 더 어둡고 갈색의 두덩들이 있다. 가운데 홈은 세로로 있고 적갈색이다. 정면에서 보면 전안열은 약간 전곡되고 후안열은 적당히 전곡된다. 위에서 보면 후중안은 불규칙한 정사각형이고 측안은 난형이다. 가운데눈네모꼴은 약간 세로보다 너비가 길고 앞보다 뒤가 넓다. 이마의 높이는 전중안 직경보다 높다. 위턱은 황갈색이며 3개의 앞엄니두덩니와 7개의 뒷엄니두덩니가 있다. 아래턱과 아랫입술은 황갈색이며 약간 굽어 있다. 아랫입술은 세로보다 너비가 넓다. 흉판은 황갈색이다. 다리는 황갈색이고 다리식은 4-1-2-3이다. 복부는 회백색의 난형이고 앞실젖은 그들 직경만큼의 거리로 서로 분리되어 있다. 외부생식기는 앞 기둥이 있고 저정낭은 넓게 분리되어 있다.

분포: 한국

텁석부리염라거미속
Genus *Trachyzelotes* Lohmander, 1944

후중안이 후측안보다 크고, 후안열은 약간 앞으로 굽었다. 후중안 사이는 후측안과의 사이보다 항상 좁으며 때로는 양 후중안이 거의 맞닿는다. 수컷의 수염기관은 간경편(間硬片)이 없다. 암수 모두 위턱 앞면 중앙부에 뻣뻣한 강모 다발을 가진다.

멋쟁이염라거미
Trachyzelotes jaxartensis (Kroneberg, 1875)

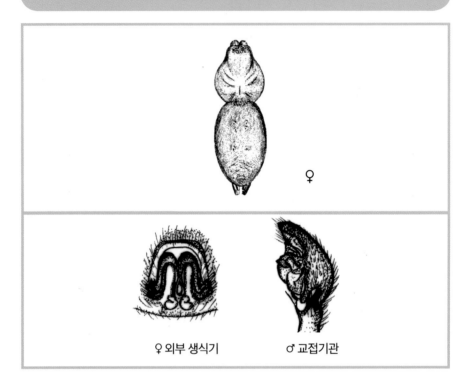

♀

♀ 외부 생식기　　　♂ 교접기관

암컷의 두흉부는 적갈색에 밤색이며 목홈, 방사홈은 희미하고 가슴홈은 암적색이다. 둘째 다리와 셋째다리 기절 사이가 가장 길다. 전중안은 검은색이며 나머지는 진주빛이 도는 흰색이다. 전중안은 원형이며 후중안은 불규칙한 삼각형이고 나머지는 난형이다. 위에서 보면 전안열은 약간 후곡되고 후안열은 약간 전곡된다. 정면에서 보면 양 안열은 전곡 되어 있다. 가운데눈네모꼴은 높이〉뒷변〉앞변의 순이며 이마의 높이는 전중안 직경의 1.5배이다. 위턱은 밤색이며 양 엄니두덩은 매끄럽고 앞 중앙 표면은 센 가시털로 덮여 있다. 전측면에는 돌기가 있다. 아랫입술과 아래턱은 황갈색이며 약간 굽어 있다. 흉판은 적갈색이며 심장형이고 너비보다 세로가 길다. 다리는 적갈색에서 밤색이고 다리식은 4-1-2-3이다. 복부는 쥐색빛이 도는 갈색으로 몇 개의 희미한 '山' 자형 무늬가 뒤에 있다. 3쌍의 밝은 갈색의 근점이 있고 앞에 털다발이 있다. 앞실젖은 그들 직경 또는 그 이상으로 기저에서 분리되어 있다. 수컷의 일반 구조와 색깔은 암컷과 같고 가운데눈네모꼴은 높이=뒷변〉앞변의 순서이고 다리는 희미한 황갈색이다. **분포:** 한국, 일본, 중국, 러시아

298

가시염라거미속
Genus *Urozelotes* Mello-Leittao, 1938

위턱은 갈색이다. 전안열과 후안열은 전곡 되어 있다. 앞엄니두덩과 뒷엄니두덩에 이빨이 나 있다. 아래턱은 갈색이다. 복부는 난형으로 복부 등면은 황갈색이고 4개의 근점이 뚜렷하며 전면에 회갈색 털이 나 있다.

주황염라거미
Urozelotes rusticus (L. Koch, 1872)

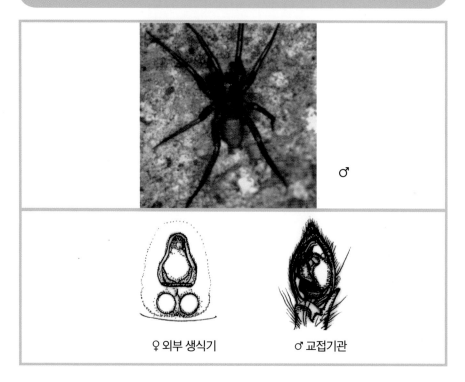

♂

♀ 외부 생식기   ♂ 교접기관

몸길이는 암컷이 8~8.5mm, 수컷이 6.5mm 정도이다. 두흉부는 황갈색 내지 갈색으로 두부 앞쪽의 색깔이 더 짙으며, 가운데홈은 바늘형으로 세로로 서로 목홈과 방사홈은 희미하다. 8눈이 2열로 늘어서고, 전안열과 후안열이 모두 약하게 전곡한다. 난형인 후중안은 곤두선 '八' 자 모양을 이룬다. 전중안은 검고 다른 것은 진주빛이 도는 흰색이다. 위턱은 짙은 갈색이고 앞엄니두덩니가 5개, 뒷엄니두덩니가 2개 있으며 옆혹은 뚜렷하지 않다. 아래턱은 갈색으로 앞 가장자리가 백색이고 털다발이 발달해 있다. 아랫입술은 갈색이고 앞 가장자리는 전을 이룬다. 흉판은 긴 방패형이며 갈색으로 가장자리 빛깔이 짙고 뒤끝이 넷째다리 기절 사이로 가볍게 돌출한다. 다리는 갈색이고 끝으로 갈수록 색은 짙어지나 고리 무늬는 없다. 복부는 난형이고 등면은 황갈색이며 4개의 근점이 뚜렷하다. 전면에 회갈색 털이 나며 앞 가장자리에는 흑갈색의 긴 털이 나 있다. 복부면은 빛깔이 연한 편이다. 산록 돌밑 또는 집안 구석진 곳을 배회하며, 성숙기는 6~8월이다.

분포: 한국, 일본, 중국

염라거미속
Genus *Zelotes* Gistel, 1848

배갑은 난형이고 앞쪽이 매우 좁아진다. 전면에 미세한 털이 나 있고 가운데홈은 뚜렷하다. 눈은 밀집해 있으며 전안열보다 후안열의 너비가 약간 넓다. 전안열은 전곡하고 전중안은 측안보다 작거나 거의 같다. 후안열은 직선을 이루거나 매우 경미하게 전곡한다. 후중안은 후측안보다 작거나 거의 같다. 후안열은 거의 같은 간격으로 늘어서 있다. 후중안은 종에 따라 난형 또는 삼각형을 이루는 경우가 있다. 전중안은 후중안보다 작고 안역은 두부 너비의 1/2이하를 차지한다. 위턱은 과히 강력한 편이 못 된다. 흉판은 난형이고 뒤 끝이 돌출한다. 복부의 색깔은 종에 따라 갈회색에서 완전히 검은색까지 있다. 전면이 미세한 털로 덮여 있으며 등면에 3쌍의 밝은색의 근점을 가진다. 수컷은 복부 앞쪽 등면에 반들반들한 방패판이 있다. 수컷의 수염기관은 1개의 돌기를 가진다.

아시아염라거미
Zelotes asiaticus (Bösenberg et Strand, 1906)

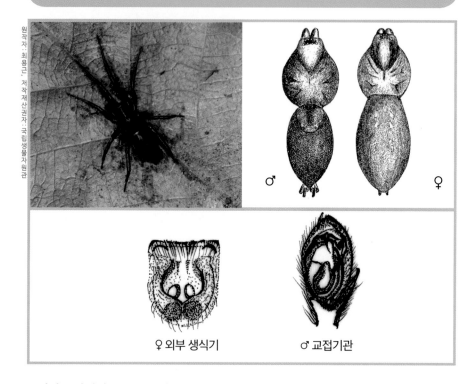

♂   ♀

♀ 외부 생식기   ♂ 교접기관

몸길이는 암컷이 7~8mm가량이다. 두흉부는 검은 갈색이고 세로로 뻗은 가운데홈이 검은색이며 목홈과 방사홈은 뚜렷하다. 8눈이 2열로 배열한다. 전안열은 전곡하고 후안열은 곧으며 전중안이 검고 가장 작다. 전측안이 최대이고 다른 눈은 모두 백진주색이다. 후중안은 난형이며 '八' 자 모양으로 늘어선다. 위턱은 암갈색이고 앞엄니두덩니는 3개, 뒷엄니두덩니는 2개가 있다. 흉판은 흑갈색의 심장형이며 검은 긴 털이 나 있다. 다리는 갈색이며 끝으로 갈수록 색이 연해진다. 앞다리의 척절 복면에 1쌍의 긴 가시털이 있고 척절과 부절에 털다발이 있다. 복부는 긴타원형으로 검은색을 띠는 회갈색 바탕에 갈색의 근점이 있다. 복부면은 밝은 갈색이며 실젖은 검은색이다.

분포: 한국, 일본, 중국, 대만

다비드염라거미

Zelotes davidi Schenkel, 1963

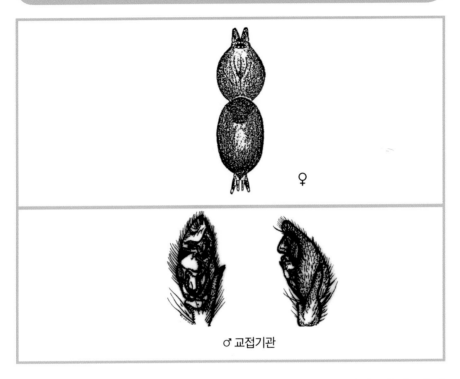

♀

♂ 교접기관

수컷의 두흉부는 암갈색이며 더 어두운 가운데홈과 방사홈이 있다. 너비보다 세로가 길다. 정면에서 보면 전안열은 적당히 전곡되고 위에서 보면 후곡된다. 위에서 보면 후안열은 곧다. 복부는 긴 난형이고 복부 등면은 회갈색으로 전반부 1/3 지점에 광택이 나는 암살색의 점이 있다. 앞실젖은 그들 직경보다도 더 기부에서 서로 분리되어 있다. 앞실젖의 길이는 0.7mm 내외이며 가운데눈네모꼴은 너비보다 세로가 길녀 잎보디 뒤가 넓다. 위턱은 암갈색으로 3개의 엄니두덩니와 2개의 작은 이빨들이 뒷엄니두덩에 있다. 아래턱은 황갈색이며 약간 굽어 있고, 너비보다 세로가 길다. 아랫입술은 황갈색으로 너비보다 세로가 길며 아래턱의 중앙점을 넘어 흉판은 흑갈색의 방패형이며 너비보다 세로가 길고 둘째다리와 셋째다리 기절 사이가 가장 넓다. 넷째다리 기절은 그들의 너비보다 약간 짧게 떨어져 있다. 다리는 암갈색이고 말단 마디가 약간 밝다. 다리식은 4-1-2-3이다.

분포: 한국, 중국

쌍방울염라거미
Zelotes exiguus (Muller et Schenkel, 1895)

♀

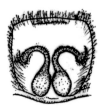

♀ 외부 생식기

암컷의 두흉부는 회갈색에서 회색빛의 황갈색이고 정면에서 보면 전안열은 약간 전곡된다. 위에서 보면 전안열은 거의 후곡 되어 있고 후안열은 다소 곧다. 후중안은 난형이고 나머지는 원형이다. 가운데눈네모꼴은 너비와 세로가 거의 같고 앞보다 뒤가 넓다. 이마의 높이는 전중안 직경만큼 길다. 위턱은 회갈색에서 황갈색으로 4~5개의 앞엄니두덩니와 2개의 뒷엄니두덩니가 있다. 아랫입술과 아래턱은 흐린 황갈색으로 약간 굽어 있다. 아랫입술은 너비와 세로가 거의 같거나 아래턱의 중앙점을 넘어 있다. 흉판은 회색빛이 도는 황갈색이며 갈색의 두덩들이 있다. 심장형이며 둘째다리와 셋째다리 기절 사이가 가장 넓다. 다리식은 4-1-2-3이고, 다리는 어두운 황갈색이지만 부절은 황갈색이다. 복부는 어두운 황갈색이고 2쌍의 근점이 있다.

분포: 한국, 일본, 유럽, 구북구

금정산염라거미
Zelotes keumjeungsanensis Paik, 1986

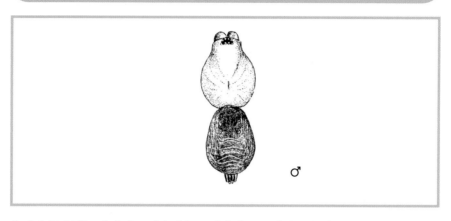

수컷의 두흉부는 밤색이고 가운데홈은 적갈색으로 너비보다 세로가 긴 난형이다. 전중안은 원형으로 어둡고 나머지는 백진주색이다. 위에서 보면 전안열은 후곡 되어 있고 후안열은 곧다. 눈차례는 전측안=후측안〉후중안〉전중안의 순이며, 전중안은 그들의 직경보다 약간 적게 서로 분리되어 있다. 가운데눈네모꼴의 크기 순서는 뒷변〉높이〉앞변이다. 위턱의 뒷엄니두덩니는 1개이다. 아래턱은 밤색으로 조금 경사져 있고, 아랫입술은 어두운 밤색이며 너비보다세로가 길다. 암컷은 알려져 있지 않다.

분포: 한국

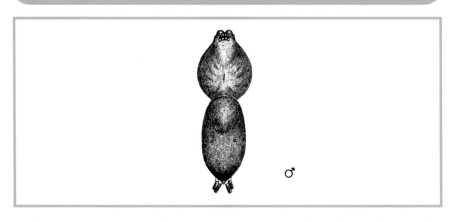

몸길이는 5.0mm 정도이다. 배갑은 어두운 갈색으로 난형이고 둘째다리와 셋째다리 기절 사이에서 폭이 가장 넓다. 앞에서 보면 전안열은 다소 전곡하고 후안열은 전곡한다. 위에서 보면 전안열은 약하게 후곡하고 후안열은 곧다. 눈차례는 전측안=후측안>후중안>전중안이다. 이마의 높이는 전중안의 직경과 거의 같다. 위턱은 암갈색으로 3개의 앞엄니두덩니와 1개의 뒷엄니두덩니로 되어 있다. 흉판은 암갈색이고 방패형으로 너비보다 세로가 길다. 둘째다리와 셋째다리 기절 사이에서 가장 넓고, 경질화되게 연장되어서 기절 사이로 향한다. 다리식은 4-1-2-3이다. 기절부터 경절까지는 암갈색이고 나머지 마디는 회색빛이 도는 황갈색이다. 복부는 긴 난형이고 검으며 앞에 순판이 있다. 암컷은 알려져 있지 않다.

분포: 한국

김화염라거미
Zelotes kimwha Paik, 1986

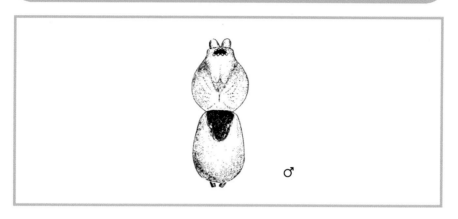

수컷: 몸길이는 6.1mm 정도이다. 배갑은 어두운 밤색이고 너비보다 세로가 길다. 전중안은 어둡고 나머지 눈은 모두 진주빛이 도는 흰색이다. 눈차례는 전중안〈후중안〈전측안=후측안이다. 등면에서 보았을 때, 전안열은 후곡하고 후안열은 곧다. 가운데눈네모꼴은 높이〉뒷변〉앞변이다. 위턱은 어두운 밤색으로 4개의 앞엄니두덩니와 2개의 뒷엄니두덩니로 되어 있다. 흉판은 어두운 밤색이다. 다리는 모두 어두운 밤색이고, 다리식은 4-1-2-3이다. 복부는 암회색으로 윤이 나는 암갈색의 순판이 상반부에 있다.

분포: 한국

포타닌염라거미
Zelotes potanini Schenkel, 1963

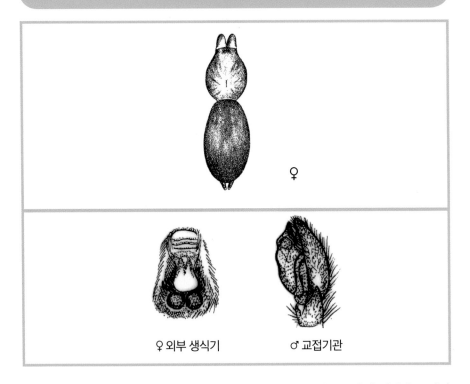

♀

♀ 외부 생식기　　　♂ 교접기관

암컷: 몸길이는 6.7mm 정도이다. 배갑은 갈색이며 안역은 검고 목홈과 방사홈은 암회색을 띠고 있다. 가운데홈은 암적갈색이다. 앞에서 보았을 때, 양 안열은 모두 전곡한다. 등면에서 보았을 때, 전안열은 약간 후곡하고 후안열은 거의 곧다. 눈차례는 전측안=후측안〉후중안〉전중안이다. 가운데눈네모꼴은 너비와 세로가 거의 같고 앞면보다 뒷변이 넓다. 위턱은 암갈색으로 3개의 앞엄니두덩니와 1개의 뒷엄니두덩니가 있다. 흉판은 갈색으로 방패형이며, 둘째다리와 셋째다리 기절 사이가 가장 넓다. 다리식은 4-1-2-3이다. 퇴절만 어두운 회갈색이고 나머지 다리마디는 모두 황갈색이다. 복부는 긴 난형으로 어두운 황갈색이다.

분포: 한국, 일본, 중국, 몽골, 러시아, 시베리아

자국염라거미
Zelotes wuchangensis Schenkel, 1963

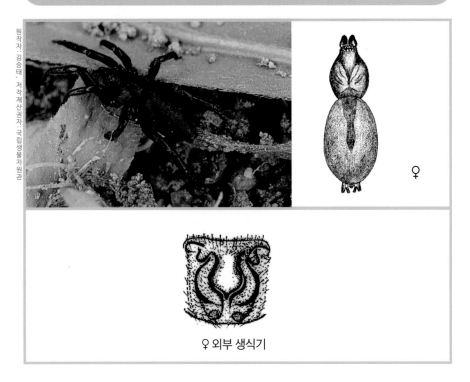

♀

♀ 외부 생식기

암컷의 몸길이는 7.5mm 정도이다. 두흉부의 길이는 2.5~3mm이다. 흉판의 길이는 1.5mm 정도이다. 엄니두덩니의 크기는 1mm 내외이다. 암컷의 두흉부는 암갈색이며 등면에서 보면 타원형이다. 가운데홈은 세로로 길게 나 있다. 눈차례는 전측안〉후중안〉전중안=후측안이다. 전중안을 정면에서 보았을 때 경미하게 전곡 되어 있으며 후안열은 직선형에 가깝다. 후측안들은 모두 벌어져 있다. 위턱은 앞엄니두덩에 3개 또는 4개의 이가 있으며 뒷엄니두덩에는 3개의 작은 이빨이 있다. 아랫입술과 아래턱은 희미한 갈색이다. 흉판은 어두운 갈색이며 심장형이다. 다리는 암갈색이고, 다리식은 4-1-2-3이다.

분포: 한국, 중국

흩거미과

Family Trochanteriidae Karsch, 1879

두흉부는 폭이 넓고 납작한 반원형으로 두부가 작다. 흉부에 가운데홈이 없고 4쌍의 선상의 움푹이를 가진다. 8눈이 2열로 늘어서 두부의 대부분을 차지하고, 후안열이 전안열보다 뚜렷이 길다. 위턱은 비교적 약하며 옆혹과 엄니두덩니를 가진다. 아래턱은 끝이 안으로 기울어진 '入' 자 모양을 이루고 털다발을 가진다. 아랫입술은 세로가 너비보다 길다. 흉판은 폭이 넓고 뒷변이 큰사다리꼴이다. 다리는 옆걸음질형으로 기절이 길녀 가시털이 비교적 많고, 털다발이 없으며 발톱은 2개이고 이를 가진다. 첫째다리가 가장 짧고 둘째다리가 가장 길며 넷째다리 기절 사이가 넓게 떨어져 있다. 복부는 원형으로 매우 납작하며 사이젖을 가지지 않는다. 실젖과 가운데 실젖이 옆으로 나란히 늘어선다. 쌓아 놓은 기왓장 사이, 바위 틈, 나무껍질 속 등 납작한 공간에 산다.

홑거미속
Genus *Plator* Simon, 1880

배갑은 반원형으로 세로보다 너비가 매우 넓고 뒷가장자리에 전을 가지며, 전안들이 거의 같은 간격을 두고 늘어서 있다. 이 속은 본 과에 속하는 남아메리카산의 *Vectius*속과 매우 닮았으나 후자는 양 전중안 사이가 측안과의 사이보다 좁다. 지금까지 우리나라에서는 Kishida(1914)를 따라서 이 속의 종들을 *Hitoyegymoa*속으로 분류하였으나 최근에 Platnick(1976)에 의하여 *Hitoyegymoa*는 *Plator*의 동의어(synonym)로 정리하였다.

홑거미
Plator nipponicus (Kishida, 1914)

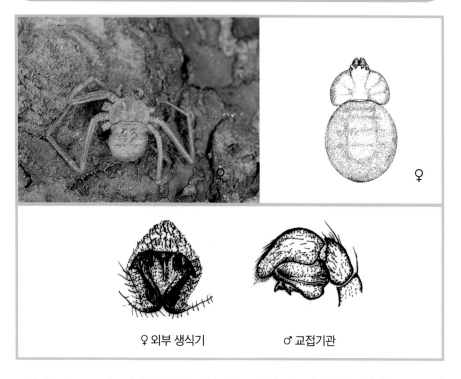

♀ 외부 생식기   ♂ 교접기관

몸길이는 6~8mm 정도이다. 두흉부는 반원형으로 폭이 넓고 납작하며 황갈색으로 두부의
색이 약간 짙다. 목홈과 방사홈은 뚜렷하나 가운데홈은 없다. 8눈이 2열로 늘어서고, 전안
열은 곧고 후안열은 후곡한다. 안역은 두부의 거의 전부를 차지하며 후측안이 가장 크다.
위턱은 작고 약하며 옆혹이 있다. 앞엄니두덩니는 3개, 뒷엄니두덩니는 2개이다. 아래턱,
아랫입술, 흉판이 모두 황갈색이고, 작은 턱은 '八' 자 모양으로 안으로 기울어지며 털다발
이 발달해 있다. 아랫입술은 세로가 너비보다 길다. 흉판은 평평한 사나리쐴며 넷째다리
기절 사이가 넓게 떨어져 있다. 다리는 옆걸음질형으로 첫째다리가 가장 짧고 둘째다리가
가장 길다. 황갈색이며 끝으로 갈수록 색이 짙어지고 퇴절 복부면에 두 열의 큰 가시털이
나 있다. 복부는 평평한 원형으로 회색 내지 황갈색이며 암갈색의 짧은 털이 성기게 나 있
다. 실젖과 가운데실젖이 가로로 늘어서며 앞실젖이 매우 크다.

분포: 한국, 일본, 중국

염낭거미과

Family Clubionidae Wagner, 1887

8개의 눈이 2열로 늘어서며 모두 백색이다. 위턱에 옆혹과 엄니두덩니가 있다. 아래턱은 대체로 평행하며 안쪽에 털다발이 있고, 아랫입술은 흉판에 유착되지 않았다. 다리의 전절에 'V' 자형 패인 자국이 있고 부절에는 털다발이 있으며, 경절, 척절, 부절에 귀털이 있다. 발톱은 2개이며 그 복부면에 1줄로 늘어선 이가 있다. 기관 숨문은 실젖 바로 앞에 있다. 사이젖과 체판이 없고, 실젖은 원뿔형이며 앞실젖이 서로 근접해 있다. 초목의 잎새 등에서 배회 생활을 하며 행동이 민첩하고 잎을 말아 자루형의 산실을 만들거나 돌 밑 등에 포대형의 집을 짓고 그 속에 산란한다.

염낭거미속
Genus *Clubiona* Latreille, 1804

배갑은 전후 모두 울퉁불퉁하며, 전체적으로 털이 덮여 있다. 눈은 2열로 배열하며, 전안열이 후안열보다 짧다. 양 안열은 거의 수직이거나 약간 전곡한다. 가운데눈네모꼴의 앞부분은 뒷부분보다 길다. 배갑에 짧은 가운데홈이 뚜렷하다. 아래턱에 잘록하게 들어간 부분이 있고, 아랫입술은 세로가 너비보다 길다. 흉판은 전후가 좁다.

한국염낭거미
Clubiona coreana Paik, 1990

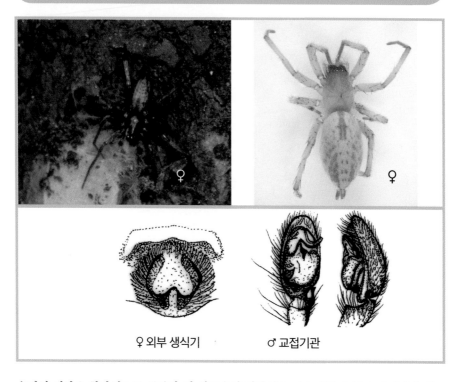

♀   ♀

♀ 외부 생식기   ♂ 교접기관

수컷의 배갑은 황갈색으로 두부가 더 어두우며 적갈색은 가운데홈이 있고 너비보다 세로가 길다. 등면에서 보았을 때 후안열은 약간 전곡되고, 전면에서 보았을 때 전안열은 곧다. 전안열은 후안열 보다 짧고 전안열은 거의 같은 거리이다. 가운데눈네모꼴은 세로보다 너비가 길며 앞보다 뒤가 넓다. 이마의 높이는 전중안 직경의 0.4배이다. 위턱은 어두운 갈색으로 3개의 앞엄니두덩니와 2개의 뒷엄니두덩니가 있다. 아랫입술은 흐린 갈색으로 약간 경사져 있고 너비보다 길이가 길며 아래턱의 중앙지점까지 통해 있다. 아래턱은 갈색으로 약간 경사져 있고 세로가 너비보다 길며 옆 누덩이 오목하다. 흉판은 황갈색으로 어두운 두넝이 있고 뒤에서 가늘며 너비보다 세로가 길다. 넷째다리 기절 사이에서 끝이 나와 있다. 다리는 황갈색이고, 다리식은 4-2-1-3이다. 복부는 연한 황색으로 등면에 연한 자갈색의 무늬가 있다. 등면에는 1개의 어둡고 넓은 세로줄이 있고 세로가 너비보다 길다.

분포: 한국, 중국, 시베리아

317

해인염낭거미
Clubiona haeinsensis Paik, 1990

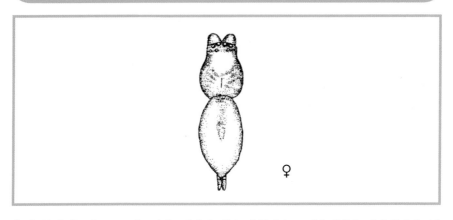

♀

수컷: 몸길이는 6.1mm 정도이다. 배갑은 밝은 갈황색으로 가운데홈은 적갈색이다. 등면에서 보았을 때, 전안열은 후곡하고 후안열은 약간 전곡한다. 전안열이 후안열보다 짧다. 가운데눈네모꼴은 세로보다 너비가 길고 앞변보다 뒷변이 넓다. 위턱은 갈색으로 2개의 엄니두덩니와 4개의 작은이가 앞엄니두덩에 있고, 4개의 엄니두덩니가 뒷엄니두덩에 있다. 흉판은 갈황색이다. 다리는 밝은 갈황색이고, 다리식은 4-2-1-3이다. 복부는 회색빛 황갈색이다.

암컷: 몸길이는 6.7mm 정도이다. 배갑은 황갈색으로 두부로 갈수록 적갈색이 된다. 위턱, 아래턱, 아랫입술은 적갈색이다. 다리는 수컷보다 상대적으로 짧다.

분포: 한국

사할린염낭거미
Clubiona bakurovi Mikhailov, 1990

암수의 두흉부와 위턱은 적색을 띠며 드문드문 어두운 담황색을 나타낸다. 다리는 어두운 담황색이고 드문드문 적색을 띤다.

분포: 북한, 사할린

황학염낭거미
Clubiona hwanghakensis Paik, 1990

♂ 교접기관

수컷의 배갑은 갈색으로 가운데홈은 적갈색이며 너비보다 길이가 길다. 전면에서 보았을 때 양 안열은 전곡되고, 위에서 보면 후안열은 곧고 전안열은 후곡된다. 가운데눈네모꼴은 세로보다 너비가 길며 앞보다 뒤가 넓다. 이마의 높이는 전중안 반경과 같다. 위턱은 갈색으로 대략 7개의 앞엄니두덩니로 되어 있다. 아래턱과 아랫입술은 갈색으로 약간 경사져 있으며 아랫입술은 세로가 너비보다 길다. 흉판은 밝은 황갈색으로 갈색 두덩이 있다. 다리는 황갈색이고, 다리식은 4-2-1-3이다.

분포: 한국

이리나염낭거미
Clubiona irinae Mikhailov, 1991

♀ 외부 생식기   ♀ 내부 생식기   ♂ 교접기관

수컷: 배갑은 적색 또는 엷은 적회갈색이고 복부는 암갈색이다. 다리에는 많은 가시가 나 있다. 수컷의 수염기관에는 매우 크고 복잡한 경절 돌기가 있다.

암컷: 외형상 수컷과 비슷하다. 암컷 내부생식기에 있는 저정낭은 관형이며 교접관은 폭이 넓다. 생식구의 위치에 의해 다른 종들과 쉽게 구별할 수 있다.

분포: 한국

노랑염낭거미
Clubiona japonicola Bösenberg et Strand, 1906

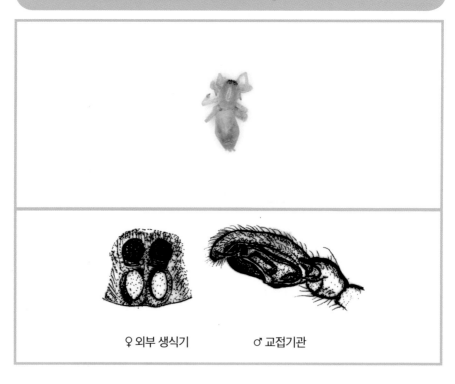

♀ 외부 생식기   ♂ 교접기관

몸길이는 암컷이 7~9mm, 수컷이 5~6mm 정도이다. 두흉부는 황갈색의 볼록한 긴 난형으로 두부 앞쪽이 적갈색을 띠며, 가운데홈은 바늘형이다. 8눈이 2열로 늘어서며 전후 양 안열이 약하게 전곡하고, 전중안이 전측안보다 작다. 위턱은 암적갈색으로 튼튼하며, 앞뒤의 엄니두덩니는 각각 4~5개이다. 흉판은 황갈색이고 가장자리는 갈색이다. 수염기관(또는 촉지)과 다리는 황색이고 가시털은 미약한 편이다. 복부는 탁한 황색으로 흰 털이 빽빽하게 나 있으며 앞쪽에 심장 무늬가 보이나 기타 무늬는 분명하지 않다. 풀밭, 도랑가, 논 등에서 많이 볼 수 있고, 벼과식물의 잎을 3겹으로 접고 그 속에 산란한다. 성숙기는 5~9월이다.

분포: 한국, 일본, 중국, 대만, 시베리아

살깃염낭거미
Clubiona jucunda (Karsch, 1879)

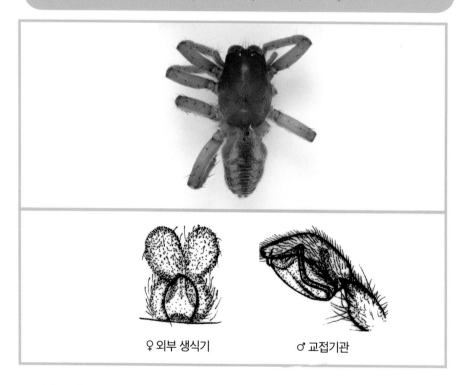

♀ 외부 생식기　　　　　♂ 교접기관

몸길이는 암수가 7~8mm 정도이다. 두흉부는 적갈색으로 볼록하며 가운데홈이 세로로 서로 목홈과 방사홈이 뚜렷하다. 8눈이 2열로 늘어서고, 전안열은 곧고 후안열은 전곡하며, 전중안이 가장 작고 전측안이 가장 크다. 위턱은 어두운 적갈색이고 아래턱은 짙은 갈색이며, 아랫입술은 암갈색이다. 흉판은 난형이며 황색으로 적갈색 가장자리 선이 있다. 다리는 황갈색으로 넷째다리가 첫째다리보다 길고, 퇴절 등면에 가시털이 나 있다.

복부는 난형으로 길며, 황갈색 바탕에 적갈색 정중 무늬가 있고 뒤쪽에 여러 쌍의 살깃 무늬가 있으나 개체에 따라 소실된 것도 있다. 양옆면은 황갈색이고 복부면은 담회황색이다. 소나무 껍질 속에 집을 짓고 산다. 성숙기는 5~8월이다.

분포: 한국, 일본, 중국, 대만, 필리핀, 시베리아

가산염낭거미
Clubiona kasanensis Paik, 1990

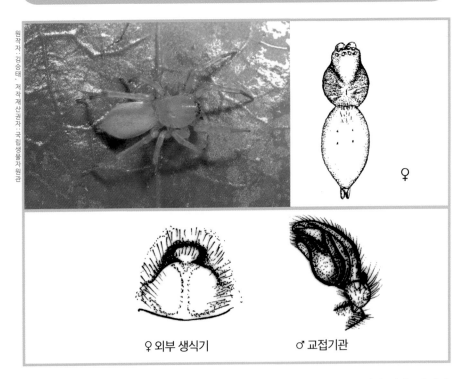

♀

♀ 외부 생식기 　　　　　 ♂ 교접기관

수컷: 배갑은 연한 황갈색이며 가운데홈은 적갈색이고 후안열보다 전안열이 길다. 앞에서 보면 전안열은 거의 곧고, 후안열은 조금 전곡 되어 있다. 위에서 보면 전안열은 약간 후곡되고 후안열도 조금 후곡된다. 가운데눈네모꼴은 세로보다 너비가 길고 앞보다는 뒤가 넓다. 이마의 높이는 전중안의 반경이다. 위턱은 연한 황갈색으로 5개의 이빨이 양 두덩에 있다. 아래턱과 아랫입술은 황갈색이고, 아랫입술도 너비보다 길이가 길다. 흉판은 연한 황색으

로 갈색두덩이 있다. 다리는 황갈색이고, 다리식은 4-2-1-3이다. 첫째다리와 둘째다리의 경절과 척절의 등면 가시털은 매우 길고 강하다. 복부는 회백색으로 복부 등면에 2개의 근점이 있다.

암컷: 일반적 특성과 색깔은 수컷과 같다. 몸 크기는 더 크지만 다리는 더 짧다. 위턱에는 앞엄니두덩니가 6개 있다. 첫째와 둘째다리의 퇴절 후측면에 가시털이 없다.

분포: 한국, 일본

김염낭거미
Clubiona kimyongkii Paik, 1990

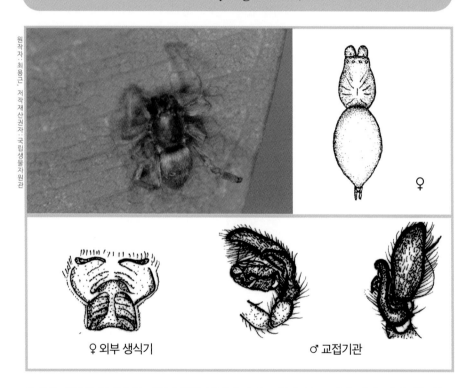

♀

♀ 외부 생식기   ♂ 교접기관

암컷의 배갑은 갈색으로 거무스름한 적갈색이며 모든 눈의 크기가 같다. 가운데눈네모꼴은 세로보다 너비가 길고 앞보다 뒤가 넓다. 앞에서 보면 전안열은 곧고 후안열은 꽤 전곡된다. 위에서 보면 후안열은 곧고 전안열은 약간 후곡된다. 이마는 대략 전중안 반경과 같다. 위턱은 황갈색이며 아래턱은 갈색이다. 흉판은 황갈색으로 갈색의 둑이 있

다. 다리는 황갈색이고, 다리식은 4-2-1-3이다. 복부는 연한 갈황색으로 흐린 심장 무늬와 4개의 근점이 있다. 수정낭은 각각 2개의 부분으로 앞부분은 병 모양이고 뒷부분은 공 모양을 하고 있다. 수컷은 알려져 있지 않다.

분포: 한국, 중국, 시베리아

천진염낭거미
Clubiona komissarovi Mikhailov, 1992

암컷의 몸길이는 6mm 정도이다. 배갑은 황갈색이고 위턱은 갈색이다. 교접관의 밑면보다 2배 이하인 좁은 교접구에 의해 구별된다. 복부는 암갈색이고 너비보다 세로가 길다. 수컷은 알려져 있지 않다.

분포: 한국, 러시아

양강염낭거미
Clubiona kulczynskii Lessert, 1905

수컷: 몸길이는 4.9mm이다. 배갑은 연한 주황색이고 희미한 검은 방사선이 나 있다. 복부는 주황색이거나 엷은 적색이며 심근있는 부위가 더 어둡다. 수염기관의 슬절 전측면에는 작은 돌기가 있으며 3부위로 이루어진 큰 경절 돌기가 존재한다. 지시기는 가늘고 끝이 뾰족하며 휘어져 있다. 그 주위에 2개의 이빨이 나 있다.

암컷: 몸길이는 6.2mm이고 수컷과 외형상 비슷하다. 암컷의 외부생식기는 반원형이며 약간 볼록 하다. 교접관은 가늘고 길며 저정낭은 두 부분으로 이루어져 있으며 외관상 식별할 수 있다. 한국에서는 백두산의 양강지역에서 수컷 1마리가 채집된 바 있다.

분포: 한국(북한), 러시아

각시염낭거미
Clubiona kurilensis Bösenberg et Strand, 1906

♂   ♀

♀ 외부 생식기   ♂ 교접기관

몸길이는 4~5mm 내외이다. 두흉부는 담황갈색으로 두부 쪽이 다소 볼록하다. 전안열
은 곧고 서로 근접하며, 후안열은 다소 전곡된다. 후중안 사이는 후측안과의 사이보다
다소 넓다. 위턱은 갈색으로 길고, 아래턱은 담갈색으로 가늘며 앞가장자리에 검은 털이
덥수룩하게 나 있다. 아랫입술은 연한 갈색으로 양쪽 가장자리에 검은 무늬가 있다. 흉
판은 넓은 난형으로 황색 바탕에 적갈색 갓금이 있다. 수염기관(또는 촉지)과 다리는 모
두 황갈색으로 가시털이 많다. 복부는 담갈색으로 가늘고 길며, 작고 검은 털이 드문드
문 나 있다. 벼과식물의 잎을 말고 그 속에 산란한다.

분포: 한국, 일본, 시베리아

솔개빛 염낭거미

Clubiona lena Bösenberg et Strand, 1906

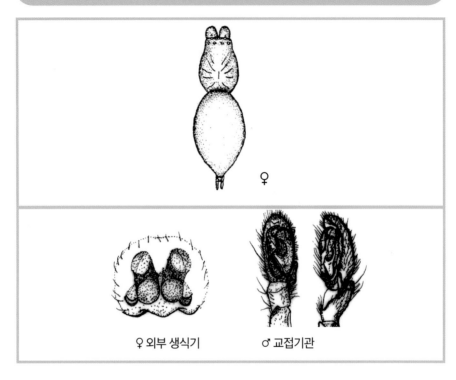

♀

♀ 외부 생식기   ♂ 교접기관

수컷: 배갑은 밤색이고, 가운데홈은 적갈색이다. 앞에서 보면 전안열은 거의 직선을 이루고 후안열은 뚜렷하게 전곡하지만, 등면에서 보면 전안열은 약간 후곡하고 후안열은 직선을 이룬다. 모든 눈의 크기는 같다. 가운데눈네모꼴은 뒷변>앞변=높이이고, 이마 높이는 대략 전중안 직경의 1/3이다. 위턱은 적갈색이고 7개의 앞엄니두덩니와 4개의 뒷 엄니두덩니가 있다. 흉판은 황갈색이고, 가장자리는 갈색으로 좁게 선이 둘러져 있다. 둘째다리의 기절 사이에서 가장 넓다. 아래턱과 아랫입술은 암갈색에 끝부분만 황백색이다. 아랫입술은 세로가 너비보다 길다. 다리는 갈색이다. 다리식은 4-1-2-3이다. 복부는 원형으로 갈색을 띤다.

분포: 한국, 일본, 중국

만주염낭거미
Clubiona mandschurica Schenkel, 1953

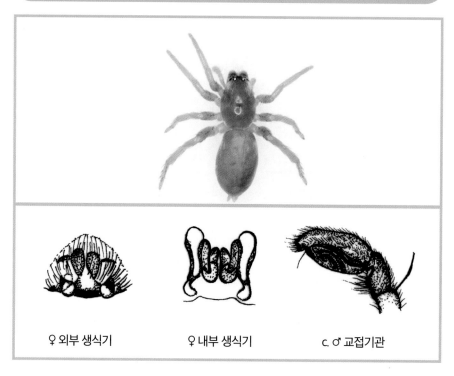

♀ 외부 생식기   ♀ 내부 생식기   c. ♂ 교접기관

암컷의 배갑은 황갈색에서 암갈색으로 두부가 흉부보다 약간 어둡다. 정면에서 보면 가운데홈은 적갈색이고 전안열은 아주 조금 전곡되고 후안열은 다소 전곡 되어 있다. 가운데눈네모꼴은 세로보다 너비가 길고 앞보다 뒤가 넓다. 이마의 높이는 전중안 반경보다 약간 적다. 위턱은 어두운 적갈색이다. 아랫입술과 아래턱은 암갈색으로 약간 경사져 있고, 흉판은 황갈색의 심장형이다. 다리는 황갈색이고, 다리식은 4-1-2-3이다.

분포: 한국, 중국

함경 염낭거미

Clubiona microsapporensis Mikhailov, 1990

암컷의 배갑은 적색이고 위턱은 밤색이며 다리는 어두운 담황색이다. 다리에는 많은 가시털이 존재하고 복부는 암회색이다. 북방염낭거미(*Clubiona sapporensis*)와 비슷하지만 저정낭에 의해 구별되며 크기도 훨씬 작다. 수컷은 알려져 있지 않다.

분포: 한국

공산 염낭거미

Clubiona neglectoides Bösenberg et Strand, 1906

원작자 : 최용근, 저작재산권자 : 국립생물자원관

♂ 교접기관

수컷: 배갑은 황갈색이며, 두부가 흉부보다 다소 어둡고 너비보다 세로가 길다. 가운데 홈은 뚜렷하고 짧으며 적갈색이다. 방사홈은 희미하다. 모든 눈은 거의 같은 크기이다.

전안열은 후안열보다 길다. 앞에서 보면 전안열은 곧거나 아주 약간 전곡된다. 위에서 보면 전안열은 후곡 되어 있고 후안열은 곧다. 가운데눈네모꼴은 세로보다 너비가 길고 뒤보다 앞이 넓다. 이마의 높이는 전중안 직경의 1/3이다. 위턱은 진한 갈색으로 6개의 앞엄니두덩니와 3개의 뒷엄니두덩니가 있다. 아랫입술과 아래턱은 흐린 황갈색으로 약간 경사져 있다. 아랫입술은 너비보다 세로가 길며 아래턱의 중앙점까지 통과해 있다. 아래턱은 너비보다 세로가 길다. 흉판은 밝은 황색이고, 다리도 밝은 황색이며 다리식은 4-1-2-3이다. 복부는 난형이고 복부 등면은 황갈색에서 흐린 황갈색을 띠며 어떤 개체에는 희미한 심장 무늬와 '山'형 무늬가 있다.

분포: 한국, 일본

오대산염낭거미
Clubiona odesanensis Paik, 1990

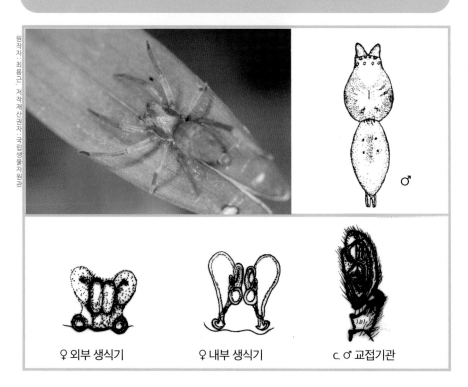

♂

♀ 외부 생식기   ♀ 내부 생식기   c. ♂ 교접기관

수컷: 배갑은 흐린 갈색으로 너비보다 세로가 길며 전안열은 후안열보다 짧다. 앞에서 보면 전안열은 곧고 후안열은 많이 전곡된다. 위에서 보면 전안열은 약간 후곡 되어 있다. 가운데눈네모꼴은 세로보다 너비가 길고 앞보다 뒤가 넓다. 이마는 전중안 직경의 1/4이다. 위턱은 흐린 갈색으로 6개의 앞엄니두덩니와 4개의 뒷엄니두덩니가 있다. 아랫입술과 아래턱은 갈색으로 약간 경사져 있다. 흉판은 황갈색으로 방패형이며 너비보다 세로가 길다. 다리는 갈색이고, 다리식은 4-2-1-3이다. 복부는 긴 난형이고, 복부 등면은 황색으로 희미한 심장 무늬와 4개의 희미한 근점이 있다.

암컷: 일반적 특성과 색깔은 수컷과 같으나, 배갑은 밝은 갈색이고 복부의 등면은 자갈색으로 근점이 없다. 몸길이와 다리는 수컷보다 길다. 위턱은 6개의 앞엄니두덩니가 있고 2개의 뒷엄니두덩니가 있다.

분포: 한국, 시베리아

금강염낭거미
Clubiona orientalis Mikhailov, 1995

암컷의 몸길이는 7.55~7.9mm이다. 배갑은 적갈색이고 위턱은 밤색이며 다리는 짚색이다. 앞 가장자리에 있는 저정낭의 두번째 부위는 구형이고, 교접구는 서로 밀접하게 위치한다. 복부는 회갈색 또는 밤색이고 등면에 창 모양의 무늬가 있다. 단지 북한에서만 발견되었으며 수컷은 알려져 있지 않다.

분포: 한국, 시베리아

묘향염낭거미
Clubiona paralena Mikhailov, 1995

수컷의 몸길이는 5.85mm이다. 배갑은 적갈색이고 위턱은 암적갈색이며 다리는 적색이다. 경절 돌기의 등면 가지는 짧고 지시기는 방패구의 폭보다 1/2이상 더 길다. 단지 북한의 묘향산 근처의 금강굴에서만 발견되었으며 암컷은 알려져 있지 않다.

분포: 한국, 시베리아

늪염낭거미
Clubiona phragmitis C. L. Koch, 1843

몸길이는 암컷이 7~11mm, 수컷이 5~10mm이다. 두흉부는 볼록하고 비단털이 덮여 있으며 엷은 적갈색으로, 두부 쪽의 색은 어둡다. 8눈이 2열로 늘어서며, 전후 양 안열은 거의 곧고 전안열이 후안열보다 짧다. 위턱은 암갈색으로 기부가 팽팽하고 앞엄니두덩니는 5개이다. 흉판은 황갈색으로 가장자리는 검다. 다리는 엷은 황갈색으로 셋째다리 경절 등면에 2개의 가시털이 나 있다. 복부는 적갈색 내지 암갈색으로 전면에 비단털이 많고 정중부에 심장 무늬가 있다. 후반부에는 '八' 자형 밝은 무늬가 보인다. 늪이나 산골짜기 물가의 풀숲에 주로 서식한다. 성숙기는 4~9월이다.

분포: 한국, 일본, 유럽, 시베리아(구북구)

쌍궁염낭거미
Clubiona propinqua L. Koch, 1879

몸길이는 8mm이다. 수컷 수염기관의 방패판은 가늘고 길며 지시기는 연하고 둥글다. 또한 경절 돌기는 등면 쪽으로 강하게 휘어져 있다. 북한의 묘향산 근처에서 암컷이 채집되었다.

분포: 한국, 유럽

평양염낭거미
Clubiona proszynskii Mikhailov, 1995

수컷의 몸길이는 3.68mm이다. 배갑, 위턱 그리고 다리는 짚색이고 복부는 연한 갈색이다. 방패판의 끝은 함몰되어 있고 지시기의 말단은 휘어져 있다. 단지 북한의 평양시 동면에 있는 왕릉에서만 발견되었으며 암컷은 아직 알려져 있지 않다.

분포: 한국, 시베리아

강동염낭거미
Clubiona pseudogermanica Schenkel, 1936

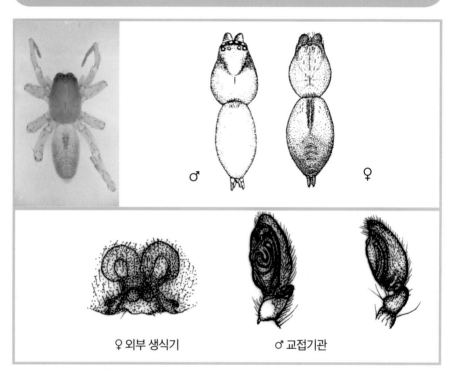

♀ 외부 생식기　　　　♂ 교접기관

수컷의 배갑은 밝은 갈색이고 가운데홈은 적갈색이다. 위에서 보면 전안열은 후곡되고 후안열은 곧다. 앞에서 보면 전안열은 곧고 후안열은 후곡된다. 가운데눈네모꼴은 세로보다 너비가 길고 뒤보다 앞이 좁다. 이마의 높이는 전중안 직경의 0.3배이다. 위턱은 적갈색으로 5개의 앞엄니두덩니와 3개의 뒷엄니두덩니가 있다. 아래턱과 아랫입술은 너비보다 세로가 길며 아래턱의 중앙부까지 연장되어 있다. 흉판에는 황갈색 두덩이 있다. 다리는 황갈색이며 다리식은 4-2-1-3이다. 복부는 연장된 난형이고, 복부 등면은 회백색이고 종종 희미한 갈색의 심장 무늬가 있으며 복부면은 회색이다.

분포: 한국

부리염낭거미
Clubiona rostrata Paik, 1985

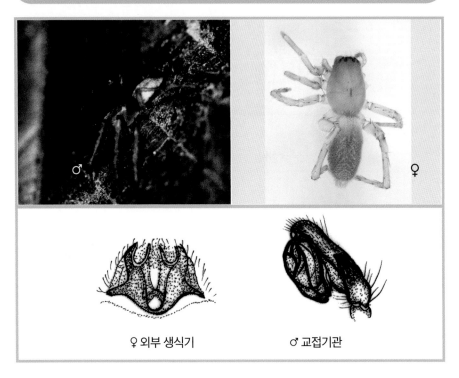

♀ 외부 생식기   ♂ 교접기관

수컷: 형태와 색채는 대체로 암컷과 비슷하지만 복부의 색깔이 암컷보다 짙고, 몸집이 약간 작다. 그러나 다리와 수염기관은 암컷보다 길다. 앞에서 보면 전안열은 약간 전곡하고, 등면에서 보면 후안열은 직선을 이룬다. 다리식은 4-2-1-3이다. 삽입기는 방패판 돌기의 발단부에서 시작되며, 날씬하고 끝으로 갈수록 가늘어지면서 홈처럼 생긴 지시기를 따라 방패편 길이의 3/4가량 기부 쪽으로 뻗어 있다. 경절 돌기는 폭이 넓고 복부면으로 약간 굽고 말단부에 넓은 구조를 가진다. 슬절은 낮고 넓은 작은 돌기를 가진다.

분포: 한국, 일본, 중국, 시베리아(구북구)

북방염낭거미
Clubiona sapporoensis Hayashi, 1986

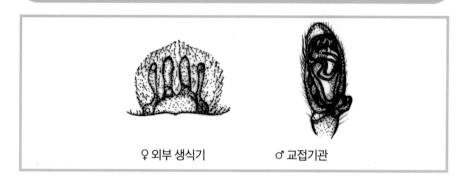

♀ 외부 생식기   ♂ 교접기관

수컷: 두흉부는 적색이고 위턱은 붉은 회갈색이거나 어두운 담황색이고, 다리는 어두운 담황색이다. 복부 등면은 회황갈색이거나 녹회색이다.

암컷: 두흉부는 적색이고 위턱은 밤색이다, 다리는 어두운 담황색이다.

분포: 북한, 일본, 시베리아

소백염낭거미
Clubiona sopaikensis Paik, 1990

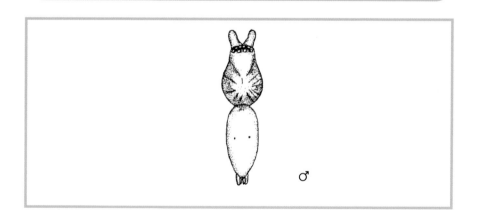

♂

a. ♂ 교접기관

수컷의 배갑은 갈색으로 너비보다 세로가 길다. 앞에서 보았을 때 전안열은 곧고 후안열은 많이 전곡 되어 있다. 위에서 보았을 때 전안열은 다소 후곡되고 후안열도 약간 후곡된다. 가운데눈네모꼴은 높이보다 폭이 넓으며 앞보다 뒤가 넓다. 이마의 높이는 전중안 직경의 1/4 정도이다. 위턱은 어두운 적갈색으로 약간 경사져 있다. 아랫입술은 너비보다 세로가 길며 황갈색이고 황색 두덩이 있다. 다리는 황갈색이고, 복부 등면에는 1쌍의 근점이 있다. 암컷은 알려져 있지 않다.

분포: 한국, 시베리아

표주박염낭거미
Clubiona subtilis L. Koch, 1867

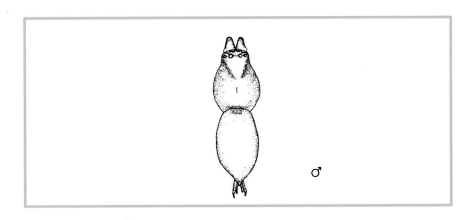

♂

수컷의 배갑은 밝은 황갈색으로 종종 두부가 약간 어둡다. 가운데홈은 적갈색이며 모든

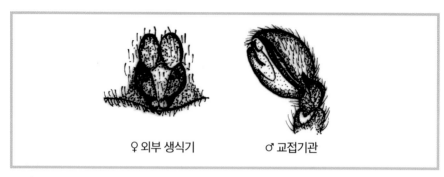

♀ 외부 생식기　　　♂ 교접기관

눈의 크기는 같다. 가운데눈네모꼴은 세로보다 너비가 길며 앞보다 뒤가 넓다. 위에서 보면 양 안열은 후곡되고, 정면에서 보면 전안열은 곧고 후안열은 전곡된다. 이마는 전 중안 직경의 1/4이다. 위턱은 흐린 황갈색으로 앞엄니두덩에 2개의 이빨이 있다. 아래턱 과 아랫입술은 황갈색이고, 흉판은 회백색이다. 다리는 밝은 갈황색이고, 다리식은 4-2-1-3이다. 복부는 갈황색으로 너비보다 세로가 길다. 암컷의 일반적 구조와 색깔은 수컷 과 같지만 몸길이가 좀더 크고 다리가 짧으며 첫째다리와 둘째다리 퇴절에 뒷측 가시털 이 없다. 위턱에는 2개의 앞엄니두덩니와 5개의 뒷엄니두덩니가 있다.

분포: 한국, 유럽(구북구)

예쁜이염낭거미
Clubiona venusta Paik, 1985

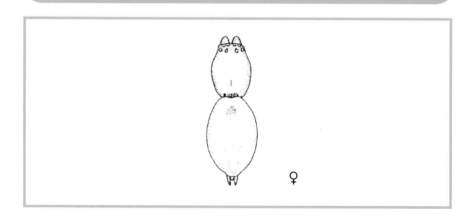

♀

♀ 외부 생식기

암컷의 몸길이는 4~6mm 내외이다. 배갑은 황갈색이고 두부는 약간 어둡다. 가운데홈은 암갈색이고 방사홈과 목통은 뚜렷하게 나타나지 않고 희미하다. 전중안은 어둡고 진주빛이 도는 흰색이다. 정면으로 보았을 때 후안열은 아주 조금 전곡하며 전안열은 곧다. 눈차례는 전중안=후중안=후측안<전측안이다. 위턱은 암갈색이며, 엄니를 따라서 앞으로 4개의 이를 가지고 있고 뒤쪽으로는 2개의 이를 가지고 있다. 아랫입술과 아래턱은 암황색이다. 다리는 밝은 황색이며 발바닥 털을 가지고 있다. 다리식은 4-1-2-3이다.

분포: 한국

붉은가슴염낭거미
Clubiona vigil Karsch, 1879

♀

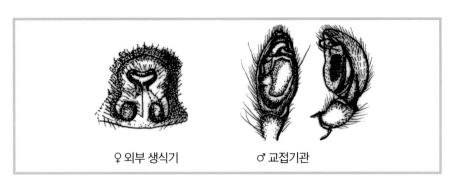

♀ 외부 생식기　　　♂ 교접기관

몸길이는 암컷이 10~12mm이고, 수컷이 8~9mm이다. 두흉부는 긴 난형으로 황갈색이고, 흉부 가장자리는 암갈색이며 가운데홈은 세로로 뚜렷하다. 8눈이 2열로 배열한다. 전안열은 전곡하고 후안열은 곧다. 전중안이 측안보다 작다. 위턱, 아래턱, 아랫입술이 모두 황색이다. 흉판은 적갈색이다. 다리는 황색으로 각 마디의 끝쪽이 짙다. 복부는 긴 타원형으로 황갈색 바탕에 심장 무늬와 그 뒤쪽으로 늘어서는 7~8쌍의 점무늬는 흑갈색이며 측면도 흑갈색이다. 복부면은 황갈색으로 정중부에 폭넓은 암갈색 줄무늬가 있다. 앞뒤 실젖은 길이가 같으며 뒷실젖의 끝마디는 원뿔형이다. 봄에서 가을까지 풀숲 사이나 나뭇잎 위를 배회하고 겨울에는 나무껍질 속이나 돌 밑에 포대형 거미그물을 짓고 지낸다. 성숙기는 7~9월이다.

분포: 한국, 일본

월정염낭거미
Clubiona papillata Schenkel, 1936

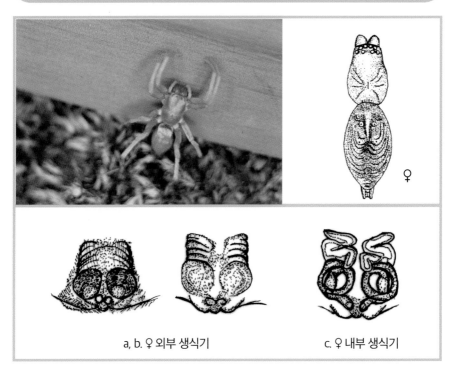

a, b. ♀ 외부 생식기　　　　c. ♀ 내부 생식기

배갑은 갈색이고, 가운데홈은 적갈색이며 너비보다 세로가 길다. 전면에서 보았을 때 전안열은 곧고 후안열은 꽤 전곡 되어 있다. 위에서 보면 전안열은 약간 후곡 되어 있고 후안열은 조금 전곡 되어 있다. 모든 눈의 크기는 같다. 위턱은 밤색으로 7개의 앞엄니두덩니와 3개의 뒷엄니두덩니로 되어 있다. 흉판은 황길색으로 갈색외 두덩이 있다. 다리는 황갈색이며 다리식은 4-2-1-3이다. 복부는 회황색으로 4개의 근점이 있고 희미한 심장무늬가 앞부분에 있으며 뒤에는 희미한 '山'형 무늬가 있다. 교미구는 작고 둥글며 서로 가까이 위치해 있으며 대략 그들 길이에 의해 앞두덩으로부터 분리되어 있다. 수컷은 알려져 있지 않다.

분포: 한국, 중국, 시베리아

장수염낭거미과

Family Cheiracanthiidae Lehtinen, 1967

전세계적으로 12속, 351종이 서식하며, 한국에는 1속 8송만이 서식한다. 넷째다리 경절 등면에 가시를 가진다. 배엽에 특징적인 점은 특별한 꼬리모양이 있다는 것이다. 게거미과 외에 동 유형의 그 어떤 다른 거미에서도 이 같은 특징이 관찰되지 않는다는 것은 매우 의미심장하다. 폐는 다른 모든 거미들과 마찬가지로 책처럼 겹쳐져 있으며, 칸형태의 배엽을 가진다. 폐는 배엽 표면의 생식기를 통해 흡수한다. 방패판은 분절되지 않은 상태로 삽입기와 한 덩어리를 이룬다.

어리염낭거미속
Genus *Cheiracanthium* C. L. Koch, 1839

몸길이는 5~15mm이다. 두흉부는 황갈색에서 담황색으로 난형이고 다소 볼록하며 가운데홈은 뚜렷하지 않다. 안역은 어두운 색이다. 드문드문 누워 있는 짧은 털로 싸여 있다. 눈은 좁고 검은 링 모양이며 크기는 거의 같다. 4개씩 각각 2줄로 배열되어 있다. 전안열은 약간 후곡하며 후안열은 곧고 전안열보다 약간 길다. 위턱은 암적갈색에서 적갈색이고 강하며 앞으로 튀어나와 있으며 끝쪽이 가늘다. 아래턱은 옆 가장자리 가운데 부분이 오목하게 되어 있다. 흉판은 폭이 넓으며 앞이 가늘지 않고 가장자리의 구분이 잘 안 된다. 다리는 황색이며 비교적 가늘고 길다. 발톱에 적당하게 털다발이 있다. 복부 등면은 녹황색에서 황색이다. 몇 종은 심장 무늬가 있고 염낭거미속에는 있는 앞쪽 끝에 곧고 긴 털다발이 없다. 앞실젖은 원뿔형이고 대부분 인접해 있다. 뒷실젖은 앞실젖보다 더 골격화되어 있다. 이 속에 속한 종들은 야행성인 동시에 주행성이다. 보통 거미줄과 풀잎을 이용하여 부드럽고 윤이 나는 은신처를 만들어 잎에서 생활한다.

짧은가시어리염낭거미

Cheiracanthium brevispinum Song, Feng et Shang, 1982

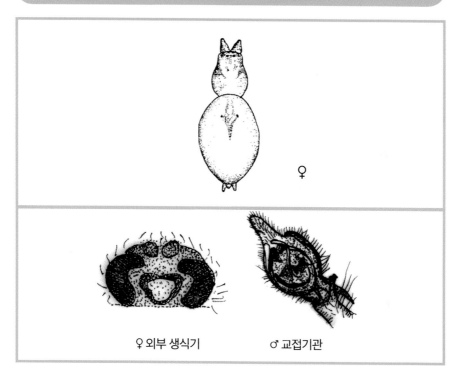

♀

♀ 외부 생식기   ♂ 교접기관

암컷의 배갑은 황갈색이고 두부는 다소 적갈색이다. 전방에서 보면 전안열은 다소 후곡되어 있고 후안열은 곧다. 눈차례는 전중안=전측안〉후중안=후측안이다. 가운데눈네모꼴은 세로보다 너비가 길고, 앞쪽보다 뒤쪽이 넓다. 이마의 높이는 전중안 직경과 같다. 위턱은 어두운 적갈색으로 3개의 앞엄니두덩니와 2개의 뒷엄니두덩니가 있다. 아랫입술과 아래턱은 약간 기울어져 있다. 아랫입술은 세로보다 너비가 다소 길다. 흉판은 심장형이며 어두운 두덩이 있다. 다리는 갈황색이고, 다리식은 1-4-2-3이다. 복부는 회황색이다. 수컷의 일반적 특성과 색깔은 암컷과 거의 같고 몸길이가 작은 편이며 다리는 암컷보다 가늘다.

분포: 한국, 중국

343

북방어리염낭거미
Cheiracanthium erraticum (Walckenaer, 1802)

암컷: 중간 크기의 거미로 암컷이 수컷보다 길다. 배갑은 길고 눈쪽으로 갈수록 좁아진다. 가슴홈은 뚜렷하지 않다. 정면에서 봤을 때 전안열은 일직선이고 후안열은 후곡 되어 있다. 전중안은 다른 눈에 비해 작다. 협각에는 많은 강모들이 나있으며 4개의 앞엄니두덩니가 협각 왼쪽에 나 있고 오른쪽에 동일한 크기의 4개의 뒷엄니두덩니가 나 있다. 윗입술은 적갈색이며 안쪽에 명확한 세로홈을 가진다. 아랫입술은 직사각형이며 너비가 세로보다 길다. 가슴판은 방패모양이며 몇몇의 홈을 가진다. 더듬이다리에는 바깥쪽에만 가시털이 있고 종아리마디에는 한줄의 강모가 나 있다. 다리는 황갈색이다. 부절기관(tarsal organ)은 종아리마디 끝부분에 위치해 있다.

수컷: 더듬이다리 바깥쪽에만 가시털이 있고 종아리마디에는 9개의 강모가 2줄로 나 있다. 다리는 황갈색이며 첫째다리의 종아리마디-무릎마디 길이가 항상 배갑의 길이보다 길다. 종아리마디에는 8~9개의 강모가 4줄로 나 있다.

분포: 한국, 중국

애어리염낭거미
Cheiracanthim japonicum Bösenberg et Strand, 1906

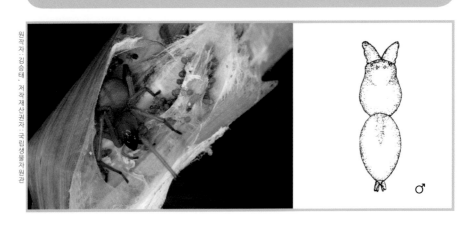

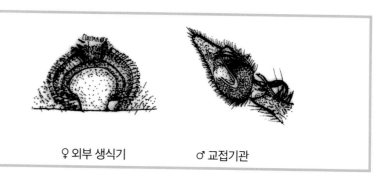

♀ 외부 생식기   ♂ 교접기관

몸길이는 암컷이 12~15mm이고, 수컷은 10~13mm 정도이다. 두흉부는 등황색으로 볼록한 난형이며 방사홈은 적갈색이고 가운데홈은 뚜렷하지 않다. 8눈이 2열로 늘어서며, 전후 안열이 모두 곧고 크기가 같다. 위턱은 검은색을 띠고 뒷엄니두덩니 2개와 옆혹이 있다. 흉판은 황갈색이며 가장자리는 회갈색으로 전면에 검고 긴 털이 나 있다. 다리는 첫째다리가 가장 길며 황색 바탕에 검은 털이 많이 나 있다. 경절 끝쪽에 검은 고리 무늬가 있고 척절, 부절의 끝부분은 검은색이다. 복부는 긴 난형이며 등황색 내지 회황색이며 앞쪽에 심장 무늬가 보인다. 갈대나 억새 잎을 꺾어 말아서 산실을 만든다. 산란기는 7월 상순~9월 상순이고 첫번째 탈피한 새끼 거미가 어미의 몸을 먹는 습성이 있다.

분포: 한국, 일본, 중국

큰머리장수염낭거미
Cheiracanthium lascivum Karsch, 1879

수컷: 배갑은 타원형이고, 두부와 흉부 앞쪽은 황갈색, 흉부 뒤쪽은 흐릿한 황갈색이다. 배갑 전면 말단은 어두운 암갈색이며 흉부 부분은 암갈색 선으로 둘러싸여있나. 가슴홈은 암갈색이고 가시모양이며 목홈과 방사홈 또한 암갈색에 선명하다. 눈은 8개로 작으며 검은색으로 둘러싸여있다. 전안열과 후안열 모두 살짝 전곡 되어 있다. 협각은 길고 어두운 암갈색으로 통통하고 잘 발달되어 있다. 3개의 앞엄니두덩니가 인접해 있고 4개의 작은 뒷엄니두덩니가 있다. 윗입술은 밝은 암갈색이고 끝으로 갈수록 밝아진다. 아랫입술도 밝은 암갈색이다. 가슴판은 황갈색으로 방패모양이며 흑갈색 선으로 둘러싸여있다. 다리는 흐린 황백색이다. 복부 또한 흐린 황백색으로 심장무늬가 희미하고 2쌍의 근점은 선명하다.

암컷: 배갑은 수컷과 유사하나 검은털들로 덮여있다. 8개 눈들 중 전측안이 가장 크다. 협각에는 2개의 앞엄니두덩니와 작은 톱니모양의 뒷엄니두덩니들이 나 있다. 다리는 밝은 암갈색이고, 검은털들로 덮여있다. 배에는 밝은 줄무늬들이 있고 복부 위쪽은 황갈색이다. 암컷 외부생식기는 경화되어 있으며 외부생식기 전면덮개는 적갈색이며, 전체적으로 좁다. 교접구는 질강 가운데에 위치해 있다. **분포:** 한국, 일본, 유럽

대구어리염낭거미
Cheiracanthium taegense Paik, 1990

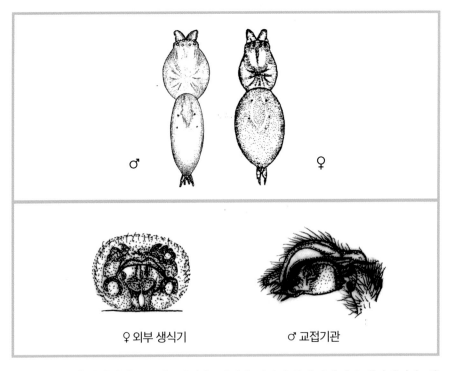

♀ 외부 생식기   ♂ 교접기관

수컷: 두흉부가 황갈색이고, 목홈, 방사홈, 안역과 전방에 중앙선의 반은 암갈색이다. 앞에서 보면 전안열은 곧고 후안열은 약간 전곡 되어 있다. 위에서 보면 전안열은 약간 후곡되고 후안열은 거의 곧다. 가운데눈네모꼴은 세로보다 너비가 길고 앞보다 뒤가 넓다. 이마의 높이는 전중안 반경의 1/5 정도이다. 위턱은 암갈색이고 3개의 앞엄니두덩니와 2개의 뒷엄니두덩니로 되어 있다. 아랫입술과 아래턱은 황갈색이고 아랫입술은 너비보

다 세로가 길다. 흉판은 심장형으로 담황색이며 담갈색의 두덩이 있다. 다리는 갈황색이며 끝으로 갈수록 검은색을 띤다. 다리식은 1-4-2-3이고, 복부는 약간 황색이며 2쌍의 갈색 근육들이 있다. 수염기관 경절의 후측면, 등면, 복부면에 돌기가 있다. 삽입기는 방패판의 말단에서 융기되어 있고 지시기까지 연장된다.

암컷: 일반적인 형태나 색깔이 수컷과 거의 흡사하나 몸길이가 더 길고 다리가 짧다.

분포: 한국

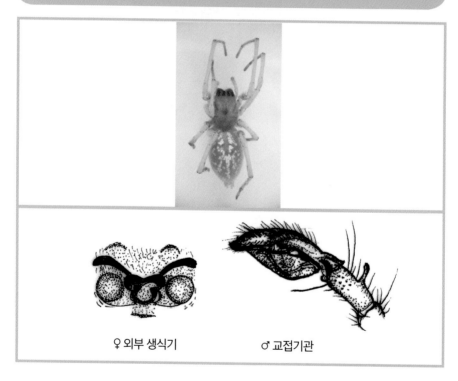

갈퀴혹어리염낭거미
Cheiracanthium uncinatim Paik, 1985

♀ 외부 생식기　　　♂ 교접기관

수컷의 몸길이는 5mm 내외이며, 암컷은 약 6mm 정도이다. 수컷의 흉판은 밝은 황색이나 너비보다는 세로가 훨씬 길고 가운데홈은 거의 소실되어 있으며 방사홈이 희미하게 나타난다. 8개의 눈의 크기가 거의 같고, 4개씩 2줄의 직선 형식으로 배열되어 있다. 전중안은 어둡고 진주빛이 도는 백색이다. 후안열보다 전안열이 짧다. 위턱의 끝은 날카롭고 털다발을 가지며 3개의 이는 이빨홈에 위치한다. 흉판은 담황색이고 심장형이며 너비보다는 세로가 길다. 다리는 황갈색이고 고리 무늬는 없다. 다리식은 1-4-2-3이다. **분포:** 한국

긴어리염낭거미
Cheiracanthium unicum Bösenberg et Strand, 1906

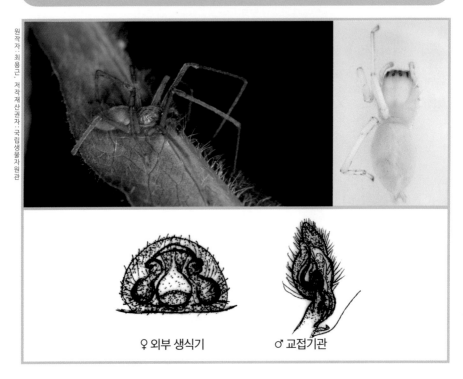

♀ 외부 생식기   ♂ 교접기관

수컷의 배갑은 갈색이며 너비보다 세로가 길다. 전안열이 후안열보다 짧다. 전방에서 보면 전안열은 직선이고 후안열은 다소 전곡 되어 있다. 위에서 보면 전안열은 조금 후곡 되어 있고 후안열은 곧으며 앞보다 뒤가 넓다. 양 안열의 측안은 서로 전측안의 1/3 직경만큼 떨어져 있다. 위턱은 적갈색이고 1개의 앞엄니두덩니와 3개의 뒷엄니두덩니를 가지고 있다. 아랫입술과 아래턱은 적갈색이고, 아랫입술은 아래턱보다 깊다. 아랫입술은 세로가 너비보다 길다. 흉판은 갈황색으로 심장형이다. 다리는 황갈색이고 특별한 무늬는 없다. 다리식은 1-2-3-4이다. 복부는 황갈색이다. 암컷의 일반적인 특성과 색깔은 수컷과 같지만, 몸길이가 수컷보다 훨씬 길고 다리는 짧다. **분포:** 한국, 일본, 중국, 유럽

중국어리염낭거미
Cheiracanthium zhejiangense Song et Hu, 1982

♀ 외부 생식기　　　　♂ 교접기관

암컷의 배갑은 황갈색에서 암갈색이고 이마와 눈지역은 다른 부분보다 더 어둡다. 전안 열은 후안열보다 넓다. 앞에서 보면 전안열은 직선이고 후안열은 약간 전곡 되어 있다. 위에서 보면 전안열은 약간 뒤로 굽어 있고 후안열도 조금 뒤로 굽어 있다. 8개의 눈은 크기가 같다. 이마의 높이는 전중안 반경보다 약간 높다. 위턱은 어두운 적갈색에서 밝은 적갈색이고, 3개의 앞엄니두덩니와 6개의 뒷엄니두덩니 그리고 누꺼운 털다발이 있다. 아랫입술과 아래턱은 갈색이고 약간 기울어져 있다. 흉판은 심장형으로 갈색빛의 두 덩이 있는 주황빛이 나는 황색이다. 다리는 황갈색이고 아무 무늬도 없다. 다리식은 1-4-2-3이다. 복부는 주황빛 황색이다. 수컷의 몸길이는 암컷보다 작지만 다리는 더 길고 가늘다.

분포: 한국, 중국

오소리거미과

Family Miturgidae Simon, 1885

안역은 검고 드문드문 짧은 털로 싸여 있다. 8개의 눈은 2열로 늘어서며, 전 안열은 약간 후곡하고 후안열은 곧다. 다리는 황색이며 가늘고 길다. 복부 등면은 황색이고 심장형의 무늬가 있으며 앞쪽 가장자리에는 곧고 긴 털이 없다. 앞실젖은 원뿔형이며 서로 인접하고 뒷실젖의 끝절은 매우 짧고 뚜렷 이 구분된다. 수컷 수염기관의 경절은 현저하게 길고 가늘다. 암컷의 외부 생식기는 검고 아치형을 이루며 중간에 둥근 생식구가 있다. 주로 야행성이 고 거미줄과 풀잎을 이용하여 은신처를 만들고 나뭇가지나 잎에서 주로 생 활한다.

족제비거미속
Genus *Prochora* Simon, 1886

8개의 눈이 2줄로 늘어서고 전안열은 후안열보다 짧다. 전중안과 전측안의 크기는 거의 같고 양 전중안 사이는 전중안과 전측안 사이보다 좁다. 전안열의 앞의 단선은 후곡되었으나 뒤의 단선은 직선을 이룬다. 후안열은 앞으로 휘었고 각 눈 사이의 거리는 거의 같다. 전후 양 안열의 측안은 다소 떨어져 있다. 가운데홈은 세로로 달리며 뚜렷하다. 이마 높이는 전중안의 직경과 거의 같다. 흉판은 타원형이고 둘째다리와 셋째다리 기절 사이에서 가장 짧고 앞변은 직선을 이룬다. 아랫입술은 너비가 세로보다 길고, 아래턱은 앞쪽보다 뒤쪽이 좁으며 외측면에 염낭거미속에서 보이는 것과 같은 잘록이를 가지지 않는다. 첫째다리 척절 복부면에 1쌍의 가시를 가진다. 앞실젖은 굵은 원추형이고 좌우것이 서로 접근해 있다. 뒷실젖은 앞실젖보다 가늘고 길며 끝절은 긴 원추형을 이룬다.

족제비거미
Prochora praticola (Bösenberg et Strand, 1906)

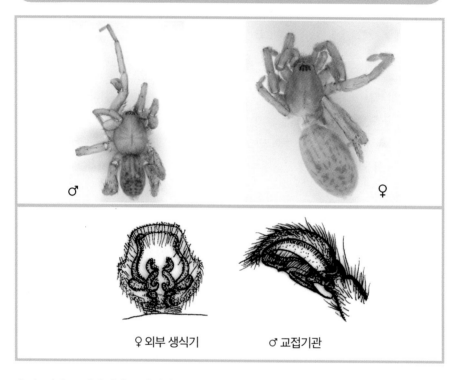

♂   ♀

♀ 외부 생식기   ♂ 교접기관

수컷: 배갑은 황갈색이고 가장자리는 짙은 갈색으로 좁게 선이 둘러쳐져 있다. 방사홈 부분은 약간 갈색을 띠고, 가운데홈은 흑갈색이며 길고 뚜렷하다. 배갑의 전면에 갈색의 누운 털이 나 있고, 흉판 양 가장자리에는 길고 빳빳하며 앞으로 약간 굽은 강모가 줄지어 나 있다. 위턱은 배갑과 같은 황갈색이고, 아래턱 및 아랫입술은 약간 갈색을 띤 황색이며 아래턱의 외측선은 밖으로 볼록 튀어나와 있다. 흉판은 방패형이고 앞쪽은 직선을 이루며 양쪽 둘째다리와 셋째다리 사이가 가장 길다. 다리는 황갈색이며, 안쪽은 황색을 띠며 무늬를 가지지 않는다. 다리식은 4-1-2-3이다. 복부는 약간 갈색을 띠는 황색 바탕이다. 등면에 2쌍의 갈색점이 있고 앞부분의 심장형의 무늬, 뒷부분의 앞뒤로 늘어선 5~6쌍의 점 무늬, 그리고 측면에 점점이 이어진 점 무늬는 검다.

분포: 한국, 일본, 중국

오소리거미속
Genus *Zora* C. L. Koch, 1847

전세계적으로 17종이 오소리거미속에 속하며 모두 전북구(全北區)에 서식한다. 대부분 유럽과 중동에 서식하나 2종이 북아메리카에 서식하는 것으로 밝혀졌다. 미투기거미과 의 다른 속들과는 2개의 발톱을 가지고 털다발이 있으며 두흉부에 세로줄이 있고, 두 길 고 뭉친 강모들이 첫째 다리의 종아리마디와 발가락마디에 있음으로 구분된다. 복부 또 한 선명한 무늬들을 띤다.

수풀오소리거미
Zora nemoralis (Blackwall, 1861)

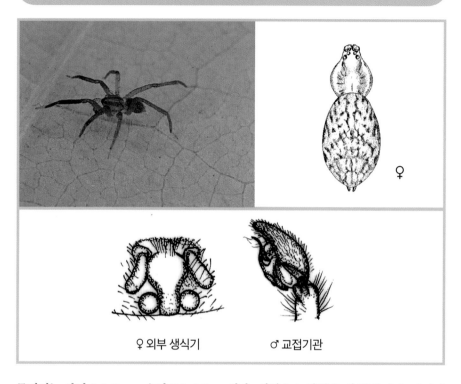

♀

♀ 외부 생식기   ♂ 교접기관

몸길이는 암컷 3.5~5mm, 수컷 2.5~3.5mm이다. 체색은 노란빛을 띤 갈색이다. 머리가
슴의 가슴 가장자리선과 뒷줄 옆눈 뒤쪽으로 뻗은 1쌍의 띠무늬는 녹색을 띤 갈색이다.
가운데홈은 붉은빛을 띠고 세로로 뻗으며 목홈과 거미줄홈이 뚜렷하다. 눈은 8개, 눈이
4·2·2의 세 줄로 늘어서는데, 후안열이 강하게 뒤로 굽는다. 협각에는 앞엄니두덩니 3개,
뒷엄니두덩니 2개가 있고 작은 턱과 아랫입술은 밝은색이다. 가슴판은 심장모양이며 각
밑마디 사이와 뒤쪽 끝에 갈색 점무늬가 있다. 다리의 무릎마디·종아리마디·발목마디는
갈색이다. 넷째다리가 길고 2개의 발톱과 털무더기가 있다. 배는 달걀모양인데, 윗면은
녹색을 띤 복잡한 무늬로 얼룩진다. 사이젖이 퇴화한 대신 2개의 강모가 있다. 고원의
풀숲이나 낙엽 사이를 돌아다니면서 먹이를 찾는다. 성숙기는 5~8월이다.

분포: 한국, 유럽, 일본, 중국, 몽골(구북구)

팔공거미과

Family Anyphaenidae Bertkau, 1878

기관 숨문이 복부의 중앙 생식홈과 실젖 사이의 중간에 위치하며 다리의 끝
털다발이 편평한 털로 이루어져 있고 좌우 두 부분으로 갈라져 있다. 8눈이
2열로 나열되고, 전안열은 후곡하고 후안열은 전곡한다. 각 눈은 같은 간격
으로 배열하고 전중안이 측안보다 작다. 다리는 앞걸음형으로 앞다리의 척
절과 부절에 털다발이 발달해 있으며 빗살니를 가지는 1쌍의 발톱과 끝털다
발을 가지고 있다. 아랫입술은 흉판에 유착되지 않는다. 복부에 체판이나 사
이젖이 없고 암생식기의 개구부는 세로로 길다. 외관상 염낭거미과와 닮았
으나 위의 여러 특징으로 구별된다.

팔공거미속
Genus *Anyphaena* Sundevall, 1833

전중안은 전측안보다 약간 작다. 후안열은 약간 전곡하거나 거의 직선을 이루고 크기가
같은 눈이 동일한 간격으로 늘어서 있다. 가운데눈네모꼴은 세로가 너비보다 길고 뒷변
이 앞변보다 길다. 위턱은 비교적 강하게 생겼으며 앞엄니두덩에 3~4개, 뒷엄니두덩에
4~9개의 이빨이 있다. 아랫입술은 길이가 너비에 비해 길어서 아래턱 길이의 반을 넘어
선다. 각 다리의 부절과 첫째다리, 둘째다리 척절에 털다발이 있다. 또한 첫째다리, 둘째
다리 경절 복부면에 각 2쌍의 가시가 있다. 첫째다리 경절은 배갑의 길이보다 짧다.

팔공거미
Anyphaena pugil Karsch, 1879

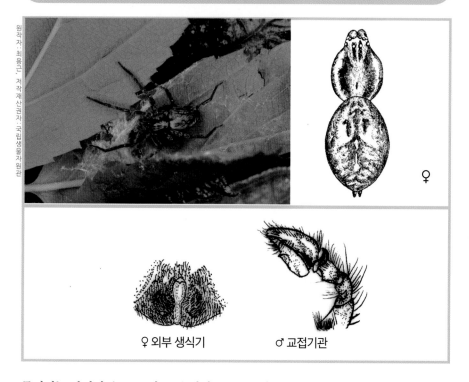

♀

♀ 외부 생식기   ♂ 교접기관

몸길이는 암컷이 6~7mm이고, 수컷이 5~6mm 정도이다. 두흉부는 길이가 길며 황갈색 바탕에 양 측안에서 뒤로 이어지는 곡선 모양의 1쌍의 암갈색 줄무늬가 있다. 가운데홈은 적갈색이며 목홈과 방사홈이 뚜렷하지 못하다. 8눈이 2열로 늘어서며, 전안열은 곧고 후안열은 약간 전곡한다. 전중안이 측안보다 작고, 각 눈은 같은 간격으로 늘어서 있다. 위턱은 갈색이며 앞엄니두덩니가 3~4개이고, 뒷엄니두덩니는 6개이며, 털다발과 옆혹이 있다. 작은 턱은 황갈색으로 끝이 희고 안으로 약간 기울어져 있다. 아랫입술은 갈색으로 끝이 희다. 흉판은 긴 방패형으로 황갈색이며 가장자리가 짙은 갈색이다. 뒤끝이 넷째다리 기절 사이로 돌입한다. 다리는 황갈색이다. 복부는 난형이고, 등면은 황갈색 바탕에 중앙과 옆면에 암갈색 세로 무늬가 있고, 복부면에는 황갈색 바탕에 2줄의 회갈색 무늬가 중앙에 이어지고 있다. 산야, 풀숲, 나뭇잎 위를 배회한다. 5~7월경에 성숙하고 산란하며, 성체나 유생의 상태로 월동한다.

분포: 한국, 일본

깡충거미과

Family Salticidae Blackwall, 1841

이 과는 전 세계적으로 5,000여 종 이상이 분포하는 가장 큰 과로서 시각이 매우 잘 발달한 배회성 거미이다. 몸길이는 3~17mm 정도이고, 2개의 발톱을 가진다. 8개의 눈이 직사각형으로 특징적으로 배열한다. 두부는 다른 몇몇 속에서 높고, 안역은 빈번히 긴 털에 의해 덮여 있다. 흉판은 형태가 다양하지만 종종 앞에서 폭이 좁아진다. 눈은 3개의 안열을 이루는 것처럼 보일 정도로 후안열이 심하게 후곡한다.

아시아깡충거미속

Genus *Asianellus* Logunov et Heciak, 1996

배갑은 검은색이지만 주위는 갈색이고, 위턱도 갈색이다. 다리식은 4-3-2-1이다. 흉판은 검고 타원형이다. 앞엄니두덩과 뒷엄니두덩에 이빨이 있다. 복부 등면은 검다.

산길깡충거미
Asianellus festivus (C. L. Koch, 1834)

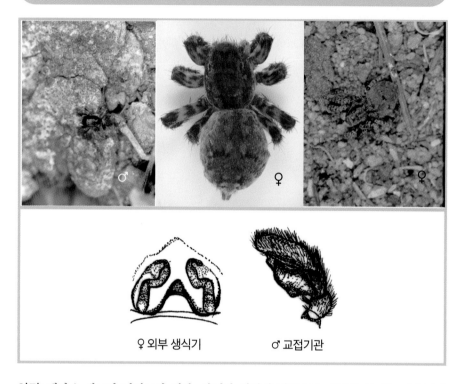

♀ 외부 생식기   ♂ 교접기관

암컷: 배갑은 세로가 너비보다 길다. 안역과 여기서 뒤쪽으로 세로로 달리는 정중선과 아연선(亞緣線) 및 흉부 가장자리는 검고, 나머지 부분은 갈색이다. 아랫입술과 아래턱은 황백색을 띤 끝 부분을 제외하고는 모두 담갈색이다. 갈색인 위턱에는 2개의 앞엄니두덩니와 1개의 뒷엄니두덩니가 있다. 흉판은 밝은 황갈색이고, 앞끝이 잘린 듯한 타원형이며 뒷끝은 넷째다리 기절 사이로 돌출하지 않는다. 각 다리의 퇴절의 말단부 이하는 황갈색이고, 말단부를 제외한 퇴절과 경절 및 기절은 밝은 황색이다. 각 마디에는 검은 무늬가 흩어져 있다. 다리식은 4-3-2-1이다. 첫째 퇴절은 길이에 비해 매우 굵다. 복부는 타원형이다. 회황색에 검은 털이 성기게 나 있고, 개체에 따라서는 회황색 바탕에 4개의 뚜렷한 검은 무늬를 가지거나 복잡한 무늬를 가진 것도 있다.

수컷: 암컷에 비해 몸집이 작아서 몸길이는 7mm 내외이다. 배갑은 검고, 빛을 반사하여 보는 방향에 따라서는 검은 남색을 띠며, 흉부 양 가장자리에는 흰 털로 된 좁은 선두리가 선명하다. 개체에 따라서는 암컷처럼 흉부 부분이 암갈색으로 되고, 후안열에서 뒤쪽

으로 뻗은 황갈색 털로 된 세로 무늬를 가진 것도 있다. 아랫입술과 아랫턱은 검고, 끝부분만 흰색을 띤다. 위턱은 검고, 앞엄니두덩에 2개, 뒷엄니두덩니에 1개의 이빨이 있다. 흉판은 검고 타원형을 이루며 뒷끝은 둥글어서 넷째다리 기절 사이로 돌출하는 일이 없다. 다리는 황갈색이며 끝으로 갈수록 색이 약간 짙어진다. 특히 첫째다리의 척절과 부절 및 둘째다리의 부절은 거의 검다. 각 기절과 전절의 등면도 검다. 다리식은 4≒3, 1≒2이다. 복부 등편은 검다. 개체에 따라서는 복부 등면이 암회황색을 띠고, 그 후반부에 담황갈색의 'V'자 모양 무늬를 가지는 것도 있다.

분포: 한국, 중국, 몽골, 시베리아(구북구)

다섯점마른깡충거미속

Genus *Attulus* Simon, 1889

배갑은 일반적으로 높다. 눈네모꼴은 너비가 높이의 약 2배이다. 중안열은 전안열과 후안열의 중간보다 약간 뒤쪽에 위치한다. 뒷엄니두덩에 이빨이 없다. 넷째다리는 셋째다리보다 길다. 넷째다리 경절은 셋째다리 경절의 2배이다. 다리의 발톱에는 많은 이빨이 있다.

홀아비깡충거미

Attulus avocator (O. P. -Cambridge, 1885)

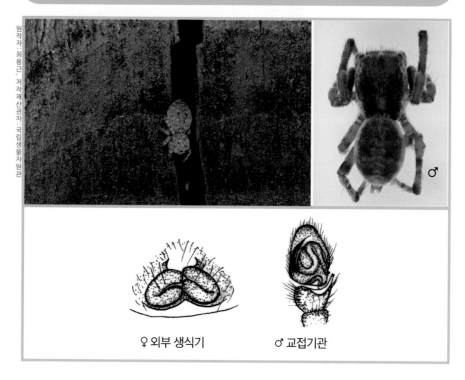

♀ 외부 생식기   ♂ 교접기관

수컷: 배갑은 적갈색이다. 황색털이 안역과 배갑의 양 측면과 가운데홈의 뒤에 분포한다. 위턱에는 앞엄니두덩니가 3개이고, 뒷엄니두덩니는 없다. 복부는 난형이고, 복부 등면은 암갈색 바탕에 짧은 황색 털이 밀생한다. 중앙에서 아랫쪽으로 반호형 무늬가 4개 있다. 뒤쪽 가장자리에 2쌍의 황색 털에 의한 반점이 있다. 복부의 복부면은 황색이며 황색 털이 밀생한다.

암컷: 배갑의 색깔, 무늬는 수컷과 같다. 위턱의 엄니두덩니는 수컷과 같다. 복부는 난형으로 등면에 짧은 황색 털이 밀생하며 엷은 갈색의 얼룩 무늬가 있다. 중앙부에 1쌍, 그 뒤쪽에 1쌍의 갈색 점이 있다.

분포: 한국, 일본, 중국, 시베리아

다섯점마른깡충거미
Attulus penicillatus (Simon, 1857)

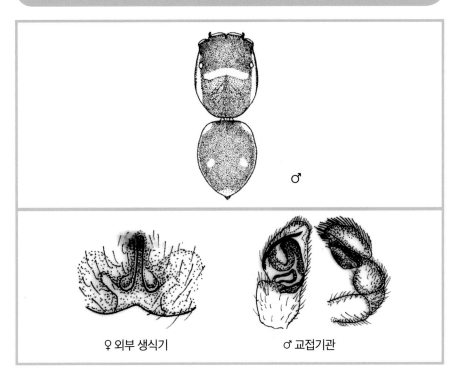

♂

♀ 외부 생식기   ♂ 교접기관

수컷의 몸길이는 2.8mm 정도이고, 암컷은 4.1mm 정도이다. 수컷의 배갑은 암갈색이며 1개의 세로띠를 가지고 있다. 위턱은 암갈색으로 4개의 앞엄니두덩니가 있다. 다리식은 4-1-2-3이다. 복부는 난형으로 검은 털들로 덮여 있고 흰 털로 이루어진 5개의 점이 있다. 암컷의 배갑은 적갈색이다.

분포: 한국, 일본, 중국

흰털갈색깡충거미
Attulus penicilloides Wesolowska, 1981

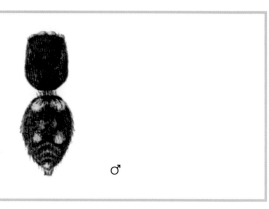

♂

두흉부는 둥글고 암갈색이며 흰 털이 밀생한다. 흉판은 밝은 갈색이고 복부는 난형으로 갈색이며 흰 털이 많이 나 있다. 암컷의 외부생식기는 타원형이고 뒤쪽은 'W' 자 모양이며 1쌍의 저정낭은 반타원형이다.

분포: 북한

흰줄무늬깡충거미
Attulus albolineatus (Kulczynsky, 1895)

♂   ♀

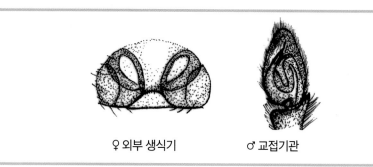

♀ 외부 생식기   ♂ 교접기관

암컷: 배갑은 세로보다 너비가 크다. 다갈색 바탕에 검은 털과 흰 털이 섞여 나 있으며 안역은 검다. 눈네모꼴은 앞변=뒷변>길이의 순이다. 이마 높이는 전중안의 반경보다 약간 좁다. 아랫입술은 세로가 너비보다 길고, 아래턱도 역시 세로가 너비보다 길다. 위턱은 앞엄니두덩에만 3개의 이빨이 있고, 뒷엄니두덩에는 이빨이 없다. 위턱은 다갈색이다. 아래턱과 아랫입술은 갈색이며 그 끝부분만 황백색을 띠고 있다. 흉판은 앞전이 잘린 듯한 타원형이고, 담갈색 바탕에 긴 흰 털이 전면에 나 있다. 다리식은 4-1-2-3이다. 다리는 황갈색 바탕에 퇴절의 끝부분과 그 이하의 각 마디에 검은 고리 무늬를 가진다.

수컷: 암컷에 비해 몸집이 작고, 색과 무늬가 상이하여 다른 종처럼 보인다. 배갑은 세로가 너비보다 길다. 검은 다갈색 배갑에 안역은 검고, 안역 뒤쪽 정중선 상에 흰 털로 된 세로 무늬가 있다. 눈네모꼴은 앞변>뒷변 길이이다. 아랫입술과 아래턱은 암황갈색에 그 끝만 황백색을 띤다. 아랫입술은 길이≒너비이고 아래턱의 1/2을 약간 넘는다. 위턱은 진한 갈색이고 세로가 너비보다 길며, 앞엄니두덩에만 3개의 이빨이 있다. 다리는 황갈색이다. 첫째다리와 넷째다리 퇴절 등면은 검은색을 띠며, 그 밖의 마디에는 희미한 고리 무늬를 가진다. 다리식은 1-4-2-3이다. 복부 등면은 검고, 그 가장자리와 복부 중앙부 뒤쪽 2/3길이 정도로 이어지는 세로줄은 흰 털로 덮여 있다.

분포: 한국, 중국, 시베리아

고리 무늬마른깡충거미
Attulus fasciger (Simon, 1880)

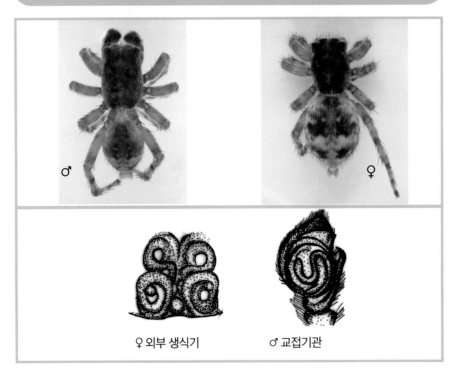

♀ 외부 생식기   ♂ 교접기관

수컷: 배갑은 암갈색으로 검은 안역을 가지고 있으며 세로가 너비보다 길다. 후측안 사이에는 흰 털이 산재하고 가운데홈 뒤에는 흰색 털로 된 무늬가 있다. 양 흉부의 측면에는 흰색 털들이 드문드문 나 있다. 이마의 높이는 전중안의 2/5 크기이다. 전안들은 흰 털로 둘러싸여 있다. 눈네모꼴은 세로보다 너비가 길고 앞변이 뒷변보다 약간 넓다. 위 턱은 갈색으로 앞엄니두덩니는 5개이고 뒷엄니두덩니는 없다. 아래턱은 암갈색인데 말단부는 흰색이며 세로보다 너비가 길다. 아랫입술은 갈색으로 흰색의 말단 두덩이 안쪽으로 있다. 흉판은 황갈색으로 검은색의 작은 입자들이 산재하는데, 아래 두덩이 긴 흰색 털로 덮여 있다. 다리는 갈색으로 각각의 슬절과 척절의 말단을 제외한 모든 다리마디의 기부와 말단에는 어두운 환형 무늬가 있다.

분포: 한국, 일본, 중국, 시베리아, 미국

금오깡충거미속
Genus *Bristowia* E. Reimoser, 1934

눈네모꼴은 뒷변이 앞변보다 크다. 안역은 배갑의 1/2에 미달한다. 중안열은 가운데보다 약간 앞으로 위치한다. 첫째다리의 길이가 제일 길다. 첫째다리 기절의 길이는 너비의 2배이며 전절의 길이와 같다. 첫째다리 경절 복부면에 길고 검은 털이 있고 가시가 3쌍 있다. 첫째다리 척절 복부면에는 긴 가시가 2쌍 있다. 나머지 다리에는 가시가 없다.

꼬마금오깡충거미
Bristowia heterospinosa Reimoser, 1934

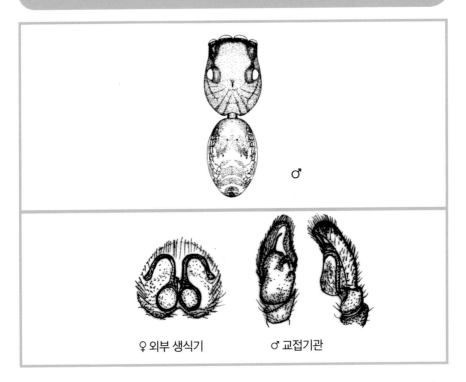

♀ 외부 생식기 ♂ 교접기관

수컷: 배갑은 적갈색이다. 두부는 비늘이 덮여 있는 모양이고, 흉부는 작은 돌기로 이루어진 몇 개의 검은색 줄이 있다. 눈네모꼴은 뒷변〉앞변〉높이이다. 위턱에는 앞엄니두덩니가 2개이고, 뒷엄니두덩니는 끝이 양분된 넓적한 것이 1개 있다. 첫째다리 경절 복부면에 길고 검은 털다발이 있다. 복부는 난형이고, 등면은 엷은 황색이며 중앙선을 따라 몇 개의 검은색 가로띠가 있다.

암컷: 눈네모꼴은 뒷변〉앞변〉높이이다. 위턱에는 앞엄니두덩니가 2개이고, 뒷엄니두덩니는 끝이 3개로 갈라진 넓적한 것이 1개 있다.

분포: 한국, 인도네시아, 베트남

털보깡충거미속
Genus *Carrhotus* Thorell, 1891

배갑에 털이 밀생한다. 배갑과 복부는 평평하지 않다. 두부 부분만 평평하고 뒤쪽으로 급경사를 이룬다. 눈네모꼴의 높이는 너비의 2/3이고, 배갑 길이의 1/2 이하이다. 셋째 다리와 넷째다리 경절 복부면에 가시가 없다. 복무는 여러가지 색깔의 털로 덮여 있다.

털보깡충거미
Carrhotus xanthohramma (Latreille, 1819)

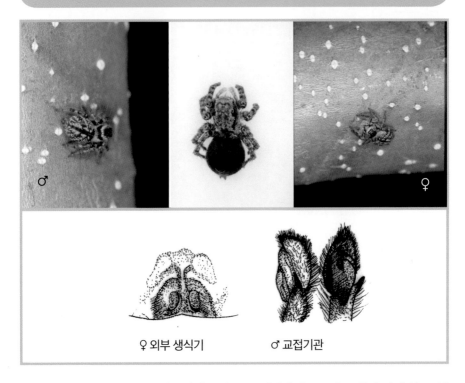

♀ 외부 생식기　　　♂ 교접기관

몸길이는 암수 모두 7~8mm 정도이다. 두흉부는 직사각형으로 앞쪽 폭이 작지 않고, 두부는 평평하나 뒤쪽은 급경사를 이룬다. 두부는 검은색으로 전면에 긴 털이 많이 나 있고, 흉부는 갈색으로 전면에 황색 털이 밀생하며 'U' 자 모양 목도리가 뚜렷하다. 8눈이 3열로 늘어서며, 안역은 직사각형이고 전안열은 후곡하며 전중안이 거대하다. 아랫입술은 세로가 너비보다 길어서 아래턱의 2분의 1을 넘는다. 흉판은 불룩하고 앞 끝이 좁아지지 않으며 검은색 바탕에 긴 털이 많이 나 있다. 수염기관은 황색이며 퇴절 복부면과 경절과 척절 안쪽에 긴 백색 털이 밀생한다. 다리는 적갈색 바탕에 검정색 고리 무늬가 있다. 복부는 긴 난형으로 불룩하며, 등면에는 다수의 황색, 갈색 등의 털이 밀생하여 등황색처럼 보이고 액침하면 검게 된다. 야외 풀숲, 관목 등에 흔하고 나뭇잎 위를 배회하며 먹이 벌레를 포식한다. 성숙기는 5~8월이다.

분포: 한국, 일본, 중국, 대만

374

번개깡충거미속
Genus *Euophrys* C. L. Koch, 1834

배갑에 털이 적고 흉부는 뒤쪽에서 가늘어진다. 눈네모꼴은 배갑 길이의 2/5로 높이는 너비의 2/3보다 크다. 중안열은 전안열과 후안열의 중간에 있다. 흉판은 앞쪽에서 가늘어지지 않고 아랫입술의 너비보다 길다. 셋째다리 경절과 슬절을 합한 길이는 넷째다리의 것보다 짧다. 첫째다리 경절 복부면에 2~3쌍의 가시가 있다. 아랫입술은 길이와 너비가 거의 같다.

검정이마번개깡충거미
Euophrys kataokai Ikeda, 1996

♀ 외부 생식기   ♂ 교접기관

수컷: 배갑은 황색이고, 안역의 앞쪽은 검은색이다. 눈네모꼴은 앞변=뒷변〉높이이다. 위턱의 앞엄니두덩니는 2개, 뒷엄니두덩니는 1개이다. 첫째다리 전절과 경절 복부면에는 주홍색, 경절 등면과 척절 등면과 복부면에는 검은색 털다발이 있다. 척절 복부면에 있는 털다발의 털이 특히 길다. 다리 전반에 긴 털이 밀생한다. 복부는 긴 난형이고, 등면은 황색 바탕인데 검은색에 의해 바탕색이 무늬색으로 나타나며 상단 1/3 지점부터 아래로 4개의 쐐기형 무늬와 3개의 작은 가로 무늬가 있다. 복부의 복부면에는 무늬가 없으며 황색을 띤다.

암컷: 배갑 및 복부의 모양과 무늬는 수컷과 같다. 눈네모꼴은 앞변=뒷변〉높이이다. 위턱의 엄니두덩니는 수컷과 같다. 수컷에서 보이는 첫째다리의 털다발이 없다.

분포: 한국, 일본, 중국, 유럽(구북구)

흰눈썹깡충거미속
Genus *Evarcha* Simon, 1902

뒷엄니두덩의 이는 1개이고, 후안열은 중안열보다 작다. 아랫입술의 너비는 넓다. 중안열은 전안열과 후안열의 중간보다 조금 앞쪽에 있고 눈네모꼴의 뒷변은 앞변보다 크지 않다. 셋째다리 슬절과 경절을 합한 길이는 넷째다리의 것과 비슷하다. 수컷 수염기관의 생식구는 뒤쪽으로 튀어나온다. 암컷의 외부생식기 개구부는 옆으로 벌어진다.

흰눈썹깡충거미
Evarcha albaria (L. Koch, 1878)

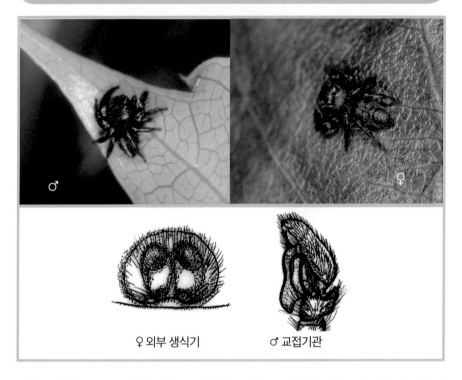

♀ 외부 생식기   ♂ 교접기관

암컷: 몸길이는 7~8mm이다. 두흉부는 폭이 넓은 편으로 전반부는 검고 두부 뒤쪽에 담갈색 목도리가 뚜렷하며, 후반부는 갈색이다. 8눈이 3열로 늘어서고, 4개의 전안들은 두부 앞쪽에 늘어서고 전중안이 헤드라이트 모양으로 거대하다. 다리는 황갈색이며 퇴절 복부면과 각 마디의 끝쪽이 검다. 복부는 긴 난형으로 볼록하고 담황색 바탕에 많은 흑회색의 가는 줄무늬가 늘어서 있어 외견상 회색 바탕에 몇 개의 가로 무늬가 있는 것처럼 보인다. 뒤쪽 무늬는 살깃 모양이 된다. 복부면은 흑회색 바탕에 2쌍의 황색 점줄이 있고 정중부는 검다.

수컷: 몸길이는 6~7mm이다. 두흉부가 검고 광택이 나며 두부 앞쪽에 흰 털이 밀생한다. 흉판은 흑갈색이고 다리도 흑갈색이나 넷째다리 경절 이하는 황갈색이다. 복부 등면에는 검은색, 황색, 흰색 3가지 색깔의 털이 밀생하여 외견상 갈색으로 보인다. 초원, 인가 부근 담벽 등에 흔한 배회성 거미로 성숙기는 5~8월이다.

분포: 한국, 일본, 중국, 미국

한국흰눈썹깡충거미
Evarcha coreana Seo, 1988

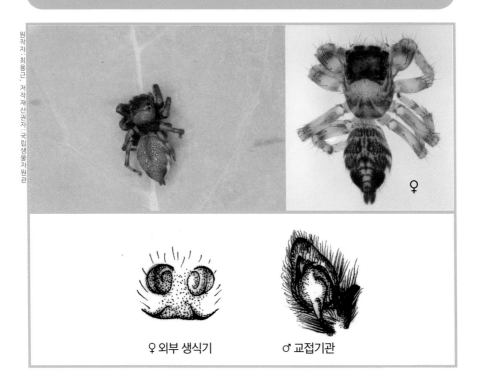

♀ 외부 생식기   ♂ 교접기관

배갑은 안역이 적갈색이고, 가운데홈 부근이 흰색이며 나머지는 암갈색이다. 안역의 양측을 따라 흰 털로 된 띠가 있다. 눈네모꼴은 앞변〉뒷변〉높이이다. 위턱의 앞엄니두덩니는 2개이고, 뒷엄니두덩니는 1개이다. 복부는 난형이고, 복부 등면은 검은색 바탕에 황색 점이 산포하며 뒤쪽으로 빈호형 무늬가 4개 있다.

분포: 한국

줄흰눈썹깡충거미
Evarcha fasciata Seo, 1992

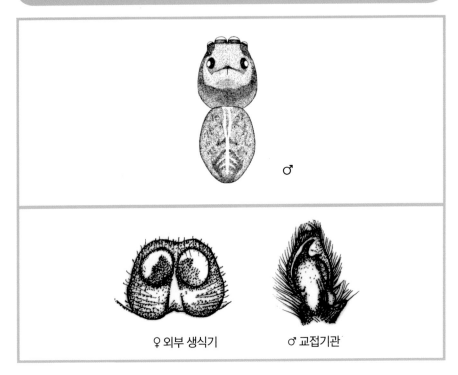

♂

♀ 외부 생식기　　♂ 교접기관

수컷의 배갑은 암갈색으로 어두운 털이 덮여 있고 중앙구역 주변에는 적갈색이다. 눈네 모꼴은 뒷변〉앞변〉높이의 순이다. 눈구역은 배갑 길이의 앞쪽 2/5를 차지하고, 중안열 은 눈네모꼴 높이의 앞에서부터 1/2 뒤에 있다. 위턱은 암갈색으로 뒷엄니두덩니 1개와 앞엄니두덩니 2개가 있다. 다리식은 3-1-4-2이다. 복부는 난형이고 등면은 갈색이며 검 은색과 황갈색의 '山'형 무늬가 있다.

분포: 한국, 일본, 중국

흰뺨깡충거미

Evarcha proszynskii Marusik et Logunov, 1998

♀ 외부 생식기　　　　　♂ 교접기관

수컷: 배갑은 너비보다 세로가 길고 눈구역은 검다. 흉부의 가장자리에는 검은 세로 무늬가 배갑의 중앙까지 연장되어 있다. 복부는 난형으로 정중부의 후반부에 빗살 무늬가 존재한다. 흰색의 털들이 복부 가장자리에 밀생하여 테두리를 이루고 있다.

암컷: 배갑은 너비보다 세로가 길고 눈구역은 검다. 두흉부의 후반부부터 중앙까지 검은 무늬는 두흉부의 약 1/4을 차지한다. 복부는 난형으로 미부의 폭이 수컷보다 넓으며 복부 등면 전체를 차지하는 빗살 무늬가 있다.

분포: 한국, 일본, 중국, 시베리아

해안깡충거미속

Genus *Hakka* Berry et Prószyński, 2001

해안깡충거미속의 거미들은 위턱에 두개의 앞두덩니를 가지며 무릎마디에 가시털이 없고 발가락마디에 측면가시털을 가지지 않는다. 두흉부에 마찰강모가 없고 넓적다리마디에 미세강모가 없다는 것, 또 종아리마디에 배면을 향한 5~6개의 강모가 나 있는 것이 해안깡충거미속이 다른 속들과 구분되는 점이다.

해안깡충거미
Hakka himeshimensis (Dönitz et Strand, 1906)

♀ 외부 생식기   ♂ 교접기관

수컷: 배갑은 적갈색이고, 안역의 가장자리에 검고 긴 털이 분포한다. 눈네모꼴은 앞변=뒷변〉높이이다. 위턱의 앞엄니두덩니는 2개이고, 뒷엄니두덩니는 1개이다. 복부는 난형이고, 복부 등면은 검은색이며 가장자리를 따라 흰색의 털이 밀생한다.

암컷: 배갑은 암갈색이고, 안역은 검은색이다. 가운데홈 뒤쪽과 배갑의 가장자리를 따라 흰 털이 산포되어 있다. 눈네모꼴은 앞변=뒷변〉높이이다. 위턱의 엄니두덩니는 수컷과 같다. 복부는 긴 난형이나 상단이 수직면을 이루고 상단 가운데가 약간 함입되어 있다. 검은색 바탕에 가장자리를 따라 흰 털이 띠를 이루며, 상단 1/3 지점부터 그 아래로 4개의 갈매기꼴의 흰 털로 된 무늬가 있다.

분포: 한국, 일본, 대마도, 중국

왕팔이깡충거미속
Genus *Harmochirus* Simon, 1885

눈네모꼴은 뒷변이 앞변보다 크지만, 까치깡충거미속(*Rhene*)보다는 차이가 적다. 눈네모꼴은 배갑의 1/2 이상을 차지한다. 중안열은 가운데보다 약간 뒤쪽으로 치우친다. 두흉부는 후안열의 위치에서 폭이 가장 넓다. 아랫입술은 너비와 길이가 거의 같다. 수컷의 첫째다리는 강하고 크며 몸길이보다 길다. 경절, 슬절, 퇴절의 복부면에 편평한 털로 된 긴 털다발이 있다.

산표깡충거미
Harmochirus brachiatus (Thorell, 1877)

몸길이는 암컷이 4~5mm 정도이다. 두흉부는 사각형으로 폭이 넓고 두부가 검으며 흉부는 암갈색으로 앞쪽과 양 가장자리에 흰색의 긴 털이 밀생한다. 8눈이 3열로 늘어서고, 안역이 두흉부의 1/2 이상을 차지하며 중안열은 안역의 중간보다 약간 뒤쪽에 있다. 위턱은 갈색이다. 아래턱은 밑부분이 갈색이고, 앞쪽은 흰색이며 아랫입술은 갈색으로 너비와 세로가 같다. 흉판은 암갈색이다. 다리는 비교적 굵고 짧막하며 첫째다리가 암갈색으로 특히 강대하다. 퇴절에서 경절까지는 몹시 굵으나 척절 이하는 가늘고, 경절 복부면에 3쌍, 척절 복부면에 2쌍의 긴 가시털이 있다. 다른 것은 모두 흐린 황색으로 검은색의 긴 털이 성기게 나 있다. 복부는 암갈색으로 뒤쪽에 황색의 긴 털이 밀생한다. 수컷에서는 두흉부가 흑갈색이며 복부 뒤쪽에 담갈색 가로 무늬가 있다. 나뭇잎 위를 돌아다니며 겨울에는 가랑잎으로 주머니 모양의 거미 그물을 만들고 그 속에서 월동한다. 연중 성숙체가 보인다.

분포: 한국, 일본(남방계), 중국, 호주

초승달깡충거미속
Genus *Hasarius* Simon, 1871

배갑, 위턱, 아래턱, 흉판은 갈색이다. 다리의 각 마디에 털이 나 있다. 수염기관은 적갈색을 띠며 너비보다 세로가 길고 초승달 모양의 흰 털이 앞부분에 나 있다.

초승달깡충거미
Hasarius adansoni (Audouin, 1826)

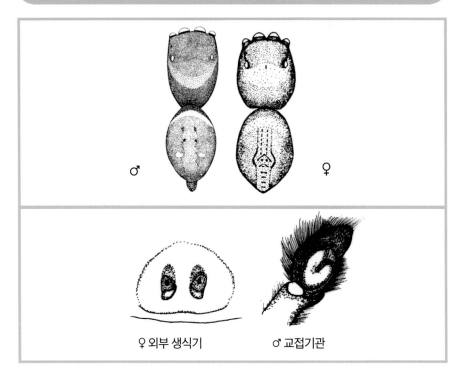

♀ 외부 생식기　　　♂ 교접기관

수컷: 배갑은 갈색 또는 적갈색이다. 위턱은 적갈색이고 앞엄니두덩에 2개, 뒷엄니두덩에 1개의 이를 가진다. 아래턱은 암갈색이다. 흉판은 갈색으로 방패형이다. 첫째 다리 퇴절에 5개, 슬절에 1개, 경절에 8개, 척절에 4개의 가시가 나 있다. 둘째다리는 퇴절에 7개, 슬절에 1개, 경절에 8개, 척절에 6개의 가시가 나 있다. 셋째다리 퇴절에는 7개, 슬절에 2개, 경절에 10개, 척절에 11개의 가시가 나 있다. 넷째다리는 퇴절에 5개, 슬절에 2개, 경절에 10개, 척절에 12개의 가시가 나 있다. 수염기관은 적갈색을 띠고 퇴절과 복부는 갈색으로 너비보다 세로가 길며 초승달 모양의 흰 털이 앞부분에 나 있다. 2개의 흰점이 나 있으며 그 뒤쪽으로 더 작은 2개의 흰 점이 있다.

분포: 한국

387

골풀무깡충거미속
Genus *Helicius* Zabka, 1981

눈네모꼴은 뒷변이 앞변보다 크다. 안역은 배갑의 1/2 정도를 차지한다. 제2측안은 가운데에서 약간 뒤에 위치한다. 수컷 퇴절의 윗면에 3개씩의 가시가 있다.

안면골풀무깡충거미
Helicius chikunii (Logunov et Marusik, 1999)

배갑은 갈색이고, 두흉부 길이의 절반을 차지하고 있는 눈구역은 검은색이다. 배갑에는 긴 흰색 털이 성기게 있다. 가슴판은 갈색이며, 아래턱과 아랫입술, 위턱은 황갈색이다. 복부는 황색을 띤 회색으로 등변에 4개의 황색 가로띠가 있고, 배 밑면에는 실젖 앞쪽으로 황색의 둥근 점이 1쌍 있다. 수염기관은 황색이나 퇴절 기부 측면에 황색의 줄무늬가 있다. 모든 다리는 담황색이며 셋째와 넷째다리의 경절에는 고리모양의 갈색 무늬가 있다. 외부생식기는 둥근 삼각형 모양으로 저정낭이 보인다. 첫째다리와 넷째다리의 퇴절 아랫면과 전측면, 첫째다리의 경절 아랫변에는 갈색의 넓은 띠가 있다. 첫째다리의 퇴절 윗면에 3개, 퇴절 위쪽 전측면에 2개, 경절의 아랫면에 2쌍, 경절 전측면에 4개, 척절의 아랫변에 2쌍의 가시털을 갖는다.

분포: 한국, 일본, 중국, 러시아

갈색골풀무깡충거미
Helicius cylindratus (Karsch, 1879)

♀ 외부 생식기　　　♂ 교접기관

암컷: 배갑은 길쭉하며 직사각형이고 암갈색에 황색과 갈색털들로 덮여있다. 두부는 어두우며 한쌍의 밝은 황갈색 줄무늬가 아랫부분에 있다. 협각은 황갈색이며 2개의 앞두덩니와 1개의 뒷두덩니가 나 있다. 가슴판은 회색빛 노란색이다. 다리는 노란색이고, 첫째다리 종아리마디부터 넓적다리마디까지 몸 안쪽으로 선이 나 있다. 각 부분에는 암갈

색의 고리 무늬가 있다. 복부는 길쭉하고 타원형이며 적갈색이고 암갈색띠가 갈매기 형 무늬로 5~6개 나 있다. 배면은 회황색이다.

수컷: 암컷과 유사하며, 더 작고 어두운 색이다.

분포: 한국, 일본, 중국, 유럽

골풀무깡충거미
Helicius yaginumai Bohdanowicz et Prószyński, 1987

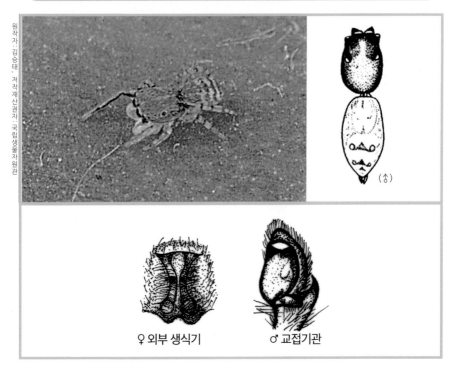

(♂)

♀ 외부 생식기   ♂ 교접기관

수컷: 배갑은 세로가 너비보다 길고, 암갈색이지만 양옆의 수직면은 약간 밝은 갈색이다. 눈네모꼴의 앞변과 양옆변은 검고, 뒷변〉앞변〉높이이다. 위턱은 갈색이고, 앞엄니두덩에 2개, 뒷엄니두덩에 1개의 이빨이 있다. 아래턱은 우중충한 갈색이다. 아랫입술도 갈색이지만 그 앞 끝부분을 제외한 부분에는 검은색이 감돌고, 세로가 너비보다 길다. 갈색의 흉판은 앞 끝이 잘린 긴 방패형이고, 둘째다리의 기절 사이가 가장 넓다. 다리는 연한 황색이고, 끝으로 갈수록 색이 약간 짙어진다. 첫째다리의 전절과 퇴절, 셋째다리

퇴절의 등면과 넷째다리의 퇴절 복부면의 무늬 및 셋째다리, 넷째다리의 슬절, 경절 및 척절의 고리 무늬는 검다. 다리식은 1-4-2-3이다.

암컷: 몸의 생김새나 색깔은 대체로 수컷과 비슷하다. 배갑은 수컷보다 약간 작지만, 복부가 크기 때문에 전체적으로는 몸집이 수컷보다 커 보인다. 다리는 황색이지만, 첫째다리와 둘째다리의 퇴절에서 척절의 기부에 이르는 앞옆면의 줄무늬와, 셋째다리 퇴절 복부면에 있는 1개의 점무늬 및 셋째다리와 넷째다리 슬절 이하 각 마디의 고리 무늬는 검다. 다리식은 4-1-2-3이다.

분포: 한국, 일본

햇님깡충거미속
Genus *Heliophanus* C. L. Koch, 1833

눈네모꼴은 뒷변이 앞변보다 크다. 안역은 배갑의 1/2에 훨씬 미달한다. 제2측안은 가운데에서 약간 뒤에 위치한다. 넷째다리가 가장 길다.

줄무늬햇님깡충거미
Heliophanus lineiventris Simon, 1868

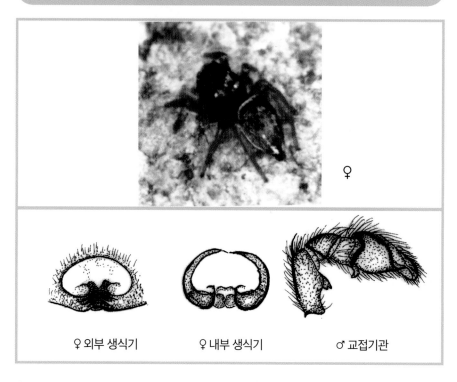

♀

♀ 외부 생식기   ♀ 내부 생식기   ♂ 교접기관

수컷: 배갑은 약간 자주빛을 띤 흑갈색이고, 세로가 너비보다 길다. 눈네모꼴은 뒷변〉앞변〉길이이다. 위턱은 배갑과 같은 색이고, 앞엄니두덩에 2개, 뒷엄니두덩에 1개의 이빨이 있나. 아래턱과 아랫입술은 갈색 바탕에 전반적으로 검은색을 띠고 있으며, 흉판은 흑갈색이다. 복부는 뒷끝이 빠진 난형이다. 복부 등편은 담흑색 바탕이고, 앞 가장자리에서 양옆가장자리 전반부에 이르는 가느다란 줄무늬와 등편 뒷 끝부분에 있는 1쌍의 무늬는 황백색으로 매우 선명하다. 등면도 검으며 그 뒷 끝부분에 1쌍의 매우 선명한 작고 둥근 황백색 무늬를 가진다. 수염기관은 부절만 검고 나머지 각 마디는 담갈색이며 퇴절 등편 끝부분에서 시작하는 정중선을 달리는 황백색의 줄무늬가 선명하다. 경절에 1쌍, 퇴절에 1개의 돌기가 있는데 후자는 매우 크고 그 끝이 둘로 나눠져 있다.

분포: 한국, 중국

393

우수리햇님깡충거미
Heliophanus ussuricus Kulcznski, 1895

♀ 외부 생식기　　　♂ 교접기관

수컷: 전신이 검은색이고 다리만 황갈색이다. 그러나 각 퇴절과 넷째다리 경절에 검은 줄무늬를 가진다. 또 아랫입술과 아래턱 끝은 황백색을 띤다. 아랫입술은 세로가 너비보다 약간 길다. 앞엄니두덩에 2개, 뒷엄니두덩에 1개의 이빨이 있다. 흉판은 뒷끝이 넷째다리 기절 사이로 돌출하지 않는다. 다리식은 4-1-3-2이고, 복부는 난형이다.

분포: 한국, 일본, 중국, 러시아, 몽골

엑스깡충거미속
Genus *Laufeia* Simon, 1889

소형으로 배갑의 뒤쪽은 가늘어진다. 눈네모꼴은 앞변이 뒷변보다 크고, 높이는 너비의 2/3보다 크다. 배갑의 두부 1/2이하에서 흉부 전반에 걸쳐 평평하고 후반부는 급경사를 이룬다. 후안열은 전측안보다 크다. 첫째다리의 경절과 슬절은 세로가 길고, 경절과 슬절을 합한 길이는 척절보다 작거나 같다. 뒷엄니두덩니는 끝이 갈라져 있다.

엑스깡충거미
Laufeia aenea Simon, 1889

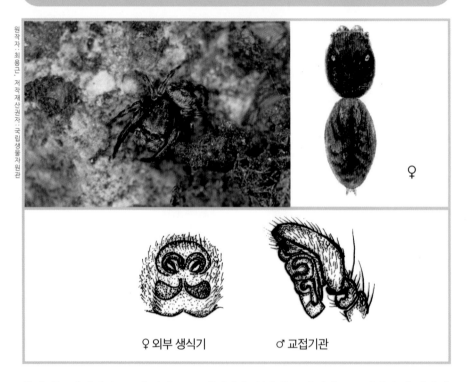

♀

♀ 외부 생식기   ♂ 교접기관

몸길이는 암컷이 4mm, 수컷이 3mm 내외이다. 두흉부는 암갈색으로 전면에 흰 털이 나 있으며, 가운데홈이 짧고 깊다. 8눈이 3열로 늘어서고, 전중안이 가장 크며 중안열은 후 안열과의 중간보다 약간 뒤쪽에 있다. 위턱은 튼튼하며 앞엄니두덩니는 2개가 근접해 있고, 뒷엄니두덩니는 끝이 갈라져 있다. 흉판은 방패형이며 담갈색 바탕에 길고 검은 털이 성기게 나 있다. 뒤끝이 둔하게 넷째다리 기절 사이로 돌입하고 있다. 다리는 황갈 색으로 경절과 척절 밑면에 2개씩의 긴 가시털이 나 있고, 끝부분에 고리 무늬가 있다. 복부는 회갈색 바탕에 황색 반점이 산재되고, 뒤쪽에 6~7쌍의 '八' 자 모양 갈색 무늬가 있다. 밑면 중앙은 흐린 황색이고 그 양옆은 회갈색이며 실젖 둘레는 검다. 암생식기는 'X' 자 모양을 이루고 있다.

분포: 한국, 일본, 중국, 시베리아

396

왕깡충거미속

Genus *Marpissa* C. L. Koch, 1846

크고 편평한 거미로 배갑은 난형이며, 복부는 평평하고 길다. 눈네모꼴은 높이보다 너비가 크다. 첫째다리는 둘째다리보다 강하고 크며, 첫째다리 경절 복부면에 3~4쌍, 척절 복부면에 2쌍의 가시가 있다. 첫째다리 슬절과 경절은 길이가 거의 같다. 위턱의 뒷엄니두덩에는 1개, 앞엄니두덩에는 2개의 이빨이 있다. 중안열은 전안열과 후안열의 중간에 있다. 아랫입술은 너비보다 세로가 길다. 흉판은 앞쪽이 가늘어지고 첫째다리 기절이 근접한다.

꼬마외줄등줄왕깡충거미
Marpissa mashibarai Baba, 2013

크기는 작으며 배갑은 길쭉하다. 대부분 검고 납작하다. 전안열은 일직선이고 후안열은 매우 후곡 되어 있다. 전중안은 다른 눈들에 비해 크고 후중안은 제일 작다. 복부는 매우 길쭉하며 대부분 밝은 갈색이고 등면 가운데에 검은 줄무늬가 나 있다.

분포: 한국, 일본, 중국, 러시아

왕깡충거미
Marpissa milleri (Peckham et Peckham, 1894)

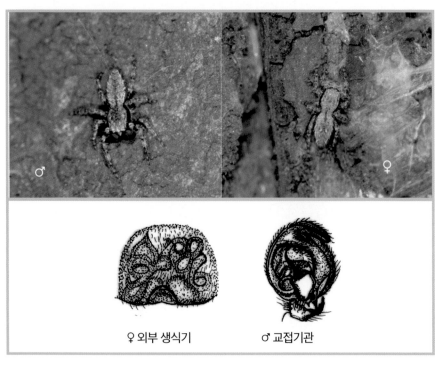

♀ 외부 생식기   ♂ 교접기관

수컷: 안역은 검은색이고 흉부의 가장자리는 흑갈색이며 나머지 부분은 적갈색이다. 흉부의 가장자리를 제외한 부분과 안역에 흰 털이 있다. 눈네모꼴은 뒷변〉앞변〉높이이다.

위턱의 앞엄니두덩니는 2개이고, 뒷엄니두덩니는 1개이다. 복부는 긴 타원형이고 복부 등면의 가장자리는 흑갈색이다. 나머지 부분은 바탕색이 황색이며 중앙부 뒤로 쐐기 모양의 무늬가 4개 있다. 복부면은 밝은 황색이다.

암컷: 일반적인 형태, 색깔, 무늬는 수컷과 비슷하다. 눈네모꼴은 앞변=뒷변>높이이며, 위턱의 엄니두덩니는 수컷과 같다.

분포: 한국, 일본, 중국, 시베리아

댕기깡충거미
Marpissa pomatia (Walckenaer, 1802)

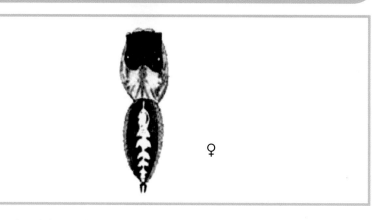

♀

암컷: 두부는 검은색에 금속광을 띠며 두부 전방에는 검은색의 긴 털과 흰색 털이 나 있다. 흉부는 등황색이고 밝은색의 방사형 무늬가 있으며, 복부는 황갈색의 세로 줄무늬가 있다. 흉판은 담황색 바탕에 검은색 무늬가 있고 다리에는 황갈색 고리 무늬가 있다.

수컷: 흉부는 검은색 바탕에 금속광을 띠며 복부는 암컷과 유사하다. 가운데의 황갈색 세로줄은 뚜렷하지 않다. 다리에는 황갈색 고리 무늬가 있다. 전체적으로 암컷과 형태와 몸색깔이 유사하나 크기가 작다.

분포: 한국, 일본, 중국, 사할린

사층깡충거미
Marpissa pulla (Karsch, 1879)

♀ 외부 생식기　　　♂ 교접기관

몸길이는 암컷이 6~7mm이고, 수컷이 5mm 정도이다. 두흉부는 흑갈색으로 다소 불룩하나 전체적으로 평평한 편이며, 두부와 흉부 앞쪽이 같은 평면상에 놓이고 뒤쪽이 경사진다. 두부 뒤쪽에 'U' 자형 담색 무늬가 있고, 흉부에는 흰색, 적색 등의 털이 많이 나 있다. 8눈이 3열로 늘어서고, 전안열은 서로 근접해 있으며 중안열이 후안열과의 중간에 있다. 아랫입술은 길고 끝이 잘린 형태이다. 흉판은 검은색으로 중앙에 짙은색 세로 무늬가 있다. 다리는 흑갈색으로 첫째다리가 특히 강대하다. 첫째다리 경절 복부면에 4쌍, 둘째다리 경절 복부면에 3쌍의 가시털이 나 있다. 복부는 긴 타원형으로 둘레는 검으나 등면이 회색 바탕에 1쌍의 검은 세로 무늬가 있다. 풀밭 사이를 돌아다니며 낙엽이 쌓인 곳에서도 볼 수 있다. 성숙기는 6~7월이다.

분포: 한국, 일본, 중국, 대만

마루식깡충거미속
Genus *Marusyllus* (Simon, 1868)

수컷의 수염기관에는 길다란 배엽과 매우 큰 경절 돌기가 있고 지시기는 뾰족하고 크며 그에 비해 상대적으로 작은 지시기를 갖는다. 암컷의 외부생식기는 약하게 경질화되어 있는 반면에 교접관은 복잡하게 꼬여 있다.

마루식깡충거미
Marusyllus coreanus (Prószyński, 1968)

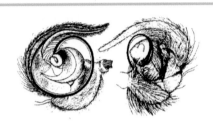

♂ 교접기관

첫째다리 경절 복부면에 5쌍, 척절 복부면에 2쌍, 둘째다리 경절 복부면에 3쌍, 척절 복부면에 2쌍의 가시가 있다. 복부는 긴 타원형이며 복부 등면 상단에 가로로 홈이 있고 그 아랫부분이 약간 융기되어 있다.

분포: 북한

살깃깡충거미속

Genus *Mendoza* Peckham et Peckham, 1894

크기는 중간 이상이나 크진 않다. 두흉부는 적당히 융기되었고 길이의 대부분이 평평하다. 측면은 약간 굴곡졌다. 뒷쪽이 가장 넓다. 전안열은 일직선이며 중안들은 거의 맞닿아 있다. 측안들은 살짝 떨어져 있다. 후안열은 강하게 후곡 되어 있다. 입술들은 길쭉하다.

수검은깡충거미
Mendoza canestrinii (Ninni, 1868)

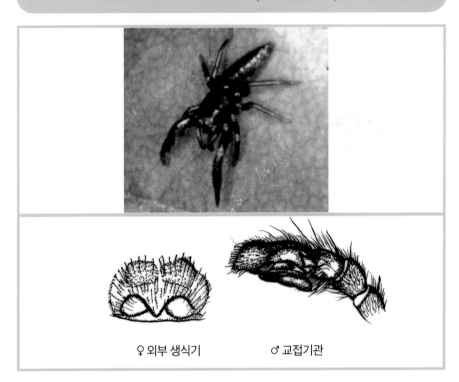

♀ 외부 생식기   ♂ 교접기관

몸길이는 암컷이 9~11mm, 수컷이 8~9mm이다. 두흉부는 길이가 길고 암컷의 두부는 검은색 바탕에 흰 털이 나 있다. 흉부는 중앙부가 갈색이고, 옆쪽은 황색에 흰 털이 나 있으며 뒤쪽에는 검은 털의 가는 줄무늬가 있다. 중안열이 전안열과 후안열의 중간에 있다. 위턱은 암갈색이고, 아래턱과 아랫입술은 황색이다. 흉판은 황색이다. 다리는 황색으로 끝쪽이 암회색이다. 첫째다리가 특히 굵고 크며 등면에 2개의 가시털이 나 있다. 경절 복부면에는 4쌍의 가시털이 나 있다. 복부는 원통형으로 길며 황색 바탕에 2줄의 흑갈색 세로 무늬가 있고, 복부면은 황백색이며 실젖 앞쪽에 작고 검은 점무늬가 있다. 수컷은 전반적으로 검고 광택이 나며 별종 같은 느낌을 준다. 풀, 숲, 논 등에 많고 벼과 식물의 좁은 잎새 위를 서식처로 하며 먹이잡기, 교미, 산란 등이 모두 잎새 위에서 이루어진다. 성숙기는 6~8월이다.

분포: 한국, 일본, 중국

404

살깃깡충거미
Mendoza elongata (Karsch, 1879)

♀ 외부 생식기   ♂ 교접기관

몸길이는 암컷이 8~11mm이고, 수컷이 7~9mm이다. 두흉부는 난형으로 세로가 너비보다 길다. 두부는 흑갈색이고, 흉부는 갈색으로 가장자리가 검다. 8눈이 3열로 늘어서고, 전안열은 곧으며 중안열이 안역 중간에 있다. 위턱은 갈색이고, 아래턱과 아랫입술은 엷은 황갈색으로 앞쪽이 흰색이다. 흉판은 흑갈색이다. 다리는 첫째다리가 가장 크고 흑갈색이며 나머지는 황갈색으로 끝쪽은 검다. 복부는 흑갈색으로 앞쪽에 흰 털이 밀생하고 뒤쪽에는 3쌍의 백색 살깃 무늬가 있다. 복부면은 검정색으로 2줄의 가는 황색 세로 무늬가 있다. 초원이나 논 등에 살며 벼과식물의 좁은 잎 위에서 산다. 성숙기는 6~8월이다.

분포: 한국, 일본, 중국, 대만

어리수검은깡충거미
Mendoza pulchra Prószyński, 1981

♂   ♀

♀ 외부 생식기   ♂ 교접기관

수컷: 배갑은 적갈색이며 안역 양측과 후측안 뒤에 흰 털로 된 무늬가 있다. 안역 양 가장
자리와 전안열에는 갈색의 긴 털이 있다. 눈네모꼴은 뒷변〉앞변〉높이이다. 위턱의 앞엄
니두덩니는 2개, 뒷엄니두덩니는 1개이다.

암컷: 배갑은 짙은 갈색이며 안역 양측에 갈색의 긴 털로 된 털 묶음이 2쌍 있다. 전면에
흰 털이 산포한다. 눈네모꼴은 뒷변〉앞변〉높이이다. 위턱의 엄니두덩니는 수컷과 같다.
복부는 긴 타원형이며 복부 등면은 엷은 갈색 바탕에 정중선 양쪽으로 짙은 암갈색의 털
로 된 조각 무늬가 4쌍 있다. 복부의 측면은 황색이고, 복부면에는 위 바깥홈 아래로 3개
의 갈색 세로띠가 실젖까지 발달해 있다.

분포: 한국, 일본

귀족깡충거미
Mendoza nobilis (Grube, 1861)

수컷: 몸 전체는 어두운 갈색이며, 안역은 검은색이다. 배갑과 복부는 하얀 털이 뭉친 무늬가 있다. 복부의 배면에는 두개의 옅은 세로줄이 있다. 첫째다리는 어두운 갈색에 노란색 발끝마디를 가지며, 나머지 다리들은 갈색에 노란 줄무늬가 있는 종아리다리마디와 노란색 마디들로 이루어져 있다. 수컷의 수염기관은 어리수검은깡충거미와 유사하다.

암컷: 배갑은 갈색에 주황색 무늬가 있으며, 안역은 검은색이다. 가슴판은 황갈색이다. 윗입술과 협각은 갈색이고 아랫입술은 노란색이다. 복부는 황색에 2개의 넓고 어두운 세로줄과 3개의 얇은 갈색 가로줄을 가진다. 다리는 노란색이며 첫째다리의 무릎마디, 종아리마디, 발바닥마디만 갈색이다. 외부생식기는 뒷쪽에서 조금 낮아진다. 늪지대의 목초지에서 서식한다.

분포: 한국, 일본, 중국, 유럽

수염깡충거미속
Genus *Menemerus* Simon, 1868

이마에는 털이 밀집한다. 안역은 앞변이 뒷변보다 크거나 같다. 중안열은 전안열과 후안열의 중간에 있다. 첫째다리 경절 복부면에 3쌍의 가시가 있고, 둘째다리 경절 복부면에 가시가 없거나 1개 내지 2쌍의 작은 가시가 있다.

흰수염깡충거미
Menemerus fulvus (L. Koch, 1878)

♀ 외부 생식기   ♂ 교접기관

몸길이는 암컷이 8~10mm이고, 수컷이 7~9mm이다. 두흉부는 평평한 사각형으로 흑갈색 바탕에 검은색, 흰색, 갈색 등의 털이 뒤섞여 나기 때문에 전체적으로 회색처럼 보이며, 양 가장자리가 흰색의 선으로 둘러져 있다. 위턱은 검고 앞엄니두덩니는 2개, 뒷엄니두덩니는 1개이다. 아래턱과 아랫입술은 암갈색이다. 흉판은 흐린 갈색 바탕에 긴 회색털이 나 있고 뒤끝이 넷째다리 기절 사이로 돌입하지 않는다. 다리는 갈색 바탕에 흑갈색 무늬가 있고, 다리식은 4-3-2-1의 차례로 뒷다리가 가장 길다. 복부는 뒤쪽이 넓은 방패형이며, 검은색, 흰색, 갈색의 털이 뒤쪽에 희미한 살깃 무늬를 보인다. 밑면은 황백색이다. 인가 부근 담벼락 등에서 흔히 볼 수 있고 파리 등을 잘 잡아먹으므로 파리잡이거미라고도 한다. 성숙기는 7~9월이다.

분포: 한국, 일본, 중국, 대만

개미거미속
Genus *Myrmarachne* Macleay, 1839

몸이 가늘고 길며 외관상 개미 모양을 하고 있다. 두부와 흉부 사이는 조금 들어가 있다. 눈네모꼴은 거의 정사각형이다. 위턱의 뒷엄니두덩에 이빨이 많다. 수컷의 위턱은 매우 발달해서 길고, 앞쪽으로 튀어나와 있다. 흉판은 좁고 길며, 다리의 기절은 길게 파여 있다. 배자루는 위에서 뚜렷하게 보인다. 암컷의 촉지 부절은 편평하여 노처럼 생겼기 때문에 수컷으로 오인되는 경우가 있다.

산개미거미
Myrmarachne formicaria (De Geer, 1778)

♀ 외부 생식기   ♂ 교접기관

몸길이는 암컷이 5~6mm이고, 수컷이 5~6.5mm 정도이다. 두흉부는 흑갈색으로 두부 쪽이 빛깔이 짙고 빛나며 흉부는 적갈색을 띤다. 두부가 불룩하지만 둥글지 않고 몸혹이 그리 깊지 않다. 안역은 폭이 약간 큰 직사각형이며 중안열은 두부의 중간보다 약간 앞 쪽에 있다. 위턱은 흑갈색이며 암컷에서는 약하나 수컷은 길게 뻗어 두흉부와 같은 길 이이다. 흉판은 좁고 둘째다리와 셋째다리의 기절 사이가 떨어져 있으며, 황갈색 바탕에 백색 또는 갈색의 털이 나 있다. 다리는 황갈색으로 첫째다리 옆면에 흑갈색 줄무늬가 있다. 암컷의 촉지는 적갈색이며 끝쪽이 넓적하다. 복부는 긴 난형으로 앞쪽이 옅고 뒤 쪽이 짙은 흑갈색으로 중앙부에 담갈색 띠무늬가 있으나, 개체 변이가 있다. 들판, 나무 나 풀잎 위를 돌아다니는 모습이 개미와 흡사하며, 잎을 말고 그 속에 숨어 있기도 한다. 성숙기는 5~8월이다.

분포: 한국, 일본, 중국, 시베리아, 사할린

411

각시개미거미

Myrmarachne innermichelis Bösenberg et Strand, 1906

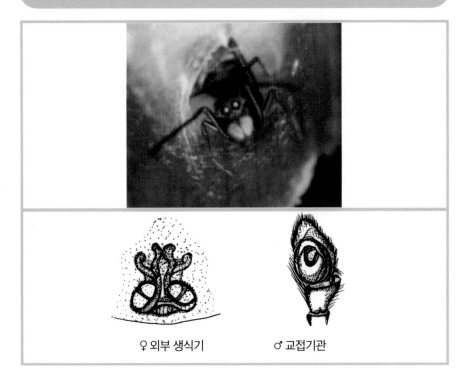

♀ 외부 생식기　　　　♂ 교접기관

수컷: 몸은 암갈색이고, 두부와 흉부는 구분되는데 흉부가 현저히 낮다. 위턱의 길이는 배갑의 길이와 같다. 앞엄니두덩니는 2개이고, 뒷엄니두덩니는 8개이다. 복부는 긴 타원형이며 복부 등면의 상단이 가로로 잘록하다.

암컷: 배갑은 암갈색이다. 두부와 흉부가 구분되나 높이가 거의 같다. 두부와 흉부 사이에 흰 삼각형 무늬가 있다. 위턱은 앞엄니두덩니가 간격을 두고 5개, 뒷엄니두덩니가 연이어 9개가 있다. 복부는 긴 타원형이며 엷은 갈색 내지 암갈색이다. 개체에 따라서는 복부 등면의 상단이 가로로 약하게 볼록한 부분을 갖는다.

분포: 한국, 일본, 대마도, 중국, 대만

불개미거미

Myrmarachne japonica (Karsch, 1879)

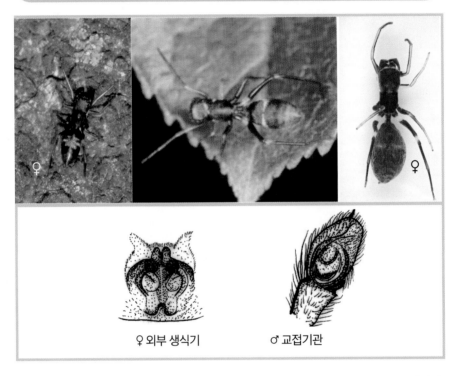

♀ 외부 생식기   ♂ 교접기관

몸길이는 암컷이 7~8mm이고, 수컷이 5~6mm이다. 두흉부는 세로가 너비의 2배이며, 두부가 흉부보다 높고 폭이 넓으며 흑갈색이다. 8눈이 3열로 나열되고, 눈자리는 정사각형이며 중안열은 진안열과 후안열의 중간보나 앞쪽에 있다. 위턱은 갈색이고 굵으며, 특히 수컷이 거대하다. 앞엄니두덩니는 9~12개이고, 뒷엄니두덩니는 7~8개이다. 흉판은 길고 좁으며 갈색이고, 뒤끝이 넷째다리 기절 사이에 돌입한다. 다리는 엷은 황갈색으로 첫째다리 옆면에 흑갈색 줄무늬가 있고, 암컷의 촉지 끝절이 넓적하다. 복부는 긴 원통형으로 등면은 암황갈색이고, 중앙 부근에 엷은 색의 가로띠가 있으며 다소 잘록하다. 색채변이는 적갈색으로부터 검정색까지 있는데 검은 개체가 더 많다. 복부의 복부면은 앞쪽이 회갈색, 뒤쪽이 흑갈색이다. 활엽수의 잎 위를 배회하는 모양이 개미와 구별이 안 될 정도로 흡사하다. 성숙기는 6~8월이다.

분포: 한국, 일본, 대마도, 중국, 대만, 시베리아

엄니개미거미

Myrmarachne kuwagata Yaginuma, 1967

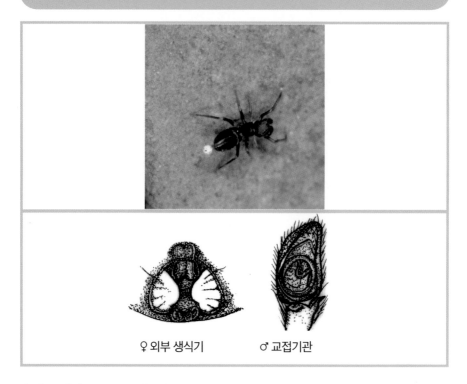

♀ 외부 생식기   ♂ 교접기관

수컷: 몸길이는 7.3mm 정도이다. 몸색깔은 전반적으로 암갈색이고, 두부와 흉부가 구분되며 특히 흉부가 현저하게 낮다. 눈네모꼴은 뒷변〉앞변〉높이이다. 다리식은 4-1-3-2이며, 첫째다리 경절 복부면에 5쌍, 척절 복부면에 2쌍, 둘째다리 경절 복부면에 3쌍, 척절 복부면에 2쌍의 가시가 있다. 복부는 긴 타원형이며 복부 등면 상단에 가로로 홈이 있고, 그 아래 부분이 약간 융기되어 있다.

분포: 한국, 일본

온보개미거미
Myrmarachne lugubris (Kulcznski, 1895)

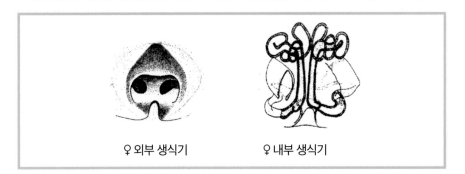

♀ 외부 생식기   ♀ 내부 생식기

두흉부는 안역의 2부분이 잘록하고, 암갈색이며 눈 주변은 검은색이다. 복부는 길고 암
갈색이다. 생식기의 특징으로 이 속의 다른 거미들과 구별할 수 있다.

분포: 북한, 중국, 시베리아

금골풀무깡충거미속
Genus *Nandicius* Prószyński, 2016

금골풀무깡충거미속은 어리번개깡충거미속 등의 다른 속들과 눈밑돌기에 마찰 강모가 없는 것으로 구분된다. 수컷의 생식기관은 핀텔깡충거미속의 거미들과 유사하나 정포의 전측면 모양으로 구분된다.

암컷의 생식기는 눈에 띠게 체내로 타원형으로 들어가 있으며 생식기 테두리측에 앞쪽으로 약간 휘어져 있는 한 쌍의 반투명한 주머니가 있다. 교접구는 생식기 가운데 안쪽에 위치해 있다.

금골풀무깡충거미
Nandicius kimjoopili (Kim, 1995)

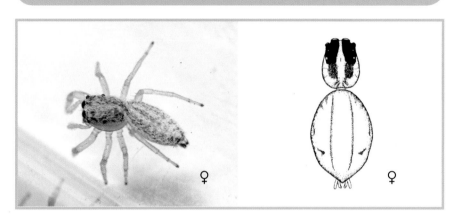

암컷의 배갑은 갈색이고 너비보다 세로가 길다. 가운데홈은 바늘형이고 뚜렷하지 않다. 두부는 양 측면이 어둡다. 눈배열은 전중안〉전측안〉후측안〉후중안이고, 전안은 서로 접해 있다. 위턱은 황갈색이고 뒷엄니두덩니는 2개, 앞엄니두덩니는 1개가 있다. 아래턱은 황갈색이고 너비보다 세로가 길다. 첫째다리가 가장 튼튼하고 경절에 5개, 부절에 4개의 강모가 나 있다. 복부는 갈색이고 너비보다 세로가 긴 난형이다. 복부 등면은 노란색이고 양 측면에 2개의 줄무늬가 있다.

분포: 한국

운길골풀무깡충거미
Nandicius woongilensis Kim et Lee, 2016

배갑은 암회색으로 두부로 조금 침범해 있다. 가슴홈에 황색줄이 나 있다. 두부는 앞쪽으로 솟아있으며 등변사다리꼴 모양이다. 가슴판은 갈색이다. 눈은 모두 검은색이며 전안열은 일직선이고 후안열은 전곡되었다. 협각은 밝은 갈색으로 몸 안쪽으로 굽었다. 윗입술은 길쭉하고 아랫입술은 넓적하며 가슴판은 길쭉하다. 복부는 검은색이며 등면에 방사형 노란 무늬가 있다. 다리는 검으며 노란 줄무늬가 있다.

분포: 한국

네온깡충거미속
Genus *Neon* Simon, 1876

소형으로 배갑은 세로가 너비보다 길고 뒤쪽은 둥글다. 눈은 크고 튀어나와 있다. 후측안과 전측안은 거의 크기가 같다. 눈네모꼴은 높이가 너비의 3/4이고 앞변과 뒷변이 같다. 가운데홈은 점 모양이다. 이마는 좁고 전중안의 반경보다 작다. 뒷엄니두덩에 가늘고 작은 이빨이 1개 있다. 복부는 난형이다. 다리식은 4-1-2-3이다. 넷째다리는 셋째다리보다 크고 첫째다리 복부면에 3쌍, 척절 복부면에 2쌍의 가시가 있다. 암컷의 외부생식기는 좌우 원형을 나타내고 중앙에 격벽이 있다. 수컷의 수염기관은 몸에 비해 크고 경절은 뒷옆쪽에 잘 발달된 돌기를 가진다.

꼬마네온깡충거미
Neon ningyo Ikeda, 1995

수컷: 배갑은 옅은 황갈색으로 사각형이며 흉부쪽 영역은 검다. 목홈은 명확하지 않으며 방사홈은 암갈색이고 세로가슴홈은 적갈색에 짧은 바늘형이다. 눈주변은 검은색이며 흰 털들로 둘러싸여 있다. 협각은 암갈색으로 작고 약하며 두덩니가 없다. 윗입술과 아랫입술은 옅은 황갈색이다. 가슴판은 황백색으로 뒤집힌 배모양이다. 다리는 황백색으로 짧고 튼튼하며 잘 발달해 있다. 다리식은 4-1-3-2이다. 복부는 계란형으로 황갈색이며 길쭉하다. 등면에는 1쌍의 암갈색 줄무늬가 측면으로 나 있다. 몇몇 암갈색 불명확한 가로줄무늬가 뒤측에 있으며 배면은 황백색이다. 수컷의 더듬이다리에는 뾰족한 끝을 가진 세모난 후측면 종아리마디돌기가 나 있다. 삽입기는 넓게 굽어있으며 끝 쪽에서 꼬여있다. 지시기는 어두운 황갈색이다.

분포: 한국, 일본

부리네온깡충거미
Neon minutus Zabka, 1985

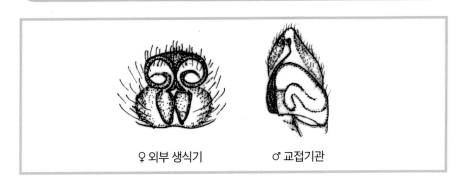

♀ 외부 생식기　　　♂ 교접기관

네온깡충거미와 유형이 유사하지만 생식기의 형태로 구별할 수 있다.

분포: 한국

네온깡충거미
Neon reticulatus (Blackwall, 1853)

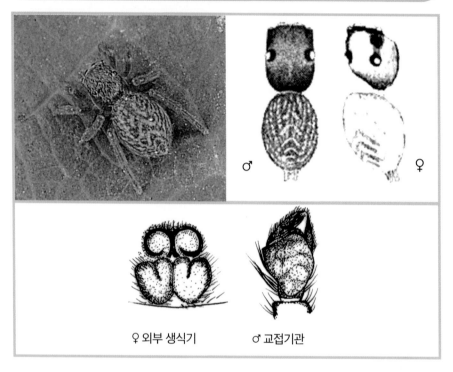

♀ 외부 생식기   ♂ 교접기관

암컷: 몸길이는 2.0~3.0mm이다. 배갑은 너비보다 세로가 길며, 사각형으로 회황색이고 눈구역과 가장자리는 검다. 위턱은 짙은 회황색으로 2개의 앞엄니두덩니와 1개의 뒷엄니두덩니가 있다. 가슴판은 황갈색으로 난형이고 가장자리가 거무스름하다. 다리는 황갈색으로 검은색 고리 무늬가 있고 제1다리 종아리마디 밑면에 3쌍, 발바닥마디 밑면에 2쌍의 가시털이 나 있다. 배는 너비보다 세로가 긴 난형으로 회황색 바탕에 암갈색의 그물 무늬와 갈매기 무늬가 있으며 중앙은 다소 밝다. 아랫면은 암갈색으로 2쌍의 점으로 이루어진 줄무늬가 늘어서 있다. 눈네모꼴은 앞변=뒷변>높이이다. 위턱의 엄니두덩니는 수컷과 같다. 다리식은 4-1-3-2이다.

수컷: 몸길이는 2.0~2.5mm이다. 암컷과 유사하나 몸집이 작고 체색이 짙다.

산지 낙엽층이나 돌 밑 또는 지표면에서 발견된다.

분포: 한국, 일본, 유럽

고려깡충거미속
Genus *Nepalicius* Wesolowska, 1981

수컷의 경우 생식기 팽대부가 둥글고 전체, 혹은 일부가 삽입기로 싸인 것, 종아리마디 돌기의 등쪽 가지가 반원형 돌기로 줄어든다는 것으로 다른 속과 구분된다. 암컷의 경우 생식기에 한 쌍의 주름이 있고 뒤쪽에 교접구가 있으며, 주머니는 관측되지 않는다. 내부생식기의 관들과 수정낭은 몸의 중심축을 가로지르지 않고 평행한 배치를 나타내어 다른 속들과 구분된다. 교접구는 작으며 생식기 뒤쪽 테두리에 위치해 있으며 관은 생식기 전체 길이만큼 앞을 향해 S자 모양으로 굽어져 있다.

고려깡충거미

Nepalicius koreanus Wesolowska, 1981

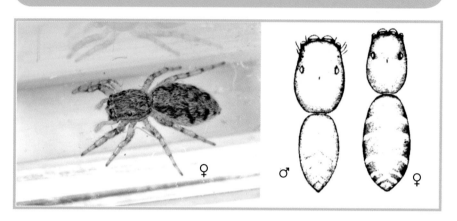

수컷: 복부는 긴 난형으로 후중안 뒤에서 폭이 가장 넓어진다. 가운데홈은 짧고 세로로 선다. 복부는 미부의 폭이 좁아지는 긴 난형으로 후반부에 빗살 무늬가 존재한다.

암컷: 배갑의 외형은 수컷과 유사하나 복부의 크기가 상대적으로 크고 미부의 폭이 넓으며 복부 등면의 전체에 세로띠 무늬가 여러 개 존재한다.

분포: 한국, 일본

갈구리깡충거미
Tasa nipponica Bohdanowicz et Prószyński, 1987

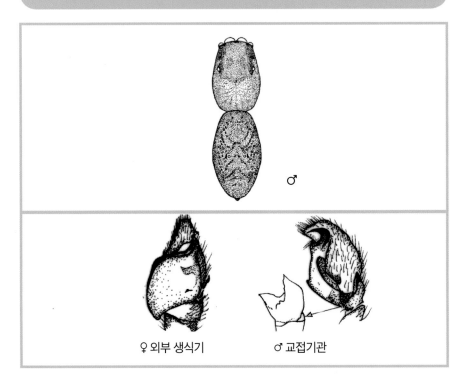

♀ 외부 생식기   ♂ 교접기관

몸길이는 3.1mm 정도이다. 배갑은 적갈색이고, 가장자리에는 흰 털들이 드문드문 덮여 있다. 눈네모꼴은 뒷변〉앞변〉높이이다. 안역은 배갑 길이의 2/5를 차지한다. 중안열은 정면에서 보았을 때 후곡한다. 위턱은 배갑과 같은 색깔이고 1개의 뒷엄니두덩니와 2개의 앞엄니두덩니가 있다. 다리식은 4-1-3-2이다. 복부는 타원형이고 등면은 어두운 황색으로 황색 점무늬와 빗살 무늬가 있다.

분포: 한국, 일본, 중국

여우깡충거미속
Genus *Orienticius* (Simon, 1885)

어리번개깡충거미속과 비교해서 눈밑돌기에 마찰강모가 없는 점과 첫번째 다리가 발달되지 않았다는 점, 등면의 특정무늬가 있다는 것으로 구분된다. 수컷의 경우 생식기 삽입기의 구조가 다른 속들과 구분되며 암컷의 생식기는 가로 타원형 모양이고 중간 크기의 주름이 있으며 좁은 사이막으로 나뉘어진다.

여우깡충거미
Orienticius vulpes (Grube, 1861)

수컷: 배갑은 적갈색이고, 안역 가장자리와 배갑의 가장자리를 따라 흰 털이 듬성듬성 나 있다. 눈네모꼴은 앞변=뒷변>높이이다. 위턱은 앞엄니두덩니가 2개 있고, 뒷엄니두 덩니는 1개이다. 복부는 긴 난형이고 상단은 수직을 이룬다. 엷은 암갈색이며 가장자리 를 따라 흰 털이 듬성듬성 나 있고, 중앙 아랫쪽으로 흰 털로 된 뒤집힌 갈매기형 무늬가 2개 있다.

암컷: 배갑은 갈색이고, 안역은 암갈색이다. 흰 털의 분포는 수컷과 비슷하나 수컷보다 는 암컷에 좀 더 많이 분포한다. 눈네모꼴은 뒷변>앞변>높이이다. 위턱의 엄니두덩니는 수컷과 같고, 복부의 모양도 같다. 흰 털의 분포는 수컷과 비슷하나 좀 더 밀생하며 3개 의 뒤집힌 갈매기형 무늬가 있고, 상단 1/3 지점에 가로띠가 있다.

분포: 한국, 일본, 중국, 시베리아

큰흰눈썹깡충거미속
Genus *Pancorius* Simon, 1902

전세계적으로 큰흰눈썹거미속에 속하는 거미는 34종이며, 우리나라에는 1종만이 발견되었다. 34종 중 11종만이 암, 수 모두 발견되었으며 10종이 암컷만, 나머지 13종은 수컷만이 발견되었다. 주로 중국을 포함한 아시아대륙의 따듯한 지역에 서식하고 1종만이 폴란드에서 보고되었다. 바람을 타고 날아갔을 것으로 추측된다.

큰흰눈썹깡충거미
Pancorius crassipes (Karsch, 1881)

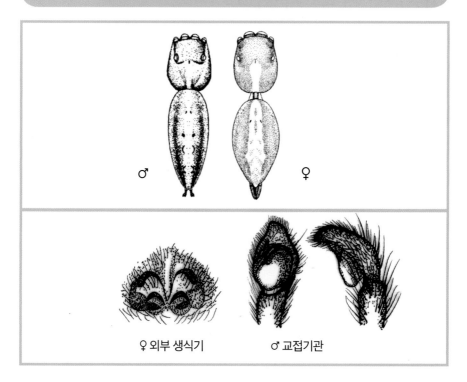

♀ 외부 생식기   ♂ 교접기관

암컷: 배갑은 적갈색이며, 가운데홈 뒤로 황색의 세로띠가 있다. 검고 긴 털이 안역과 그 가장자리를 따라 산포한다. 배갑의 가장자리에도 길고 흰 털이 있다. 눈네모꼴은 뒷변〉앞변〉높이이다. 위턱의 앞엄니두덩니는 2개이고, 뒷엄니두덩니는 1개이다. 복부는 긴 난형이고 황갈색의 털로 덮여 있으며 중앙에 황색의 넓은 띠가 세로로 발달해 있다.

분포: 한국, 일본, 중국, 베트남

피라에깡충거미속
Genus *Philaeus* Thorell, 1869

눈네모꼴은 뒷변이 앞변보다 크다. 안역은 배갑의 1/2에 훨씬 미달한다. 배갑은 갈색이다. 흉판과 다리는 황갈색이다. 앞엄니두덩과 뒷엄니두덩에는 이빨이 나 있다. 눈네모꼴은 검다. 복부 등면에 세로줄 무늬가 있다.

대륙깡충거미
Philaeus chrysops (Poda, 1761)

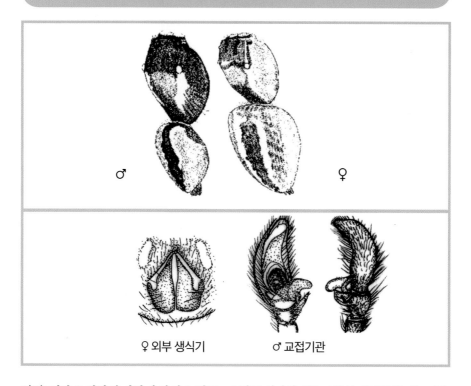

♀ 외부 생식기   ♂ 교접기관

암컷: 배갑은 황갈색 바탕에 안역은 검고, 그 뒤로 잇따라 있는 1쌍의 세로줄무늬는 검은 갈색이다. 흉부 가장자리는 가느다란 검은 선두리를 가진다. 배갑 전면에 검은 털이 성기게 나 있고, 흉부에 있는 1쌍의 흑갈색 줄무늬 사이의 황갈색 부분에는 짧은 흰 털이 나 있나. 아랫입술과 아래턱은 담황갈색이고 끝부분만 황백색이다. 아랫입술은 너비가 세로보다 길다. 위턱은 암갈색이고, 2개의 앞엄니두덩니와 1개의 뒷엄니두덩니가 있다. 흉판은 밝은 갈황색이고, 앞끝이 잘린 듯한 긴 타원형을 이룬다. 다리는 황갈색이고, 끝으로 갈수록 갈색이 짙어지며 무늬가 없다. 다리식은 4-3-1-2이다. 복부 등면은 황갈색 바탕에 1쌍의 폭이 넓은 검은색 세로 줄무늬를 가지고 있다. 이 줄무늬 사이에 황갈색 바탕의 정중선상을 세로로 달리는 한 가닥의 불연속적인 가느다란 줄무늬가 있는데 이것은 복부 뒤끝에서 큰 점무늬로 끝난다.

수컷: 배갑은 암갈색이고 눈네모꼴은 검다. 흉부 양 가장자리에는 흰 털로 덮인 폭 넓은 띠가 세로로 있으며, 그 밖의 부분은 검고 짧은 누운 털로 덮여 있다. 안역에는 긴 검은

털이 성기게 나 있다. 양 전중안 사이의 아랫쪽에는 희고 긴 털이 빽빽히 나 있고, 이 털의 양 바깥쪽에는 검고 긴 털이 나 있다. 아랫입술과 아래턱은 거무스레한 황갈색이며 그 끝부분만 황백색이다. 흉판은 거무스레한 황갈색이고, 앞끝이 잘린 듯한 타원형을 이루며 뒷끝이 넷째다리 기절 사이로 돌출하지 않는다. 다리는 검은색이 감도는 황갈색이지만, 끝에서 기부로 갈수록 검은색이 강해지고, 무늬가 없다. 다리식은 1-4-2-3이다. 복부 등면 양쪽을 세로로 달리는 폭넓은 흰 줄이 흉부 양쪽을 달리는 흰 줄과 연결되어 있다. 등면의 나머지 부분은 일반적으로 검지만, 개체에 따라서는 암컷에서 보는 것과 비슷한 세로 줄무늬를 나타낸다.

분포: 한국, 일본, 중국, 시베리아

핀텔깡충거미속
Genus *Phintella* Strand, 1906

일반적으로 색은 엷고 복부에 불명료한 선상의 무늬를 가진 것이 많다. 수컷의 수염기관
은 단순하고 1개의 경절 돌기가 있다. 암컷의 외부생식기에는 뒤쪽으로 공 모양의 저정
낭이 1쌍 있고, 1쌍의 개구부가 있다.

갈색눈깡충거미
Phintella abnormis (Bösenberg et Strand, 1906)

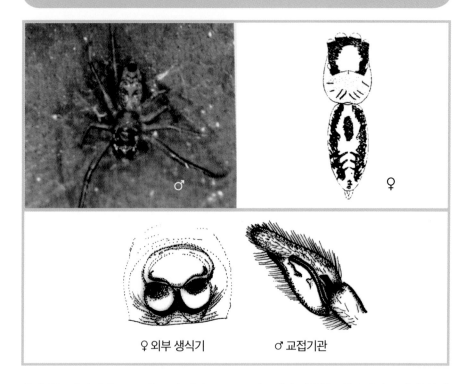

♂

♀

♀ 외부 생식기   ♂ 교접기관

몸길이는 암컷이 6~7mm이고, 수컷이 5~7mm 정도이다. 두부는 황갈색이고 안역 둘레
는 검은색이다. 흉부는 담갈색이며 흑갈색의 가는 줄무늬가 옆으로 뻗는다. 위턱은 담갈
색이고 아래턱은 황색이다. 흉판은 황색이며 둘레에 암갈색 무늬가 있다. 다리는 황갈색
으로 퇴절 이외에는 등쪽과 옆쪽이 검다. 복부의 복부면은 황색이며 점철되는 흑회색의
3줄 무늬가 있고, 측면에도 점무늬가 있으며 실젖 주위는 검은색이다. 수컷은 몸이 가늘
고 다리가 길어 다른 종 같은 느낌을 준다. 배회성 거미로 침엽수, 활엽수 같은 나무 위
에서 많이 보이며 뽕나무에도 있다. 성숙기는 6~8월이다.

분포: 한국, 일본, 대마도, 중국, 시베리아

눈깡충거미
Phintella melloteei (Simon, 1888)

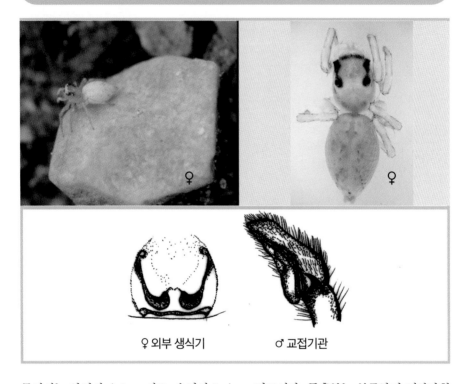

♀   ♀

♀ 외부 생식기   ♂ 교접기관

몸길이는 암컷이 4~5mm이고, 수컷이 3~4mm 정도이다. 두흉부는 불룩하며 직사각형
모양으로 두부 앞쪽이 곧다. 두부는 엷은 회갈색이며 눈둘레는 검은색이 뚜렷하다. 안열
은 정사각형을 이루며 8눈이 3열로 늘어서며 전안열은 전곡하고 중안열은 전안열과 후
안열의 중간에 있다. 위턱과 아래턱은 담갈색이고, 아랫입술은 어두운 갈색으로 그 길이
는 작은 턱의 절반에 미치지 못한다. 흉판은 황색으로 폭이 넓은 난형이다. 수염기관과
다리는 황색 내지 담갈색이고 굵으며 짧다. 다리식은 4-1-3-2이고, 첫째 다리가 가장 길
다. 복부는 엷은 황색으로 희미한 점무늬가 있다. 산과 들의 풀숲에 많으며, 논둑, 벼포
기 사이에서도 볼 수 있다. 성숙기는 5~9월이다.

분포: 한국, 일본, 대마도, 중국, 시베리아

황줄깡충거미
Phintella bifurcilinea (Bösenberg et Strand, 1906)

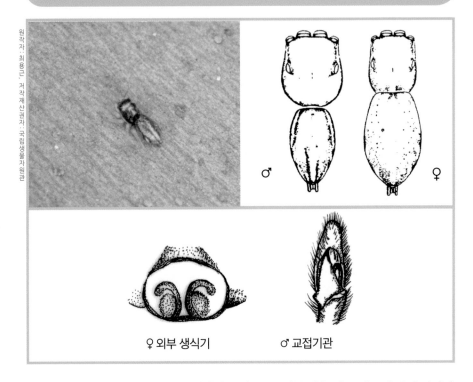

♂ ♀

♀ 외부 생식기   ♂ 교접기관

수컷: 배갑은 갈색이고, 안역 가운데와 후측안 부근, 가운데홈 뒤 그리고 흉부의 가장자리를 따라 흰 털로 된 무늬가 듬성듬성 있다. 개체에 따라 이런 무늬가 없는 것도 있다. 위턱의 가운데 부터 끝부분까지는 벌어져 있으므로 'ㅠ' 자 모양이다. 앞엄니두덩니는 2개이고, 뒷엄니두덩니는 1개이다. 복부는 긴 난형이고, 등면은 황색 내지 황갈색 바탕에 중앙선 양축을 따라 줄무늬가 있으며 그 가운데도 긴 타원형의 검은 무늬가 있다. 양 가장자리는 바탕에 노출되어 황색의 띠무늬를 이루며 개체에 따라 황색 부분이 흰 털로 덮여 있는 것도 있다. 복부의 복부면은 정중선을 따라 검은 줄무늬가 있다.

암컷: 배갑은 갈색으로, 측면 가장자리를 따라 황색의 줄무늬가 있다. 양 위턱은 정상적으로 평행하게 발달한다. 엄니두덩니는 수컷과 같다. 복부 모양은 수컷과 비슷하나 다소 길고, 상단 가운데 부분이 오목하게 함입된 점이 다르다. 복부 등면은 암갈색 바탕에 상단 함입부와 상단 1/3 지점에서 항문두덩 부근까지 황색의 줄이 세로로 발달한다. 복부의 복부면 위바깥홈 아래에 위치하는 정중선은 암갈색이고, 그 양측에는 황색의 세로줄

이 있다.

분포: 한국, 일본, 대마도, 베트남, 중국

멋쟁이눈깡충거미
Phintella cavaleriei (Schenkel, 1963)

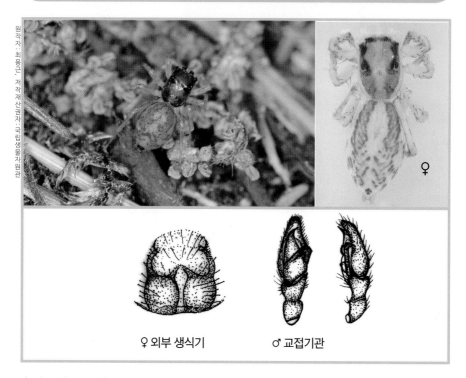

♀

♀ 외부 생식기   ♂ 교접기관

수컷: 두흉부는 너비보다 세로가 길며 두부는 거의 직사각형을 이룬다. 가운데홈은 세로로 짧지만 뚜렷하다. 복부는 긴 난형으로 정중부의 양 측면에 불규칙한 무늬가 존재하고 실젖 주변에는 빗살 무늬가 있다.

암컷: 일반적인 외형은 수컷과 유사하나 복부가 두흉부에 비하여 상대적으로 크고, 배자루 주변의 복부가 평평하지 않고 완만한 곡선을 이룬다.

분포: 한국, 중국

안경깡충거미
Phintella linea (Karsch, 1879)

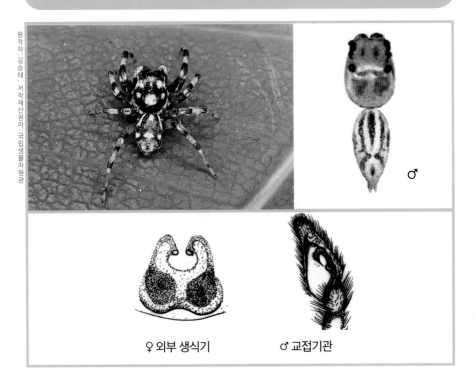

♂

♀ 외부 생식기   ♂ 교접기관

몸길이는 암컷이 4~5mm이고, 수컷이 3mm 정도이다. 두흉부는 직사각형으로 황갈색이며 눈둘레는 검다. 8눈이 3열로 늘어서고, 전안열은 전곡하고, 중안열은 전안열과 후안열의 중간보다 약간 뒤쪽에 있다. 아래턱은 황갈색이고 아랫입술은 갈색으로 너비가 세로보다 길다. 흉판은 황색이고 가장자리는 갈색이다. 수염기관(또는 촉지)은 황색이고 다리는 황갈색이다. 복부는 긴 난형으로 황갈색 바탕에 암갈색의 심장 무늬와 옆줄 무늬가 있고, 복부면은 황갈색이다. 성숙기는 5~8월이다.

분포: 한국, 일본, 대마도, 중국, 대만, 시베리아

묘향깡충거미
Phintella parva (Wesolowska, 1981)

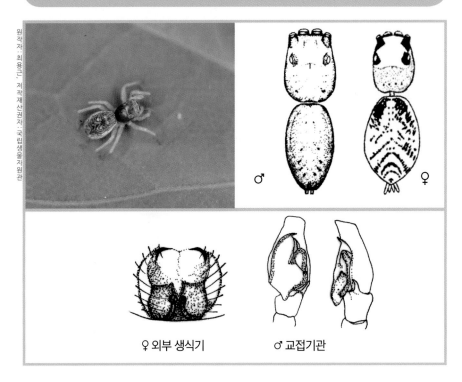

♀ 외부 생식기   ♂ 교접기관

수컷: 배갑은 적갈색이며 특별한 무늬는 없다. 눈네모꼴은 뒷변>앞변>높이이다. 위턱의 앞엄니두덩니는 2개이고, 뒷엄니두덩니는 1개이다. 퇴절과 경절의 등면 및 복부면, 전절 복부면에 털다발이 있는데, 아랫쪽 털다발의 털 길이가 좀더 길다. 복부는 난형이고 등면은 적갈색이며 중앙 아래로 쐐기 모양의 무늬가 3개 있다.

암컷: 배갑은 적갈색이며, 흉부 뒤쪽을 제외하고 전면에 흰 털이 산포한다. 네모꼴은 뒷변>앞변>높이이다. 위턱의 엄니두덩니 수는 수컷과 같으나, 수컷에 있는 첫째다리의 털다발은 없다. 복부는 난형이고, 등면은 엷은 암갈색이며, 무늬는 수컷과 비슷하다.

분포: 한국, 중국

살짝눈깡충거미
Phintella popovi (Proszynski, 1979)

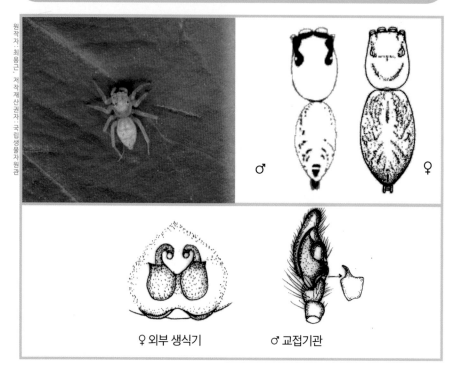

♂   ♀

♀ 외부 생식기   ♂ 교접기관

수컷: 8개의 눈이 모두 검은 무늬 위에 존재하여 등면에서 보면 두흉부의 테두리를 이루는 것처럼 보인다. 복부는 긴 난형으로 정중부의 양 측면에 무늬가 존재한다.

암컷: 일반적인 외형은 수컷과 유사하나 복부의 크기가 수컷에 비하여 상대적으로 크다.

분포: 한국

암흰깡충거미
Phintella versicolor (C. L. Koch, 1846)

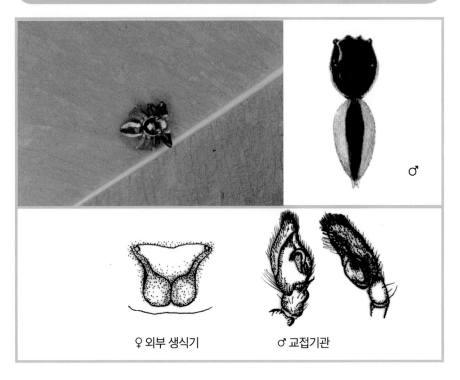

♀ 외부 생식기   ♂ 교접기관

몸길이는 암컷 5~6mm이고, 수컷 6~7mm 정도이다. 두흉부는 검은 선으로 구분되며, 두부는 황색 바탕에 검은 털이 드문드문 나 있고, 흉부에는 갈색 바탕에 안경형의 무늬와 검은 가장자리 선이 있다. 8개의 눈이 3열로 늘어서며 전안열에 4개 눈은 곧게 배열하고, 전중안이 가장 크다. 흉판은 황색이고 다리는 황갈색이며 각 마디 끝쪽에 검은 고리 무늬가 있다. 복부는 황갈색 바탕에 흑회색의 점무늬가 산재한다. 복부면은 황색이고 실젖 둘레는 검다. 수컷은 암컷과 매우 다르며, 두흉부는 빛나는 흑갈색이다. 첫째다리는 흑갈색이고, 넷째다리는 엷은 갈색이다. 복부는 중앙에 폭넓은 흑갈색 세로 무늬가 있고, 양옆쪽은 황색이다. 복부면은 갈색이며 중앙부는 검다. 개체에 따라 흉부 중앙에 황색 무늬가 있는 것도 있다. 성숙기는 6~7월이다.

분포: 한국, 일본, 중국, 대만

산길깡충거미속

Genus *Phlegra* Simon, 1876

이마는 거의 전중안의 직경과 같고 눈네모꼴의 너비는 높이의 2배이다. 앞엄니두덩니는 크기가 같은 것이 2개이고 뒷엄니두덩니는 1개의 비교적 긴 이빨이 있다.

배띠산길깡충거미
Phlegra fasciata (Hahn, 1826)

♀ 외부 생식기 ♂ 교접기관

수컷: 배갑은 적갈색이고, 안역은 검은색이며 너비보다 세로가 길고 가운데홈으로부터 뒤로 향하는 방사줄이 있다. 이마는 흰 털로 덮여 있고, 전안열은 흰 털로 둘러싸여 있다. 위턱은 살색으로 1개의 뒷엄니두덩니와 2개이 앞엄니두덩니가 있다. 아랫입술은 갈색으로 희미한 황색의 초승달 무늬가 말단부에 위치한다. 아래턱은 갈색이고 희미한 황색의 말단 두덩이 있다. 흉판은 갈색이며 긴 타원형을 이룬다. 다리 마디들과 수염기관은 부절을 제외하고는 모두 어두운 갈색이다. 복부 등면은 적갈색으로 길고 검은색 털로 덮여 있다. 복부면은 황색으로 3개의 검은 줄무늬가 위 바깥홈에서부터 뒤로 나 있다.

분포지: 한국, 일본, 유럽

어리두줄깡충거미속
Genus *Plexippoides* Prószyński, 1984

다른 유사종과 구별되는 외관상의 일반적 특징을 파악하기가 곤란하나 수컷의 수염기관이 독특하다. 배엽은 폭이 넓고 평평하며 뒤쪽으로 뻗어 있다. 구형의 생식구 직경보다 크고 혀 모양 혹은 귀 모양으로 쳐져 있다. 경절 돌기는 가늘고 갈고리 모양이며 옆으로 뻗어 있다.

큰줄무늬깡충거미
Plexippoides annulipedis (Saito, 1939)

♂ 교접기관

등딱지는 난형으로 볼록하며 황갈색 바탕에 한가운데의 앞쪽과 뒤쪽에 회색무늬가 있고 옆쪽에 폭넓은 암갈색 줄무늬가 있으며 가장자리에 회색 긴털이 나 있다. 다리는 강하며 각 다리마디 기부와 끝쪽에 검은 고리 무늬가 있고 흰색과 암갈색의 긴 털이 많이 나 있다. 배는 난형으로 양옆면에 흰색의 긴털이 덮여 있다. 산의 나뭇가지나 잎사귀 위를 옮겨다니며 나무껍질 속에 자루 모양의 집을 만들어 겨울을 보낸다. 성숙기는 5~8월이다.

분포: 한국, 일본, 중국

443

되니쓰깡충거미
Plexippoides doenitzi (Karsch, 1879)

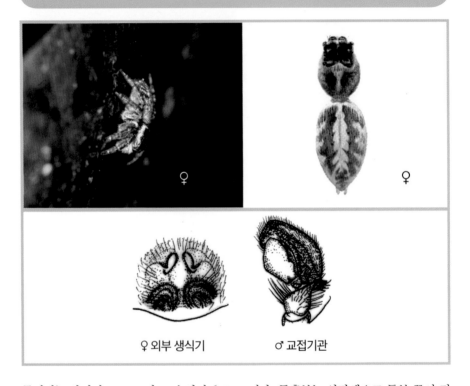

♀ 외부 생식기   ♂ 교접기관

몸길이는 암컷이 8~9mm이고, 수컷이 6~7mm이다. 두흉부는 암갈색으로 두부 쪽이 검고 흉부 정중부에 황갈색의 화살표 모양의 무늬가 있다. 위턱에는 앞끝이 갈라지지 않은 뒷엄니두덩니가 1개 있다. 흉판은 황갈색이고, 다리도 황갈색으로 가시털이 많이 나 있다. 복부는 황갈색이고 갈색의 넓은 잎줄 무늬가 있으며, 중앙의 황색 무늬 뒤쪽은 톱날 모양이다. 몸의 복부면은 황색 바탕에 쇠스랑꼴의 검정 무늬가 앞쪽에서 암생식기 쪽을 향해 뻗어 있다. 풀밭 사이를 배회한다. 산실은 풀잎 2~3개를 포개서 만들며 그 속에 알을 낳고 그 알이 부화될 때까지 어미가 지키고 있다. 성숙기는 4~10월이다.

분포: 한국, 일본, 대마도, 중국

444

왕어리두줄깡충거미
Plexippoides regius Wescolowska, 1981

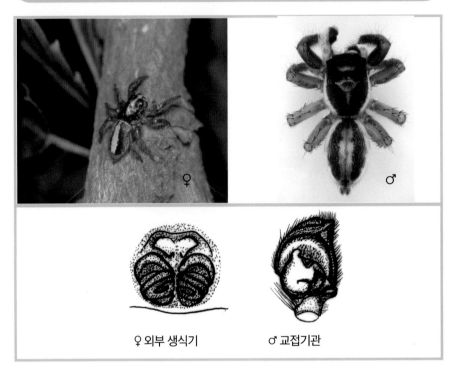

♀ 외부 생식기　　　♂ 교접기관

수컷: 배갑은 암갈색이고, 안역 양측과 앞면은 검은색이다. 안역 가운데에서 뒤쪽 배갑 가장자리까지는 적갈색이고, 배갑 양측 가장자리는 선명한 흰 털 띠가 있다. 눈네모꼴은 앞변>뒷변>높이이다. 위턱의 앞엄니두덩니는 2개, 뒷엄니두덩니는 1개이다. 복부는 난형이고, 복부 등면은 정중선을 따라 황색의 세로띠가 있으며 상단 양측에서 실젖까지 가장자리를 따라 흰 털 띠가 있다. 나머지 부분은 갈색 점이 산포한다. 복부의 복부면은 역사다리꼴의 옅은 갈색 무늬가 있고, 그 무늬의 정중선에 검은 세로줄이 있다.

암컷: 배갑의 색깔과 무늬는 수컷과 비슷하다. 눈네모꼴은 앞변>뒷변>높이이다. 위턱의 엄니두덩니의 수는 수컷과 같다. 복부는 긴 타원형이고, 등면은 흑갈색 바탕에 정중선을 따라 밝은 황색의 세로띠가 있다. 나머지 부분은 갈색 점이 산포한다. 복부면은 황색 바탕에 검은 점이 산포한다.

분포: 한국, 중국, 시베리아

두줄깡충거미속
Genus *Plexippus* C. L. Koch, 1846

배갑은 높고 볼록하게 튀어나온 두부 부분 양측은 평행하며 흉부 부분 양측은 둥글다. 눈네모꼴은 배갑의 1/2 이하이며 높이는 너비의 2/3이고 앞변과 뒷변의 길이는 거의 같다. 전측안은 전중안보다 떨어져 있다. 중안열은 전안열과 후안열의 중간에 있다. 첫째다리와 둘째다리는 크기가 같고 첫째다리 경절 복부면에 3쌍의 가시가 있다. 배갑에서 복부 등면에 걸쳐서 명료한 세로 줄무늬가 있다. 흉판의 앞쪽 가장자리는 아랫입술 기부보다 좁다. 아랫입술은 세로가 너비보다 길다.

두줄깡충거미
Plexippus paykuilli (Audouin, 1826)

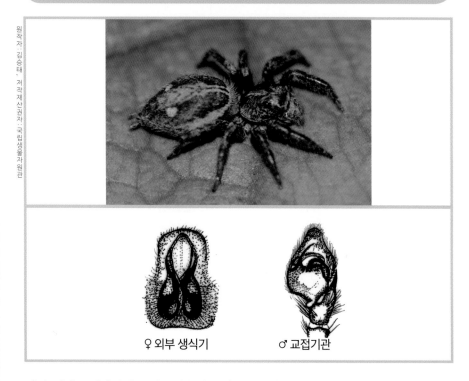

♀ 외부 생식기   ♂ 교접기관

암컷: 배갑은 적갈색이고, 가운데홈에서 뒤쪽으로 황색의 세로띠 무늬가 있다. 눈네모꼴은 앞변=뒷변>높이이다. 위턱의 앞엄니두덩니는 2개이고, 뒷엄니두덩니는 1개이다. 복부는 타원형이고, 등면은 황색 바탕에 갈색의 털이 덮여 있으며 정중선을 따라 넓은 황색띠가 있다. 또 아랫면 1/3 지점에 황색띠에 이어 황색섬이 1쌍 있다.

분포: 한국, 일본, 대마도, 중국, 대만

447

황색줄무늬깡충거미
Plexippus petersi (Karsch, 1878)

♀ 외부 생식기   ♂ 교접기관

암컷: 배갑은 갈색이다. 후측안이 있는 주변은 검은색이다. 배갑의 전체가 흰색의 강모로 덮여 있다. 가슴판은 황색이며, 아래턱과 위턱, 아랫입술은 황갈색이다. 복부는 황색을 띤 회색이며 등면 중앙의 1/3을 차지하는 밝은색의 무늬가 세로로 있다. 배 밑면은 노란색이다. 수염기관의 퇴절과 슬절은 황색으로 어두운 색의 줄무늬를 갖는다. 경절과 부절은 갈색이다. 황색의 퇴절을 제외하면 첫째부터 네째다리 모두 갈색을 띤다. 첫째부터 네째다리의 위쪽과 측면에는 줄무늬가 있다. 첫째다리의 퇴절 윗면에 6개, 슬절 전측 면에 1개, 경절 아래쪽에 3쌍, 경절 측면에 2개, 적절 아랫면에 2쌍의 가시털이 있다.

분포: 한국, 일본, 유럽

448

세줄깡충거미
Plexippus setipes Karsch, 1879

♂   ♀

♀ 외부 생식기   ♂ 교접기관

몸길이는 암컷이 7~8mm, 수컷이 6~7mm이다. 두흉부는 갈색 내지 암갈색이며, 안역은 검고 옆면은 둥그스름하며 갈색으로 밝은 편이다. 8눈이 3줄로 배열하며 중안열이 전안열과 후안열의 중간에 위치하고 안역은 두흉부의 1/2 이하이다. 위턱, 아래턱, 아랫입술이 모두 갈색인데 아랫입술이 더 짙은 색이다. 흉판은 황갈색이다. 수염기관(또는 촉지)은 황갈색이고 끝쪽이 검다. 다리는 갈색으로 첫째다리 경절 복부면에 3쌍, 척절 복부면에 2쌍의 가시털이 나 있다. 복부는 황갈색 바탕에 옆쪽에 회갈색 털이 나며, 밝은 중앙부 뒤쪽에 흑갈색의 '山' 자형 무늬가 늘어서 있다. 복부면은 황갈색 바탕에 양옆으로 회갈색 줄무늬가 이어져 있다. 색채 변이가 있고 전체적으로 담색 또는 농색의 변화가 있다. 인가의 벽이나 정원의 나무 위 등에서 볼 수 있으며 성숙기는 5~8월이다.

분포: 한국, 일본, 유럽

어리번개깡충거미속
Genus *Pseudeuophrys* Dahl, 1912

안역은 배갑의 1/2에도 훨씬 미달한다. 중안열은 가운데에서 뒤에 위치한다. 안역은 검은색이며 가운데홈 뒤쪽과 배갑 주위를 따라 흰 털이 나 있다. 앞엄니두덩니와 뒷엄니두덩니가 있으며, 넷째다리가 가장 길다. 복부는 난형이며 검은색이다.

검은머리번개깡충거미

Pseudeuophrys iwatensis (Bohdanowicz et Prószyński, 1987)

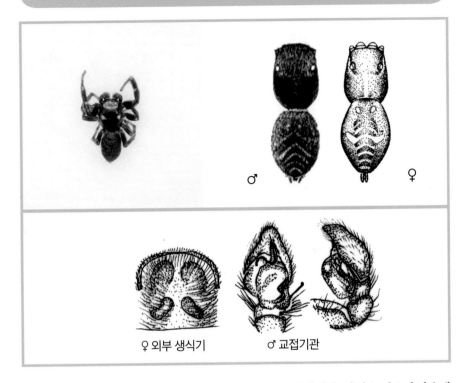

♂　　　　　　♀

♀ 외부 생식기　　　♂ 교접기관

배갑은 길고 사각형이며 빽빽하게 난 밝은 갈색 털들로 덮여있다. 안역은 검으며 가운데에 흰 털로 만들어진 줄무늬가 있다. 위턱에는 앞엄니두덩니 2개와 뒷엄니두덩니 1개가 있다. 가슴판은 황갈색으로 갈색별로 뒤덮여 있다. 다리는 황갈색에 다리마디마다 암갈색 고리 무늬가 있고 첫째와 둘째다리의 종아리마디에 3쌍, 발바닥마디에 2쌍의 가시털이 나 있다. 복부는 타원형으로 밝은 회갈색에 황백색 털들로 덮여있고 집모양의 줄무늬와 갈매기형의 줄무늬가 2~3개 있다. 돌담이나 담벽 등을 배회한다.

분포: 한국, 중국, 러시아

까치깡충거미속
Genus *Rhene* Thorell, 1869

눈네모꼴은 앞변보다 뒷변이 크고 배갑의 대부분을 차지한다. 전안열은 서로 조금씩 떨어져 있다. 중안열은 전안열과 후안열의 중간보다 훨씬 앞쪽에 있으며, 후안열은 작다. 배갑은 세로보다 너비가 크고 이마는 좁다. 아랫입술은 세로가 너비보다 크다. 경절 복부면 바깥쪽에 1개, 안쪽에 1~2개의 가시가 있다. 첫째다리와 둘째다리의 복부면에 털다발이 있다.

흰띠까치깡충거미
Rhene albigera (C. L. Koch, 1846)

♂

a. ♂ 교접기관

배갑은 짙은 갈색으로 둥그스름하며 안역은 검다. 앞눈줄 뒤쪽 얇은 흰색띠와 양옆면에 넓적한 흰색 줄무늬가 빽빽한 흰 털로 인해 나타난다. 위턱은 밝은 갈색이고 2개의 앞두 덩니와 1개의 뒷두덩니가 있다. 가슴판은 황갈색으로 흰색 털이 덮여있고, 아랫입술과 아래턱은 갈색이다. 다리는 갈색 바탕에 회백색 털이 나 있고 짧은 갈색 가시털이 있다. 배는 난형으로 밝은 갈색 바탕에 흑갈색의 3쌍의 근점이 있으며, 전반부 양옆면에는 회백색 털로 이루어진 폭넓은 줄무늬가 있고, 후반부는 폭넓은 암갈색 띠무늬와 흰색 가로무늬가 뚜렷하며, 끝은 거무스름하다. 밑면은 회갈색으로 중앙부에 큰 검은색 무늬가 있다.

분포: 한국, 일본, 유럽

453

까치깡충거미
Rhene atrata (C. L. Koch, 1881)

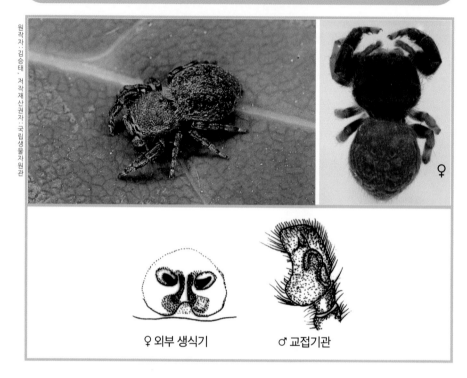

♀

♀ 외부 생식기   ♂ 교접기관

몸길이는 5~7mm 정도이다. 두흉부는 폭이 넓은 사각형으로 암적갈색 바탕에 흰 털이 빽빽이 나 있다. 안역이 두흉부의 1/2 이상을 차지한다. 전안열은 서로 근접해 있고, 중안열은 전안열 쪽에 가까이 있으며, 후안열의 크기가 가장 작다. 위턱은 갈색에 황갈색 털 무더기가 있다. 흉판은 암갈색으로 작은 타원형이다. 첫째다리가 특히 굵고 크며 엷은 갈색이나, 퇴절은 검고 각 마디의 끝부분에 짙은 갈색 고리 무늬가 있다. 복부는 난형이며 크고 황회색 또는 흑갈색이다. 뒷쪽에 2줄의 흰색 가로무늬가 있다. 복부면은 담황갈색이다. 성숙기는 5~8월이다.

분포: 한국, 일본, 중국

454

명환까치깡충거미
Rhene myunghwani Kim, 1996

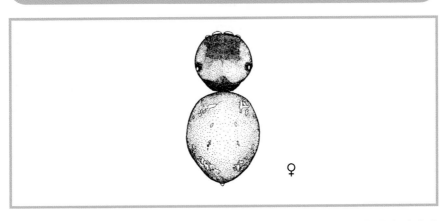

♀

암컷의 배갑은 적갈색이고 너비가 세로보다 길다. 안역은 어둡고 주변에 흰색 털이 나 있다. 눈배열은 전중안〉전측안=후측안〉후중안이고 후중안과 전중안은 접해 있다. 위턱 은 적갈색이고, 뒷엄니두덩에 큰 이빨이 1개 있고 앞엄니두덩에 2개의 이빨이 있다. 아 래턱은 암갈색이다. 첫째다리가 가장 튼튼하며 퇴절에 3개, 경절에 3개, 척절에 4개의 강 모가 나 있고, 둘째다리에는 퇴절에 4개, 경절에 3개, 척절에 4개의 강모가 나 있다. 셋째 다리는 퇴절에 5개, 경절에 3개, 척절에 2개의 강모가 나 있고, 넷째다리는 퇴절에 2개, 경절에 3개, 척절에 2개의 강모가 나 있다. 복부는 갈색이고 너비보다 세로가 긴 난형이 다.

분포: 한국

비아노깡충거미속
Genus *Sibianor* Logunov, 2001

눈네모꼴은 뒷변이 앞변보다 크다. 안역은 배갑의 1/2 정도를 차지한다. 제2측안 가운데에서 약간 뒤에 위치한다. 첫째다리의 길이가 제일 길고, 등면과 복부면에 털다발이 있다.

비아노깡충거미

Sibianor aurocinctus (Ohlert, 1865)

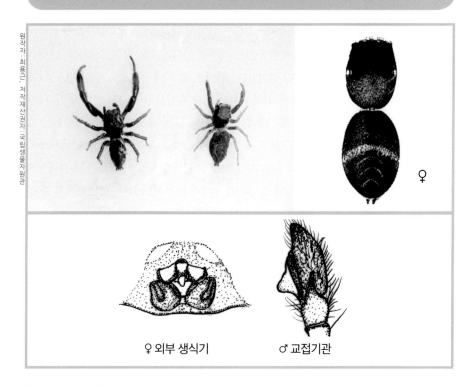

♀

♀ 외부 생식기   ♂ 교접기관

수컷: 배갑은 적갈색이며 특별한 무늬는 없다. 눈네모꼴은 뒷변〉앞변〉높이이다. 위턱의 앞엄니두덩니는 2개, 뒷엄니두덩니는 1개이다. 다리식은 1-4-3-2이다. 퇴절과 경절의 등면과 복부면, 전절의 복부면에 털다발이 있는데 아랫쪽 털다발의 털의 길이가 좀더 길다. 복부는 난형이고, 복부 등면은 적갈색이며 중앙 아래로 쐐기 모양의 무늬가 3개 있다.

암컷: 배갑은 적갈색이며 흉부 뒤쪽을 제외하고 전면에 흰 털이 산포한다. 눈네모꼴은 뒷변〉앞변〉높이이다. 위턱의 엄니두덩니는 수컷과 같다. 다리식은 1-4-3-2이다. 수컷이 가지는 첫째다리의 털다발이 없다. 복부는 난형이고 복부 등면은 엷은 암갈색이며 무늬는 수컷과 비슷하다.

분포: 한국, 일본, 시베리아(구북구)

끝검은비아노깡충거미

Sibianor nigriculus (Logunov et Wesolowska, 1992)

암컷: 두흉부는 암갈색이고 사각형이다. 흉부는 암갈색 테두리와 하얀 털들로 둘러싸여 있다. 목홈과 방사홈은 불명확하며 가슴홈은 어두운 암갈색으로 바늘모양이다. 안역은 검은색이며 주걱모양의 흰 털들로 덮여있다. 위턱은 옅은 흑갈색으로 뒷두덩니가 1개 있다. 윗입술 또한 옅은 흑갈색이다. 아랫입술도 옅은 흑갈색이며 흑색 영역이 있다. 가 슴판은 흑갈색으로 긴 방패모양이다. 다리는 잘 발달되었으며 둘째부터 넷째다리는 황 갈색에 흑갈색 털들이 빽빽하게 나있고 첫째다리는 두껍고 흑갈색이다. 다리식은 1-4-3-2이다. 복부는 긴 타원형으로 흐릿한 회갈색이다. 옆면은 밝으며 등면은 흑갈색털과 백색털이 빽빽하게 나 있다. 3~4개의 불명확한 갈매기형 무늬도 있다. 배면은 흐릿한 황 갈색이다. 암컷 생식기에는 외부생식기돌기가 있으며 교접구는 앞쪽에 위치해 있다. 수 정낭과 교접관은 투과되어 보인다.

분포: 한국, 중국, 러시아

반고리깡충거미

Sibianor pullus (Bösenberg et Strand, 1906)

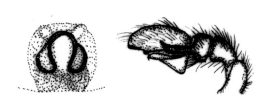

♀ 외부 생식기　　　♂ 교접기관

수컷: 배갑은 적갈색이고 가장자리를 따라 흰 털로 된 띠가 있다. 위턱은 황갈색이다. 앞 엄니두덩니는 2개, 뒷엄니두덩니는 1개를 가진다. 첫째다리 퇴절의 복부면, 전절의 복부면, 경절의 등면과 복부면에 세로로 발달된 흰 털이 있다. 복부는 엷은 암갈색의 난형이며 등면의 상단에 개체에 따라서 갈매기형 무늬를 가진다.

암컷: 형태와 색깔은 수컷과 유사하다.

분포: 한국, 일본

띠깡충거미속
Genus *Siler* Simon, 1889

두부는 흉부보다 약간 길다. 눈네모꼴은 앞변과 뒷변이 거의 같다. 앞엄니두덩니는 2개이고, 뒷엄니두덩에는 폭이 넓은 톱날 모양의 이빨이 1개 있다. 위턱 바깥쪽에 강모가 있다. 첫째다리 전절은 짧은데 기절의 2/3보다 작다. 넷째다리 슬절과 경절을 합한 길이는 척절과 부절을 합한 길이와 같다. 다리식은 4-1-2-3이고, 첫째다리 퇴절은 굵다.

청띠깡충거미
Siler cupreus Simon, 1899

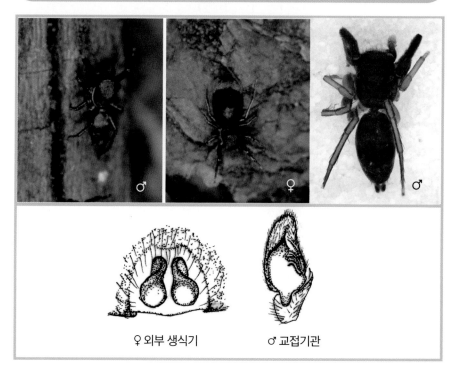

♀ 외부 생식기   ♂ 교접기관

수컷: 배갑은 암갈색이고, 안역은 검은색이며 청색 광채가 나는 털로 덮여 있다. 눈네모 쓸은 뒷변〉앞변〉높이이다. 위턱의 앞엄니두덩에는 미소한 3개의 이빨에 연이어 2개의 이빨이 있고, 뒷엄니두덩에는 톱 모양인 큰 이빨이 1개 있다. 첫째다리 퇴절과 경절의 등면 및 복부면과 전절 복부면에 세로로 달리는 털다발이 있다. 복부는 도토리 모양이며 암갈색이다. 복부 등면 위와 아래에 흰색의 띠 무늬가 흔적으로 나타나지만 없는 것도 있다.

암컷: 눈네모꼴은 뒷변〉앞변〉높이이다. 수컷에서 보이는 첫째다리의 털다발이 없다. 복부 등면 위, 아래의 띠무늬가 대개의 경우 뚜렷하다.

분포: 한국, 일본, 대마도, 중국

461

검정꼬마개미거미속
Genus *Synageles* Simon, 1876

검정꼬마개미거미속은 개미와 유사하게 생긴 깡충거미의 속 중 하나로 전세계적으로 20종, 우리나라에는 단 1종이 서식하고 있다. 구대륙중에는 스페인과 중국, 한국에 서식하고 있으며, 하나의 종은 북아프리카(이집트)에 서식하고 있다. 신대륙에서는 멕시코부터 캐나다까지 서식하고 있다.

검정꼬마개미거미
Synageles hilarulus (C. L. Koch, 1846)

배갑은 검은색이고 방사홈과 가슴홈은 없다. 가슴판은 살짝 검으며, 윗입술과 아랫입술은 노란색, 다리는 노란색에 검은 줄이 나 있다. 복부는 타원형으로 검은색이며, 2개의 하얀점이 있다. 암컷의 외부생식기는 노란색이며 가로로 길쭉하다.

분포: 한국, 일본, 유럽

어리개미거미속
Genus *Synagelides* Strand, 1906

두부 부분은 양측이 평행하고 눈네모꼴의 너비는 두흉부의 너비와 같은데 윗변은 앞변
보다 넓지 않다. 중안열은 전안열과 후안열 사이의 중간에 있다. 첫째다리 경절 복부면
에 2줄의 털이 나 있다. 척절에는 2쌍의 가시가 있다. 슬절은 경절보다 짧다. 첫째다리와
넷째다리의 기절은 길다.

어리개미거미
Synagelides agoriformis Strand, 1906

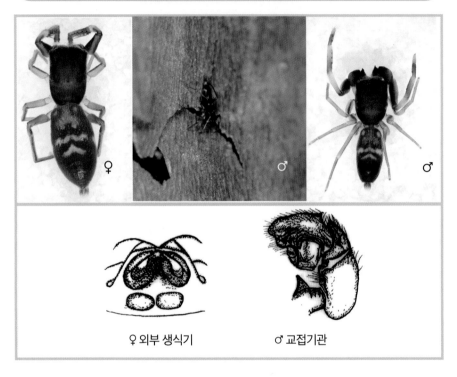

♀ 외부 생식기   ♂ 교접기관

몸길이는 4~6mm이다. 두흉부는 평평한 편으로 양 측면이 평행하고 가운데홈은 점꼴로 깊다. 두부는 암갈색으로 안역이 특히 검고, 흉부는 밝은 갈색이다. 8눈이 3열로 늘어서고, 중안열이 전안열과 후안열의 중간에 있으며 전안열이 특히 거대하다. 위턱에는 뒷엄니두덩니가 1개 있나. 나리는 살황색이고, 첫째다리와 넷째다리의 퇴절은 흑갈색이며 경절과 척절 마디 복부면에 2쌍의 긴 가시털이 나 있다. 둘째다리가 셋째다리보다 짧다. 복부는 긴 난형이며 회갈색 바탕에 2개의 백색 '山'자형 무늬가 있다. 실젖은 뒷실젖이 앞실젖보다 길다. 나무껍질 밑에 집을 짓고 살며 낙엽층이나 돌밑 등에서도 가끔 보인다. 얼핏보면 걷는 모습과 형태가 개미와 비슷하다. 성숙기는 8~12월이다.

분포: 한국, 일본, 대마도, 중국, 시베리아

월정어리개미거미
Synagelides zhilcovae Prószyński, 1979

배갑은 흑갈색이고 안역은 검은색이다. 가슴홈은 매우 작고 'U'자 모양이다. 가슴판은 갈색이고 타원형이다. 협각은 흑갈색으로 짧은 흰색과 긴 갈색의 강모가 나 있다. 두덩니는 통통하며 2개의 앞엄니두덩니와 1개의 뒷엄니두덩니를 가진다. 윗입술과 아랫입술은 흑갈색이다. 다리는 갈색으로 종아리마디 안쪽으로 5쌍의 가시털이 나 있으며, 발바닥마디 안쪽에도 2쌍의 종아리마디 끝까지 닿는 긴 가시털이 나 있다. 복부는 길쭉한 타원형이고, 등쪽은 회색빛이 도는 검은색이다. 가운데에는 밝은색의 세로줄이 톱니형 무늬와 함께 나 있다. 방적돌기는 회색빛이 도는 검은색이다. 암컷 생식기의 외부생식기 주머니는 넓고, 교접구는 대각선형이며 수정낭은 배면에서 관찰된다.

분포: 한국, 러시아

세줄번개깡충거미속
Genus *Talavera* Peckham et Peckham, 1909

세줄번개깡충거미속 거미들은 매우 작다. 두흉부는 약간 융기되었으며 측면은 양쪽 모두 수직으로 떨어진다. 두부는 평평하며 흉부는 머리로부터 2/3까지는 완만하나 끝쪽은 경사가 급격하다. 안역은 두흉부의 절반가량을 자치한다. 전안열은 서로 밀집해 있으며 일직선이고, 후안열은 매우 강하게 후곡한다. 가슴판은 직사각형이다. 첫째다리의 기절은 아랫입술보다 더 넓어 구별된다. 이마는 매우 좁다.

세줄번개깡충거미
Talavera ikedai Logunov et Kronestedt, 2003

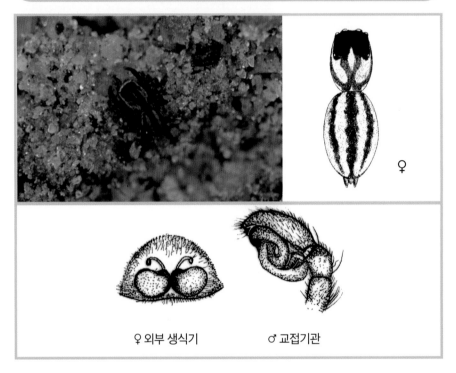

♀

♀ 외부 생식기   ♂ 교접기관

수컷: 배갑은 황갈색이고, 안역은 검은색이다. 가운데홈 뒤로 갈색의 세로띠가 있는데, 이 갈색띠에 의해서 가운데 홈에는 화살표 모양의 갈색 무늬가 생긴다. 배갑 가장자리를 따라 갈색의 띠가 있다. 눈네모꼴은 앞변>뒷변>높이이다. 위턱의 앞엄니두덩니는 2개이고 뒷엄니두덩니는 1개이다. 복부는 긴 타원형이다. 복부 등면은 황색 바탕이고, 정중선에 1개의 검은 세로줄이 있고, 그 양측에 1개씩의 검은 세로줄과 가장자리를 따라 검은색 줄이 있다. 복부의 복부면에는 위바깥홈 아래로 1쌍의 검은 세로줄이 있다.

암컷: 배갑 및 복부의 모양과 무늬 그리고 엄니두덩니는 수컷과 같다. 눈네모꼴은 앞변=뒷변>높이이다.

분포: 한국, 중국, 러시아

검은날개무늬깡충거미속

Genus *Telamonia* Thorell, 1887

수컷의 수염기관 배엽의 옆면과 경절의 윗쪽에 강모다발이 있다. 생식구는 둥글고 아래로 처진 돌기가 있다. 경절 돌기는 크고 넓적하며 그 끝에 작은 이가 있다. 암컷의 외부생식기는 크고 키틴화되어 있다. 개구부는 떨어져서 오목한 부분 혹은 그 바깥쪽에 있다.

검은날개무늬깡충거미

Telamonia vlijmi Prószyński, 1984

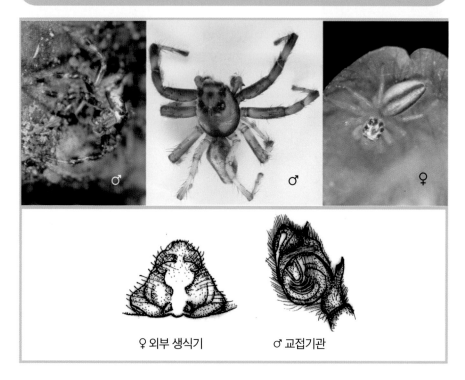

♂ ♂ ♀

♀ 외부 생식기   ♂ 교접기관

수컷: 배갑은 적갈색이고 가장자리는 암갈색이다. 안역 가운데 1개, 후측안 사이에 2개의 검은색 점이 특징적이다. 배갑의 측면 일부에 흰 털이 덮여 있다. 눈네모꼴은 앞변〉뒷변〉높이이다. 위턱의 앞엄니두덩니는 2개이고, 뒷엄니두덩니는 1개이다. 복부는 긴 타원형이고 복부 등면은 엷은 갈색 바탕이다. 정중선에 황색의 띠가 있으며 그 양측을 따라 검은 줄무늬가 있다. 복부의 복부면은 갈색이다.

암컷: 눈네모꼴은 앞변〉뒷변〉높이이다. 위턱의 엄니두덩니 수는 수컷과 같다. 복부의 형태 및 무늬도 수컷과 같다.

분포: 한국, 일본, 대마도, 중국

야기누마깡충거미속
Genus *Yaginumaella* Prószyński, 1979

배갑은 높고 등면은 평평하다. 전안열은 서로 접하고 후안열보다 조금 길다. 안역은 배
갑의 1/2을 차지한다. 중안열은 작고, 전안열보다 후안열에 조금 더 가깝다. 위턱의 앞엄
니두덩에는 2개의 이가 있고, 뒷엄니두덩에 큰 이가 1개 있다.

야기누마깡충거미
Yaginumaella medvedevi Prószyński, 1979

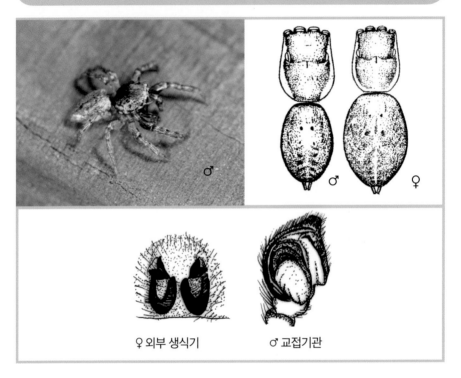

♀ 외부 생식기   ♂ 교접기관

수컷: 배갑의 양 가장자리는 황색이고 나머지는 적갈색이다. 안역과 배갑의 양 가장자리에는 흰 털이 산포한다. 눈네모꼴은 앞변〉뒷변〉높이이다. 위턱의 앞엄니두덩니는 2개이고, 뒷엄니두덩니는 1개이다. 복부는 타원형이고, 복부 등면은 검은색에 의해 황색의 바탕색이 무늬로 나타난다. 상단에서 중앙부까지 황색의 세로띠가 있고 그 아래로 쐐기 모양의 무늬가 1개, 반호 모양의 무늬가 2개 있다. 가장자리는 황색이다. 복부의 복부면은 황색 바탕에 검은 점이 산포한다.

암컷: 배갑의 무늬는 수컷과 같으나, 가운데홈 뒤로 황색의 세로띠가 있는 것이 다르다. 눈네모꼴은 앞변〉뒷변〉높이이다. 위턱의 엄니두덩니는 수컷과 같다. 복부의 모양과 무늬도 수컷과 비슷하다.

분포: 한국, 일본, 중국, 러시아

게거미과

Family Thomisidae Sundevall, 1833

곤충들을 잡기 위해 특성화된 첫째다리와 둘째다리는 셋째다리와 넷째다리보다 훨씬 길고 두껍다. 측안은 상당히 돌출된 돌기 위에 있고, 중안에 비해 크고 잘 발달되어 있다. 암컷의 외부생식기는 보통 덮개(hood) 혹은 유도주머니(guide pocket)가 있다. 복부면 경절 돌기(VTA)와 후측면 경절 돌기(RTA)가 있는 수컷 수염기관의 경절 가장자리에 얇은 판(disc) 모양인 방패판의 정자관(Seminal duct)은 방패판 돌기(tegular ridge)를 따라 지시기까지 꼬여 있다. 사마귀게거미(Phrynarachne) 속의 배갑에는 강모가 발달되어 있고, 후중안은 작지 않으며 후측안보다 큰 것도 있다. 앞엄니두덩니는 2~4개이고, 뒷엄니두덩니는 1~3개이다. 아랫입술과 아래턱은 끝이 뭉툭하다.

나무껍질게거미속
Genus *Bassaniana* Strand, 1928

중간 크기의 게거미로 두흉부는 너비가 세로보다 길거나 비슷하고, 어느 정도 평평하며 무디거나 곤봉형의 강모가 나 있다. 측안은 돌기 위에 있고 중안보다 크다. 가운데눈네모꼴은 너비가 세로보다 길고, 이마는 전중안 사이의 거리보다 좁다. 위턱은 이빨이 없고, 아랫입술은 세로가 너비보다 길며, 흉판은 세로가 너비보다 약간 긴 방패형이다. 강모가 난 다리와 발톱의 털다발은 많이 발달하지는 않았다. 다리식은 2-1-4-3이다. 암컷의 촉지에는 1개의 부절 발톱이 있고, 수컷 수염기관에는 복부면 경절 돌기(VTA)와 후측면 경절 돌기(RTA)가 있다. 어두운 색의 복부는 세로보다 너비가 길고 평평하며 곤봉형의 털이 나 있다. 암컷의 외부생식기에는 덮개와 중앙 격막(median septium)이 있고, 삽입 구멍들은 덮여 있지 않으며 홈이 나 있다.

나무껍질게거미
Bassaniana decorata (Karsch, 1879)

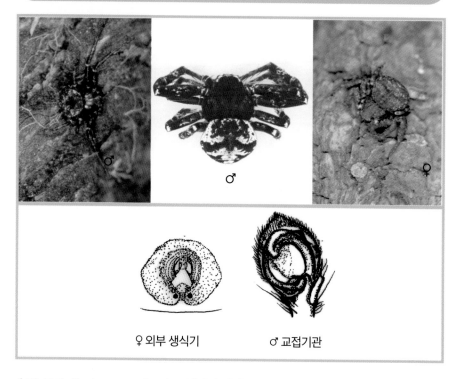

♀ 외부 생식기　　　♂ 교접기관

수컷: 몸길이는 4~5.5mm 정도이고, 복부의 길이는 2.2~2.8mm 정도이다. 두흉부는 길이와 너비가 비슷하다. 아랫입술과 흉판은 세로가 너비보다 길다. 각 다리 부절의 발톱에는 3개의 이빨이 있다. 복부는 세로보다 너비가 길고 곤봉형의 털이 있다. 두부는 희며, 복부는 희미한 흰색 반문이 있는 검은색이다.

암컷: 몸길이는 3.7~7mm이고, 복부의 길이는 1.9~3.9mm 정도이다. 두흉부는 갈색, 적황 갈색 또는 흑갈색이고, 양측면은 조금 더 밝은색이며 희미한 흰색 반문이 있다. 두흉부는 길이와 너비가 비슷하고 곤봉형 혹은 주걱 모양의 강모가 나 있다. 아랫입술과 흉판은 세로가 너비보다 길고, 다리 부절의 발톱에는 3개의 이빨이 있다. 위턱, 아래턱, 아랫입술은 갈색이고, 끝부분은 조금 더 밝은색이다. 흉판과 다리는 갈색 바탕에 흰색의 반점이 있고, 복부의 복부면은 담황갈색에 암갈색의 반점이 있다.

분포: 한국, 일본, 대마도, 중국

테두리게거미
Bassaniana ora Seo, 1992

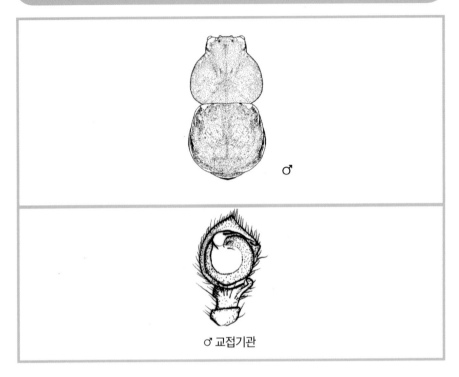

♂

♂ 교접기관

수컷의 몸은 납작하다. 두흉부는 적갈색이며, 가운데홈과 목홈은 약간 들어가 있고 방사홈은 뚜렷하지 않다. 이마는 전중안 사이 길이의 1/2이다. 안열은 후곡한다. 위턱은 이가 없는 적갈색이고, 앞쪽 가장자리에 털이 나 있다. 다리는 황색의 척절과 부절을 제외하고는 모두 적갈색이다. 다리 기절에는 불규칙하게 흰색 반점이 있다. 다리식은 1-2-3-4이다. 복부의 테두리에는 약간의 털이 나 있고, 흰색의 무늬가 있으며 나머지 부분은 황갈색 바탕에 어두운 무늬가 있다. 흉부에는 약간의 얇은 털이 나 있고, 가장자리 말단에는 매우 가는 털이 나 있으며 말단 아래에 흰색 테두리가 있다.

분포: 한국

476

깨알게거미속
Genus *Boliscus* Thorell, 1891

매우 작은 게거미로, 수컷은 암컷의 절반가량이다. 배갑은 드문드문 털이 나있고 강모는 없다. 눈혹은 조금 튀어나와 있으며, 측안은 눈혹과 분리된 혹에 위치해 있다. 협각에는 두덩니가 없다. 다리는 짧고 굵으며 강모는 없다. 복부는 울퉁불퉁하다. 수컷의 더듬이 다리 종아리마디에는 후측면, 복면 종아리마디 돌기가 있다. 방패판은 단순하게 생겼고 돌기가 없고, 삽입기는 길고 뾰족하다. 암컷 생식기는 덮개가 없고 교접관은 길며 구불구불하다.

곰보깨알게거미
Boliscus tuberculatus (Simon, 1886)

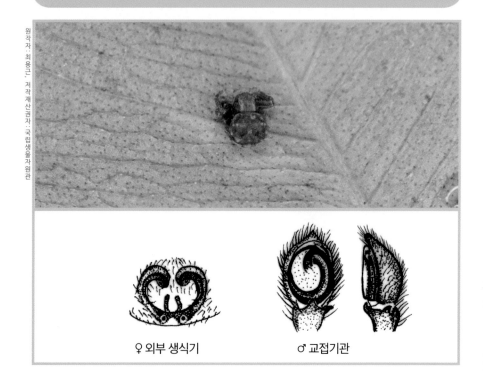

♀ 외부 생식기   ♂ 교접기관

암컷: 배갑은 황갈색으로 흉부가 돌출되어 있으며 분명한 무늬 없이 매끈하다. 하얀 세로줄이 안역 중간부터 가슴홈까지 이어진다. 후면에는 구멍무늬들이 나 있다. 전안열과 후안열 모두 위에서 봤을 때 강하게 후곡 되어 있다. 가슴홈과 방사홈은 불명확하며 목홈은 명확하다. 협각은 황갈색이며 두덩니는 없다. 가슴판은 황갈색이나 적갈색이다. 다리는 짧고 통통하며, 넓적다리는 검고 가시털이 없고 발바닥마디와 발끝마디에 털다발이 있다. 다리식은 2-1-4-3이다. 더듬이다리는 흑갈색이나 황갈색이다. 복부는 황갈색이나 어두운 적갈색으로 매우 작은 구멍들이 등면 전체에 나 있다. 한쌍의 검은색 역삼각형무늬가 등면 뒤쪽에 나있고, 3~5쌍의 근점이 보인다. 크고 작은 돌기들도 있다.

수컷: 암컷보다 훨씬 작다. 몸의 색은 암컷보다 어둡다. 복부의 무늬가 불명확하다. 수염기관의 종아리마디에는 복면과 후측면에 돌기가 있고 복면돌기는 도끼모양이며 삽입기는 실모양이다.

분포: 한국, 일본, 중국

478

꼬마게거미속
Genus *Coriarachne* Thorell, 1870

지극히 편평한 체형을 가진 중간 크기의 게거미로, 수컷은 암컷과 크기가 비슷하거나 약간 작다. 두흉부는 너비가 세로보다 길고 매우 평평하며, 흉부에는 강모가 없다. 두부에는 강모가 있고, 측면에서 보았을 때 전안열은 일직선이며 측안들은 돌기 위에 있다. 가운데눈네모꼴은 앞쪽 폭이 뒤쪽 폭보다 짧고, 너비가 세로보다 길다. 이마는 전중안 사이의 길이보다 훨씬 좁다. 위턱은 이빨이 없고, 아랫입술은 세로가 너비보다 길며, 흉판은 너비와 길이가 비슷한 둥근형이다. 다리식은 2-1-4-3이고, 다리 발톱에는 2~4개의 이가 있다. 생식구는 간단하고 방패판 돌기가 없으며 지시기는 짧은 가시 모양이다. 복부는 평평하고 길이와 너비가 비슷하며 짧은 털이 나 있다. 암컷의 외부생식기는 중앙 격막이 미약하게 형성되어 있고 덮개는 없다.

꼬마게거미
Coriarachne fulvipes (Karsch, 1879)

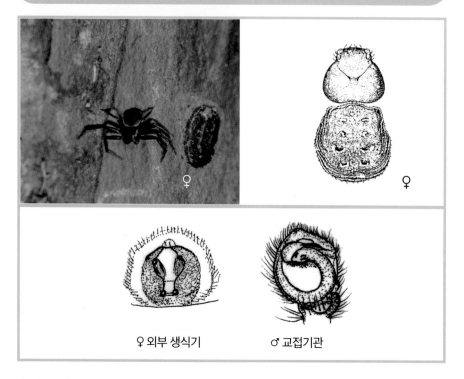

♀ 외부 생식기   ♂ 교접기관

수컷: 몸길이는 4mm 정도이다. 두흉부의 길이는 1.8mm 정도이고, 복부의 길이는 2.2mm 정도이다. 두흉부는 세로보다 너비가 길고 지극히 평평하며 짧은 털이 나 있다. 가운데눈네모꼴은 앞쪽 폭이 뒤쪽 폭보다 짧고 너비가 세로보다 넓다. 이마는 전중안 사이의 길이보다 좁다. 아랫입술은 너비보다 길이가 길고, 흉판은 길이와 너비가 거의 같다. 다리식은 2-1-3-4이다. 위턱, 아래턱, 아랫입술과 흉판은 담황갈색이다. 다리는 밤색이나 척절과 부절은 더 밝은색이다. 복부는 원형으로 너비가 아주 조금 넓고 짧은 털이 나 있다.

암컷: 몸길이는 3.7mm 정도이고, 복부의 길이는 2.2mm 정도이다. 두흉부와 복부의 형태 그리고 눈의 비율은 수컷과 유사하고 색깔은 같다.

분포: 한국, 일본

각시꽃게거미속
Genus *Diaea* Thorell, 1869

중간 크기의 게거미이고, 수컷이 암컷보다 날씬하다. 두흉부는 세로가 너비보다 약간 길고, 긴 강모가 있다. 측안의 돌기들은 발달되어 융합되어 있고 눈들이 발달되어 있다. 눈차례는 전측안〉후측안〉전중안〉후중안이고, 전중안 사이의 길이는 전중안과 전측안 사이의 길이보다 길며 후중안 사이의 길이는 후중안과 후측안 사이의 길이보다 짧다. 가운데눈네모꼴은 앞쪽 폭이 뒤쪽 폭보다 넓고 세로가 너비보다 길다. 이마는 전중안 사이의 길이만큼 넓거나 약간 더 넓다. 위턱은 이가 없고, 아랫입술과 흉판은 세로가 너비보다 상당히 길다. 다리식은 1-2-4-3이고, 다리의 가시들은 매우 발달되어 있다. 암컷의 외부 생식기에는 유도주머니가 있는 부드러운 중앙 돌기물이있고, 삽입 도관은 길며 감겨 있다. 저정낭은 작은 공 모양 혹은 원형이다.

각시꽃게거미
Diaea subdola O. P. -Cambridge, 1885

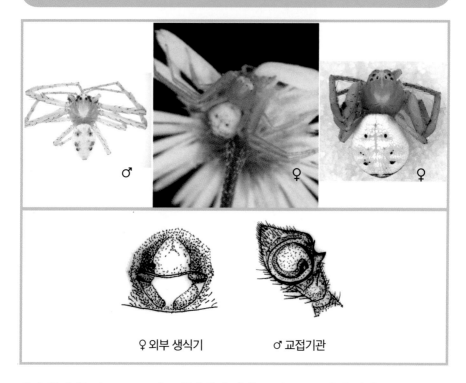

♂   ♀   ♀

♀ 외부 생식기   ♂ 교접기관

암컷: 몸길이는 6.7~8.1mm이고, 두흉부의 길이는 2.6~3.3mm이며, 너비는 2.5~3.2mm 가량이다. 배갑은 세로가 너비보다 길고 흰색의 'V' 자형 무늬가 있는 갈색이며, 가장자리는 흰색의 테두리가 있다. 양 안열은 후곡하고 눈에는 흰색의 테두리가 있다. 가운데눈네모꼴은 너비가 세로보다 길고, 앞쪽 폭이 뒤쪽 폭보다 넓다. 이마는 전중안 지름의 약 4배 정도이다. 위턱은 갈색이고, 말단에 1개의 이빨이 있다. 아래턱과 아랫입술은 담갈색이고, 흉판은 황갈색이며 세로가 너비보다 길다. 다리는 황색이고 말단으로 갈수록 어두운 색을 띤다. 다리식은 2-1-3-4이다. 복부는 긴 타원형이고 잎사귀 모양의 흰색 무늬가 있다. 등면과 측면은 흰색이다.

수컷: 몸길이는 5.5~7.5mm이고, 두흉부의 길이는 2.6~3mm이며, 너비는 2.5~3mm 정도이다. 크기는 암컷에 비해 작고 날씬하다. 가운데눈네모꼴은 너비가 세로보다 길고, 뒤쪽 폭이 앞쪽 폭보다 길다. 이마는 전중안 지름의 약 3배 정도이다. 다리식은 2-1-3-4이다.

분포: 한국, 일본, 대마도, 중국, 대만

곰보꽃게거미속
Genus *Ebelingia* Lehinen, 2004

수컷은 배갑의 너비가 세로보다 길며 세로로 난 가운데홈이 뚜렷하다. 배갑의 양 측면에 세로로 선 1쌍의 폭넓은 무늬가 있다. 복부는 난형으로 미부의 폭이 좁아지며 등면의 거의 전부를 차지하는 특징적인 무늬가 있다.

곰보꽃게거미
Ebelingia kumadai (Ono, 1985)

♀ 외부 생식기　　　♂ 교접기관

암컷: 몸길이는 3.7~4.1mm이다. 눈차례는 전측안〉후측안〉전중안〉후중안이다. 두흉부는 황색이고 위턱과 아랫입술은 황갈색이며 흉판은 황색이다. 다리는 전체적으로 황갈색이고, 슬절 말단과 경절 말단, 척절 말단에 갈색 고리가 있다. 복부는 황백색에 갈색 무늬가 있고, 복부의 복부면은 회색이다.

수컷: 몸길이는 2.3~3.5mm이다. 눈차례와 이마, 위턱, 아랫입술의 형태는 암컷과 유사하다. 두흉부는 황갈색이고 측면은 암갈색인데 중앙에는 반점이 있다. 가운데눈네모꼴은 흰색, 위턱과 아랫입술은 암갈색, 흉판은 황갈색이다. 첫째다리와 둘째다리는 암갈색이고, 셋째다리와 넷째다리는 암컷과 유사하다.

분포: 한국, 중국

꽃게거미속
Genus *Ebrechtella* Dahl, 1907

작은 크기에서 중간 크기의 게거미이고 수컷은 암컷보다 작다. 두흉부는 길이와 너비가 비슷하고 강모가 나 있으며 어느 정도 평평하다. 측안이 중안보다 훨씬 크다. 눈차례는 전측안>후측안>전중안>후중안이고, 전중안 사이의 길이는 전중안과 전측안 사이의 길이보다 길다. 이마 높이는 전중안 사이의 길이와 비슷하다. 위턱은 이가 없거나 미소한 이가 있으며, 아랫입술은 세로가 너비보다 길다. 흉판은 세로가 너비보다 길고, 다리식은 1-2-4-3이며, 다리의 발톱에는 2~3개의 이빨이 있다. 복부는 서양배 모양이고, 암컷은 길이와 너비가 비슷하며, 수컷은 세로가 너비보다 긴 원형으로 긴 털이 나 있다. 암컷의 외부생식기는 가운데 덮개가 있고, 삽입 구멍은 덮개 양 측면에 있다. 삽입 도관은 감겨 있고, 저정낭은 작은 관 모양이다.

주왕꽃게거미
Ebrechtella juwangensis Seo, 2015

수컷: 배갑은 노란색에 수직으로 갈색 줄무늬가 있다. 가슴홈과 목홈은 불명확하다. 등면에서 봤을 때 전안열과 후안열은 모두 후곡해 있다. 흑안의 눈혹은 뚜렷하다. 안역은 거의 하얀색이다. 협각은 2개의 작은 앞두덩니를 가진다. 가슴판과 윗입술은 비교적 옅은 노란색이다. 첫째다리와 둘째다리의 넓적다리마디, 무릎마디 바깥부분과 종아리마디와 발바닥마디 끝부분은 갈색이며, 나머지는 노란색이다. 복부는 타원형으로 갈색이며 중앙에 갈매기형 무늬와 2개의 가로줄무늬가 나 있는 하얀색 세로줄무늬를 가지며 테두리 역시 하얗다. 복면은 노란색으로 뒤쪽에 몇몇 하얀색과 갈색 사선 줄무늬가 있다.

암컷: 배갑은 갈색 줄무늬 없이 노란색이며 가슴홈은 불명확하다. 협각에는 2개의 작은 앞두덩니가 나 있다. 첫번째다리와 두번째다리의 발끝마디와 발바닥마디는 갈색이며 나머지는 노란색이다. 복부는 수컷과 같다.

분포: 한국

꽃게거미
Ebrechtella tricuspidatus (Fabricius, 1775)

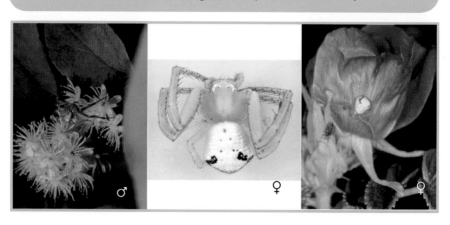

♀ 외부 생식기   ♂ 교접기관

수컷: 몸길이는 2.5~5mm이다. 두흉부는 너비가 세로보다 조금 넓고 어느 정도 평평하며, 흉부에 강모가 없으나 두부에는 강모가 있다. 가운데눈네모꼴은 앞쪽 폭이 뒤쪽 폭보다 짧고 너비가 세로보다 길다. 이마는 전중안 사이의 길이보다 넓다. 위턱은 이가 없고, 아랫입술과 심장형의 흉판은 세로가 너비보다 길다. 다리식은 1-2-4-3이고, 발톱 털은 거의 발달하지 않았다. 복부는 세로가 너비보다 길며 원형이다. 복부에는 짧은 털이 있고 등면은 광택이 있다. 두흉부는 갈색 수직의 선조(線條)가 있는 엷은 황색에서 황갈색까지 있으며, 두부는 백색이다. 위턱, 아랫입술, 아래턱은 황갈색이고, 흉판은 황색이다. 다리는 황갈색인데, 첫째다리와 둘째다리의 부절, 척절, 슬절과 경절은 말단부에 검은색 고리가 있고, 첫째다리의 퇴절은 복부면이 짙은 색이다. 복부의 복부면은 황백색 혹은 은색이다. 살아 있을 때는 좀 더 푸른 빛을 띤다.

암컷: 몸길이는 4.7~7.3mm이다. 암컷의 외부생식기는 연한 중앙 돌출물이 있고 주의 깊게 관찰해야 보인다. 저정낭은 신장형(腎臟形)이다. 두흉부의 형태, 다리식과 각 눈의 비율은 수컷과 유사하다. 복부는 담황갈색이고 반점이 없으며, 두부는 흰색이다. 위턱, 아랫입술, 흉판은 담황색이고, 다리와 수염기관은 황색에서 갈황색까지 있다. 부절과 척절의 말단은 짙은 색이다. 복부 등면은 황색, 흰색, 은색 혹은 밝은 연두색에 섬은색 반점이 있는 것 등 매우 다양하고, 드물게 반점이 없는 것도 있다.

분포: 한국, 일본, 대마도, 중국, 대만, 러시아, 시베리아

털게거미속
Genus *Heriaeus* Simon, 1875

중간 크기의 게거미이고, 수컷이 암컷에 비해 현저하게 작다. 그러나 다리들은 수컷이 암컷보다 길다. 기본적인 색깔은 연두색이고, 체표와 다리들은 극히 긴 털과 강모로 덮여 있다. 배갑은 세로가 너비보다 약간 길거나 같다. 측안은 중안보다 그다지 많이 크지는 않으며 돌기 위에 있다. 위턱에는 이빨이 없고, 아랫입술은 6각형이며 세로가 너비보다 길다. 흉판은 세로가 너비보다 길고, 특히 수컷은 다리들이 매우 길며 긴 털과 강모가 나 있다. 생식구는 단순하고 돌기가 없으며, 삽입부는 방패판 주위를 한 번 감고 있다. 지시기는 길고 매우 단단하게 경화되어 있으며 말단은 비후(肥厚)되어 있다. 복부는 원형에서 서양배 모양까지 있다. 암컷의 외부생식기는 중앙 돌기에 깊은 홈이 나 있고, 약간 경화되어 있으며 돌기에는 중앙 덮개가 있다.

털게거미
Heriaeus mellotteei Simon, 1886

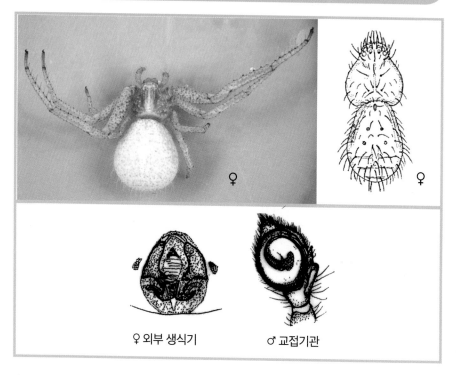

♀

♀

♀ 외부 생식기   ♂ 교접기관

수컷: 몸길이는 4.6~4.9mm이다. 두흉부는 세로보다 너비가 약간 길고 평평하며 수많은 긴 털과 강모가 나 있다. 눈은 작고 측안은 각각의 돌기 위에 있다. 위턱은 이빨이 없고, 아래턱의 말단은 모여 있으며, 아랫입술은 6각형이다. 흉판은 세로가 너비보다 길다. 다리는 극히 길고, 수없이 많은 길고 강한 털로 덮여 있다. 다리식은 1-2-4-3이고, 발톱에는 3~4개의 이빨이 나 있다. 복부는 세로가 너비보다 길고, 타원형으로 뒤쪽이 앞쪽보다 넓게 팽창되어 있으며 긴 털이 나 있다.

암컷: 암컷의 몸길이는 6.1~7.6mm이다. 두흉부는 암황색에서 담황갈색까지 있고 두부는 흰색이다. 위턱, 아래턱, 아랫입술과 흉판은 암황색이고, 다리는 흑황색에 흰색의 반문이 있다. 복부는 흰색에 담황색 반점이 있다. 두흉부, 복부의 형태와 눈의 비율은 수컷과 유사하고 색깔은 동일하다. 암컷의 촉지 발톱에는 2개의 이빨이 있다.

분포: 한국, 일본, 중국, 시베리아

풀게거미속
Genus *Lysiteles* Simon, 1895

작은 크기의 게거미이고, 몸길이는 2.0~4.5mm이며, 수컷이 암컷보다 조금 작다. 두흉부는 세로가 너비보다 길고 긴 강모가 나 있다. 눈은 상당히 발달되어 있고, 눈차례는 전측안〉후측안〉전중안〉후중안의 순이다. 이마는 전중안 사이의 길이와 비슷하거나 약간 넓다. 위턱은 퇴화한 이를 가지고 있고, 아랫입술은 세로가 너비보다 길며, 흉판은 세로가 너비보다 긴 심장형이다(드물게 너비가 세로보다 넓은 경우도 있다). 다리식은 2-1-4-3이고, 드물게 1-2-4-3인 경우도 있다. 다리에 가시들이 상당히 발달되어 있다. 암컷의 외부생식기는 경화된 주름이 있고, 삽입 구멍은 주름에 위치해 있다.

남궁게거미
Lysiteles coronatus (Grube, 1861)

♀

수컷: 몸길이는 2.6~3.2mm 정도이다. 두흉부는 세로가 너비보다 길고 긴 강모가 나 있다. 측안이 발달되어 있고, 이마는 전중안 사이의 길이보다 넓다. 아랫입술과 흉판은 세로가 너비보다 길다. 다리식은 2-1-4-3이다. 복부는 세로가 너비보다 길며 난형이다. 두흉부는 'U'자 모양 혹은 'ㅐ'자형 혹갈색 반점이 있는 담갈색이다. 위턱과 아랫입술은 암갈색이고, 아래턱은 담갈색이다. 흉판은 갈색이며 가장자리는 암갈색이다.

암컷: 몸길이는 2.5~4.3mm이다. 두흉부, 다리식과 각 눈의 비율은 수컷과 유사하다. 위턱, 아래턱, 아랫입술은 황갈색이고, 흉판은 앞쪽이 암갈색인 황갈색을 띠며, 다리는 갈황색이다. 복부는 황백색에 앞쪽은 흰색 점이, 뒤쪽은 3개의 큰 갈색 반점이 있다. 복부면은 황백색에 'U'자형 갈색 반점이 있다.

분포: 한국, 일본, 중국, 시베리아

고원풀게거미
Lysiteles maius Ono, 1979

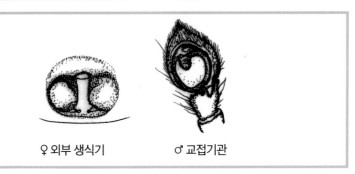

♀ 외부 생식기   ♂ 교접기관

배갑은 암갈색으로 중앙부가 밝고 빛나며 긴 강모가 나 있다. 전측안이 가장 크고 후중안이 가장 작으며, 가운데눈네모꼴은 너비가 세로보다 크고 앞변이 뒷변보다 짧다. 위턱은 갈색으로 가장자리가 검고 두덩니는 거의 없다. 가슴판은 암갈색으로 중앙부가 밝다. 다리는 황갈색으로 앞다리의 넓적다리마디와 종아리마디의 앞쪽과 뒤쪽에 암갈색무늬가 있으며, 발바닥마디, 발끝마디는 담색이다. 뒷다리는 모두 담황색이다. 배는 난형으로 갈색 바탕에 복잡한 무늬가 있고 색채 변이가 있어 갈색이나 암회색의 잎사귀무늬나 살깃무늬가 있으며 때로는 무늬가 소실되어 모두 회백색인 것도 있다. 고원의 관목이나 풀숲의 잎 뒤에 숨어 먹이 벌레의 접근을 기다리고 있다.

분포: 한국, 일본

민꽃게거미속
Genus *Misumena* Latreille, 1804

중간 크기의 게거미이고, 수컷은 암컷 크기의 반 정도이다. 두흉부는 너비와 길이가 비슷하고 짧은 털이 나 있으며, 두부에는 강모가 나 있다. 측안의 돌기들은 발달해 융합되어 있다. 눈은 그다지 발달되어 있지 않다. 눈차례는 전측안〉전중안〉후측안〉후중안이며, 전측안이 가장 크고 다른 눈들은 크기가 비슷하며 후측안은 전중안보다 작다. 이마는 너비와 세로가 비슷하고, 위턱은 이가 없으며, 아랫입술과 흉판은 세로가 너비보다 길다. 다리식은 1-2-4-3이고, 다리에는 강모가 나 있으며, 수컷은 복부에 가시가 없다. 삽입부는 짧고 지시기의 끝은 가시 모양이며, 휘어져 있다. 복부는 암컷의 경우 세로와 너비가 비슷하고, 수컷의 경우 세로가 너비보다 길다. 복부는 털이 있는 공 모양이다. 암컷의 외부생식기는 그다지 발달하지 않았으며, 중앙 격막이나 키틴질의 관이 없으나 중앙 덮개는 있다.

민꽃게거미
Misumena vatia (Clerk, 1757)

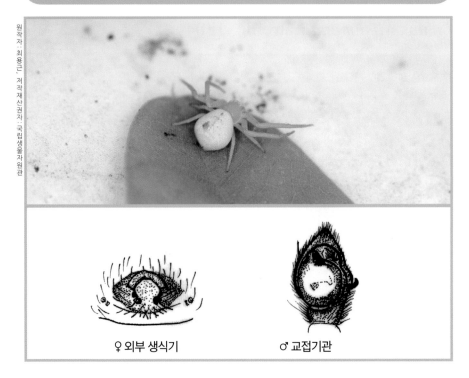

♀ 외부 생식기   ♂ 교접기관

수컷: 몸길이는 3.1~3.8mm 정도이다. 두흉부는 길이와 너비가 비슷하고, 두부에는 강모가 나 있다. 눈은 발달되어 있으며 전측안이 가장 크고 다른 눈은 크기가 비슷하다. 두흉부는 황색에서 황갈색이다. 위턱, 아랫입술, 아래턱, 흉판은 황색에서 담황갈색까지 다양하다. 다리는 황갈색이며, 퇴절, 슬절, 경절, 척절, 첫째다리와 둘째다리 부절의 말단부는 어두운 색이다. 복부는 반점이 없는 흰색이거나 암갈색 혹은 검은색의 경선(徑線)의 선조(線條)가 뒤쪽에 있다.

암컷: 몸길이는 5.4~10.9mm이고, 두흉부의 형태와 각 눈의 비율은 수컷과 유사하다. 두흉부는 담황색이고 가운데는 흰색이다. 복부는 우유빛이고, 몇 개의 적색점이 측면 가장자리에 있는 경우도 있다.

분포: 한국, 일본, 중국, 시베리아

연두게거미속
Genus *Oxytate* L. Koch, 1878

중간 또는 큰 크기의 게거미로, 수컷이 암컷보다 약간 작다. 두흉부는 세로가 너비보다 길고 평평하며 털은 적다. 두부와 이마에는 강모가 있고, 측안들은 분리된 돌기 위에 있다. 눈차례는 전측안〉후측안〉전중안〉후중안이다. 전중안 사이의 거리는 전중안과 전측안 사이의 길이보다 길며, 후중안 사이의 간격은 후중안과 후측안 사이의 거리보다 짧다. 가운데눈네모꼴은 앞쪽 폭이 뒤쪽 폭보다 짧거나 같고, 세로가 너비보다 길다. 다리식은 2-1-4-3이다. 지시기는 짧고 가시 모양이며, 생식구에는 돌기가 없다. 위턱은 엄니두덩니가 없고, 아랫입술과 흉판은 세로가 너비보다 길다. 복부는 세로가 너비보다 훨씬 길고, 긴 강모가 있다. 성숙한 수컷에서는 등면이 더욱 경화되고, 암컷의 외부생식기는 작고 삽입 도관이 짧으며 난형의 저정낭을 갖는다.

중국연두게거미
Oxytate parallela (Simon, 1880)

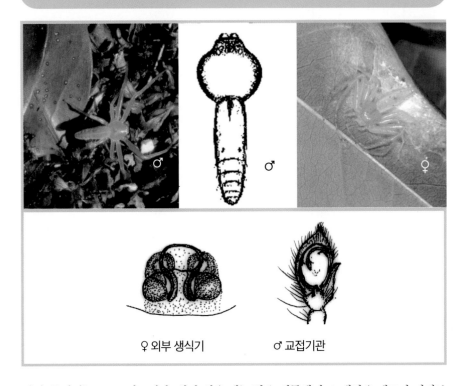

♀ 외부 생식기   ♂ 교접기관

암컷: 몸길이는 9mm 정도이다. 살아 있을 때는 밝은 연두색이고, 배갑은 세로가 너비보다 길다. 홈은 없고, 모든 눈들은 어두운 색이며 눈두덩 위에 있다. 전안열과 후안열은 후곡하고, 전안열이 후안열보다 짧다. 가운데눈네모꼴은 앞쪽 폭이 뒤쪽 폭보다 좁고, 세로가 너비보다 길다. 위턱은 양쪽 모두 가장자리에 두덩니가 없다. 흉판은 세로가 너비보다 길다. 다리식은 1≒2〉3≒4이고, 부절 발톱에는 털다발이 있다. 복부는 세로가 너비보다 길고, 등면 앞쪽 반은 7개의 낮은 홈이 횡선으로 나 있다. 복부 앞쪽 반에 난 강모는 줄연두게거미보다 미약하게 나 있다.

수컷: 몸길이는 7.9mm 정도이다. 아랫입술은 암컷보다 작으며 다리는 암컷보다 날씬하다. 복부도 암컷보다 날씬하며 등면의 강모는 암컷보다 잘 발달되어 있다.

분포: 한국, 중국

줄연두게거미
Oxytate striatipes L. Koch, 1878

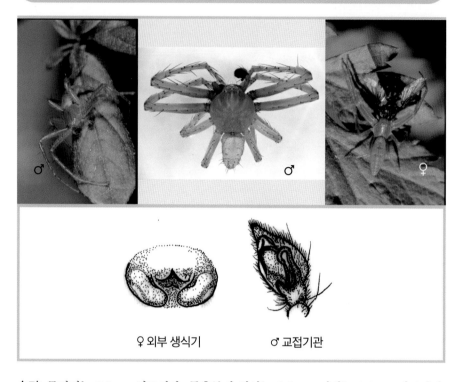

♀ 외부 생식기　　　　♂ 교접기관

수컷: 몸길이는 8.8mm 정도이다. 두흉부의 길이는 3.5mm, 너비는 3.2mm 정도이며, 복부의 길이는 5.9mm, 너비는 1.9mm 정도이다. 암컷보다 조금 작고, 복부도 수컷이 더 날씬하며, 다리 역시 암컷보다 짧다. 복부 등면의 앞쪽 반에는 7개의 선명한 헛마디 (pseudo-segment)가 있고, 강모에 의한 4줄의 경선이 있다. 암컷의 몸길이는 8.4mm 정도이다. 두흉부의 세로는 2.7mm, 너비는 2.5mm 정도이며, 복부의 세로는 5.9mm, 너비는 2.3mm 정도이다. 살아 있을 때는 밝은 연두색이고, 배갑은 세로가 너비보다 길다. 홈은 없고, 모든 눈들은 어두운 색이며 눈두덩 위에 있다. 전안열과 후안열은 후곡하고, 전안열이 후안열보다 짧다. 눈차례는 전측안〉후측안〉전중안〉후중안이다. 전중안 사이의 거리는 전중안과 전측안 사이의 거리보다 길고, 후중안 사이의 거리는 후중안과 후측안 사이의 거리보다 짧다. 가운데눈네모꼴은 앞쪽 폭이 뒤쪽 폭보다 넓고, 세로가 너비보다 길다. 이마의 높이는 전중안 직경의 2.5~3.5배이고, 위턱은 양쪽 모두 가장자리에 엄니 두덩니가 없다. 아래턱은 세로가 너비보다 길다. 다리식은 개체에 따라 다양하여 2-1-4-

3, 1-2-4-3 혹은 1=2-4-3이며, 부절 발톱에는 털다발이 있다. 복부는 세로가 너비보다 길며, 등면 뒤쪽 반은 몇몇 강모가 경선으로 4줄 나 있고 헛마디는 없다.

분포: 한국, 일본, 대마도, 중국, 대만

곤봉게거미속

Genus *Ozyptila* Simon, 1864

작은 크기의 게거미이고, 어두운 색을 띤다. 두흉부는 세로가 너비보다 약간 길거나 같고 볼록한 면이 있으며, 주걱 모양과 곤봉 모양의 털과 강모가 나 있다. 두부는 좁고 측안들은 돌기 위에 있다. 눈차례는 전측안〉후측안〉전중안〉후중안이고, 후중안은 매우 작다. 전중안 사이의 거리는 전중안과 전측안 사이의 거리보다 길고, 후중안 사이의 거리는 후중안과 후측안 사이의 거리보다 짧다. 가운데눈네모꼴은 앞쪽 폭이 뒤쪽 폭보다 길고, 길이와 너비는 비슷하다. 이마는 전중안 사이의 거리와 비슷한 너비고, 다리식은 1≒2-3-4이다. 다리는 짧고 두꺼우며, 첫째다리와 둘째다리 경절은 등면에 2개의 강모가 있다. 복부는 너비가 세로보다 길고, 곤봉 모양 혹은 주걱 모양의 털이 나 있다. 암컷의 외부생식기는 매우 단단하게 경화되어 있다. 가운데 덮개가 있으며 삽입 도관은 짧고 저정낭은 공 모양이다. 수컷 수염기관은 복잡하게 되어 있고 생식구에는 방패판 돌기가 있으며, 지시기는 짧은 가시 모양이다.

낙성곤봉게거미
Ozyptila atomaria (Panzer, 1801)

원작자 : 최용근, 저작재산권자 : 국립생물자원관

♀ 외부 생식기　　　♂ 교접기관

배갑은 적갈색이며 밝은 중앙부의 양옆으로 진한 암갈색 줄무늬가 평행하게 뻗쳐 있고 앞 끝쪽에 6~8개의 곤봉털이 뻗어있다. 위턱, 아래턱, 아랫입술은 갈색이며, 아랫입술의 길이는 아래턱 길이의 1/2 이상이다. 가슴판은 방패 모양이며 갈색 바탕에 검은 불규칙한 무늬가 있다. 다리는 담적갈색 바탕에 넓적다리마디, 무릎마디, 종아리마디에 흑갈색 반점이 퍼져있고, 발바닥마디, 발끝마디는 황갈색이다. 배는 황갈색 바탕에 갈색 반점과 작은 곤봉털이 나 있다. 밑면은 회갈색으로 가느다란 가로무늬가 있다. 풀숲, 밑동, 낙엽층, 지표면 등을 배회하며, 연중 완성체를 볼 수 있다. **분포:** 한국, 일본, 유럽

금오곤봉게거미
Ozyptila geumoensis Seo et Sohn, 1997

500

암컷: 배갑은 적갈색이고 가슴홈은 불명확하나 그 위에 나비모양의 노란색 무늬가 있다. 흉부영역은 좁게 노란 테두리로 싸여있다. 이마에는 4개의 긴 방망이모양 강모가 나 있다. 안역은 황백색으로 전안열과 후안열 모두 위에서 봤을 때 후곡 되어있다. 협각은 적갈색으로 두덩니가 없으며 전면에 한 줄의 강모와 가시털이 나 있다. 윗입술은 황갈색이며 아랫입술은 적갈색으로 끝이 납작하다. 가슴판은 말편자 모양으로 적갈색이고 가운데에 하얀 무늬가 있다. 다리는 적갈색으로 하얀 고리 무늬나 점이 발끝마디를 제외한 모든 마디의 말단에 있다. 다리식은 1-2-4-3이다. 복부는 암갈색에 방망이꼴 강모가 등면에 나 있다. 전면을 제외하고 주름이 있다. 배면에는 가로주름이 있다. 암컷의 생식기의 경우 1쌍의 외부생식기주머니가 있으며 수정낭은 콩팥 모양이다.   **분포:** 한국

가산곤봉게거미
Ozyptila gasanensis Paik, 1985

♀

암컷의 몸길이는 3.5mm 정도이다. 두흉부는 흑갈색이고 가운데홈 앞쪽에 황갈색으로 좁게 경계 지어진다. 양눈은 후곡하고, 눈차례는 전중안=후중안<후측안<전측안이다. 가운데눈네모꼴은 너비보다 세로가 더 길고 앞쪽이 뒤쪽보다 약간 좁다. 위턱은 암갈색이고 세로가 너비보다 길며 말단에는 이가 없다. 아랫입술과 아래턱은 암갈색이고, 흉판은 황갈색의 세로가 너비보다 긴 심장형이다. 다리는 암갈색이고 황갈색 반점이 얼룩덜룩하게 산포한다. 다리식은 2≒1-3-4이다. 복부는 희미한 황갈색이고 암갈색 줄무늬가 있으며 테두리에는 회색빛을 띠는 흰점이 있다.   **분포:** 한국

501

점곤봉게거미
Ozyptila nipponica Ono, 1985

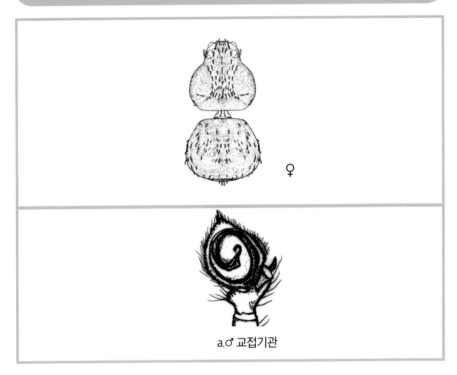

a.♂ 교접기관

수컷의 몸길이는 2.1mm 정도이다. 두흉부의 길이는 1mm, 너비는 1.1mm 정도이며, 복부의 길이와 너비는 0.55mm 정도이다. 배갑은 적갈색이고, 미세한 검은색 돌기들이 있으며, 곤봉 모양의 털이 많이 나 있다. 이마의 높이는 전중안 직경의 5.5배 정도이다. 양안열은 등면에서 볼 때 후곡한다. 눈차례는 전측안〉후측안〉전중안=후중안이고, 위턱은 엄니두덩니가 없는 암갈색이며 말단부에는 앞쪽 가장자리까지 강모의 열이 있다. 아랫입술, 아래턱과 흉판은 적갈색이다. 모든 퇴절은 암갈색이고, 나머지 다리마디들은 적갈색이다. 복부는 적갈색이고 가장자리를 따라서 주름이 있다. 복부의 등면은 곤봉 모양의 털이 나 있고, 반점이 조금 있다. 복부의 복부면은 황갈색이고 적갈색의 주름들이 있으며 곤봉 모양의 털은 없다.

분포: 한국, 일본, 중국

502

논개곤봉게거미

Ozyptila nongae Paik, 1974

♀

♀ 외부 생식기　　　♂ 교접기관

암컷의 두흉부는 암갈색이고, 가운데홈 앞쪽에 연한 황갈색 줄무늬로 경계지어져 있다. 양 눈은 후곡하고, 눈차례는 전중안=후중안〈후측안〈전측안이다. 가운데눈네모꼴은 세로보다 너비가 길고 뒤쪽보다 앞쪽이 더 길다. 이마의 높이는 전중안의 2.3배이고, 가장자리에 6개의 긴 곤봉 모양의 털이 나 있다. 위턱에는 말단에 엄니부넝니가 없고, 강모와 가시가 나 있다. 아랫입술과 아래턱은 황갈색이고, 흉판은 황갈색에 옆면과 뒤쪽이 거무스레하며 세로가 너비보다 길다. 다리는 암황갈색이고, 퇴절의 기부는 담황색, 말단은 암갈색이다. 또한 슬절의 말단과 경절의 기부도 암갈색이다. 복부 등면은 약간의 검은색 줄무늬와 가장자리에 흰색 점들이 있고, 복부면은 황갈색이며 너비가 세로보다 길다. 몸 전체에는 곤봉형과 주걱 모양의 털이 약간 나 있다. 다리식은 1-2-4-3이다.

분포: 한국, 중국

두꺼비곤봉게거미
Ozyptila scabricula (Westring, 1951)

배갑은 갈색과 흰색이 교대로 나타난다. 배갑의 중앙은 하얀색이고 테두리는 갈색이다. 두부는 등변사다리꼴 모양이다. 전측안과 후측안은 다른 눈들에 비해 매우 크다. 모든 눈이 흩어져있어 눈혹들 또한 많이 존재한다. 가슴판은 밝은 갈색이다. 다리는 갈색이나 몸쪽으로 갈수록 밝아진다. 다리에 많은 돌기들이 있으며, 복부는 너비가 세로보다 길고 매우 납작하다. 털이 거의 없다.

분포: 한국, 일본, 유럽

북방곤봉게거미
Ozyptila utotchkini Marusik, 1990

수컷: 복부는 적갈색으로 등면은 작은 방망이형 강모로 덮여있고, 앞부분을 제외하고 주름져 있다. 배면에는 가로로 주름이 져 있다. 수염기관의 종아리마디에는 후크모양의 복면돌기와 안쪽으로 휜 2개의 후측면 돌기들이 있다. 삽입기는 시계방향으로 꼬인 실모양으로 톱니모양의 끝부분을 가지고 있다. 무릎마디 돌기는 안쪽으로 돌출되어 있다.

암컷: 등면에서 보았을 때 전안열과 후안열 모두 후곡 되어 있다. 생식기 앞쪽에 주름이 있고, 주름에 1쌍의 교미구가 위치한다. 수정낭은 타원형이다.

분포: 한국, 중국, 러시아

사마귀게거미속
Genus *Phrynarachne* Thorell, 1869

큰 크기의 게거미이고, 수컷은 암컷의 1/3 크기이다. 배갑은 길이와 너비가 비슷하고, 작은 혹과 같은 다수의 돌기들이 전면에 산재한다. 눈은 작고 크기가 거의 같다. 전중안 사이의 거리는 전중안과 전측안 사이의 거리보다 길고, 후중안 사이의 거리는 후중안과 후측안 사이의 거리보다 길거나 같다. 가운데눈네모꼴은 거의 정사각형이고, 이마는 전중안 사이의 거리보다 약간 길다. 위턱은 앞쪽 가장자리에 2개의 이가 있고, 엄니홈(fang furrow)의 뒤쪽 가장자리에 큰 이가 하나 있다. 아랫입술은 세로가 너비보다 길다. 흉판은 원형이며 세로가 너비보다 길다. 수컷 수염기관의 경절은 매우 발달되어 있고 길다. 복부에 많은 돌기들이 있다. 암컷의 외부생식기는 간단하고, 경화된 판이 있으며 저정낭은 신장형(腎臟形)이다.

사마귀게거미

Phrynarachne katoi Chikuni, 1955

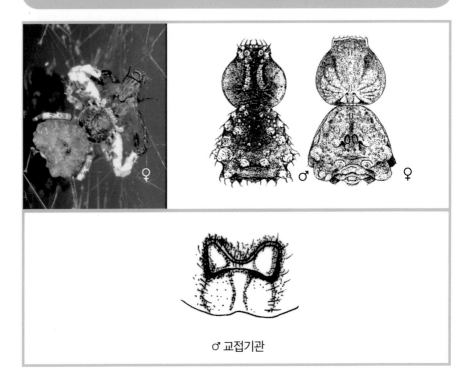

♂ 교접기관

수컷: 몸길이는 2.4mm 정도이다. 두흉부는 너비와 길이가 비슷하고, 등면이 짧은 강모가 나 있는 알갱이들로 덮여 있다. 전중안 사이의 거리는 전중안과 전측안 사이의 거리보다 길고, 후중안 사이의 거리는 후중안과 후측안 사이의 거리보다 길다. 가운데눈네모꼴은 앞쪽 폭이 뒤쪽 폭보다 짧고 너비가 세로보다 길다. 위턱의 앞엄니두덩에는 2개의 이빨이 있고, 후측 가장자리에는 큰 이빨이 있다. 아랫입술은 암컷에서는 세로가 너비보다 길고, 수컷에서는 너비가 세로보다 길다. 흉판은 원형이고, 암컷에서는 세로가 너비보다 길고 수컷에서는 비슷하다. 다리식은 1≒2-4-3이다. 생식구는 단순하고 지시기는 섬유 모양이다. 복부는 너비가 세로보다 길고, 많은 돌기가 경화된 판으로 덮여 있으며 몇몇 털과 강모가 있다. 두흉부는 수직의 흰색 선조(線條)가 있는 어두운 호박색이고, 위턱은 흰색 반점이 있는 호박색이며, 아랫입술, 아래턱, 흉판은 흑색이다. 다리는 흑갈색이다.

암컷: 몸길이는 8.7~12.6mm 정도이다. 두흉부의 형태, 다리식과 각 눈의 비율은 수컷과

506

유사하다. 암컷의 외부생식기는 약간 볼록하고 삽입구멍들은 경화된 덮개로 덮여 있으며 저정낭은 신장형(腎臟形)이다. 두흉부는 후측 경사부에 검은색 반점이 있는 갈색이고, 이마는 흰색이다. 위턱의 기부는 흰색이고, 말단부는 담황색이며, 아래턱, 아랫입술과 흉판은 검은색이다. 각 퇴절과 슬절 그리고 첫째다리와 둘째다리 경절의 기부는 흰색이고, 첫째다리와 둘째다리의 다른 다리마디는 검은색이며, 촉지는 담황색이다. 복부는 담황색에서 황색까지 있으며 반점은 없다. 복부의 복부면은 흰색이다.

분포: 한국, 일본, 대마도, 중국

오각게거미속
Genus *Pistius* Simon, 1875

중간 크기에서 큰 크기의 게거미이고, 수컷은 암컷 크기의 반이다. 두흉부는 길이와 너비가 비슷하고 별로 발달되지 않은 강모와 짧은 털이 나 있다. 측안 돌기는 발달되어 있고 융합되어 있으며, 눈은 발달되어 있지 않다. 눈차례는 전측안>후측안>전중안>후중안이고, 전측안이 가장 크며 다른 눈들은 크기가 비슷하다. 후측안은 종종 전중안보다 작고, 전중안 사이의 거리는 전중안과 전측안 사이의 거리보다 길며 후중안 사이의 거리는 후중안과 후측안 사이의 거리보다 짧다. 가운데눈네모꼴은 앞쪽 폭과 뒤쪽 폭이 비슷하고 길이도 너비와 비슷하다. 이마는 전중안 사이의 거리보다 넓다. 위턱은 엄니두덩니가 없고, 아랫입술과 흉판은 세로가 너비보다 길다. 다리의 발톱은 2~4개이고, 다리식은 1≒2-4-3이며, 첫째다리와 둘째다리의 경절과 척절은 측면에 가시가 없다. 삽입부는 짧고 비후(肥厚)되어 있으며, 지시기는 끝이 가시 모양이고 휘어져 있다. 복부는 너비가 세로보다 길고, 뒤쪽 끝이 잘린 모양이며, 털이 거의 없다. 암컷의 외부생식기는 중앙 격막이 있고 발달되어 있다.

오각게거미
Pistius undulatus Karsch, 1879

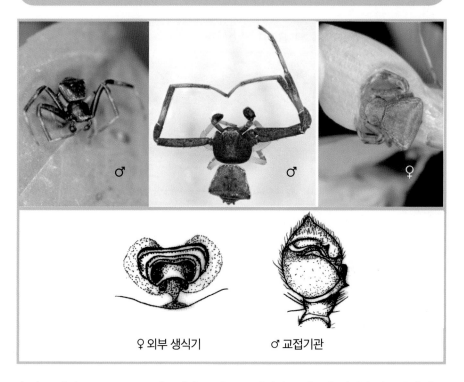

♂   ♂   ♀

♀ 외부 생식기   ♂ 교접기관

수컷: 몸길이는 3.6~5.3mm 정도이다. 두흉부는 평평하고 세로와 너비가 비슷하며 짧은 털로 덮여 있다. 그 외 다른 부분은 털이 적고, 두부의 강모도 거의 발달되어 있지 않다. 눈은 작고 후안은 중안에 비해 별로 크지 않다. 측안돌기는 합생(合生)해서 측안 간 높이는 낮고, 후측안은 전면에서 보이지 않는다. 가운데눈네모꼴은 앞쪽 폭이 뒤쪽 폭보다 짧고 세로가 너비보다 약간 길다. 이마는 전중안 사이의 거리보다 넓다. 위턱은 엄니두덩니가 없다. 흉판은 세로가 너비보다 길다. 복부의 세로보다 너비가 길고, 끝이 잘린 모양으로 털이 거의 없다. 몸의 색깔은 암컷보다 더 짙은 색이다.

암컷: 몸길이는 8.5~12mm 정도이다. 두흉부의 형태와 눈차례는 수컷과 유사하다. 두흉부, 위턱, 아래턱, 아랫입술, 흉판은 갈색 반문이 있는 황갈색이다. 첫째다리와 둘째다리는 황색으로 경절, 슬절, 퇴절의 각 말단이 어두운 색이고 셋째다리와 넷째다리는 황색이다. 복부 등면은 황갈색, 담황갈색 혹은 갈색으로 다수의 작은 흰색 점들이 있다.

분포: 한국, 일본, 대마도, 중국, 대만, 시베리아

애나무결게거미속
Genus *Pycnaxis* Simon, 1895

작은 크기의 게거미이고, 수컷이 암컷보다 약간 작다. 두흉부는 세로가 너비보다 조금 길고 암컷에서는 곤봉형의 강모가 나 있다. 측안 돌기들은 분리되어 있고, 눈차례는 전측안〉후측안〉전중안〉후중안이다. 전중안 사이의 거리는 전중안과 전측안 사이의 거리보다 길고, 후중안 사이의 거리는 후중안과 후측안 사이의 거리보다 짧다. 가운데눈네모꼴은 앞쪽 폭이 뒤쪽 폭보다 길고, 너비가 세로보다 넓거나 같다. 이마는 전중안 사이의 거리보다 좁고 7개의 강모가 있다. 아랫입술은 세로가 너비보다 약간 길거나 비슷하고, 흉판은 세로가 너비보다 길다. 위턱은 엄니두덩니가 없고, 다리식은 1≒2-4-3이다. 생식구는 돌기가 없고 지시기는 긴 섬유 모양이며 방패판 주위를 두 번 감고 있다. 암컷의 외부생식기는 그다지 경화되어 있지 않고 가운데 덮개가 있으며 키틴질의 판은 없다. 삽입도관은 연하고 길며, 저정낭은 작은 공 모양이다.

애나무결게거미
Pycnaxis truciformis (Bösenberg et Strand, 1906)

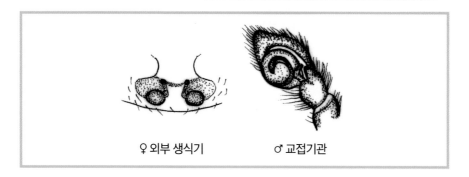

♀ 외부 생식기   ♂ 교접기관

수컷: 몸길이는 2.2~2.9mm이다. 두흉부는 너비와 길이가 비슷하며 암컷은 곤봉형의 강모가, 수컷은 강모가 나 있다. 눈차례는 전측안〉후측안〉전중안〉후중안이고, 가운데눈네모꼴은 앞쪽 폭이 뒤쪽 폭보다 길고 너비가 세로보다 넓다. 이마는 전중안 사이의 거리보다 좁다. 위턱은 이마 높이의 약 4배 정도의 길이이고, 아랫입술과 흉판은 세로가 너비보다 길다. 위턱은 흑갈색이고, 아랫입술과 아래턱은 황갈색이며, 흉판은 황색이다. 첫째다리와 둘째다리는 갈색이고, 셋째다리와 넷째다리는 황색이며, 각 퇴절과 경절 말단부의 반은 좀더 어두운 색이다. 생식구에 돌기물은 없으며 삽입부는 방패판 주위를 2번 감고 있다. 지시기는 섬유 모양이다. 수컷의 복부는 세로가 너비보다 길고 강한 털들이 많이 나 있다.

암컷: 몸길이는 2.7~4.2mm이다. 두흉부의 형태와 눈차례는 수컷과 유사하다. 두흉부는 황갈색에서 암갈색까지 있고, 측면에 검은색의 반점이 있다. 위턱, 아래턱, 아랫입술은 흑갈색이고, 흉판은 황색 혹은 담황백색이다. 복부 등면은 탁한 황색 혹은 황갈색이고, 희미한 어두운 색의 반점이 측면에 있으며, 복부 복부면은 담황갈색이다. 암컷의 외부생식기는 경화 정도가 약하고 가운데 덮개가 있으며 삽입 도관은 길고 연하다. 저정낭은 작은 공 모양이다.

분포: 한국, 일본, 대만

흰줄게거미속
Genus *Runcinia* Simon, 1875

중간 크기의 게거미이고 동종이형이다. 수컷은 복부에 희미한 반점이 없고, 암컷에 비해 훨씬 날씬하다. 두흉부는 세로와 너비가 비슷하고 평평하며 짧은 털이 있다. 두부에는 짧은 강모가 있고, 돌기는 전측안과 후측안 사이에 있다. 눈은 작고, 눈차례는 전측안〉후측안〉전중안〉후중안이다. 전중안 사이의 거리는 전중안과 전측안 사이의 거리보다 짧고, 후중안 사이의 거리는 후중안과 후측안 사이의 거리보다 길다. 가운데눈네모꼴은 앞쪽 폭이 뒤쪽 폭보다 짧고 너비가 세로보다 길다. 이마는 전중안 사이의 거리보다 좁다. 아랫입술과 흉판은 세로가 너비보다 약간 길고, 위턱은 두덩니가 없다. 다리식은 1-2-4-3이다. 첫째다리는 넷째다리보다 2배 이상 길고 가시는 발달하지 않았다. 첫째다리와 둘째다리 경절은 측면 가시가 없고, 부절의 발톱은 2~3개가 각각 존재한다. 생식구에 돌기가 없다.

흰줄게거미
Runcinia insecta (L. Koch, 1875)

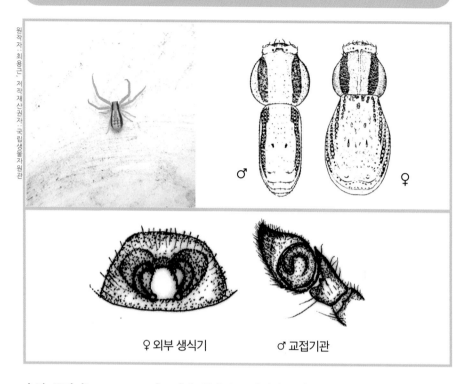

♂   ♀

♀ 외부 생식기   ♂ 교접기관

수컷: 몸길이는 3~3.5mm 정도이다. 두흉부는 평평하고 짧은 털이 나 있으며, 암컷은 세로가 너비보다 길고 수컷은 너비와 길이가 비슷하다. 두부와 이마에는 짧은 강모가 나 있다. 가운데눈네모꼴은 앞쪽 폭이 뒤쪽 폭보다 짧고, 너비가 세로보다 길다. 아랫입술과 흉판은 세로가 너비보다 길고, 다리식은 1-2-4-3이며, 다리 발톱에는 2개의 긴 이빨이 있다. 복부는 세로가 너비보다 길고 짧은 털이 나 있다. 두흉부는 황색에서 황갈색까지 있으며 각 측면에 갈색 경선(徑線)의 선조가 있다. 두부는 흰색이고, 위턱, 아랫입술, 아래턱, 흉판, 수염기관, 다리는 황색이다. 첫째다리와 둘째다리 경절의 말단과 척절 전체는 담갈색이다. 복부는 황색 혹은 가장자리의 주름을 따라서 검은색의 선조(線條)가 있는 흰색이다. 뒤쪽에는 중앙 흑점과 몇몇 흑점들이 있다.

암컷: 몸길이는 4.5~6mm 정도이다. 두흉부의 형태, 다리식과 각 눈의 비율은 수컷과 유사하다. 암컷의 외부생식기는 작고, 앞쪽에 작은 가운데 덮개가 있으며 삽입 구멍들은 중앙에 위치해 있다. 삽입 도관은 감겨 있고 저정낭은 원형이다. 두흉부는 황색에서 밝

513

은 담황갈색까지 있고, 양 측면에는 갈색 선조(線條)가 나 있다. 안역은 백색이다. 위턱, 아래턱, 아랫입술과 흉판, 셋째다리와 넷째다리는 황색이다. 첫째다리와 둘째다리는 담황갈색이고, 퇴절, 슬절, 경절, 척절 전측면은 흰색이다. 복부는 흰색에서 담황갈색까지 있고, 가장자리의 주름을 따라서 측면에 흑색의 선조(線條)가 있다. 말단부에는 몇몇 검은색 점들이 있고 복부면은 담황색이다.

분포: 한국, 일본, 중국, 대만

불짜게거미속
Genus *Synema* Simon, 1864

중간 크기의 게거미이고, 수컷이 암컷보다 날씬하다. 두흉부는 너비와 길이가 비슷하고 긴 강모가 있다. 눈은 작고 측안들은 각각의 돌기에 있다. 눈차례는 전측안〉후측안〉전중안〉후중안이고, 가운데눈네모꼴은 너비가 세로보다 길고 뒤쪽이 앞쪽보다 길다. 이마는 전중안 사이의 거리보다 좁고, 위턱은 이가 없으며, 아랫입술과 흉판은 세로가 너비보다 길다. 다리는 발달된 가시들이 있고 발톱의 털다발은 발달이 미약하다. 다리식은 2-1-4-3이고, 암컷 수염기관은 톱니 모양의 발톱이 있다. 생식구는 간단하고 돌기가 없으며 지시기는 긴 섬유 모양이다. 복부는 암컷의 경우 공 모양이고 수컷은 원형이며, 암수 모두 긴 털이 나 있다. 암컷의 외부생식기는 중앙에 경화된 판이 있고, 판 바로 아래에 가운데 덮개가 있다. 삽입 도관은 연하고 저정낭은 작은 신장형(腎臟形)이다.

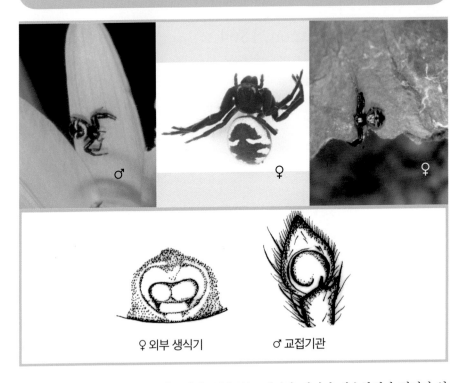

♂   ♀   ♀

♀ 외부 생식기   ♂ 교접기관

수컷: 몸길이는 3.4~5.3mm 정도이다. 두흉부는 너비와 길이가 비슷하거나 길이가 약간 길고 긴 강모가 나 있다. 배갑은 적갈색이고, 두부는 조금 더 밝은색이다. 위턱, 아랫입술, 아래턱은 황갈색에서 흑갈색까지 있고, 흉판은 흑갈색이며 세로가 너비보다 더 길다. 눈은 작고, 측안은 돌기 위에 있다. 눈차례는 전측안〉후측안〉전중안〉후중안의 순이다. 전측안은 전중안보다 약 1.5배 정도 크고 후측안은 후중안보다 1.3배 정도 크다. 가운데눈네모꼴은 앞쪽 폭이 뒤쪽 폭보다 짧고 너비가 세로보다 길다. 이마는 전중안 사이의 거리보다 좁다. 위턱은 엄니두덩니가 없으며, 아랫입술은 세로가 너비보다 길다. 다리식은 2-1-4-3이며, 첫째다리와 둘째다리는 갈색에서 흑갈색까지 있다. 셋째다리와 넷째다리는 황갈색이며, 퇴절, 경절, 슬절은 좀 더 어두운 색이다. 복부는 원형이며 세로가 너비보다 길고 짧은 털이 나 있다. 복부의 색깔은 흑갈색 또는 흑색이고 흰색 반문이 있다. 등면은 흑갈색이고, 위 바깥홈 가까이에 흰색 점이 있으며 실젖 양 측면에도 흰색 점들이 있다. 생식구는 단순하고 삽입부는 방패판 주위를 한 번 감고 있다. 지시기는 긴 섬

유 모양이다.

암컷: 몸길이는 4.8~8.2mm 정도이다. 두흉부의 형태와 각 눈의 비율은 수컷과 유사하다. 두흉부는 적갈색이고 두부는 좀더 밝은색이다. 위턱, 아래턱, 아랫입술과 흉판은 흑갈색이다. 첫째다리와 둘째다리는 흑갈색이고, 셋째다리와 넷째다리는 황갈색이다. 복부는 탁한 흰색, 황색 혹은 주황색이고 가장자리는 흑갈색이며 중앙에는 희미한 반점이 있다. 복부의 복부면은 흑갈색 혹은 검은색이고 흰색 점이 실젖 측면에 있다. 암컷의 외부생식기는 큰 키틴질의 판이 있고 판 바로 밑에는 가운데 덮개가 있다. 삽입 도관은 연하고 감겨 있으며, 저정낭은 신장형(腎臟形)이다.

분포: 한국, 일본, 중국, 러시아, 구북구

살받이게거미속
Genus *Thomisus* Walckenaer, 1805

중간 크기의 게거미이다. 수컷은 암컷에 비해 눈에 띄게 작고, 두흉부는 길이와 너비가 비슷하며 강모는 없다. 두부에는 뿔 형태의 돌출물이 있고, 큰 돌출물은 전측안과 후측안 사이에 있다. 눈은 발달되어 있지 않고 크기가 거의 같다. 위턱은 이가 없고, 아랫입술은 세로가 너비보다 길며, 흉판은 세로가 너비보다 길거나 비슷하다. 다리식은 1-2-4-3 혹은 2-1-4-3이고, 다리 발톱에는 작은 이가 조금 있다. 다리의 가시들은 발달되어 있지 않고, 수컷에 훨씬 많다. 첫째다리와 둘째다리 경절은 측면의 가시가 없지만, 척절과 경절의 복부면에 각각 가시가 있다. 생식구는 단순하고 돌기가 없으며, 지시기는 짧은 섬유 모양 혹은 가시 모양이다. 복부는 너비가 세로보다 길고, 암컷에서는 매우 크고 수컷에서는 상당히 경화되어 있다. 암컷의 생식기는 일반적으로 매우 간단하다. 암컷의 외부생식기는 발달되어 있지 않으며 덮개가 없다. 삽입 도관은 짧고 저정낭은 공 모양이다.

살받이게거미
Thomisus labefactus Karsch, 1881

♀ 외부 생식기   ♂ 교접기관

수컷: 몸길이는 2.2~3.2mm이다. 두흉부는 너비와 길이가 비슷하고 수많은 작은 돌기들이 있다. 가운데눈네모꼴은 너비가 세로보다 길고, 이마는 전중안 사이의 거리보다 좁다. 수컷의 위턱은 돌기물이 없으나 1~2개의 짧은 강모가 있다. 아랫입술은 세로가 너비보다 길고, 흉판은 길이와 너비가 비슷하거나 세로가 너비보다 약간 길다. 다리식은 1-2-4-3 혹은 2-1-4-3이고, 다리의 발톱에는 2~4개의 작은 이빨이 있다. 두흉부는 황갈색에서 갈색까지 있고, 두부는 밝은색이며, 위턱, 아랫입술, 아래턱과 흉판은 황색에서 담황갈색까지 있다. 다리는 황색에서 담황갈색까지 있고 퇴절과 경절은 어두운 색이다. 복부는 담황갈색이다. 암컷의 복부는 너비와 길이가 비슷하고, 수컷에서는 너비가 약간 길다.

암컷: 몸길이는 6.0~8.6mm이다. 두흉부의 형태와 각 눈의 비율은 수컷과 유사하다. 암컷의 외부생식기는 경화된 판이 없고 삽입 구멍은 측면에 위치해 있다. 삽입 도관은 짧고 휘어져 있으며 저정낭은 난형이다. 두흉부와 다리는 황갈색이고, 두부와 이마에는 검은색의 큰 점이 전측안 사이에 있으며, 이마 위에는 검은색의 큰 점이 있다. 복부 전체는

어떠한 반점도 없는 흰색이다. 암컷은 살아 있을 때, 두흉부와 다리는 흰색, 황색 혹은 연두색이고, 복부는 흰색 혹은 황색이다. **분포:** 한국, 일본, 중국, 대만

흰살받이게거미
Thomisus onustus Walckenaer, 1805

♀ 외부 생식기   ♂ 교접기관

배갑은 앞 끝이 절단형이고 옆눈두덩은 원뿔꼴로 돌출한다. 정중부는 황백색이고, 양옆면에 갈색 또는 암갈색의 줄무늬가 있으며, 여러 개의 곤봉털이 나 있다. 수컷에서는 작은 사마귀 돌기가 빽빽이 나 있다. 8눈 2열로 앞눈줄과 뒷눈줄이 모두 후곡하고, 가운데눈네모꼴은 너비가 길고 뒷변이 앞변보다 길다. 가슴판은 염통형으로 황갈색이다. 다리는 황갈색으로 첫째다리 종아리마디 밑면에 짧은 가시털 3쌍, 발바닥마디 밑면에 7쌍 가량의 가시털이 있다. 배는 앞쪽이 좁고 뒤쪽이 모진 오각형이며, 황갈색 바탕에 갈색 센털이 성기게 나 있고 뒤끝에는 3개 가량의 암갈색 가로무늬가 보인다. 산지, 초원 등의 햇볕이 드는 나뭇잎이나 꽃잎 위에 잠복해 있다. **분포:** 한국, 일본, 유럽

520

범게거미속
Genus *Tmarus* Simon, 1875

중간 크기의 게거미이고, 수컷이 암컷보다 날씬하다. 두흉부는 세로가 너비보다 길고 두부에는 긴 강모가 있으며 측면 가장자리는 활 모양이다. 이마는 넓고 측안의 돌기가 발달되어 있으며 눈차례는 전측안〉후측안〉후중안〉전중안의 순이다. 측안은 중안보다 훨씬 크다. 위턱은 이가 없고, 아랫입술은 세로가 너비보다 길며, 흉판은 방패형이다. 다리는 강모가 있고, 다리식은 2-1-4-3이다. 암컷의 촉지는 발톱이 있고, 생식구는 단순하고 돌기가 없다. 복부는 세로가 너비보다 길고 서양배 모양이며 뒤쪽 끝은 가끔 실젖 너머까지 팽창해있다. 암컷의 외부생식기는 가운데 덮개가 있고 삽입 구멍은 덮여 있지 않다. 삽입도관은 짧고 저정낭은 작은 공 모양 혹은 원형이나 신장형(腎臟形)이다.

한라범게거미
Tmarus punctatissimus (Simon, 1870)

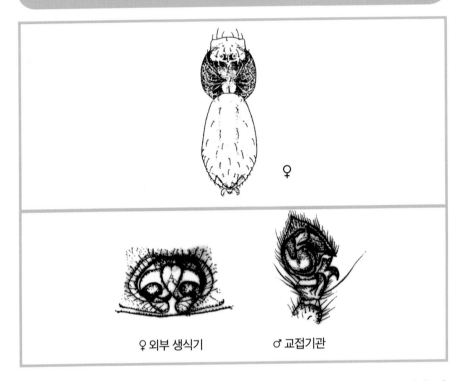

♀

♀ 외부 생식기   ♂ 교접기관

수컷: 몸길이는 3.6~4.9mm이다. 두흉부는 세로가 너비보다 길고 긴 강모가 나 있다. 가운데눈네모꼴은 앞쪽 폭이 뒤쪽 폭보다 짧고 너비가 세로보다 길다. 이마는 완만하게 경사져 있다. 복부는 세로가 너비보다 길고, 미부는 실젖 너머까지 팽창되어 있다. 두흉부는 암황갈색에서 밤색까지 있으며 많은 선조(線條)가 있다. 흉판은 밤색이며, 다리는 담황갈색에 갈색의 반문이 있다.

암컷: 몸길이는 6mm 정도이다. 두흉부의 형태와 각 눈의 비율은 수컷과 유사하다. 암컷의 외부생식기는 '凹' 형태이고 가운데 덮개가 있다. 두흉부는 황갈색이고 중앙은 더 어두운 색이다. 흉판은 암갈색이며 중앙에 흰색 반문이 있다. 다리는 황색이고, 복부 등면은 회갈색에 회백색의 수직띠와 3개의 갈매기형 무늬가 있다.

분포: 한국, 일본, 중국, 러시아

한국범게거미
Tmarus koreanus Paik, 1973

♀ 외부 생식기   ♂ 교접기관

암컷의 배갑은 암갈색이고 반점이 있으며 가운데홈 앞쪽은 회갈색이다. 전안열은 곧고,
후안열은 후곡한다. 후안열이 전안열보다 더 길다. 위턱은 황갈색에 반점이 있고 말단에
이가 없다. 아랫입술과 아래턱은 황갈색이고, 흉판은 황갈색에 회색의 점이 있으며 세로
가 너비보다 길다. 다리는 황갈색이고, 다리식은 1≒2〉3≒4이다. 복부의 복부면은 어두
운 회색이고, 흰색의 'ᐱ' 무늬가 중앙에 3개 나 있다. 수컷의 크기는 암컷보다 작고 날씬
하며 색깔은 암컷과 비슷하다.
분포: 한국, 중국

참범게거미
Tmarus piger (Walckenaer, 1802)

♀ 외부 생식기   ♂ 교접기관

수컷: 몸길이는 3.4~4.1mm 정도이다. 두흉부는 세로가 너비보다 약간 길고 긴 강모가 나 있다. 측안은 발달된 돌기 위에 있고, 눈차례는 전측안〉후측안〉후중안〉전중안이다. 전중안 사이의 길이는 전중안과 전측안 사이의 길이보다 짧고 후중안 사이의 길이는 후중안과 후측안 사이의 길이보다 짧다. 이마는 전중안 사이의 길이보다 넓다. 아랫입술과 흉판은 세로가 너비보다 길다. 복부는 세로가 너비보다 길고, 미부가 뾰족한 긴 원형이다. 두흉부는 황갈색이고, 측면은 갈색에서 암갈색까지 있다. 위턱, 아랫입술, 흉판, 아래턱은 황갈색이다. 다리는 황갈색이지만 첫째다리와 둘째다리 퇴절, 경절, 척절의 말단부와 슬절의 전측면과 후측면, 말단은 검은색이다. 복부는 회색의 반문(斑紋)에 2개의 밝은색 갈매기형 무늬가 있고, 미부는 어두운 색이다. 복부의 복부면은 회색 혹은 갈색과 같은 어두운 색의 경선(徑線) 선조(線條)가 있다. 암컷의 몸길이는 4.3~7.0mm 정도이고 형태와 색깔은 수컷과 유사하다.

분포: 한국, 중국

524

언청이범게거미
Tmarus rimosus Paik, 1973

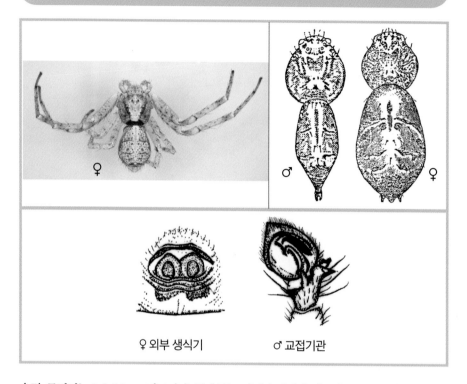

♀ 외부 생식기   ♂ 교접기관

수컷: 몸길이는 3.4~5.2mm 정도이다. 두흉부는 길이와 너비가 비슷하고 측안은 발달된 돌기 위에 있다. 눈차례는 전측안〉후측안〉후중안〉전중안이다. 전측안은 전중안보다 약 2.2배 정도 크고 후측안은 후중안보다 1.5배 정도 크다. 전중안 사이의 길이는 전중안과 전측안 사이의 길이보다 길고, 후중안 사이의 길이는 후중안과 후측안 사이의 길이보다 짧다. 가운데눈네모꼴은 앞쪽 폭이 뒤쪽 폭보다 짧고 너비와 길이는 비슷하다. 이마는 전중안 사이의 길이보다 넓다. 아랫입술, 흉판은 세로가 너비보다 길다. 수염기관의 퇴절과 아래턱 기부는 평대되어 있다. 복부는 세로가 너비보다 길고 미부에는 돌기물이 없으며 실젖까지 팽창해 있지 않는다. 두흉부는 밝은 회색 혹은 황갈색이고, 갈색의 반문(斑紋)이 있다. 위턱, 아래턱, 아랫입술, 흉판, 다리, 수염기관은 흑황색에서 황갈색까지 있다. 복부 등면은 회색 혹은 회갈색이고 드물게 검은색도 있다. 가운데는 좀더 밝은색이고, 미부에 3~4개의 흰색 혹은 갈색의 갈매기형 무늬가 있다. 복부의 복부면은 황갈색이고, 흑갈색의 경선(徑線) 선조(線條)가 있다.

암컷: 몸길이는 5.1~7.4mm이다. 두흉부의 형태와 각 눈의 비율은 수컷과 유사하다. 암컷

525

의 외부생식기는 'ㅍ' 형태이고 중앙 격막은 없다. 삽입 구멍은 중앙에 위치해 있고 삽입 도관은 짧으며 저정낭은 공 모양이다. 색깔은 수컷과 같다.　**분포**: 한국, 일본, 중국, 몽골, 러시아

동방범게거미
Tmarus orientalis Schenkel, 1963

♀ 외부 생식기　　　♂ 교접기관

배갑은 황갈색으로 중앙부가 밝은색이고 양옆면은 암갈색이다. 가슴홈 앞쪽에 'M' 자형 갈색무늬가 있고 뒤쪽에도 '山' 자형 검정무늬가 있다. 8눈이 2열로 앞눈줄은 곧고 뒷눈줄은 약간 후곡하며 앞옆눈이 가장 크고 앞가운데눈이 가장 작다. 위턱은 긴 타원형으로 중앙은 갈색, 가장자리는 노란색이며, 검은 강모가 산포해 있다. 다리는 황갈색으로 갈색의 작은 반점이 산포되었고, 첫째다리 넓적다리마디 밑면에 3쌍, 발바닥마디 밑면 양쪽에 4개, 뒤쪽에 3개의 가시털이 있다. 배는 길쭉하며, 양옆면이 거의 평행한 편이고 뒤물 쪽이 뾰족하나 위로 돌출하지는 않았다. 등면은 회백색 바탕에 갈색 반점이 산포되었고, 대칭적인 3쌍의 가로무늬가 있다. 밑면은 황백색 바탕에 회갈색 중앙 줄무늬가 뻗어 있다. 산야 관목이나 과수원 등의 나뭇잎 위를 배회한다.　**분포**: 한국, 중국

참게거미속
Genus *Xysticus* C. L. Koch, 1835

중간 크기의 게거미이고, 수컷이 암컷보다 날씬하며 좀더 어두운 색이다. 두흉부는 세로가 너비보다 길고 평평하다. 두부는 넙적하고 강한 강모가 있으며, 두흉부의 흉부에는 짧은 강모가 있다. 눈차례는 전측안〉후측안〉전중안〉후중안이며, 이마는 전중안 사이의 길이보다 좁다. 위턱은 이가 없고, 아랫입술과 흉판은 각각 세로가 너비보다 길다. 다리는 가시가 발달해 있다. 다리식은 1-2-4-3 혹은 2-1-4-3이다. 복부는 암컷에서는 세로와 너비가 비슷하고, 수컷에서는 세로가 너비보다 길며 평평하지 않고 희미한 반점이 있다. 암컷의 외부생식기는 매우 단단하게 경화되어 있고 유도 주머니는 없으며 중앙 격막이 있다. 삽입 도관은 짧고 저정낭은 큰 공 모양 혹은 신장형(腎臟形)이다.

점게거미
Xysticus atrimaculatus Bösenberg et Strand, 1906

♀ 외부 생식기

암컷의 몸길이는 6.3~9.6mm 정도이다. 두흉부는 길이와 너비가 비슷하고 무딘 강모가 약간 나 있다. 눈차례는 전측안〉후측안〉후중안〉전중안이고, 전중안 사이의 길이는 전중 안과 전측안 사이의 길이보다 길며 후중안 사이의 길이는 후중안과 후측안 사이의 길이 보다 짧다. 다리식은 1-2-4-3이고, 다리의 부절 발톱에는 3개의 이빨이 있다. 암컷의 외 부생식기는 중앙 격막이 없고 삽입 구멍은 상당히 경화되어 있다. 삽입 도관은 매우 짧 고 등면에서는 보이지 않는다. 두흉부는 황갈색에 갈색 얼룩 무늬가 있고, 1쌍의 암갈색 점들이 있다. 위턱, 아래턱, 아랫입술과 흉판은 황갈색이고, 다리는 황갈색에 갈색 얼룩 무늬가 있다. 복부의 등면은 황갈색에서 회갈색까지 있고, 2개의 흰색 경선(徑線) 무늬 가 있으며 복부면은 담갈색이다.

분포: 한국, 일본, 중국

쌍지게거미

Xysticus concretus Utochkin, 1968

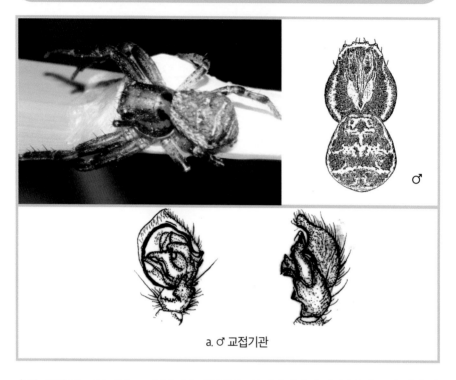

a. ♂ 교접기관

수컷: 몸길이는 4.9~6.6mm 정도이다. 두흉부는 암갈색이며 중앙에 'V' 자 모양 흰색 반문이 있고 흐린 흰색 선조가 양측에 있다. 두흉부는 세로가 너비보다 약간 길고 보통의 털이 나 있다. 눈차례는 전측안〉후측안〉후중안〉전중안이다. 이마는 전중안 사이의 간격보다 좁다. 아랫입술과 흉판은 세로가 너비보다 길고, 위턱, 아래턱, 이랫입술과 흉판은 살색이다. 복부의 길이는 너비보다 길고, 보통의 털이 나 있다. 복부 등면은 2개의 흰색 경선의 선조가 미부까지 나 있는 암갈색이고, 복부면은 갈색이다. 다리는 암갈색의 반점이 있는 갈색이고, 첫째다리와 둘째다리 퇴절과 슬절은 더욱 어두운 색이다.

분포: 한국, 일본, 중국

달성게거미
Xysticus conflatus Song, Tang et Zhu, 1995

수컷: 두흉부는 어두운 갈색에 하얀 그물형 무늬가 나있고 하얀 점이 양쪽 뒤측면에 나 있다. 가운데에는 양갈래로 나뉘는 흰 줄무늬가 있다. 가슴홈 대신 검은 점이 나 있다. 두부는 살짝 융기되어 있다. 목홈은 불명확하다. 등면에서 볼 때 전안열은 살짝 후곡 되어 있으며 후안열은 더 후곡 되어 있다. 협각에는 두덩니가 없으며, 전면에 7개의 강모가 나 있다. 가슴판은 갈색에 하얀 그물형 줄무늬가 나 있다. 윗입술은 어두운 갈색이고 등면 또한 어두운 갈색이며 가운데에 넓은 세로 흰 줄무늬가, 세개의 가로 흰 줄무늬가 나 있다.

분포: 한국, 중국

집게관게거미
Xysticus cristatus (Clerck, 1757)

♀ 외부 생식기　　　♂ 교접기관

배면에서 봤을 때, 수컷 수염기관의 무릎마디돌기는 'T'모양이다. 후측면 종아리마디돌기는 등변사다리꼴 모양이다. 집게관거미는 세계적으로 가장 흔한 거미 중 하나이기 때문에 다양한 서식지에 거주한다. 초원, 습지, 황무지에도 살며 흔히는 정원, 공원, 시골 등 인간의 영향을 받는 환경에 주로 산다.

분포: 한국, 일본, 유럽

풀게거미
Xysticus croceus Fox, 1937

♀ 외부 생식기   ♂ 교접기관

암컷: 몸길이는 5.63~10mm 정도이다. 눈차례는 전측안〉후측안〉후중안≒전중안이다. 아랫입술과 흉판은 세로가 너비보다 길다. 암컷의 외부생식기에는 중앙 격막이 없다. 두 흉부는 황갈색에 1쌍의 갈색 경선(徑線) 무늬가 있고 갈색 점들이 중앙에 있다. 위턱, 아랫입술, 흉판과 다리는 황갈색에 갈색 얼룩 무늬가 있다. 복부의 등면은 황갈색에서 갈색까지 있으며 드물게 적갈색에 암갈색 반점이 있고, 후측면에는 흰색의 가로 줄무늬가 있다. 복부의 복부면은 황갈색에서 갈색 혹은 회갈색까지 있다.

수컷: 몸길이는 4.1~6.9mm 정도이다. 눈의 형태는 암컷과 유사하다. 생식구에 2개의 방패판 돌기가 나 있고 지시기는 긴 실 모양이다.

분포: 한국, 일본, 중국, 인도, 네팔

531

대륙게거미
Xysticus ephippiatus Simon, 1880

♀ 외부 생식기   ♂ 교접기관

암컷: 몸길이는 5.4~13.1mm 정도이다. 눈차례는 전측안〉후측안〉후중안〉전중안이다. 전중안 사이의 거리는 전중안과 전측안 사이의 거리보다 길고, 후중안 사이의 거리는 후중안과 후측안 사이의 거리보다 짧다. 가운데눈네모꼴은 세로보다 너비가 길고, 다리의 부절 발톱에는 암수 모두 3~4개의 이빨이 있다. 암컷의 외부생식기에는 중앙 격막이 있고 삽입 도관은 두꺼우며 저정낭은 작은 신장형이다. 두흉부는 황색에서 담황갈색까지 있고, 흰색의 얼룩 무늬가 있다. 가운데에는 1쌍의 검은색 줄이 나 있고 양 측면에는 어두운 색의 경선 무늬가 있다. 위턱, 아래턱, 아랫입술과 흉판은 담황갈색에 갈색의 얼룩 무늬가 있고, 다리는 어두운 황색에서 밝은 갈색까지 있다. 복부의 등면은 회색 또는 암갈색이고, 흰색 선으로 나뉘어진 어두운 부분이 있다. 복부의 복부면은 회색, 황색 혹은 갈색이다. 4쌍의 작은 검은색 점들이 있다.

수컷: 몸길이는 5.1~7.3mm 정도이다. 눈의 형태는 암컷과 유사하다. 생식구에는 2개의 방패판 돌기가 발달되어 있고 지시기는 긴 실 모양이다. 두흉부는 흑갈색에서 흑색까지

있고, 'U' 자형 흰색 혹은 황갈색의 무늬가 가운데에 있다. 위턱, 아래턱, 아랫입술과 흉판은 갈색에서 검은색까지 있다. 첫째다리와 넷째다리 퇴절과, 첫째다리와 둘째다리 슬절은 흑갈색이고, 셋째다리와 넷째다리 슬절은 갈색이며, 다른 부위는 담황갈색, 황색 혹은 담갈색이다. 복부의 등면은 갈색에서 흑색까지 있고 뒤쪽에는 흰색의 경선 무늬가 있으며, 복부의 복부면은 흑갈색에서 흑색까지 있다.

분포: 한국, 일본, 중국, 몽골, 러시아

쌍창게거미
Xysticus hedini Schenkel, 1936

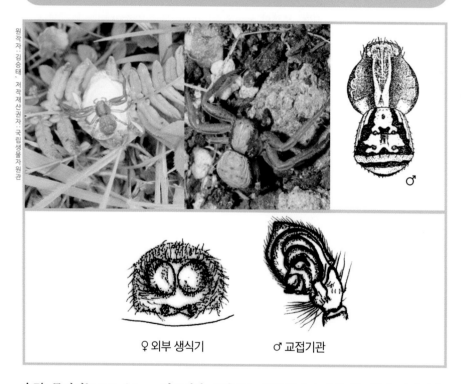

원작자 : 김승태, 저작재산권자 : 국립생물자원관

♀ 외부 생식기   ♂ 교접기관

수컷: 몸길이는 2.9~4.3mm 정도이다. 두흉부는 암갈색이며 가운데는 밝은 갈색이다. 'V' 자 모양 흰색 반문이 있고, 흐린 흰색 선조가 양측에 있다. 눈차례는 전측안〉후측안〉전중안〉후중안이다. 이마는 전중안 사이의 거리보다 좁다. 아랫입술과 흉판은 세로가 너비보다 길고, 위턱, 아래턱, 아랫입술과 흉판은 황갈색에 갈색 반문이 있다. 다리식은

533

1-2-4-3 혹은 2-1-4-3이다. 생식구에는 2개의 방패판 돌기가 있다. 이 돌기 중앙은 2갈래로 갈라져 있으며 끝은 간단하고 갈고리 모양을 하고 있다. 생식구는 세로가 너비보다 길고 삽입 부분은 길며 지시기는 섬유 모양이다. 복부의 길이와 너비는 비슷하고 보통의 털이 나 있다. 복부 등면은 가운데에 큰 흰색 반문이 있고 2개의 흰색 가로줄 무늬가 뒤쪽 부위까지 나 있는 흑갈색이며, 복부면은 암갈색이다. 첫째다리와 넷째다리 퇴절과, 첫째다리와 둘째다리 경절은 암갈색이고, 다른 다리 부분은 황갈색이다.

암컷: 몸길이는 5.7~8.9mm 정도이다. 두흉부는 담황갈색이며, 가장자리는 어두운 갈색 선조가 있다. 두흉부는 길이와 너비가 비슷하고 강모가 나 있다. 눈차례는 전측안〉후측안〉전중안〉후중안이다. 이마는 전중안 사이의 거리보다 좁다. 아랫입술과 흉판은 세로가 너비보다 길다. 위턱, 아래턱, 아랫입술과 흉판, 다리는 담황갈색 혹은 황갈색이다. 복부의 길이는 너비보다 길고 털이 나 있다. 중앙 격막이 있는 외부생식기는 좁고, 폭의 크기에 변형이 자주 발견된다. 복부의 등면은 희미한 어두운 반점이 있는 황갈색 혹은 담황갈색이고, 복부면은 담황갈색 혹은 황갈색이다.

분포: 한국, 일본, 중국

콩팥게거미
Xysticus insulicola Bösenberg et Strand, 1906

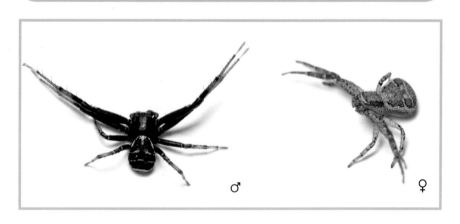

♂   ♀

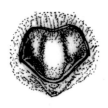

♀ 외부 생식기　　　♂ 교접기관

수컷: 몸길이는 3.9~5.3mm이다. 두흉부는 검은색에 가까운 암갈색이다. 두부에는 안열 사이로 흰색 선조가 있다. 두흉부는 길이와 너비가 비슷하고 강모가 나 있다. 눈차례는 전측안〉후측안〉전중안≒후중안이다. 가운데눈네모꼴은 앞쪽 폭이 뒤쪽 폭보다 약간 좁 고 너비가 세로보다 약간 길다. 이마는 전중안 사이의 거리보다 좁다. 아랫입술과 흉판 은 세로가 너비보다 길고, 위턱, 아래턱, 아랫입술과 흉판은 밤색이며, 경절, 척절, 부절 은 더 밝은색이다. 생식구에는 2개의 방패판 돌기가 있다. 이 돌기 중앙은 길게 나오고 끝은 뾰족한데 그 끝은 두 갈래로 갈라져 있다. 복부의 세로가 너비보다 길다. 복부 등면 은 2개의 흰색 선조 미부까지 나 있는 흑갈색이며 측면은 담황갈색이고, 복부의 복부면 은 회갈색이다.

암컷: 몸길이는 5.5~10.5mm이다. 두흉부는 담황갈색이다. 두흉부는 세로와 너비가 비 슷하고 강모가 나 있다. 눈차례는 전측안〉후측안〉후중안≒전중안이다. 후중안 사이의 거리는 후중안과 후측안 사이의 거리보다 짧다. 가운데눈네모꼴은 앞쪽 폭이 뒤쪽 폭보 다 약간 좁고 너비가 세로보다 약간 길다. 이마는 전중안 사이의 거리보다 좁다. 아랫입 술과 흉판은 세로가 너비보다 길고, 다리 부절의 발톱에는 3~4개의 이가 있으며, 위턱, 아래턱, 아랫입술과 흉판, 다리는 담황갈색에 갈색 반문이 있다. 복부의 세로는 너비보 다 길고 보통의 털이 나 있다. 암컷의 외부생식기는 중앙 격막이 없다. 삽입 도관은 매우 짧고 두꺼우며 신장형(腎臟形)이다. 복부 등면은 뒤쪽에 2개의 흰색 경선(徑線) 줄무늬 가 있고 중앙은 담황갈색인 암갈색이다. 복부의 복부면은 황갈색이다.

분포: 한국, 일본, 유럽

북방게거미
Xysticus kurilensis Strand, 1907

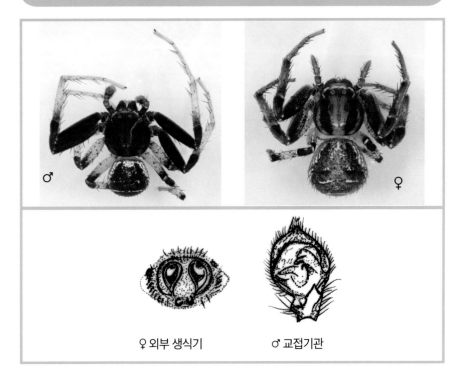

♀ 외부 생식기   ♂ 교접기관

배갑은 황갈색 내지 갈색으로 중앙부는 밝고 양옆면은 암갈색이며. 뒤쪽 경사면은 짧은
색으로 1쌍의 검은 반점이 있다. 위턱, 아래턱, 아랫입술, 가슴판이 모두 황갈색이며, 갈
색 털과 점무늬가 산재한다. 다리는 밝은 갈색이나 앞다리의 넓적다리마디와 무릎마디
는 색깔이 짙고 암갈색 반점이 산재한다. 배는 암갈색으로 흐릿한 잎사귀 모양의 무늬가
있으나 뚜렷하지는 않다. 밑면은 황갈색이며 갈색 점무늬가 줄지어 나 있다. 산지 관목
의 잎사귀나 낙엽층에서 보인다.

분포: 한국, 중국, 유럽

오대산게거미
Xysticus lepnevae Utochkin, 1968

♀

암컷: 배갑은 탁한 황갈색으로 갈색과 탁한 갈색으로 얼룩덜룩하며 삼각형 모양이다. 두부는 희끄무레한 갈색에 흑갈색 영역이 있으며, 안역에서 좁아진다. 안역은 탁한 황갈색으로 긴 강모가 나 있다. 전측안이 가장 크고 잘 발달되었으며, 위에서 봤을 때 전안열은 후곡 되었고 후안열은 더 심하게 후곡 되어 있다. 가슴홈과 목홈은 불명확하고 방사홈은 불명확하지만 관찰 가능하다. 협각은 탁한 갈색으로 두덩니 없이 바깥쪽으로 발달했다. 윗입술과 아랫입술은 황갈색이며 뒤로 갈수록 어두워진다. 가슴판은 방패모양에 긴 털들이 나있으며 적갈색을 띤다. 다리는 황갈색으로 넓적다리마디가 가장 어두운 색이며 넓적다리마디와 무릎마디의 배면을 제외하고 다리의 모든 면에 가시털들이 나 있다. 다리식은 2-1-4-3이다. 복부는 구형으로 백갈색, 갈색, 흑갈색으로 얼룩덜룩하다. 또한 불규칙한 백황색 점들이 나있으며 많은 주름이 있다. 방적돌기는 갈색이다.

분포: 한국, 러시아

등신게거미
Xysticus pseudobliteus (Simon, 1880)

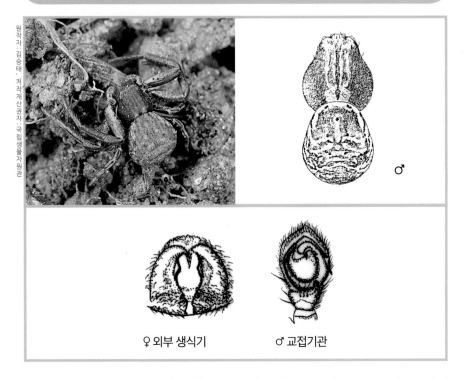

원작자 : 김승태, 저작재산권자 : 국립생물자원관

♂

♀ 외부 생식기   ♂ 교접기관

수컷: 배갑은 암적갈색이고, 가운데홈에는 3개의 적갈색 줄무늬가 있으며 세로와 너비는 비슷하다. 양 눈은 후곡하고, 눈차례는 후중안=전중안〈후측안〈전측안이다. 이마의 가장자리에는 강모들이 나 있고 위턱에는 이가 없다. 아랫입술과 아래턱은 갈색이고, 흉판은 황갈색에 암갈색 반점이 있으며, 세로가 너비보다 길다. 다리는 암갈색의 얼룩 무늬가 있고, 등면에는 줄무늬가 있다. 다리식은 1-2-4-3이다. 복부 등면은 밝은 갈색에 약간의 검은색 줄무늬가 있고, 복부면은 밝은 갈색에 흰색 얼룩 무늬가 있으며 복부는 너비가 세로보다 약간 길다.

암컷: 배갑은 곤봉형과 주걱 모양의 털들이 나 있고 갈색 혹은 황백색이며 측면은 연한 갈색 얼룩이 있다. 가운데홈에는 연한 갈색 줄무늬가 있고, 뒤쪽에는 어두운 자주빛의 갈색 얼룩 무늬가 있다. 배갑은 세로가 너비보다 조금 길고, 눈차례는 후중안〈전중안〈후측안〈전측안이다. 가운데눈네모꼴은 너비가 세로보다 넓고 앞쪽 폭과 뒤쪽 폭이 비슷하며 이마 주위에는 약 12개의 긴 곤봉형 털이 가장자리에 나 있다. 아랫입술, 아래턱, 흉

538

판은 흰색이고, 자주빛의 갈색 얼룩 무늬가 있다. 다리는 갈황색이고 작은 자주빛 점들이 있으며 기부의 후측면은 어두운 자주빛 갈색이다. 다리식은 1-2-4-3이다. 기부 등면은 갈황색이고, 'ᄉ' 모양의 검은색 무늬가 있으며 양 측면에 주걱 모양의 털이 나 있다. 복부면은 갈황색이고, 어두운 색의 얼룩 점들이 있다. **분포**: 한국, 중국

멍게거미

Xysticus saganus Bösenberg et Strand, 1906

♀ 외부 생식기　　♂ 교접기관

수컷: 몸길이는 5.7~9.9mm 정도이고, 복부는 세로가 너비보다 길다. 배갑은 2~3mm 정도이고, 세로가 너비보다 길며 강모가 나 있다. 눈차례는 전측안늑후측안〉전중안늑후중안이다. 전중안 사이의 거리는 전중안과 전측안 사이의 거리보다 길며, 후중안 사이의 거리는 전중안과 후측안 사이의 거리보다 짧다. 가운데눈네모꼴은 앞쪽 폭이 뒤쪽 폭보다 좁고, 아랫입술은 세로가 너비보다 길며, 흉판은 세로가 너비보다 길다. 다리식은 1-2-4-3 혹은 2-1-4-3이다. 두흉부는 갈색에 1쌍의 암갈색 경선이 있고, 양쪽 측면 말단은

어두운 색이다. 위턱, 아래턱, 아랫입술과 흉판은 황갈색이고 첫째다리와 둘째다리의 퇴절과 슬절은 암갈색이며, 다리의 다른 부분과 수염기관은 황색이다. 복부의 등면 중간에는 어두운 색의 가로 줄무늬가 있고, 후측에는 흰색의 줄무늬가 있으며, 복부면에는 황갈색에 검은색 원형의 무늬가 있다.

암컷: 몸길이는 5.8~9.5mm 정도이다. 눈의 형태는 수컷과 유사하다. 암컷의 외부생식기의 중앙 격막이 넓고 삽입 도관은 짧으며 수정낭은 작은 신장형이다. 두흉부는 황갈색에 1쌍의 갈색 경선 무늬가 있고, 양 측면은 갈색이다. 위턱, 아래턱, 아랫입술, 흉판과 다리는 황갈색에 갈색의 얼룩 무늬가 있다. 복부의 등면은 밝은 담황갈색에 검은색의 작은 원형 무늬가 2줄로 나 있다.

분포: 한국, 일본, 대마도, 중국

중국게거미
Xysticus sicus Fox, 1937

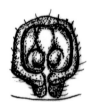

♀ 외부 생식기

원작자 : 최용근, 저작재산권자 : 국립생물자원관

암컷: 두흉부는 황갈색으로 암갈색 줄무늬가 양옆으로 나 있다. 가슴홈 주변에 'V'모양으로 흰색과 갈색 무늬가 함께 나 있다. 두흉부 후면은 밝은 회갈색이다. 위에서 관찰할 때 전안열과 후안열 모두 살짝 후곡 되어 있다. 윗입술과 아랫입술은 황갈색이다. 가슴판은 황갈색에 갈색 반점들이 나 있고 짧은 털이 있다. 다리는 황갈색에 갈색 반점이 있고, 종아리마디, 발끝마디, 넓적다리마디에 갈색 줄무늬가 있으며 종아리마디 배면에 5쌍의 가시털이 있고, 발바닥마디에 6~7쌍의 가시털이 있다. 복부는 황갈색에 잎모양의 회갈색 무늬가 있다. 뒤쪽에 4~5개의 가로 줄무늬가 있고 옆면에 갈색 세로선이 있다. 배면은 황백색에 4쌍의 어두운 반점이 있다. **분포:** 한국, 중국, 유럽

540

정선거미과

Family Zoropsidae Bertkau, 1882

8눈이 2열로 배열하나 3열로 이행되는 경향이 있다. 위턱에 옆혹과 털 무더기가 있고, 앞엄니두덩니와 뒷엄니두덩니를 가진다. 아래턱은 좌우가 평행하며 털 무더기가 있고 아랫입술은 가동적이다. 다리에 가시털이 나 있으며 부절과 그 끝쪽에 털다발이 있고 발톱은 2개로 외줄의 빗살니가 있다. 경절, 척절, 부절에 다수의 귀털이 나 있다. 체판은 2조각으로 갈라져 있고, 기관 숨문은 실젖 앞에 있다.

타케오정선거미속

Genus *Takeoa* Lehtinen, 1967

정선거미과의 표징과 같은 표징을 나타낸다.

정선거미

Takeoa nishimurai (Yaginuma, 1963)

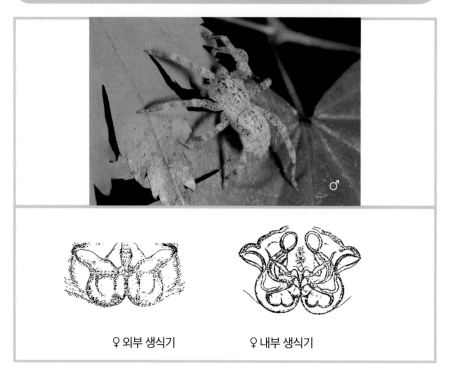

♀ 외부 생식기　　　　　♀ 내부 생식기

몸길이는 암컷이 12mm 정도이다. 두흉부는 흐린 황갈색으로 폭넓은 정중선에 띠무늬가 있으며 가장자리에도 검은 무늬가 있고 백색 털이 밀생한다. 몸혹과 방사홈이 뚜렷하고 가운데홈이 세로로 서 있다. 8눈이 2열로 늘어서고, 전안열은 곧고 후안열은 후곡한다. 전중안이 가상 삭나. 위턱은 암갈색으로 앞엄니두덩니 3개, 뒷엄니두덩니 3개이며 옆혹과 끝 털다발이 발달해 있다. 흉판은 황갈색이며 심장형으로 뒤끝이 뾰족하나 넷째다리 기절 사이로 돌입하지는 않는다. 다리는 황갈색으로 경절과 척절에 검정색 무늬가 있다. 다수의 가시털이 나 있으며 넷째다리의 척절 등면에 털빗 무늬가 있다. 발톱은 2개씩이고 다리식은 1-4-2-3이다. 복부는 긴 난형으로 볼록하며 회황색 바탕에 검은 얼룩 무늬가 있고 검정색, 갈색, 흰색 등의 털이 혼생한다. 산이나 들의 침침한 곳, 돌밑 등에서 발견된다.

분포: 한국

새우게거미과

Family Philodromidae Thorell, 1870

몸길이는 2.0~8.2mm 정도이고, 두흉부는 평평하며 보통 세로가 너비보다 길고 양측면은 볼록하다. 두흉부의 색깔은 황색, 회색, 주황색, 흐린 가운데 선무늬가 있는 것 등 다양하다. 눈의 크기는 보통 균일하고 눈에 띄는 돌기물은 없으며 양 안열은 후곡한다. 후안열이 좀더 강하게 후곡한다. 다리는 가늘고 길며 반쯤 서 있거나 가로로 누운 강모가 나 있다. 둘째다리가 가장 길고, 첫째다리와 둘째다리는 셋째다리와 넷째다리보다 약간 길거나 강건하다. 첫째다리 퇴절에는 곧추선 강모에는 다발이 없고, 부절에는 2개의 발톱이 나 있다. 복부는 긴 타원형이고, 가운데 부위가 가장 넓으며, 등면이 좀더 평평하다. 등면에는 종종 어두운 색의 심장형 무늬와 일련의 '∧' 형 무늬가 나 있다. 몸에 난 강모들은 비늘 모양이거나 깃털 모양, 가로로 누운 모양이다. 지시기는 짧고 가늘며 긴데 방패판 말단 끝부분 주위에 아치형으로 있다. 암컷의 외부생식기는 보통 평평한 판이 있고 그 측면에 생식구가 나 있다. 대부분의 새우게거미는 성체기에 월동을 하고, 봄에 짝짓기를 하며 이른 여름에 알을 낳는다. 암컷은 침엽수 혹은 떡갈나무, 벚나무 같은 단단한 재목의 잎을 거미 그물로 감아 접어서 알주머니를 만들고 그 안에 알을 낳는다. 새우게거미는 형태적으로 평평한 몸을 가졌고, 횡행성 다리들의 길이와 두께는 비슷하다. 행동은 빠르고 불규칙하며 발톱다발과 몸의 털다발은 나무의 매끄럽고 가파른 면에 잘 적응할 수 있게 되어 있다. 이러한 횡행성 다리와 불규칙한 움직임은 게거미과와 비슷한 모습이다. 그러나 더욱 평평한 몸과 털다발이 나 있는 가늘고 긴 다리는 새우게거미가 게거미에 비해 훨씬 빠르게 움직일 수 있게 한다. 새우게거미는 큰눈두덩과 반사층(Tapetum)이 없다. 새우게거미 몸 전체를 덮고 있는 연하고 가로누운 털다발은 게거미의 몸에 나 있는 가시 모양의 강모와 비교된다.

아폴로게거미속
Genus *Apollophanes* O. P. -Cambridge, 1898

몸길이는 6.8mm 정도이다. 두흉부는 세로가 너비보다 길고 낮으며 갈황색이다. 눈의 크기는 비슷하고 후안열이 약간 후곡하며 후중안 사이의 거리보다 후중안과 후측안 사이의 거리가 약간 짧다. 다리는 가늘고 길며 털들이 빽빽하게 나 있다. 다리의 색깔은 황갈색에서 검은색에 가까운 색까지 있고, 첫째다리의 척절은 전측면과 후측면에 강모가 나 있다. 복부는 납작하고 평평하며 양측면은 약간 각져 있거나 둥글다. 등면에는 심장형 무늬와 'Λ' 형 무늬가 나 있다. 지시기는 가는 고리 모양이고 방패판의 말단 끝부분에서 나온다. 암컷의 외부생식기는 부드러운 중앙 격막이 있고, 측면에 생식구가 나 있으며 수정낭은 신장형 혹은 난형이다.

큰수염아폴로게거미
Apollophanes macropalpus (Paik, 1979)

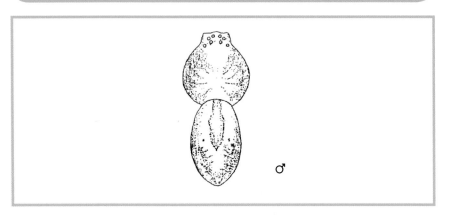

수컷: 몸길이는 6mm 정도이다. 두흉부는 균등하게 갈색이며, 짧고 드러누운 털들로 덮여 있다. 안역에는 몇몇의 가시가 있다. 두흉부는 평평하고 세로가 너비보다 약간 길며 가운데홈이 뚜렷하다. 위턱에는 2개의 이빨이 나 있으며 갈색이다. 아래턱은 끝이 연한 색이다. 흉판은 긴 검은색의 털들이 드문드문 나 있고 심장형이다. 다리는 담갈색이고, 경절과 척절 절반에는 털다발이 빽빽이 나 있다. 다리식은 2-1-4-3이다. 복부는 타원형이고 평평하며, 등면은 심장형의 무늬와 1쌍의 선무늬가 있는 황갈색이다. 드문드문 가시 모양의 털들이 나 있고, 복부는 흐린 황색이고 1쌍의 회색 선무늬가 있다.

암컷: 몸길이는 8.7mm 정도이다. 두흉부는 전체적으로 붉은색이며 가운데는 삼각형의 갈색 점이 있는 황갈색이다. 복부는 타원형이고 세로가 너비보다 길다. 복부 등면은 심장형의 무늬가 있는 흐린 황갈색이며 수많은 가시 모양의 털들이 나 있다.

분포: 한국

새우게거미속
Genus *Philodromus* Walckenaer, 1826

몸길이는 4.5~7.5mm 정도이다. 두흉부는 평평하고 양 측면은 둥글며 세로가 너비보다 약간 길거나 같다. 두흉부의 색깔은 황색, 주황색, 회색이고, 중앙에 흐린 색의 줄무늬가 나 있다. 후중안 사이의 거리보다 후중안과 후측안 사이의 거리가 더 짧다. 다리는 가늘고 길며, 둘째다리가 다른 나머지 다리보다 약간 길다. 첫째, 셋째 그리고 넷째다리는 길이와 두께가 거의 같다. 복부 등면에는 심장형 무늬와 몇 개의 '∧' 형 무늬가 나 있다. 복부의 양 측면은 각져 있는 것도 있다. 지시기는 가늘며 그 길이가 종에 따라 다양하다. 암컷의 외부생식기는 편평한 중앙 격막이 있고, 수정낭은 종에 따라 다양하다. 새우게거미속은 후중안 사이의 거리보다 후중안과 후측안 사이의 거리가 더 짧다는 것에 의해 가재거미속, 아폴로게거미속, 창게거미속과 구별된다.

황금새우게거미
Philodromus aureolus (Clerck, 1757)

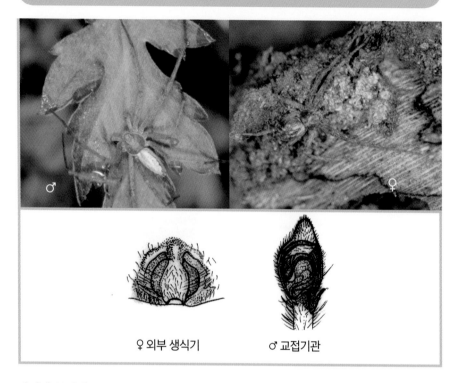

♀ 외부 생식기 　　　 ♂ 교접기관

암컷의 몸길이는 5.6~7.3mm 정도이다. 배갑은 세로가 너비보다 약간 길고 'V' 자형의 무늬가 있는 갈색이다. 눈차례는 후중안〈전중안=전측안=후측안이다. 가운데눈네모꼴은 너비가 세로보다 넓고 뒤쪽 폭이 앞쪽 폭보다 넓다. 이마는 전중안 지름의 약 3배 정도이다. 위턱은 말단에 이가 없고 갈색이며, 아래턱, 아랫입술과 흉판은 황색이다. 아래턱, 아랫입술, 흉판은 세로가 너비보다 길다. 다리는 황갈색이고 다리식은 2-1-3-4이다. 복부는 세로가 너비보다 길고 등면은 연한 갈색이며 복부면은 어두운 황색이다. 실젖은 황갈색이다.

분포: 한국, 일본, 중국, 몽골, 시베리아

금새우게거미

Philodromus auricomus L. Koch, 1878

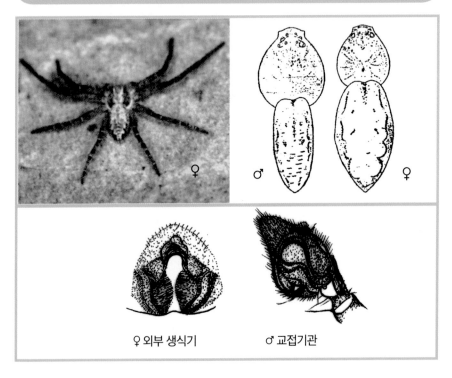

♀ 외부 생식기 ♂ 교접기관

암컷: 몸길이는 6.7~8.1mm 정도이다. 배갑은 세로가 너비보다 길고, 흰색의 'V' 자형의 무늬가 있는 갈색이며 가장자리는 흰색의 테두리가 있다. 양 안열은 후곡하고 눈에는 흰색의 테두리가 있다. 눈차례는 후중안<전중안=전측안<후측안이다. 가운데눈네모꼴은 너비가 세로보다 길고, 앞쪽 폭이 뒤쪽 폭보다 넓다. 이마는 전중안 지름의 약 4배 정도이다. 위턱은 갈색이고 말단에 1개의 이가 있다. 아래턱과 아랫입술은 담갈색이고, 흉판은 황갈색이며 세로가 너비보다 길다. 다리는 황색이고 말단으로 갈수록 어두운 색을 띤다. 다리식은 2-1-3-4이다. 복부는 긴 타원형이고, 잎사귀 모양의 흰색 무늬가 있다. 복부면과 측면은 흰색이다.

수컷: 몸길이는 5.4~7.5mm 정도이다. 크기는 암컷에 비해 작고 날씬하다. 전중안 사이의 거리는 전중안 지름의 약 1.4배 정도이고, 전중안과 전측안 사이의 거리는 약 0.7배 정도이다. 후중안 사이의 거리는 후중안 지름의 약 3.4배 정도이다. 가운데눈네모꼴은 너비가 세로보다 길고, 뒤쪽 폭이 앞쪽 폭보다 넓다. 이마는 전중안 지름의 약 3배 정도이다. 다리식은 2-1-3-4이다. **분포:** 한국, 일본, 대마도, 중국

흰새우게거미
Philodromus cespitum (Walckenaer, 1802)

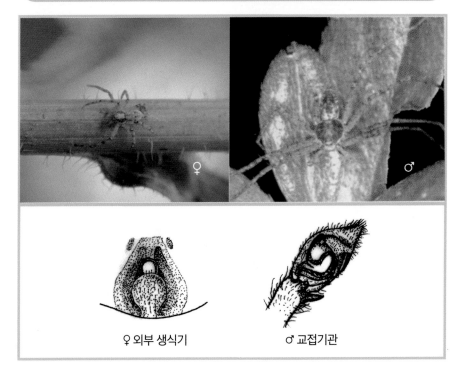

♀ 외부 생식기   ♂ 교접기관

암컷: 몸길이는 4~5.2mm 정도이다. 두흉부는 세로가 너비보다 약간 길고, 양측면은 갈색이며 중앙에는 'V' 자형의 흰색 무늬가 있다. 가운데눈네모꼴은 너비가 세로보다 길고 뒤쪽 폭이 앞쪽 폭보다 넓다. 이마는 전중안 지름의 약 3.7배 정도이다. 위턱은 황갈색이고 말단에 이가 없다. 아래턱과 아랫입술은 황갈색이고 아랫입술은 세로가 너비보다 약간 길다. 흉판은 회색이고 옅은 색의 털들로 덮여 있으며 세로가 너비보다 길다. 다리는 황갈색이고 다리식은 2-1-4-3이다. 복부는 세로가 너비보다 길고 복부면은 회색이며 실젖은 갈색이다.

수컷: 몸길이는 3.1~4.6mm 정도이다. 몸은 암컷에 비해 작다. 두흉부는 황갈색이고 가운데는 어두운 색이다. 가운데눈네모꼴은 세로가 너비보다 길고, 뒤쪽 폭이 앞쪽 폭보다 넓다. 이마는 전중안 지름의 약 3배 정도이다. 위턱, 아래턱, 아랫입술, 흉판과 복부의 색깔은 암컷과 유사하고, 다리와 수염기관은 암컷에 비해 가늘고 길다.

분포: 한국, 일본, 중국, 몽골, 시베리아

황새우게거미
Philodromus emarginatus (Schrank, 1803)

♀ 외부 생식기　　　♂ 교접기관

암컷: 몸길이는 4.1~6.6mm 정도이다. 두흉부는 세로보다 너비가 약간 길다. 두부는 진한 갈색이고, 흉부는 황갈색이며, 목홈과 방사홈은 보라색을 띠는 갈색이다. 위턱은 앞쪽에 황갈색의 반점이 있는 진한 갈색이다. 아래턱은 황갈색이고 앞쪽 끝은 연한 색이다. 아랫입술은 진한 갈색이고 끝은 연한 색이다. 흉판은 황갈색이고, 세로가 너비보다 길다. 다리와 촉지의 등면에는 적갈색의 세로 줄무늬가 있고 복부면은 황갈색이다. 다리식은 2-1-3-4이다. 복부 등면은 황색이고 5~6개의 진한 갈색 반점이 있으며 복부면은 4줄의 진한 갈색 점들이 있는 회색이다. 실젖은 암갈색이다.

수컷: 몸길이는 4.2mm 정도이다. 몸의 크기는 암컷에 비해 작지만 색깔이나 형태는 암컷과 유사하다.

분포: 한국, 일본, 중국

552

얼룩이새우게거미
Philodromus margaritatus (Clerck, 1757)

♂ 교접기관

배갑은 폭이 넓은 원반형으로 황백색 바탕에 전면에 작고 검은 오목점이 산포되었고 목 홈부에 흰색 'V' 자형 무늬가 있다. 목홈, 방사홈, 가슴홈은 흑갈색으로 뚜렷하다. 위턱, 아래턱, 아랫입술 등은 짙은 갈색이다. 가슴판은 방패 모양이며 중앙부는 갈색이고 가장 자리는 희고 암갈색 털이 산재해 있다. 다리는 길고 크며, 황갈색 바탕에 각 마디에 검은 색 고리 무늬와 반점이 얼룩져 있다. 배는 긴 난형으로 황백색 바탕에 앞쪽 양측과 후반 부에 4~5쌍의 흑갈색띠 무늬가 있고 흰색 반점이 늘어서 있어 전체적으로 얼룩져 있다. 배 밑면은 갈색 바탕에 다수의 오목점이 산포되어 있고 중앙부 양쪽과 가장자리 쪽에 염 주 모양으로 연결된 원형무늬가 배열되어 있다. 개체에 따라 무늬 모양에 변이가 있다. 희소한 존재로 보이며, 산지 수목의 나무 껍질 위나 풀숲 사이를 배회한다.

분포: 한국, 일본, 유럽

어리집새우게거미
Philodromus poecilus (Thorell, 1872)

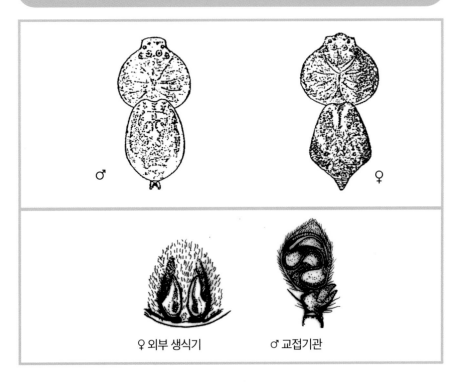

♀ 외부 생식기   ♂ 교접기관

수컷: 몸길이는 4.9~5.7mm 정도이다. 두흉부는 암갈색이고 안역에는 'V' 자형의 황색 반점이 있으며 목홈, 방사홈, 가운데홈은 뚜렷하다. 두흉부는 너비가 세로보다 훨씬 길다. 양 안열은 후곡한다. 가운데눈네모꼴은 너비가 세로보다 길고 앞쪽 폭이 뒤쪽 폭보다 좁다. 위턱과 아랫입술은 암갈색이고 아래턱은 갈색이며, 아랫입술은 세로가 너비보다 길다. 흉판은 갈색이고 세로가 너비보다 약간 길다. 다리는 길고 가늘며 황색에 암갈색의 띠가 있다. 다리식은 2-3-1-4이다. 복부는 측면이 약간 각져 있고 뒤쪽 중앙이 가장 넓으며 황백색 반점이 있는 어두운 회색의 엽상(Folium)이 나 있다. 양 측면은 어두운 회색이고, 복부면은 회색의 'Y' 자형 반점이 있는 밝은 회색이다.

분포: 한국, 일본, 시베리아, 유럽

단지새우게거미
Philodromus pseudoexillis Paik, 1979

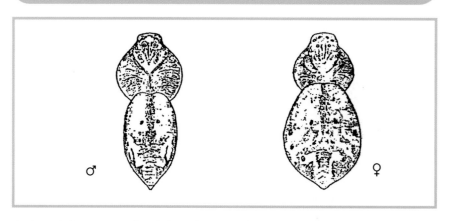

수컷: 몸길이는 3.4mm 정도이다. 두흉부는 너비가 세로보다 약간 길고 측면은 암갈색이며 가운데는 'V' 자형 무늬가 있는 흐린 갈색이다. 양 안열은 후곡하고 흰색의 띠가 있다. 가운데눈네모꼴은 너비가 세로보다 길고 앞쪽 폭이 뒤쪽 폭보다 좁다. 위턱, 아래턱과 흉판은 황갈색이고 위턱 말단에는 이가 없으며 흉판은 너비와 길이가 비슷하다. 다리는 주황색이고 갈색의 반점이 약간 나 있다. 다리식은 2-1-3-4이다. 복부는 세로가 너비보다 길고, 등면은 밝은 황갈색이며 창끝 모양의 반점이 있다. 1쌍의 세로줄이 뒤쪽에 나 있다. 복부면은 회색이고 실젖은 담황갈색이다. 수컷 수염기관은 세로가 너비보다 길다. 지시기는 길고 얇다.

암컷: 몸길이는 2.9~4.2mm 정도이다. 흉판은 황갈색이고, 갈색의 반점이 약간 있다.

분포: 한국

원작자 : 김승태 · 저작재산권자 : 국립생물자원관

북방새우게거미
Philodromus rufus Walckenaer, 1826

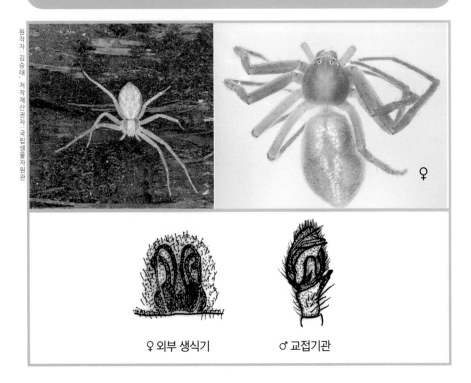

♀

♀ 외부 생식기　　　♂ 교접기관

수컷: 몸길이는 3.4~4.25mm 정도이다. 두흉부와 다리는 황갈색, 주황색 혹은 밝은 황색이고 반점이 나 있는 것도 있다. 구애 행동시 첫째다리와 둘째다리를 떤다. 복부의 등면에는 'ʌ'자형 무늬가 나 있고, 지시기는 가늘고 길며 휘어져 있다.

암컷: 몸길이는 3.75~4.5mm 정도이다. 일반적으로 색깔과 형태는 수컷과 유사하고, 암컷의 외부생식기에는 중앙 격막이 있으며, 수정낭은 길고 납작한 갈고리 모양으로 신장된 부분이 있다.

분포: 한국, 일본, 중국, 전북구

556

나무결새우게거미
Philodromus spinitarsis Simon, 1895

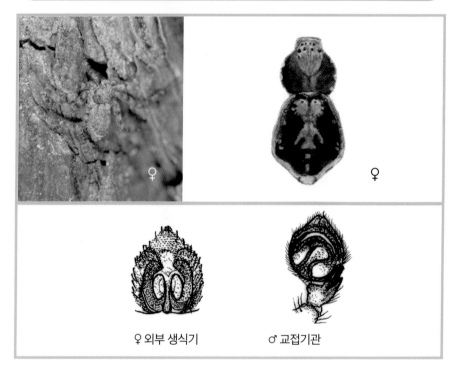

♀

♀

♀ 외부 생식기   ♂ 교접기관

암컷: 몸 길이는 6~9mm 정도이고, 몸은 대체로 평평하며 회색 혹은 검은색이다. 두흉부의 흉부는 담황색이고 배갑에는 연한 황색 반점이 있다. 양 안열은 후곡하는데 후안열이 좀더 강하게 후곡한다. 가운데눈네모꼴은 너비가 세로보다 길고 뒤쪽 폭이 앞쪽 폭보다 넓다. 다리는 황색이고, 어두운 색의 반점이 있다. 복부는 뒤쪽이 삼각형이고 중앙에 황색의 반점이 있다. 암컷의 외부생식기는 중앙 격막이 있고, 격막의 앞쪽 폭이 뒤쪽 폭보다 더 좁다. 수정낭은 크고 타원형이다.

수컷: 몸길이는 4.6~6mm 정도이고, 몸의 색깔은 암컷과 비교해서 좀더 어두운 색이다.

분포: 한국, 일본

갈새우게거미
Philodromus subaureolus Bösenberg et Strand, 1906

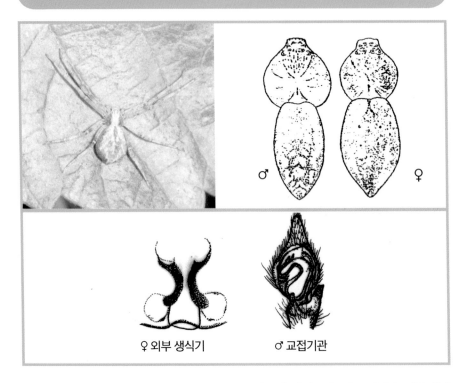

♀ 외부 생식기   ♂ 교접기관

암컷: 몸길이는 4~5.3mm 정도이다. 두흉부는 세로가 너비보다 길고 색깔은 가운데에 회색의 'V' 자형 반점이 있는 갈색이다. 양 안열은 후곡하고, 흰색의 띠가 있다. 가운데눈 네모꼴은 너비가 세로보다 길고 뒤쪽 폭이 앞쪽 폭보다 넓다. 이마는 전중안 지름의 약 3배 정도이다. 위턱은 황갈색이고 말단에는 이빨이 없으며, 아래턱, 아랫입술과 흉판은 갈색이다. 아랫입술은 너비가 세로보다 약간 길고 흉판은 세로가 너비보다 길다. 다리는 황색에 약간의 갈색 반점이 있으며 고리 무늬는 없다. 다리식은 2-1-3-4이다. 복부는 타원형으로 늘어나 있고 등면, 복부면과 양 측면은 회색이며 실젖은 황갈색이다.

수컷: 몸길이는 3.25~4.00mm 정도이다. 몸의 크기는 암컷에 비해 작고 다리와 수염기관은 암컷에 비해 가늘다. 가운데눈네모꼴은 너비가 세로보다 길고 뒤쪽 폭이 앞쪽 폭보다 넓다. 수컷의 수염기관에는 2개의 납작한 경절 돌기가 있다. 측면 돌기는 복부면 돌기보다 길다.

분포: 한국, 일본, 대마도, 중국

흰테새우게거미속
Genus *Rhysodromus* Schick 1965

전중안은 일반적으로 전측안과 같은 크기이나, 몇몇의 경우 더 크기도 하다. 모든 눈의 거리가 같기도 하나 대체로 후중안과 후측안은 인접해 있으며 그에 비해 전측안은 떨어져있다. 암컷의 경우 두번째다리 넓적다리마디는 대체로 15~18mm이다. 발끝마디는 새우게거미속에 비해 털다발이 매우 발달되었다. 복부는 뒤에서 관찰했을 때 각져있지 않다. 수컷 생식기의 경우 삽입기는 전체적으로 눌려 있으며 지시기 후측돌기가 존재한다. 배면 종아리마디돌기의 모양은 다양하다.

김화새우게거미

Rhysodromus lanchowensis (Schenkel, 1936)

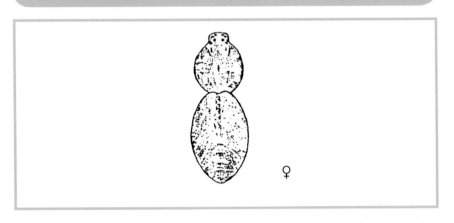

♀

암컷의 몸길이는 6.5mm 정도이다. 두흉부는 보라색을 띠는 갈색이고 가운데는 연한 황색이며 흰색의 'V' 자형 목홈이 배갑의 앞쪽까지 나 있다. 양 안열은 후곡하며, 전안열이 후안열보다 좀더 강하게 후곡한다. 위턱은 황갈색이고, 아래턱은 세로가 너비보다 긴 황갈색이다. 흉판은 황갈색이고, 긴 황갈색 털들이 나 있다. 다리는 가늘고 길다. 다리의 색깔은 황색에 흐린 갈색의 반점들이 나 있고, 등면에는 퇴절에서 경절까지 2개의 흐린 갈색 선무늬가 나 있으며, 한 선은 퇴절의 후측면을 따라 나 있다. 다리식은 2-1-4-3이다. 모든 다리에는 발톱 다발이 있다. 복부는 둥글고 등면은 흐린 갈색이며 회색의 심장형 무늬와 일련의 '∧' 자형의 무늬가 있다. 양 측면은 황색이다.

분포: 한국

흰테새우게거미

Rhysodromus leucomarginatus (Paik, 1979)

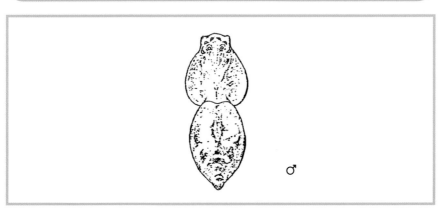

암컷의 몸길이는 4.3mm 정도이다. 두흉부는 어두운 갈색이고 말단에 황백색의 가는 줄무늬가 있으며, 두흉부의 뒤쪽에서 목홈까지 회색의 줄무늬가 나 있다. 양 안열은 후곡하는데, 후안열이 좀더 강하게 후곡한다. 위턱과 아래턱, 아랫입술은 흐린 황색이다. 흉판은 흐린 황색의 긴 털들로 덮여 있고, 황색이며 세로가 너비보다 긴 심장형이다. 다리는 가늘고 긴 황색이며 흐린 갈색 반점들이 있다. 등면은 퇴절에서 경절까지 2개의 흐린 갈색의 세로 줄무늬가 있고, 1줄은 퇴절의 후측면으로 나 있다. 다리식은 2-1-4-3이다. 복부는 가늘고 뒤쪽이 뾰족하며 세로가 너비보다 길다. 등면은 담황색이고, 큰 심장형 무늬와 'ㅅ' 자형의 무늬가 있다. 양 측면은 어두운 색이다.

분포: 한국, 중국

창게거미속
Genus *Thanatus* C. L. Koch, 1837

몸길이는 6mm 정도이다. 두흉부는 세로가 너비보다 길고 양 측면은 부드러운 곡면이다. 두흉부의 양 측면 부위는 적갈색이다. 눈의 크기는 비슷하고 후안열이 약간 후곡한다. 다리의 길이는 비슷하며 털이 빽빽히 나 있고 어두운 색의 고리 무늬가 없는 황갈색이다. 복부는 가운데 부분이 가장 넓고 양측면은 둥글며 등면은 평평하지 않다. 복부의 색깔은 어두운 색의 심장형 무늬가 나 있는 황색 혹은 적색이고, '∧' 형 무늬는 없다. 암컷의 외부생식기에는 넓고 평평한 중앙 격막이 있고, 틈새 모양의 생식구가 측면에 있다. 수정낭엔 얇은 홈들이 나 있고 가늘며 서로 융합되어 있다.

한국창게거미
Thanatus coreanus Paik, 1979

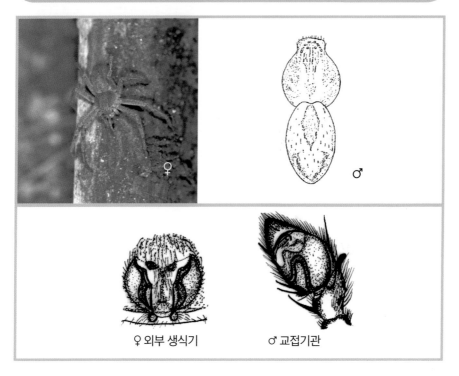

♀ 외부 생식기   ♂ 교접기관

수컷: 몸길이는 6.1mm 정도이다. 두흉부는 적갈색이고 가운데는 흐린 색이며 뒤쪽의 어두운 삼각형 무늬와 앞쪽의 몇 개의 선무늬가 있다. 두흉부는 드러누운 짧은 흰색의 털들로 덮여 있고, 양 측면에는 짧은 검은색 털이 나 있으며 몇몇 가시들이 안역에 나 있다. 두흉부는 세로가 너비보다 약간 길고 양 안열은 강하게 후곡한다. 위턱은 갈색이고 양쪽 말단에 2개의 이빨이 있다. 아랫입술은 갈색이고 끝은 연하다. 아래턱은 황갈색이고 끝은 연하다. 흉판은 갈색이고 검은색의 긴 털들이 드문드문 나 있으며 심장형이다. 다리는 적갈색이고 퇴절, 슬절과 경절은 2개의 어두운 색 선무늬가 등면을 따라 나 있으며 경절에는 어두운 색의 얼룩 무늬가 있다. 다리식은 4-2-1-3 혹은 4-2-3-1이다. 복부는 난형이고 세로가 너비보다 길며 등면은 암갈색의 심장형 무늬가 있는 흐린 갈황색이다.

암컷: 몸길이는 7.7mm 정도이다. 형태와 색깔은 수컷과 유사하나 다리는 수컷에 비해 짧다. 다리식은 2-4-3-1 혹은 2-4-1-3이다.

분포: 한국, 중국

중국창게거미
Thanatus miniaceus Simon, 1880

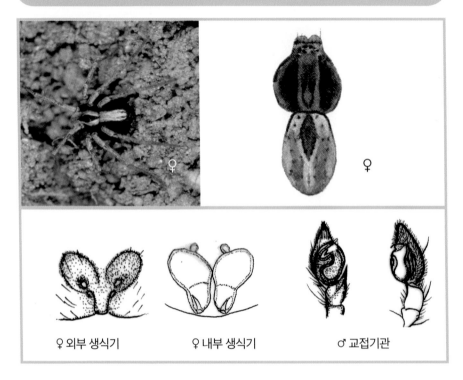

♀

♀

♀ 외부 생식기　　　♀ 내부 생식기　　　♂ 교접기관

몸길이는 암컷이 6~7mm이고, 수컷이 5mm 정도이다. 체색은 회색이며 복부 등면은 황적색 바탕에 검은색 털이 나 있다. 수컷이 암컷보다 크기만 작을 뿐 형태나 색깔의 차이는 없다.

분포: 한국, 일본, 중국

일본창게거미
Thanatus nipponicus Yaginuma, 1969

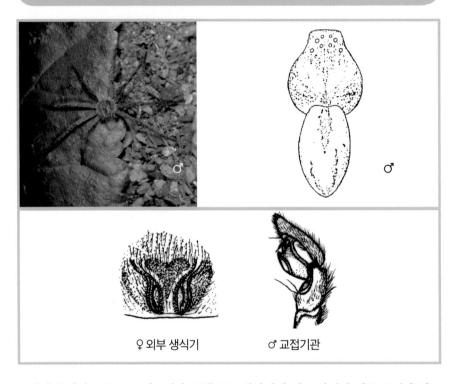

♀ 외부 생식기   ♂ 교접기관

수컷의 몸길이는 6.3mm 정도이다. 두흉부는 황갈색에 짙은 갈색의 얼룩 무늬가 있고 세로가 너비보다 약간 길며 측면은 둥글다. 목홈과 방사홈은 뚜렷한 것에 비해 가운데홈은 뚜렷하지 않고 검은색의 짧은 느러누운 털들이 드문드문 나 있다. 안역과 두흉부의 앞쪽에는 몇몇 가시들이 나 있다. 양 안열은 후곡한다. 가운데눈네모꼴은 세로가 너비보다 약간 길고 뒤쪽 폭이 앞쪽 폭보다 넓다. 위턱은 황갈색이고, 양쪽 말단에 2개의 이빨이 있으며 엄니는 짧다. 아랫입술은 갈색이다. 아래턱은 황갈색이며 세로가 너비보다 길고 털다발이 나 있다. 흉판은 황갈색이고 심장형이며 세로가 너비보다 길다. 다리는 황갈색이고 퇴절, 경절, 슬절에는 2줄의 회색 줄무늬가 나 있으며 척절에는 1줄이 나 있다. 부절과 척절에는 털다발이 빽빽히 나 있다. 복부는 타원형이고 평평하며 등면은 황갈색에 어두운 색의 창끝 모양 반점과 불규칙한 줄무늬가 나 있다. 복부면은 흐린 황갈색이고, 사이젖에는 긴 털들이 많이 나 있다.

분포: 한국, 일본, 중국

술병창게거미
Thanatus vulgaris Simon, 1870

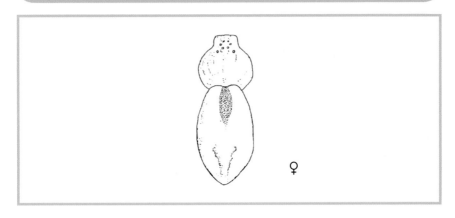

♀

암컷: 몸길이는 8.4mm 정도이다. 두흉부는 연한 적갈색이고 가운데는 어두운 색의 삼각형 반점과 흐린 줄무늬가 나 있다. 양 측면은 황갈색이고 세로가 너비보다 약간 길며 목홈은 없다. 두흉부에는 짧고 누운 갈색의 털들이 나 있고 안역에는 몇몇 가시들이 나 있다. 양 안열은 약간 후곡하는데 후안열이 좀더 강하게 후곡한다. 가운데눈네모꼴은 세로와 너비가 거의 같고 뒤쪽 폭이 앞쪽 폭보다 약간 넓다. 이마는 전중안 지름의 약 4배 정도이고 위턱은 갈색이며 2개의 강한 이빨이 나 있다. 털다발은 매우 약하게 발달되어 있고 엄니는 짧다. 아랫입술은 갈색이고 끝은 연한 색이며 너비가 세로보다 길다. 아래턱은 갈색이고 끝은 연하며 세로가 너비보다 길다. 흉판은 황갈색이고 어두운 색의 긴 털들이 나 있으며 세로가 너비보다 긴 심장형이다. 다리는 황색에 갈색의 반점들이 나 있고 털다발은 부절과 척절에 빽빽히 나 있다. 복부는 긴 타원형이고 평평하며 등면은 뒤쪽 양 측면에 어두운 색의 반점과 앞쪽에 심장형의 반점이 있는 황갈색이다. 복부면에는 3줄의 어두운 줄무늬가 생식홈에서 사이젖까지 나 있다. 사이젖에는 긴 털들이 많이 나 있다.

수컷: 몸길이는 5.4mm 정도이다. 색깔과 형태는 암컷과 유사하나 몸의 크기가 암컷에 비해 작고 두흉부가 더 낮으며 다리가 좀 더 가늘다.

분포: 한국, 유럽, 알제리아, 미국

가재거미속
Genus *Tibellus* Simon, 1875

몸길이는 5.6~11mm 정도이다. 두흉부는 낮고 양측면은 부드러운 곡면이며 세로가 너비보다 길다. 두흉부의 색깔은 갈색 혹은 탁한 색의 줄무늬가 있는 황색이고 측면에 줄무늬가 있는 것도 있다. 후안열은 강하게 후곡하고 후중안 사이의 거리는 후측안과 후측안 사이의 거리보다 짧으며 눈의 비율은 비슷하다. 다리는 가늘고 길며 횡행성이다. 다리의 색깔은 가로 줄무늬와 어두운 색의 고리 무늬가 없는 황색이고 잘 발달된 발톱다발과 털다발이 나 있으며 넷째다리가 가장 길다. 복부는 가늘고 길며 등면에 갈색 혹은 탁한 색의 가운데 줄무늬가 나 있는 황색이다. 1쌍 혹은 2쌍의 어두운 색 반점이 나 있는 것도 있다. 지시기는 짧은 가시 모양이고 방패판 말단 끝부분에 위치해 있다. 암컷의 외부생식기에는 중앙 격막이 있고 저정낭은 난형 혹은 신장형이며 종에 따라 다양하다.

두점가재거미
Tibellus oblongus (Walckenaer, 1802)

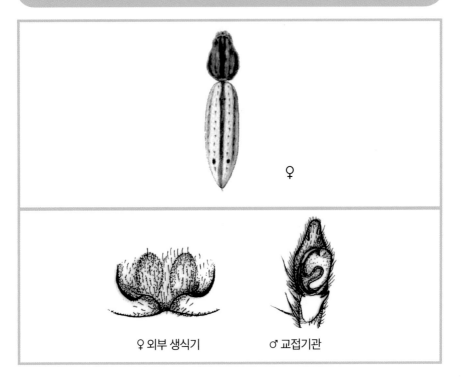

♀

♀ 외부 생식기   ♂ 교접기관

수컷: 몸길이는 7mm 정도이다. 두흉부는 황색이고 가운데에 줄무늬가 나 있다. 다리는 황색이고 말단에 고리 무늬가 없으며 첫째다리 경절의 복부면에는 3쌍의 강모가 나 있다. 복부의 등면은 황색이고 가운데에 줄무늬가 있으며 뒤쪽에 검은색의 작은 점들이 나 있다.

암컷: 몸길이는 8mm 정도이다. 일반적으로 색깔과 형태는 수컷과 유사하고 암컷의 외부생식기는 측면 말단이 볼록하며 후측 말단 가까이에 생식구가 있다. 저정낭은 대체로 난형이다.

분포: 한국, 일본, 중국, 몽골, 시베리아, 구북구

넉점가재거미
Tibellus tenellus (L. Koch, 1876)

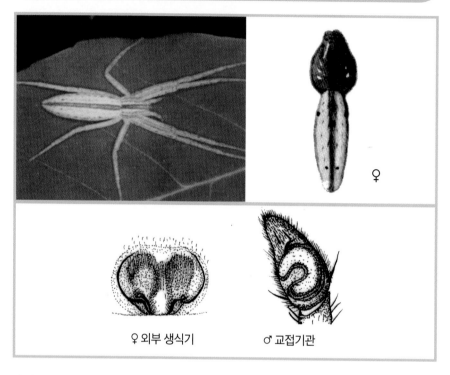

♀

♀ 외부 생식기　　　♂ 교접기관

암컷의 배갑은 너비보다 세로가 길고, 양 안열은 등면에서 보면 모두 후곡한다. 두부는 흉부에서 돌출하여 뚜렷이 구별된다. 두흉부의 정중앙에 세로의 띠무늬는 후중안의 뒤까지 연장되어 있다. 복부는 긴 난형으로 정중앙에 세로의 띠가 있고 그 띠의 좌우에 2쌍의 점무늬가 특징적으로 존재한다.

분포: 한국, 일본, 중국, 호주

비탈거미과

Family Amaurobiidae Thorell, 1870

위턱은 이축성이다. 즉 기절은 거의 수직으로 아래로 향하고 엄니는 몸의 정중선에 대하여 어떤 각도를 이루며 좌우 방향으로 움직인다. 위턱은 튼튼하게 생겼으며 흔히 무릎 모양을 이룬다. 옆혹과 위턱 털다발 및 앞뒤 양 엄니두덩니를 가진다. 좌우 아래턱은 대체로 평행하고 아래턱 털다발을 가진다. 아랫입술은 흉판에 유착하지 않고 기부에 관절 파임을 가진다. 가운데홈은 세로로 달린다. 눈은 6~8개가 2줄로 늘어서고, 전중안만 검고 나머지는 진주 광택을 낸다. 후중안은 타원형을 이룬다. 다리에는 가시가 많고, 부절에는 2줄의 가시와 1줄로 늘어선 귀털이 있다. 경절에도 1~2줄의 귀털이 있으나 퇴절에는 귀털이 없다. 3개의 발톱을 가지는데 윗발톱은 좌우 것의 모양이 같고 1줄의 빗살니가 있다. 헛발톱, 끝털다발 및 다리에 털다발 등은 없다. 폐서는 1쌍이 있다. 기관 숨문은 실젖 바로 앞에 있다. 3쌍의 실젖과 체판 및 털빗을 가진다. 체판은 이분되고 털빗은 1줄 또는 2줄로 길게 늘어섰다. 그러나 종에 따라서는 수컷의 털빗이 퇴화하거나 완전히 없어진 것도 있다. 심문은 3쌍이고, 기관계는 4가닥의 단순한 관으로 구성되어 복부에만 분포하고 있다. 독샘은 매우 발달하여 두흉부의 신경절 덩어리보다 훨씬 뒤로 뻗어있다.

이 과의 거미는 어찌보면 가게거미과의 어리가게거미속이나 깔때기거미속과 비슷해 보이나 체판과 털빗을 가지는 것으로 이들과 뚜렷이 구별된다. 또한 잎거미과와도 비슷하나 수컷의 수염기관에 중간돌기를 가진 점으로 구별된다.

비탈거미속
Genus *Callobius* Chamberlin, 1947

털빗은 2줄로 늘어서 있고, 암컷의 외부생식기는 2개의 큼직한 바깥잎과 그 사이에 끼어 있는 1개의 작은 난형의 가운데잎으로 되어 있다. 수컷의 수염기관 경절에는 3개의 돌기가 잘 발달하여 쇠스랑 모양을 이룬다.

반도비탈거미
Callobius koreanus (Paik, 1966)

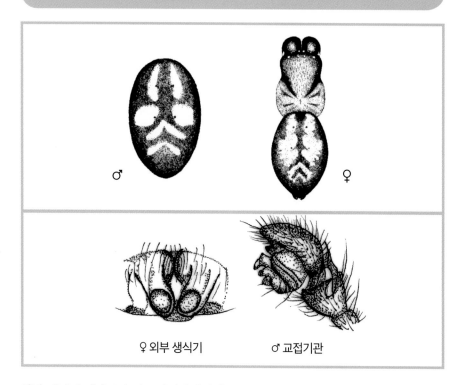

♀ 외부 생식기　　　♂ 교접기관

암컷: 배갑이 너비보다 길고 암적갈색이며, 두부 부분은 높으며 검은색이 짙다. 목홈, 방사홈은 뚜렷하고 가운데홈은 짧고 깊다. 전안열은 전곡하고 후안열은 거의 직선을 이룬다. 전안열이 가장 크고 나머지 눈은 거의 크기가 같다. 전중안만 검고 그 밖의 것은 진주빛이 도는 백색이다. 이마는 전중안 지름의 약 2배에 이른다. 위턱은 적갈색이고 매우 튼튼하며 기부가 몹시 쌩대해 있다. 앞엄니두덩에 5개, 뒷엄니두덩에 4개의 이빨이 나 있고, 옆혹이 뚜렷하다. 아랫입술과 아래턱은 적갈색이다. 아래턱은 길쭉하고 끝부분이 약간 넓어진다. 그 바깥 가장자리는 평행하고 안 가장자리는 끝이 안으로 기울어져 있다. 흉판은 암갈색이고 세로가 너비보다 길며, 뒷끝은 돌출하지만 넷째다리 부절 사이에 끼여들지는 않는다. 다리식은 1-4-2-3이다. 다리는 비교적 짧고 튼튼하며 갈색이고 고리무늬를 가지지 않는다. 복부는 난형이고, 갈색을 띤 검은색 바탕에 등면에는 황갈색의 '∧' 모양의 무늬를, 복부면에는 1쌍의 색이 연한 세로로 이어지는 줄무늬를 가진다.

수컷: 배갑은 황갈색이고 암컷보다 좁다. 두부는 암컷처럼 높게 융기하지는 않는다. 후

중안이 가장 작고 다른 눈의 크기는 같다. 위턱은 적황갈색이고 암컷처럼 튼튼하지 않으며 기부가 팽대해 있지도 않다. 아래턱은 암컷처럼 끝이 넓어지지 않았다. 아래턱과 아랫입술은 황갈색이고 흉판은 탁한 황갈색이다.

분포: 한국

자갈거미과

Family Titanoecidae Lehtinen, 1967

전중안은 후중안과 거의 같으나 전측안보다는 훨씬 작다. 다리에는 가시가 매우 적거나 거의 없다. 척절의 귀털은 짧아서 다른 털보다 약간 길뿐이고, 마디 끝으로 갈수록 길이가 조금씩 길어지는 경우는 없다. 털빗은 일렬을 이루고 넷째다리 척절의 거의 전장을 달린다. 수컷은 수염기관과 슬절에 돌기를 가지고 있다.

자갈거미속
Genus *Nurscia* Simon, 1874

자갈거미과의 특징과 같다.

살깃자갈거미
Nurscia albofasciata (Strand, 1907)

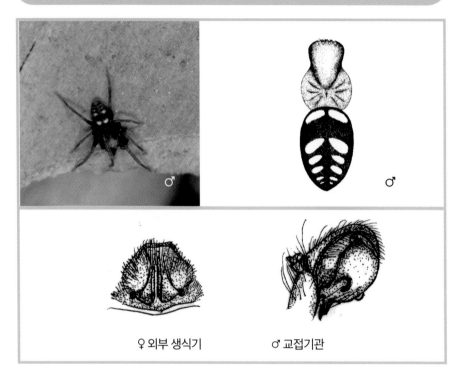

♀ 외부 생식기   ♂ 교접기관

암컷: 배갑이 검고 세로가 너비보다 길다. 흉부는 평평하고 두부는 비교적 넓고 높다. 가운데홈은 세로로 달리고 목홈과 방사홈은 뚜렷하다. 전안열은 등면에서 보면 후곡하고, 정면에서 보면 전곡한다. 후안열도 전곡한다. 가운데눈네모꼴은 뒷변이 높이보다 약간 길고 앞변은 뒷변보다 좁다. 전측안만 검고 다른 눈은 진주빛이 도는 백색이다. 위턱, 아래턱, 아랫입술 및 흉판은 검다. 위턱은 ⌐ 바깥면에 수많은 이 모양의 돌기가 있고, 앞엄니두덩에 비교적 작은 이빨이 3개 나 있으며 옆혹이 잘 발달해 있다. 아래턱은 평행하나 안 가장자리는 약간 안으로 기울어졌다. 흉판은 심장 모양이고 세로가 너비보다 길며 앞 가장자리는 직선이지만 뒷끝은 넷째다리 기절 사이에 뾰족하게 돌출한다. 다리식은 1-4-2-3이다. 넷째다리 척절 등면의 털빗은 그 마디의 전체 길이에 걸쳐서 1줄로 늘어선다. 발톱은 3개이고, 윗발톱에 여러 개의 이를 가지며 발톱 털다발은 없다. 복부는 난형이며 검은 바탕이다. 등면에 4쌍 내외의 흰 무늬를 가지는데 이것은 개체에 따라 변이가 있다. 가랑잎이나 자갈 밑에 산다.

577

수컷: 앞엄니두덩에는 비교적 큰 이빨이 3개, 뒷엄니두덩에는 작은 이빨이 2개 나 있다.

분포: 한국, 일본, 중국, 대만, 러시아

너구리거미과

Family Ctenidae Keyserling, 1877

8개의 눈이 2열로 늘어서나, 전측안과 후중안이 일직선을 이루어 2-4-2의 3줄로 보인다. 전안열은 대체로 후안열보다 작다. 위턱에 옆혹과 엄니두덩니를 가지며, 아랫입술은 너비가 넓다. 다리는 전행성에 알맞고 2개의 발톱을 가지며 발톱니가 있다. 실젖은 서로 떨어져 있지 않고 사이젖이 있다. 거미그물을 치는 일이 없고 먹이를 찾아 방랑 생활을 한다.

너구리거미속
Genus *Anahita* Karsch, 1879

두흉부의 등면은 볼록하다. 전측안과 후중안이 일직선 상에 늘어섬으로써 눈은 2-4-2의 3줄을 이루고 있다. 앞에서 보면 전안열은 후곡하고 있다. 이마는 전중안의 지름보다 좁거나 약간 넓은 정도이다. 첫째다리와 둘째다리 경절 복부면에 5쌍의 가시를 가지고 있다.

너구리거미
Anahita fauna Karsch, 1879

♀ 외부 생식기   ♂ 교접기관

몸길이는 암컷이 9~11mm, 수컷이 8~10mm 정도이다. 두흉부는 황갈색으로 불룩하며 중앙부의 안쪽이 진하다. 바깥쪽에 엷은 2줄의 갈색 무늬가 있고, 양 가장자리에도 갈색 점무늬가 있다. 가운데홈은 비늘꼴로 적갈색이다. 8개의 눈이 2-4-2의 3줄로 늘어서며 후중안이 가장 크고 전측안이 가장 작다. 위턱은 갈색이고 옆혹괴 앞엄니두넝니 2개, 뒷엄니두덩니 4개가 있다. 흉판은 심장형이고 황갈색 바탕으로 정중선 전반부에 회갈색 무늬가 있다. 다리는 황갈색이며 끝으로 갈수록 갈색이 짙어지고 전면에 검은 점이 있다. 복부는 긴 타원형으로 황갈색 바탕에 갈색 세로무늬와 몇 쌍의 빗살 무늬가 있다. 풀밭, 땅 위를 배회하며 나무 위에서도 보인다. 성숙기는 5~6월이다.

분포: 한국, 일본, 중국, 대만

닷거미과

Family Pisauridae Simon, 1890

두흉부는 가운데가 볼록한 편이며 가운데홈은 세로로 선다. 같은 크기의 8 개 눈이 2열로 늘어서며, 전안열은 곧고 후안열이 심하게 후곡하여 안열이 3열로 보인다. 위턱은 강하고 옆혹, 털다발 및 엄니두덩니를 가진다. 다리에 가시털이 많고 이가 줄지어 있으며 아랫발톱에는 2~3개의 이빨이 나 있다. 넷째다리가 가장 길다. 몸 표면에는 보통 털과 함께 깃털 모양의 털을 가진다. 수컷 수염기관의 경절 바깥쪽에 1쌍의 돌기가 있다. 거미 그물을 치지 않고 방랑 생활을 하며, 암컷은 공처럼 생긴 알주머니를 위턱으로 물고 다니고, 부화기가 되면 관목 가지에 매달아 놓아 그 주위에 유아 그물을 치고 지킨다.

닷거미속
Genus *Dolomedes* Latreille, 1804

8개의 눈이 2줄로 늘어서고 전안열은 거의 직선을 이루거나 약간 후곡한다. 전중안은 전측안보다 크다. 후안열은 전안열보다 크고 대체로 크기가 같다. 거의 같은 간격으로 늘어서고 강하게 후곡한다. 가운데눈네모꼴은 너비가 세로보다 길고 뒷변이 앞변보다 넓다. 이마는 가운데눈네모꼴의 길이와 같거나 길다. 아래턱은 평행하고 끝은 둥글다. 뒷엄니두덩에 보통 이빨이 4개 있다. 다리는 길고 털이 많으며 보통 넷째다리가 가장 길고 셋째다리가 가장 짧다.

가는줄닷거미
Dolomedes angustivirgatus Kishida, 1936

몸길이는 14.5~22mm 정도이며 흑갈색띠가 중앙으로 뻗어 있다. 가슴판은 노란색이며 불규칙한 검은 무늬가 있는 넓은 타원형이다. 다리는 갈색이며 길고 잘 발달된 다수의 강모가 존재한다. 복부는 너비보다 길이가 길며, 등면은 세로 방향으로 4쌍의 흰색 반점을 동반한 검정 혹은 갈색 줄무늬를 가진다. 배면은 옅은 황색이며 중앙에 검은 줄무늬가 있다. 산지의 낙엽층이나 수풀 사이에서 발견된다.

분포: 한국, 중국, 일본

줄닷거미
Dolomedes japonicus Bösenberg et Strand, 1906

♀ 외부 생식기　　　♂ 교접기관

몸길이는 암컷 22.5mm, 수컷 16.5mm 정도이다. 두흉부는 등면이 불룩하고 길이가 길며, 암적갈색 바탕에 황색의 가는 줄무늬가 중앙부에서 측면으로 방사상으로 뻗어 있고 가장자리 쪽으로 선이 둘러져 있다. 세로로 뻗는 가운데홈과 방사홈이 뚜렷하다. 전안열은 곧고 후안열은 강하게 후곡하며 전중안이 전측안보다 크다. 안역은 검고 황갈색의 긴 털이 나 있다. 위턱은 암갈색이며 황갈색의 긴 털을 가지고 앞엄니두덩니 3개, 뒷엄니두덩니 4개와 털다발을 가진다. 아래턱과 아랫입술은 암갈색이며 그 앞가장자리는 황갈색이다. 흉판은 회갈색 바탕에 검고 긴 털이 송송 나 있다. 다리는 암갈색이며 퇴절에 황갈색 무늬가 있고, 다리식은 4-1-2-3이다. 복부는 긴 난형이고 등면은 황갈색 바탕에 검은 얼룩 무늬를 가지나 복부면은 단순한 암갈색으로 무늬가 없다. 물가, 바위 틈이나 동굴 속의 벽면 등 침침한 곳에 있으며, 성숙기는 6~9월이다.

분포: 한국, 일본, 중국

한라닷거미
Dolomedes nigrimaculatus Song et Chen, 1991

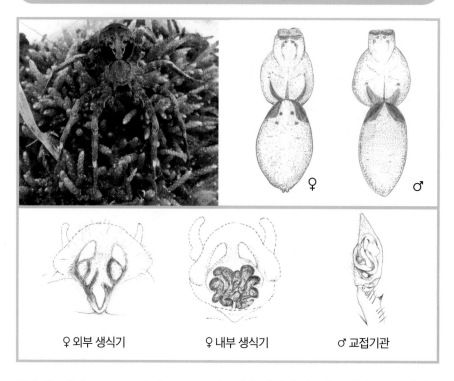

♀ 외부 생식기   ♀ 내부 생식기   ♂ 교접기관

몸길이는 암컷 18.79mm, 수컷 13.57mm정도이다. 암컷의 가슴판은 전체적으로 회갈색을 띠며 강한 가슴홈 무늬와 함께 배와 인접한 부위는 초승달 모양의 검은 무늬가 새겨져 있다. 가슴판은 각이 져 있고 둥근편이며 길쭉하지 않다. 가슴판 가장자리가 연노란색을 띠는 변종도 존재한다. 배는 검은색의 타원형 무늬가 가슴판과 인접한 부위에 한 쌍이 존재하며 배는 전체적으로 낙엽과 비슷한 갈색을 띠지만 노란색의 작은 무늬가 배 윗면 중앙에 두 쌍이 존재한다. 다리는 안쪽부터는 검은색으로 시작하며 맨 마지막 마디(tarsus)로 갈수록 다리의 색이 옅어 연한 갈색이 된다. 다리 말단부위는 흑색띠 무늬가 있다. 수컷의 가슴판은 전체적으로 흰색을 띤다. 암컷과 비슷한 가슴판과 배무늬를 가지지만, 가슴판의 초승달 무늬는 옅게 존재한다. 암수 모두 다리에 강모가 발달해 있다. 여름에 계곡 주위의 낙엽이나 돌 틈에서 주로 서식한다. 제주도뿐만 아니라 충청도, 경상도 같은 내륙에서도 빈번히 발견되는 종이다.

분포: 한국, 중국

먹닷거미
Dolomedes raptor Bösenberg et Strand, 1906

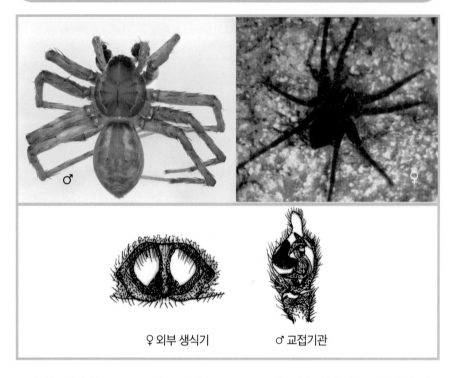

♀ 외부 생식기   ♂ 교접기관

몸길이는 암컷이 22~25mm이고, 수컷은 12~15mm 정도이다. 두흉부는 볼록하며 세로와 너비가 거의 같고, 암갈색으로 엷은 색의 가느다란 가장자리 선이 있다. 가운데홈은 세로이고 목홈과 방사홈이 뚜렷하며 검은색이다. 8눈이 2열로 늘어서고, 전안열은 곧으며 후안열은 후곡한다. 전중안이 측안보다 크다. 위턱은 적갈색으로 황갈색의 긴 털이나 있으며, 앞엄니두덩니 3개, 뒷엄니두덩니 4개이고 옆혹이 뚜렷하다. 흉판은 폭넓은 난형으로 흐린 갈색 바탕에 검은색 점무늬가 있다. 다리는 암갈색에 황갈색 고리 무늬가 있고, 다리식은 4-2-3-1이다. 호습성·호암성 거미로 산골짜기 물가나 동굴 속 벽면 등에서 많이 보이며, 놀라면 물속으로 잠입하기도 한다. 성숙기는 7~9월이다.

분포: 한국, 일본, 대마도, 중국

황닷거미
Dolomedes sulfureus L. Koch, 1878

♀ 외부 생식기   ♂ 교접기관

몸길이는 암컷이 18~25mm이고, 수컷이 13~19mm 정도이다. 두흉부는 세로가 너비보다 길고 불룩하며 황색을 띤 암갈색이다. 가장자리가 검은 줄무늬와 긴 털로 되어있다. 암컷은 배갑이 황색을 띤 암갈색이고 개체에 따라서는 정중선을 세로로 이어지는 거무스름한 띠를 가진다. 너비보다 세로가 길고 불룩하다. 배갑 가장자리는 검은 줄무늬와 긴 털로 되어 있다. 앞에서 보면 전안열은 약간 전곡하고 후안열은 강하게 후곡한다. 눈차례는 전측안〈전중안〈후중안=후측안이다. 양 중안 사이는 전중안과 전측안 사이보다 넓다. 가운데눈네모꼴은 뒷변〉높이〉앞변이다. 이마 높이는 전중안 지름의 약 3배에 상당한다. 위턱은 적갈색이고 긴 털을 가진다. 3개의 앞엄니두덩니와 4개의 뒷엄니두덩니 및 위턱 털다발을 가진다. 아랫입술은 적갈색이고 너비와 세로가 거의 같으며 기부에서 약 1/4의 위치에 기부 관절 파임을 가진다. 아래턱은 황색이다. 흉판은 황색 바탕에 가장자리에 희미한 이중의 선두리를 가진다. 복부는 난형이고, 어떤 개체는 암갈색 바탕에 희미한 검은 무늬를 가진 것이 있는가 하면 어떤 개체는 황갈색 바탕에 뚜렷한 검은 무늬를 가지는 등 개체에 따른 색깔과 무늬의 변화가 심하다. 복부의 복부면은 황색 바탕에 1쌍의 세로로 이어지는 점선 무늬를 가지는데 그 중 안쪽 1쌍은 바깥쪽 것보다 짧다. 수컷의 몸은 암컷보다 작고 다리가 길다. 아랫입술은 세로가 너비보다 길고 다리식은 1-4-2-3이다.

분포: 한국, 일본, 중국

번개닷거미속
Genus *Perenethis* L. Koch, 1878

8개의 눈이 2줄로 늘어서고 전안열은 강하게 전곡한다. 가운데눈네모꼴은 세로가 너비보다 짧고 뒷변보다 앞변이 좁다. 아랫입술은 너비가 세로보다 길다. 이마는 가운데눈네모꼴의 높이보다 현저히 낮다. 두부의 앞가장자리에 양측면은 서성거미속처럼 모가 나지 않았다.

번개닷거미

Perenethis fascigera (Bösenberg et Strand, 1906)

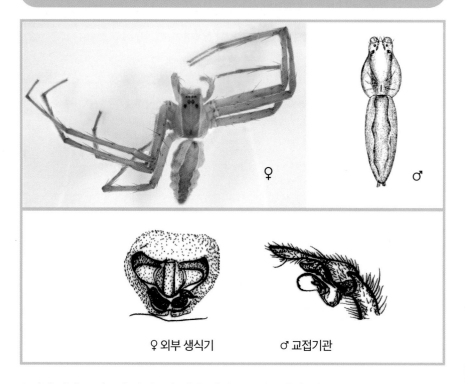

♀

♂

♀ 외부 생식기　　　♂ 교접기관

수컷의 배갑은 세로가 너비보다 길다. 바탕은 황갈색이며, 정중선 상에 안역의 폭보다 약간 넓은 갈색의 세로로 이어지는 띠가 있으며 여기에 검은 털이 나 있다. 이때의 양 옆에는 흰색의 가느다란 선이 둘러져 있다. 가운데홈은 세로로 달리며 깊게 파였다. 앞에서 보았을 때 전안열은 전곡하고 후안열은 강하게 후곡한다. 이마는 전중안 지름의 약 2배이고 가운데눈네모꼴 높이의 1/2이 약간 넘는다. 위턱은 갈색이고 옆혹과 3개의 앞엄니두덩니, 2개의 뒷엄니두덩니 및 털다발을 가진다. 아래턱은 거의 평행하고 아랫입술은 너비가 세로보다 길고 앞가장자리는 전을 이룬다. 흉판은 심장 모양을 이루고 황갈색이나 양옆은 거무스름한 회색이다. 흉판 뒤끝은 넷째다리 기절 사이에 돌출한다. 다리는 황갈색이고 고리 무늬는 없으며 가시가 많다. 각 전절에 파임을 가진다. 발톱은 3개이다. 복부는 길고 약간 갈색을 띤 황색 바탕에 등면 정중선에는 세로로 이어지는 회갈색의 띠가 있고 그 양 가장자리에 좁고 흰 테두리가 있으나 뚜렷하지 못하다. 수염기관의 경절에 돌기가 있다. **분포:** 한국, 일본, 중국, 대만

서성거미속
Genus *Pisaura* Simon, 1886

8개의 눈이 2줄로 늘어서 있는데 전안열과 후안열의 길이는 거의 같다. 전안열은 직선 또는 약하게 후곡한다. 후안열은 강하게 후곡한다. 전안열은 후안열보다 작고 4개가 거의 같은 크기를 하고 있다. 가운데눈네모꼴은 세로가 너비보다 길고 앞변이 뒷변보다 좁다. 이마는 가운데눈네모꼴의 높이와 같거나 약간 좁다. 위턱의 뒷엄니두덩에는 보통 3개의 이를 가진다. 아랫입술은 폭이 길이보다 길고 길이는 아래턱 중간점에 이르지 못한다.

닻표늪서성거미
Pisaura ancora Paik, 1969

♀   ♀

♀ 외부 생식기   ♂ 교접기관

몸길이는 암컷이 10~12mm이고, 수컷이 9~10mm 정도이다. 두흉부는 황갈색 바탕이며 정중선에 1가닥의 백색 줄무늬가 있다. 세로가 너비보다 길며 가운데홈은 길게 세로로 선다. 8눈이 2열로 늘어서며 전안열은 곧고, 후안열은 강하게 후곡한다. 위턱은 갈색이고 앞엄니두덩니와 뒷엄니두덩니는 각각 3개이다. 흉판은 암갈색 바탕이고 정중부에 황갈색 세로 무늬를 가진다. 형태는 심장형으로 뾰족한 뒤끝은 넷째다리 기절 사이로 돌입한다. 다리는 황갈색이며 퇴절 복부면이 검고, 다리식은 4-2-1-3으로 넷째다리가 가장 길다. 복부는 긴 타원형으로 황갈색 바탕에 여러 개의 검은색 살깃 무늬가 있다. 복부면은 황갈색으로 별다른 무늬가 없고, 뚜렷한 사이젖이 있다.

분포: 한국, 중국, 러시아

아기늪서성거미
Pisaura lama Bösenberg et Strand, 1906

♀ 외부 생식기　　　♂ 교접기관

몸길이는 암컷이 10~13mm이고, 수컷이 7~11mm 정도이다. 두흉부는 황갈색 바탕에 정중선에 황색 줄무늬를 가지며, 그 양옆에 폭넓은 검은색 세로띠줄이 있다. 가슴 가장자리에도 검은 무늬가 있다. 세로가 너비보다 길며 목홈과 방사홈이 뚜렷하고 가운데홈은 적갈색이다. 8눈이 2열로 늘어서고, 전안열은 곧으며 후안열은 강하게 후곡한다. 위턱은 황갈색이고 앞엄니두덩니와 뒷엄니두덩니는 각각 3개이다. 흉판은 암회색 바탕에 점무늬가 있다. 다리는 갈색이고 황갈색 바탕에 검은 무늬를 가지며, 복부면은 회황색으로 특별한 무늬는 없다. 사이젖이 뚜렷하다. 지상이나 관목, 풀숲 위를 배회하는 모습을 볼 수 있다. 성숙기는 6~8월이다.

분포: 한국, 일본, 대마도, 중국, 러시아

농발거미과

Family Sparassidae Bertkau, 1872

대개 크기가 큰 거미이다. 몸은 연모로 덮여 있고 배갑은 둥글며, 나리는 굵고 긴 편이다. 다리가 모두 앞으로 향해 있어 옆으로 걸을 수 있고 움직임이 매우 빠르다. 척절 말단 등면에 3개의 돌출부가 있는 막이 있고, 척절과 부절 바닥에 잔털(scopula)이 있어 미끄러운 표면을 기어다닐 수 있다. 부절에 많은 귀털이 있다. 발톱은 2개로 발톱 사이에 털 다발(claw tuft)이 있다. 수컷 더듬이다리 외측면에 경절돌기(retrolateral tibial apophysis; RTA)가 있다. 주로 밤에 배회하며 먹이를 사냥한다.

별농발거미속
Genus *Sinopoda* Jäger, 1999

배갑의 세로는 너비와 거의 같다. 전안열은 서로 접근해 있고 약간 전곡한다. 전중안은 전측안보다 작다. 후안열은 약간 후곡하고 양 중안 사이는 중안과 측안 사이보다 좁다. 가운데 눈네모꼴은 길이>뒷변>앞변이다. 이마는 전중안의 지름보다 높다. 첫째다리 경절 복부면에 3~4쌍의 가시를 가지는데 그 끝쪽 것은 마디의 말단부에 위치하고 작다. 다리는 횡행성이다. 몸집이 큰 종류가 많다.

금빛농발거미
Sinopoda aureola Kim, Lee et Lee, 2014

♀

수컷의 몸길이는 14.82mm, 암컷은 20.41mm가량이며 등갑은 둥글고 황갈색 부드러운 털로 덮여있다. 두부에는 1쌍의 'Y' 자형 무늬가 있고 중간에 검은색 줄무늬가 있다. 흉부에는 어두운 회색 방사형 무늬가 있고 얼룩 무늬(marks)와 가로 줄무늬가 수차례 연속된다. 가슴홈에는 검은색 부드러운 털이 존재한다. 등갑 전반부 끝에는 담황색 가로 줄무늬를 형성하는 어둡고 부드러운 털이 줄지어 있다. 안역은 갈색이다. 복부는 난형의 황갈색이며 회색털로 빽빽이 덮여있다. 등면 전반부는 1쌍의 불규칙한 검은 무늬가 줄지어 있고, 등면 중반부에는 2쌍의 둥근 검은색 도장 자국(sigilla) 같은 것이 존재한다. 등면 후반부에는 2개의 옅은 'V' 자형 무늬를 가지며, 검은색 가로 줄무늬를 띠는 커다란 삼각형 담황색 무늬가 존재하고, 옆쪽에는 2개의 검은색 점이 존재한다. 측면에는 많은 불규칙한 담황색 무늬가 있다.

분포: 한국

쌍점농발거미

Sinopoda biguttata Lee, Lee et Kim, 2016

암컷의 몸길이는 14.17mm가량이며 등갑은 둥글고 황갈색 부드러운 털로 덮여있다. 두 부에는 1쌍의 'Y' 자형 무늬가 있고 중간에 검은색 줄무늬가 있다. 흉부에는 흑갈색 방사 형 무늬가 있고 많은 얼룩무늬와 가로 줄무늬가 연속된다. 가슴홈에는 검은색 부드러운 털이 존재한다. 등갑 전반부 끝에는 담황색 가로 줄무늬를 형성하는 어둡고 부드러운 털 이 줄지어 있다. 안역은 흑갈색이다. 복부는 난형의 적갈색이며 회색털로 빽빽이 덮여 있다. 등면 전반부는 1쌍의 불규칙한 검은 무늬가 줄지어 있으며 담황색의 뒤집혀진 'T' 자형 무늬가 존재한다. 등면 중반부에는 2쌍의 둥근 검은색 도장 자국 같은 것이 존재한 다. 등면 후반부에는 2개의 옅은 'V' 자형 무늬를 가지며, 검은색 가로줄무늬 띠는 커다란 삼각형 담황색 무늬가 존재하고, 옆쪽에는 2개의 검은색 점이 존재한다. 측면에는 많은 불규칙한 회색 무늬가 있다.

분포: 한국

다산농발거미
Sinopoda dasani Kim, Lee, Lee et Hong, 2015

♂교접기관

수컷의 몸길이는 13.74mm가량이다. 등갑은 넓고 담황색의 부드러운 털로 뒤덮인 황갈색이다. 후안열이 전안열보다 넓다. 전안열은 강하게 후곡했으며 후안열은 매우 약하게 후곡했다. 선명한 방사홈과 가슴홈이 안역부터 등갑 뒷부분까지 교차한다. 검은색 작은 무늬가 등갑 가장자리와 중앙부에 존재하며 별무늬가 존재한다. 등갑의 뒤쪽에 가로로 두껍지만 옅은 줄무늬가 나타니고, 앞부분에 작은 'W' 자형 검은 수평 줄무늬가 나타난다. 복부 등면에는 1쌍의 검은 무늬가 존재한다. 이 검은 무늬 사이에 작고 긴 검은 점들이 존재하고 삼각형의 옅고 큰 검은색 점이 상단의 가로로 두꺼운 검은색 줄무늬와 존재한다. 1쌍의 작은 검은색 점들이 복부 뒤쪽에 존재한다.

분포: 한국

화살농발거미
Sinopoda forcipata (Karsch, 1881)

거북이등거미과답게 상당히 큰 종이며 먹성 또한 뛰어나다. 주로 벽면에 붙어있는 걸 좋아하고 탈피를 높은 곳에 매달려서 하는 습성이 있다.

분포: 한국, 일본, 중국

흑갈농발거미
Sinopoda nigrobrunnea Lee, Lee et Kim, 2016

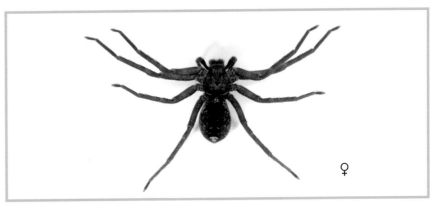

♀

암컷의 몸길이는 14.19mm가량이며 등갑은 둥글고 황갈색 부드러운 털로 덮여있다. 두부에는 1쌍의 'Y'자형 무늬가 있고 중간에 검은색 줄무늬가 있다. 흉부에는 흑갈색 방사형 무늬가 있고 많은 얼룩 무늬와 가로 줄무늬가 연속된다. 가슴홈에는 흑갈색 부드러운 털이 존재한다. 등갑 전반부 끝에는 담황색 가로 줄무늬를 형성하는 어둡고 부드러운 털이 줄지어 있다. 안역은 흑갈색이다. 복부는 난형의 황갈색이며 회색털로 빽빽이 덮여있다. 등면 전반부는 1쌍의 불규칙한 검은 무늬가 줄지어 있으며 담황색 뒤집어진 T자형 무늬가 존재한다. 등면 중반부에는 2쌍의 둥근 검은색 도장 자국이 존재한다. 등면 후반부에는 2개의 옅은 'V'자형 무늬를 가지며, 검은색 가로줄무늬를 띠는 커다란 삼각형 담황색 무늬가 존재하고, 옆쪽에는 2개의 검은색 점이 존재한다. 측면에는 많은 불규칙한 검은색 무늬가 있다. **분포:** 한국

늑대거미과

Family Lycosidae Sundevall, 1833

배갑은 세로가 너비보다 길며 두부 쪽이 다소 불룩하고 흉부에는 세로로 뻗는 가운데홈이 있다. 8개의 눈을 가지며 눈이 모두 검고 전안열이 후안열보다 짧으며 각 안열은 4개의 눈으로 되어 있다. 다른 과와 비교해서 가장 쉽게 구별되는 분류적 형질로서 후안열이 심하게 후곡하여 후측안들과 후중안들이 중인열과 후안열을 이룬다. 다리는 강모가 많고 전절에 'V' 자형 패인 자국이 있으며, 발톱은 3개로 뒷발톱에 약간의 이가 있고 넷째다리가 가장 길어 4-1-2-3의 다리식을 갖는다. 부화하기 전까지 어미 암컷은 알주머니를 실젖에 달고 다니며, 약 7일 정도 부화된 새끼를 등에 업고 다닌다. 위와 같은 새끼들의 짧은 사회적 생활이 가장 큰 생태적 특징이 된다. 전형적인 배회성으로 초원, 모래밭 등의 비교적 건조한 곳에 많이 서식하며 논밭에서도 흔히 발견되어 농림 해충 방제에 큰 역할을 하는 것으로 알려져 있다.

아로페늑대거미속
Genus *Alopecosa* Simon, 1885

배갑은 비교적 평평하고 적갈색 내지 암갈색이다. 정중앙 선상에 중앙띠가 뚜렷하고 이 띠 속에 무늬를 가지지 않는 점으로 부이표늑대거미속 그리고 곤봉표늑대거미속과 구별할 수 있다. 정면에서 보았을 때 두부 양측은 경사져 있다. 안역은 검다. 전안열은 곧거나 전곡되고, 중안열의 길이보다 짧다. 전측안과 전중안은 같은 크기이거나 전측안보다 전중안이 크다. 모든 다리가 비교적 길고 튼튼한 편이다. 이 속은 뒷엄니두덩에 3개의 이를 갖는 논늑대거미속, 짧은마디늑대거미속, 긴마디늑대거미속, 부이표늑대거미속, 곤봉표늑대거미속과는 뒷엄니두덩니의 수로 구별될 수 있다.

일월늑대거미
Alopecosa aculeata (Clerck, 1757)

수컷의 몸길이는 8.6mm가량이다. 등갑은 적갈색이고 중앙에 넓은 흰색띠가 있다. 등갑 세로가 너비보다 크다. 방사홈과 내부 중심와는 구분된다. 수컷 이마의 높이는 전측안 직경의 약 0.8배이다. 복부는 적갈색의 타원형이며, 중앙에 넓은 흰색띠가 있다. 모식산 지는 경상북도 일월산이다.

분포: 한국

흰무늬늑대거미
Alopecosa albostriata (Grube, 1861)

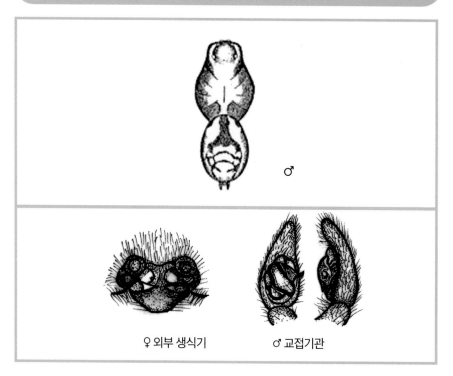

♂

♀ 외부 생식기　　　　♂ 교접기관

수컷: 배갑은 적갈색 내지 암갈색이고 정중선상에 세로의 담갈색 내지 황갈색의 중앙띠

가 있고, 그 폭은 흉부폭의 약 1/3 정도이다. 정면에서 보면 두부 양측이 경사져 있다. 전 안열은 거의 직선을 이루고, 후중안열보다 짧다. 흉판은 진한 갈색이고, 검고 곧게 선 강 모를 가지고 있으며, 세로가 너비보다 길다. 위턱은 앞엄니두덩에 3개, 뒷엄니두덩에 2 개의 이빨이 있다. 복부는 난형이고 복부면의 무늬는 개체에 따라 변이가 심하다. 다리 는 황갈색이나 각 다리의 기절과 전절의 복부면은 흉부와 같은 진한 갈색이다. 다리식은 4-1-2-3이다. 각 다리의 전절에는 뚜렷한 파임을 가진다.

분포: 한국, 중국, 몽골

당늑대거미
Alopecosa auripilosa (Schenkel, 1953)

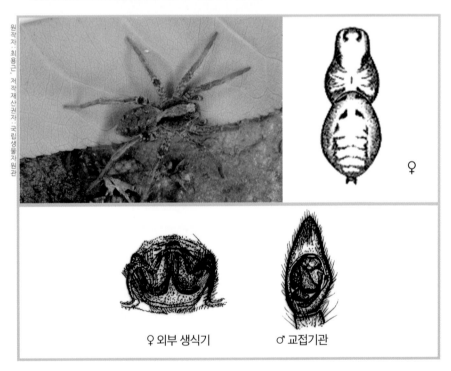

원작자: 최용근, 저작재산권자: 국립생물자원관

♀

♀ 외부 생식기   ♂ 교접기관

암컷: 배갑은 암갈색 바탕에 정중선 상의 중앙띠는 밝은 황갈색이고, 목홈과 흉부 뒷경 사부에 있는 1쌍의 무늬와 안역은 진한 갈색이다. 방사홈도 진한 갈색을 띠고, 가운데홈 은 적갈색이다. 전안열은 매우 약하게 전곡하고, 전중안은 전측안보다 약간 크다. 눈차

례는 후중안〉후측안〉전중안〉전측안이다. 위턱의 앞엄니두덩에 3개, 뒷엄니두덩에 2개의 이빨이 있다. 흉판은 암갈색의 심장형이다. 복부 등면은 회갈색 바탕에 검은 점무늬가 있고, 그보다 바깥쪽은 암갈색이다. 복부의 복부면은 전면적으로 검고 위바깥홈의 양측면부만 황갈색이다. 복부 등면 양옆의 암갈색이 차츰 엷어져 황갈색으로 변하여 복부 양옆에서 복부면의 검은 무늬와 연결된다. 다리는 황갈색으로 아무런 무늬도 없다. 각 다리의 기절의 복부면은 등면보다 어두운 색을 띠고 있다. 다리식은 4-1-2-3이다.

분포: 한국, 중국, 러시아

어리별늑대거미
Alopecosa cinnameopilosa (Schenkel, 1963)

♀ 외부 생식기   ♂ 교접기관

암컷: 배갑은 갈색 바탕이고 담색의 중앙띠와 측면띠를 가진다. 중앙띠는 가운데홈보다 앞쪽에서 뚜렷하나 뒤쪽에서는 뚜렷하지 않은 경우가 있다. 흉부에는 양측면에서 가운데홈을 향하는 가느다란 암갈색 줄무늬가 여러 개 보인다. 뒷눈네모꼴의 중앙에는 암갈

색의 닷모양 무늬가 보인다. 전안열은 거의 직선을 이루고 후안열보다 짧다. 후안열〉중안열〉전안열이다. 흉판은 갈색이고 담색의 무늬가 중앙과 말단에 있다. 위턱의 앞엄니두덩과 뒷엄니두덩에 각각 2개씩의 이빨이 있지만 개체에 따라서는 변이가 있다. 복부는 암갈색이고 심장 무늬가 보이며 그 양편에 늘어선 눈모양의 황갈색 무늬를 가진다. 개체에 따라서는 심장 무늬만 가지는 것, 무늬가 전혀 없는 것도 있다. 복부의 복부면은 갈색이나 복부 등면보다 색이 엷다. 다리는 붉은색이고, 다리식은 4-1-2-3이다.

분포: 한국, 일본, 중국

안경늑대거미
Alopecosa licenti (Schenkel, 1953)

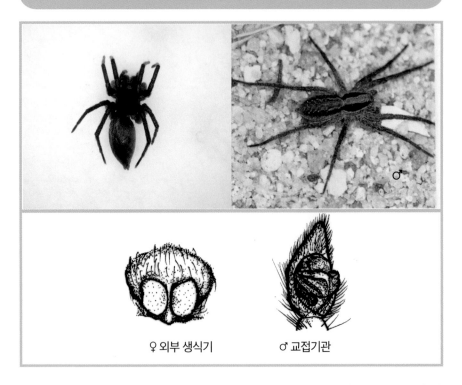

♀ 외부 생식기   ♂ 교접기관

암컷: 배갑의 중앙띠와 측면띠는 적갈색 내지 황갈색이고 가늘고 짧은 황백색 털이 나 있다. 양 띠의 사이는 흑갈색이고 측면띠 바깥쪽은 암갈색이다. 정중선 상의 중앙띠는 매우 폭이 넓어서 흉부 너비의 약 1/3 정도 되지만 측면띠는 좁다. 가운데홈, 목홈 및 방

사홈은 암갈색이고 정면에서 보았을 때 두부 양측은 경사져 있다. 전안열은 약간 전곡하며 중안열보다 짧고 후안열이 가장 길다. 안역은 흑갈색이다. 흉판은 갈색의 방패형이다. 복부 등면 정중선 상에 폭이 넓은 세로의 황갈색 줄무늬는 상단부에 심장 무늬가 보이고 그 하단에는 약간 검은 연결된 무늬가 4~5쌍 보이며 이 중앙 줄무늬 양옆에는 5~6쌍의 검은 점무늬가 보인다. 다리는 적갈색이고 각 퇴절에는 뚜렷하지 않은 얼룩 무늬가 희미하게 보인다. 다리식은 4-1-2-3이다.

분포: 한국, 일본

가창늑대거미
Alopecosa gachangensis Seo, 2017

암컷의 몸길이는 9.4mm가량이다. 등갑은 적갈색이고 중앙에 넓은 황갈색띠가 있다. 등갑의 세로가 너비보다 크다. 방사홈과 내부 중심와는 구분된다. 수컷 이마의 높이는 전측안 직경과 비슷하다. 복부는 흑갈색의 타원형이며 등면에 4개의 'V'자형 무늬가 있다. 중앙에 넓은 흰색띠가 있다. 모식산지는 대구이다.

분포: 한국

일본늑대거미

Alopecosa moriutii Tanaka, 1985

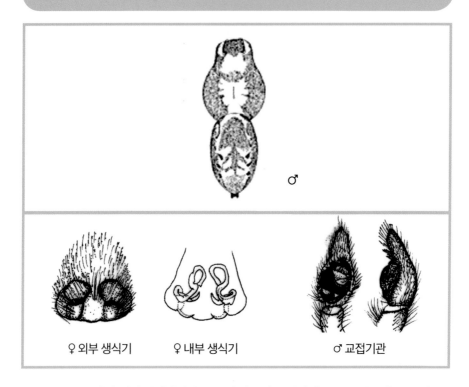

♀ 외부 생식기   ♀ 내부 생식기   ♂ 교접기관

수컷: 배갑은 암갈색 내지 암적갈색이고, 중앙띠는 밝은 황갈색으로 그 폭은 흉부 폭의 2/5를 차지하고, 희고 짧은 누운 털로 덮여 있다. 그러나 개체에 따라서는 이 털이 벗겨진 것도 있다. 중앙띠는 대체로 안역 뒷변에서 끝이 나고, 여기에 약간 긴 흰 털과 그 사이에 드문드문 검은 강모가 나 있다. 안역은 검고, 전안열<중안열<후안열이다. 흉판은 진한 갈색 내지 어두운 황갈색이다. 위턱은 앞엄니두덩에 3개, 뒷엄니두덩에 2개의 이빨이 있다. 복부는 긴 타원형으로 등면 정중선 상에 밝은 회색 내지 회갈색의 폭이 넓은 줄무늬가 세로로 있고, 그 양옆은 암갈색 내지 흑갈색이다. 정중선 상의 줄무늬는 후반부에 3~4쌍의 연결된 밝은 황갈색 무늬를 포함하고 있다. 또 이 세로줄 무늬 양쪽의 암갈색 부분에는 검은 점무늬가 보인다. 개체에 따라서는 이 검은 점무늬만 남고 암갈색 부분은 거의 보이지 않는 것도 있다. 복부의 복부면은 어두운 황갈색이다. 다리는 암갈색이고 각 퇴절에 3개씩의 희미한 무늬가 있는데 등면에서는 거의 보이지 않는다. 다리식은 4-1-2-3이다.

분포: 한국, 일본

먼지늑대거미
Alopecosa pulverulenta (Clerck, 1757)

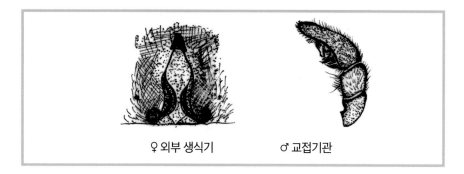

♀ 외부 생식기   ♂ 교접기관

암컷의 몸길이는 6.5~10mm이고, 수컷은 5~8mm 정도이다. 수컷은 첫째다리 경절이 약간 어둡지만, 부풀어 있지 않고 긴 털도 없다. 초지나 경작지에 주로 서식한다.

분포: 한국, 중국, 일본

채찍늑대거미
Alopecosa virgata (Kishida, 1909)

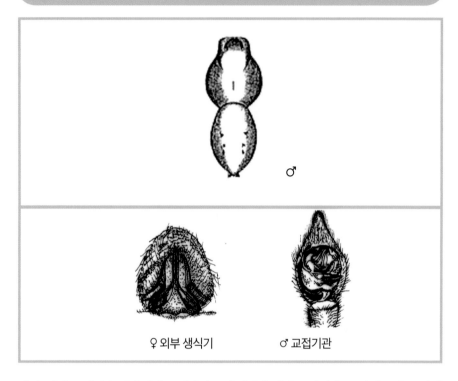

♂

♀ 외부 생식기　　　　♂ 교접기관

암컷: 배갑은 어두운 적갈색이고 황갈색 중앙띠와 측면띠를 가진다. 중앙띠는 흉부 폭의 1/3을 차지하며 매우 뚜렷하지만, 측면띠는 좁고 희미하여 개체에 따라서는 분명하지 않은 것도 있다. 목홈과 방사홈의 부분은 색이 짙은데, 특히 목홈이 현저하다. 뒷눈네모꼴 속에는 흰 털이 나 있고, 두부 양측은 경사져 있다. 전안열은 가볍게 전곡하고 중안열보다 짧다. 흉판은 암적갈색이다. 다리는 황갈색이고, 각 다리의 퇴절과 경절에 희미한 검은색의 무늬를 가진다. 다리식은 4-1-2-3이다. 복부의 등면은 바탕이 황갈색이고 정중선상의 심장 무늬와 그 뒤에 연속된 무늬 및 이들과 병행하여 그 양측에 앞뒤로 늘어선 불규칙한 무늬는 암갈색이다. 이들 무늬는 개체에 따라 변이가 심하다. 복부 앞 양쪽의 1쌍의 무늬는 검고, 복부의 복부면은 전체적으로 검은 빛이다.

분포: 한국, 일본

회전늑대거미
Alopecosa volubilis Yoo, Kim et Tanaka, 2004

등갑은 갈색이며 밝은 중앙띠를 가진다. 이 띠는 등갑의 너비의 1/3 정도 되며 끝으로 갈수록 약간씩 좁아진다. 등갑은 너비보다 길이가 길고 흰색의 짧은 털들로 덮여있으며 중간 부분은 위로 올라가고 측면은 가파르게 경사졌다. 두부의 높이는 가슴홈과 전중안의 거리와 비슷하며, 흉부는 사다리꼴이다. 안역은 검은색이며 흰색의 털이 드물게 나 있다. 전안열은 약간 전곡했다. 복부는 짧은 흰색 털들로 뒤덮인 흑갈색 난형이다. 심장형 무늬는 2개의 세로 무늬와 함께 양측에 연립한다. 심장형 무늬 전반부에 노란색 V자형 무늬가 존재한다.

분포: 한국, 일본, 러시아

논늑대거미속
Genus *Arctosa* C. L. Koch, 1847

배갑은 공 모양으로 검거나 암갈색이고, 중앙띠에 'V' 또는 세로의 줄무늬를 가지지 않으며 부분적으로 밝은 띠가 뚜렷하지는 않다. 두부가 융기되었지만 심하지 않고 양옆이 경사를 이룬다. 전안열은 중안열과 길이가 같거나 조금 길다. 전안열은 곧거나 전곡 또는 후곡이고 중안열과 같거나 짧다. 위턱 앞엄니두덩에 2~3개, 뒷엄니두덩에 3개의 이빨이 있다. 복부에는 세로 또는 얼룩 무늬가 있고 대개 황색으로 된 창끝 모양의 무늬가 등면에 있다. 다리는 매우 가늘다. 각 다리에는 검은 점 또는 고리 무늬가 있다. 이 속은 짧은 마디늑대거미속과 유사하나 배갑에 밝은 세로의 띠가 없고, 아로페늑대거미속과 마른늑대거미속과는 뒷엄니두덩에 3개의 이빨이 있는 것으로 구별한다.

충주논늑대거미
Arctosa chungjooensis Paik, 1994

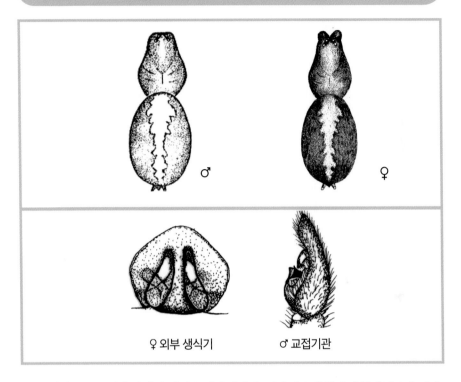

♂   ♀

♀ 외부 생식기   ♂ 교접기관

수컷: 배갑은 줄무늬와 양옆의 어두운 황갈색이다. 전안열은 후곡하며 중안열보다 길다. 위턱에는 각각 3개씩 이빨이 각 엄니두덩에 있다. 복부는 어두운 회색이고 전반부에 심장 무늬를 갖는 희미한 황색의 세로띠가 정중부에 있다. 다리는 황갈색이고 넷째다리 척절은 넷째다리 경절과 넷째다리 슬절의 합보다 짧다. 다리식은 4-1-2-3이다.

분포: 한국

해안늑대거미
Arctosa cinerea (Fabricius, 1777)

몸 전체적으로 짧은 흰색털이 많이 나있는 흰색의 거미이다. 배갑의 중앙부는 연한 갈색으로 방사홈이 있고, 화병모양을 하고 있다. 복부 등면에는 정중조(심반)의 양측에 적황색·흰색·검은색 회색으로부터 생기는 대칭이 되는 무늬가 늘어서 병모양을 나타낸다. 다리는 황갈색으로 검은색의 바퀴 모양을 가진다 이 종의 특색인 색채·반문(옥돌모양)으로 한눈에 다른 종과 구별이 된다. 강가나 뱃가의 모래 밭 또는 자갈밭의 하부에 생기는 모래땅에 대롱모양의 주거 구멍을 만든다. 구멍의 깊이는 4~7cm로, 수직 방향보다 비스듬한 것이 많아 때에 따라서 'U'자형의 구멍을 파는 일도 있다. 낮에는 주거하는 곳에 숨어 있고, 저녁때부터 밤에 걸쳐서 구멍의 입구에서 기다리거나, 가끔은 배회해서 먹잇감을 잡아먹는다. 탈피나 산란은 관상주거의 안에서 이루어진다. 주거하는 곳에서 외출하는 일이 적기 때문에 좀처럼 사람의 눈에 띄지 않는다.

분포: 한국, 일본

한국논늑대거미
Arctosa coreana Paik, 1994

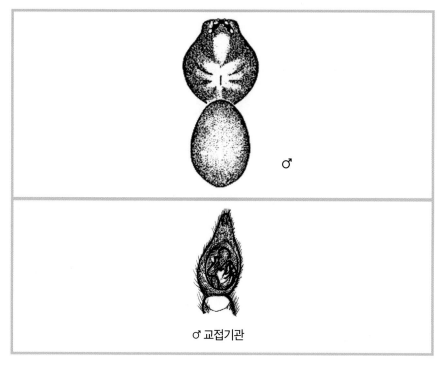

♂

♂ 교접기관

수컷: 두흉부는 적갈색이고 전안열이 중안열보다는 길지만 후안열보다는 짧다. 전안열은 약간 전곡한다. 눈차례는 후중안〉후측안〉전중안〉전측안이다. 위턱은 적갈색이고 각 엄니두덩에는 3개씩 이빨이 있다. 흉판은 적갈색으로 심장형이다. 복부는 회색빛이 도는 황갈색이다. 다리는 적갈색이고 넷째다리 척절은 넷째다리 경절과 넷째다리 슬절의 합보다 짧다. 이 종은 적갈늑대거미와 유사하지만 방패판과 배엽에 2개의 발톱으로 쉽게 구별된다.

분포: 한국, 일본, 미국, 캐나다

사구늑대거미
Arctosa depectinata (Bösenberg et Strand, 1906)

♀

배갑에는 정중 세로 무늬가 없고, 가운데 홈과 방사홈에 깎은 듯한 검은줄이 있다. 복부의 등쪽 부분에는 심반을 중심으로 복잡한 흑갈색 반문이 있다. 다리에는 흑갈색의 바퀴모양이 있다. 이 종은 주로 해안이나 강변의 돌 사이에 서식하는 것이 많으나, 때에 따라서 산의 습지대에서도 서식하거나 초원의 지표에 배회하는 것도 있다.

분포: 한국, 일본

적갈논늑대거미
Arctosa ebicha Yaginuma, 1960

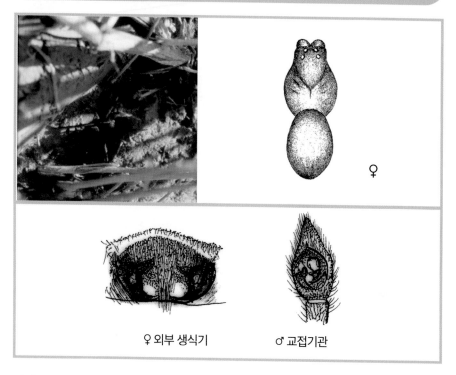

♀

♀ 외부 생식기   ♂ 교접기관

암컷: 두흉부는 적갈색 바탕이고 두부와 방사홈 및 가장자리는 검다. 전안열은 전곡하며 중안열보다 길고 후중안이 가장 크다. 위턱은 암적갈색이고 앞엄니두덩에 3개, 뒷엄니두덩에 3개의 이빨이 있다. 아래턱과 아랫입술은 암적갈색이며 아랫입술의 세로가 너비보다 길다. 흉판은 밝은 적갈색의 심장형으로 전면에 검은 털이 있다. 복부는 회간색의 난형이고 특별한 무늬는 없다. 다리는 적갈색으로 넷째다리 적절이 넷째다리 경절과 넷째다리 슬절의 합부다 짧다. 풀밭이나 돌 밑 등에서 보이며 땅 속에 산실을 만든다. 성숙기는 4~6월이다.

분포: 한국, 일본

한라산논늑대거미
Arctosa hallasanesis Paik, 1994

♀

암컷: 두흉부는 붉은빛이 도는 황갈색이고, 가운데홈은 어두운 적갈색이다. 전안열은 후곡하고 중안열보다 길다. 눈차례는 후중안〉후측안〉전중안=전측안이다. 위턱은 적갈색이고 각 엄니두덩에 3개씩 이빨이 있다. 흉판은 갈황색이고 심장형이다. 복부는 황갈색이고 등면에 어두운 회색 무늬가 있다. 다리는 갈색이고 넷째다리 척절은 넷째다리 슬절과 넷째다리 경절의 합보다 짧다. 다리식은 4-1-2-3이다.

분포: 한국

흰털논늑대거미
Arctosa ipsa (Karsch, 1879)

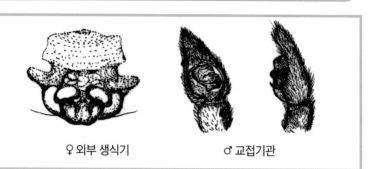

♀ 외부 생식기   ♂ 교접기관

배갑은 적갈색 바탕에 흰색 털로 덮인 정중부 줄무늬가 있으며, 머리와 방사홈 쪽의 색이 짙다. 위턱은 적갈색으로 뒷엄니두덩니는 3~4개이다. 가슴판과 아래턱 아랫입술은 황갈색이고, 다리는 적갈색이다. 배는 긴 난형으로 회갈색 바탕에 정중부에 줄무늬가 있고 뒤쪽 측면에는 노란색 점무늬가 늘어서 있다. 수컷은 배갑과 배 등면에 뚜렷한 흰색 줄무늬가 있고, 첫째다리의 종아리마디 등면에 흰색의 부드러운 털이 빽빽이 나 있다. 산지의 낙엽층 위 등을 배회하며 작은 동물을 포식한다.

분포: 한국, 일본, 러시아

금정산논늑대거미
Arctosa keumjeungsana Paik, 1994

♀

암컷: 배갑은 어두운 황갈색이고 황갈색의 얇은 중앙띠와 어두운 방사형의 줄무늬, 그리고 검은색의 좁은 무늬가 가장자리에 있다. 전안열은 약간 후곡하고 중안열보다 길다. 눈차례는 후중안〉후측안〉전중안〉전측안이다. 위턱은 황갈색이고 앞엄니두덩과 뒷엄니두덩에 각각 3개씩 이빨이 있다. 흉판은 황갈색이고 심장형이다. 복부는 연한 황색이고 등면에 어두운 무늬가 있는 난형이다. 다리는 황갈색이고 퇴절과 경절에 어두운 고리 무늬가 있다. 넷째다리 척절은 넷째다리 슬절과 넷째다리 경절의 합보다 짧다.

분포: 한국

광릉논늑대거미

Arctosa kwangreunensis Paik et Tanaka, 1986

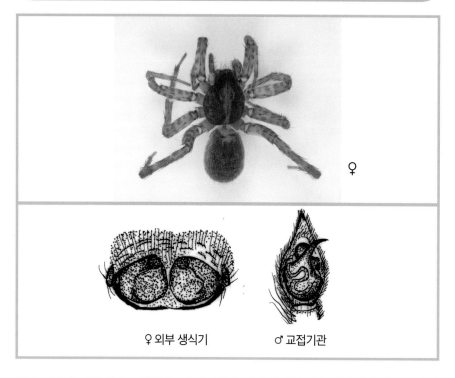

♀

♀ 외부 생식기   ♂ 교접기관

암컷: 배갑은 적갈색이고 두부에 2개의 어두운 갈색 무늬를 갖는 황갈색의 밝은 중앙띠가 있다. 흉부에는 밝은 황갈색의 가장자리 중앙띠가 있다. 전안열이 후안열보다 짧다. 전안열은 약간 전곡한다. 위턱은 앞엄니두덩과 뒷엄니두덩에 각각 3개의 이빨이 있다. 흉판은 심장형으로 연한 황갈색이다. 복부는 회색빛이 도는 황갈색이고 등판에 뚜렷하지 않은 어두운 무늬가 있는 난형이다. 다리는 황갈색으로 퇴절과 척절에 어두운 고리 무늬가 있고, 넷째다리 척절은 넷째다리 슬절과 넷째다리 경절의 합보다 짧다.

분포: 한국

팔공논늑대거미

Arctosa pargongensis Paik, 1994

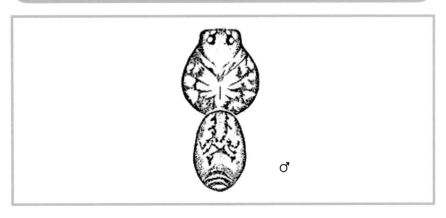

수컷: 두흉부는 황갈색이고 어두운 회색의 작은 반점이 얼룩 무늬를 이루고 있다. 안역은 검고 전안열이 전곡하며 중안열보다 짧다. 눈차례는 후중안〉후측안〉전중안〉전측안이다. 위턱은 각 엄니두덩에 3개씩의 이빨을 갖는다. 흉판은 황회색으로 심장형이다. 복부는 회색빛이 도는 황갈색이고 등면에 어두운 무늬가 있는 난형이다. 다리는 갈황색이고 슬절의 전반부의 상단과 각 퇴절, 경절 그리고 척절에 어두운 회색의 고리 무늬가 2개씩 있다.

분포: 한국

풍천논늑대거미
Arctosa pungcheunensis Paik, 1994

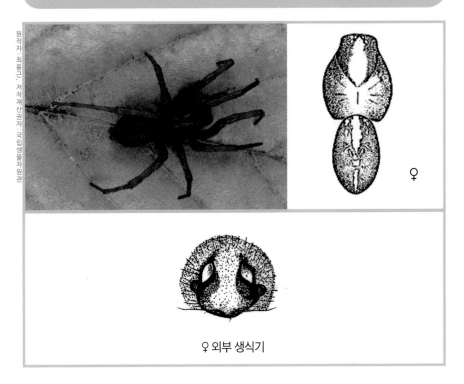

♀

♀ 외부 생식기

암컷: 배갑은 적갈색이고 황갈색의 밝은 중앙띠가 있다. 안역은 어둡다. 전안열은 후곡하고 중안열보다는 길며 후안열보다는 짧다. 눈차례는 전중안=전측안〈후측안〈후중안이다. 위턱은 어두운 적갈색으로 삭 엄니두덩에 3개씩 이빨이 있다. 흉판은 황간색의 심장형이다. 복부는 난형이고 등면은 어두운 갈색이며, 심장 무늬와 이 무늬의 양옆과 뒷부분의 무늬들은 황색이다. 다리는 황갈색이고 무늬가 없다. 넷째다리 척절은 넷째다리 슬절과 넷째다리 경절의 합보다 짧다. 다리식은 4-1-2-3이다. 이 종은 한라산논늑대거미와 유사하지만 저정낭의 형태에 의해 다르게 구별될 수 있다.

분포: 한국

논늑대거미

Arctosa subamylacea (Bösenberg et Strand, 1906)

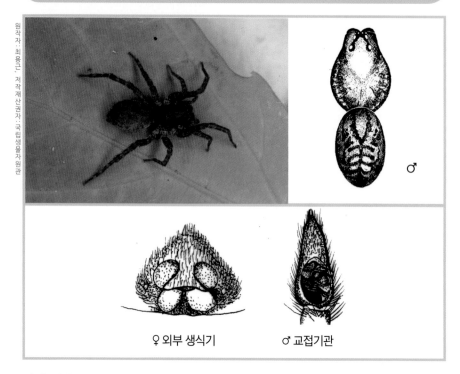

♀ 외부 생식기　　　　♂ 교접기관

암컷: 배갑은 황갈색으로 정중부 줄무늬가 없고 방사홈과 가장자리색이 짙다. 위턱은 적
갈색으로 앞두덩니는 2개, 뒷두덩니는 3개씩이다. 가슴판은 황갈색으로 가장자리 색이
짙고, 검은 털이 나 있다. 다리는 황갈색 바탕에 검은 고리 무늬가 있고, 첫째다리 발끝마
디 등면 기부에 2개의 긴 털이 나 있다. 배는 황갈색이며, 앞쪽에 심장 무늬가 있고 뒤쪽
에 몇 쌍의 갈색무늬가 있다. 밑면은 흐린 갈색으로 옆쪽에 암회색 반점이 산재한다. 산
지나 평야의 풀숲 논밭 사이 등을 배회한다.

분포: 한국, 일본, 유럽

얼룩논늑대거미
Arctosa yasudai (Tanaka, 2000)

♀

등갑은 세로가 너비보다 길며, 짧고 검은색 털로 뒤덮여 있다. 두부는 흉부보다 어둡고, 안역부터 안와까지 어두운 황갈색의 좁은 선이 이어진다. 흉부에는 측면의 빈 공간을 따라 1쌍의 황갈색 띠가 존재한다. 목홈과 방사홈은 어두운 황갈색이고 뚜렷하다. 복부는 세로가 너비보다 길고 전형적인 타원형이며 흐릿한 흑갈색이다. 어두운 흑갈색의 짧은 털들로 덮여 있으며 조밀한 흑갈색의 털들이 전반부의 빈 공간을 따라 존재한다. 심장무늬는 뚜렷하고, 흑갈색의 큰 엽상무늬가 등면 전체를 덮고 있다. 2쌍의 근점이 뚜렷하게 나타난다.

분포: 한국, 일본

습지늑대거미속
Genus *Hygrolycosa* Dahl, 1908

배갑은 공 모양으로 검거나 암갈색이고, 중앙띠에 'V' 또는 세로의 줄무늬를 가지지 않으며 부분적으로 밝은 띠가 뚜렷하지는 않다. 두부가 융기되었지만 심하지 않고 양옆이 경사를 이룬다. 전안열은 중안열과 길이가 같거나 조금 길다. 전안열은 곧거나 전곡 또는 후곡이고 중안열과 같거나 짧다. 위턱 앞엄니두덩에 2~3개, 뒷엄니두덩에 3개의 이빨이 있다. 복부에는 세로 또는 얼룩 무늬가 있고 대개 황색으로 된 창끝 모양의 무늬가 등면에 있다. 다리는 매우 가늘다. 각 다리에는 검은 점 또는 고리 무늬가 있다. 이 속은 짧은 마디늑대거미속과 유사하나 배갑에 밝은 세로의 띠가 없고, 아로페늑대거미속과 마른늑대거미속과는 뒷엄니두덩에 3개의 이가 있는 것으로 구별한다.

습지늑대거미
Hygrolycosa umidicola Tanaka, 1978

수컷: 두흉부는 적갈색이고 전안열이 중안열보다는 길지만 후안열보다는 짧다. 전안열은 약간 전곡한다. 눈차례는 후중안〉후측안〉전중안〉전측안이다. 위턱은 적갈색이고 각 엄니두덩에는 3개씩의 이빨이 있다. 흉판은 적갈색으로 심장형이다. 복부는 회색빛이 도는 황갈색이다. 다리는 적갈색이고 넷째다리 척절은 넷째다리 경절과 넷째다리 슬절의 합보다 짧다. 이 종은 적갈늑대거미와 유사하지만 방패판과 배엽에 2개의 발톱으로 쉽게 구별된다.

분포: 한국, 일본

짧은마디늑대거미속
Genus *Lycosa* Latreille, 1804

배갑은 두부 부분이 뚜렷하게 융기하며 좁고 양옆이 거의 수직을 이루고 있다. 일반적으로 어두운 검은 바탕에 중앙띠와 밝은 측면띠가 있다. 중앙띠 안에 'V' 또는 검은 무늬를 가지는 일이 없다. 측면띠는 빈번히 불연속적인데, 이것이 종을 구별하는 중요한 특징이 된다. 전안열은 직선 또는 약간 전곡한다. 이마는 넓고 적어도 전측안 직경의 2배 정도이다. 위턱에 뒷엄니두덩니는 3개이다. 복부는 긴 난형이고 심장 무늬가 있다. 다리는 가늘고 정상 부분에 고리 무늬가 있다. 넷째다리가 매우 길어서 달릴 때 특징적 모습을 보여주기도 한다. 넷째다리 척절이 넷째다리 슬절과 넷째다리 경절을 합친 것과 같거나 좀더 작다. 무늬들이 다양해서 종들을 구별하는 데 중요한 특징이 된다. 지표나 풀밭을 배회하며 먹이 사냥을 하지만, 돌이나 나뭇등걸 밑 또는 땅 속에 수직 또는 경사진 굴을 만들어 그 속에 은신하고 있다가 주변을 지나는 먹이를 포식하기도 한다.

거제늑대거미
Lycosa boninensis Tanaka, 1989

수컷의 몸길이는 8.9mm가량이다. 등갑은 갈색이고 중앙에 방추형 띠가 있으며 빈 공간과 물결무늬가 있다. 등갑의 세로가 너비보다 크다. 방사홈과 내부 중심와는 구분된다. 수컷 이마의 높이는 전측안 직경과 비슷하다. 복부는 갈색의 타원형이며, 옅은 털로 뒤덮인 노란띠 위에 5개의 가로 무늬가 존재한다. 한국에 분포하며 모식산지는 경상남도 거제도이다.

분포: 한국, 일본

제주늑대거미
Lycosa coelestis (L. Koch, 1878)

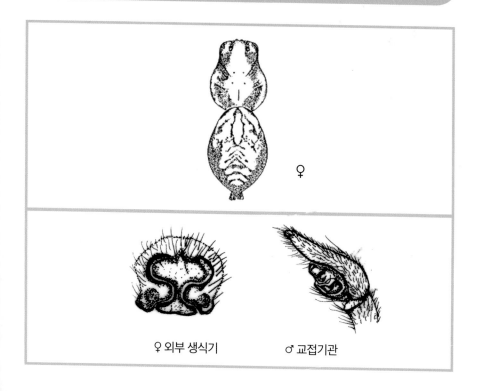

♀

♀ 외부 생식기   ♂ 교접기관

암컷: 배갑은 갈색이고 중앙띠와 측면띠는 황갈색이다. 중앙띠는 목 부분에서 가장 넓어서 배갑 폭의 2/5를 차지한다. 전안열은 약간 전곡하고 중안열보다 짧으며 눈 차례는 후중안>후측안>전중안>전측안이다. 뒷눈네모꼴은 뒷변>앞변>높이이다. 위턱은 적갈색으로 각 엄니두덩에는 각각 3개의 이빨이 있다. 흉판은 암적갈색으로 심장형이다. 다리는 갈색이고 다리식은 4-1-2-3이다. 넷째다리 척절은 넷째다리 슬절과 넷째다리 경절의 합보다 작다. 복부는 황갈색이고 어두운 회갈색의 복잡한 무늬를 가진다.

분포: 한국, 일본, 중국, 대만

한국늑대거미
Lycosa coreana Paik, 1994

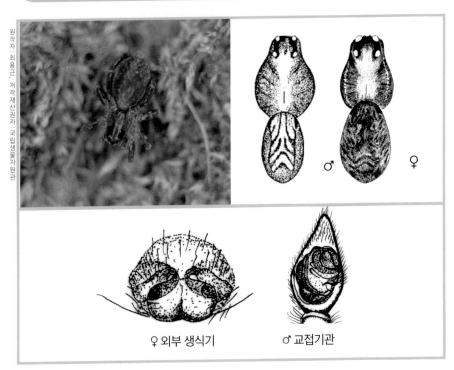

♂   ♀

♀ 외부 생식기   ♂ 교접기관

수컷: 배갑은 어두운 황갈색이고, 밝은 중앙띠가 있는데 이것은 가운데홈 앞에서 넓어진다. 전안열은 약간 전곡한다. 전안열<중안열<후안열이다. 위턱은 어두운 갈색이고 각 두덩에 각각 3개의 이빨이 있다. 흉판은 심장형이고 세로의 황색띠가 정중부에 있는 황

회색이다. 복부는 희미한 황갈색이고 등면은 어두운 회색 무늬가 있다. 다리는 황갈색이고, 넷째다리 척절이 넷째다리 슬절과 넷째다리 경절을 합한 것보다 짧다. 첫째다리 척절과 둘째다리 척절에 2개의 희미한 회색 고리 무늬가 있다. 다리식은 4-1-2-3이다.

분포: 한국, 일본

입술늑대거미
Lycosa labialis Mao et Song, 1985

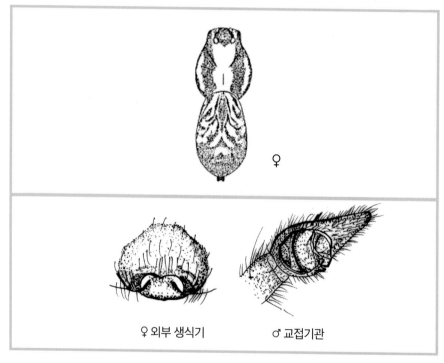

♀

♀ 외부 생식기   ♂ 교접기관

암컷: 배갑은 암갈색이고 담갈색의 굵은 중앙띠와 가늘고 불연속적인 측면띠가 뚜렷하다. 목홈과 방사홈은 흑갈색이고, 두부 양측면은 경사져 있다. 전안열은 전곡하고 후안열〉중안열〉전안열의 순이다. 이마 높이는 전중안 지름보다 조금 좁다. 흉판은 약간 검은 갈황색의 심장형이다. 위턱은 갈색이고 각 엄니두덩에 각각 3개씩 이빨이 있다. 아랫입술과 아래턱은 담갈색이고, 각각 그 끝부분은 황백색이다. 복부의 등면은 황갈색 바탕에 암회갈색의 복잡한 무늬가 있다. 이 무늬 군데군데와 복부 앞끝 양측에 검은 무늬가

있다. 다리는 황갈색이며 다리식은 4-3-2-1이다. 복부 앞끝에 흰 긴 털이 나 있다. 복부의 복부면은 갈황색이고 긴 털이 성기게 나 있다.

분포: 한국, 중국

땅늑대거미
Lycosa suzukii Yaginuma, 1960

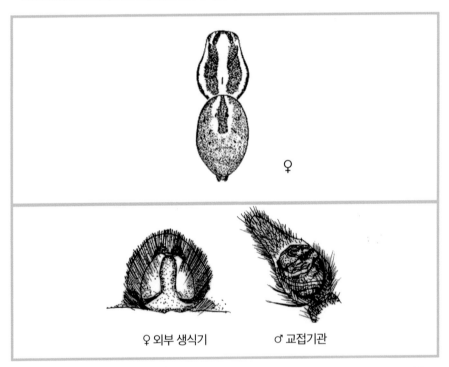

♀

♀ 외부 생식기   ♂ 교접기관

배갑은 흑갈색이고 중앙띠와 측면띠는 황갈색이다. 목홈과 방사홈은 검고 가운데홈은 흑갈색이다. 전안열은 약간 전곡하고, 눈차례는 전측안⟨전중안⟨뒷측안⟨후중안이다. 위턱은 흑갈색 또는 적갈색으로 각 두덩에 각각 3개의 이빨이 있다. 아래턱, 아랫입술, 흉판이 모두 검정색이다. 복부는 난형으로 등면에 회갈색의 심장 무늬가 있다. 다리는 흑갈색 내지 갈색이고 다리식은 4-1-2-3이다. 각 다리의 척절과 부절 등면 기부에 각 1개씩의 긴 털을 갖는다. 넷째다리 척절이 넷째다리 슬절과 넷째다리 경절의 합보다 짧다.

분포: 한국, 일본, 중국

긴마디늑대거미속
Genus *Pardosa* C. L. Koch, 1847

두부는 거의 수직이다. 중앙띠와 측면띠가 종에 따라 상단에서 폭이 넓거나 좁고 또는 연속적이거나 불연속적이다. 위턱 앞엄니두덩에 3개의 이빨이 있고, 뒷엄니두덩에는 2~3개의 이가 있다. 복부는 중앙 부위에 흑색 또는 흑갈색 모양의 무늬가 있는 긴 난형이다. 첫째다리 부절 등면에 털이 없으나, 있는 경우 발톱 위에 털보다 짧고 3개의 가시털이 있다.

별늑대거미
Pardosa astrigera L. Koch, 1878

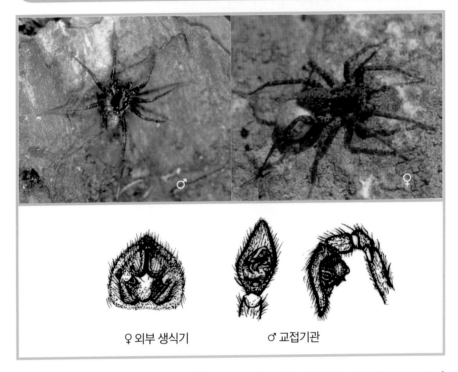

♀ 외부 생식기　　　　　♂ 교접기관

몸길이는 암컷이 8~10mm이고, 수컷이 5~8mm 정도이다. 두흉부는 흑갈색으로 두부 옆면이 급경사로 되며 황색의 중앙띠는 화살형이고, 측면띠들은 불연속적이다. 흉부 옆쪽은 황갈색이며 가장자리 선은 검은색이다. 전안열이 중안열보다 짧고, 후중안이 가장 크다. 위턱은 적갈색으로 튼튼하며 황백색 털과 검은 강모가 나 있다. 흉판은 암적갈색이고 상단에 무늬가 있다. 복부는 긴 난형이며 흑갈색으로 정중부 상단에 'V'자형의 황갈색 심장 무늬가 있고 그 뒤쪽으로 몇 쌍의 황갈색 무늬가 늘어선다. 수컷은 흑갈색이 진하고 무늬가 뚜렷하지 않다. 다리는 황갈색이고 각 마디에 암갈색 고리 무늬가 있다. 넷째다리가 가장 길고 나머지는 거의 길이가 같다. 이른 봄부터 출현하며 풀밭에서 가장 흔하게 볼 수 있는 거미이다. 성숙기는 4~10월이다.

분포: 한국, 일본, 중국, 쓰시마섬, 대만

극동늑대거미
Pardosa atropos (L. Koch, 1878)

별늑대거미와 외형상 유사하나 생식기의 특징으로 구별한다.

분포: 한국, 일본, 중국

뫼가시늑대거미
Pardosa brevivulva Tanaka, 1975

몸길이는 암컷이 4.5~7.5mm, 수컷이 4.5~5.5mm 정도이다. 두흉부는 적갈색으로 후중
안의 뒤쪽에서 폭이 넓어지는 'T' 자형의 밝은 중앙띠가 있고 그 전면에 백색의 연한 털
이 빽빽이 나 있다. 측면띠는 불연속이다. 전안열은 전곡하고 중안열보다 짧다. 위턱은
적갈색이고 아래턱은 암갈색이며 아랫입술과 흉판은 암적갈색이다. 복부는 밝은 갈색
이며 백색이 연한 털로 된 작살꼴의 중앙 무늬가 있다. 그 뒤에 빗살 무늬 같은 무늬들이
있다. 옆면은 백색의 연한 털이 나 있는 암갈색이며 복부면은 황갈색이다. 다리는 적갈
색으로 첫째다리와 넷째다리 퇴절에 검은 고리 무늬가 있다. 수염기관은 적갈색이고, 퇴
절에 2개의 적갈색 고리 무늬가 있으며 부절에 갈고리가 있다. 건조한 곳에서 산다.

분포: 한국, 일본, 중국

낫늑대거미
Pardosa falcata Schenkel, 1963

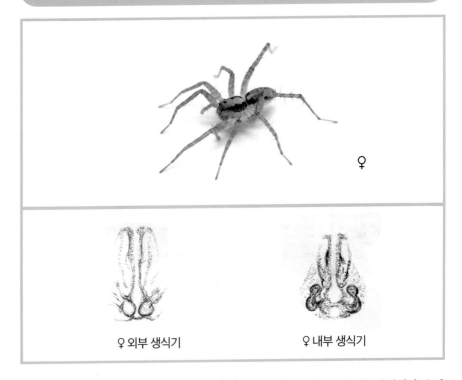

♀

♀ 외부 생식기   ♀ 내부 생식기

전체적인 모습은 풀늑대거미와 유사하다. 가슴판과 배의모양 또한 별늑대거미와 유사하지만 가슴판의 불가사리를 닮은 옅은 무늬를 지니고 있으며 가장자리로 가면 노란 바탕으로 둘러싸여있다. 가슴판 한가운데 사람을 닮은 듯한 노란색의 무늬가 있다. 방사홈이 자세하진 않으나 가슴홈은 진하며 다리는 회색의 띠가 규칙적으로 산재하여 있다. 배무늬는 풀늑대거미를 많이 닮았으며 심장 무늬는 세로로 뾰족하며 심장 무늬를 주변으로 하여 배 끝으로 갈수록 세모꼴의 노란색 무늬들이 새겨져 있다. 산이나 풀밭을 배회하며 먹이를 잡아먹으며 우리나라의 경우 인천 송도의 강가 풀밭에 서식하는 것이 확인되었다.

분포: 한국, 몽골, 중국

한라늑대거미

Pardosa hanrasanensis Jo et Paik, 1984

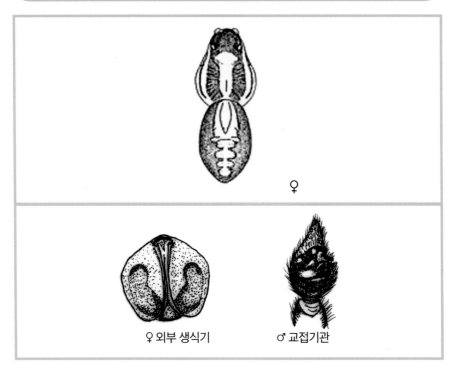

♀

♀ 외부 생식기　　　♂ 교접기관

암컷: 배갑은 어두운 갈색이고 뚜렷한 황갈색의 중앙띠와 두덩띠(marginal band) 그리고 측면띠가 있다. 흉부 부분이 좁게 검은색으로 둘러져 있다. 전안열은 약간 전곡한다. 위턱에는 각 두덩에 각각 3개의 이빨이 있는데 앞엄니두덩니 중 1개의 이빨은 매우 작다. 복부는 난형이고 흑갈색이며 간새외 창살형 심장 무늬가 있다. 다리는 갈색이고 퇴절과 경절에 희미한 고리 무늬가 있다.

분포: 한국

639

중국늑대거미
Pardosa hedini Schenkel, 1936

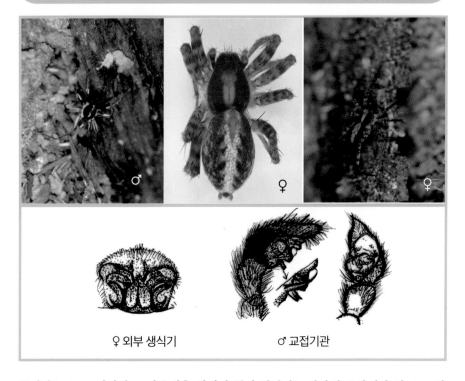

♀ 외부 생식기   ♂ 교접기관

몸길이는 5mm 내외이고, 가운데홈 위에서 폭이 넓어지는 황갈색 중앙띠가 있고 그 양옆은 흑갈색 바탕에 황갈색의 가장자리 선이 있고 밝은 측면띠는 불연속이다. 가운데홈은 세로이고 적갈색이다. 전안열은 전곡하고 전중안이 전측안보다 크다. 위턱은 황갈색 바탕에 옆면과 복부면 및 바깥 옆면에 검은 줄무늬가 있다. 흉판은 검은색 바탕으로 정중부에 세로의 황색 줄무늬가 있다. 다리는 황색이며 퇴절과 경절에 4개, 척절에 3개, 슬절에 1개씩의 검은 고리 무늬가 있다. 복부는 난형으로 불룩하며, 등면에는 회갈색 창살형의 심장무늬를 감싸고 있다. 정중부를 세로로 달리는 황갈색 줄무늬가 있는데 그 양옆은 암갈색이다. 복부의 복부면은 회황색 바탕에 검은 얼룩 무늬가 있다. 산지나 초원에 흔하며 성숙기는 5~8월이다.

분포: 한국, 중국

풀늑대거미
Pardosa herbosa Jo et Paik, 1984

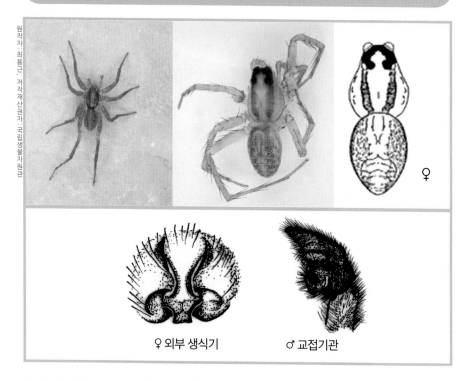

♀

♀ 외부 생식기   ♂ 교접기관

암컷: 배갑은 어두운 갈색이고 황색의 중앙띠가 있다. 두덩띠와 측면띠들이 뚜렷하다. 두부의 양옆이 수직이다. 위턱에는 각 두덩에 각각 3개씩의 이빨이 있다. 그러나 앞엄니 두덩니 중 1개의 이빨은 매우 미세하며 뚜렷하지 않다. 복부는 난형이고 등면이 회갈색으로 황색의 창살형 심장무늬와 작은 반점의 무늬들이 뚜렷하다. 나리는 황갈색이고 퇴절과 경절에 4개, 척절에 3개, 슬절에 1개의 고리 무늬가 있다. 이 종은 별늑대거미와 유사히지난 배갑에 황색의 중앙띠가 후자보다 매우 넓고 암컷 외부생식기의 형태도 이 종은 사각형이고 별늑대거미는 오각형이다. 이 종의 중부 돌기 또한 별늑대거미처럼 매우 가늘지 않으며 직각을 이룬다.

분포: 한국, 일본

북해도늑대거미
Pardosa hokkaido Tanaka et Suwa, 1986

수컷의 몸길이는 5.17mm가량이다. 등갑은 적갈색이고 중앙에 넓은 노란색띠가 있다. 등갑의 세로가 너비보다 크다. 가슴홈이 뚜렷하다. 수컷 이마의 높이는 전측안 직경의 약 1.7배, 암컷은 1.5배이다. 복부는 흑갈색의 타원형이며, 중앙에 넓은 노란색띠가 등면 길이의 2/3가량 연장되어 있다. **분포:** 한국, 일본, 대만

이사고늑대거미
Pardosa isago Tanaka, 1977

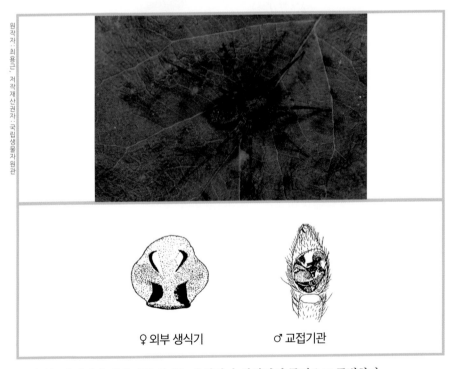

원작자 : 최용근, 저작재산권자 : 국립생물자원관

♀ 외부 생식기   ♂ 교접기관

모래톱늑대거미와 외형적인 형태는 유사하나 생식기의 특징으로 구별한다.

분포: 한국, 일본, 중국

흰표늑대거미

Pardosa koponeni Nadolny, Omelko, Marusik et Blagoev, 2016

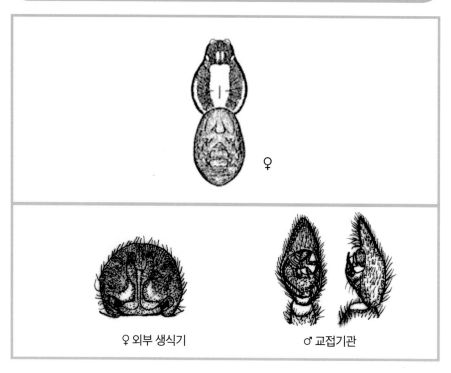

♀

♀ 외부 생식기   ♂ 교접기관

중앙띠는 황색이고 넓으며 밝은 측면띠는 좁고 불연속적이다. 복부는 난형으로 역심장 모양의 무늬가 있고 그 뒤에 무늬들이 따른다. 심장 무늬는 보이지 않는다.

분포: 한국, 일본

가시늑대거미

Pardosa laura Karsch, 1879

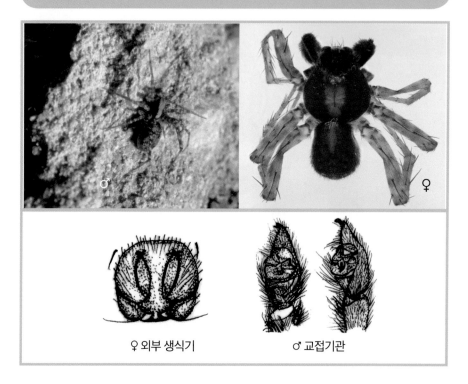

♀ 외부 생식기   ♂ 교접기관

몸길이는 암컷이 6~8mm, 수컷이 5~6mm 정도이다. 배갑 중앙에 중앙띠는 황색이며 흰털이 나 있고 상단에서 넓어진다. 밝은 측면띠는 불연속이다. 옆면은 갈색이고 방사홈이뚜렷하다. 전안열의 4눈은 같은 크기, 같은 간격이며, 중안열보다 조금 짧다. 흉판은 적갈색이고 가장자리는 검은색이며 앞쪽과 뒤쪽에 검은 무늬가 있다. 다리는 갈색이며 검은색 고리 무늬가 있고, 전체에 긴 가시털이 많다. 복부는 긴 난형으로 갈색이고 옆면은검은색을 띠며 복부면은 밝은 갈색이다. 심장 무늬는 황색이다. 산과 들의 풀밭을 배회하며 논에도 침입하여 해충 방제에 크게 공헌한다. 성숙기는 6~8월이다.

분포: 한국, 일본, 중국

모래톱늑대거미
Pardosa lyrifera Schenkel, 1936

♀ 외부 생식기   ♂ 교접기관

몸길이는 5~6mm 정도이다. 배갑은 황갈색이고, 중앙띠는 황색이며 앞으로 가면서 뾰족해지며 다소 희미해진다. 밝은 측면띠는 연속적이며 황색이고 방사홈은 검은색이다. 전안열은 다소 전곡하며 중안열보다 짧고 전중안이 전측안보다 크다. 위턱은 담황색이며 뒷엄니두덩니는 3개이다. 흉판은 황회색으로 정중선을 따라 전반부는 담황색이다. 수염기관, 다리는 모두 담황색이며 경절에 뚜렷하지 않은 고리 무늬가 있다. 복부에는 암회색과 황갈색의 얼룩 무늬가 있으며 창살형의 심장 무늬가 뚜렷하고 복부면은 담황색이다. 수컷은 대체로 검은색이다. 다리는 갈색이고 퇴절에 4개, 경절에 4개, 척절에 3개의 고리 무늬가 있다. 첫째다리 척절에 빳빳이 선 다수의 긴 털이 있다. 개울가나 계곡 가장자리에 서식하고 돌 위를 배회하거나 그 밑으로 도망치기도 한다.

분포: 한국, 일본

대륙늑대거미
Pardosa palustris (Linnaeus, 1758)

♂

♀ 외부 생식기   ♂ 교접기관

묏늑대거미와 외형이 매우 유사하지만 생식기로 구별한다.

분포: 한국, 중국, 일본, 유럽

들늑대거미
Pardosa pseudoannulata (Bösenberg et Strand, 1906)

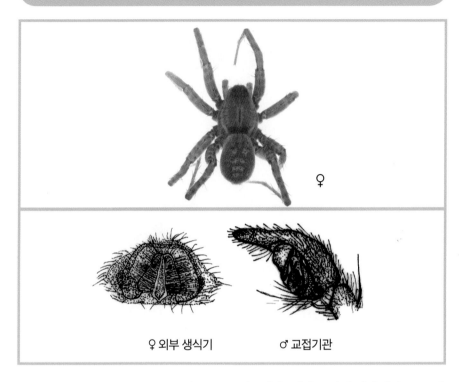

♀

♀ 외부 생식기   ♂ 교접기관

몸길이는 암컷이 10~12mm, 수컷이 8~9mm 정도이다. 배갑은 갈색 바탕이며, 두부 앞쪽, 방사홈과 가장자리는 검고 앞쪽이 넓다. 적갈색을 띠는 정중부는 황갈색 줄무늬가 있으며 옆면에도 가늘고 검은 줄무늬가 있다. 가운데홈은 적갈색으로 뚜렷하다. 전안열은 곧으며 전측안이 가장 작고 후측안이 가장 크다. 흉판은 황색의 난형이고, 다리 기절 사이에 좌우 3개씩 검은 반점이 있다. 다리는 황갈색으로 희미한 고리 무늬가 보이며 퇴절, 슬절에 검은 털의 줄무늬가 있다. 복부는 긴 난형으로 갈색 바탕에 검은색, 흰색, 황색의 털이 빽빽이 나 있다. 정중부에 황갈색의 무늬가 있고 옆면에 3~4쌍의 점무늬가 있으며 옆면은 갈색 또는 회갈색이다. 풀밭이나 논에서 배회하며 해충 방제에 많은 공헌을 하고 있다. 성숙기는 7~8월이다.

분포: 한국, 일본, 중국

갈고리늑대거미
Pardosa uncifera Schenkel, 1963

♀ 외부 생식기   ♂ 교접기관

배갑은 적갈색 바탕에 눈 구역은 검고, 정중부에 큰 T자 모양 무늬와 양 가장자리 무늬는 황갈색이 선명하다. 가슴홈은 적갈색 피침형이며, 목홈과 방사홈이 보인다. 가슴판은 갈색 방패 모양으로 적갈색 중앙 줄무늬가 있다. 다리는 황갈색이며, 갈색 얼룩무늬가 있고 긴 가시털이 나 있다. 배 등면은 갈색 바탕에 큰 심장 무늬와 중앙 줄무늬에는 흰색털이 덮여 있고, 양옆면에 3쌍의 검은 반점이 있으며 뒤쪽에 4~5개의 가로무늬가 있다. 밑면은 황갈색 바탕에 흰색 털이 나 있고, 실젖은 흑갈색이다. 암컷의 외부 생식기는 적갈색으로 크며, 중앙 도관의 앞자루가 좁고 뒤 밑바닥이 넓다. 수컷 교접 기관의 중부 돌기가 쇠꼬리 모양으로 길게 뻗었다. 고산 지대의 늪, 물가, 풀숲이나 땅바닥을 배회한다.

분포: 한국, 중국

부이표늑대거미속
Genus *Pirata* Sundevall, 1833

배갑은 밝은 중앙띠에 'V' 자형의 무늬가 가운데홈 앞에 있고 이 무늬의 양끝은 후중안 사이까지 연장되어 있다. 두부는 두드러지게 융기되어 있지는 않지만 양옆이 경사를 이룬다. 전중안은 전측안보다 약간 길거나 작고, 전안열이 후중안열보다 길거나 같다. 이마는 좁고 전중안의 직경과 거의 같다. 위턱의 각 엄니두덩에는 3개씩 이빨이 있다. 첫째다리 경절 정상의 등면에 가시털이 없다. 넷째다리 척절이 넷째다리 슬절과 넷째다리 경절의 합보다 작거나 길지 않다. 짧은마디늑대거미속과 외형이 유사하다. 일반적인 체색은 담갈색에서 검은색까지 다양하고, 때때로 배갑의 양 측면을 따라서 뚜렷한 흰색 털이 있다.

금오늑대거미
Pirata coreanus Paik, 1991

♀

암컷: 배갑은 연한 황색이고 어두운 세로띠들이 있으며 뚜렷한 'V' 자 모양이 있다. 전안열이 중안열보다 짧다. 전안열은 전곡하고 눈 차례는 후중안〉후측안〉전측안=전중안이다. 뒷눈네모꼴은 세로보다 너비가 길고 앞보다 뒤쪽이 넓다. 눈은 검은색으로 둘러싸여 있다. 위턱은 연한 황색으로 3개의 이빨이 각 엄니두덩에 있다. 아래턱과 아랫입술, 흉판은 황백색이다. 아랫입술은 너비보다 세로가 조금 더 길고, 흉판은 심장형으로 너비보다 세로가 약간 길며 넷째다리 기절 사이에서 끝이 나와 있다. 복부는 다소 둥글며 연한 갈황색이다. 다리는 황백색이며 다리식은 4-1-2-3이고, 고리 무늬는 없다. 이 종은 좀늑대거미(*Piratula procurvus*)나 공산늑대거미(*Piratula piratoides*)와 유사하지만 생식기의 차이가 뚜렷하다. 수컷은 잘 알려져 있지 않다.

분포: 한국

늪산적거미
Pirata piraticus (Clerck, 1757)

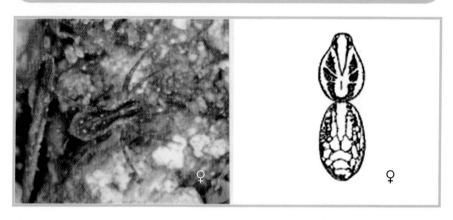

♀

♀

몸길이는 암컷이 5~9mm, 수컷이 4~6mm 정도이다. 배갑은 황갈색이고, 두부 중앙의 'V' 자형 무늬와 옆면 가장자리는 암갈색이다. 안역은 검은색이다. 전안열은 곧고 후중안은 매우 크다. 위턱에는 앞엄니두덩니 3개, 뒷엄니두덩니가 2~3개 있으며, 아랫입술은 세로가 너비보다 길다. 흉판은 황색인데 가장자리는 갈색을 띠며 3쌍의 검은색 점무늬가 있다. 복부는 흑갈색으로 심장 무늬와 그 뒤쪽에 있는 몇 쌍의 점무늬는 황갈색이다. 다리는 엷은 갈색이고 슬절 이하에 짙은 갈색 고리 무늬가 있으며 첫째다리 경절 복부면에 가시털은 없다. 산과 들, 풀, 숲 등 습한 곳을 배회하며 논에서도 가끔 보인다. 성숙기는 4~7월이다.

분포: 한국, 일본, 유럽

황산적늑대거미
Pirata subpiraticus (Bösenberg et Strand, 1906)

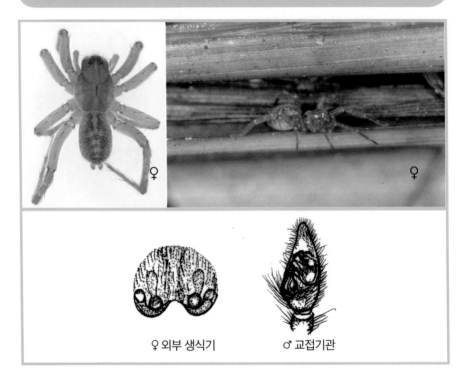

♀ 외부 생식기   ♂ 교접기관

몸길이는 암컷이 5~9mm이고, 수컷은 5~7mm 정도이다. 배갑은 황갈색이고 정중부와 'V' 자형 무늬와 가장자리 선은 암회갈색이며 가운데홈은 적갈색이다. 전안열은 약하게 후곡하며 중안열과 같은 길이이고 전중안이 전측안보다 크다. 위턱은 엷은 갈색이고, 아래턱과 아랫입술은 황갈색이며 흉판은 황색이다. 복부는 긴 난형이며 등면은 황갈색 바탕에 황색의 심장 무늬가 있고, 앞 측면에 2쌍의 검은 반점이 있으며 뒤쪽에는 몇 쌍의 암갈색 가로 무늬가 있다. 복부의 복부면은 황색이다. 첫째다리 경절 복부면 끝에 가시털이 있다. 풀밭, 논 등에서 배회하며 특히 논거미로서 해충 방제에 많은 공헌을 한다. 성숙기는 5~10월이다.

분포: 한국, 일본, 중국

산적늑대거미속
Genus *Piratula* Roewer, 1960

배갑은 밝은 중앙띠에 'V' 자형의 무늬가 가운데홈 앞에 있고 이 무늬의 양끝은 후중안 사이까지 연장되어 있다. 두부는 두드러지게 융기되어 있지는 않지만 양옆이 경사를 이룬다. 전중안은 전측안보다 약간 길거나 작고, 전안열이 후중안열보다 길거나 같다. 이마는 좁고 전중안의 직경과 거의 같다. 위턱의 각 엄니두덩에는 3개씩 이빨이 있다. 첫째다리 경절 정상의 등면에 가시털이 없다. 넷째다리 척절이 넷째다리 슬절과 넷째다리 경절의 합보다 작거나 길지 않다. 짧은마디늑대거미속과 외형이 유사하다. 일반적인 체색은 담갈색에서 검은색까지 다양하고, 때때로 배갑의 양 측면을 따라서 뚜렷한 흰색 털이 있다.

양산적늑대거미
Piratula clercki (Bösenberg et Strand, 1906)

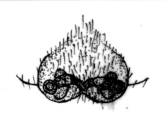 

♀ 외부 생식기   ♂ 교접기관

몸길이는 암컷이 6~7mm이고, 수컷이 5~6mm 정도이다. 배갑은 황갈색으로 암갈색의 'V' 자형 무늬와 측면띠가 있고 가장자리는 밝은색이다. 전안열은 약하게 전곡하고 중안열보다 짧다. 위턱은 적갈색, 아래턱과 아랫입술은 황갈색이다. 복부는 어두운 회색으로 창살형의 심장 무늬와 뒤쪽의 무늬는 황갈색이고 양옆쪽은 황색이다. 복부면은 흐린 황갈색으로 작고 검은 반점이 산재한다. 다리는 황갈색으로 퇴절, 슬절, 경절에 약한 고리무늬가 있다. 다리식은 4-1-2-3으로 넷째다리가 가장 길다. 성숙기는 5~8월이다.

분포: 한국, 일본, 중국

크노르늑대거미
Piratula knorri (Scopoli, 1763)

암컷: 몸길이는 7mm 정도이다. 배갑은 밝은 황갈색으로 어두운 무늬들이 있고 두덩을 따르는 세로띠는 없다. 측면띠는 폭이 넓다. 전안열은 중안열보다 짧다. 'V' 자형 무늬는 희미하고 갈색이다. 이마는 밝은 황갈색이고 전중안의 직경보다 짧다. 아랫입술은 적갈색이다. 흉판은 회갈색으로 전체가 같은 색이다. 복부는 회황색이다. 화살형의 중앙무늬는 뚜렷하다. 다리는 황갈색이고 퇴절과 경절에 매우 흐린 고리 무늬가 있다.

수컷: 몸길이는 7.8mm 정도이다. 암컷과 전체적인 외형은 유사하지만 이마가 암적갈색이다. 아랫입술과 아래턱도 암적갈색이고 말단이 밝은 황갈색이다. 흉판은 암적갈색으

로 좁고 밝은 황갈색 줄이 중앙에 있다. 다리는 적갈색이다.

분포: 한국, 일본, 유럽

포천늑대거미
Piratula meridionalis (Tanaka, 1974)

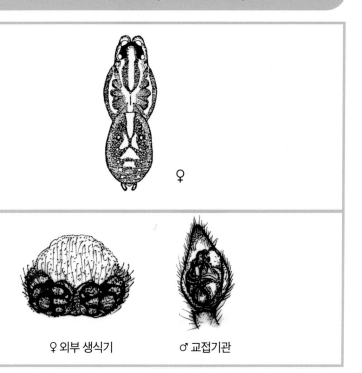

♀

♀ 외부 생식기   ♂ 교접기관

암컷: 몸길이는 5.55mm 정도이다. 배갑은 황갈색으로 암갈색 무늬들과 매우 좁은 1개의 암갈색띠가 두덩을 따라 있다. 'V' 자형 무늬가 뚜렷하며 암갈색이다. 전안열은 중안열보다 짧다. 이마는 황갈색으로 전중안의 직경과 거의 높이가 같다. 위턱은 적갈색이고 아래턱은 황갈색이다. 아랫입술은 암황갈색이다. 흉판은 황갈색이고 암갈색 부분이 두덩을 따라서 있다. 복부는 암회색으로 3쌍의 백색 점들이 있다. 다리는 회갈색으로 고리무늬는 없다.

수컷: 몸길이는 4.35mm 정도이다. 외형은 암컷과 유사하지만, 전안열이 전곡한다.

분포: 한국, 일본

공산늑대거미
Piratula piratoides (Bösenberg et Strand, 1906)

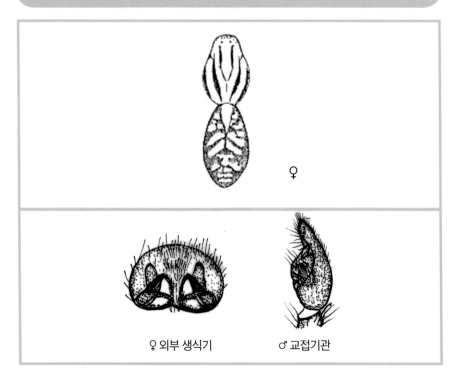

♀

♀ 외부 생식기　　　♂ 교접기관

몸길이는 암컷이 4~6mm이고, 수컷이 3~4mm 정도이다. 배갑은 황갈색 바탕이고, 정중부의 'V' 자형 무늬와 가운데홈은 적갈색이다. 후중안이 가장 크고 전중안이 가장 작다. 윗턱은 암갈색으로 각 두덩에는 각각 이빨이 3개 있다. 흉판은 황갈색 바탕이고 가장자리에 검은색 무늬를 가지며 검은 털이 성기게 나 있다. 복부는 난형으로 황갈색 바탕에 암회색 무늬를 가진다. 수염기관은 황갈색이며 고리 무늬는 없다. 산과 들의 습지에 있으며 논에서도 보인다.

분포: 한국, 일본, 중국

좀늑대거미
Piratula procurva (Bösenberg et Strand, 1906)

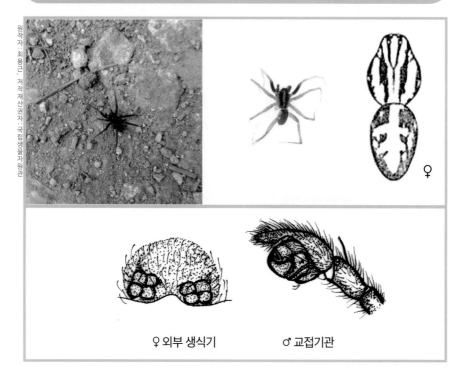

원작자: 최용근 / 저작재산권자: 국립생물자원관

♀

♀ 외부 생식기   ♂ 교접기관

몸길이는 암컷이 3.5~5mm이고, 수컷이 3~4mm이다. 배갑은 황갈색 내지 갈색이며 가장자리는 암갈색이고 두부에 암갈색 'V' 자형 무늬가 앞에서는 평행하다가 뒤쪽에서 급히게 좁이긴다. 기오데흡은 적갈색이다. 전안열은 진곡하며 진측안과 진중안은 같은 크기이고, 중안열보다 폭이 좁다. 위턱은 적갈색, 아래턱은 황갈색, 아랫입술은 암적갈색이고 흉판은 회황색이며 둘레가 갈색이다. 다리는 적갈색으로 검은 고리 무늬가 있고, 넷째다리가 매우 길다. 복부는 난형으로 불룩하며 등면은 암회색이나 심장 무늬와 뒤쪽에서 측면으로 뻗는 빗살 무늬는 황갈색이다. 복부의 복부면은 회황색이다. 풀밭에 살며 성숙기는 6~8월이다.

분포: 한국, 일본

꼬마산적거미
Piratula tanakai (Brignoli, 1983)

♀ 외부 생식기

배갑은 황갈색이며 정중부 'V'자무늬와 양옆줄무늬는 회갈색이고 가슴 가장자리는 검게 태두리져 있다. 위턱은 적갈색이며, 앞두덩니와 뒷두덩니가 각각 3개씩이고 가운뎃니가 가장 크다. 가슴판은 황갈색으로 가장자리 쪽은 회색이다. 다리는 회황갈색으로 별다른 무늬는 없고 넷째다리가 매우 길다. 배는 회갈색 바탕에 심장 무늬와 양옆으로 늘어서는 빗금무늬는 흐린 황색이고 측면은 흑갈색이다. 많은 점에서 앞의 좀늑대거미와 닮았으나 암컷 생식기의 구조에서 뚜렷이 구별된다. 산지, 초원 등의 지표면을 배회한다.

분포: 한국, 일본, 유럽

방울늑대거미
Piratula yaginumai (Tanaka, 1974)

♀ 외부 생식기   ♂ 교접기관

암컷: 몸길이는 6.4mm 정도이다. 배갑은 황갈색으로 갈색의 무늬들이 있고 두덩을 따르는 띠는 없다. 'V'자형 무늬는 뚜렷하고 회갈색이다. 밝은 황색의 측면띠는 암갈색띠에 의해서 두덩으로부터 분리되어 있다. 전안열은 중안열보다 짧다. 전중안은 전측안보다 크다. 이마는 밝은 갈색으로 전중안의 직경과 크기가 거의 같다. 위턱은 적갈색이다. 아래턱은 황갈색으로 말단 부위가 밝은 황색이다. 아랫입술은 암갈색이다. 흉판은 황갈색이고 암갈색의 무늬가 두덩을 따라서 있다. 복부는 황갈색으로 암회색 무늬가 있다. 중앙에 화살형의 무늬는 뚜렷하다. 다리는 적갈색으로 고리 무늬가 뚜렷하다.

수컷: 몸길이는 3.8mm 정도이다. 암컷과 외형이 유사하다.

분포: 한국, 일본, 중국

곤봉표늑대거미속
Genus *Trochosa* C. L. Koch, 1847

배갑은 앞이 넓고 특징적인 무늬가 미세한 솜털로 덮여 있다. 배갑의 정중부에 밝은 중앙띠가 있고, 배갑의 1/2 상단 중앙 부분에는 1쌍의 세로줄 무늬가 있다. 두부가 두드러지게 융기되어 있지 않으나 경사를 이룬다. 이마는 좁고 전중안의 직경과 거의 같다. 전중안이 전측안보다 크다. 전안열이 중안열보다 길며 전곡한다. 이마는 좁고 전중안의 직경 정도이거나 적어도 양 측안 직경의 2배 정도이다. 위턱에 뒷엄니두덩니는 일반적으로는 3개이나 2개 또는 드물게 4개인 경우도 있다. 복부는 미세한 솜털로 덮여 있고 대개 암갈색이나 검은 무늬를 가지는 황갈색 또는 갈색이다. 종종 중앙에 창살끝 무늬가 희미한 황색으로 보이기도 한다. 다리는 굵고 몸의 크기에 비하여 비교적 짧으며 다리식은 4-1-2-3이다. 넷째다리 척절은 넷째다리 슬절과 넷째다리 경절의 합보다 작거나 길지 않다. 수컷은 경절, 척절 그리고 때때로 첫째다리 부절이 많이 어둡다.

한라티늑대거미
Trochosa aquatica Tanaka, 1985

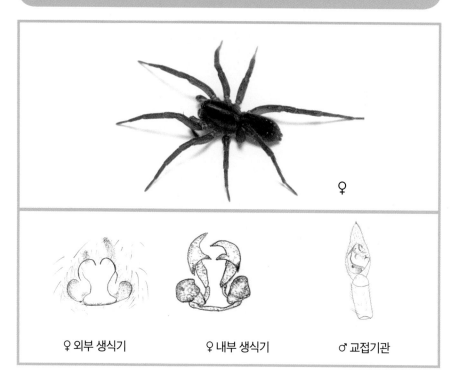

♀

♀ 외부 생식기　　　　♀ 내부 생식기　　　　♂ 교접기관

몸 전체가 어두운 갈색을 띠고 있지만 두흉부 중앙과 몸 양측에 갈색 또는 회색 무늬가 몸 길이 방향으로 복부 앞부분, 심장 무늬에 이어져 곧게 뻗어 있다. 평지와 산지에 걸쳐 넓게 분포한다. 크고 작은 산들의 가장자리 주변에 많지만 풀밭, 산길, 하천 가까운 곳에서도 발견된다. 풀 사이, 지표면, 낙엽 위를 돌아다니면서 먹이를 찾는다. 산란기에는 땅에 간단한 구멍을 파고 자루 모양의 공간을 만들어 알을 낳고 보호한다.

분포: 한국, 일본

촌티늑대거미

Trochosa ruricola (De Geer, 1778)

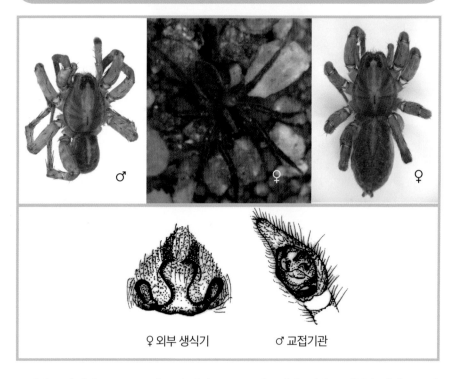

♀ 외부 생식기   ♂ 교접기관

몸길이는 암컷이 10~14mm이고, 수컷이 7~9mm 정도이다. 배갑은 어두운 갈색으로 황색의 중앙띠와 두덩띠가 있다. 중앙띠 전반부의 상단에 세로로 난 어두운 갈색 막대 무늬가 있다. 전안열은 곧거나 전곡한다. 밝은 황갈색으로 중앙부 양옆에 있는 폭넓은 세로 무늬와 가장자리 선은 흑갈색이다. 전안열과 중안열의 길이가 거의 같고 전측안이 가장 작다. 위턱에는 앞엄니두덩니 3개, 뒷엄니두덩니 2개가 있다. 흉판은 밝은 황갈색이다. 복부는 긴 난형이고, 등면은 암갈색으로 앞쪽에 엷은 색의 창살형 심장 무늬가 있으며 그 뒤쪽 중앙부와 양측면에 불규칙한 황갈색 무늬가 있다. 다리는 밝은 황갈색이고 각 다리의 퇴절에서 경절까지 희미하지만 어두운 고리 무늬가 있다. 산과 들, 풀밭, 논밭 등을 배회하며, 성숙기는 5~8월이다.

분포: 한국, 일본, 중국, 유럽

운문늑대거미
Trochosa unmunsanesis Paik, 1994

(♀)

수컷: 배갑은 적갈색이고, 전반부에 어두운 세로 막대 무늬가 1쌍 있는 밝은 중앙띠와 밝은 두덩띠가 있다. 전안열은 후곡하며 중안열만큼 길다. 위턱에 각 엄니두덩에 3개씩 이빨이 있다. 복부는 연한 황색으로 어두운 회색 무늬들이 있다. 다리는 황갈색으로 어둡고 희미한 고리 무늬가 퇴절, 경절과 척절에 있다. 넷째다리 척절은 넷째다리 슬절과 넷째다리 경절의 합보다 작다.

분포: 한국

마른늑대거미속
Genus *Xerolycosa* Dahl, 1908

배갑 전방은 폭이 넓고 정면에서 보았을 때 두부가 매우 융기되어 있거나 수직의 양측을 갖지는 않는다. 배갑엔 밝은 중앙띠가 뚜렷하고 이 줄무늬 속에 'V'자형 또는 막대형과 같은 검은 무늬를 가지는 일이 없다. 전안들이 작고 거의 크기가 같다. 전안열은 거의 곧거나 전곡하며 중안열보다 짧다. 이마는 좁고 전중안의 직경과 거의 같다. 위턱의 뒷엄니두덩에 2개의 이빨이 있다. 외형이 짧은마디늑대거미속과 유사하고 2개의 뒷엄니두덩니를 가진 점에서 아로페늑대거미속과 닮았지만, 다리가 비교적 길고 가늘며 첫째다리 척절과 부절 등면 기부에 긴 털을 갖지 않으며 첫째다리 부절에 4개의 귀털을 가지고 있는 것으로 뚜렷하게 구별된다. 한국산 늑대거미의 다른 속들과는 뒷엄니두덩니의 수가 2개로, 3개인 다른 속들과 뚜렷하게 구별된다.

흰줄늑대거미
Xerolycosa nemoralis (Westring, 1861)

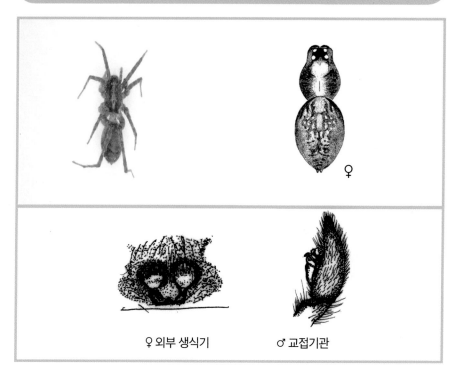

♀

♀ 외부 생식기   ♂ 교접기관

몸길이는 암컷이 6~7mm이고, 수컷이 5~6mm 정도이다. 배갑은 앞쪽이 비교적 넓고 두부의 측면은 경사져 있다. 암갈색이고 정중부의 폭넓은 갈색 중앙띠는 흰색 털이 빽빽이 나 있고, 그 양옆은 흑갈색이며 가장자리에는 흰색과 황색의 털이 있다. 안역은 검고 전안열은 약간 전곡한다. 전안열의 4개의 눈은 작고 중안열보다 폭이 좁다. 위턱은 암갈색으로 앞엄니두덩니는 3개, 뒷엄니두덩니는 2개이다. 아랫입술은 세로가 너비보다 길고 흉판은 검은색이다. 복부는 긴 난형으로 적갈색 바탕에 흰색, 황색, 갈색, 검은색 등의 털이 뒤섞여 복잡한 무늬를 이루고 있다. 다리는 갈색으로 암갈색 고리 무늬가 있으며 첫째다리 부절에 긴 귀털이 있다. 다리는 퇴절만 검고 그 밖의 마디는 전부 황갈색이다. 숲 변두리, 개간지 등에 주로 있으며 성숙기는 5~7월이다.

분포: 한국, 일본, 유럽

스라소니거미과

Family Oxyopidae Thorell, 1869

두부가 높게 융기되어 있고 8개의 눈은 모두 검다. 전안열은 강하게 후곡하며 후안열은 강하게 전곡되어 2-2-2-2의 4줄로 보인다. 위턱에는 옆혹과 털다발이 발달해 있고 엄니두덩에는 소수의 이빨이 나 있거나 없다. 아래턱과 아랫입술은 세로가 너비보다 길고 평행하다. 암컷의 촉지에는 갈고리가 있다. 다리에는 검은 가시털이 많이 나 있으며 넷째다리 전절에 'V' 자형 패인 자국이 있다. 복부는 길쭉하고 위쪽이 홀쭉하다. 몸 표면에는 일반적인 털이외에 비늘 모양의 털을 가진다. 기관 숨문이 실젖에 접해 있다. 관목이나 풀숲에서 배회생활을 하며 그물을 치는 일은 없다. 행동이 민첩하고 깡충깡충 뛰기도 하며 해충 방제에 많이 기여한다.

스라소니거미속
Genus *Oxyopes* Latreille, 1804

스라소니거미과의 특징과 동일하다.

분스라소니거미
Oxyopes koreanus Paik, 1969

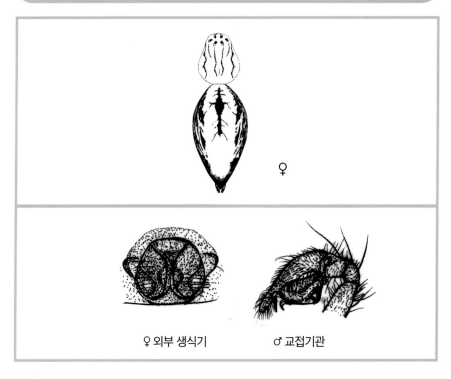

♀

♀ 외부 생식기   ♂ 교접기관

관목이나 풀밭에서 배회 생활을 하고 그물이나 집 또는 탈피실 같은 것은 만들지 않는다. 동작이 매우 민첩하여 빨리 달리거나 깡충거미처럼 뛰기도 하지만, 산란을 하게 되면 알주머니를 식물의 잎이나 줄기에 붙여 두고 알이 부화할 때까지 꼼싹하지 않고 그위에 앉아서 알을 보호한다. 몸길이는 암컷이 7.7mm 정도이고 수컷이 6.0mm 정도이다. 암컷의 이마는 수컷보다 약간 높아서 전중안 지름이 약 7배에 이른다. 수염기관에는 빗살니를 가진 발톱이 있다. 외부생식기는 키틴질화가 잘 되어 광택을 가진 검은색이고 수정낭은 외부를 통해 잘 투시된다. 수컷의 배갑은 세로가 너비보다 길고 매우 불룩하며, 4가닥의 세로로 달리는 검은 줄무늬를 갖는데 이것은 주걱 모양의 검은 털이 늘어서서 이루어진 것이다. 배갑 양 가장자리에는 각각 4개씩의 검은 무늬를 갖는데 이것은 제각기 다리의 기절과 맞서 있다. 가운데홈은 적갈색 비늘 모양이다. 전안열은 강하게 후곡하고 후안열은 강하게 전곡한다. 위턱의 기절은 매우 길고 엄니는 짧다. 앞엄니두덩에 2개, 뒷엄니두덩에 1개의 이빨이 옆혹을 갖는다. 아래턱, 아랫입술 및 흉판은 황갈색이다. 다리는 황갈색이고, 각 퇴절 복부면과 각 슬절과 경절 등면에 세로로 달리는 1가닥의 검은 선을 갖는다. 다리에는 긴 가시가 나 있다. 복부는 길쭉하고 뒤끝이 홀쭉해진다. 복부 등면은 황백색 바탕이고 황갈색의 심장 무늬와 그 양옆에 반점이 표출되어 있다. 사이젖과 항문두덩이 뚜렷하다. 실젖은 황갈색이다. 앞실젖과 뒷실젖은 2마디로 되어 있는데 기절보다 짧다.

분포: 한국, 일본

아기스라소니거미
Oxyopes licenti Schenkel, 1953

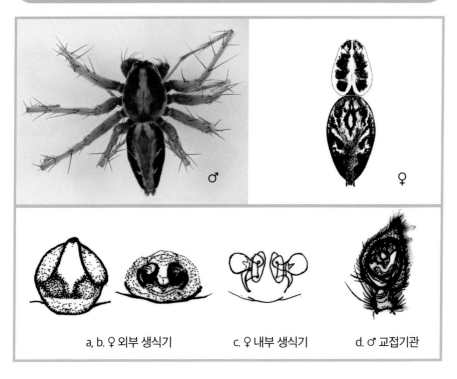

a, b. ♀ 외부 생식기　　c. ♀ 내부 생식기　　d. ♂ 교접기관

놈실이는 암컷이 6.5~9.5mm이고, 수컷이 5~7mm 정도이다. 두흉부는 황갈색 바탕에 검은 털로 된 2줄의 폭넓은 세로 무늬가 있다. 가운데홈은 적갈색 바늘형이고, 이마가 매우 높으며 2가닥의 넓은 갈색 줄무늬가 있다. 8눈이 2-2-2-2의 4줄을 이루며 양 측안이 가장 크고 전중안이 가장 작다. 위턱은 앞면이 갈색이고 뒷면이 황색이며 앞엄니두덩니와 뒷엄니두덩니는 각각 1개씩이고 옆혹이 있다. 흉판의 바탕은 암갈색이고 정중선에 황색 줄무늬가 있으며 뒤끝이 넷째다리 기절 사이로 돌입한다. 다리는 갈색이고 끝쪽으로 갈수록 색이 연해지며 기절, 전절, 퇴절의 앞쪽 반은 황색이다. 다리식은 2-1-4-3이다. 복부는 황갈색 바탕에 검은 갈색의 심장 무늬가 있고, 양옆을 비스듬히 달리는 점무늬는 흑백이 연속적으로 반복한다. 복부면은 위바깥홈에서 실젖에 걸친 암갈색의 넓은 띠 무늬가 있다. 산과 들, 풀숲을 배회하면서 벌레를 포식하고 논에서도 가끔 보인다. 성숙기는 5~8월이다.

분포: 한국, 중국, 러시아

낯표스라소니거미
Oxyopes sertatus L. Koch, 1878

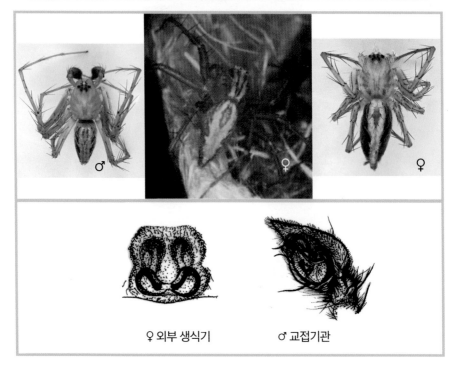

♀ 외부 생식기   ♂ 교접기관

몸길이는 암컷이 9~11mm, 수컷이 8~10mm 정도이다. 두흉부는 황갈색으로 세로로 달리는 4가닥의 검은 줄무늬가 있다. 가운데홈은 적갈색이 비늘 모양이다. 전안열은 강하게 후곡하고 후안열은 전곡하며 안역은 육각형을 이룬다. 위턱은 황갈색으로 앞엄니두덩니2개, 뒷엄니두덩니 1개이다. 흉판은 심장형으로 바탕이 황갈색이고 양옆에 3쌍, 뒤끝에 1개의 검은 점을 가진다. 다리는 황갈색으로 각 퇴절 복부면과 슬절, 경절 등면에 세로로 달리는 검은 줄무늬가 있고 각 마디에 긴 가시털이 나 있다. 복부는 타원형으로 은백색 바탕에 황갈색 심장형의 무늬와 그 양옆에 검은 무늬가 있다. 풀숲 위를 배회하며 많은 해충을 방제한다. 성숙기는 5~8월이다.

분포: 한국, 중국, 대만

가게거미과

Family Agelenidae C. L. Koch, 1837

두부가 흉부보다 높고 흉부의 가운데홈은 세로로 나열되어 있다. 8개의 눈은 종류에 따라 동질성 또는 이질성을 나타내며 2줄로 늘어서 있다. 안열은 두부 너비의 1/3~1/2을 차지한다. 위턱은 강하게 생겼으며 큰 옆혹과 털다발 및 엄니두덩니를 가진다. 보통 앞엄니두덩에는 3개, 뒷엄니두덩에는 2~8개의 이빨을 가진다. 아랫입술은 자유롭고 앞 가장자리에 선이 없다. 아래턱은 대체로 평행하고 털다발을 가진다. 암컷의 촉지에 발톱이 있다. 다리에는 일반적으로 가시가 많은데 특히 뒤쪽 두 다리에 많다. 부절에 털다발이 없으며 발톱이 3개 있다. 윗발톱에는 좌우의 모양과 크기가 같은 외줄의 빗살니가 있으며 아랫발톱에는 보통 2~3개의 이빨이 있다. 다리에는 수많은 귀털이나 있는데 경절의 것은 2줄로, 척절과 부절의 것은 1줄로 늘어서 있다. 부절의 귀털은 말단으로 갈수록 길어진다. 전절에 파임이 없고 부절에 털다발이 없다. 사이젖을 가지지만 퇴화하여 흔적으로 된 것도 많다. 뒷실젖은 일반적으로 2마디이며 앞실젖보다 길고 날씬하다. 몸에는 보통 털 이외에 깃털 모양의 털이 나 있다. 수컷의 수염기관 경절에는 1개 또는 그 이상의 돌기가 있으며 슬절과 퇴절에도 1개씩의 돌기를 가지는 경우가 있다. 심문은 3쌍이다. 기관계는 뱃속에만 분포하고 기관 숨문은 실젖 바로 앞에 있다. 독샘은 비교적 잘 발달되어 있으며 크다. 암수의 차이는 별로 심하지 않다. 대다수의 종류가 깔때기 그물이나 깔개 그물(sheet web)을 치고 산다.

광릉가게거미속
Genus *Alloclubionides* Paik, 1992

광릉가게거미속은 첫째다리 퇴절 전측면에 2개의 가시를 가지고 있고, 복부 등면에 희미한 암회색의 무늬가 있어서 어찌보면 신북구의 *Clubionoides*속을 닮았다. 수염기관의 방패판이 전체적으로 단단하고 방패판에 돌기가 있다. 수컷 수염기관의 경절은 길이늑 굵기이고, 후중안과 후측안 사이가 양 후중안 사이보다 넓다. 뒷실젖이 앞실젖보다 뚜렷이 길고, 뒷실젖의 끝절 길이가 기절의 길이와 거의 같은 점 등으로 뚜렷하게 구별된다.

광릉가게거미

Alloclubionoides coreanus Paik, 1992

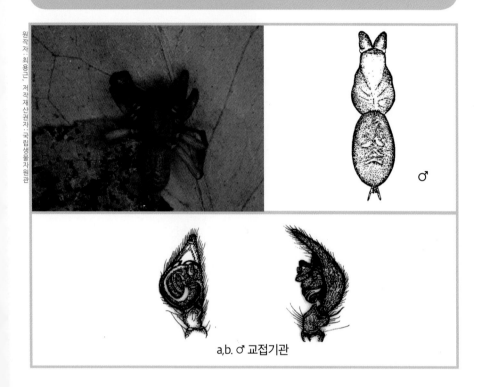

a,b. ♂ 교접기관

수컷의 배갑은 갈색이고 목홈, 방사홈과 안역에서 가운데홈까지 세로의 중앙줄은 희미한 갈색이며 가운데홈은 적갈색이다. 전중안은 어둡고 나머지는 진주빛이 도는 흰색이다. 전안열은 후안열보다 짧다. 정면에서 보면 전안열은 약간 전곡되고 후안열은 다소 곧다. 전중안은 그들 반지름의 거의 1/4로 측면에서부터 그들 반지름보다 약간 적게 분리되어 있다. 가운데눈네모꼴은 길이와 폭이 같고 앞보다 뒤가 넓다. 이마의 높이는 전중안 직경보다 약간 작다. 아래턱과 아랫입술은 밝은 갈색이며 약간 굽어 있다. 아랫입술은 너비보다 세로가 길고 아래턱의 중앙점을 초과해 있다. 흉판은 황갈색이고 갈색의 두덩들이 있다. 다리는 황갈색이며 무늬가 없다. 다리식은 4-1-2-3이다. 복부는 난형이고 복부 등면은 갈색빛이 도는 암회색이며 앞쪽 중간 지점에는 희미한 세로의 중앙선이 있고 뒤에는 약간 밝은 산 모양의 무늬가 있다. 암컷은 잘 알려져 있지 않다.

분포: 한국

675

풀거미속
Genus *Agelena* Walckenaer, 1805

배갑은 비교적 길고 두부는 흉부에 비해 좁다. 양 안열은 강하게 전곡한다. 각 눈의 크기는 거의 같다. 가운데눈네모꼴은 세로가 너비보다 길다. 앞뒤 양안열의 측안은 서로 약간 떨어져 있다. 이마는 전측안 지름의 2~3배이다. 아랫입술은 세로가 너비보다 길다. 위턱은 잘 발달하여 있고 거의 수직을 이루며 앞뒤 양 엄니두덩에 제각기 3개의 이빨이 있다. 수컷의 수염기관은 경절과 슬절에 제각기 1개씩의 돌기를 가진다. 흉판은 둥글고 뒤 끝은 넷째다리 기절 사이에 돌출한다. 앞실젖은 좌우가 뚜렷이 떨어져 있다. 복부는 뒤쪽이 약간 빠진 난형이고 앞실젖은 좌우 것이 뚜렷이 서로 떨어져 있다. 뒷실젖은 뚜렷한 2마디로 되어 있고 앞실젖보다 매우 길며 그 끝절은 기절보다 길다. 뒷실젖 끝절은 끝으로 갈수록 가늘어진다. 관목 사이에 그물을 치고 산다.

복풀거미
Agelena choi Paik, 1965

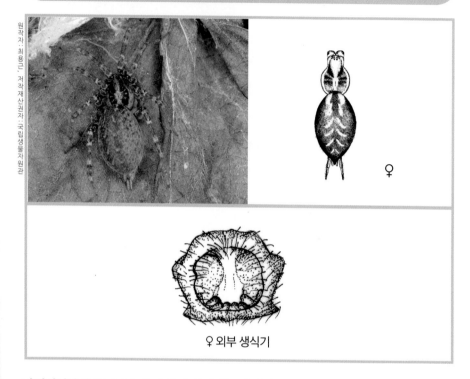

♀

♀ 외부 생식기

가게거미과의 풀거미속에 속하며 몸길이는 암컷이 10.55mm 정도이다. 암컷의 배갑은 황갈색 바탕에 폭이 넓은 세로로 달리는 2가닥의 암갈색띠와 암갈색의 가장자리 무늬를 갖는다. 전중안만 검고 나머지 눈은 진주빛이 도는 백색이다. 위턱은 갈색이고 3개의 앞엄니두덩니와 4개의 뒷엄니두덩니를 갖는다. 아래턱과 아랫입술은 우중충한 황갈색이다. 아래턱의 양 바깥 가장자리는 평행하고 안 가장자리는 앞 끝이 안으로 약간 기울어져 있다. 흉판은 폭이 넓은 심장형이고 뒤끝은 넷째다리 기절 사이로 돌출한다. 다리는 황갈색이고 퇴절과 경절에 2개씩 희미한 회색의 고리 무늬를, 또 척절에는 끝에 1개의 희미한 갈색 고리 무늬를 갖는다. 슬절은 모두 검은색을 띤다. 복부는 긴 난형이고 그 등면은 회암갈색 바탕에 쌍을 이루는 폭이 넓은 황갈색 세로띠가 있다.

분포: 한국

지리풀거미

Agelena jirisanensis Paik, 1965

♀

몸길이는 암컷이 7~8mm 정도이다. 두흉부는 두부가 긴 편으로 잘록하며 황갈색 바탕에 암갈색 홈줄과 가장자리 선이 있다. 목홈과 방사홈이 뚜렷하다. 8눈이 2열로 늘어서고, 전안열이 강하게 전곡하며 측안이 모두 중안보다 크다. 각 눈은 검은 안역 위에 있으며, 전중안은 검고 나머지는 모두 진주빛이 도는 백색이다. 위턱은 황갈색으로 앞엄니두덩니 3개, 뒷엄니두덩니 4개이고, 아래턱은 황색 내지 황백색으로 바깥쪽이 평행하다. 아랫입술은 흐린 황갈색이며, 슬절 이하에 희미한 고리 무늬가 있다. 복부는 긴 난형이며 등면은 암갈색 바탕에 정중부를 달리는 밝은 세로무늬가 있고 그 외측에 쌍을 이루는 4~5쌍의 황갈색 무늬가 있다. 복부의 복부면은 회갈색이고 그 양측에 황백색 줄무늬가 있다. 낮은 나무 사이에 작은 가게 그물을 치며 성숙기는 8~10월이다.

분포: 한국

대륙풀거미
Agelena labyrinthica (Clerck, 1757)

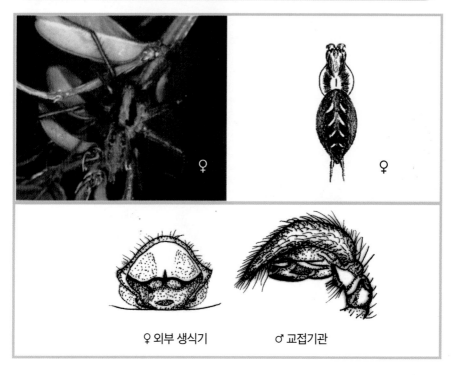

♀

♀

♀ 외부 생식기   ♂ 교접기관

몸길이는 암컷이 12~15mm이고 수컷이 10~12mm 정도이다. 두흉부는 황갈색이고, 정 중선 양쪽에 폭넓은 갈색 줄무늬가 있으며 가장자리도 갈색이다. 두부가 비교적 길고 목 홈과 방사홈이 뚜렷하며 가운데홈은 뒤쪽으로 치우쳐 있다. 양 안열은 심하게 전곡하며 전중안이 가장 크다. 위턱은 적갈색이며 앞엄니두덩니는 3개, 뒷엄니두덩니는 3~4개이 다. 흉판은 갈색으로 심장형이며 뒤끝은 넷째다리 기절 사이로 약간 돌입한다. 다리는 암갈색이며 각 마디 끝쪽은 검은색을 띤다. 다리식은 4-1-2-3이다. 복부는 회갈색 바탕 에 2가닥의 암갈색 세로 무늬와 6~7쌍의 담색 무늬가 있다. 복부의 복부면은 회황색이 고 위 바깥홈에서 실젖에 이르는 폭넓은 갈색 세로무늬가 있다. 수컷은 암컷에 비해 몸 이 작고 다리가 긴 편이며 털이 더 많이 나 있다. 산지나 평야의 풀숲 사이에 비교적 큰 깔때기 그물을 치고 있다. 성숙기는 7~9월이다.

분포: 한국, 일본, 중국

들풀거미
Agelena silvatica Oliger, 1983

♀ 외부 생식기　　　♂ 교접기관

몸길이는 암수가 15~17mm 정도이다. 두흉부는 두부 쪽의 폭이 좁고 황갈색이며 정중부 양옆에 2줄의 갈색 세로 무늬가 있다. 양 안열이 모두 강하게 전곡하며, 전중안이 가장 작고 양 측안은 서로 떨어져 있다. 흉판은 둥글고 황색 바탕에 긴 털이 나 있고 뒤끝은 넷째다리 기절 사이로 돌입한다. 다리는 적갈색으로 경절 이하의 끝쪽이 갈색이며 전체에 긴털이 빽빽이 나 있다. 복부는 방추형으로 뒤쪽이 뾰족하며 바탕은 황갈색인데 정중부에 흑갈색인 2개의 세로 줄무늬는 여러 쌍의 흰 무늬로 나뉘어진다. 복부면은 회황색이고, 위바깥홈에서 실젖에 이르는 폭넓은 갈색 세로 무늬의 중앙부는 엷은 빛깔이다. 뒷실젖이 길고 끝절은 기절보다 길다. 산지에서 평지에 걸쳐 살며 풀숲 나뭇가지 사이에 불규칙한 큰 가게 그물을 치고 중앙부 터널 속에 숨어 있다가 먹이가 걸리면 재빠르게 튀어나와 포획한다. 알주머니는 백색 다면체이고 부화된 새끼 거미는 알주머니 속에서 월동한다. 성숙기는 7~10월이다.

분포: 한국, 일본, 중국

타래풀거미속
Genus *Allagelena* Zhang, Zhu et Song, 2006

크기가 풀거미속(*Agelena*)에 비해 작다. 체색은 대개 황갈색으로 배갑에 검은색의 세로 줄무늬가 있으며, 배 등면에 흰색의 살깃무늬가 줄지어 있다. 수컷 수염기관 슬절에 돌기와 긴 가시털이 있고, 1개의 경절돌기가 있다. 삽입기는 길고 강하게 굽어 있고, 지시기는 굵고 경화되어 있으며 홈이 없으며, 중간돌기는 약하게 경화되어 있다. 암컷 저정낭에 돌기가 없다.

타래풀거미
Allagelena difficilis (Fox, 1936)

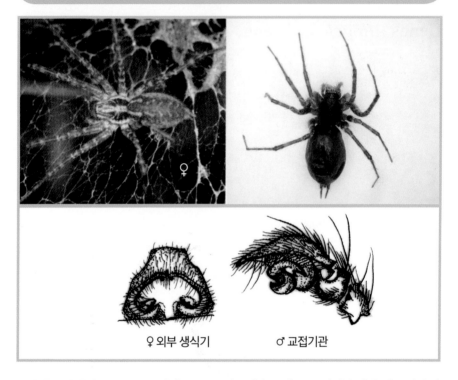

♀ 외부 생식기　　　♂ 교접기관

몸길이는 암컷이 8~10mm, 수컷이 7~8mm 정도이다. 두흉부는 길이가 약간 길고 황갈색 바탕에 목홈과 방사홈 및 가장자리 선은 암갈색이다. 8개의 눈이 2열로 늘어서고, 전후안 열이 모두 강하게 전곡하며 각 눈은 검은 점 위에 있다. 위턱은 갈색이고 앞엄니두덩니 3 개, 뒷엄니두덩니 4개가 있으며 옆혹이 발달해 있다. 아래턱과 아랫입술은 황갈색이며 뒤 끝이 검고 넷째다리 기절 사이로 돌입한다. 다리는 황색 내지 황갈색이고, 슬절, 경절, 척 절에 각각 1개씩의 희미한 고리 무늬가 있으며 여러 개의 가시털이 나 있다. 복부는 긴 난 형이다. 등면은 연한 자줏빛을 띤 갈색 내지 암갈색 바탕에 5~6개의 무늬가 늘어서며 뒤 끝에도 큰 무늬가 있다. 복부의 복부면은 엷은 황색으로 위 바깥홈에서 실젖에 이르는 폭 넓은 암갈색 세로무늬가 있다. 낮은 나무나 풀숲에 깔대기형 그물을 치며 성숙기는 7~8월 이다.

분포: 한국, 중국

682

동국풀거미
Allagelena donggukensis (Kim, 1996)

♂

암컷: 몸길이는 10.15mm 정도이다. 배갑은 밝은 갈색으로 세로가 너비보다 길고, 세로의 가운데홈과 방사홈이 있다. 전안열은 후곡하고 후안열은 전곡한다. 안역은 검고, 눈차례는 전중안〉전측안〉후중안〉후측안이다. 흉판은 갈색의 방패형이다. 위턱은 암갈색으로 3개의 앞엄니두덩니와 4개의 뒷엄니두덩니가 있다. 다리는 황갈색이고 다리식은 1-4-2-3이다. 복부는 난형으로 회색 무늬가 등면에 있으며 너비보다 세로가 길다.

분포: 한국

고려풀거미
Allagelena koreana (Paik, 1965)

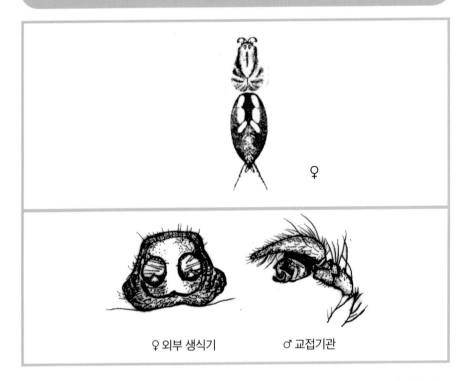

♀

♀ 외부 생식기   ♂ 교접기관

몸길이는 7~10mm이며 암수 모두 배갑이 볼록하고 너비보다 세로가 길다. 암컷의 배갑에는 황갈색 바탕에 세로로 된 두 가닥의 넓은 암갈색띠가 있다. 위턱은 갈색이고 아래턱과 아랫입술은 어두운 황갈색이다. 흉판은 너비가 넓은 심장형이고 어두운 황갈색이다. 다리는 희미한 황색이고 경절과 부절에는 그 끝에 각각 1개씩의 희미한 갈색 고리 무늬가 있다. 복부는 길쭉한 난형이고, 등면은 암갈색 바탕에 여러 개의 무늬가 있다. 복부의 복부면은 암갈색에 흰 가장자리 선이 있다.

분포: 한국

애풀거미
Allagelena opulenta (L. Koch, 1878)

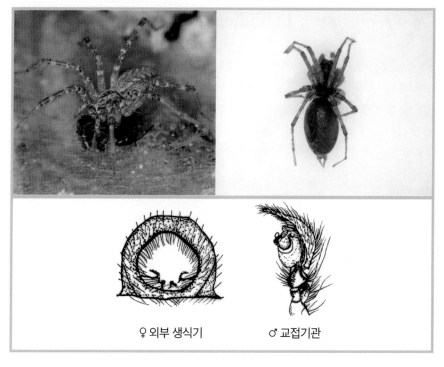

♀ 외부 생식기   ♂ 교접기관

몸길이는 암컷이 10~12mm이고 수컷이 8~10mm 정도이다. 두흉부는 바탕이 황갈색이고, 정중선 양쪽으로 세로로 달리는 띠 무늬와 목홈, 방사홈은 암갈색이며 가장자리 선은 가늘고 검다. 8눈이 2열로 늘어서고 전후 안열이 모두 후곡한다. 양측안이 가장 크고 후중안이 가장 작다. 위턱은 황갈색이다. 흉판은 폭넓은 심장형으로 정중부에 갈색을 띤다. 다리는 황갈색으로 퇴절과 경절에 2개, 슬절에 1개씩의 검은 고리 무늬가 있다. 복부는 긴 타원형으로 바탕은 회갈색이고, 정중선 상에 5~6개의 연한 무늬가 있다. 복부면은 황백색 바탕에 위바깥홈에서 실젖에 이르는 폭넓은 회갈색띠 무늬가 있다. 풀숲, 울타리 등에 작은 선반형의 깔대기 그물을 친다. 성숙기는 8~9월이다.

분포: 한국, 일본, 중국

집가게거미속
Genus *Tegenaria* Latreille, 1804

배갑은 풀거미속의 것과 비슷하여 좁고 길다. 배갑과 다리에는 현미경의 40배 내외의 저배율로도 식별할 수 있는 깃 모양의 털이 나 있다. 눈은 8개가 2줄로 늘어서 있고, 전후 안열이 모두 전곡하기는 하지만 후측안이 전중안과 일직선을 이룰 정도로 강하게 굽어져 있지는 않다. 전중안이 가장 작다. 전중안은 전측안보다 작거나 거의 같고 후중안은 후측안보다 약간 크다. 이마는 전중안 지름의 2배를 넘는다. 위턱은 과히 크지 않고 기부가 무릎 모양을 이루는 일도 없으며 뒷엄니두덩에 4~6개의 이빨이 있으나, 때로는 3개가 있는 경우도 있다. 아랫입술은 세로가 너비보다 길다. 흉판은 검고 정중선을 세로로 달리는 띠와 양 가장자리에 있는 3쌍의 원형 무늬는 황갈색이다. 복부 등면에 무늬를 가진다. 암컷의 외부생식기는 깔때기거미속에서 보이는 것과 같이 앞 양 귀퉁이에서 뒤로 돌출한 뿔 모양의 돌기를 가지지는 않는다. 실젖의 모양은 대체로 풀거미속과 비슷하나 좌우 양 앞실젖이 서로 접근해 있고, 뒷실젖의 끝절은 기절과 거의 같거나 약간 길다.

집가게거미
Tegenaria domestica (Clerck, 1757)

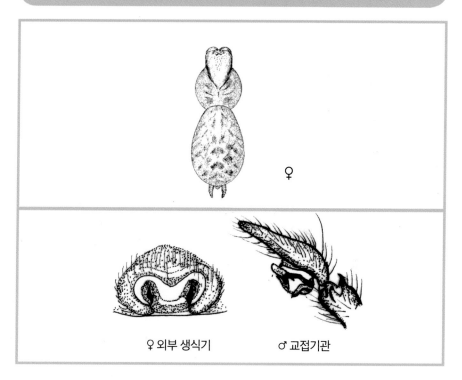

♀

♀ 외부 생식기   ♂ 교접기관

암컷: 몸길이는 11.25mm 정도이다. 배갑은 연한 황색 또는 밝은 갈색 바탕을 가진다. 1쌍의 회색 띠가 희미하게 보이며 세로가 너비보다 길다. 양 안열은 전곡한다. 이마 높이는 전중안의 2배이다. 위턱은 암갈색이고 앞엄니두덩에 3개, 뒷엄니두덩에 3~4개의 이를 가진다. 아랫입술과 아래턱은 황갈색이다. 아랫입술은 폭이 길이보다 넓고 기부관절 파임은 1/4의 위치에 있으며 얕게 파였다. 흉판은 세로가 너비보다 약간 길고 검은 바탕에 정중선을 달리는 띠와 그 양옆에 있는 3쌍의 둥근 무늬는 황갈색이다. 이 무늬는 희미한 경우가 많다. 다리식은 4-1-2-3이다. 다리는 황색 또는 갈황색이고 개체에 따라서 퇴절에 검은 고리 무늬를 가지는 것이 있다. 수컷은 배갑의 바탕색이 암컷보다 짙다.
분포: 한국, 일본, 중국, 대만, 말레이시아, 세계 공통종

덮개비탈거미속
Genus *Tegecoelotes* Ovtchinnikov, 1999

체색은 황토색으로 배갑에 무늬가 없으며, 배 등면에 상아색 살깃무늬가 줄지어 있다. 머리가슴과 배가 홀쭉하다. 수컷 수염기관 슬절과 경절 사이 관절이 바깥으로 꺾여 있다. 암컷 외부생식기 양옆에 굵고 뭉툭한 한 쌍의 돌기가 있다.

가야집가게거미
Tegecoelotes secundus (Paik, 1971)

♀ 외부 생식기   ♂ 교접기관

수컷은 배갑이 갈황색이고 너비보다 길이가 길다. 목홈과 세로로 달리는 가운데홈 및 방사홈은 뚜렷하다. 양 안열은 전곡한다. 양 전중안 사이는 측안과의 사이보다 넓다. 후안열은 거의 같은 간격으로 늘어서 있으나 양 중안 사이가 소금 넓은 편이디. 모든 눈은 검은 점 위에 있다. 이마 높이는 전중안 지름과 같다. 위턱은 갈색이고 양 엄니두덩에 제각기 3개씩 이빨이 있는데 앞엄니두덩니는 가운데 것이 가장 크고 뒷엄니두덩니는 끝의 것이 가장 크며 엄니쪽으로 갈수록 차츰 작아진다. 아랫입술과 아래턱은 황갈색이다. 아랫입술은 세로가 너비보다 길다. 다리는 갈황색이며 다리식은 1-4-2-3이다. 복부는 난형이고 회황색 바탕에 희미한 암색 무늬를 가진다. 앞실젖은 뒷실젖보다 짧고 그 끝절은 뚜렷하지 않다. 사이젖에는 소수의 강모가 나 있다.

분포: 한국

굴뚝거미과

Family Cybaeidae Banks, 1892

전안열은 후안열보다 짧고 곧거나 약간 전곡하며 전중안이 제일 작다. 위턱은 튼튼하고 크다. 앞엄니두덩에는 3개의 이빨이 있고 뒷엄니두덩에는 3~5개의 큰 이빨과 4~6개의 작은 이빨이 나 있다. 뒷실젖은 앞실젖과 비슷하고 끝절은 기절에 비해 매우 짧다. 사이젖은 흔적만 남아 있다.

굴잎거미속
Genus *Blabomma* Chamberlin et Ivie, 1937

눈은 6개 또는 8개이고 전중안이 매우 작거나 완전히 퇴화되어 없으며 후안열은 전곡한
다. 몸은 비교적 튼튼한 편이고 다리는 짧고 굵다. 수컷 수염기관의 슬절은 보통 굵거나
(팽대하거나) 그밖의 방법으로 변형되어 있다.

굴잎거미

Blabomma uenoi Paik et Yaginuma, 1969

암컷은 배갑이 연한 황갈색이나 두부가 흉부보다 갈색이 짙다. 너비보다 길이가 길다. 세로로 달리는 가운데홈은 적갈색이고 목홈과 방사홈은 뚜렷하다. 2줄로 늘어선 8개의 눈은 전안열은 후곡하고 후안열은 전곡한다. 전중안이 작고 후측안이 가장 크다. 눈차례는 전중안〈후중안〈전측안〈후측안의 순이다. 양 전중안 사이는 눈지름의 4배, 후측안과의 사이는 눈지름의 10배이며, 전측안 사이는 눈지름의 3.2배, 양 후중안 사이는 눈지름의 2.3배이다. 위턱은 배갑과 같은 황갈색이고 옆혹이 뚜렷하다. 앞엄니두덩에는 털다발과 3개의 이빨이 있고 뒷엄니두덩은 10개의 이빨을 가진다. 뒷엄니두덩니 중 둘째에서 넷째까지 3개는 서로 비슷하게 크며 기부의 5개는 매우 작다. 아래덕과 아랫입술은 밝은 갈색이지만 아래턱의 끝은 황백색이다. 아랫입술은 세로보다 너비가 길고 기부관절 파임은 1/4의 위치에 있다. 흉판은 밝은 갈색으로 너비보다 긴 심장형이며 복판은 볼록하고, 뒤끝은 넷째다리 기절 사이로 돌출한다. 다리는 갈색이고 고리 무늬가 없다. 다리식은 4-1-2-3이다.

분포: 한국

굴뚝거미속
Genus *Cybaeus* L. Koch, 1868

가운데홈은 세로로 달리고 방사홈은 뚜렷하다. 이마는 전측안의 지름보다 높고 가운데 눈네모꼴의 높이와 같다. 안역의 폭은 두부 폭의 반을 차지한다. 전안열은 후안열보다 짧으며 직선 또는 약간 전곡한다. 전중안이 가장 작다. 후안열 사이는 거의 같거나 양 중안 사이가 측안과의 사이보다 약간 넓다. 양 안열의 측안은 서로 떨어져 있다. 가운데눈네모꼴은 뒷변이 앞변보다 길다. 위턱은 튼튼하고 크며 앞엄니두덩에 3개, 뒷엄니두덩에 3~5개의 큰 이빨과 잇따른 4~6개의 작은 이빨이 있다. 아랫입술은 폭이 길이와 같거나 약간 길다. 첫째다리 경절 복부면에 2~3쌍의 가시를 가진다. 넷째다리 기절 사이는 기절 길이의 1/6을 넘지 않는다. 뒷실젖은 앞실젖보다 길지 않고 그 끝절은 기절에 비해 매우 짧다. 수컷의 수염기관 슬절과 경절에 돌기가 있다. 사이젖은 흔적인 경우가 많다.

쟁기굴뚝거미
Cybaeus aratrum Kim et Kim, 2008

크기는 수컷 몸길이가 9.7mm 정도이며 다리가 길다. 배갑은 흑갈색이고 무늬가 거의 없으며, 배 등면은 검은색으로 황갈색의 염통무늬와 살깃무늬가 있다. 수컷 수염기관의 지시기 말단이 쟁기 모양으로 양분되어 있으며, 방패판 중간에 세로형 능선이 경화되어 있다. 오대산에서 발견되었다.

분포: 한국

금산굴뚝거미
Cybaeus geumensis Seo, 2016

몸길이는 수컷 9.7mm, 암컷 9mm가량이며 등갑은 검붉은색이고 세로가 너비보다 크다. 방사홈과 내부 중심과는 구분된다. 이마의 높이는 전측안 직경의 약 3배이다. 전안열과 후안열 모두 약간씩 뒤로 후곡했다. 복부는 검정색 타원형이며, 두 쌍의 옅은 점들과 4개의 나란한 'V' 자형 무늬를 가진다. 모식산지는 경상남도 금산이다.

분포: 한국

일월굴뚝거미
Cybaeus ilweolensis Seo, 2016

몸길이는 수컷 7.8mm, 암컷은 7.7mm이다. 등갑은 검붉은색이고 세로가 너비보다 길다. 방사홈과 내부 중심과는 구분된다. 이마의 높이는 전측안 직경의 약 2.8배이다. 전안열과 후안열 모두 약간씩 뒤로 후곡했다. 복부는 검정색 타원형이며, 3쌍의 옅은 점들과 3개의 나란한 'V' 자형 무늬를 가진다. 모식산지는 경상북도 일월산이다.

분포: 한국

지리굴뚝거미
Cybaeus jiriensis Seo, 2016

몸길이는 수컷 4.85mm, 암컷 4.45mm가량이다. 등갑은 황갈색이며 세로가 너비보다 길다. 방사홈과 내부 중심과는 구분된다. 이마의 높이는 전측안 직경의 약 2배이다. 전안열과 후안열 모두 약간씩 뒤로 후곡했다. 복부는 검정색 타원형이며, 2쌍의 옅은 점들과 3개의 나란한 'V' 자형 무늬를 가진다. 모식산지는 경상남도 지리산이다.

분포: 한국

조계굴뚝거미
Cybaeus jogyensis Seo, 2016

몸길이는 수컷 6.3mm, 암컷은 5.04mm이다. 등갑은 검붉은색이고 세로가 너비보다 길다. 방사홈과 내부 중심과는 구분된다. 이마의 높이는 전측안 직경의 약 2.7배이다. 전안열과 후안열 모두 약간씩 뒤로 후곡했다. 복부는 검정색 타원형이며, 1쌍의 옅은 점들과 5개의 나란한 'V' 자형 무늬를 가진다. 모식산지는 전라남도 조계산이다.

분포: 한국

왕굴뚝거미
Cybaeus longus Paik, 1966

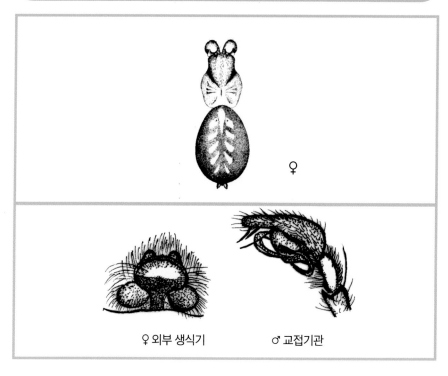

♀

♀ 외부 생식기   ♂ 교접기관

몸길이는 암컷이 14.5mm 정도이다. 두흉부는 길이가 길고 두부는 적갈색, 흉부는 황갈색으로 녹홈과 방사홈이 검고 뚜렷하다. 가운데홈은 세로로 뻗고 적갈색이다. 8눈이 2열로 늘어서고, 전안열은 곧고 후안열은 후곡한다. 전중안이 검고 작으며, 나머지는 크기가 모두 같고 진주빛이 도는 백색이다. 위턱은 암갈색으로 앞엄니두덩니는 3개이고, 뒷엄니두덩니는 작은 것 3~4개, 미소한 것 5~6개이다. 흉판은 긴 심장 모양이고, 황갈색으로 가장자리에 황갈색 선두리가 있다. 다리는 갈색이며 다리식은 4-1-2-3으로 넷째다리가 가장 길다. 복부는 난형이고, 검은 바탕에 4~5쌍의 황백색 무늬를 가진다. 복부면은 황백색이다. 실젖은 원기둥 모양으로 황갈색이며 사이젖은 퇴화되어 있다.

분포: 한국

모산굴뚝거미
Cybaeus mosanensis Paik et Namkung, 1967

♀

♀

♀ 외부 생식기   ♀ 내부 생식기   ♂ 교접기관

몸길이는 암컷이 4.5~8.5mm이고, 수컷이 7mm 정도이다. 두흉부는 세로가 너비보다 길며 황갈색으로 두부 쪽이 다소 볼록하다. 세로로 선 가운데홈은 적갈색이고 목홈과 방사홈이 뚜렷하다. 8개 눈이 2열로 늘어서고, 전안열은 곧고 후안열은 다소 후곡한다. 전중안만 검고 나머지는 모두 진주빛이 도는 백색이다. 천중안이 가장 작고 나머지는 크기가 모두 같다. 위턱은 암갈색으로 기부가 볼록하며 옆혹이 뚜렷하다. 앞엄니두덩니는 3개, 뒷엄니두덩니는 미소한 것 8개가 있다. 흉판은 황갈색의 심장형이고 뒤끝이 넷째다리 기절 사이로 돌입한다. 다리는 황갈색이며 퇴절에 3개, 경절에 2개씩의 검은 고리 무늬가 있다. 다리식은 4-1-2-3으로 넷째다리가 가장 길다. 복부는 난형으로 볼록한 검은 바탕에 여러 쌍의 황백색 '八'자형 무늬가 있고 복부면은 황백색이다. 산지의 돌 밑이나 낙엽 퇴적층 틈새에 굴뚝 모양의 대롱집을 짓고 있으며 동굴 속에서도 자주 보인다. 연중 성숙체가 보인다.

분포: 한국

오대굴뚝거미
Cybaeus odaensis Seo, 2016

♀

몸길이는 수컷 7.3mm, 암컷은 7.4mm이다. 등갑은 갈색이고 세로가 너비보다 길다. 방사홈과 내부 중심과는 구분된다. 수컷 이마의 높이는 전측안 직경의 약 2.8배이며 암컷은 2.4배이다. 전안열과 후안열 모두 약간씩 뒤로 후곡했다. 복부는 얼룩덜룩한 검정색 타원형이며, 2쌍의 옅은 점들과 4개의 나란한 'V' 자형 무늬를 가진다. 모식산지는 강원도 오대산이다.

분포: 한국

설악굴뚝거미
Cybaeus seorakensis Seo, 2016

몸길이는 수컷 8.9mm가량이며 등갑은 적갈색이고 세로가 너비보다 길다. 방사홈과 내부 중심과는 구분된다. 이마의 높이는 전측안 직경의 약 2.3배이다. 전안열은 약간 후곡했으며 후안열은 곧다. 복부는 어두운 회색의 타원형이며, 2쌍의 옅은 점들과 3개의 나란한 'V' 자형 무늬를 가진다. 모식산지는 강원도 설악산이다.

분포: 한국

속리굴뚝거미
Cybaeus songniensis Seo, 2016

몸길이는 수컷 4.35mm 암컷은 4.98mm가량이다. 등갑은 갈색이고 세로가 너비보다 길다. 방사홈과 내부 중심과는 구분된다. 수컷 이마의 높이는 전측안 직경의 약 3.4배이며 암컷은 2.9배이다. 전안열과 후안열 모두 약간씩 뒤로 후곡했다. 복부는 검정색 타원형이며, 2쌍의 옅은 점들과 4개의 나란한 'V' 자형 무늬를 가진다. 모식산지는 충청북도 속리산이다.

분포: 한국

삼각굴뚝거미
Cybaeus triangulus Paik, 1966

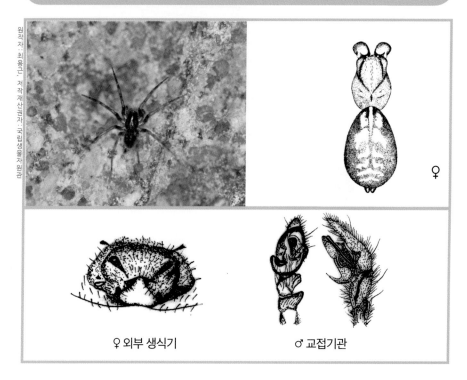

원작자: 최용근, 저작재산권자: 국립생물자원관

♀

♀ 외부 생식기   ♂ 교접기관

몸길이는 암컷이 12.5mm 정도이다. 두흉부는 세로가 너비보다 길고 두부는 적갈색, 흉부는 황갈색이다. 가운데홈이 세로로 서고 목홈과 방사홈이 뚜렷하다. 8눈이 2열로 늘어서고, 전안열은 곧으며 후안열은 곧거나 약간 후곡한다. 전중안이 검고 가장 작으며, 나머지는 모두 진주빛이 도는 백색이고 전측안이 가장 크다. 위턱은 튼튼하며 앞엄니두덩니는 3개, 뒷엄니두덩니는 작은 것 4~5개, 미소한 것 3~5개가 있고 뚜렷한 옆혹이 있다. 흉판은 심장형으로 세로가 너비보다 길고 뒤끝이 약간 뽀족하다. 복부는 난형으로 검은 바탕에 황백색 심장 무늬와 여러 쌍의 '八' 자형 무늬가 있고 실젖은 황갈색이며 사이젖은 흔적적이다.

분포: 한국

환선굴뚝거미
Cybaeus whanseunensis Paik et Namkung, 1967

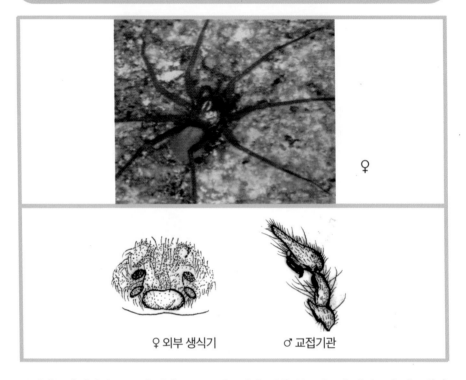

♀

♀ 외부 생식기   ♂ 교접기관

몸길이는 암컷이 6.5mm, 수컷이 5.5mm 정도이다. 두흉부는 세로가 너비보다 길고 황갈색이나 두부는 갈색이 짙다. 가운데홈은 세로로 서며 적갈색이고 목홈과 방사홈이 뚜렷하다. 8눈이 2열로 늘어서고, 양 안열은 모두 후곡한다. 양 안열의 중안 사이는 측안과의 사이보다 넓다. 각 눈은 적갈색의 점 위에 있으며 전중안이 퇴화되어 가장 작고 후측안이 가장 크다. 위턱은 갈색으로 뚜렷한 옆혹과 앞엄니두덩니 3개, 뒷엄니두덩니 8~9개를 가지며 털다발이 발달해 있다. 아래턱과 아랫입술은 황갈색이며 앞 가장자리는 암갈색이고 심장형이다. 뒤끝이 넷째다리 기절 사이로 돌입한다. 다리는 황갈색으로 고리 무늬가 없고 척절과 기절에 귀털을 가진다. 복부는 난형으로 볼록하며 회황백색 내지 회황색이다. 실젖은 원통형이고 앞실젖이 2마디로 되어 있으며 뒷실젖보다 길다. 사이젖은 흔적적이다. 한국 고유종이며 호동굴성 거미로 동굴 속 토양층이나 돌 밑에서 보인다.

분포: 한국

702

외줄거미과

Family Hahniidae Bertkau, 1878

8개의 눈이 2줄을 이루며 전안열은 후곡하거나 곧고, 후안열은 후곡되어 있다. 대개 동질형이며 전중안이 작은 것이 많다. 위턱은 비스듬하게 엄니두덩니를 가지나 옆혹이 없고 털다발의 발달이 미약하다. 아래턱은 앞쪽으로 약간 기울어지며 털다발을 가진다. 아랫입술은 자유롭고 흉판은 비교적 넓다. 암컷의 촉지에는 갈고리가 있고, 다리에는 가시털, 귀털이 있으며 발톱은 3개이다. 실젖이 옆으로 1열로 늘어서 있다. 바깥쪽의 뒷실젖이 가장 길고 2마디로 되어 있으며, 안쪽의 가운데 실젖이 가장 짧다. 기관 숨문은 실젖 앞쪽으로 멀리 떨어져 있다. 비교적 작은 거미로 물가의 지면이나 이끼 사이 또는 논밭의 움푹한 지면에 작은 시트형 그물(sheet web)을 짓고 산다. 한국에는 3속 7종이 기록되어 있다.

외줄거미속
Genus *Hahnia* C. L. Koch, 1841

전중안은 다른 눈보다 작다. 기관 숨문은 실젖과 위바깥홈의 중간점보다 약간 실젖에 가까이 위치한다. 수컷 수염기관의 슬절과 경절에 돌기가 있고 퇴절에는 돌기가 없다. 전안열은 심하게 전곡하고 후안열은 약간 전곡한다. 아랫입술은 너비가 세로보다 길다. 흉판은 심장 모양이고 뒤 끝은 가늘어지지만 상당한 폭으로 넷째다리 기절 사이에 돌출한다.

외줄거미

Hahnia corticicola Bösenberg et Strand, 1906

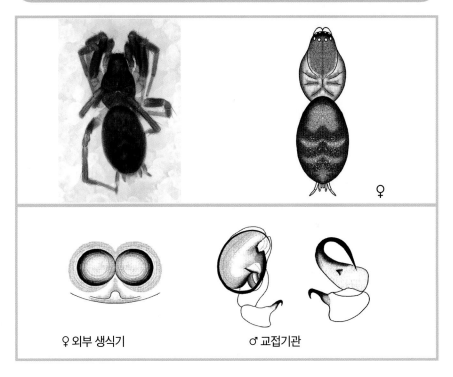

♀

♀ 외부 생식기   ♂ 교접기관

몸길이는 2~3mm 정도이다. 두흉부는 암갈색이며 목홈, 방사홈 및 옆 가장자리는 검고 가운데홈은 적갈색으로 비늘 모양이다. 8눈이 2열로 늘어서고, 전안열은 강하게 후안열은 약하게 후곡한다. 위턱은 황갈색으로 길쭉하고 앞끝이 뒤쪽으로 오므라져 있으며 이마는 비교적 좁다. 엄니두덩니는 있으나 옆혹은 없다. 흉판은 심장형이고 황갈색으로 가장자리에 암갈색 선두리가 있다. 다리는 황갈색이며 퇴절에 검은 고리 무늬가 있고 약간의 가시털이 산포되어 있다. 복부는 타원형이고 등면은 검은 회색 바탕에 '八' 자형의 엷은 무늬가 늘어서 있다. 복부면은 회황색이고 6개의 실젖이 있으며, 바깥쪽 실젖이 가장 길고 중앙실젖이 가장 짧다. 사이젖은 없으며 기관 숨문은 위바깥홈의 중간보다 약간 뒤쪽에 있다. 풀밭이나 논밭의 움푹한 곳에 작은 그물을 친다. 성숙기는 4~8월이다.

분포: 한국, 일본, 중국, 대만, 러시아

언덕외줄거미
Hahnia montana Seo, 2017

*H. Montana n. sp.*의 수컷은 2011년에 발견된 *H. subagini* Zhang, Li, Zheng의 수컷과 비슷하다. 수컷의 몸길이는 1.27mm이다. 배갑은 노란색이며 중앙에 2개의 긴 털이 나 있고, 이마의 높이는 전중안의 지름의 2.2배이다. 전안열은 약간 후곡하였고, 후안열은 등쪽으로 후곡하였다. 복부는 타원형이고, 등면에는 5개의 희미한 'V' 자 표시가 있는 어두운 회색이며, 배면은 무늬가 없는 노란색이다.

분포: 한국, 유럽

가산외줄거미
Hahnia nava (Blackwall, 1841)

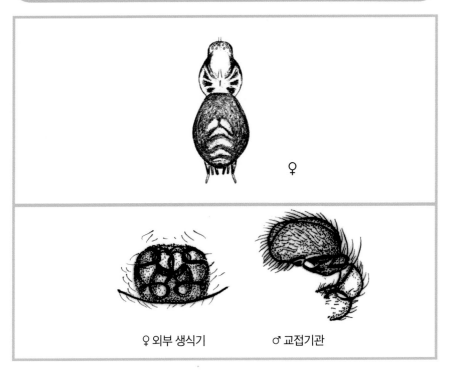

♀

♀ 외부 생식기   ♂ 교접기관

암컷은 배갑이 회황갈색 바탕이고 가운데홈과 목홈 및 방사홈은 암황색을 띠고 있다. 전중안이 가장 삭고 전측인이 가장 크다. 양 안열은 모두 전곡하나 후안열보다 전안열이 더 강하게 휘어져 있다. 이마 높이는 전측안의 직경과 거의 같다. 위턱은 황갈색이고 세로가 너비보다 길다. 양 엄니두덩에는 제각기 3개의 이빨이 나 있다. 아랫턱과 아랫입술은 다 같이 회황갈색이다. 아랫입술은 너비가 세로보다 길다. 흉판은 황갈색이며 세로가 너비보다 약간 길다. 흉판 뒤끝은 넷째다리 기절 사이에 돌출하고 있다. 다리는 회황갈색이고 다리식은 4-1-2-3이다.

분포: 한국, 러시아(구북구)

제주외줄거미속
Genus *Neoantistea* Gertsch, 1934

배갑은 세로가 너비보다 약간 길다. 눈은 크다. 전안열은 위에서 보면 곧지만 앞에서 보면 전곡하며 전중안은 전측안과 같거나 약간 크다. 전안열은 같은 간격으로 늘어서 있다. 후안열은 약간 후곡하고 후중안은 후측안과 크기가 같거나 작다. 양 후중안 사이는 후중안과 후측안 사이보다 넓다. 전중안은 후중안과 같거나 거의 같다. 뒷엄니두덩에 암컷은 3개의 이빨을, 수컷은 1개의 이빨을 가진다. 흉판은 크고 그 너비는 세로와 같거나 그보다 길다. 아랫입술은 너비가 세로보다 넓다. 기관 숨문은 실젖과 위바깥홈 사이의 중간점보다 훨씬 앞쪽에 위치한다. 실젖은 외줄거미속보다 길다.

제주외줄거미
Neoantistea quelpartensis Paik, 1958

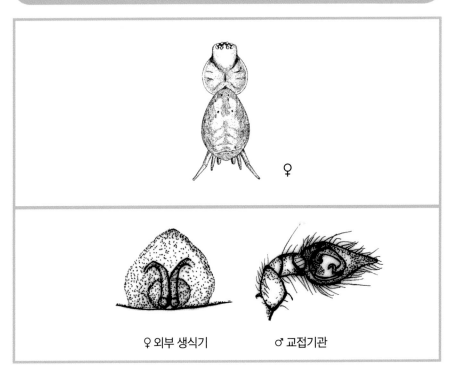

♀

♀ 외부 생식기　　　　♂ 교접기관

수컷은 배갑이 갈색이고 목홈, 세로로 달리는 가운데홈 및 방사홈은 암갈색을 띠며 뚜렷하다. 배갑은 세로가 너비보다 약간 길다. 두흉부는 흉부보다 뚜렷이 융기하고 있으며 이마는 거의 수직이고 그 높이는 전측안의 지름과 같다. 배갑은 정중선과 안역에 약간 검은 긴모를 가질 뿐이고 그 밖의 부분은 나출한다. 전안열은 후안열보다 약간 짧다. 전안열은 위에서 보면 거의 직선을 이루지만 정면에서 보면 전곡하고 각 눈 사이는 거리가 거의 같다. 후안열은 전곡하고 양 후중안 사이는 후측안 사이보다 넓다. 위턱과 아래턱은 밝은 갈색이고 아랫입술과 흉판은 회갈색이다. 앞엄니두덩에는 3개의 이빨과 톱니를 가진 융기가 잇달아 나 있다. 뒷엄니두덩에는 단 1개의 큰 이를 가진다. 아래턱은 약간 안으로 기울어져 있다. 흉판은 확연하게 세로보다 너비가 길고 오각형에 가까우며 뒤끝은 넷째다리 기절 사이에 폭넓게 약간 돌출한다. 복부는 난형이고 앞은 배갑을 약간 덮고 있다. 암컷은 모양과 색깔이 수컷과 같으나 뒷엄니두덩에 3개의 이빨이 있다.

분포: 한국, 일본, 중국

두더지거미속
Genus *Cicurina* Menge, 1871

암컷은 배갑이 연한 황갈색이나 두부가 흉부보다 갈색이 짙다. 너비보다 길이가 길고 세로로 달리는 가운데홈은 적갈색이며 목홈과 방사홈은 뚜렷하다. 이마는 전측안 지름의 3배이다. 8개의 눈은 2줄을 이루는데 앞에서 보면 전안열은 후곡하고 후안열은 전곡한다. 전중안은 매우 작고 후측안이 가장 크다. 눈차례는 전중안〈후중안〈전측안〈후측안의 순이다. 위턱은 배갑과 같은 황갈색이고 옆혹이 뚜렷하다. 앞엄니두덩에는 털다발과 3개의 이빨이 있고 뒷엄니두덩에는 10개의 이빨을 가진다. 뒷엄니두덩니 중 둘째에서 넷째까지의 3개는 서로 비슷하며 크기가 가장 크고 기부의 5개는 매우 작다. 아래턱과 아랫입술은 밝은 갈색이지만 아래턱의 끝은 황백색이다. 아랫입술은 세로보다 너비가 넓다. 흉판은 밝은 갈색이고 너비보다 긴 심장형이며 복판이 볼록하다. 뒤끝은 넷째다리 기절 사이로 돌출한다. 다리는 갈색이고, 다리식은 4-1-2-3이다.

두더지거미
Cicurina Japonica (Simon, 1886)

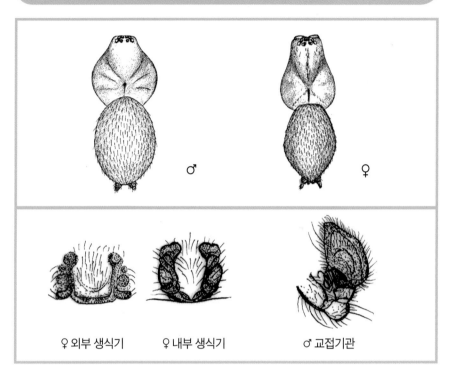

♀ 외부 생식기   ♀ 내부 생식기   ♂ 교접기관

몸길이는 암컷이 3~4mm, 수컷이 2.5~3mm 정도이다. 두흉부는 황갈색으로 세로가 너비보다 길며 희미한 목홈과 방사홈이 있고 가운데홈은 세로로 선 바늘형으로 적갈색이다. 전안열은 곧고 후안열은 전곡한다. 전중안은 검고 나머지는 진주빛이 노는 백색이다. 후중안을 제외한 눈들은 암적색 무늬 위에 있다. 위턱은 갈색이며 옆혹이 뚜렷하고 앞엄니두덩니는 3개, 뒷엄니두덩니는 7~8개이다. 흉판은 황갈색이다. 다리는 황갈색이고 척절과 부절에 귀털이 있고 발톱은 3개이다. 다리식은 4-1-2-3이다. 복부는 난형이며 연한 회갈색에 검정색 털이 드문드문 나 있다. 실젖은 갈색이며 앞실젖은 서로 떨어져 있고 뒷실젖보다 짧다. 동굴 속 돌밑이나 박쥐 똥, 퇴적층 사이 등에 작은 선반꼴 그물을 치고 대롱집 속에 살며 지면을 배회하기도 한다. 연중 성숙체를 볼 수 있다.

분포: 한국, 일본

금두더지거미
Cicurina kimyongkii Paik, 1970

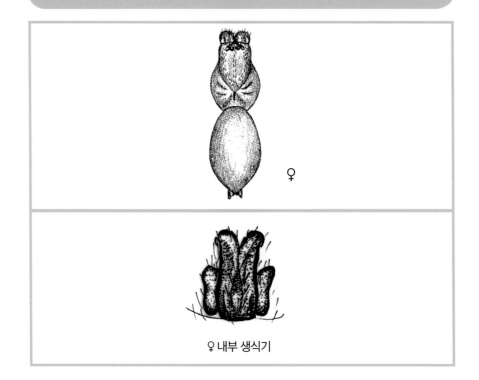

♀

♀ 내부 생식기

몸길이는 암컷이 3mm 정도이다. 두흉부는 너비가 넓고 황갈색으로 붉은색의 가운데홈이 세로로 서며 방사홈은 뚜렷하지 않다. 8눈이 2열로 늘어서 있고 앞뒤 양 안열이 모두 후곡이다. 전중안은 검고 나머지는 모두 진주백색인데 눈언저리는 검다. 위턱은 황갈색이고, 앞엄니두덩니는 3개 뒷엄니두덩니는 10개가 있다. 흉판은 너비가 넓으며 황갈색이다. 다리는 황갈색이고 다리식은 4-1-2-3이며 넷째다리가 가장 길다. 복부는 난형으로 엷은 황색이다. 실젖은 원뿔형이고 뒷실젖은 앞실젖보다 짧다. 사이젖에는 약간의 강모가 나 있다. 성숙기는 4~8월이며 한국 고유종이다.

분포: 한국

콩두더지거미
Cicurina phaselus Paik, 1970

♀

♀ 외부 생식기　　　♀ 내부 생식기　　　♂ 교접기관

몸길이는 암컷이 3~4mm 정도이다. 두흉부는 황갈색으로 두부쪽은 검은색을 띠며, 가운데홈은 세로로 서며 붉은색이고 목홈과 방사홈은 뚜렷하다. 8눈이 2열로 늘어서며 양 안열은 모두 후곡한다. 전중안이 가장 작고 전측안이 가장 크다. 전중안만 섬고 나머지는 모두 진주빛이 도는 백색이며 각각 검은 점 위에 있다. 위턱은 갈색이고 앞엄니두덩니는 3개, 뒷엄니두덩니는 10개이다. 아래턱, 아랫입술은 모두 갈색이며, 아래턱은 길이가 길고 앞끝이 안쪽으로 기울어져 있다. 흉판은 황갈색이며 세로가 너비보다 길고 뒤끝이 넷째다리 기절 사이로 돌입한다. 다리는 갈색이며 4-1-2-3의 차례로 넷째다리가 길다. 복부는 난형이며 엷은 황색이고 사이젖에는 약간의 센털이 나 있다. 산지의 낙엽 밑이나 토양층, 작은돌 밑에서 볼 수 있고, 성숙기는 5~8월이다.

분포: 한국

713

응달거미과

Family Uloboridae Thorell, 1869

가운데홈이 없고 8개의 눈이 2열로 늘어서 있으며 전부 어두운 색이다. 양안열은 모두 후곡하지만 후안열이 전안열보다 심하게 후곡한다. 각 측안 사이는 각 열의 중안과 측안 사이보다 멀리 떨어져 있다. 위턱에는 약간의 엄니두덩니를 가지지만 옆혹은 없는 경우도 있다. 좌우 위턱이 기부에서 유착하지 않는다. 아래턱은 서로 평행하거나 약간 안으로 경사져있다. 체판은 이분되지 않았고, 성숙한 수컷에서는 퇴화하거나 완전히 없는 경우도 있다. 폐서는 1쌍이 있다. 털빗은 넷째다리 척절 길이의 반 이상을 차지한다. 첫째다리가 가장 길다. 각 퇴절에 긴 귀털의 열이 있고, 경절과 척절에는 1~2개의 귀털이 있으나 부절에는 없다. 넷째다리 척절은 양옆이 넓적하고 위가 굽어져 있으며, 그 복부면 말단 1/3 부분에 약간의 가시를 가진다. 각 부절에는 3개의 발톱이 있는데 윗발톱은 좌우의 것이 모양과 크기가 같고 1줄의 이를 가지며 헛발톱을 가진다. 항문두덩은 비교적 커서 눈에 띈다. 알주머니는 다각형을 이룬다. 원형 그물, 삼각 그물, 실 그물을 치지만 가로실은 점착구를 가지지 않고 2가닥의 거미그물 표면 전체에 점착액이 묻은 빗긴실띠로 되어 있다. 심장에 3쌍의 심문이 있다. 기관계는 잘 발달되어 있으며 그 가지는 두 흉부 속에까지 퍼져 있다. 복부에는 4쌍의 복부근이 있고 독샘을 전혀 가지지 않는다.

부채거미속
Genus *Hyptiotes* Walckenaer, 1837

배갑은 오각형에 가깝고 폭과 길이는 거의 같으며 안역은 높고 흉부는 낮다. 복부는 배갑의 후반부를 덮고 있다. 눈은 8개이지만 전측안은 퇴화하여 뚜렷하지 않다. 전안열보다 후안열이 뚜렷이 크다. 전중안은 서로 접근해 있고 후중안 사이는 넓으며 전측안과 후중안 사이는 후중안과 후측안 사이보다 좁다. 털빗은 척절의 길이 전체에 걸쳐서 위치한다. 부절의 복부면에 짧은 가시가 줄을 이루고 늘어서 있다. 수컷의 수염기관은 매우 커서 거의 배갑의 크기와 같다. 삼각형의 독특한 그물을 친다.

부채거미

Hyptiotes affinis Bösenberg et Strand, 1906

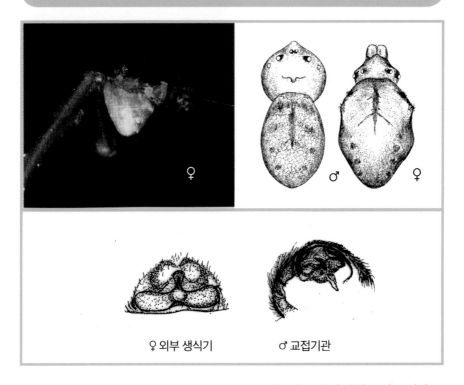

♀ 외부 생식기   ♂ 교접기관

암컷: 부채거미라는 이름은 그 그물의 모양이 손부채를 반쯤 편 것 같아 보이는 데서 온 것이다. 배갑은 황갈색이고 오각형을 이루지만 그 후반부는 앞으로 내민 복부에 덮여 있다. 두부가 흉부보다 높다. 눈은 8개이지만 전측안이 퇴화해서 흔적으로 되어 있을 뿐 아니라 후중안 앞쪽 비탈진 곳에 있어 잘 보이지 않는다. 위턱은 황갈색이고, 옆혹을 가지지 않으며 앞엄니두덩니에 3개, 뒷엄니두덩니에 2개의 이빨이 있다. 아래턱, 아랫입술 및 흉판은 대체로 밝은 긴 황갈색이다. 흉판은 긴 삼각형이다. 다리는 황갈색으로 몸에 비해 굵고 짧다. 각 척절의 길이는 부절의 2배 이상이다. 복부는 흰색을 띤 황갈색 바탕에 거무스름한 갈색의 털을 가진다. 앞쪽 등면은 매우 높아지는데 여기서 앞으로는 급격하게, 뒤로는 완만한 경사를 이룬다. 복부 앞쪽 높은 곳의 양옆은 낮은 혹을 이루고 그 위에 다른 털보다 약간 길고 검은 털이 한줌 소복이 나 있다. 알주머니는 가늘다.

수컷: 대체로 암컷과 비슷하나 배갑은 오각형을 이루지 않고 원형에 가깝다. 암컷에 비해 배갑 전체가 높다. 다리는 암컷에 비해 가늘고 긴 편이며 가시가 많다. 첫째다리가 가

장 길다. 수염기관은 잘 발달하여 몸에 비해 상당히 크다. 첫째다리는 다른 다리에 비해 현저히 길고 굵다. 복부는 원통꼴이지만 후반부가 약간 가늘다.

분포: 한국, 일본, 중국, 대만

손짓거미속
Genus *Miagrammopes* O. P. -Cambridge, 1870

배갑은 세로가 너비보다 길다. 안역은 넓은 두부의 전체를 차지하며 눈은 4개 있다. 첫째다리는 다른 다리에 비해 현저히 길고 굵다. 복부는 원통형이지만 후반부가 약간 가늘다. 알주머니는 가늘다.

손짓거미

Miagrammopes orientalis Bösenberg et Strand, 1906

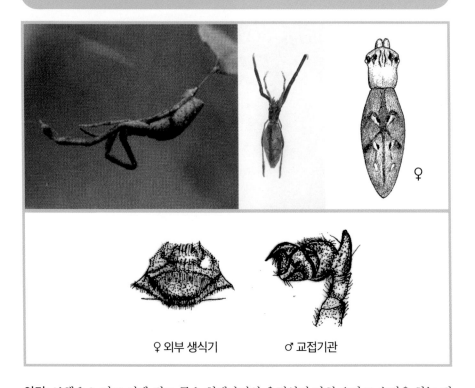

♀ 외부 생식기   ♂ 교접기관

암컷: 보행은 느리고 이때 길고 굵은 첫째다리의 움직임이 마치 오라고 손짓을 하는 것처럼 보인다. 손짓거미라는 우리말 이름은 여기서 유래한다. 몸이 길쭉하게 생겼다. 배갑은 세로가 너비보다 길다. 배갑 양 가장자리는 황갈색이고 그 바깥 부분은 검은색이다. 4개의 눈은 배갑의 전체 폭을 차지하고 일렬로 늘어서 있는데 약간 후곡한다. 위턱과 촉지는 밝은 황갈색이고, 아래턱은 회색을 띤 황갈색, 아랫입술은 회색이다. 목홈, 방사홈 등은 없다. 암컷은 촉지 끝에 발톱을 가진다. 흉판은 검고 세로로 길며 양옆에 기절이 파여 있다. 첫째다리는 비교적 굵고 가장 길다. 다리식은 1-4-2-3이다. 복부는 길고 앞끝에서 1/4쯤 되는 부분이 가장 너비가 넓을 뿐 아니라 위로 융기되어 있고 그 앞뒤로 서서히 경사져 있다. 복부는 거무스름한 황갈색이며 정중선을 세로로 달리는 선은 검고 그 양옆에 3쌍의 밝은 황갈색 점무늬가 늘어서 있다. 복부 측면은 황갈색 바탕에 앞 위쪽에서 뒤 아래쪽으로 비스듬히 달리는 2~3개의 검은 줄이 보인다. 복부의 복부면은 위 바깥홈에서 실젖에 이르는 1쌍의 흑갈색 줄무늬가 있고 그 줄무늬 바깥 쪽에 검은 점이 2개

씩 보인다. 실젖은 밝은 갈색이고 체판은 이분되어 있지 않다. 기관 숨문은 체판에서 앞쪽으로 떨어져 있다. 거미 그물이나 다른 물체에 조용히 붙어 있을 때는 첫째다리와 둘째다리는 앞으로, 셋째다리와 넷째다리는 뒤로 쭉 뻗는다.

수컷: 몸은 암컷보다 작고 복부의 검은색이 강하다. 복부의 복부면도 전체적으로 검고 특별한 무늬가 없다.

분포: 한국, 일본, 중국, 대만

중국웅달거미속
Genus *Octonoba* Opell, 1979

후안열은 후곡하고 2개의 후중안 뒷변두리의 연결선은 측안의 앞변 주변을 경과한다. 두부의 폭은 배갑에서 제일 넓은 곳의 2/3이다. 암컷의 외부생식기 뒷부분의 표면에 하나의 명확한 구멍이 있다. 수컷의 수염기관 중에 돌기는 퇴화하고 중간 돌기가 안으로 들어갔다.

중국응달거미
Octonoba sinensis (Simon, 1880)

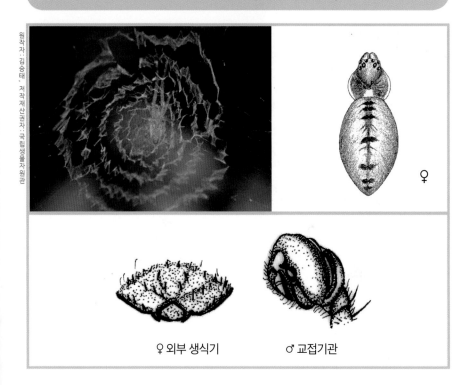

♀

♀ 외부 생식기   ♂ 교접기관

암컷: 몸길이는 4~5.7mm이다. 배갑 중앙부는 연한 녹갈색을 띠고 옆 가장자리에 연한 백색띠가 있다. 8개의 눈이 2줄로 배열하며 중안이 제일 크고 후안열은 후곡한다. 첫째 다리가 특별히 튼튼하고 넷째다리 부설에 돌기가 나 있다. 복부는 난형이고 녹갈색 혹은 회갈색을 띤다. 앞 부분이 높이 융기되어 두흉부 뒤끝의 위쪽을 덮어 버리고 뒷면 정 중간에 넓은 세로띠가 있으며 변두리에 톱니 모양을 이루고 있다. 뒷면의 정중선을 따라 앞뒤로 4개의 융기된 황색의 줄이 있고 복면에 하나의 넓은 무늬가 있다.

수컷: 몸길이는 3.4~4.3mm이다. 몸 색깔은 암컷과 비슷하다. 첫째다리 경절에는 작은 가시가 많이 나 있다. 흔히 나무 숲, 관목 및 실내외의 벽구석 등 은폐된 곳에서 서식하고 있다.

분포: 한국, 일본, 중국, 북아메리카

723

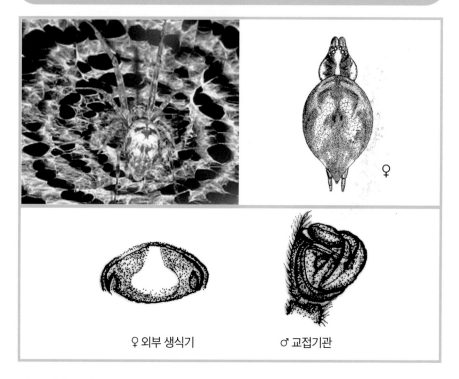

♀외부 생식기   ♂교접기관

암컷: 배갑의 세로가 너비보다 약간 길다. 갈황색 바탕에 1쌍의 폭넓은 검은띠와 흉부 양 가장자리를 따라 가느다란 검은 선을 가진다. 전안열은 전곡하고 후안열은 후곡한다. 위 턱은 갈색이고 앞엄니두덩에 3개, 뒷엄니두덩에 매우 미소한 4개의 이빨이 있다. 아래 턱, 아랫입술 및 흉판은 약간 거무스름한 황갈색을 띠고 갈색 긴 털이 드문드문 나 있다. 흉판은 긴 삼각형이고 미부는 넷째다리 기절 사이에 약간 돌출한다. 다리에는 검은 고 리 무늬가 있는데 개체에 따라 농담의 변화가 심하다. 대체로 첫째다리와 둘째다리의 검 은 고리 무늬가 잘 발달되어 있고 개체에 따라서는 거의 검은 것도 있다. 복부의 앞쪽 등 면이 매우 높으며 그로부터 앞으로는 급경사를, 뒤로는 약간 완만한 경사를 이룬다. 복 부의 등면에는 대체로 정중선을 세로로 달리는 검은 줄무늬가 있고 그 양옆에 흰 무늬가 앞뒤로 늘어서 있다.

수컷: 암컷보다 몸집이 작고, 다리의 가시는 암컷보다 현저하게 많다. 복부는 암컷처럼 높지 않고 가늘고 길어서 날씬해 보인다. **분포:** 한국, 일본, 중국

울도응달거미
Octonoba varians (Bösenberg et Strand, 1906)

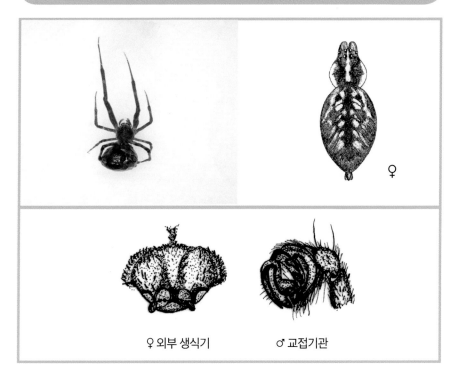

♀

♀ 외부 생식기   ♂ 교접기관

암컷: 배갑의 길이는 폭보다 약간 길다. 황갈색 바탕에 1쌍의 세로로 이어지는 폭넓은 띠를 가지는데 이 띠는 흉부 뒤쪽에서 좌우가 연결되어 있다. 전안열은 전곡하고 후안열도 후곡한다. 위턱은 황갈색이고 앞엄니두덩에 5개, 뒷엄니두덩에 4개의 이빨이 있다. 아래턱과 아랫입술은 회색을 띤 황갈색이나 아래턱 앞 가장자리와 아랫입술 앞 가장자리는 황백색이다. 흉판은 방패형이고 미부는 넷째다리 기절 사이로 돌출한다. 다리에는 황갈색 바탕에 검거나 갈색의 고리 무늬가 있다. 복부는 매우 높다. 등면은 황갈색 바탕에 정중선을 세로로 달리는 검은 줄무늬가 있다. 이 줄무늬 양옆에는 검은색 또는 거무스름한 갈색의 복잡한 무늬가 있으나 개체에 따라 변이가 심하다.

분포: 한국, 일본, 중국

북응달거미
Octonoba yesoensis (Saito, 1934)

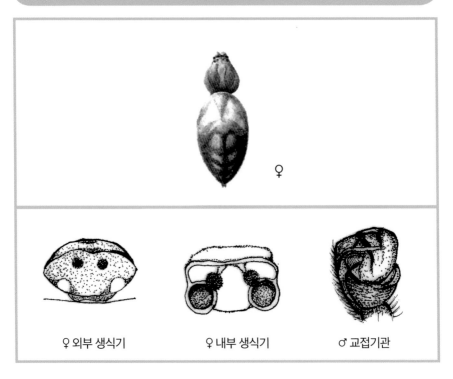

♀

♀ 외부 생식기   ♀ 내부 생식기   ♂ 교접기관

암수의 몸길이는 6mm 정도이다. 몸 색깔은 변화가 많아 갈색 또는 검은색이다. 다리는 백색 바탕에 갈색 원형 무늬가 있다. 복부 등면은 황색, 갈색, 검은색 등으로 변이가 많다. 복부 중앙이 특히 높게 돌출되어 있다.

분포: 러시아, 일본, 중앙아시아

각시응달거미속
Genus *Philoponella* Mello-Leitão, 1917

배갑은 난형이다. 후안열이 수평에 가깝고 각 눈 사이의 거리는 거의 비슷하다. 이마의 높이는 전중안의 직경과 같다. 암컷의 외부생식기의 복부면에는 하나의 생식구가 존재한다.

왕관응달거미

Philoponella prominens (Bösenberg et Strand, 1906)

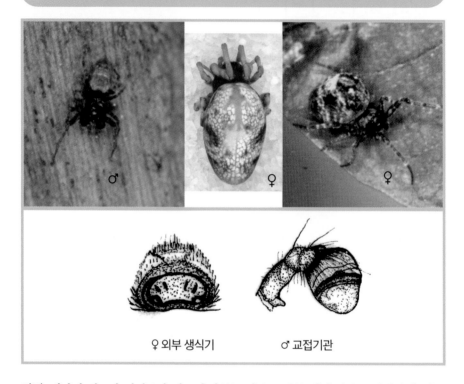

♀ 외부 생식기   ♂ 교접기관

암컷: 배갑의 세로가 너비보다 길고 후반부는 앞으로 불쑥 내민 복부로 덮여있다. 가운데홈 부분은 가로로 긴 움푹이를 이룬다. 색깔은 거무스름한 갈색이지만 복부로 덮인 부분은 색이 연하다. 특히 두부에는 흰 털이 많다. 전안열은 상당히 전곡되어 있으나 등면에서는 후곡하는 것처럼 보인다. 후안열은 후곡한다. 위턱은 황갈색이고 앞엄니두덩에 6개 내외의 이빨이 있는데 그 중 3개는 비교적 뚜렷하나 나머지는 너무 작아 분간하기 곤란하다. 뒷엄니두덩에는 3개의 이빨이 있다. 아래턱, 아랫입술 및 흉판은 검은색을 띤 갈색이고 아래턱의 안 가장자리와 아랫입술의 앞 끝은 황갈색이다. 검은색과 흰색의 털이 섞여 나 있다. 다리에는 황갈색의 검은 갈색 고리 무늬가 있다. 복부는 난형이고 매우 높으며 검은 바탕에 흰 무늬를 가지는데 이 무늬는 개체 변이가 매우 심하다. 실젖은 검은 갈색이다.

수컷: 배갑은 거의 둥글고 안역은 현저히 돌출되어 있으며 그 위 끝에 전중안이 위치한다. 배갑 전체에는 뒤에서 앞옆으로 향하는 갈색 털을 가진다. 복부는 암컷처럼 높지 않

고 타원형을 이루며 검거나 갈색 바탕에 암컷과 비슷한 흰 무늬가 산포된 복잡한 무늬를 이룬다.

분포: 한국, 중국, 일본

응달거미속
Genus *Uloborus* Latreille, 1806

배갑은 난형이고 세로가 너비보다 길다. 8개의 눈이 2열을 이루고 각 열의 길이는 거의 같다. 각 눈의 크기도 거의 같다. 양 안열의 측안 사이는 각 열의 중안과 측안 사이보다 멀다. 첫째다리는 다른 다리보다 현저히 길고 크다. 넷째다리 척절은 활처럼 굽고 부절 길이의 2배가 못 된다. 수컷 수염기관의 퇴절은 그 기부에 밖으로 돌출한 돌기를 가진다. 복부 등면은 매우 높고 앞쪽으로는 급하게 뒤쪽으로는 완만하게 경사져 있다. 수평의 원형 그물을 그늘에 치고 흰 띠를 가지는 것이 보통이다.

유럽응달거미
Uloborus walckenaerius Latreille, 1806

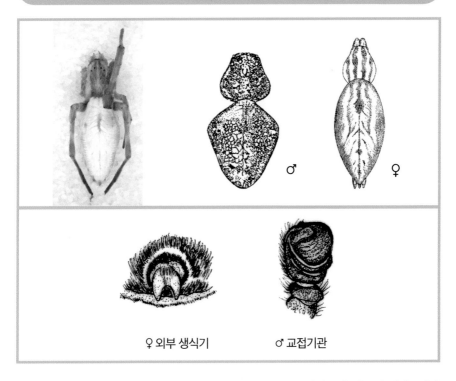

♀ 외부 생식기   ♂ 교접기관

암컷: 몸 전체가 다른 응달거미보다 약간 긴 편이다. 배갑은 너비보다 세로가 길다. 배갑은 황갈색 바탕에, 2쌍의 검은 갈색이 세로로 이어지는 띠가 있는데 바깥쪽의 띠가 안쪽 띠보다 폭이 약간 넓다. 흰색과 검은색의 털이 나 있다. 전면에서 보았을 때, 전안열은 전곡하고 후안열은 후곡한다. 위턱은 황갈색이고 1개의 앞엄니두덩니만 있고 뒷엄니두덩니는 없다. 다리는 황갈색이고 희미한 고리 무늬가 있다. 복부는 비교적 길고 복부에는 약간 갈색을 띠는 황백색 바탕에 3가닥의 황갈색 줄무늬가 있다.

수컷: 대체로 암컷과 모양이나 색깔이 같으나 두부가 암컷보다 좁고 길어 얼핏보면 눈두덩을 가지는 것처럼 보인다.

분포: 한국, 중국, 일본, 유럽

왕거미과

Family Araneidae Clerck, 1757

두흉부에는 반드시 가운데홈이 있으며 그 모양은 세로, 가로 또는 점으로 나타난다. 8개의 눈이 2열로 늘어시며 대개 같은 색이다. 중안열은 정사각형 또는 사다리형이고 측안은 대개 중안과 떨어져 있다. 이마 부분은 중안역보다 좁다. 위턱에는 3~5개의 앞엄니두덩니가 있고 2~3개의 뒷엄니두덩니가 있다. 무늬왕거미속 이외에는 뚜렷한 옆혹이 있다. 아래턱의 끝 부분은 대개 밑부분보다 넓고, 아랫입술은 너비가 세로보다 길다. 흉판은 심장형 또는 곤두선 삼각형이며, 넷째다리 기절은 서로 접한다. 다리에는 큰 가시털이 많이 나고 발톱은 3개이며 뒷발톱에 이가 있다. 암컷의 촉지에는 1개의 갈고리가 있다. 복부는 삼각형 또는 타원형이며 등면에는 특별한 무늬가 있거나 종에 따라 돌기 또는 가시혹이 있다. 1쌍의 폐서와 1개의 기관 숨문 및 사이젖이 있다.

잎왕거미속
Genus *Acusilas* Simon, 1895

배갑은 세로가 너비보다 길고 목홈은 깊다. 가운데홈은 세로를 향해 있고 짧다. 뒷엄니
두덩니는 3개이고 양안열은 후곡하며 중안역은 거의 사각형이다. 중안은 다른 눈보다
크다. 측안은 중안으로부터 넓게 떨어져 있지 않고 근접해 있다.

잎왕거미
Acusilas coccineus Simon, 1895

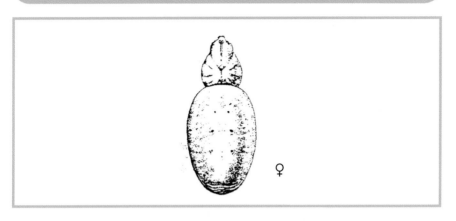

♀

암컷의 몸길이는 8~11mm이고, 수컷은 5~6mm 정도이다. 두흉부는 세로가 너비보다 길며 적갈색으로 목홈이 길고 가운데홈은 세로로 나서 짧다. 8눈은 전후안열이 후곡하고 중안이 측안보다 크며 측안과 넓게 떨어져 있다. 양 안열의 측안은 근접한다. 위턱에는 3개의 뒷엄니두덩니가 있고 흉판은 등적색이다. 다리는 적갈색이며 수컷은 고리 무늬가 있다. 복부는 긴 타원형으로 회갈색 바탕에 등면 중앙부에 폭넓은 암회색 세로 무늬가 있고 4쌍의 근점이 뚜렷하다. 햇볕이 직사하지 않는 곳, 나무 밑이나 풀숲, 지면 가까이에 둥근 그물을 치고 그 중앙 위쪽에 마른 잎을 매달아 집을 짓는다. 알주머니도 그 속에 만든다. 성숙기는 5~8월이다.

분포: 한국, 일본, 중국, 내만

중국왕거미속
Genus *Alenatea* Song et Zhu, 1999

배갑은 황갈색에서 회갈색까지 다양하며 양 안열은 후곡한다. 위턱에는 4개의 앞엄니두 덩니와 3개의 뒷엄니두덩니가 있다. 복부는 폭이 더 넓거나 비슷하며 복부의 색깔과 무 늬는 변이가 심하다. 흉판과 복부판 사이를 잇는 측면 가장자리에 생식구가 있으며 연결 관은 길고 꼬여 있다. 수염기관의 말단 돌기는 매우 크고 삽입기는 길다.

먹왕거미
Alenatea fuscocolorata (Bösenberg et Strand, 1906)

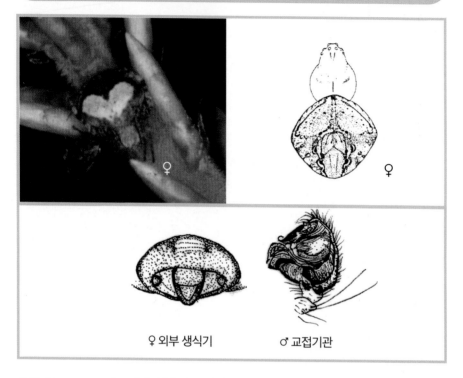

♀ 외부 생식기   ♂ 교접기관

몸길이는 5~7mm 정도이다. 두흉부는 황갈색 바탕에 옆쪽과 두부에 복잡한 검은색 무늬가 있다. 가운데홈은 세로로 선다. 8눈이 2열로 늘어서며 후측안 사이가 측안과의 사이보다 좁고 양 측안은 눈두덩 위에 있지 않다. 다리는 황갈색으로 흑갈색 고리 무늬가 있으며 긴 가시털이 많이 나 있다. 복부는 폭이 넓은 심장형으로 황갈색 바탕에 흑갈색 잎새 무늬가 있으나, 개체에 따라 앞쪽에 큰 황색 무늬가 있는 것, 전혀 무늬가 없는 것 등 색채 변이가 심하다. 복부면에는 위 바깥홈과 실젖 사이에 사각형의 커다란 황색 무늬가 있다. 산꼴짜기 길가의 낮은 나뭇가지 사이 등에 원형 그물을 치고 있다. 성숙기는 5~7월이다.

분포: 한국, 일본, 중국, 대만

왕거미속
Genus *Araneus* Clerck, 1757

두흉부에 비해 복부는 크며 가운데홈은 옆으로 향해 있다. 측안은 크기가 같고 융기된 위에 있으며 거의 접해 있다. 후안열은 곧거나 후곡한다. 이마는 좁고 중안 사이는 측안 사이보다 좁다. 전형적인 원형 그물을 친다.

모서리왕거미

Araneus angulatus Clerck, 1757

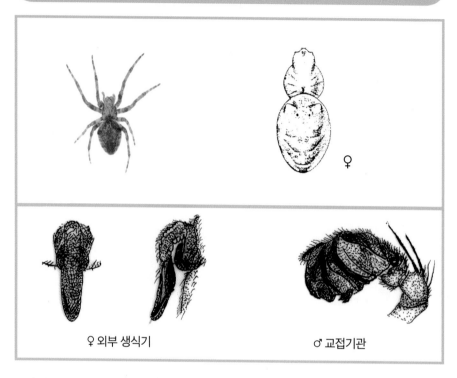

♀

♀ 외부 생식기   ♂ 교접기관

몸길이는 암컷이 14~20mm이고 수컷은 10~14mm 정도이다. 두흉부는 밝은 황갈색으로 검은색 정중선이 있다. 전면에 흰색 긴 털이 덮여 있고 목홈, 방사홈의 색이 진하다. 위 턱은 담갈색으로 강대하나 옆혹은 빈약한 편이다. 아래턱과 가로로 긴 타원형의 아랫입 술은 검은색이며 앞끝은 희다. 흉판은 타원형으로 암갈색이며, 횡색 성숭선이 있다. 다 리는 황갈색이며 각 마디의 끝쪽에 암갈색 고리 무늬가 있다. 복부는 밝은 갈색이며 암 갈색의 잎새 무늬가 있다. 성숙기는 6~9월이다.

분포: 한국, 중국, 러시아, 유럽(구북구)

노랑무늬왕거미

Araneus ejusmodi Bösenberg et Strand, 1906

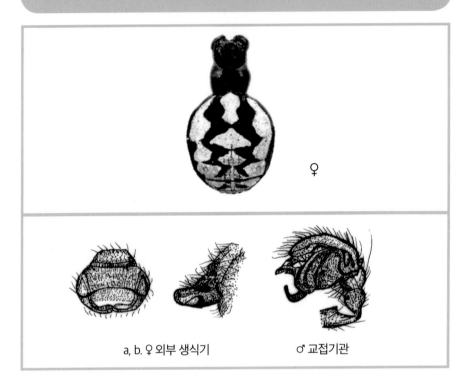

♀

a, b. ♀ 외부 생식기   ♂ 교접기관

몸길이는 암컷이 6~8mm이고 수컷은 5~6mm 정도이다. 배갑은 검고 두부 쪽이 크게 융기되어 있다. 가운데홈은 가로놓여 있고 목홈과 방사홈이 뚜렷하다. 전중안이 가장 크고 앞뒤 측안은 넓게 떨어져 있다. 위턱은 검은색으로 옆혹이 있고 흉판도 검은색이다. 다리는 황색 또는 갈색이다. 복부는 검은색 바탕에 3줄의 황백색 내지 황색의 큰 포대 무늬가 있다. 성숙기는 6~9월이다.

분포: 한국, 일본, 중국

부석왕거미
Araneus ishisawai Kishida, 1920

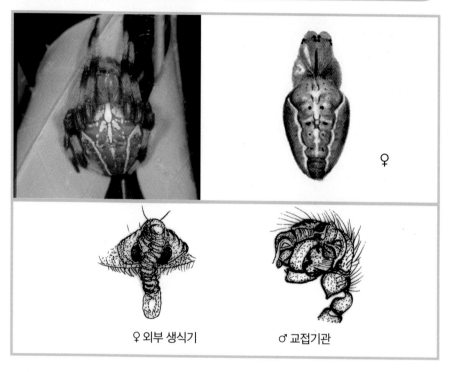

♀

♀ 외부 생식기   ♂ 교접기관

몸길이는 암컷이 18~20mm이고 수컷은 7~8mm이다. 복부 등면에는 등황색 잎무늬가 있고 양 측면에 황백색의 가는 선이 세로로 나 있다. 산의 나무 사이에 큰 수직형 원형 그물을 치며 성숙기는 8~9월이다.

분포: 한국, 일본

마불왕거미
Araneus marmoreus Clerck, 1757

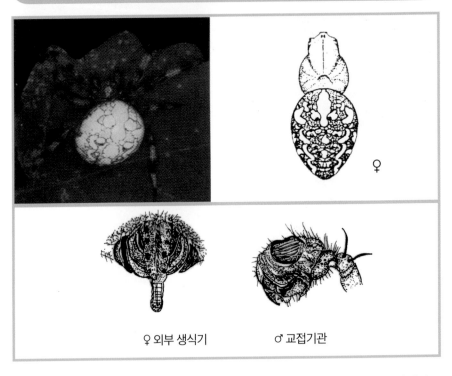

♀ 외부 생식기　　　♂ 교접기관

몸길이는 암컷이 17~22mm 정도이고, 수컷은 10~12mm 내외이다. 두흉부는 황갈색으로 두부 중앙에 갈색 줄무늬가 있고 목홈, 방사홈과 가느다란 가장자리 금은 모두 갈색이다. 8눈이 2열로 늘어서고 양 안열은 모두 후곡한다. 위턱은 엷은 황갈색이며 흉판, 아래턱 그리고 아랫입술은 암갈색이다. 다리는 황색으로 각 마디 끝쪽에 적갈색 고리 무늬가 있다. 복부는 둥글고 앞쪽이 흉부 위를 짓누르는 편이다. 황색 바탕에 복잡한 잎새형무늬가 있고 그 가장자리는 흑갈색이다. 개체에 따라 황색 바탕에 뒤쪽 중앙에 검정 무늬만 있는 것도 있다. 비교적 고산성이며 나뭇가지 사이나 풀숲에 원형 그물을 치고 있다. 성숙기는 7~9월이다.

분포: 한국, 일본, 중국, 러시아, 유럽(전북구)

미녀왕거미
Araneus mitificus (Simon, 1886)

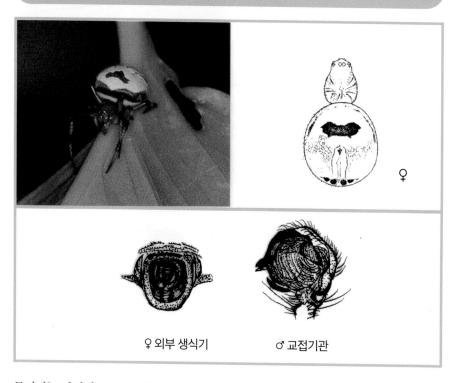

♀

♀ 외부 생식기   ♂ 교접기관

몸길이는 암컷이 8~10mm이고, 수컷은 5mm 내외이다. 두흉부는 적갈색이고 가운데홈
은 가로로 서며 'V' 자 모양이다. 8눈이 2열로 늘어서고 전안열은 후곡하며 후안열은 곧
다. 흉판은 암갈색이고, 다리는 등황색 내지 녹황색으로 각 마디의 끝 부분에 검은 고리
무늬가 있다. 복부는 공 모양이나 다소 납작한 편이다. 등면 중앙에 검은색으토 눌러싸
인 큰 타원형의 백색부가 있고, 그 뒤쪽은 정록색이며 작은 반점이 있다. 산지성 거미로
산이나 들판의 나뭇가지 사이에 지름 20~30cm의 원형 그물을 치며, 넓은 잎을 가는 줄
로 얽어 오므려서 그 속에 숨어 있다. 성숙기는 8~10월이다.

분포: 한국, 일본, 중국, 대만, 필리핀, 인도

반야왕거미
Araneus nordmanni (Thorell, 1870)

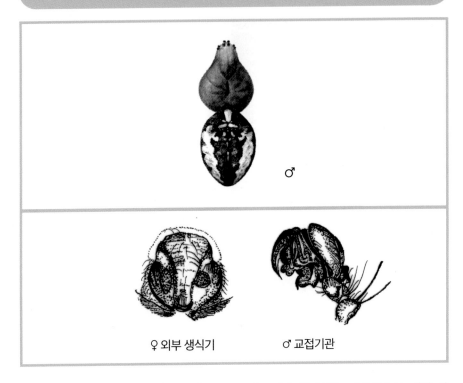

♂

♀ 외부 생식기   ♂ 교접기관

몸길이는 암컷이 10~11mm이고 수컷은 5mm 정도이다. 두흉부는 회갈색으로, 연한 회백색 털로 덮여 있으며 옆면은 검다. 8눈이 2열로 늘어서고 후안열은 전곡하며 양 측안은 거의 접한다. 위턱은 흑갈색이다. 아랫입술은 흑갈색으로 끝 쪽이 황색이다. 다리는 황갈색으로 각 마디의 밑부분과 끝 쪽에 폭넓은 암갈색 고리 무늬가 있다. 복부는 방패형이며 뒤쪽으로 갈수록 좁아지고 어깨 돌기가 있다. 정중부에 암갈색 입체 무늬가 있으며 그 양쪽과 측면은 황갈색이다. 옆면은 흑갈색이고 밑면은 흑갈색 줄무늬가 실젖 뒤쪽까지 이어진다. 고산성 거미로 관목 사이나 풀숲 밑쪽에 작은 그물을 치고 있다.
분포: 한국, 일본, 러시아(전북구)

선녀왕거미

Araneus pentagrammicus (Karsch, 1879)

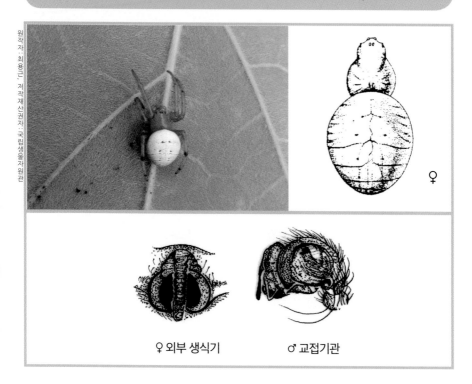

♀

♀ 외부 생식기   ♂ 교접기관

몸길이는 암컷이 9~11mm 정도이고, 수컷은 5~6mm 내외이다. 두흉부는 갈색으로 양옆 면에 녹색을 띤다. 두부 뒤쪽이 높으며 목홈과 방사홈이 뚜렷하고 가운데홈은 'V'자형이 다. 아래턱은 사각형이고 아랫입술은 오각형이다. 흉판은 방패형으로 황색이다. 다리는 청록색이나 슬절 이하의 각 마디의 끝 쪽은 흑갈색이다. 복부는 공모양으로 둥글고 백복 색이다. 몇 가닥의 검은 가로 선이 중앙부근에서 굵어져 쌍을 이루는 점무늬가 된다. 상 록수 활엽가지 사이에 지름 20~30cm의 원형 그물을 치며 잎새를 접어 집을 만들고 그 속에 숨어 있다가 먹이 벌레가 걸리면 포식한다. 성숙기는 5~8월이다.

분포: 한국, 일본, 중국, 대만

점왕거미
Araneus pinguis (Karsch, 1879)

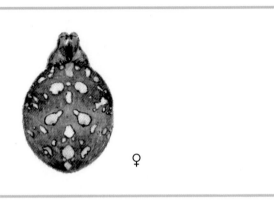

♀

몸길이는 암컷이 17~22mm이고, 수컷은 10~12mm 정도이다. 두흉부는 황색 바탕에 갈색의 정중 무늬와 가장자리 선이 있고 목홈과 방사홈이 뚜렷하다. 위턱은 황갈색이고 외측과 갈고리는 적갈색이다. 아래턱은 밑부가 암갈색이고 앞쪽은 황색이며 내측은 백색이다. 흉판은 암갈색이고 정중부는 밝은색이다. 다리는 황색이며 전절과 각 마디 끝쪽은 갈색이다. 복부는 구형으로 불룩하며 어깨 돌기가 없고 등면은 등황색 바탕에 규칙적으로 나열된 황색의 반점이 뚜렷하다. 고원, 관목지대의 비교적 낮은 공간에 원형 그물을 치며, 그물 한쪽 끝에 나뭇잎 2~3장을 모아 집을 만들고 그 속에 숨어 산다. 성숙기는 7~9월이고, 2년에 걸친 세대교번을 한다.
분포: 한국, 일본, 중국, 러시아

이끼왕거미
Araneus seminiger (L. Koch, 1878)

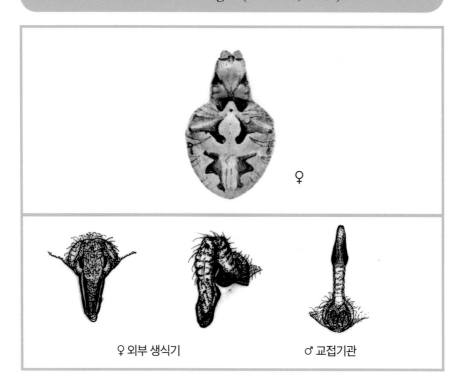

♀

♀ 외부 생식기   ♂ 교접기관

몸길이는 암컷이 20mm이고, 수컷은 14mm 내외이다. 두흉부는 황갈색으로 미부 쪽은 적갈색을 띠며 옆쪽에 검은 줄무늬가 있고 목홈이 뚜렷하다. 8눈이 2열로 늘어서며, 중안이 작은 눈 언덕 위에 있고 후중안이 가장 작다. 위턱은 검고 튼튼하다. 아래턱도 검고 앞끝이 황색을 띠며, 아랫입술은 오각형으로 앞쪽에 긴 털이 있다. 흉판은 거꾸로 된 삼각형으로 갈황색 바탕이며 중앙에 1쌍의 검은 점무늬가 있다. 가장자리가 검고 흰 털이 성기게 나 있다. 다리는 튼튼하며 녹색에 흑갈색 고리 무늬가 있다. 복부는 크고 볼록하며 녹색 바탕에 검은 잎새 무늬와 큰 어깨 돌기가 있다. 복부 등면은 검은색이며 실젖 앞에 1쌍의 황백색 반점이 있고 양 측면에 2쌍이 있다.

분포: 한국, 일본, 중국, 중앙아시아

방울왕거미
Araneus triguttatus (Fabricus, 1793)

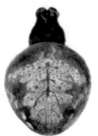

♀

몸길이는 암컷이 4~6mm이고 수컷은 4mm이다. 두흉부는 황갈색으로 두부쪽이 밝고 흉부는 색이 짙다. 8눈이 2열로 늘어서며 후안열이 전곡한다. 양 측안은 거의 접하며 전중안은 후중안과 거의 크기가 같다. 위턱은 갈색이고, 아래턱, 아랫입술은 담갈색으로 앞 끝이 황색이다. 흉판은 갈색으로 심장형이다. 다리는 황갈색이며 암갈색 고리 무늬가 있다. 복부는 길이와 폭이 거의 같은 방패형으로, 황색 바탕에 잎새 무늬가 있으나 개체변이가 있다. 2쌍의 근점 외에는 무늬가 뚜렷하지 않은 것도 있다. 복부 등면은 흐린 황색 바탕에 흑갈색 정중 무늬가 있다. 산지성 거미로 낮은 높이의 나무나 풀숲에서 발견되며, 성숙기는 4~6월이다.

분포: 한국, 일본, 중국(구북구)

뿔왕거미
Araneus stella (Karsch, 1879)

♀ 외부 생식기   ♂ 교접기관

몸길이는 암컷이 10~13mm이고 수컷은 9~10mm 정도이다. 두흉부는 황갈색으로 옆 가장자리가 다소 검다. 8눈이 2열로 늘어서고, 전안열은 약한 후곡하며 후안열은 전곡한다. 전중안이 후중안보다 크고 후측안이 전측안보다 크다. 위턱, 아래턱, 아랫입술, 흉판이 모두 황갈색이다. 다리는 황갈색으로 고리 무늬가 없다. 복부는 방패꼴로 뒤쪽이 좁아지고 양 어깨가 뿔형으로 돌출하며, 잎쪽은 회갈색에 2개의 백색 점이 있고 뒤쪽은 황갈색 바탕에 회색의 좁은 띠무늬가 5개 있다. 복부 등면은 회갈색이며 갈색 중앙 무늬와 가장자리는 백색 줄무늬로 둘러져 있다. 산지성 거미로 산골짜기 또는 들판의 풀숲에 지름 15~20cm의 원형 그물을 치고 서식하고 있다. 성숙기는 7~10월이다.

분포: 한국, 일본, 중국, 러시아

탐라산왕거미
Araneus uyemirai Yaginuma, 1960

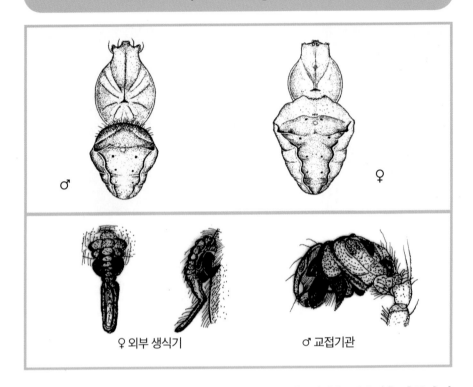

♀ 외부 생식기   ♂ 교접기관

암컷: 몸길이는 19mm 정도이고 배갑은 적갈색으로 목홈, 방사홈, 가운데홈, 흉부 측면
은 모두 암갈색이다. 안역에서 미부에 이르는 2개의 가느다란 정중선이 있다. 복부는 짙
은 갈색으로 엽상반은 명료한 백색 테두리 선이 둘러져 있고 미부에도 회백색의 반점
이 있다. 복부 등면에는 위바깥홈에서 후방으로 실젖까지는 흑갈색이며, 앞실젖의 전방
과 양측방에 각 1쌍씩의 명료한 황색 원반이 있고 그 전방에도 역 '八' 자형의 짙은 색 무
늬가 있다. 위턱은 갈색으로 4개의 앞엄니두덩니와 3개의 뒷엄니두덩니가 있다. 다리는
황갈색이나 퇴절 후반과 슬절, 경절, 척절 말단에 암갈색 고리 무늬가 있으며 다리식은
1-2-4-3이다. 외부생식기는 후반부가 넉가래 모양으로 길쭉하다.
수컷: 몸길이는 11mm 정도이다. 배갑이 짙은 갈색이며 목홈, 방사홈, 가운데홈 및 정중
선이 뚜렷하다. 복부는 짙은 갈색으로 장방형이다. 수염기관의 경절 돌기는 갈고리 모양
으로 굽어 있다.
분포: 한국, 일본, 러시아

비단왕거미
Araneus variegatus Yaginuma, 1960

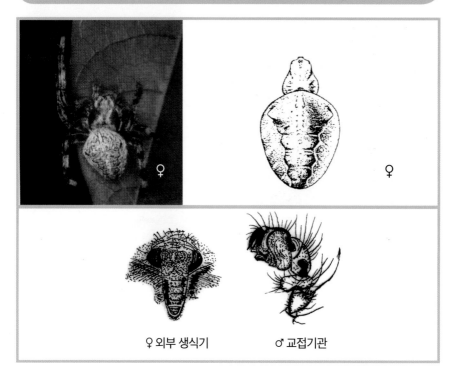

♀

♀

♀ 외부 생식기　　　♂ 교접기관

몸길이는 암컷이 15~18mm이고, 수컷은 10mm 내외이다. 두흉부는 남갈색으로 다소 평평하며 암갈색의 정중선 줄무늬가 있고, 양 가장자리에 황갈색 무늬가 있으며 전면이 흰색 털로 덮여 있다. 가운데홈이 가로로 놓이고 목홈이 뚜렷하나 방사홈은 분명하지 않다. 8눈이 2열로 늘어서고, 후안열은 후곡하며 전측안은 눈두덩 위에 있다. 아래턱은 폭이 넓으며, 아랫입술은 오각형이고 암갈색으로 앞끝이 백색이다. 흉판은 방패형으로 길고 정중부는 황색이다. 다리는 황갈색으로 각 마디의 끝 부분과 퇴절에 흑갈색 고리 무늬가 있다. 복부는 황갈색 바탕에 흑갈색의 복잡한 잎새 무늬가 있고 그 가장자리 선은 백색이다. 복부 등면은 검정색으로 위바깥홈과 실젖 사이에 커다란 황적색 무늬가 있으며 실젖 양 옆면에도 3쌍의 작은 황백색 점무늬가 있다. 높은 나뭇가지 사이에 지름 40cm 정도의 원형 그물을 치고 서식한다. 성숙기는 8~10월이다.

분포: 한국, 일본, 중국, 러시아

산왕거미
Araneus ventricosus (L. Koch, 1878)

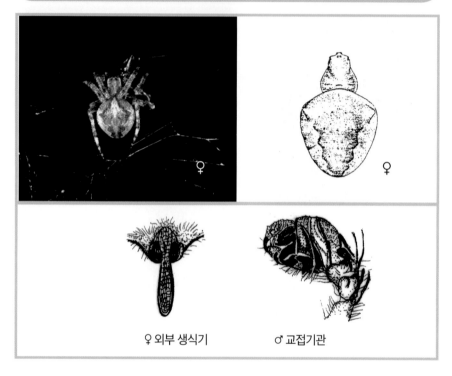

♀ 외부 생식기   ♂ 교접기관

몸길이는 암컷이 20~30mm이고, 수컷은 15~20mm이다. 두흉부는 적갈색 내지 흑갈색으로 가운데홈이 가로놓이고 목홈과 방사홈이 뚜렷하다. 8눈이 2열로 늘어서고, 양 안열이 모두 후곡한다. 중안열은 사다리형이고 측면으로 멀리 떨어져 있는 두 측안은 서로 근접해 있다. 위턱은 암갈색이고, 흉판은 심장형으로 흑갈색 바탕에 황갈색의 정중 무늬가 있다. 다리는 강대하며 암갈색으로 검은 고리 무늬가 뚜렷한 것도 있다. 복부는 갈색 내지 흑갈색이며, 어릴 때는 삼각형으로 뒤쪽이 모가 나 있으나 성숙하면 둥글어지고 앞쪽에 어깨 돌기가 생긴다. 집 근처, 야외, 산지 등에 널리 분포하며 대형의 원형 그물을 저녁에 치고 아침에 거두기도 하나 지방에 따라 그대로 내버려 두는 것도 있다. 성숙기는 6~10월이다.

분포: 한국, 일본, 중국, 대만, 러시아

당왕거미
Araneus tsurusakii Tanikawa, 2001

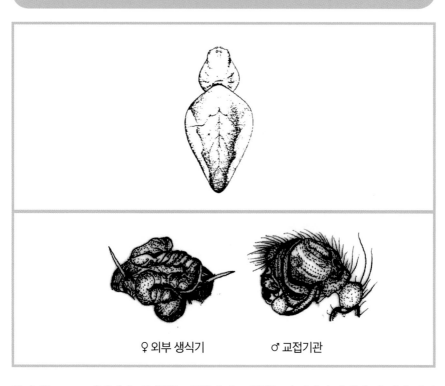

♀ 외부 생식기   ♂ 교접기관

몸길이는 5mm 내외이다. 두흉부는 등황색이고 두부는 융기하며 백색의 긴 털이 많이
나 있다. 목홈, 방사홈이 뚜렷하고 가운데홈은 가로져 있다. 8눈이 2열로 늘어서고 후안
열은 전곡하며 양 안열은 모두 중안 사이가 측안과의 사이보다 좁다. 흉판은 심장형으로
등황색이며 갈색 가장자리 선이 뚜렷하다. 다리는 등황색이며 가는 백색의 털과 살색의
긴 가시털이 많이 나 있다. 복부는 세로가 너비보다 긴 오각형으로 뒤끝이 실젖을 덮어
뾰족하게 뻗는다. 황백색 바탕에 윤곽이 뚜렷하지 않은 희미한 갈색 잎새 무늬와 2쌍의
적갈색 근점이 있다. 산지의 나뭇가지 사이나 잎새 틈에 작은 그물을 치고 있다. 성숙기
는 5~9월이다.

분포: 한국, 일본, 중국

꽃왕거미속
Genus *Araniella* Chamberlin et Ivie, 1942

소형의 왕거미류로 암컷의 배갑은 구형이고 복부는 알모양을 하고 있으며 중앙부의 폭이 넓다. 복부 등면에는 다른 왕거미류의 잎모양 무늬를 찾아볼 수 없으나, 중앙 후방에 3~4개의 흑점이 있다. 암컷의 외부생식기의 현수체에는 다수의 가로 주름이 있다. 그 양측에 잘 키틴화한 저정낭이 1쌍 있다. 수컷의 슬절에 크고 긴 센털이 있다.

각시꽃왕거미
Araniella displicata (Hentz, 1847)

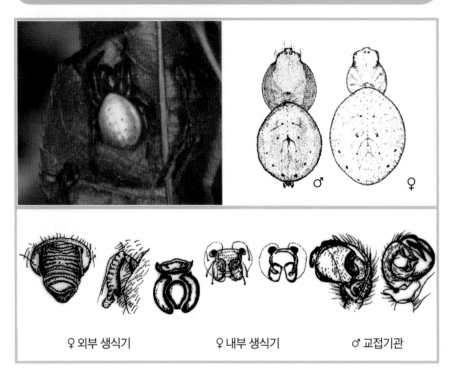

♀ 외부 생식기   ♀ 내부 생식기   ♂ 교접기관

몸길이는 암컷이 6~7mm이고, 수컷은 4~5mm 정도이다. 두흉부는 연한 적갈색으로 두부가 비교적 크고 목홈과 방사홈이 뚜렷하며 가운데홈은 후곡한다. 8눈이 2열로 늘어서고, 양 안열이 모두 후곡하나 후열은 직선에 가깝다. 턱은 사각형, 아랫입술은 삼각형, 흉판은 난형이다. 다리는 튼튼히며 연한 적갈색으로 가시딜이 많이 나 있다. 복부는 타원형으로 등면은 연한 황록색이며 뒤쪽에 3쌍의 검은 반점이 있으나 개체에 따라 4쌍인 것, 소실된 것 등이 있다. 측면은 황갈색이고 복부면은 흑갈색이며, 생식홈 뒤쪽은 황백색 바탕에 1쌍의 황백색 반점이 있으며 실젖 앞 옆쪽에도 1쌍의 황백색 반점이 있다. 산야의 나뭇가지나 풀숲 사이에 원형 그물을 친다. 성숙기는 5~8월이며, 북방 고산성 거미이다.

분포: 한국, 일본, 중국, 러시아, 전북구

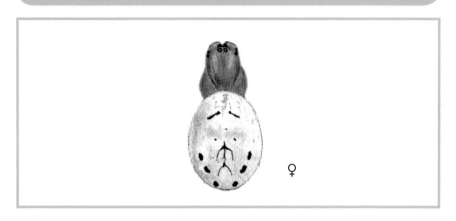

♀

몸길이는 암컷이 8.3mm 정도이고, 수컷은 5.6mm 정도이다. 배갑은 암적갈색으로 두부가 다소 융기되어 있고 목홈, 방사홈, 가운데홈이 뚜렷하다. 전안열은 후곡하고 후안열은 전곡하며 양 안열측안은 거의 서로 붙어 있다. 흉판은 황갈색으로 난형이며 미부가 넷째다리 기절 사이에 돌입하지 않는다. 복부 등면은 황백색으로 전반부에 2쌍, 후반부 양측면에 3쌍의 흑색 점무늬가 있고 복부면에 황백색의 큰 사각형 무늬가 있다. 암컷 외부생식기의 현수체는 폭이 넓고 짤막하며 측면에서 볼 때 그 선단이 위쪽으로 굽어 있다. 실젖은 담황갈색이며 가운데실젖이 뚜렷하고 양측부에 2쌍의 황백색 점무늬가 있다. 수염기관의 발달이 복잡하고 슬절의 강모는 3개이다.

분포: 한국, 일본, 대만

호랑거미속
Genus *Argiope* Audouin, 1826

두흉부는 가늘고 눈은 두부의 전체 폭을 차지한다. 가운데홈은 옆으로 향해있다. 후안열은 강하게 전곡한다. 가운데눈네모꼴은 세로가 너비보다 길고 앞부분이 뒷부분보다 작다. 암컷의 촉지에 발톱이 있다. 엄니두덩에 이가 있고 발톱이 3개가 있다. 첫째다리는 척절과 경절, 부절을 합한 것보다 경절과 슬절을 합한 것이 더 작다. 수컷은 암컷에 비해 크기가 극히 작다. 수직의 완전한 원형 그물을 치고 안전띠를 감고 있다. 외부의 자극이 감지되면 다리를 대고 버텨서 거미 그물을 앞뒤로 흔들어 움직이게 하는 습성이 있다.

호랑거미
Argiope amoena L. Koch, 1878

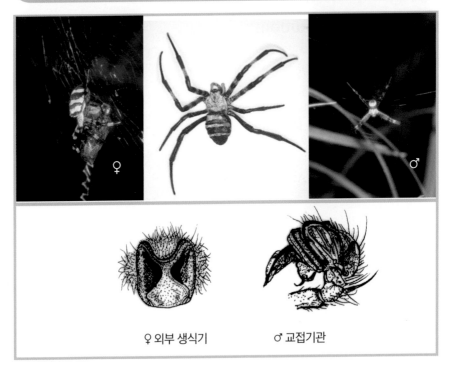

♀ 외부 생식기   ♂ 교접기관

몸길이는 암컷이 20~25mm이고, 수컷은 5~8mm 정도이다. 두흉부는 다소 납작하며 암갈색 바탕에 은백색 짧은 털이 덮여 있다. 가운데홈은 세로로 서고 목홈과 방사홈이 뚜렷하다. 안역이 두부 폭의 대부분을 차지하며 8눈이 2열로 늘어서며, 전안열은 곧고 후안열은 강하게 전곡한다. 흉판은 중앙에 황백색 세로무늬가 있고 그 양옆은 암갈색이다. 아랫입술은 너비가 세로보다 크다. 수염기관은 담황색이고, 다리는 회갈색 바탕에 검은 무늬가 있으며 강대한 가시털이 여러 개 나 있다. 복부는 앞끝이 곧고 뒤쪽 폭이 넓으며 뒤끝이 뾰족한 편이다. 3개의 황색띠 무늬와 3개의 검은색띠 무늬가 가로로 교대로 늘어서 있다. 대표적인 남방계 거미의 하나로 한국에서는 제주도 등 남부 도서지방에 흔하다. 나뭇가지 사이나 풀숲에 대형의 수직 원형 그물을 치고 중앙에 'X'자형 백색띠를 만들어 그 교차점에 거꾸로 정지해 있다. 성숙기는 6~9월이고 알주머니는 황색 원반형이다.

분포: 한국, 일본, 중국, 대만, 동양구

레비호랑거미
Argiope boesenbergi Levi, 1983

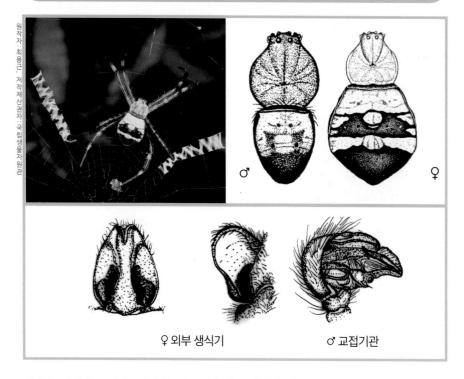

♂

♀

♀ 외부 생식기   ♂ 교접기관

배갑은 평평하고 목홈, 방사홈, 가운데홈이 뚜렷하며 황갈색 바탕에 대형의 암갈색 긴 반점이 있으나 백색 털이 전면에 밀생해 있어 불분명하다. 양 안열은 모두 전곡하고 측안은 융기한 안역의 전측방에 있으며 가운데눈네모꼴은 측면이 짧은 장방형이다. 후중안 사이는 눈 직경의 3배 가량 넓다. 복부는 오각형으로 등변이 평평하고 황색 바탕에 검정색의 큰 횡대반이 있으며 후방의 띠 무늬는 서로 연결되어 있다. 다리는 흑갈색에 황색 고리 무늬가 있고 다리식은 1-2-4-3이다. 암컷의 외부생식기는 중격부가 길고 측면에서 보면 콩깍지 모양으로 돌출되어 있다. 수컷의 수염기관은 삽입기가 2편으로 갈라져 있고 말단부는 지시기가 받치고 있다.

분포: 한국, 일본, 중국

긴호랑거미
Argiope bruennichi (Scopoli, 1772)

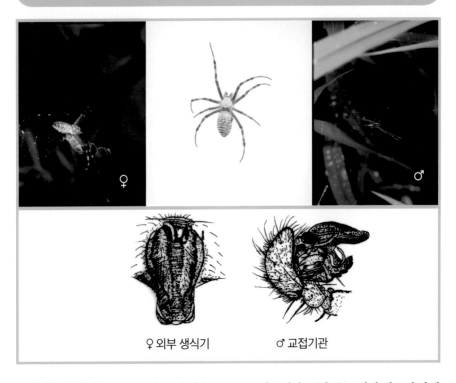

♀ 외부 생식기   ♂ 교접기관

몸길이는 암컷이 20~25mm이고, 수컷은 8~12mm 정도이다. 두흉부는 길게 뻗으며 갈색
바탕에 은백색 털이 전면을 덮고 있다. 8눈이 2열로 늘어서며 전후 안열이 모두 전곡한
다. 흉판은 검정색이고 중앙에 폭넓은 황백색 무늬가 있다. 다리는 황갈색에 암갈색 고
리 무늬가 있다. 복부는 길고 등면은 선명한 황색에 암갈색 가로무늬가 있으며 가는 그
물무늬를 가진다. 몸의 복부면 중앙은 검은색에 황색 점무늬가 있고 그 양옆쪽에 폭넓은
황색 세로줄이 있다. 수컷은 몸이 매우 작고 빛깔은 곱지 않다. 산과 들, 논밭 등의 풀숲
에 수직 원형 그물을, 중앙부에 지그재그형의 백색 띠줄을 세로로 치고 매달려 있다. 자
극을 받으면 몸을 흔들어 그물을 진동시킨다.
분포: 한국, 일본, 중국, 러시아, 구북구

꼬마호랑거미

Argiope minuta Karsch, 1879

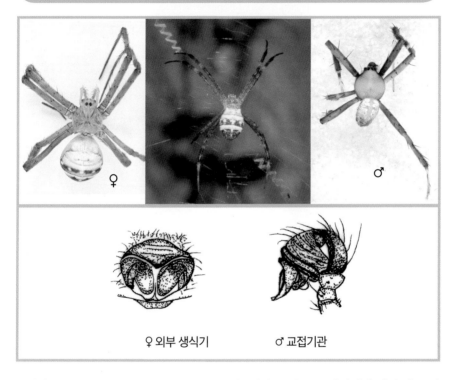

♀ 외부 생식기　　　♂ 교접기관

몸길이는 암컷이 8~12mm, 수컷은 5~6mm 정도이다. 두흉부는 황색이며 백색 털로 덮인 암색 무늬가 있고 목홈, 방사홈, 가운데홈은 갈색이다. 흉판은 검은색으로 황백색 중앙 무늬가 있다. 다리는 황갈색이며 검은 고리 무늬를 가진다. 복부의 앞부분은 황색으로 은색 비늘 무늬가 빽빽이 분포하며 1개의 가는 검은띠가 있다. 뒷부분에는 황색띠 무늬를 걸쳐서 2줄의 넓고 중앙에 적색을 띤 갈색 무늬가 있다. 몸의 복부면은 검은색으로 3쌍의 흰 점무늬가 길게 뻗으며 양 밑쪽도 흰 줄무늬에 싸여 있다. 수컷은 털이 적고 편평하며 담갈색인데 복부에는 뚜렷한 무늬가 없다. 산야의 나무 밑이나 숲 사이 중앙에 'X' 자형의 흰 띠줄을 지닌 원형 그물을 치고 있다. 성숙기는 7~9월이다.

분포: 한국, 일본, 중국, 대만, 동아시아

머리왕거미속
Genus *Chorizopes* O. P. -Cambridge, 1871

두흉부는 세로가 너비보다 길며 후방이 가늘어진다. 두부는 공 모양으로 크게 팽창되어 있으며 흉부는 작다. 중안역은 길고 앞부분이 뒷부분보다 길다. 후중안이 가장 크며 측안은 두부 앞 가장자리에 있다. 이마는 좁고 아랫입술은 옆으로 길다.

머리왕거미
Chorizopes nipponicus Yaginuma, 1963

♀

♀

♀ 외부 생식기   ♂ 교접기관

몸길이는 3~4mm 정도이다. 두흉부는 갈색이며 두부가 공 모양으로 크게 부풀어 올라 있다. 8눈이 2열로 늘어서며, 4개의 중안이 두부 쪽 중앙에, 측안은 옆쪽으로 멀리 떨어져 있다. 위턱은 원뿔형이며 옆혹이 없다. 앞엄니두덩니는 8개가 있고 뒷엄니두덩니는 없다. 아래턱은 '八' 자형이고, 아랫입술은 폭이 매우 넓고 앞쪽이 뾰족하다. 흉판은 삼각형으로 흐린 갈색에 짙은 가장자리 선이 있다. 다리는 황갈색으로 가시털이 별로 없으며 각 마디에 갈색 고리 무늬가 있다. 복부는 세로가 너비보다 길고 긴 사각형으로 납작한 편이며 뒤끝 쪽에 4개의 원뿔 돌기가 있다. 암갈색으로 등면에 몇 쌍의 백색 점무늬를 지닌 폭넓은 검정색 잎새 무늬가 있다. 복부면과 측면은 황갈색이며 위 바깥홈에 따르는 검정 가로 무늬와 그에 수직인 검정 정중 무늬가 있다. 사이젖이 크면서도 뚜렷하다. 나뭇가지나 풀숲 등을 배회하며 남의 집에 침입하여 다른 거미를 습격하는 습성이 있다. 성숙기는 6~9월이다.

분포: 한국, 일본, 중국

먼지거미속
Genus *Cyclosa* Menge, 1866

두부는 'U'자형 목홈으로 흉부와 뚜렷하게 구별된다. 양 안열은 모두 후곡하며 중안역은 세로가 너비보다 길고 앞부분이 뒷부분보다 길다. 후중안은 거의 근접해 있다.

은먼지거미

Cyclosa argenteoalba Bösenberg et Strand, 1906

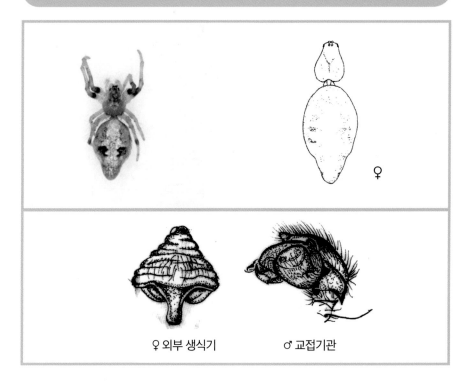

♀

♀ 외부 생식기   ♂ 교접기관

몸길이는 암컷이 6~7mm이고, 수컷은 3~4mm이다. 복부는 긴 타원형으로 후면은 무딘 돌기모양이며 등면은 은백색 바탕에 전면과 양 측면에 검은 무늬가 있다. 그러나 무늬에 대한 변이가 개체마다 심하며 검은 무늬가 전체를 덮는 경우도 있다. 나무나 풀 사이에 수직 원형 그물을 치며 거미그물의 중앙에 위장한 채 먹이를 기다린다. 성숙기는 6~7월이다.

분포: 한국, 일본, 중국, 대만, 러시아

울도먼지거미
Cyclosa atrata Bösenberg et Strand, 1906

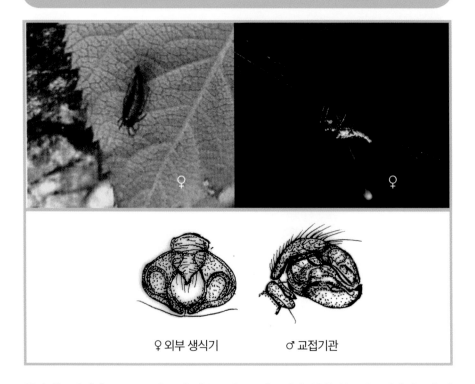

♀

♀

♀ 외부 생식기   ♂ 교접기관

몸길이는 암컷이 7~12mm이고, 수컷은 4~6mm 정도이다. 두흉부는 검은색이며 목홈이 깊고 두부와 흉부의 구분이 뚜렷하다. 8눈이 2열로 늘어서고, 전안열은 강하게, 후안열은 약하게 후곡한다. 후중안은 서로 접하고 양 안열의 측안은 눈 언덕 위에 있으며 근접한다. 위턱은 흑갈색으로 튼튼하며, 아래턱, 아랫입술, 흉판은 모두 짙은 흑갈색이다. 다리는 황색으로 검은 고리 무늬가 있다. 복부는 매우 길고 앞쪽이 뾰족한 편이며 뒤쪽은 꼬리 모양으로 길게 뻗어 있다. 뒤옆쪽에 혹 모양의 팽창부가 있고 뒤끝이 굴곡한다. 등면은 검은 바탕에 은회색 세로 무늬가 2줄 있고 검은색 중앙부에 2쌍의 은백색 반점이 있다. 실젖은 앞쪽에서부터 1/4이 되는 곳에 있다. 수컷은 두흉부가 평평한 편이고 목홈이 뚜렷하지 않으며 전중안이 크고 앞으로 돌출해 있다. 실젖은 복부의 중간부에 있다. 산지, 길가, 나뭇가지나 풀숲 등의 지면 가까이에 소형의 수직 원형 그물을 치며 그 중앙에 몸을 가로 또는 상향의 자세로 정지해 있다. 성숙기는 6~8월이다.

분포: 한국, 일본, 중국, 러시아

장은먼지거미

Cyclosa ginnaga Yaginuma, 1959

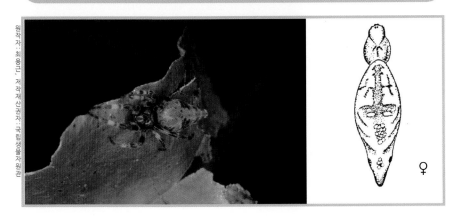

♀

몸길이는 암컷이 7~8mm이고, 수컷은 4.0~5.0mm이다. 복부의 길이는 폭에 비해 길고 전후면이 뾰족하다. 등면은 은백색이고 양 측면에 여러 쌍의 검은 무늬가 있는데 개체에 따라 색의 농도가 다르다. 나뭇가지나 수풀 사이에 원형 그물을 치며 방사상이나 소용돌이 모양의 싸개 띠를 만든다. 성숙기는 6~7월이다.

분포: 한국, 일본, 중국, 대만

복먼지거미

Cyclosa japonica Bösenberg et Strand, 1906

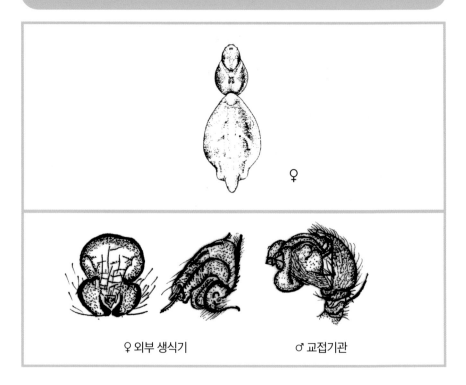

♀

♀ 외부 생식기   ♂ 교접기관

몸길이는 암컷이 5~6mm이고, 수컷은 4~5mm 정도이다. 두흉부는 누르스름한 암갈색
으로 두부 및 가운데 홈 부근과 옆면은 검다. 8눈이 2열로 늘어서며, 양 안열은 모두 후
곡하고 양 측안은 근접한다. 후중안과 거의 접하고 있다. 위턱은 적갈색이며 밑면이 황
색이고, 아래턱과 아랫입술은 갈색으로 끝 쪽이 황색이다. 흉판은 암갈색으로 앞쪽에 황
백색 가로무늬가 있고, 뒤쪽에는 작은 반점이 있다. 다리는 황색 바탕에 흑갈색 고리 무
늬가 있다. 복부는 중간 폭이 넓은 긴 난형으로 암갈색 정중 무늬와 양옆면에 검정 무늬
가 있으며 전체적으로 은빛 비닐 무늬에 싸여 있다. 산지, 평야의 낮은 나뭇가지 사이에
작은 그물을 치고 있으며 자극에 예민한 반응을 보인다. 성숙기는 6~8월이다.

분포: 한국, 일본, 중국, 대만

여섯혹먼지거미

Cyclosa laticauda Bösenberg et Strand, 1906

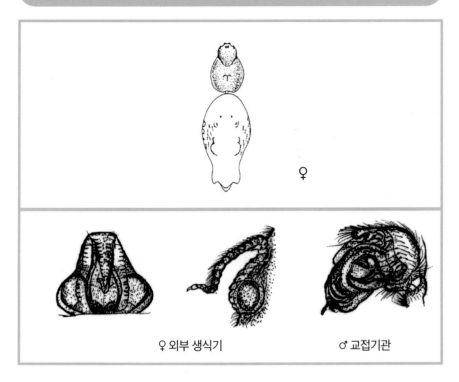

♀

♀ 외부 생식기　　　♂ 교접기관

몸길이는 암컷이 8~10mm이고, 수컷은 6~7mm이다. 배갑은 황색이고 흉부 후면은 녹갈색이다. 다리는 홍갈색이며 갈색 고리 무늬가 존재한다. 복부는 길고 등면 전면에 1쌍, 후면에 4개의 인뿔형 돌기가 나 있다. 등면은 엷은 황색을 띠며 후면은 갈색이다. 복부 등면은 백색이고 실젖 주위는 흑색이다. 성숙기는 6~7월이다.

분포: 한국, 일본, 중국, 대만

셋혹먼지거미
Cyclosa monticola Bösenberg et Strand, 1906

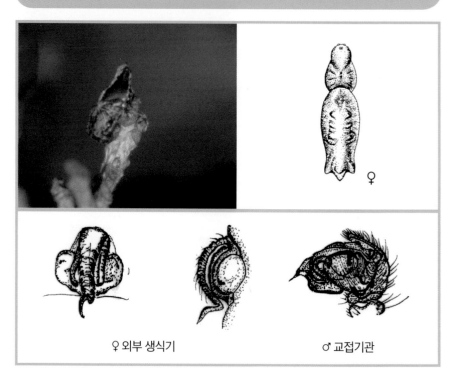

♀

♀ 외부 생식기   ♂ 교접기관

몸길이는 암컷이 9mm 정도이다. 두부와 흉부의 뒤쪽은 암갈색이고 목홈과 가운데홈은 암갈색이다. 전후 안열이 모두 후곡하며, 후중안은 거의 접해 있다. 흉판은 흑갈색 바탕에 복잡한 황색 무늬가 있다. 다리는 황갈색이며 각 다리의 기절, 셋째다리의 각 마디 그리고 넷째다리의 퇴절에는 흑갈색 고리 무늬가 있다. 복부는 길쭉하며 등면 중앙에 폭넓은 황색 정중 무늬가 있고 그 양옆은 적갈색이며 뒤끝에 3개의 돌기가 있다. 복부면은 검은색 바탕에 황색 반점이 있다. 산지에 많으며 6~9월에 성숙한다.

분포: 한국, 일본, 중국, 대만, 러시아

여덟혹먼지거미
Cyclosa octotuberculata Karsch, 1879

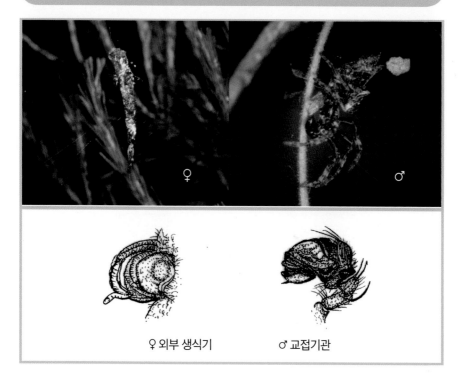

♀ 외부 생식기   ♂ 교접기관

몸길이는 암컷이 10~14mm이고, 수컷은 7~8mm 정도이다. 두흉부는 흑갈색으로 두부 쪽이 좁고 흉부는 높으며 'U'자형의 목홈으로 나누어진다. 양안열이 모두 후곡하며 후중안은 거의 접하고 있다. 흉판은 흑갈색 바탕에 등황색의 반점이 있다. 다리는 흑갈색에 황색 무늬가 있다. 복부는 바탕색이 흑갈색이며 등쪽에 황백색의 'X'자형 무늬와 갈색, 등황색 등의 복잡한 무늬가 있다. 앞쪽에 2개, 뒤쪽의 6개의 원뿔 모양 돌기가 있다. 실젖은 복부 복부면 중앙에 있다. 개체에 따라 갈색형, 흑색형 등의 색채 변화가 있다. 원형 그물을 치며 그 중앙에 먼지. 먹이 찌꺼기. 탈피 껍질 등을 세로로 연이어 매달고 그 한가운데에 숨어 있어 좀처럼 분간할 수 없는 위장을 한다. 인가 부근, 담장, 낮은 나무 사이 등에 흔하다. 성숙기는 4~9월이다.

분포: 한국, 일본, 중국, 대만

해안먼지거미
Cyclosa okumae Tanikawa, 1992

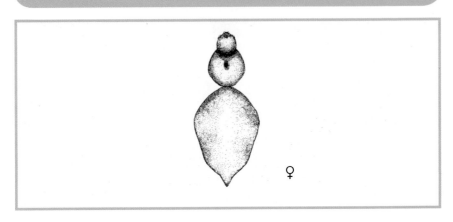

♀

몸길이는 암컷이 5.5mm이다. 두흉부는 흑갈색으로 'U' 자형 목홈이 뚜렷하고 두부는 볼록하며 양 안열은 모두 후곡한다. 위턱에는 4개의 앞엄니두덩니와 3개의 뒷엄니두덩니가 있다. 복부 등면은 검은 무늬와 은백색 무늬가 혼재하며 현수체의 말단은 휘어져 측면을 향한다. 주로 바닷가 해안 절벽이나 바위 틈 주변에 위장 원형 그물을 치며 리본은 'I' 자형이 대부분이다.

분포: 한국, 일본

섬먼지거미
Cyclosa omonaga Tanikawa, 1992

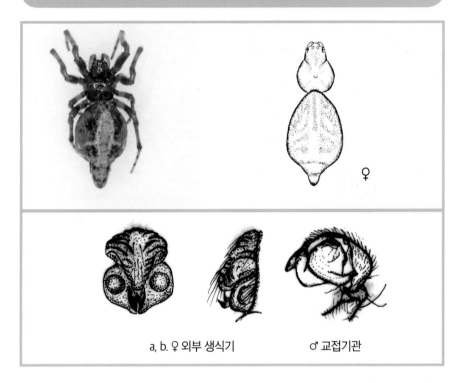

a, b. ♀ 외부 생식기   ♂ 교접기관

몸길이는 암컷이 4.65~8.3mm, 수컷은 3.76~4.75mm이다. 암컷의 위턱에는 4개의 앞엄
니두덩니와 3~4개의 뒷엄니두덩니가 있으며 수컷은 3~4개와 2~3개의 엄니두덩니가 각
각 존재한다. 복부 등면 미부에 3개의 둘기가 있고 암컷일 경우 ㄱ 앞쪽에 하나 더 있는
경우도 있다. 중앙에 'X' 자형 은색 무늬가 있고 측면 전반부는 적갈색이다. 암컷의 외부
생식기에는 폭이 넓고 주름진 현수체가 있으며 수컷의 수염기관의 삽입기는 가시 모양
이다.

분포: 한국, 일본, 대만

넷혹먼지거미
Cyclosa sedeculata Karsch, 1879

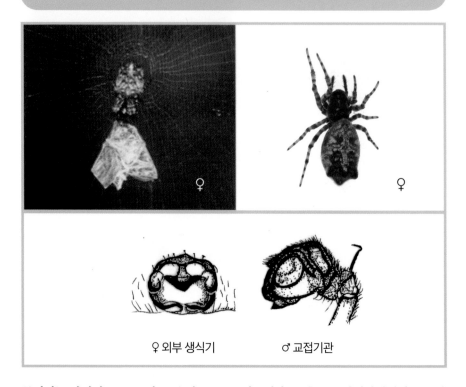

♀ 외부 생식기   ♂ 교접기관

몸길이는 암컷이 4~5mm이고, 수컷은 3mm 정도이다. 두흉부는 암적갈색이며 두부가 공 모양으로 볼록하여 흉부와 뚜렷하게 구별된다. 8눈이 2열로 늘어서며 양 안열이 모두 후곡하고 후중안은 그 지름만큼 떨어져 있다. 흉판은 갈색으로 회백색 털이 나 있다. 복부는 황색 바탕에 복잡한 갈색 무늬가 있으며 뒤끝에 있는 4개의 돌기가 특징적이다. 복부면은 담갈색으로 중앙에 2개의 황점, 양옆에 1쌍의 황색 무늬가 있고 실젖 둘레는 검은색이다. 산지에 많으며 원형 그물 중앙에 소용돌이 모양의 띠를 만들며 리본형의 먼지 포대를 만들고 그 중앙에 숨어 있다. 성숙기는 5~7월이다.

분포: 한국, 일본, 중국, 대만

녹두먼지거미
Cyclosa vallata (Keyserling, 1886)

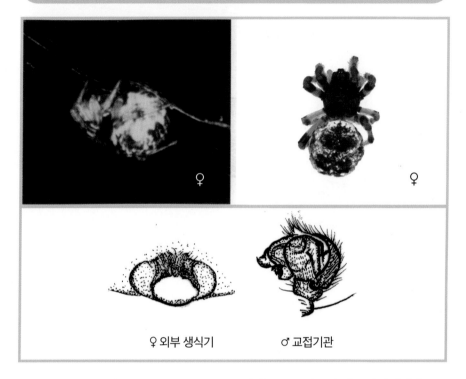

♀

♀

♀ 외부 생식기   ♂ 교접기관

몸길이는 3~4mm 정도이다. 두흉부는 짙은 갈색이고 두부 앞쪽이 밝은 황갈색이다. 8눈이 2열로 늘어서며 앞뒤 양 안열이 후곡하고 후중안은 거의 접한다. 흉판은 갈색으로 앞쪽에 가로놓인 황백색 무늬가 있다. 둘째다리와 셋째다리 기질 측면과 복부면에도 작은 반점이 있다. 다리는 황갈색으로 각 마디의 끝부분은 갈색이다. 복부는 공 모양으로 둥글며 황백색 바탕에 긴 검은색 잎새 무늬가 있다. 복부면 위바깥홈 뒤쪽은 황백색이고 실젖의 주위와 앞쪽은 검은색이며 3쌍의 백색 반점이 있다. 그 앞쪽에는 1쌍의 큰 백색 무늬가 있다. 산지의 작은 나무나 풀숲 사이에 원형 그물을 치고 중앙에 먹이찌꺼기 등의 부착물을 염주 모양으로 길게 달아 놓는다. 성숙기는 5~8월이다.

분포: 한국, 일본, 중국, 대만, 호주, 동양구

새똥거미속
Genus *Cyrtarachne* Thorell, 1868

두흉부는 가운데가 돌출해 있고 표면에는 아무런 무늬도 없다. 중안은 돌출하지 않고 중안역은 너비가 세로보다 길다. 복부 등면 중앙에 근점이 있다. 낮에는 다리를 웅크리고 잎 뒷면에 숨어서 정지 상태로 있어 자기 몸을 위장한다. 일몰 후 거의 동심원 모양의 거미 그물인 거친 수평 원형 그물을 치는데 새벽이 되기 전에 거미 그물을 걷어 치운다. 원형그물의 가로줄과 세로줄의 근점 부근에는 점구(粘求)가 없어서 끊어지기 쉽다. 산기슭에서 산중턱에 걸쳐서 활엽수나 붉나무 사이에 많다.

큰새똥거미
Cyrtarachne akirai Tanikawa, 2013

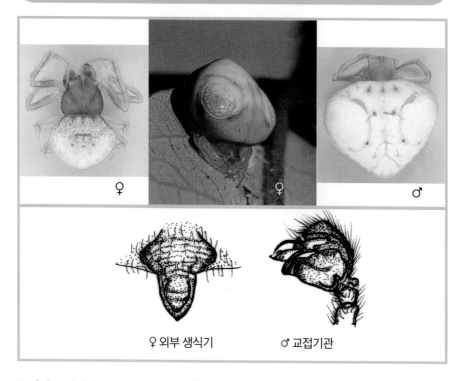

♀　　　　　♀　　　　　♂

♀ 외부 생식기　　　　♂ 교접기관

몸길이는 암컷이 10~13mm이고, 수컷은 2~2.5mm 정도이다. 두흉부는 황색으로 폭이 넓고 두부가 융기하며 목홈, 방사홈 등이 뚜렷하지 않다. 양 안열의 중안 사이는 측안과의 사이보다 훨씬 근접한다. 아래턱은 앞쪽이 벌어져 있고 아랫입술은 폭이 크며 흉판은 뒤끝이 뾰족하고 넷째다리 기절 시이로 돌입한다. 복부는 황색으로 앞면이 둥글고 크며, 길이와 폭이 거의 같고 양 어깨끝이 약간 모가 진다. 복부 등면 앞쪽의 어깨 돌기가 크며 둘레가 백색 고리 무늬로 둘러지고, 융기면 회색부에는 백색 반점이 다수 산재한다. 근점은 앞쪽에 3개, 중앙에 2개, 뒤쪽에 2개씩 뚜렷이 보인다. 복부 등면은 검다. 수컷은 매우 작으며 복부가 평평하고 갈색이다. 낮에는 산록의 활엽수 잎 뒷면에 정지하고 있으며, 야간에 동심원의 원형 그물을 친다. 성숙기는 7~10월이고 알주머니는 방추형으로 크다.

분포: 한국, 일본, 중국, 대만, 인도, 동양구

민새똥거미

Cyrtarachne bufo (Bösenberg et Strand, 1906)

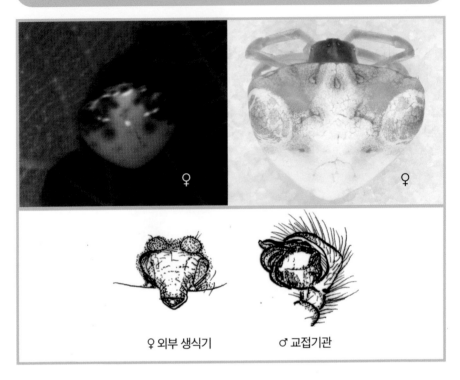

♀ 외부 생식기　　　♂ 교접기관

몸길이는 암컷이 10mm 정도이고, 수컷은 1~2mm 정도이다. 두흉부는 황갈색이고 두부는 둥글게 융기하며 목홈은 뚜렷하지 않다. 복부 등면은 황백색 바탕에 앞쪽은 회갈색이고 양측면에 작은 돌기가 있다. 그 위에 황갈색 반점이 산재해 있으며 근점은 전면에 3개, 중앙에 2개가 크고 황갈색에 암갈색 테두리가 있다. 수컷은 암컷에 비해 매우 작고 복부가 납작하며 황갈색 바탕에 갈색 무늬가 있다. 주간에는 활엽수 뒷면에 정지해있다가 일몰 후에 활동하며 수평 원형 그물을 치고 새벽녘에 거두어 들인다. 알주머니는 구형이다.

분포: 한국, 일본, 중국

거문새똥거미
Cyrtarachne nagasakiensis Strand, 1918

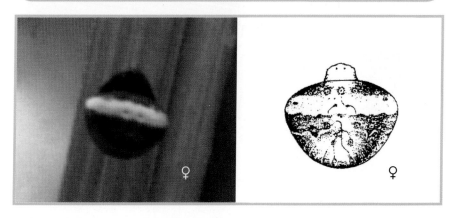

♀   ♀

몸길이는 암컷이 5~7mm이고, 수컷은 1.5mm 내외이다. 두흉부는 검은색 바탕에 흑갈색의 불규칙한 그물 무늬가 있다. 흉판은 적갈색이고 다리는 황갈색이다. 복부는 앞쪽이 넓은 반원형인데 가장 넓은 부분을 가로질러 황백색의 넓은 가로띠 무늬가 있다. 복부 양 어깨 끝은 고운 황금색 테로 둘러져 있다. 근점은 앞쪽 3쌍의 중앙의 1쌍이 크고 나머지는 작다. 수컷은 복부의 등쪽에 다수의 작은 돌기가 있다. 억새 등 벼과식물의 앞 뒷면에 붙어 있기도 한다. 성숙기는 7~9월이다.

분포: 한국, 일본, 중국

779

가시거미속
Genus *Gasteracantha* Sundevall, 1833

배갑은 방형이고 낮지만 두부는 약간 높다. 안역은 두부의 전체 폭을 차지한 중안역의 앞부분이 뒷부분보다 작다. 복부는 옆으로 길고 주변에 3쌍의 딱딱한 돌기가 있으며 작은 원판 모양의 근점이 많이 산재한다. 수직의 완전한 원형 그물을 친다.

가시거미

Gasteracantha kuhli C. L. Koch, 1837

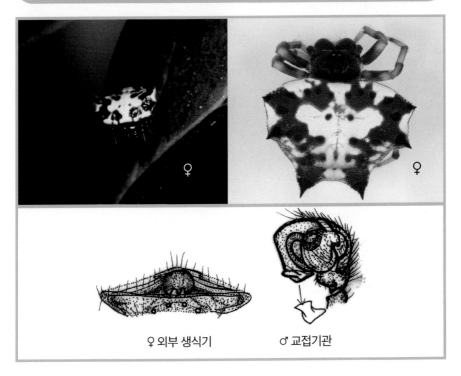

♀ 외부 생식기   ♂ 교접기관

몸길이는 7~8mm 정도이고 특이한 모양의 거미로 남방계이다. 거미로는 드물게 복부 쪽이 굵고 가로로 길다. 몸은 검은 바탕에 흰 무늬가 있으며, 원추형의 돌기가 좌우에 2개씩, 그리고 뒤쪽에 2개 나와 있다. 산 속의 나무 사이에 원형 그물을 친다. 동남아시아에 널리 분포한다.

분포: 한국, 일본, 중국, 대만, 인도, 필리핀

혹왕거미속
Genus *Gibbaranea* Archer, 1951

두흉부, 위턱, 아래턱, 흉판은 갈색이다. 전안이 측안보다 작다. 복부는 갈색이고 심장형이다. 다리는 황갈색으로 갈색의 고리 무늬와 가시털이 여러 개 나 있다. 산지성 거미이다.

층층왕거미
Gibbaranea abscissa (karsch, 1879)

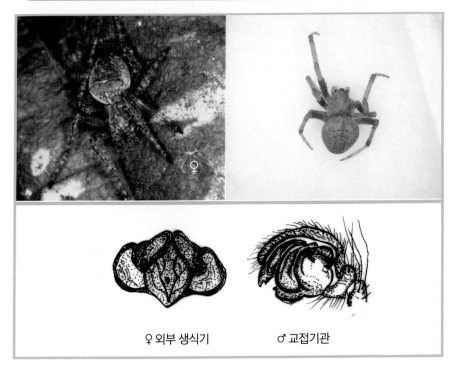

♀ 외부 생식기   ♂ 교접기관

몸길이는 6~10mm 정도이다. 두흉부는 암갈색이고 흉부의 색은 다소 연한 편이다. 8눈이 2열로 늘어서고, 전안열은 약하게 후곡하고 후안열은 곧다. 전안이 측안보다 약간 작다. 위턱과 아래턱은 갈색이고 아랫입술은 검으나 끝이 희다. 흉판은 흑갈색이다. 다리는 황갈색으로 갈색의 고리 무늬와 여러 개의 가시털이 있다. 복부는 갈색으로 심장형이며 앞쪽 어깨에 가벼운 융기가 있고, 그 뒤쪽에는 층계식으로 늘어선 암갈색 잎새 모양 무늬가 있다. 복부의 복부면은 바탕이 암갈색이고 황색 줄무늬가 위 바깥홈에서 실젖 앞까지 뻗어 있다. 산지성 거미로 낮은 나무 숲에 작은 그물을 치고 있으며 성숙기는 4~6월이다.

분포: 한국, 일본, 중국, 러시아

높은애왕거미속
Genus *Hypsosinga* Ausserer, 1871

후중안이 가장 크고 중안역의 뒷부분이 앞부분보다 길거나 직사각형이다. 이마가 전중안의 1.5~3배 정도이다. 배갑은 평활하며 암컷은 가운데홈이 없고 수컷은 흑점이 있다.

넉점애왕거미
Hypsosinga pygmaea (Sundevall, 1831)

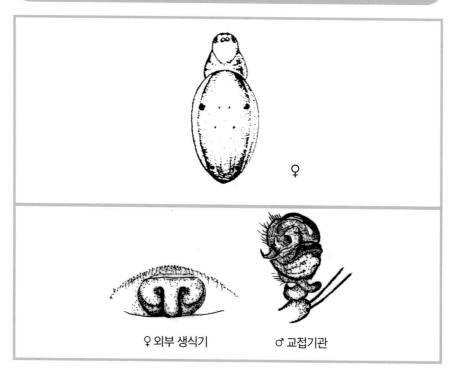

♀

♀ 외부 생식기   ♂ 교접기관

몸길이는 암컷이 3.5~4.5mm이고, 수컷은 3mm 정도이다. 두흉부는 암갈색이고 두부와 목홈 부근에 검은색 무늬가 있기도 하다. 8눈이 2열로 배열하며 후중안 사이가 측안과의 사이보다 좁다. 흉판은 검은색이고 다리는 비교적 짧으며 황갈색으로 부절 끝쪽의 빛깔이 짙다. 첫째다리 척절의 등면 가시털은 없다. 복부는 긴 타원형이며 어릴 때는 황백색 바탕에 4개의 검은 섬이 있으나 성숙하면 전체가 갈색인 것, 중앙과 양옆에 백황색 줄무늬를 가진 것 등 변이가 많다. 산밑, 풀밭, 논두덩 등에 살며 논에서도 많이 보인다. 산란실은 벼과식물의 잎을 접고 그 위를 거미줄로 묶어 만든다. 성숙기는 봄과 여름이다.

분포: 한국, 일본, 중국, 대만, 러시아(전북구)

산짜애왕거미
Hypsosinga sanguinea (C. L. Koch, 1844)

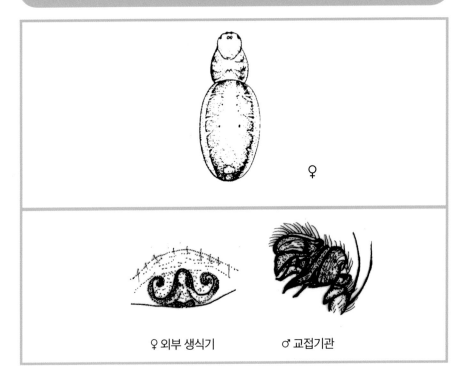

♀

♀ 외부 생식기　　　♂ 교접기관

몸길이는 암컷이 3~5mm이고, 수컷은 3mm 정도이다. 두흉부는 적갈색으로 밝은 편이나 수컷에서는 약간 검다. 8눈이 2열로 늘어서며, 전안열은 같은 간격으로 배열되어 있고 후안열은 중안 사이가 좁다. 양 측안은 근접하며 후중안이 가장 크다. 흉판은 암적갈색이고 다리는 몸에 비해 작은 편이며 황갈색이나 앞다리 퇴절은 암적갈색이다. 복부는 검은색, 적색 또는 적갈색 바탕에 중앙에 황백색 세로 무늬가 있는 것, 중앙과 양옆면에 황백색 줄무늬를 가지는 것 등의 변이가 많다. 복부 등면은 검은색으로 백색 줄무늬가 있다. 암 생식기가 '山' 자형이다. 벼과식물의 잎을 세 겹으로 접어 산실을 만든다. 성숙기는 6~8월이다.

분포: 한국, 일본, 중국, 러시아, 유럽(구북구)

어리호랑거미속

Genus *Lariniaria* Grasshoff, 1970

가운데눈네모꼴에서 후중안 간격은 전중안의 반 정도이고 후중안 간격은 그들의 직경의 반 정도만큼 떨어져 있다. 후안열은 곧고 측안들은 동일한 크기로 서로 인접한다. 복부는 길며 앞쪽이 모가 지고 등면에 여러 쌍의 근점이 있다.

어리호랑거미
Lariniaria argiopiformis (Bösenberg et Strand, 1906)

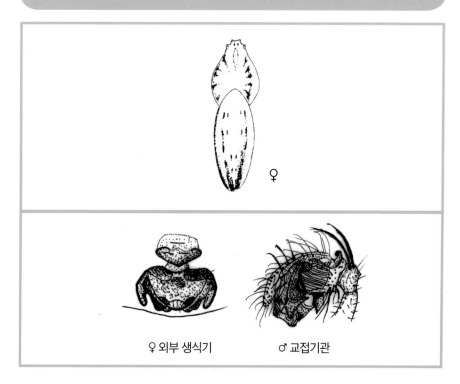

♀

♀ 외부 생식기   ♂ 교접기관

두흉부는 길고 황갈색에 검은색 털이 나 있으며, 목홈은 분명하고 세로로 향한 가운데홈이 있다. 두부 중앙에 2줄의 검은색 줄무늬가 있으며 가운데눈네모꼴은 전중안 간격이 후중안의 2배 크기이고 후중안 간격은 그 반지름만큼 떨어진다. 후안열은 곧고 측안은 같은 크기로 근접해 있다. 흉판은 담갈색이고 중앙은 황색이다. 다리는 황색이고 검은색의 긴 가시털이 많이 나 있다. 복부는 길고 앞끝은 모가 진다. 등면에는 갈색인 2줄의 세로 무늬가 있고 그 사이는 엷으며 줄무늬에는 근점이 많이 늘어서 있다. 복부 등면의 중앙은 백색이고 양 측면은 검은색이며 실젖은 갈색이다. 암 생식기의 현수체는 폭이 넓고 짧으며 떨어져 나가는 수가 많다.

분포: 한국, 일본, 중국, 러시아

기생왕거미속
Genus *Larinioides* Caporiacco, 1934

두흉부, 흉판, 아래턱, 아랫입술은 갈색이다. 후중안이 제일 크다. 복부는 원형이고 등면
에 나뭇잎새 모양의 무늬가 있다. 원형 그물을 친다.

기생왕거미
Larinioides cornutus (Clerck, 1757)

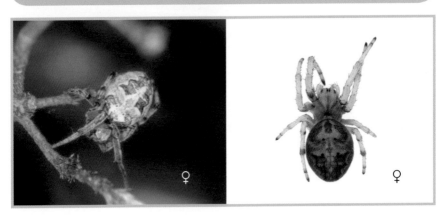

♀

♀

몸길이는 암컷이 10~12mm 정도이고, 수컷은 7~9mm 내외이다. 두흉부는 갈색 바탕에 흰 털이 많이 나 있으며 목홈, 방사홈이 뚜렷하고 가운데홈은 세로로 선다. 8눈이 2열로 늘어서고 후중안이 가장 크며 측안은 서로 접한다. 흉판은 아래턱, 아랫입술과 함께 암갈색이다. 다리는 황갈색으로 암갈색 고리 무늬가 있으며 가시털이 많다. 복부는 원형이고 바탕색은 황갈색이며 어깨에 2쌍의 검은 반점이 있다. 그 뒤쪽은 중앙부가 밝고 양옆쪽으로 특징적인 검은색 잎새 모양의 무늬가 쌍을 이루고 있다. 복부면은 암갈색으로 양옆쪽에 백색 줄무늬가 있고 실젖 양옆에도 2쌍의 흰 점이 있다. 풀밭에 많고 경사진 원형 그물을 치며 풀잎을 접어 집으로 삼는다. 연중 성체가 보인다.

분포: 한국, 일본, 중국, 러시아(전북구)

골목왕거미
Larinioides jalimovi (Bakhvalov, 1981)

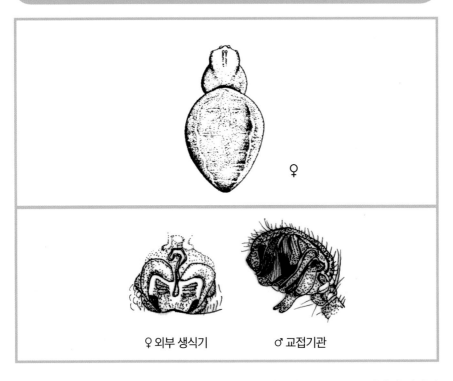

♀

♀ 외부 생식기   ♂ 교접기관

몸길이는 암컷이 10~14mm이고 수컷은 8~8.5mm 정도이다. 두흉부는 암갈색 바탕에 백색 털이 빽빽이 나 있으며, 특히 목홈부는 'V' 자형을 이루고 있다. 위턱은 짙은 갈색으로 끝쪽은 검고 옆혹은 작다. 아랫입술은 너비가 세로보다 길고 검은색이며 끝쪽은 희다. 아래턱은 사각형으로 옆 가장자리가 평행하고 흑갈색이며 안쪽은 희다. 흉판은 검은색이고 다리와 수염기관은 담갈색이며, 흐릿한 갈색의 고리 무늬가 각 마디에 있다. 복부는 갈색 바탕이며 윤곽이 분명한 잎새 모양의 무늬는 흑갈색이다. 몸의 복부면은 흑갈색 또는 갈색이며 1쌍의 백색 줄무늬가 숨문과 실젖 사이로 이어진다. 성숙기는 6~8월이다.

분포: 한국, 일본, 중국(전북구)

귀털거미속
Genus *Mangora* O. P. -Cambridge, 1889

배갑의 중앙에 세로선이 확연하며 중안들은 측안들보다 더 서로 가까이 인접한다. 가운데눈네모꼴은 세로가 너비보다 더 길다. 암컷이 셋째다리 경절에는 깃털 구조를 가진 귀털이 존재하고 수염기관의 슬절에는 단순한 가시털이 위쪽을 향하고 있다.

귀털거미
Mangora herbeoides (Bösenberg et Strand, 1906)

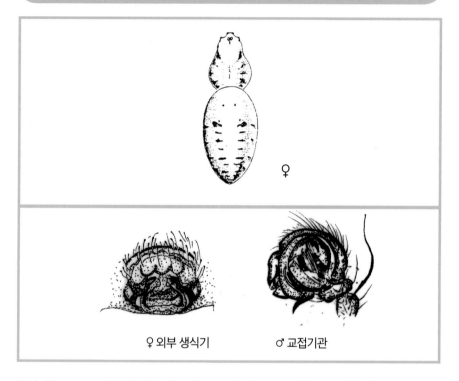

♀

♀ 외부 생식기　　　♂ 교접기관

몸길이는 5~6mm이다. 복부는 황록색으로 5쌍의 검은 무늬가 등면에 있다. 수풀 사이에 원형 그물을 치고 밑면에서 먹이를 기다린다. 자극에 의한 체색의 변이를 보인다. 성숙 기는 5·8월이다.

분포: 한국, 일본, 중국

어리왕거미속
Genus *Neoscona* Simon, 1864

중형의 왕거미류로서 가운데홈은 세로 방향으로 뻗어있고 측안은 융기되어 있지 않다.
복부 등면의 중앙 무늬 양쪽에 흰 줄의 윤곽이 있고 그 끝에 점무늬가 있다(없는 것도 있다). 암컷의 외부생식기의 가운데 돌기는 숟가락 모양이나 수염기관의 가운데 돌기는 가로 방향의 띠 모양이다.

각시어리왕거미
Neoscona adianta (Walckenaer, 1802)

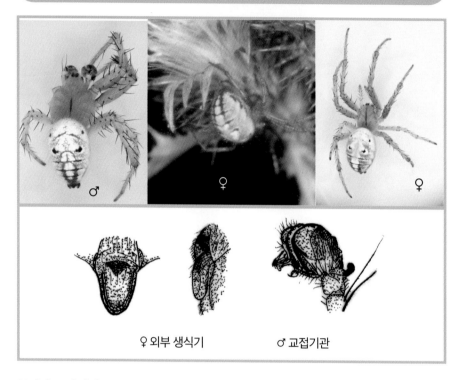

♀ 외부 생식기　　　♂ 교접기관

몸길이는 암컷이 6~9mm이고, 수컷은 4.5mm 정도이다. 두흉부는 엷은 갈색으로 중앙과 양 가장자리에 검은 줄무늬가 있으며 목홈과 가운데홈은 분명하지 않다. 후중안이 가장 크고 전안열은 후안열보다 작으며 서로 근접해 있다. 흉판은 검은색으로 앞쪽이 무디고 뒤쪽이 뾰족하다. 다리는 엷은 갈색으로 적갈색 고리 무늬가 있고 가시털이 드문드문나 있다. 복부는 다원형으로 길며 황갈색 바탕에 앞쪽에 2쌍의 무늬가 있고 뒤쪽으로도 양립하는 흑갈색 무늬가 줄지어 있으나 그 폭은 좁다. 복부면은 흐린 황갈색에 검은색의 중앙 줄무늬가 있고 그 양측에는 백색 무늬가 있다. 초원, 습지, 논 등에서 발견할 수 있다. 성숙기는 7~9월이다.

분포: 한국, 일본, 중국, 몽골(구북구)

♀   ♂

몸길이는 암컷이 8~10mm이고 수컷은 7~8mm이다. 배갑은 갈색이고 앞쪽은 더 어두우며 수컷의 가장자리는 어둡다. 복부 등면은 살아있을 때는 녹색이고 알코올에 담그면 노란색이며 검은 점은 거의 없다. 등면은 살아있을 때는 갈색, 알코올에서는 담갈색이 된다. 암컷의 외부생식기의 현수체 양쪽에는 1개의 검은 점이 있다.

분포: 한국, 일본, 중국, 대만

아기지이어리왕거미
Neoscona multiplicans (Chamberlin, 1924)

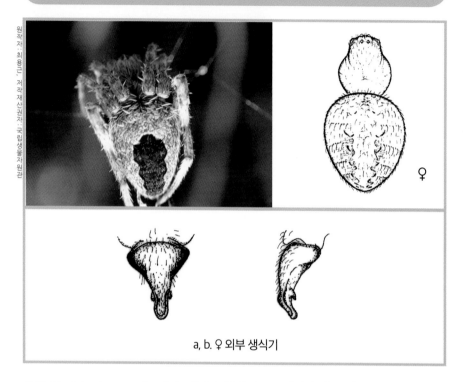

♀

a, b. ♀ 외부 생식기

몸길이는 9.2~10.3mm 정도이다. 배갑은 황갈색으로 흰색의 가는 털이 덮여 있고 가장자리는 적갈색이다. 흉판은 암갈색이고 한가운데를 은백색의 줄무늬가 이어진다. 수염기관(또는 촉지)과 다리는 황갈색으로 적갈색 고리 무늬가 있다. 다리식은 1-4-2-3이며, 복부는 긴 난형이고 황갈색 바탕으로 등면에는 황백색 줄무늬가 한가운데 있으며, 그 양옆으로 5~6쌍의 암갈색 쐐기 모양의 무늬가 늘어서 있다. 등면 한가운데는 회갈색 줄무늬가 있고 아래쪽 양옆에 백색을 띠는 큰 원형 무늬가 1쌍 있다. 실젖은 갈색이며 그 양옆에 백색 점무늬가 있다. 외부생식기는 밑부분이 넓고, 끝쪽 양옆에 혹 모양의 돌기가 1쌍 있다.

분포: 한국, 일본, 중국

797

집왕거미
Neoscona nautica (L. Koch, 1875)

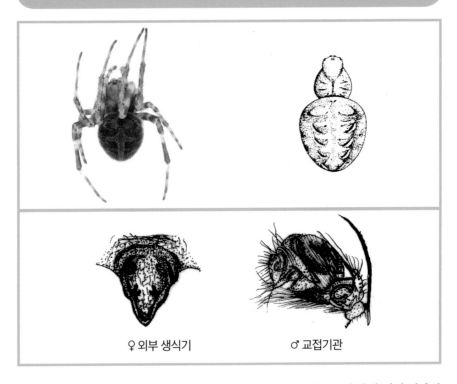

♀ 외부 생식기   ♂ 교접기관

몸길이는 암컷이 8~12mm이고 수컷은 6~7mm 정도이다. 두흉부는 흑갈색 내지 회갈색으로 두부 쪽이 다소 불평하고 적갈색을 띠며 가장자리가 검다. 목홈과 방사홈이 뚜렷하고 가운데홈은 세로로 선다. 8눈이 2열로 늘어서며 중안역은 세로가 길고 앞변이 크며 측안은 융기부에 있다. 위턱은 암갈색이고 아래턱과 아랫입술은 흑갈색이며 안쪽은 백색이다. 흉판은 검은색 바탕에 황백색 정중부 무늬가 있다. 다리는 흑갈색으로 끝쪽이 다소 엷은 색이며 황색 고리 무늬가 있고 가시털이 많이 나 있다. 복부는 구형으로 뒤끝이 다소 좁은 편이고 흑갈색 내지 회갈색 바탕에 검은색 잎새 모양 무늬가 있다. 인가나 그 부근 담장 밑 나뭇가지 사이 등에 원형 그물을 치며 야간에 모기나 그 밖의 곤충류를 포식한다. 성숙기는 7~11월이다.

분포: 한국, 일본, 중국, 대만(세계 공통종)

어리집왕거미

Neoscona pseudonautica Yin et al. 1990

♀

♀

몸길이는 암컷이 6~9.5mm 정도이다. 배갑은 황갈색 바탕에 흰색 털이 덮여 있고 가장자리는 암갈색이다. 흉판은 암갈색으로 한가운데에 희미하고 옅은 띠 무늬가 있다. 다리는 황갈색 바탕에 회갈색 고리 무늬가 있다. 다리식은 암수 모두 1-2-4-3이다. 복부는 난형으로 뒤끝이 모가 지며 등면은 황백색 바탕에 담갈색의 심장 무늬와 그 양옆으로 4~5쌍의 뿔형의 무늬가 늘어서 있다. 복부면은 암갈색 바탕에 백색 줄무늬가 둘러져 있고 실젖은 암갈색으로 전후 좌우에 황백색 점무늬가 있다. 암컷의 외부생식기는 긴 삼각형 모양으로 옆에서 보면 끝이 약간 위로 굽어 있다. 수컷 수염기관의 중부 돌기는 끝이 낚시바늘형으로 굽어 있다.

분포: 한국, 중국

적갈어리왕거미
Neoscona punctigera (Doleschall, 1857)

♀ 외부 생식기　　　　♂ 교접기관

몸길이는 암컷이 12~15mm이고 수컷은 8~10mm 정도이다. 두흉부는 적갈색으로 두부 쪽의 색이 더 짙으며 가운데홈은 세로로 서나 수컷에서는 뚜렷하지 않다. 중안역은 앞변이 큰 사다리 모양이고 측안 사이는 약간 떨어져 있다. 위턱은 적갈색, 아래턱과 아랫입술은 안쪽에 담황색을 띤다. 흉판은 적갈색으로 정중선에 황백색 세로 무늬가 있다. 다리는 황갈색으로 각 마디 끝은 짙은 색을 띤다. 복부는 구형으로 불룩하나 뒤끝이 다소 좁아지며, 황갈색 바탕에 검정색, 갈색, 백색 등으로 교차되는 복잡한 잎새 모양의 무늬가 있으나 개체마다 변이가 심하다. 산야에 많고 나뭇가지 사이에 지름 20~50cm의 원형 그물을 치고, 5~6월 경부터 활동하며 7~8월경에 성숙한다.

분포: 한국, 일본, 중국, 대만, 러시아

지이어리왕거미
Neoscona scylla (Karsch, 1879)

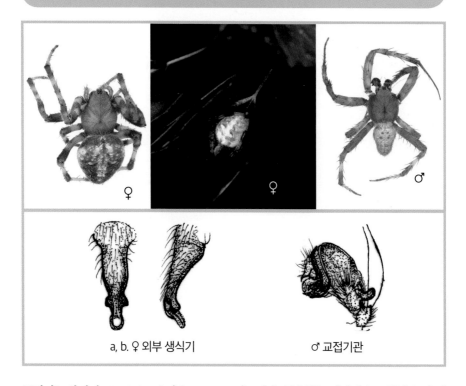

♀

♀

♂

a, b. ♀ 외부 생식기   ♂ 교접기관

몸길이는 암컷이 12~15mm, 수컷은 8~10mm 정도이다. 두흉부는 적갈색으로 두부 쪽의 색이 더 짙으며 가운데홈은 세로로 있으나 수컷에서는 뚜렷하지 않다. 8눈이 2열을 이루며, 중안역은 앞변이 큰 사다리형이고 측안 사이는 약간 떨어져 있다. 위턱은 적갈색, 작은 턱과 아랫입술은 안쪽에 담황색을 띤다. 흉판은 적갈색으로 정중선에 황백색의 세로 무늬가 있다. 다리는 황갈색으로 각 마디 끝이 짙은 색이며 첫째다리 복부면에 6쌍의 가시털이 나 있다. 복부는 구형으로 불룩하나 뒤끝이 다소 좁아지며, 황갈색 바탕에 검은색, 갈색, 백색 등으로 교차되는 복잡한 잎새 모양 무늬가 있으나 변이가 심하여 흑갈색체, 앞 등면에 백색 무늬가 있는 것, 뒤쪽에 검은색 큰 점무늬가 있는 것 등이 있다. 복부의 복부면 중앙에는 1쌍의 큰 원형 무늬가 있다. 산야에 많으며 나뭇가지 사이에 지름 20~50cm의 원형 그물을 치고, 5~6월 경부터 활동하며 7~8월경에 성숙한다.

분포: 한국, 일본, 중국, 대만, 러시아

연두어리왕거미
Neoscona scylloides (Bösenberg et Strand, 1906)

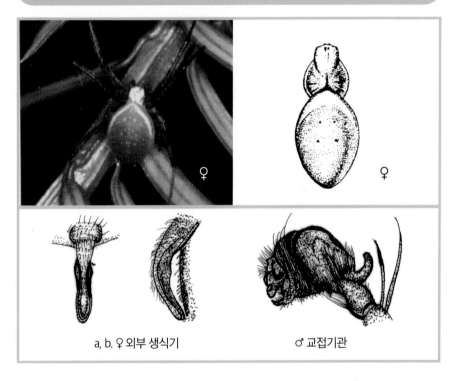

a, b. ♀ 외부 생식기   ♂ 교접기관

몸길이는 암컷이 9~10mm이고, 수컷은 8~9mm 정도이다. 두흉부는 엷은 황갈색으로 목홈과 흉부 옆면은 담갈색이고 가운데홈은 세로로 뻗어 있다. 8눈이 2열로 늘어서며, 측안은 거의 접하나 눈두덩 위에 있지 않다. 위턱에 옆혹이 뚜렷하고 아래턱은 사각형이며 아랫입술은 폭이 넓다. 흉판은 담갈색이고 다리는 황갈색이며, 각 마디 끝쪽은 적갈색으로 검정색 가시털이 많이 나 있다. 복부는 둥글며 뒤쪽이 좁아지고 등면은 초록색으로 앞쪽에서 양옆면에 걸친 황색 줄무늬가 있다. 복부면 정중부는 갈색이다. 산지나 초원의 나뭇가지 사이에 원형 그물을 치며, 낮에는 잎새 속에 숨어 있다가 저녁 때 나와 활발히 그물을 친다. 성숙기는 6~8월이다.

분포: 한국, 일본, 중국, 대만, 러시아

분왕거미
Neoscona subpullata (Bösenberg et Strand, 1906)

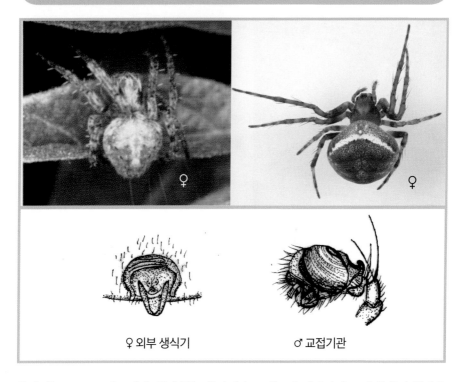

♀

♀

♀ 외부 생식기　　　♂ 교접기관

몸 길이는 5~7mm 정도이다. 두흉부는 황갈색으로 세로가 너비보다 크며 목홈이 뚜렷하고 가운데홈이 세로로 있다. 눈인 사이가 측안과의 사이보다 좁으며, 측안이 눈두덩 위에 있지 않다. 다리는 황갈색으로 각 마디 끝쪽에 암갈색 고리 무늬가 있다. 복부는 방패형으로 세로가 너비보다 길며 흑갈색에서 백색까지 변이가 있고, 등면 잎새 무늬의 가장자리 선이 백색인 것, 잎새 무늬가 소실되고 뒤쪽에 검정 점무늬만 있는 것, 황갈색 바탕에 검은색 가는 줄무늬만 있는 것 등 변화가 있다. 산지에서도 보이나 해안 지방에 많고, 관목이나 풀숲 사이에 작은 원형 그물을 친다. 성숙기는 4~8월이다.
분포: 한국, 일본, 중국, 대만

석어리왕거미
Neoscona theisi (Walckenaer, 1842)

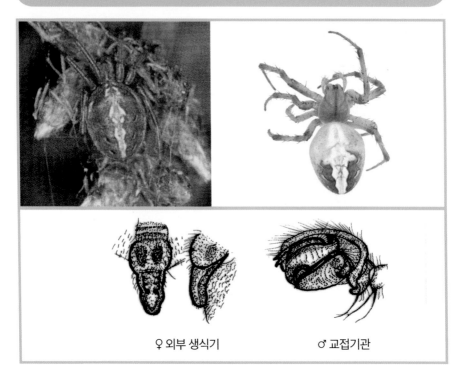

♀ 외부 생식기   ♂ 교접기관

몸길이는 암컷이 8~10mm이고, 수컷은 5~7mm 정도이다. 두흉부는 황갈색으로 중앙과 양 가장자리에 검은 줄무늬가 있다. 8눈이 2열로 배열하며, 후중안이 크고 측안은 서로 접해 있다. 흉판은 흑갈색 바탕에 굵은 황색 무늬가 중앙에 있다. 다리는 엷은 황갈색으로 각 마디 끝쪽에 검은 고리 무늬가 있고 가시털이 많이 나 있다. 복부는 황갈색 바탕에 2줄의 짙은 갈색의 굵은 세로 무늬가 있고 그 가장자리에 황색의 작은 반점이 늘어서 있다. 복부면은 갈색 바탕에 4쌍의 황색 점무늬가 줄지어 있다. 색채 변이가 있어 검정색형, 황갈색형 등이 있다. 남방계의 거미로 해변 가까운 풀숲에 수직 원형 그물을 치고 있다. 성숙기는 5~8월이다.

분포: 한국, 일본, 중국, 대만, 인도

뿔가시왕거미속
Genus *Ordgarius* Keyserling, 1886

두흉부 부분은 약간 길고 울퉁불퉁하며 등면에 이 모양의 돌기가 여러 개 있다. 전중안은 전방으로 돌출해 있고 이마는 수직이다. 복부는 크고 너비가 세로보다 길며 측방은 둥글고 표면에는 다수의 융기가 있다. 다리에 고리 무늬가 있고 경절은 활처럼 휘어 있다.

여섯뿔가시거미
Ordgarius sexspinosus (Thorell, 1894)

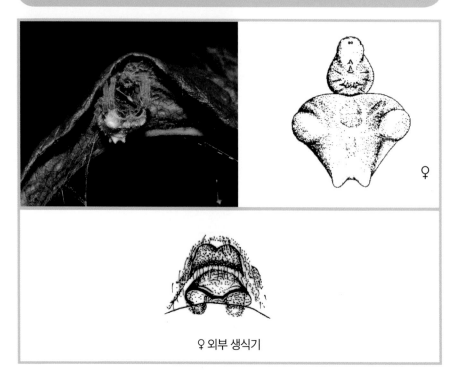

♀

♀ 외부 생식기

몸길이는 8~10mm 정도이다. 두흉부는 짙은 적갈색으로 세로로 길고 불룩하다. 정중부
옆에 짧은 것 1개, 뒤에 긴 것 1개의 돌기가 세로로 늘어서고, 뒤쪽에는 앞을 향한 것 2
개, 옆으로 향한 것 2개씩, 4개의 돌기가 나 있다. 8눈이 2열로 늘어서며 전중안은 앞쪽
으로 돌출해 있다. 다리는 황갈색이고 짙은 갈색의 고리 무늬가 있고, 경절은 구부정하
다. 복부는 세로보다 너비가 긴 심장형으로 옆쪽이 둥글고 앞쪽에 반구형의 어깨돌기가
있다. 등면은 적갈색 바탕에, 가운데가 흑갈색인 백색의 그물 무늬가 앞쪽에 있다. 열대
성 거미로 개체수가 희소하며 한국에서는 문경새재 등지에서 2마리가 채집되었을 뿐이
다. 성숙기는 7~9월이다.

분포: 한국, 일본, 중국, 인도(동양구)

북왕거미속
Genus *Plebs* Joseph et Framenau, 2012

Joseph et Framenau(2012)에 의해 새롭게 신설된 속으로 수컷의 수염기관에 있는 부중간 돌기(paramedian apophysis)가 존재하고 아말단 돌기는 없고 넷째다리 척절에 2개 이상의 귀털이 존재한다.

어깨왕거미
Plebs astridae (Strand, 1917)

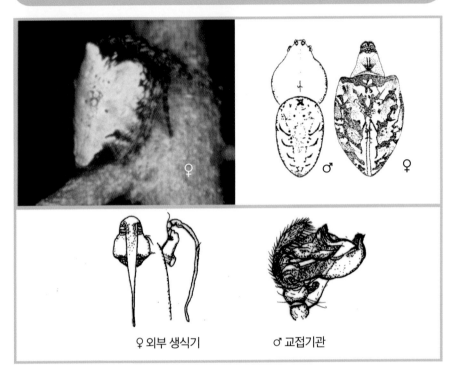

♀

♂ ♀

♀ 외부 생식기　　　♂ 교접기관

몸길이는 암컷이 6.2~9.8mm, 수컷은 4.4~4.83mm이다. 배갑은 연한 갈색이고 두부는 더 검다. 위턱에는 4개의 앞엄니두덩니와 3개의 뒷엄니두덩니가 있다. 다리는 갈색이고 어두운 갈색 고리 무늬가 있다. 복부는 흑갈색이고 흑색과 연한 황색이나 흰색이 산재하고 1쌍의 등면 혹이 있다.

분포: 한국, 일본, 중국, 대만

북왕거미
Plebs sachalliensis (Saito, 1934)

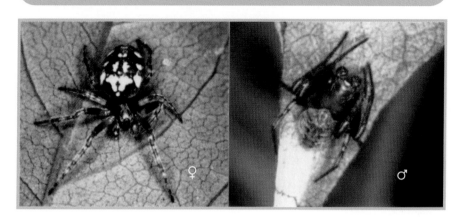

몸길이는 암컷이 7~9mm이고, 수컷은 4~5mm 정도이다. 두흉부는 황갈색으로 두부 쪽에 짙고 흰 털이 나 있으며 목홈과 방사홈은 흑갈색이다. 8눈이 2열로 늘어서고, 양 안열은 모두 후곡하며 전중안 사이가 측안과의 사이보다 좁다. 위턱은 황갈색으로 튼튼하며 앞엄니두덩니는 3개이다. 아래턱, 아랫입술은 암갈색으로 끝쪽이 희다. 흉판은 볼록한 방패형으로 검은색이다. 다리는 황갈색 바탕에 갈색 얼룩 무늬가 있다. 복부는 길고 양옆면이 거의 평행이며 어깨뿔은 없으나 다소 모가 진다. 등면 앞쪽은 갈색이고 중앙이 백색이며 가장자리 선이 암갈색으로 선명한 잎새 무늬가 있다. 복부면은 중앙이 암갈색이고 가장자리 선이 백색이며 실젖 앞쪽과 옆쪽에 각각 1쌍씩 백색 점무늬가 있다. 산지성 거미로 산속 관목, 풀숲 사이에 완전한 원형 그물을 치고 있다.

분포: 한국, 일본, 중국, 러시아

콩왕거미속
Genus *Pronoides* Schenkel, 1936

두부는 높고 이마는 수직이며 넓다. 양 안열은 모두 전곡하고 후안열은 전안열보다 길며 측안은 접해 있다. 중안역은 폭이 길며 앞부분보다 뒷부분이 크고, 복부 등면 양쪽은 전방으로 돌출해 있다.

콩왕거미
Pronoides bruueus (Schekel, 1936)

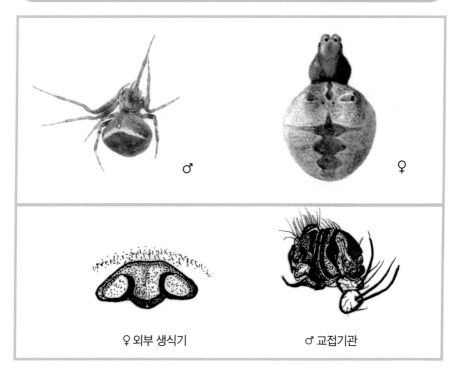

♂   ♀

♀ 외부 생식기   ♂ 교접기관

몸길이는 4mm 정도이다. 두흉부는 갈색으로 둘레가 검고 두부 쪽이 높으며 이마는 수직이다. 8눈이 2열로 배열하며, 양 안열이 모두 전곡하고 측안이 서로 근접하며 전안열이 후안열보다 짧다. 중안역은 세로보다 너비가 크며 앞변이 뒷변보다 삭다. 위턱은 갈색이고 아래턱과 아랫입술은 암갈색이며 앞 끝이 희다. 흉판은 심장형이며 갈색이다. 다리는 흐린 갈색으로 첫째다리 퇴절과 슬절은 검다. 복부는 공 모양으로 불룩하고 앞쪽으로 뻗은 2개의 어깨 융기가 있으며, 등면은 황갈색으로 후반부에 암갈색 가로띠 무늬가 있다. 복부의 복부면은 흐린 황색 바탕에 갈색 띠무늬가 정중부에 있다. 수컷은 두흉부가 황갈색이며 다리 복부면이 흑갈색이고, 첫째다리 퇴절 중앙에 몇 개의 장대한 가시털이 난다.

분포: 한국, 일본, 중국

애왕거미속
Genus *Singa* C. L. Koch, 1836

전안열은 같은 거리로 배치되어 있고 후중안 사이는 후중안과 후측안 사이보다 좁다. 양 측안은 서로 접해 있다. 복부는 난형으로 거의 평활하고 털은 적다. 다리는 몸길이에 비해 짧고 퇴절 복부면은 가시가 없다. 수염기관의 슬절의 강모는 2개이고 앞다리 기절에 돌기가 없다.

천짜애왕거미
Singa hamata (Clerck, 1757)

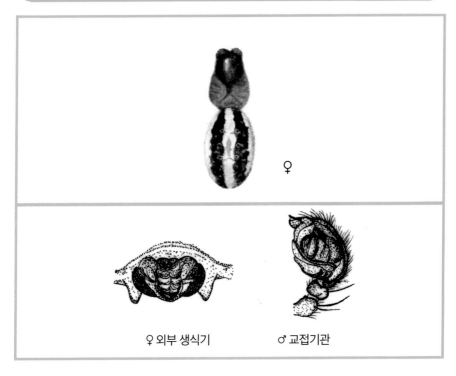

♀

♀ 외부 생식기   ♂ 교접기관

몸길이는 암컷이 5·6mm이고, 수컷은 4mm 정도이다. 두흉부는 갈색이고 두부는 불룩하며 색이 진하다. 8눈이 2열로 배열하고, 진안열은 같은 거리로 늘어서며 후중안 사이는 측안과의 사이보다 좁다. 위턱과 흉판은 암갈색이며, 다리는 황갈색으로 끝부와 관절부의 색이 진하다. 첫째다리 경절 등면에 가시털이 1개 나 있다. 수컷은 첫째다리가 넷째다리보다 색이 어둡다. 복부는 긴 난형이고, 등면은 황갈색 바탕에 중앙부는 황색이고 양쪽에 폭넓은 흑갈색 줄무늬가 있으며 그 속에 여러 쌍의 근점이 늘어서 있다. 복부의 복부면은 암갈색이고 중앙부 양쪽에 황백색 줄무늬가 있으며 갈색인 실젖 양옆에는 2쌍의 황백색 반점이 있다.

분포: 한국, 일본, 중국, 러시아, 유럽 (구북구)

무당거미속
Genus *Trichonephila* Dahl, 1911

두흉부는 길며 두부가 다소 높고 갈색 바탕에 은백색 짧은 털이 전면을 덮고 있다. 눈은 8눈이 2열로 늘어서며 전안열은 약하게 전곡하고 후안열은 다소 후곡한다. 후안열의 측안들은 서로 접하고 있다. 흉판은 흑갈색으로 앞쪽과 뒤쪽 중앙에 황색 무늬가 있다. 위턱, 아래턱, 아랫입술은 검은색이다. 수염기관은 담황색으로 끝쪽이 다소 검다. 다리는 흑갈색으로 퇴절과 경절에 황색 고리 무늬가 있다. 수컷은 같은 종으로 보이지 않을 만큼 빈약하다.

무당거미
Trichonephila clavata (L. Koch, 1878)

♀ 외부 생식기   ♂ 교접기관

몸길이는 암컷이 20~30mm이고, 수컷은 6~10mm 내외이다. 두흉부는 길며 두부가 다소 높고 갈색 바탕에 은백색 짧은 털이 전면을 덮고 있다. 눈은 8눈이 2열로 늘어서며 전안열은 약하게 전곡하고 후안열은 다소 후곡한다. 후안열의 측안들은 서로 접하고 있다. 흉판은 흑갈색으로 앞쪽과 뒤쪽 중앙에 황색 무늬가 있다. 위턱, 아래턱, 아랫입술은 검은색이다. 수염기관은 담황색으로 끝쪽이 다소 검다. 다리는 흑갈색으로 퇴절과 경절에 황색 고리 무늬가 있다. 복부는 긴 원통형으로 황색 바탕에 녹청색 가로무늬가 있고, 옆쪽 맨 뒤에는 적색의 큰 무늬가 있다. 복부면은 엷은 암갈색이고 옆쪽으로 적색, 빗줄 무늬가 있다. 수컷은 같은 종으로 보이지 않을 만큼 빈약하다. 산골, 들판, 인가 부근 등의 나뭇가지 사이에 커다란 바구니 모양의 황색 말발굽 원형 입체 그물을 치고 있다. 늦가을에 나무 줄기나 처마밑 등에 나방 모양의 난괴를 만들어 400~500개의 알을 낳고서 11월 말경까지 생활한다. 성숙기는 8~10월이다.

분포: 한국, 일본, 중국, 대만, 인도

그늘왕거미속

Genus *Yaginumia* Archer, 1960

수염기관의 퇴절과 기절에는 돌기가 없고 암컷의 외부생식기의 폭은 넓으며 심장형이다.
아랫입술에는 돌기와 이가 존재한다. 경절 돌기는 갈고리 모양이고 안역은 매우 넓다.

그늘왕거미
Yaginumia sia (Strand, 1906)

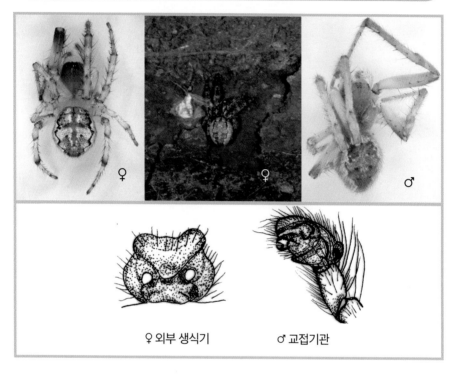

♀ 외부 생식기   ♂ 교접기관

몸길이는 암컷이 10~13mm이고 수컷은 8~9mm이다. 배갑은 밝은 갈색이고 두부는 흑갈색이다. 복부는 약간 길고 등면은 흑갈색으로 양 측면에 물결 모양의 잎 무늬가 있다. 인가 주변의 건물에 큰 원형 그물을 친다. 성숙기는 7~11월이다.

분포: 한국, 일본, 중국, 대만

접시거미과

Family Linyphiidae Blackwall, 1859

무체판이고 6mm 이하인 매우 작은 거미류로 완전자리 생식구를 가지고 있다. 이마는 매우 높고 배갑이 발달되어 있다. 눈은 8개이며 2열로 배열되어 있고 전중안이 약간 더 검다. 위턱에는 엄니두덩니가 있으나 옆혹은 없고 측면에 발음줄이 존재한다. 아랫입술은 부풀어올라 있고 아래턱은 일반적으로 평행하다. 다리는 가늘고 길며 가시털이 경절과 측절에 나 있고 발톱은 3개이다. 복부는 너비가 세로보다 길고 무늬가 있는 것도 있고 없는 것도 있으며 다양하다. 1쌍의 폐서와 기관 숨문이 실젖 근처에 존재한다. 사이젖이 존재하고 앞실젖과 뒷실젖은 짧으며 원뿔형이다.

접시거미아과

Subfamily Linyphiinae (Simon, 1894)

단일 미분지 중간 기관 숨문을 가졌으며 등판에는 현수체와 주걱(socket)이 있다. 현수체는 매우 짧거나 매우 길다. 흉판과 복부판 사이에 잘 발달된 암 내부생식기 개구강(atrium or parmula)이 있으며 개구강은 단일 소실(chamber)또는 중앙 격막(median septum)에 의해 분리된 2개의 소실이 있다. 접시거미속(*Neriene*)과 *Linyphia*의 주요 개구강 안쪽에는 2개의 폭넓은 원뿔형이나 돔형의 아개구강(subatria)이 있다. Van Helsdingon(1909)은 이것이 수염기관의 숭간 돌기(median apophysis)를 고정하기 위해 재단(裁斷)되었다고 말했다. 또한 현수체는 매우 짧고 수정관(受精管, fertilization duct)과 저정관(貯精管, sperm duct)은 아개구의 벽내에 꼬인 관들로 구성된다. 많은 가시접시거미속(*Bathylinyphia*)은 주걱이 없는 가현수체(pseudoscape)가 뒤쪽으로 확장되어 있는데 진정한 현수체(dorsal scape)보다 더 긴 경우가 많다. 수정관의 말단은 다른 두 아과(Stemonyphantinae, Mynogleninae)와 비슷하지만 더 가늘며 저정관과 함께 모양이 다양하다.

개미접시거미속
Genus *Cresmatoneta* Simon, 1929

전체적인 외형은 개미를 닮아서 다른 속과 쉽게 구별된다. 배갑은 타원형으로 두부 쪽이 높고 두창(痘瘡) 모양의 작은 돌기가 산재되어 있다. 흉부의 미부는 원통형으로 길게 뻗어 배자루와 연결되어 있다. 양 측안과 후중안은 서로 인접하고 후중안과 후측안 사이는 후중안과 후측안 직경보다 훨씬 넓다.

개미접시거미
Cresmatoneta nipponensis Saito, 1988

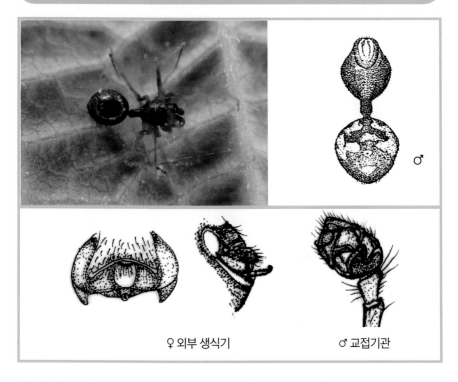

♀ 외부 생식기   ♂ 교접기관

암수의 배갑은 적갈색 바탕에 하얀 털이 나 있고 암갈색의 두창(痘瘡)이 전면에 산재되어 있다. 두부는 융기되어 있고 안역은 검다. 목홈은 뚜렷하지만 방사홈은 희미하고 중간홈은 보이지 않는다. 흉부 뒷면은 대롱 모양으로 길게 연장되어 배자루와 연결된다. 전안열은 곧고 후안열은 전곡한다. 전중안이 가장 작고 나머지는 거의 비슷하다. 3개의 앞엄니두덩니와 5개의 작은 뒷엄니두덩니가 있다. 흉판은 암갈색의 볼록한 심장형이며 전면에 과립 돌기가 산재한다. 다리는 가늘고 긴 황갈색으로 특별한 고리 무늬가 없으며 가시도 없다. 다리식은 1-2-4-3이다. 복부는 구형으로 암회갈색이며 희미한 황백색 무늬와 작은 반점이 산재되어 있다. 복부의 복부면은 암회갈색으로 1쌍의 작은 점줄이 양측면에 있으며, 실젖은 황갈색이다. 이 종은 어둡고 습한 초원이나 산림 등의 낙엽층 또는 돌밑 등지에서 발견된다.

분포: 한국, 일본, 유럽

접시거미속
Genus *Neriene* Blackwall, 1833

몸길이는 2~8.5mm 내외이다. 후중안은 검은 혹이나 좁은 검은 링과 함께 한다. 두흉부는 뚜렷하게 신장되지 않고 두부의 가장자리와 흉부에는 복부면 쪽으로 확실한 삼각형으로의 확대는 없다. 위턱에는 발음줄이 있거나 또는 없으며 뒤쪽으로 휘어져 있지는 않다. 다리는 일반적으로 곧고 가늘지만 몇몇 종에서는 약간 짧다. 대부분의 수컷 복부는 원통 모양이고 암컷은 뒤쪽 등면에 돌기 또는 혹이 있다. 복부에는 거의 모든 종이 무늬를 갖는다.

살촉접시거미
Neriene albolimbata (Karsch, 1879)

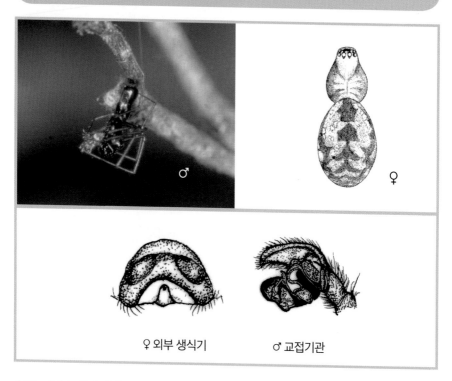

♂

♀

♀ 외부 생식기　　　♂ 교접기관

수컷: 배갑은 황갈색이고 측면 가장자리는 회색이다. 색소가 없는 줄무늬와 안역에 약간의 가시털이 나 있다. 후안열은 곧고 전안열은 약간 전곡한다. 위턱은 갈색이며 발음줄이 있다. 흉판은 검은색이 섞인 갈색이며 넷째다리 기절 사이에 끼여 있다. 다리는 황갈색이며 다리식은 1-4-2-3이다. 복부는 원통형이며 뒤쪽 등면에는 돌기가 없고 특별한 무늬는 없는데 측면은 약간 밝은 희색이나.

암컷: 배갑은 수컷보다 약간 더 밝고 이마와 안역에는 털이 나 있다. 위턱은 황갈색이며 발음줄이 있다. 흉판은 심장형이며 1개의 털을 가진 작은 과립 돌기가 나 있다. 다리는 밝은 황갈색이며 길고 가늘다. 다리식은 1-4-2-3이다. 복부는 회색 바탕에 백색 무늬가 산재하며 등면 정중선에 세로로 이어지는 4~5개의 무늬와 가장자리를 둘러싼 꾸불꾸불한 검은 무늬가 있다. 복부면과 실젖 주위는 검은색이다. 이 종은 5월 말에서 8월 사이에 주로 채집되며 거미그물은 지면과 초목 사이에 5cm내외로 친다. 수컷은 5월에 성체로 나타나는데 일반적인 성숙기는 7~8월이다. **분포:** 한국, 일본, 중국, 러시아, 대만

십자접시거미
Neriene clathrata (Sundevall, 1830)

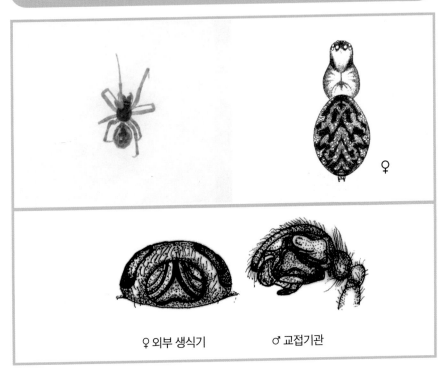

♀

♀ 외부 생식기   ♂ 교접기관

수컷: 배갑은 회색이 섞인 황갈색이나 갈색이며 가장자리는 회색이다. 안역과 가장자리에는 털이 나 있고 이마의 털은 짧고 빳빳하다. 전안열은 후곡하고 후안열은 곧다. 위턱은 흑갈색이며 2개의 기부 돌기와 발음줄이 있다. 등면 중간에 있는 기저 돌기는 매우 크고 항상 존재한다. 앞엄니두덩니는 3개이고 뒷엄니두덩니는 3개이며 작다. 다리는 황갈색이고 고리 무늬는 다양한 형태를 보이지만 링을 이루지 않는 것도 있다. 다리는 비교적 짧고 다리식은 4-1-2-3이다. 복부는 원통형으로 흑갈색 바탕에 1쌍의 흰점이나 불규칙한 잎모양 무늬가 있거나 검은 가장자리에 담황갈색 무늬 또는 뒤쪽으로 'V' 자형이나 'W' 자형 무늬가 있는 것도 있다. 복부면에는 2쌍의 밝은 흰 점들이 있는데 앞쪽에 1쌍이 있고 다른 1쌍은 뒤쪽의 실젖 앞에 있다.

암컷: 배갑은 수컷과 비슷하고 양 안열은 곧다. 위턱에는 기부 돌기가 없다. 앞엄니두덩니는 3개이고 뒷엄니두덩니는 5~6개인데 세번째와 네번째가 다른 것에 비해 크다. 다리 색깔과 고리 무늬가 수컷과 비슷하다. 다리식은 4-1-2-3이다. 복부의 등면은 곡선 모양

으로 발달되어 있으며 실젖에서 갑자기 하강한다. 등면에는 잎모양 무늬가 있고 가장자리는 불규칙한 물결 모양이다. 복부면은 수컷처럼 4개의 흰 점이 있으며 실젖은 거무스레하다. 이 종의 거미그물은 식물과 작은 관목 사이에 지면과 가까운 곳에 있으며 평평하고 은신처는 없다. 성체는 3월부터 발견되며 교미기는 이때부터 시작되는데 5월 초반에는 쌍으로 관찰할 수 있다. 일반적으로 연중 내내 암수 모두 채집할 수 있으며 수컷은 여름과 가을에는 단독 생활한다.

분포: 한국, 일본, 미국

대륙접시거미
Neriene emphana (Walckenaer, 1842)

♀

♂

♀ 외부 생식기   ♂ 교접기관

수컷: 배갑은 황갈색이며 두부와 흉부의 경계면은 약간 검다. 안역에는 긴털이 나 있고 후안 사이나 뒤쪽으로 약간의 가시털이 존재한다. 후안열은 약간 후곡하고 전안열은 곧다. 후중안은 작고 검은 삼각형이며 전중안은 검은 반점 위에 있다. 전중안은 그들의 직경 크기만큼 떨어져 있다. 위턱은 밝은 갈색이고 기부 돌기는 매우 크며 발음줄은 없다. 앞엄니두덩니는 3~4개이고 이중에서 두번째 것은 기부에 있는 이빨보다 2배 정도 크다. 뒷엄니두덩니는 3개이고 두번째 이빨이 가장 작다. 다리는 황갈색으로 길고 가늘며 다리식은 1-2-4-3이다. 복부는 원통형이고 생식기 부위가 부풀어 있다. 밝은 담황갈색으로 등면 옆부분에 흰 무늬가 있으며 등면 미부에 약간 검은 횡적 무늬가 있고 복부면은 약간 작은 흰 얼룩 반점이 있다. 생식기 부위와 실젖은 회색이 혼합된 담황갈색이다.

암컷: 배갑은 수컷과 비슷한 색깔이며 미부 가장자리에서 후중안까지 중앙으로 희미하게 회색 무늬가 있다. 전안열과 후안열은 모두 후곡하며 전중안이 제일 작다. 위턱은 밝은 갈색이고 기부 돌기와 발음줄이 없다. 앞엄니두덩니는 4개이고 뒷엄니두덩니는 3~4

개인데 모두 거의 동일한 크기이다. 다리는 황갈색이고 검은색이 흰색에 둘러싸여 있으며 좁은 담황갈색의 중간 무늬가 혼합되어 있다. 이 종은 한지성 대형 접시거미류에 속하고 거미그물은 낙엽성 침엽수의 가지나 잎 그리고 초목이나 풀이 우거진 숲 등에서 제한적으로 발견되며 평평한 돔형을 하고 있다. 성체는 6월에 발견되며 여름에 성숙하는 여름형 종이다.

분포: 한국, 일본, 중국, 몽골, 시베리아, 덴마크, 핀란드

진주접시거미
Neriene jinjooensis Paik, 1991

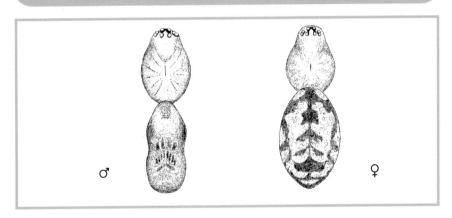

수컷: 배갑은 흐린 갈색이고 가장자리는 검다. 가운데홈은 적갈색이고 목홈과 방사홈은 검다. 전안열은 후곡하고 후안열은 약간 전곡한다. 위턱은 무디고 갈색을 띠며 앞엄니두덩니에는 3개, 뒷엄니두덩니에는 작은 이빨 7개가 나 있다. 흉판은 흑갈색이고 넷째다리 기절에 끼인다. 다리는 황갈색이고 고리 무늬는 없으며 다리식은 1-4-2-3이다. 복부는 원통형으로 양측 가장자리에 검은 무늬가 있고 중간부위에는 빗살 무늬가 있다.

암컷: 일반적으로 수컷과 비슷하다. 앞엄니두덩니는 4개이고 뒷엄니두덩니는 5개이다. 복부는 구형이고 회갈색이며 등면 뒤쪽에는 지그재그 무늬가 있으며 수많은 은색 반점이 산재되어 있다. 이 종은 살촉접시거미(*N. albolimbata*)와 매우 유사하다.

분포: 한국, 중국

화엄접시거미
Neriene kimyongkii (Paik, 1965)

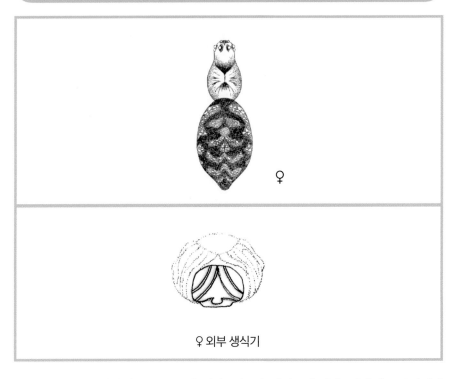

♀

♀ 외부 생식기

암컷은 배갑이 암갈색이고 홈 무늬가 있다. 세로가 너비보다 길다. 전안열은 등면에서 보면 강하게 후곡하나 앞면에서 보면 약간 전곡한다. 후안열은 약간 후곡한다. 위턱은 황갈색 바탕에 검은 줄무늬가 있다. 이래턱, 아랫입술 및 흉판은 암갈색이지만 아래턱과 아랫입술의 앞 끝은 황백색이다. 흉판은 심장형이고 세로가 너비보다 길다. 다리는 황갈색이지만 각 퇴절의 복부면 기부의 반은 검다. 셋째다리와 넷째다리 퇴절 끝과 경절 및 척절의 한가운데와 끝에는 제각기 1개씩의 검은 고리 무늬를 가진다. 다리식은 1-4-2-3 이다. 복부는 난형이고 등면은 회황색 바탕에 검은색 무늬를 가진다. 이 종은 백(1965) 의 발표 이후 아직까지 채집이나 발표되지 않고 있다.

분포: 한국, 일본, 중국

쌍줄접시거미
Neriene limbatinella (Bösenberg et Strand, 1906)

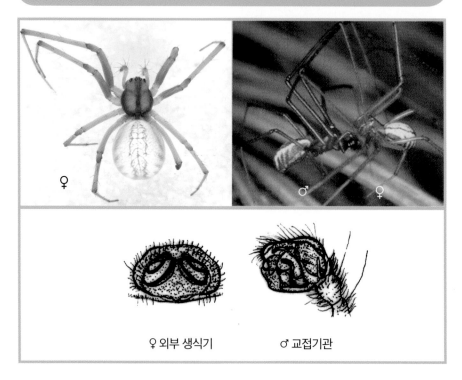

♀ 외부 생식기　　　♂ 교접기관

수컷: 배갑은 연한 갈색이며 측면 가장자리는 검고 두부 뒷부분과 안역에 3줄의 긴 털이 나 있다. 전안열은 약간 전곡하고 후안열은 약간 후곡한다. 다리는 연한 갈색으로 매우 길고 가늘며 다리식은 1-2-4-3이다. 복부는 원통형이고 하얀 중간 줄무늬와 양 측면에 좁은 측면 줄무늬가 있다.

암컷: 배갑은 수컷과 비슷하며 옆 가장자리와 중앙에 있는 줄무늬는 검다. 다리는 경절을 제외하고 모든 마디의 말단 부위에 검은 말단 고리가 있으며 다리식은 1-2-4-3이다. 복부는 구형이고 등면 뒤쪽으로 2개의 평행한 검은 선이 있다. 측면의 앞부분에서는 하나의 검은 수평 줄무늬가 있고 뒷부분에는 3줄의 검은 수직 줄무늬가 있다. 이 종은 산지 침엽수 등의 약간 높은 곳에 돔형으로 그물을 치고 살며 성숙기가 8~9월인 여름형 거미류이다.

분포: 한국, 일본, 중국, 러시아

농발접시거미
Neriene longipedella (Bösenberg et Strand, 1906)

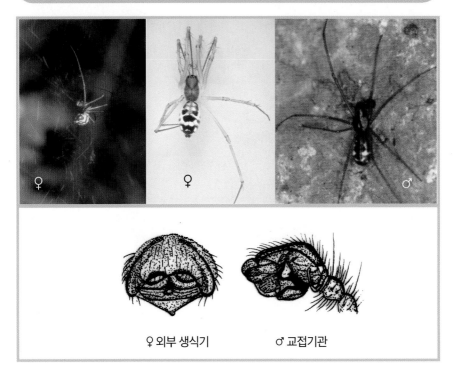

♀ 외부 생식기   ♂ 교접기관

수컷: 배갑은 연한 갈색으로 목홈 부위는 약간 검다. 전안열은 곧고 후안열은 약간 후곡한다. 위턱은 밝은 갈색으로 작은 기부 돌기가 있고 측면의 기부 3/4 위치에 미세한 발음줄이 있다. 다리는 황갈색으로 고리 무늬가 없고 다리식은 1-2-4-3이다. 복부는 원통형이고 등면 중앙 무늬는 연한 갈색이며 측면에는 흰 무늬가 있다.

암컷: 수컷과 비슷하고 이마는 약간 돌출되어 있다. 수컷과 같은 발음줄이 있다. 다리는 수컷과 비슷하고 다리식은 4-1-2-3이다. 복부는 원통형으로 등면은 밝고 앞부분에 2~3쌍의 검은 반점이 있다. 이 종은 풀이나 낙엽 사이의 낮은 곳에 돔 모양의 거미그물을 치고, 성숙기는 7~9월이다.

분포: 한국, 일본, 중국, 러시아, 미국

가시접시거미
Neriene japonica (Oi, 1960)

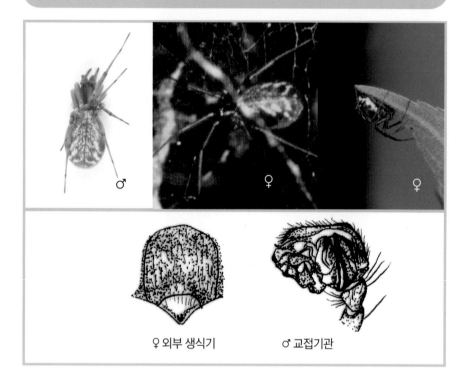

♀ 외부 생식기　　　♂ 교접기관

수컷: 배갑이 밝은 황갈색이며 목홈과 가운데홈은 이보다 더 검다. 안역이 두부 전체를 차지하고 전안열은 곧으며 후안열은 약간 후곡한다. 후중안의 주위에 검은 고리가 있으나 융기된 돌기는 없다. 위턱은 밝은 갈색이고 기부 돌기(basal tubercle)는 없다. 앞엄니두덩니는 3개이고 뒷엄니두덩니는 2개인데 매우 크다. 다리식은 1-2-4-3이다. 복부는 매우 작고 담황갈색 바탕에 작고 폭넓은 흰색 반점과 희미한 등면 무늬, 빗살 무늬 그리고 등측면 줄무늬 등이 혼재한다.

암컷: 배갑의 미부 가장자리는 넓고 목홈은 약간 압축되어 있다. 이마에는 짧은 털이 나 있고 안역은 두부보다 약간 좁다. 두덩니는 수컷과 동일하다. 다리식은 1-2-4-3이다. 복부의 등면은 둥글게 앞으로 나오고 미부는 실젖 뒤에서 강한 굴곡을 형성하고 있다. 복부는 검은색 바탕에 회색을 띠고 있으며 등면에 반짝이는 흰 점무늬가 5쌍의 비스듬한 막대 모양으로 있다. 양 측면에 동일한 색깔의 넓게 구부러진 무늬가 보인다. 복부의 밑면에는 흰 'V' 자형 무늬가 중간 부분에 있고 실젖 둘레에는 검은 고리 모양의 띠가 있다.

이 종은 일반적으로 산지의 들길이나 계곡의 침엽수에서 발견되며 특히 지상으로부터 1m 이상의 나뭇가지의 끝부분에 해먹(hammock) 같은 거미그물을 치며 그물 복부면에 매달려 먹이를 기다린다. 아성체로 월동하며 'Y' 자형 정액망(sperm web)을 만들고 성숙기는 5~8월인 여름형 거미류이다.

분포: 한국, 일본, 중국, 러시아

검정접시거미속

Genus *Ketambea* Millidge et Russell-Smith, 1992

배가 둥글고, 양옆에 밝은 무늬가 있거나 전반적으로 밝고, 중앙에 복잡한 심장무늬가 있다. 수컷 부배엽이 매우 작고, 삽입기가 길고 강하게 굽어 정단부를 향하고, 막질의 돌기에 기대어 있다. 지시기는 크고 경화되어 있으며 끝이 양분되어 있다. 암컷 외부생식기에 짙은 둥근 무늬가 없고, 아래쪽에 얕은 구멍 2개가 있다. 내부생식기 수정낭은 1~3차례만 꼬여 있다.

검정접시거미
Ketambea nigripectoris (Oi, 1960)

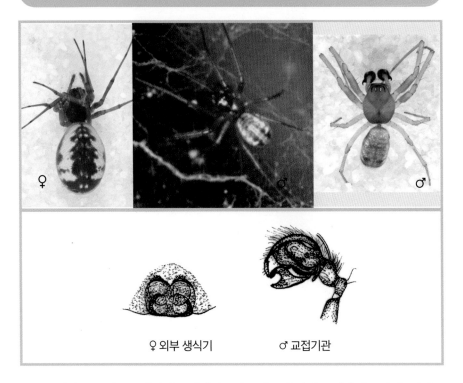

♀ 외부 생식기   ♂ 교접기관

암수의 배갑은 대체로 황갈색이고 전안열은 후곡하고 후안열은 약간 후곡한다. 위턱은 두흉부보다 더 검다. 흉판은 볼록한 심장형이고 폭과 비슷한 크기이다. 다리는 짧고 건고하며 진한 황갈색이다. 암수의 다리식은 1-2-4-3이다. 복부면은 회백색에 검은 중앙 줄무늬가 있고 측면에는 2~3개의 연한 검은 줄무늬가 있다. 복부는 검고 실젖 앞부분에 연한 흰색 무늬가 있다. 이 종은 이른 봄에 출현하는 성체 월동형으로, 산 속이나 계곡의 관목 가지 끝에 접시그물을 치고 살며 알집은 흰색이고 반구형이다.

분포: 한국, 일본, 중국, 러시아, 미국

고무래접시거미
Neriene oidedicata Van Helsdingen, 1969

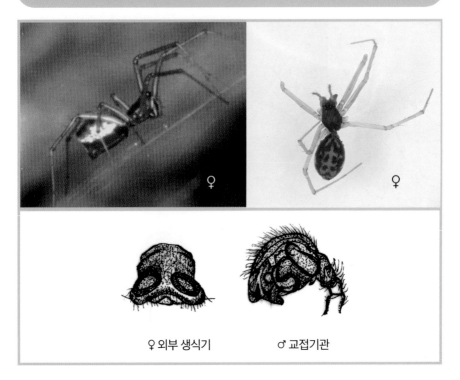

♀ 외부 생식기   ♂ 교접기관

수컷: 배갑은 황갈색이고 측면 가장자리는 약간 검다. 후중안은 검은 융기 위에 있고 전중안이 제일 작다. 아랫입술과 흉판은 갈색으로 흉판이 넷째다리 기절 사이에 끼인다. 다리는 전체적으로 황갈색이며 길고 가늘다. 다리식은 1-4-2-3이다. 복부는 원통형이고 미부는 돌출부가 없는 원형이다. 회갈색의 등면은 희미한 암회색 반점 무늬가 있고 복부면은 암갈색이다.

암컷: 두흉부는 후면으로 갈수록 더 낮고 후중안은 매우 크다. 위턱은 연한 황갈색으로 측면은 약간 검은색을 띠며 발음줄이 존재한다. 다리는 밝은 황갈색으로 퇴절과 경절의 미부에 좁은 고리 무늬가 있다. 다리는 길고 가늘다. 다리식은 1-4-2-3이다. 복부는 타원형으로 흰 반점이 있는 담황색이며 검은색 무늬도 있다. 등면에는 빗살 무늬와 검은 반점이 있고 측면에는 검은 줄무늬가 뒤쪽 등면을 향하고 있다. 복부면과 실젖은 회갈색이다. 이 종은 평지나 산지의 작은 풀의 지면에 가까운 곳(2~10cm)에 접시그물을 치고 산다. 주로 8월에 산란을 하고 성숙기는 5~7월이다.

분포: 한국, 일본, 대만, 중국

테두리접시거미
Neriene radiata (Walckenaer, 1842)

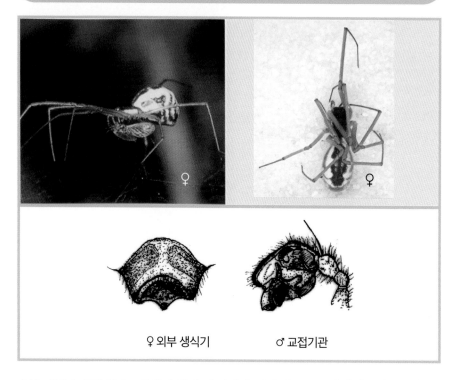

♀ 외부 생식기　　　♂ 교접기관

수컷: 배갑은 황갈색이고 두부가 약간 더 진하다. 전안열은 곧고 후안열은 후곡한다. 후중안에는 검은 고리가 없으며 단지 작은 삼각형으로 존재할 뿐이다. 위턱은 암갈색이고 기부 돌기는 거의 희미하며 측면의 2/3 지점에 발음술이 있다. 다리는 황갈색이고 넷째 다리 기절의 후면은 검다. 형태는 길고 가늘며 모든 퇴절과 경절의 미부에는 가시가 없다. 다리식은 1-2-4-3이다. 복부는 희미한 무늬가 있는 원통형으로 중앙 등면 줄무늬는 담황갈색이고 실젖 앞 부분과 등면 가장자리는 검다. 복부면은 검고 3개의 흰 반점이 열을 이루거나 흰 줄무늬가 있다.

암컷: 수컷과 비슷하나 두부가 덜 검고 목홈은 확연하다. 위턱에는 기부 돌기가 없으며 발음줄은 수컷과 같다. 다리는 황갈색이고 넷째다리 기절의 후면은 검다. 다리식은 1-2-4-3이다. 복부에는 넓은 등면 중앙 줄무늬가 있고 가장자리는 꾸불꾸불한 담황갈색이다. 복부면과 측면의 검은 줄무늬는 실젖 근처까지 있으며 실젖은 검다. 이 종은 구북구 산으로 거미그물은 작은 관목과 큰 식물 사이 또는 나뭇가지와 지면 사이에 돔형으로 짓

는다. 성체는 5월 이후부터 나타난다.

분포: 한국 중국, 일본, 대마도, 사할린, 쿠릴섬, 북미

폴호마거미속
Genus *Porrhonuna* Simon, 1884

작은 거미류로서 단지 암컷의 내부생식기, 가시식 그리고 눈의 특징에 의해서 구별할 수 있는 속이다. 모든 경절에는 등면 가시가 2개씩 (2-2-2-2) 있고 첫번째와 두번째의 전측면과 후측면에는 1개의 가시가 나 있다. 그리고 첫째다리와 둘째다리의 퇴절에는 등면과 전측면 가시가 있으며 한국산 2종의 척절에는 가시가 없다. 한국에는 굴폴호마거미 (*P. convexum*), 묏폴호마거미(*P. montanum*)가 보고되어 있지만 앞의 종은 유럽산으로 남궁(1980)에 의한 동굴성 거미류 목록에만 기재되었을 뿐이다.

뭣폴호마거미
Porhomma montanum Jackson, 1913

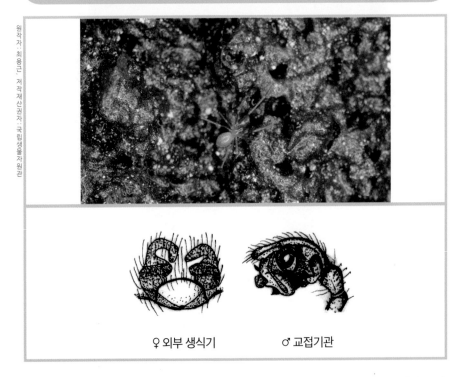

♀ 외부 생식기　　　♂ 교접기관

암수의 몸길이는 1.5~2mm 정도이다. 배갑은 황갈색이며 때때로 두부가 약간 진하고 약간의 미세한 털이 나 있다. 흉판은 황갈색이고 복부는 연한 회색이다. 다리는 황갈색이다. 수염기관의 상층 돌기는 위쪽으로 휘어져 있고 끝이 점점 가늘어진다.

분포: 한국, 일본, 러시아, 유럽

입술접시거미속
Genus *Allomengea* Strand, 1912

위턱은 갈색이고 옆혹은 없다. 가운데홈은 난형의 깊은 움푹이를 이룬다. 복부에는 무늬가 없고 다리식은 1-2-4-3이다. 넷째다리 척절에 귀털이 존재한다.

입술접시거미
Allomengea coreana (Paik et Yaginuma, 1969)

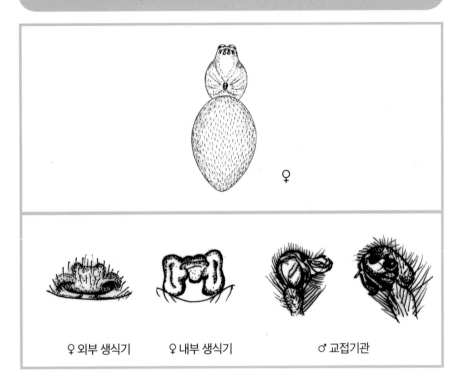

♀

♀ 외부 생식기   ♀ 내부 생식기   ♂ 교접기관

암컷은 배갑이 갈색이고, 세로가 너비보다 길다. 목홈과 방사홈이 뚜렷하다. 가운데홈은 난형의 깊은 움푹이를 이룬다. 위턱은 갈색이고 옆혹이 없다. 앞엄니두덩과 뒷엄니두덩에 제각기 3개의 이빨이 있다. 아래턱은 갈색이고 세로가 너비보다 길다. 아랫입술은 갈색이고 세로보다 너비가 넓다. 흉판은 암갈색이고 세로가 너비보다 길다. 다리식은 1-2-4-3이다. 각 다리 척절에는 귀털이 존재한다.

분포: 한국

나사접시거미속

Genus *Arcuphantes* Chamberlin et Ivie, 1943

이 속은 코접시거미속과 밀접한 관계를 가지고 있어 닮은 점이 많으나, 코접시거미속보다 다리가 길고 암컷의 외부생식기도 더 길다. 후안열은 약간 후곡하고 전안열은 앞면에서 보면 직선을 이룬다. 암컷은 앞엄니두덩에 3개, 뒷엄니두덩에 3~4개의 이빨이 있다. 수컷은 앞엄니두덩에는 2개의 이빨이 있지만, 뒷엄니두덩에는 이빨이 없다. 발음줄은 암수 모두 잘 발달해 있다. 다리식은 1-2-4-3이다. 복부는 위가 융기하고 뒤 끝이 돌출한다.

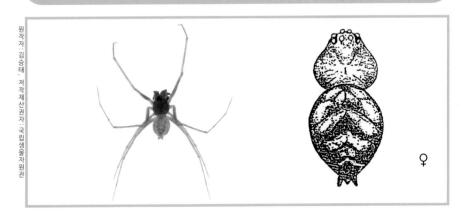

배갑은 황갈색이며 가장자리가 검고, 너비보다 길이가 길다. 전안열은 정면에서 보면 곧지만 등면에서 보면 후곡하고 있다. 후안열은 약간 후곡한다. 위턱은 황갈색이고, 발음줄과 앞엄니두덩니, 그리고 5개의 작은 뒷엄니두덩니를 가진다. 아랫입술은 황갈색이고 세로보다 너비가 길다. 아래턱도 황갈색이고 너비보다 세로가 길다. 흉판은 검은색으로 너비보다 세로가 길며 볼록하고 넷째다리 기절 사이에서 뒤끝이 폭넓게 돌출하고 있다. 다리식은 황갈색이고 각 퇴절에 1개, 경절에 3개의 검은 고리 무늬가 있다. 다리식은 1-2-4-3이다. 복부는 난형이지만 뒤쪽이 약간 뾰족하다. 색은 검고 회색과 흰색의 무늬를 가진다. 수컷은 암컷보다 좀더 크다. 색상은 암컷과 비슷하지만 암컷의 복부에 나타난 흰색 무늬는 없다. 전안열은 정면에서 볼 때 곧고 후안열은 조금 후곡한다. 가운데눈네모꼴 길이와 너비는 같고 앞부분이 좁다. 위턱에는 매우 강한 2개의 이와 2개의 앞엄니두덩니가 나 있다.

분포: 한국

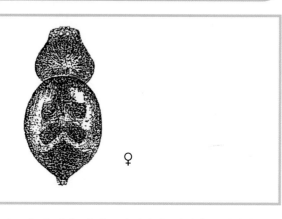

♀

암컷은 황갈색이고 너비보다 세로가 더 길다. 안역은 융기한다. 전안열은 정면에서 볼 때는 곧지만 등면에서 보면 후곡하고 있다. 후안열은 약간 후곡한다. 위턱은 황갈색이고 발음줄이 있다. 아랫입술과 아래턱은 암갈색이며 약간 기울어 있다. 아랫입술은 폭이 길 이보다 넓다. 흉판은 암갈색이고 너비와 세로가 같으며, 다리 끝부분과의 사이가 볼록하 다. 다리는 황갈색이며 고리 무늬가 없다. 다리식은 1-2-4-3이다. 복부는 난형이나 뒤쪽 이 약간 더 좁다. 색은 검고 등면에 흰색과 회색의 무늬를 띤다. 복부 등면과 측면은 암 회색이다. 수컷은 아직 알려져 있지 않다.

분포: 한국

날개나사접시거미
Arcuphantes pennatus Paik, 1983

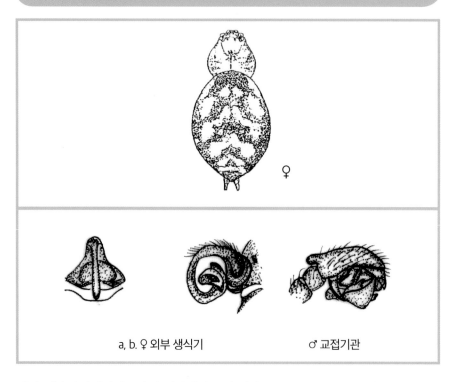

a, b. ♀ 외부 생식기   ♂ 교접기관

암컷: 배갑이 암갈색이고 홈과 가장자리는 더 검다. 세로가 너비보다 더 길다. 전안열은 앞에서 보면 곧지만 등면에서 보면 후곡한다. 후안열도 약간 후곡한다. 위턱은 암갈색이 며 발음줄을 가지고 있다. 아랫입술과 아래턱은 암갈색이고 약간 뾰족하다. 아래턱은 너 비가 현저하게 길이보다 길다. 흉판은 검고 긴 털이 나 있으며 세로가 너비보다 길다. 다 리는 황갈색이고, 검은 고리 무늬가 3개씩 있다. 다리식은 1-4-2-3이다. 복부는 난형이 고, 뒤쪽이 약간 더 뾰족하다. 복부의 등면은 회색과 암회색이다.

수컷: 몸집이 암컷보다 좀더 작다. 배갑의 세로가 너비보다 더 길다. 색은 암컷과 비슷하 다. 전안열은 앞에서 볼 때는 곧고 후안열은 약간 후곡한다. 전안열은 후안열보다 짧다. 위턱은 2개의 앞엄니두덩니를 가지고 있고, 뒷엄니두덩니는 없다. 복부는 둥글고, 뒤쪽 이 뾰족하다.

분포: 한국

공산나사접시거미
Arcuphantes pulchellus Paik, 1978

♀

암컷의 배갑은 암황색이고 세로가 너비보다 더 길다. 안역은 융기한다. 전안열은 정면에서 보면 곧지만 등면에서 보면 후곡한다. 후안열은 후곡한다. 위턱은 황색이며, 위턱의 앞 옆면은 발음줄을 가진다. 아랫입술과 아래턱은 암황색이며 약간 뾰족하다. 아랫입술은 폭이 길이보다 넓다. 흉판은 검고 볼록하며 너비와 세로가 같다. 다리는 황색이며 희미한 고리 무늬가 있다. 다리식은 1-2-4-3이다. 복부는 난형이고 뒤쪽이 더 뾰족하다. 검은색을 띠며 복부 등면과 옆면에 회색과 흰색 무늬가 있다. 수컷은 알려져 있지 않다.

분포: 한국

까막나사접시거미
Arcuphantes scitulus Paik, 1974

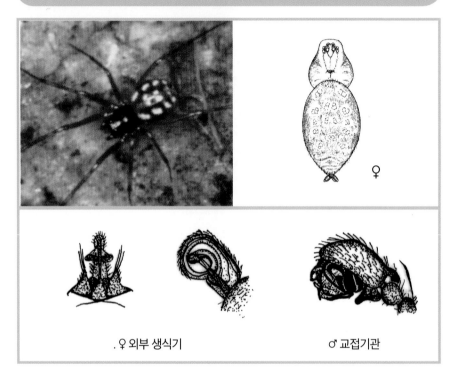

. ♀ 외부 생식기   ♂ 교접기관

암컷: 배갑이 황갈색이고 가운데홈, 방사홈 및 양 가장자리는 검으며 너비보다 세로가 길다. 안역은 융기한다. 전안열은 등면에서 보면 후곡하고, 후안열은 후곡한다. 위턱은 황갈색이고 발음줄을 가진다. 아랫입술과 아래턱은 황갈색이다. 아랫입술은 세로보다 너비가 현저하게 넓다. 흉판은 검고 긴 털이 나 있으며, 볼록하고 뒤끝은 넷째다리 기절 사이로 폭넓게 돌출하고 있다. 다리는 황갈색이고 각 퇴절에 1개, 경절에 3개씩 검은 고리 무늬를 가진다. 다리식은 1-2-4-3이다. 복부는 난형이나 뒤쪽이 약간 뾰족하다. 색은 검고 등면에 흰색과 회색의 무늬를 가진다.

수컷: 앞에서 보면 전안열이 전곡하고 후안열은 후곡한다. 위턱은 암컷의 위턱보다 굵고, 앞엄니두덩과 뒷엄니두덩에는 각각 1개씩 굳센 이빨이 있다. 흉판은 암컷과는 정반대로 세로보다 너비가 길다. 다리식은 1-4-2-3이다.

분포: 한국

엄나사접시거미
Arcuphantes uhmi Seo et Sohn, 1997

♀

배갑은 암갈색이고 가장자리와 방사선은 검으며, 가운데홈은 약간 뒤쪽으로 오목하다. 이마는 전중안 직경의 2.6배이다. 모든 눈에는 검정 무늬가 있으며 양 안열은 후곡하고 전안열이 후안열보다 약간 짧다. 위턱은 황갈색이고 3개의 앞엄니두덩니와 5개의 작은 뒷엄니두덩니가 있다. 다리는 황색을 띠고 갈색 고리 무늬가 있으며 다리식은 4-1-2-3 이다.

분포: 한국

땅접시거미속
Genus *Doenitzius* Oi, 1960

배갑에 검은 바늘형의 가운데홈을 가진다. 목홈과 방사홈은 대체로 뚜렷하다. 두부는 다소 좁고 후안열은 약간 전곡한다. 위턱은 3개의 앞엄니두덩니를 가지며 아래턱은 세로가 너비보다 약간 길다. 다리는 매우 짧고 다리식은 4-1-2-3이다. 복부는 암회색이고 특별한 무늬를 가지지 않는다. 복부 두 끝은 코접시거미속처럼 뾰족하지 않다. 일반적으로 암컷보다 수컷의 몸집이 크다.

용접시거미
Doenitzius peniculus Oi, 1960

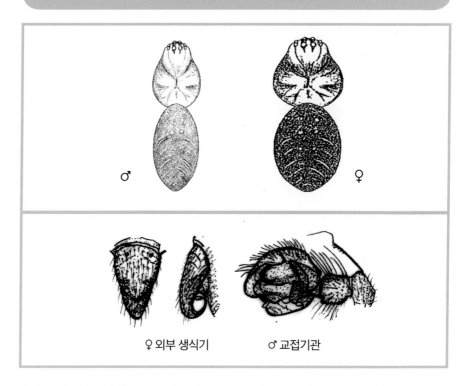

♀ 외부 생식기   ♂ 교접기관

수컷은 배갑이 갈색이나 양 가장자리와 목홈 및 방사홈은 암갈색이다. 전안열은 등면에서는 후곡해 보이나 정면에서 보면 곧다. 후안열은 기외 일직선을 이룬다. 위턱은 갈색이고 세로가 너비보다 길다. 아래턱은 갈색이고 아랫입술과 흉판은 암갈색이다. 흉판은 볼록한 심장형이고 그 뒤끝은 넷째다리 기절 사이에 돌출하고 있다. 다리는 갈색이지만 기절에 1개, 퇴절과 경절에 각각 2개씩 어두운 색의 고리 무늬를 가진다. 다리식은 4-1-2-3이다. 복부는 긴 타원형을 이루고, 등면은 암회색 바탕에 무늬가 있다.

분포: 한국, 일본

땅접시거미
Doenitzius pruvus Oi, 1960

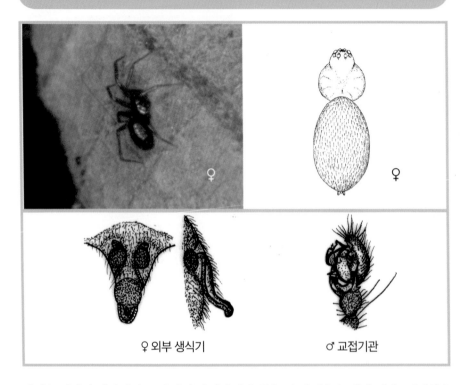

♀

♀

♀ 외부 생식기   ♂ 교접기관

암컷은 배갑이 암갈색이고, 흉부의 가장자리와 목홈 및 방사홈은 색이 짙다. 전안열은 등면에서는 후곡하지만 정면에서 보면 전곡한다. 위턱은 황갈색이다. 아래턱은 갈색이고 아랫입술과 흉판은 암갈색이다. 흉판은 넓은 심장형을 이루고 그 뒤끝은 넷째다리 기절 사이에 돌출한다. 다리는 황갈색이다. 다리식은 4-1-2-3이다. 복부는 난형이고 암회색에 무늬는 없다.

분포: 한국, 일본, 중국, 러시아

꼬마접시거미속
Genus *Agyneta* Hull, 1911

배갑은 윤택이 나는 갈색이다. 위턱도 갈색이고 앞엄니두덩과 뒷엄니두덩에 이빨이 나 있다. 흉판은 갈색이거나 흑색이다.

검정꼬마접시거미
Agyneta nigra (Oi, 1960)

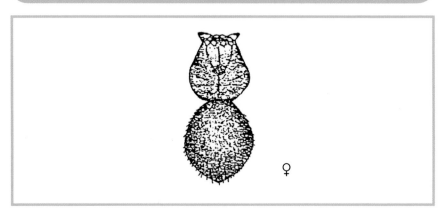

배갑은 갈색을 띠며 광택이 난다. 가운데와 가장자리의 홈이 더 어둡고 두부 뒤쪽에 8개의 검은 무늬가 있다. 위턱은 갈색이고, 희미하게 3개의 앞엄니두덩니와 4개의 작은 뒷엄니두덩니를 가지고 있다. 흉판은 암갈색이고 심장형을 하고 있으며 볼록하다. 다리는 황갈색이다. 흉판은 전부 검은색이고 긴 원통형이다. 배갑은 난형이다.
분포: 한국, 일본, 중국

팔공꼬마접시거미
Agyneta palgongsanensis (Paik, 1991)

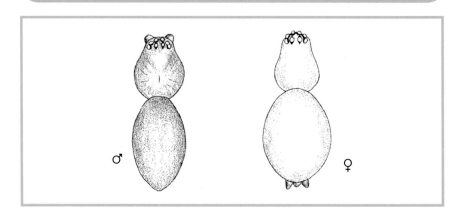

수컷의 배갑은 적갈색이고 난형의 홈이 있다. 앞면에서 보면 전안열은 전곡하고 후안열도 전곡한다. 위턱은 암갈색으로 3개의 앞엄니두덩니와 대략 5개의 뒷엄니두덩니가 있다. 아랫입술은 세로보다 너비가 넓다. 흉판은 갈색이다. 다리는 황갈색이며, 다리식은 1-4-2-3이다. 복부는 황회색으로 약간 희미한 빗살 모양이 앞의 반 정도를 차지하고 있다. 암컷은 일반적인 특성과 색깔이 수컷과 같으나 다리는 수컷보다 짧다. 위턱은 5개의 이빨이 양 엄니두덩에 나 있다. **분포**: 한국

꼬마접시거미
Agyneta rurestris (C. L. Koch, 1836)

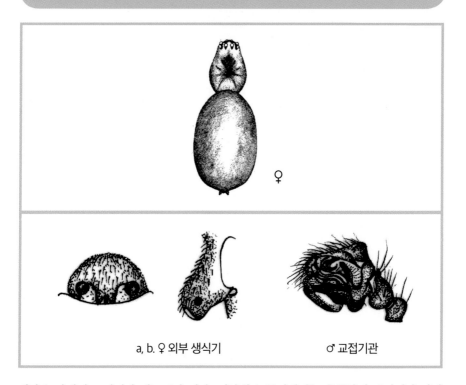

a, b. ♀ 외부 생식기   ♂ 교접기관

배갑은 갈색이고 너비가 세로보다 길다. 전안열은 등면에서는 후곡하여 보이지만 정면에서는 일직선을 이룬다. 후안열은 후곡한다. 위턱은 황갈색이고 앞엄니두덩과 뒷엄니두덩에 각각 이빨이 5개씩 있다. 아래턱과 아랫입술은 황갈색이고, 흉판은 갈색이다. 흉판은 복판이 볼록하다. 다리는 황갈색이고, 다리식은 1-4-2-3이다. **분포**: 한국, 유럽

마름모접시거미속
Genus *Crispiphantes* Tanasevitch, 1992

배엽은 길게 발달되어 있고 부배엽은 상부 다리와 말단 다리 사이에서 좁게 발달되어 있다. 박판(lamella)은 크고 복잡하며 삽입기는 작다.

비슬산접시거미
Crispiphantes biseulsanensis (Paik, 1985)

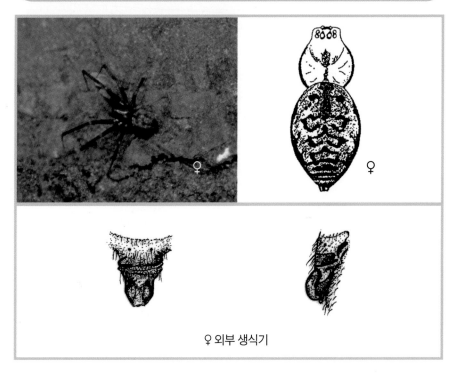

♀ 외부 생식기

배갑의 길이는 약 2mm 내외이고 황갈색을 띠며 후중안에서부터 흉부 미부까지 검은 중앙선이 있다. 가운데홈의 모양은 원형으로 함몰되어 있다. 전안열은 전면에서 보면 전곡하고 후안열은 후곡하고 있다. 위턱은 황갈색이며 앞엄니두덩에 커다란 이빨이 3개, 뒷엄니두덩에 작은 이빨이 4개 있다. 다리는 황갈색을 띠고 있으며 어두운 고리 무늬가 있다. 다리식은 1-4-2-3이다.

분포: 한국, 중국

마름모접시거미
Crispiphantes rhomboideus (Paik, 1985)

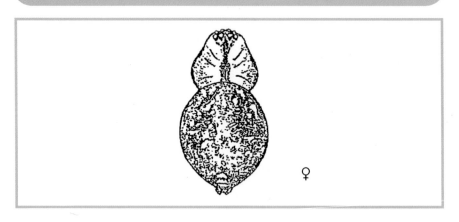

♀

수컷: 배갑이 황갈색이며, 방사홈과 가운데홈이 좀더 검다. 세로가 너비보다 더 길다. 양 안열은 곧다. 위턱은 배갑의 색상과 비슷하다. 앞엄니두덩니가 2개 있고 뒷엄니두덩니 는 없다. 아래턱의 색상과 다리의 색상은 배갑과 비슷하다. 다리식은 1-4-2-3이다. 복부 는 긴 난형이고 끝이 좁다. 등면은 흰 무늬가 양 가장자리에 있다.

암컷: 배갑은 황갈색이며 좁고 검은 두덩이 있다. 양 안열은 곧다. 위턱에 3개의 앞엄니 두덩니가 있으며 뒷엄니두덩니는 탈락되어 있다. 흉판은 황갈색으로 암회색을 띤다. 다 리는 수컷의 것보다 더 짧고 약하다. 복부는 난형이고, 등면은 하얀 반점이 많이 있으며 양쪽에 짙은 줄무늬가 있다.

분포: 한국

가야접시거미속
Genus *Eldonnia* Tanasevitch, 1996

배갑과 흉판은 갈색이다. 전안열은 곧고 후안열은 후곡한다. 앞엄니두덩과 뒷엄니두덩
에 이가 나 있다. 넷째다리 척절에는 귀털이 없다. 아래턱과 다리는 황갈색이다.

가야접시거미
Eldonnia kayaensis (Paik, 1965)

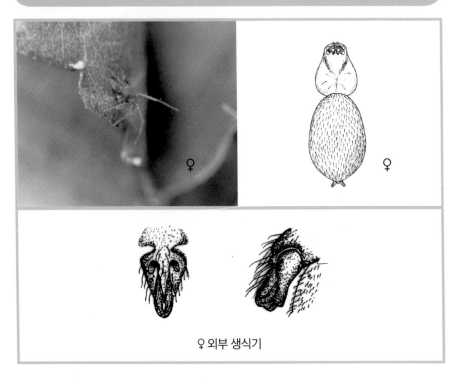

♀ 외부 생식기

암컷은 배갑이 황갈색이고 세로가 너비보다 길다. 전안열은 곧고 후안열은 후곡한다. 눈차례는 전중안<후측안<후중안<전측안이다. 위턱은 황갈색이고 앞엄니두덩에 3개, 뒷엄니두덩에 5개의 이빨이 있다. 위턱에는 발음줄이 있다. 아랫입술은 황갈색이다. 세로보다 너비가 길다. 아래턱은 황갈색이다. 흉판은 갈색이며 매우 볼록한 삼각형을 이루고 세로보다 너비가 길다. 다리는 황갈색이고 고리 무늬가 없다. 다리식은 1-2-4-3이다. 넷째다리 척절에는 귀털이 없다. 회백색이고 무늬가 없다.

분포: 한국, 중국, 시베리아

흑갈풀애접시거미속
Genus *Hylyphantes* Simon, 1884

수컷의 두부는 혹 모양으로 융기해 있지 않다. 눈은 작으며 수컷의 위턱에 안쪽을 향한 큰 혹이 있다. 앞 엄니두덩니는 5개이다. 넷째다리 척절에 1개의 귀털이 있다. 수염기관의 슬절 복부면에 작은 돌기가 있다.

흑갈풀애접시거미
Hylyphantes graminicola (Sundevall, 1829)

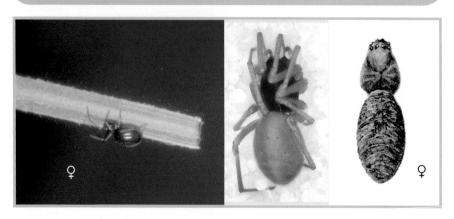

암컷의 몸길이는 2.5~4mm이고, 수컷은 2~3mm 정도이다. 두흉부는 난형으로 둥글고 윤이 나는 적갈색으로 목홈과 흉부 가장자리는 검은색이다. 전안열은 곧고 후안열은 다소 전곡한다. 위턱에는 앞엄니두덩니 5개, 뒷엄니두덩니 5개가 있고, 수컷의 위턱 앞면에는 큰 돌기 1개가 있다. 흉판은 암적갈색이며 심장형으로 뒤끝이 넷째다리 기절 사이로 돌입한다. 다리는 황갈색이다. 복부는 긴 난형이고 등면은 암갈색 내지 검정색 바탕에 4개의 황갈색 근점이 보이며 밑줄의 회색 가로 무늬가 있기도 한다. 풀밭, 논, 나뭇잎 위 등에서 흔히 보이며 성숙기는 4~10월이다.

분포: 한국, 일본, 중국

꽃접시거미속
Genus *Floronia* Simon, 1887

수컷의 두부는 상당히 융기하며 굵고 굽은 강모가 많이 있다. 위턱의 앞엄니두덩에 5~6 개의 큰 이가 존재하고 앞쪽 옆면에 가시가 있는 경우가 없다. 이마의 높이는 전중안 지름보다 길다. 다리는 길고 가늘며 넷째다리 척절에는 귀털이 없다. 모든 경절과 척절에 다수의 가시가 있지만, 첫째다리와 둘째다리 경절의 앞뒤, 옆면에는 가시가 없다. 모든 퇴절은 등면에 1개씩 가시가 있고, 첫째다리 퇴절에는 이밖에 2~3개의 앞 옆면 가시를 가진다. 첫째다리와 넷째다리 퇴절의 길이는 배갑의 길이와 같거나 약간 길다. 넷째다리의 척절은 경절보다 길거나 아주 약간 짧은 정도이다. 복부는 원형이고 비교적 높으며, 복부 등면에 무늬를 가진다.

꽃접시거미

Floronia exornata (L. Koch, 1878)

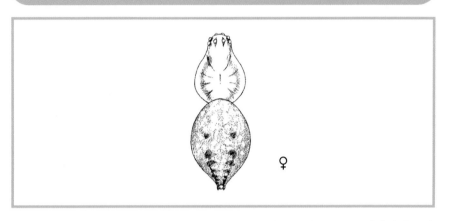

♀

몸길이는 4~6mm 정도이다. 두흉부는 황갈색으로 안역에서 뒤쪽으로 양 가장자리를 따라 검정색 줄무늬가 있다. 수컷은 두부가 볼록하고 많은 강모가 나 있다. 눈은 크기가 거의 같고 전안열은 심하게, 후안열은 약하게 후곡하고 있다. 위턱은 갈색이고 앞엄니두덩니는 8개이다.

분포: 한국, 일본

비단가시접시거미속
Genus *Herbiphantes* Tanasevitch, 1992

몸길이는 3.5~5mm 정도이고 위턱은 상대적으로 길고 잘 발달되어 있다. 다리는 가늘고 길며 검은 무늬가 산재되어 있다. 수염기관의 경절은 길고 막성 말단 돌기와 작은 삽입기를 가지고 있다. 부배엽성 돌기는 없다. 복부는 길쭉하고 흰색 또는 회색 무늬가 있다.

비단가시접시거미
Herbiphantes cericeus (Saito, 1934)

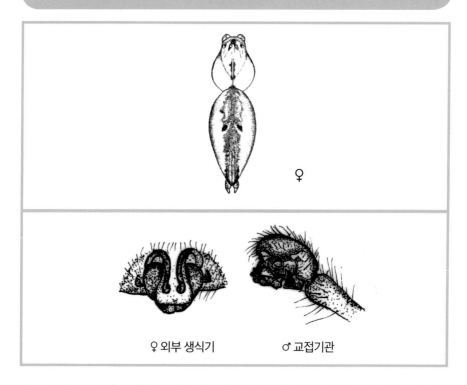

♀

♀ 외부 생식기　　　♂ 교접기관

암컷은 배갑이 약간 갈색을 띤 황색이지만, 배갑 한복판을 세로로 이어지는 띠와 흉부 양 가장자리에 이어지는 가느다란 선두리는 검다. 배갑은 폭보다 길고 가운데홈은 뚜렷 하지 못하며 목홈과 방사홈은 보이지 않는다. 안열은 모두 후곡하나 전안열이 후안열보 다 약간 강하게 굽어 있다. 8개의 눈은 모두 검은 테두리로 둘러싸여 있다. 이마는 전중 안 지름의 4배이고, 가운데눈네모꼴의 높이보다는 약간 높다. 위턱은 배갑과 같은 약간 갈색을 띤 황색이고, 옆혹을 가지지 않는다. 아랫입술, 아래턱 및 흉판은 약간 갈색을 띤 황색이지만 아랫입술 앞 가장자리와 아래턱 앞 가장자리 부근은 황백색이다. 아랫입술 은 삼각형에 가깝고 그 앞 끝은 두꺼운 전을 이룬다. 흉판은 약간 갈색을 띤 황색 바탕에 정중선 후반부에 세로로 이어지는 검은색의 띠를 가진다. 방패형이며 폭은 첫째다리와 둘째다리 기절 사이에서 가장 넓다. 흉판 앞 가장자리는 대체로 일직선을 이루고, 뒤끝 은 넷째다리 기절 사이에 폭넓게 돌출하고 있다. 흉판과 아래턱에는 갈색의 긴 털이 드 문드문 나 있다. 다리는 배갑과 같은 갈색을 띤 황색이다. 첫째다리와 둘째다리 경절에는 끝과 기부에 가까운 곳에, 또 넷째다리의 경절 끝부분에는 각각 1개씩 검은 고리 무늬를 가진다.

분포: 한국, 일본, 러시아

한라접시거미속
Genus *Lepthyphantes* Menge, 1886

배갑은 앞쪽이 매우 좁고 후안열은 후곡한다. 가운데눈네모꼴의 뒷변은 앞변보다 뚜렷하게 폭이 넓다. 위턱의 기절 바깥면에는 암수 모두 뚜렷한 발음줄을 가진다. 다리는 길고 가늘며 다리식은 1-2-4-3이다. 넷째다리 적절에는 귀털이 없다. 복부는 난형이고 앞쪽이 높으며 뒤끝은 약간 뾰족하다. 회색 바탕에 가로로 달리는 검은색의 넓은 줄무늬점을 가지지만 종류에 따라서는 전혀 무늬가 없는 것도 있다.

굴접시거미
Lepthyphantes cavernicola Paik et Yagimuma, 1969

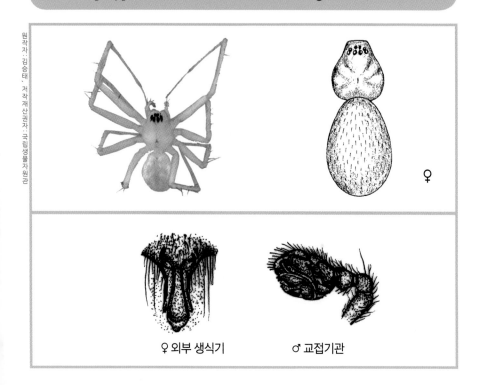

♀

♀ 외부 생식기　　　♂ 교접기관

암컷은 배갑이 황갈색이고 세로가 너비보다 길다. 가운데홈은 둥근 움푹이를 이루고 목홈과 방사홈은 겨우 알아볼 수 있을 정도이다. 전안열은 등면에서 보면 후곡하지만 앞면에서 보면 곧고 후안열도 곧다. 위턱은 황갈색이고 비교적 길며 앞엄니두덩에 3개, 뒷엄니두덩에 5개의 이빨이 있다. 옆혹과 발음줄, 기절 앞면의 가시, 털다발 등은 없다. 아랫입술은 황갈색이고 폭이 길이의 2배 가까운 반원형을 이룬다. 아래턱은 황갈색이다. 흉판도 황갈색이고 매우 볼록한 심장 모양을 한다. 세로보다 너비가 약간 길고, 그 뒤끝은 넷째다리 기절 사이로 돌출한다. 다리는 황갈색이다. 넷째다리 척절에는 귀털이 없다. 복부는 난형이고 황갈색을 하고 있다.

분포: 한국

한라접시거미
Lepthyphantes latus Paik, 1965

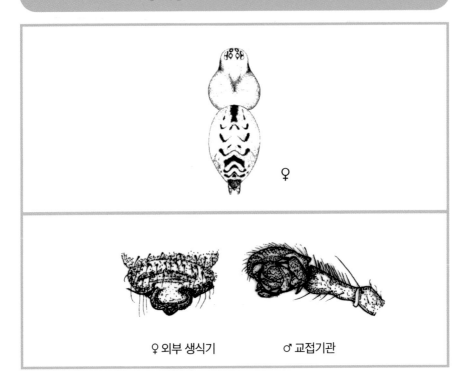

♀ 외부 생식기   ♂ 교접기관

암컷은 배갑의 세로가 너비보다 길다. 황갈색 바탕에 두부와 양 가장자리는 검다. 위턱은 갈색이고 앞엄니두덩에 3개, 뒷엄니두덩에 4개의 이빨을 가지는 동시에 앞 옆면에 2개의 가시와 바깥면에 발음줄을 가진다. 아래턱은 황갈색이고 좌우의 것은 밖으로 기울어져 끝으로 갈수록 사이가 벌어져서 거꾸로 된 '八' 자 모양을 이루고 있다. 아랫입술과 흉판은 검다. 아랫입술은 세로보다 너비가 길고 반원형을 이룬다. 흉판은 매우 볼록하고 뒤끝이 폭넓게 넷째다리 기절 사이로 돌출한다. 다리는 황색이고 각 퇴절에 5개, 각 경절에 4개씩의 암록색 고리 무늬를 가진다. 다리식은 1-2-4-3이다. 복부는 난형이지만 뒤끝이 뾰족하다. 등면은 회황색 바탕에 검은색의 무늬를 가진다.

분포: 한국

872

각접시거미속
Genus *Anguliphantes* Saaristo et Tanasevitch, 1996

속의 특징은 코접시거미(*Anguliphantes nasus*)의 특징과 같다.

코접시거미
Anguliphantes nasus (Paik, 1965)

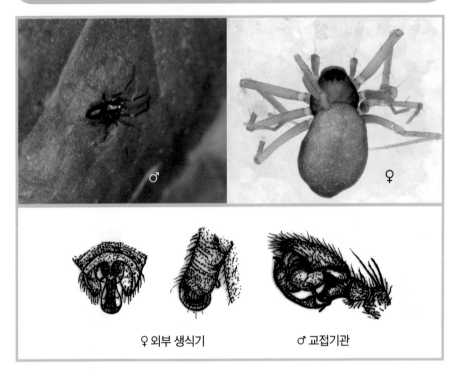

♀ 외부 생식기　　　♂ 교접기관

암컷은 배갑이 황갈색이고 가운데홈과 양 가장자리의 선두리는 검다. 세로가 너비보다 길고 앞쪽이 매우 좁다. 전안열은 앞에서 보면 약간 전곡하고 후안열은 약간 후곡한다. 위턱의 색깔은 황갈색이고 앞엄니두덩에 3개의 큰 이빨이, 뒷엄니두덩에 5개의 작은 이빨이 있다. 아래턱과 아랫입술 및 흉판은 암갈색이다. 아랫입술은 세로보다 너비가 길다. 흉판은 세로가 너비보다 길고, 매우 볼록하며 뒤끝은 넷째다리 기절 사이에 폭넓게 돌출한다. 다리는 황갈색이고 무늬를 가지지 않는다. 다리식은 1-4-2-3이다. 복부는 난형이나 뒤끝이 약간 뾰족하다. 등면은 검은 회색 바탕에 여러개의 희미한 'ㅅ' 자형의 무늬를 가지고 있다.

분포: 한국

874

좁쌀접시거미속
Genus *Microneta* Menge, 1869

중형의 접시거미로 복부는 수컷이 가늘고 길다. 암컷은 길지 않다. 수컷의 위턱은 길고 가늘며 평행하다. 다리는 길고 가늘며 퇴절에 가시가 있다. 넷째다리 척절에 귀털은 없다.

길죽쌀접시거미
Microneta viaria (Blackwall, 1841)

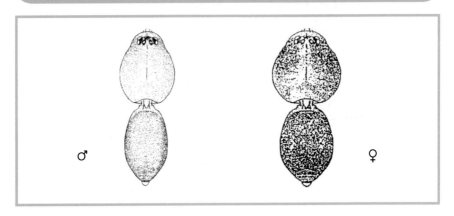

수컷의 배갑은 황색이며 너비보다 세로가 길다. 중앙홈은 거의 직선이다. 등면에서 보면 전안열은 후곡되어 있고, 후안열은 곧다. 가운데눈네모꼴은 뒷변이 앞변보다 높다. 위턱은 황색이고 5개의 큰 앞엄니두덩니와 5개의 작은 뒷엄니두덩니로 되어 있다. 아래턱은 황색이고 아랫입술과 흉판은 암황색이다. 복부 부분은 타원형으로 검은색이다.

분포: 한국, 중국, 러시아, 유럽, 북아프리카, 북아메리카

일본접시거미속
Genus *Nippononeta* Eskov, 1992

수컷의 배갑은 불규칙하고 다양하며 눈은 중간 정도의 크기이다. 암컷은 위턱에 4개의 앞엄니두덩니가 있으나 수컷은 위턱의 앞엄니두덩니가 두드러지지는 않는다. 슬절의 가시털은 2-2-2-2이며, 앞쪽과 뒤쪽 가장자리에는 가시털이 없고 척절에도 역시 가시털이 없다. 복부는 등면 쪽에 불규칙하고 다양한 무늬가 있다. 촉지의 슬절에는 3개의 귀털이 있다. 수컷은 수염기관의 슬절이 손잡이 없는 술잔과 같은 모양이며, 배엽은 있지만 원뿔형의 상승은 없다. 부배엽은 크고 T 자 모양이거나 아닌 것도 있으며 측면으로 확장되고 있다. 삽입기는 Lepthyphantinae의 다른 속과 유사하게 분화되었으며, 암컷의 외부 생식기는 넓고, 기부에 날카롭게 모아진 현수체가 있다.

청하꼬마접시거미
Nippononeta cheunghensis (Paik, 1978)

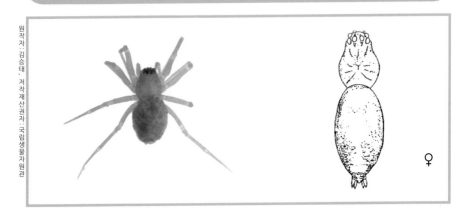

♀

암컷은 배갑이 황갈색이고 세로가 너비보다 더 길다. 후안열은 약간 후곡하고, 전안열은 정면에서 보면 약간 전곡한다. 위턱은 황갈색이며 각 엄니두덩에 5개의 강한 이빨이 있다. 아래턱은 암황갈색이며 세로가 너비보다 넓다. 아랫입술은 암황갈색을 띤다. 너비가 세로보다 길다. 흉판은 검은색을 띠며 볼록하고 심장형이다. 세로가 너비보다 길다. 다리는 황갈색이고, 다리식은 1-4-2-3이다. 복부는 긴 원통형이다. 수컷은 알려져 있지 않다.

분포: 한국

금정접시거미
Nippononeta coreana (Paik, 1991)

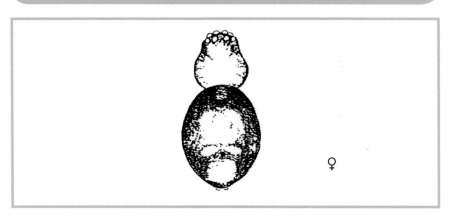

♀

배갑은 황갈색이며 난형이고 세로가 너비보다 길다. 가운데홈과 방사홈이 희미하다. 전안열은 약간 굴곡이 있고, 후안열은 약간 후곡한다. 위턱은 황갈색이며 5개의 앞엄니두덩니와 4개의 뒷엄니두덩니가 있다. 아래턱과 아랫입술은 황갈색이며 약간 뾰족하다. 흉판은 암갈색이고 심장형을 이룬다. 볼록한 흉판 끝부분과 다리의 기절 사이가 전체적으로 융기하고 있다.

분포: 한국, 중국

옆꼬마접시거미

Nippononeta obliqua (Oi, 1960)

♀

♀ 외부 생식기   ♂ 교접기관

배갑은 암갈색이며, 특히 방사홈과 가장자리홈은 검은색에 가깝다. 수컷의 배갑은 암컷 보다 넓다. 양 안열은 거의 곧다. 위턱은 암갈색이고, 암컷은 4개의 앞엄니두덩니와 미소한 4개의 뒷엄니두덩니를 가지고 있다. 수컷은 엄니두덩니가 거의 없거나 매우 미소하다. 흉판은 암갈색으로 심장형으로 볼록 튀어나와 있다. 다리는 암갈색이다.

분포: 한국, 일본

뿔꼬마접시거미
Nippononeta projecta (Oi, 1960)

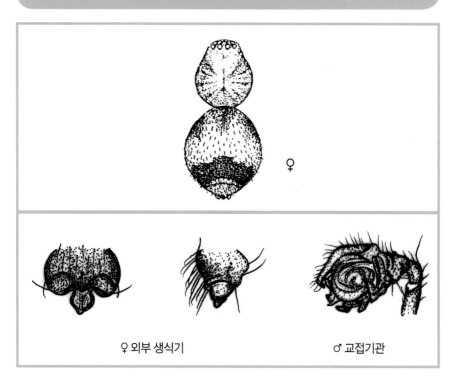

♀

♀ 외부 생식기　　　　　　　♂ 교접기관

배갑은 광택이 나고 황갈색이다. 안역은 융기하고 있으며 약간 후곡한다. 양 안열은 곧
다. 위턱은 암황갈색이고, 암컷은 4개의 아주 작은 앞엄니두덩니와 희미한 뒷엄니두덩
니가 있다. 수컷은 4개의 미소한 뒷엄니두덩니가 있고, 앞엄니두덩니는 거의 보이지 않
는다. 흉판은 암황갈색으로 심장형이며 볼록하다. 다리는 황갈색이다. 복부는 난형이
고, 검은색 무늬가 등면에 있는 흐린 황색 바탕이다.

분포: 한국, 일본

발톱꼬마접시거미
Nippononeta ungulata (Oi, 1960)

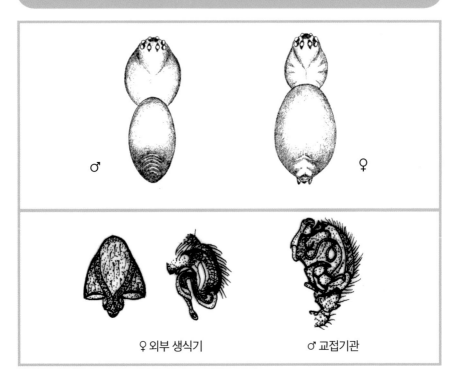

♀ 외부 생식기   ♂ 교접기관

암컷은 배갑이 갈색이고 양 안열은 곧다. 위턱은 배갑과 같은 색이고 앞엄니두덩에 4개의 이빨이 있다. 아래턱은 갈색이다. 흉판은 암갈색으로 심장형이고, 가운데가 볼록하다. 다리는 황갈색이다. 복부는 긴 타원형이며 황갈색 바탕에 양옆과 등면 뒤끝은 검고, 검은색 무늬가 있다.

분포: 한국, 일본

개미시늉거미속
Genus *Solenysa* Simon, 1894

두부는 융기해 있고 앞 끝면에 안역이 있다. 등면은 꺼칠꺼칠하고 작은 입자는 없다. 가장자리는 물결 무늬이다. 위턱 앞엄니두덩에 이빨이 4개 있고 앞측면에 작은 입자가 많이 있다.

금오개미시늉거미
Solenysa geumoensis Seo, 1996

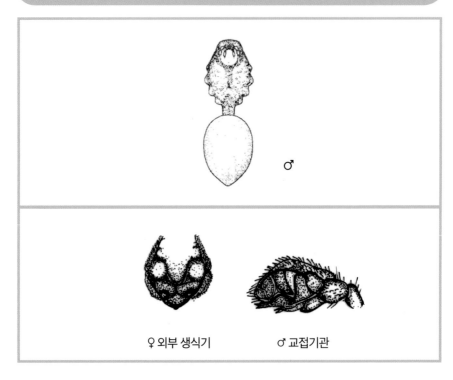

♂

♀ 외부 생식기　　　♂ 교접기관

수컷의 몸길이는 1.4mm 정도이다. 배갑은 적갈색이고 수많은 키틴 과립 돌기가 나 있으며 미부는 배자루 쪽으로 확장되어 있다. 가슴홈과 가운데홈은 뚜렷하고 두부 쪽이 융기되어 있다. 이마는 전중안의 직경 7배 정도이다. 전안열은 후곡하고 후안열은 약간 전곡한다. 위턱은 적갈색이고 3개의 큰 앞엄니두덩니와 2개의 작은 뒷엄니두덩니가 있다. 다리는 적갈색으로 가늘고 길며, 모든 마디에는 가시털이 없다. 복부는 어두운 회색으로 구형이며 특별한 무늬는 없다.

분포: 한국

팔공접시거미속
Genus *Strandella* Oi, 1960

넷째다리 척절에는 귀털이 있고 모든 퇴절 등면에 가시가 2개 있다. 측면에는 가시가 없다. 수컷의 수염기관에는 돌기가 있다.

팔공접시거미
Strandella pargongensis (Paik, 1965)

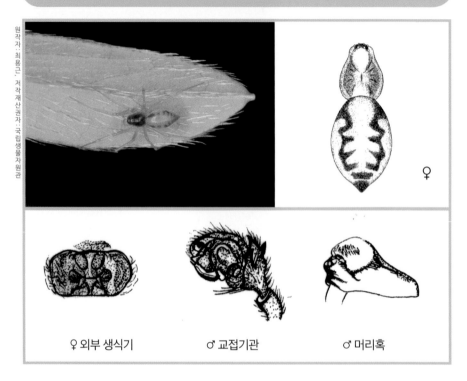

♀

♀ 외부 생식기	♂ 교접기관	♂ 머리혹

암컷은 배갑이 갈색이고 너비보다 세로가 길다. 방사홈은 뚜렷하고 검은색을 띤다. 전안열은 등면에서는 후곡하여 보이지만 정면에서는 전곡을 이룬다. 후안열은 후곡한다. 위턱은 황갈색이고 앞엄니두덩에 6개, 뒷엄니두덩에 5개의 이빨이 있다. 아랫입술은 황갈색이고 세로보다 너비가 넓은 반원형을 이룬다. 흉판은 황갈색이고 볼록한 심장형을 이루며 뒤 끝은 넷째다리 기절의 사이로 폭넓게 약간 돌출한다. 다리는 황갈색이나 고리무늬를 가지지는 않는다. 다리식은 1-4-2-3이다. 넷째다리 척절에 1개의 귀털을 가진다. 복부는 난형이지만 뒤쪽이 약간 뾰족하며 황갈색이고 등면에 1쌍의 지그재그 모양의 검은색 줄무늬를 가진다.

분포: 한국, 일본, 러시아

886

애접시거미아과

Subfamily Enigoninae Emerton, 1882

아래턱은 앞쪽이 기울어진 'ㅅ' 자형이며, 넷째다리 종아리마디 등면 가시털은 1개뿐이거나 없고, 배등면 무늬도 뚜렷하지 않다. 암컷의 더듬이다리 끝마디에 발톱이 없고, 암컷 생식기에 현수체가 없다. 수컷의 머리에는 뿔이나 혹 모양의 돌기가 있는 것, 특이한 털이나 눈 뒤쪽 파임 (眼後裂溝), 그 밖의 기묘한 형태를 이루고 있는 것, 종아리마디 돌기가 발달해 있는 것 등 다양하다. 몸은 2mm 내외로 작고, 지면의 낙엽층이나 돌 밑, 이끼류나 풀 밑동 등에서 생활하며, 연중 성숙체가 보이는 것도 적지 않다.

곱등애접시거미속
Genus *Aprifrontalia* Oi, 1960

수컷의 배갑 두부는 강하게 융기되어 있으며 그 위에 눈들이 배열되어 있다. 후안열은 전곡하고 전안열은 곧다. 위턱에는 5개의 앞엄니두덩니가 있다. 흉판은 폭보다 약간 길고 미부는 넷째다리 기절 사이에 끼인다. 첫째다리와 둘째다리 경절에는 등면 가시털이 2개씩 있고 셋째다리와 넷째다리에는 1개씩 있다. 넷째다리 척절에는 귀털이 있다. 복부에는 여러 개의 희미한 흰색 'V' 자형 무늬가 검은 무늬와 함께 등면 뒤쪽에 있다. 수염기관의 삽입기는 매우 짧고 한 바퀴 정도 휘어져 있으며, 암컷의 외부생식기는 삼각형 돌기 모양이다.

곱등애접시거미
Aprifrontalia mascula (Karsch, 1879)

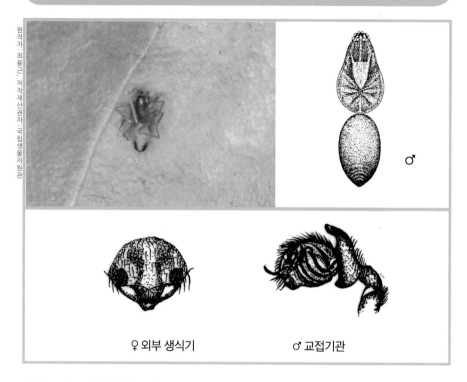

♂

♀ 외부 생식기 　　　 ♂ 교접기관

배갑은 밝은 적갈색이고 방사홈과 목홈은 약간 더 검다. 수컷의 두부는 안역 앞쪽으로 돌출되어 있으며 배갑의 중앙선을 따라 5~6개의 긴 털이 나 있다. 전안열은 전곡하고 후안열은 곧으며 전중안이 제일 작다. 위턱에는 5개의 큰 앞엄니두덩니와 4개의 작은 뒷엄니두덩니가 있다. 흉판은 밝은 적갈색이고 미부는 넷째다리 기절 사이에 끼인다. 넷째다리 척절에는 귀털이 있다. 복부는 회색 바탕에 여러 개의 희미한 'V' 자형 흰색 무늬가 등면 뒤쪽에 있다. 삽입기는 한 바퀴 정도 휘어져 있으며 지시기는 긴 돌기 모양이다. 암컷의 외부생식기는 삼각형 돌기 모양이다.

분포: 한국, 일본, 대만

언덕애접시거미속
Genus *Collinsia* O. P. -Cambridge, 1913

배갑은 황갈색이고 가운데홈, 방사홈 그리고 가장자리는 더 검다. 전중안은 검고 나머지는 광택이 나는 흰색이다. 전안열은 곧고 후안열은 전곡한다. 이마는 거의 수직이고 전중안 직경의 2.5배이다. 위턱은 연한 회갈색이고 6개의 앞엄니두덩니와 5개의 뒷엄니두덩니가 존재한다. 아랫입술은 부풀어 있으며 흉판은 넷째다리 기절 사이에 끼인다. 다리는 갈색이며 고리 무늬 등 특별한 무늬는 없으며 다리식은 4-1-2-3이다.

언덕애접시거미
Collinsia inerrans (O. P. -Cambridge, 1885)

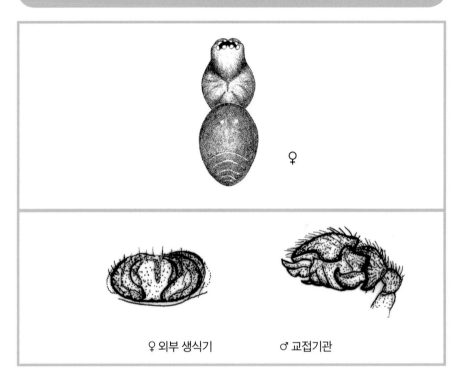

♀

♀ 외부 생식기   ♂ 교접기관

암컷의 몸길이는 2.7mm 정도이다. 배갑은 황갈색이고 가운데홈, 방사홈 그리고 가장자리는 더 검다. 전중안은 검고 나머지는 광택이 나는 흰색이다. 전안열은 곧고 후안열은 전곡한다. 이마는 거의 수직이고 전중안 직경의 2.5배이다. 위턱은 연한 회갈색이고 6개의 앞엄니두덩니와 5개의 뒷엄니두덩니가 있다. 아랫입술은 부풀어 있으며 흉판은 넷째다리 기절 사이에 끼인다. 다리는 갈색이며 고리 무늬 등 특별한 무늬는 없으며 다리식은 4-1-2-3이다. 첫째다리, 둘째다리, 셋째다리 척절에는 각각 하나씩 귀털이 있다. 복부는 구형이고, 어두운 회색 바탕에 여러 개의 희미한 'V'자형 흰색 무늬가 등면 뒤쪽에 있다. 이 종은 *Collinsia japonica*와 동일종이다.

분포: 한국, 일본, 중국, 구북구

흰배애접시거미속
Genus *Diplocephaloides* Oi, 1960

수컷의 배갑은 두부 쪽이 약간 융기되어 있으나 암컷에는 없다. 후안열은 거의 곧고 전
안열은 전곡하며 전중안이 제일 작다. 첫째다리와 둘째다리 경절에는 등면 가시털이 2
개 있고 셋째다리와 넷째다리에는 1개씩 가시털이 있다. 넷째다리 척절에는 귀털이 있
다. 복부는 길쭉한 구형이고 뒤쪽이 약간 뾰족하다. 삽입기는 긴 코일형이며 암컷의 외
부생식기는 삼각형으로 1쌍의 저정낭이 외부에서 보인다.

원작자 : 최용근, 저작재산권자 : 국립생물자원관

♀

♀ 외부 생식기　　　♀ 내부 생식기　　　♂ 교접기관

배갑은 밝은 적주황색이고 안역은 검다. 돌출된 두부와 가슴홈은 거의 없다. 눈은 상대적으로 크고 서로 모여 있다. 후안열은 거의 직선이고 선안열은 전곡한다. 흉판은 세로보다 너비가 더 넓고 넷째다리 기절 사이에 끼인다. 다리는 주황색이며 첫째다리와 둘째다리 경절에 각각 2개씩 등면 가시털이 나 있고, 셋째다리와 넷째다리에는 1개씩 등면 가시털이 있다. 넷째다리 척절에는 귀털이 있다. 수염기관의 퇴절은 원통형이고 휘어져 있으며 삽입기는 긴 코일형이다. 1쌍의 저정낭이 외부에서 보이며 암컷의 외부생식기에는 삼각형의 생식구가 있다.

분포: 한국, 일본

상투애접시거미속
Genus *Entelecara* Simon, 1884

배갑은 앞쪽이 매우 좁고 후안열은 후곡한다. 가운데눈네모꼴의 뒷변은 앞변보다 뚜렷하게 폭이 넓다. 위턱의 기절 바깥면에는 암수 모두 뚜렷한 발음줄을 가진다. 다리는 길고 가늘며 다리식은 1-2-4-3이다. 복부는 난형이며 앞쪽이 높고 뒤끝은 약간 뾰족하다. 회색 바탕에 가로로 달리는 검은색 넓은 줄무늬 또는 점을 가지지만 종류에 따라서는 전혀 무늬가 없는 것도 있다.

다부동상투애접시거미
Entelecara dabudongensis Paik, 1983

♀ 외부 생식기   ♂ 교접기관

수컷의 몸길이는 1.7mm 정도이다. 배갑은 밝은 갈색이고 두부는 검다. 전안열은 전곡하고 이마는 전중안 직경의 6배 정도이다. 위턱은 밝은 갈색이고 발음 줄이 있으며 4개의 큰 앞엄니두덩니와 3개의 작은 뒷엄니두덩니가 있다. 흉판은 황갈색이고 심장형이며 넷째다리 기절 사이에 끼인다. 다리는 황갈색이고 고리 무늬는 없다. 다리식은 1-4-2-3이다. 둘째다리와 셋째다리 경절에는 등면 가시털이 1개 있으나 다른 마디에는 없다. 복부는 긴 타원형이고 연한 황색 바탕에 뒤쪽과 가장자리에 갈색 무늬가 혼재되어 있다.

분포: 한국, 일본, 중국, 러시아

895

톱날애접시거미속
Genus *Erigone* Audouin, 1826

수컷의 수염기관 슬절 말단에는 큰 돌기가 있고 슬절 말단의 폭넓은 등면은 깊게 파여 있다. 위턱의 바깥쪽에는 줄을 맞춰 이빨이 나 있고 때로는 전면에도 이빨이 있는 경우가 있다. 수염기관의 퇴절에도 약간의 이가 나열되어 있으며 배갑의 주변도 대부분 톱니 모양을 이룬다. 수컷의 두부는 높지만 혹은 없다. 넷째다리 척절에는 귀털이 없다. 첫째, 둘째, 셋째다리의 경절에는 가시가 2개 있고 넷째다리 경절에는 가시가 1개 있다.

톱날애접시거미
Erigone koshiensis Oi, 1960

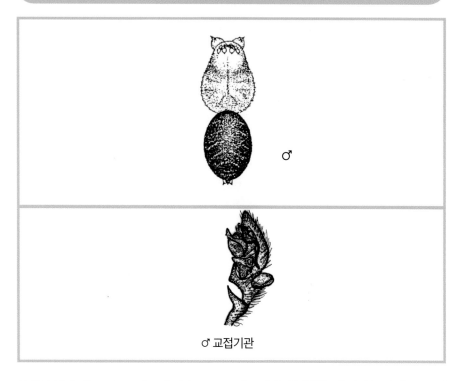

♂

♂ 교접기관

암컷의 몸길이는 1.5mm이고 수컷은 1.8mm 정도이다. 두흉부는 윤기나는 갈색 또는 적
갈색으로 두부는 볼록하나 혹은 없다. 흉부 가장자리에 다수의 톱니형 돌기가 나 있고
목홈과 방사홈은 검다. 8눈이 2열로 배열하고 각 눈은 같은 긴격으로 늘어서며 전중안이
가장 작다. 위턱 앞면에 6~7개의 톱니형 돌기가 있고, 앞엄니두덩니는 5개, 뒷엄니두덩
니는 4개이다. 아래턱 안쪽에는 다수의 작은 사마귀 돌기가 나 있다. 흉판은 검정색 심
장형으로 세로가 너비보다 다소 길고 넷째다리 기절 사이는 그 지름만큼 떨어져 있다.
수컷은 수염기관 퇴절이 강대하며 그 복부면에 8쌍의 가시털이 늘어서고 슬절 끝쪽에는
길고 큰 칼모양의 돌기가 나 있다. 다리는 흐린 황갈색이고 다리식은 4-1-2-3이다. 복부
는 난형으로 불룩하고 흑갈색 바탕에 4~5개의 황갈색 가로줄 점이 있으며 복부면은 검
정색이다. 낙엽 등에서 가끔 보인다.
분포: 한국, 일본, 대만

흑갈톱날애접시거미

Erigone prominens Bösenberg et Strand, 1906

♂

몸길이는 2mm 내외이며 배갑은 갈색이다. 흉판은 황갈색이고 다리는 갈색이다. 복부는 갈색 내지 흑갈색이며 개체에 따라서 색채의 변이가 심하다. 다른 종과의 구별은 암컷의 외부생식기 및 수컷의 수염기관을 보지 않으면 구분이 곤란하다.

분포: 한국, 일본, 중국, 유럽

턱애접시거미속
Genus *Gnathonarium* Karsch, 1881

가슴애접시거미속과 극히 닮아 있으나 수컷 두부의 후방에는 혹이 없고 눈이 크며 서로 근접해 있다. 수컷의 수염기관에 있는 삽입기는 길게 반원을 그린다. 수컷의 위턱에 1개의 돌기가 있다. 첫째다리 척절에 귀털이 있고 첫째다리와 둘째다리의 경절에는 2개, 셋째다리와 넷째다리의 경절에는 1개의 가시가 있다.

황갈애접시거미
Gnathonarium dentatum (Wider, 1834)

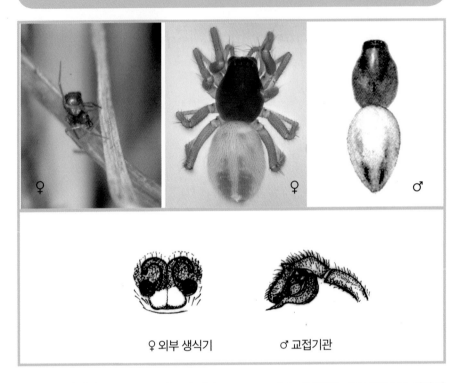

♀ 외부 생식기　　　♂ 교접기관

몸길이는 암컷이 2.5~3.5mm이고 수컷은 2~2.5mm이다. 두흉부는 긴 난형으로 적갈색이며, 목홈, 방사홈, 가운데홈 등은 흑갈색이다. 두부는 앞쪽을 향해 뻗는 여러 개의 긴 털이 있고 눈 뒤쪽은 융기한다. 전안열은 약하게 전곡하고 후안열은 곧다. 위턱은 앞엄니두덩니 5개, 뒷엄니두덩니 4개이다. 수컷에는 위턱 앞쪽에 1개의 큰 돌기가 있고, 앞면과 옆면에 작은 돌기가 많이 있다. 흉판은 심장형으로 밝은 갈색이며 둘레가 검고 뒤끝이 넷째다리 기절 사이로 삽입된다. 다리는 연한 황갈색이다. 복부는 긴 난형으로 회색또는 암갈색이며 중앙이 밝고 가장자리가 짙으며 후반부에는 검정 무늬가 좌우로 늘어선다. 풀숲, 습지 등에 많으며 논거미로서도 우세한 종이다. 성숙기는 4~11월이다.

분포: 한국, 일본, 중국, 유럽, 구북구

흑황갈애접시거미
Gnathonarium gibberum Oi, 1960

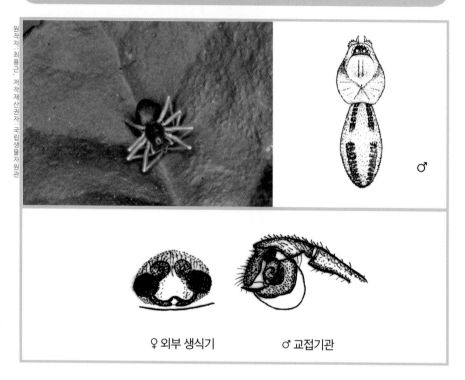

♂

♀ 외부 생식기　　　ㅇ 교접기관

몸길이는 암컷이 2.5~3mm 정도이고 수컷은 2~2.5mm 내외이다. 눈의 앞뒤로 돌출한 큰 혹이 있다. 수컷의 위턱 앞면의 돌기는 비교적 크다. 복부 등면에 2쌍의 흑색띠 무늬 반점이 있다.

분포: 한국, 일본, 중국, 러시아

가시다리애접시거미속
Genus *Gonatium* Menge, 1868

수컷의 두부는 융기되어 있지 않다. 복부에 4개의 붉은색 볼록점이 있다. 넷째다리의 척절에 귀털이 있고, 첫째다리와 둘째다리의 경절에 가시털은 없다. 셋째다리와 넷째다리의 경절에 작은 가시털이 1개 있다. 첫째다리의 경절은 활처럼 굽어 있고 슬절은 부풀어 있다. 척절은 경절보다 길다. 암컷은 다리 경절에 가시털이 1개 있으며, 수컷의 수염기관 슬절은 크고 경절에 돌기가 있다. 첫째다리의 척절, 경절의 복부면에는 길고 강모가 줄지어 나 있기 때문에 털이 많은 거미라고 한다.

황적가시다리애접시거미
Gonatium arimaense Oi, 1960

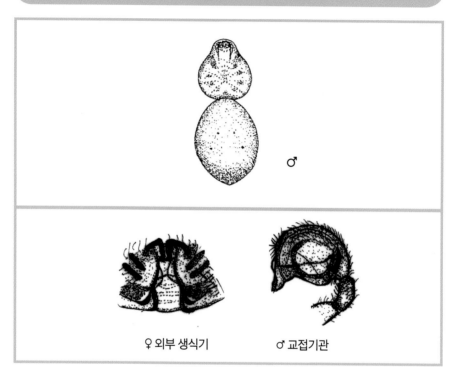

♀ 외부 생식기　　　♂ 교접기관

몸길이는 2.5~3mm 내외이며 황적색이다. 복부는 긴 난형으로 황적색이다. 수컷의 수염 기관에 사마귀 모양의 돌기는 없다.

분포: 한국, 일본

일본가시다리애접시거미
Gonatium japonicum Simon, 1906

몸길이는 3mm 내외이고 두흉부는 광택있는 적갈색으로 안역은 검은색이다. 수컷의 두부는 볼록하고 눈 뒤쪽에 깊은 도랑이 파져 있다. 흉판은 적갈색으로 폭이 넓은 심장형이다. 다리는 주황색으로 첫째다리의 경절과 척절의 복부면에 긴 가시털이 줄지어 있다. 복부는 검은색의 큰 구형으로 볼록하며 4개의 붉은색 도장 무늬가 있다. 산골의 풀숲에 많이 있으며, 소나무와 뽕나무 등에서도 가끔 보인다.

분포: 한국, 일본, 중국, 러시아

육눈이애접시거미속
Genus *Jacksonella* Millidge, 1951

넷째다리의 척절에는 귀털이 없다. 경절 가시털은 첫째다리와 둘째다리에 2개씩 나 있고, 셋째다리와 넷째다리에는 1개씩 나 있다. 수컷의 배갑에는 융기된 부위가 없다.

육눈이애접시거미
Jacksonella sexoculata Paik et Yaginuma, 1969

암컷의 몸길이는 1.3mm 정도이다. 두흉부는 황갈색으로 두부가 둥글며 세로가 너비보다 길다. 목홈이 분명하지 않으나 방사홈과 가운데홈은 뚜렷하다. 6개의 눈이 2열로 늘어서며, 후안열이 전안열보다 약간 길고 전곡한다. 전측안이 가장 크고 후측안이 가장 작다. 위턱은 황갈색으로 앞엄니두덩니 3개, 뒷엄니두덩니 5개이다. 아래턱과 아랫입술은 황갈색이며 아래턱의 앞끝이 좁혀졌고, 아랫입술은 반원형으로 폭이 넓다. 흉판은 연한 황색이며 가운데가 볼록하고 뒤끝이 넷째다리 기절 사이로 돌입해 있다. 다리는 황갈색으로 끝쪽으로 갈수록 색이 짙어지며, 다리식은 4-1-2-3으로 넷째다리가 길다. 복부는 길쭉한 타원형이며, 연한 회황색으로 별다른 무늬가 없다.

분포: 한국

앵도애접시거미속
Genus *Nematogmus* Simon, 1884

수컷의 두부는 혹 모양이고, 융기해 있으며 안역과의 사이에 홈이 있다. 넷째다리의 척절에 1개의 귀털이 있다. 각 다리의 경절 등면에 1개의 귀털이 있다.

앵도애접시거미
Nematogmus sanguinolentus (Walckernaer, 1837)

♂

♀ 외부 생식기   ♂ 교접기관

몸길이는 1.5~2mm 정도이다. 두흉부는 등황색이며 수컷은 두부에 혹 형태의 융기가 있으나 높지는 않고 눈 뒤에 홈이 있다. 2열의 안열은 약간 전곡하며 전중안이 검고 가장 작다. 위턱은 심장형이며 적갈색으로 앞엄니두덩니가 4개(암컷은 5개)이다. 흉판은 심장형으로 등황색이며, 가장자리는 짙은 적갈색이고 뒤끝이 넷째다리 기절 사이로 돌입한다. 다리는 황갈색이다. 복부는 구형으로 볼록하며 등적색으로 중앙은 밝고 옆면과 밑면은 다소 어둡다. 초원, 습지, 풀숲 및 지면 가까이에서 발견된다. 성숙기는 7~8월이며 성체는 월동한다.

분포: 한국, 일본, 중국

섬가슴애접시거미속
Genus *Oedothorax* Bertkau, 1883

넷째다리 척절에는 귀털이 없다. 경절 가시털은 첫째다리와 둘째다리에 2개씩 나 있고
셋째다리와 넷째다리에는 1개씩 나 있다.

섬가슴애접시거미
Oedothorax insulanus Paik, 1980

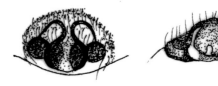

a, b. ♀ 외부 생식기

암컷의 몸길이는 3mm 정도이다. 두흉부는 흐린 갈색으로 목홈과 방사홈이 뚜렷하며 가운데홈은 적갈색의 바늘형이다. 8눈이 2열로 늘어서며 전안열은 곧고 후안열은 약간 전곡한다. 전중안은 검고 작으며 나머지는 모두 진주빛 백색으로 크기가 같다. 위턱은 흐린 갈색으로 앞엄니두덩니 6개, 뒷엄니두덩니 5개가 있다. 아래턱은 황갈색으로 앞쪽이 희고, 아랫입술은 폭이 길이보다 훨씬 넓다. 흉판은 심장형으로 갈색이며 너비보다 세로가 약간 길다. 다리는 황갈색으로 연한 털이 있고 다리식은 4-1-2-3이다. 복부는 긴 타원형으로 회색 내지 검정색이다. 밝은 정중선 무늬가 길게 뻗으며 개체에 따라 변화가 있다.

분포: 한국

낫애접시거미속
Genus *Oia* Wunderlich, 1973

체색은 주로 갈색이다. 토양성 소형 거미로 낙엽층, 부식토에서 서식한다.

낫애접시거미
Oia imadatei (Oi, 1964)

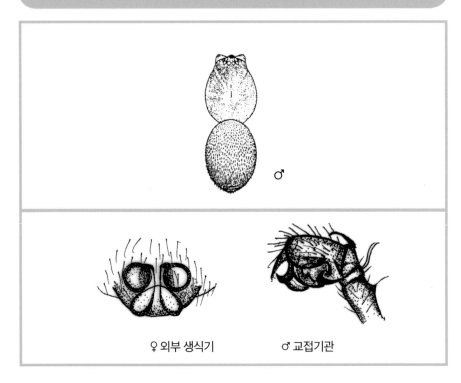

♀ 외부 생식기   ♂ 교접기관

몸길이는 1.2mm 내외인 황갈색의 매우 작은 거미이다. 토양성 거미로서 낙엽 속이나 부식토 속에서 서식한다. 연중 성숙체가 보인다.

분포: 한국, 일본

곰보애접시거미속
Genus *Silometopoides* Eskov, 1992

두흉부는 황색으로 흉부에는 많은 검정색 오목점이 산재한다. 복부는 긴 난형이다. 앞뒤 안열이 약하게 전곡하고 있다.

곰보애접시거미
Silometopoides yodoensis (Oi, 1960)

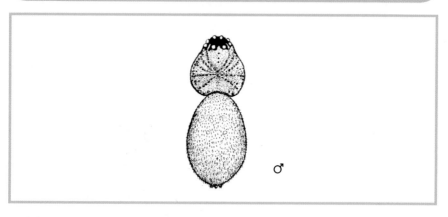

몸길이는 암컷이 1.6mm이고 수컷은 1.4mm 정도이다. 두흉부는 흐린 담황색으로 흉부에는 많은 검정색 오목점이 흩어져 있다. 수컷의 두부는 다소 불룩하며 가운데홈이 있다. 눈의 둘레는 검정색이며 앞뒤 양 안열이 모두 약하게 전곡한다. 위턱 앞 옆면에는 작은 돌기가 많이 나 있다. 흉판은 폭이 넓고 흐린 담황색 바탕에 작은 오목점이 많이 흩어져 있다. 다리는 주황색이며 끝 쪽으로 갈수록 검어진다. 복부는 긴 난형으로 고운 담황색을 띠며 희미한 회색 털이 나 있고 4개의 근점이 보인다. 습지의 풀숲 사이에서 보이며, 논에서도 발견된 바 있다. 연중 성숙체가 보인다.

분포: 한국, 일본

백애접시거미속
Genus *Paikiniana* Eskov, 1992

중간 크기의 거미류로서 밝은 채색을 띤다. 수컷의 배갑에는 좁은 원통형 뿔이 안역 안쪽에 나 있다. 넷째다리 척절에는 귀털이 없다. 경절 가시털은 첫째다리와 둘째다리에 2개씩 나 있고, 셋째다리와 넷째다리에는 1개씩 나 있다. 단순하고 긴 삽입기는 강하게 휘어져 있으며 암컷의 외부생식기는 돌출되어 있으며 현수체는 좁다.

공산코뿔애접시거미
Paikiniana bella (Paik, 1978)

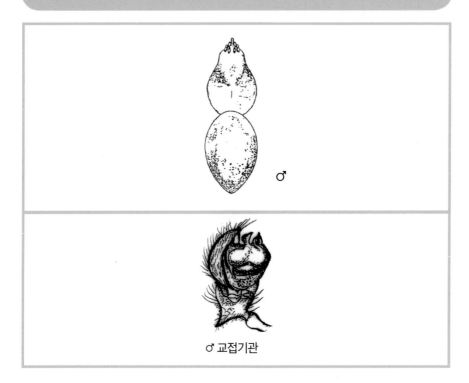

♂

♂ 교접기관

수컷의 몸길이는 1.6mm 정도이다. 두흉부는 반짝이는 황색이며 눈의 둘레는 검다. 목홈, 방사홈, 가운데홈이 보인다. 두부가 흉부보다 매우 좁고 뿔 모양이며 앞으로 길게 뻗어 있다. 그 끝에는 무더기 털이 나 있다. 8개의 눈이 뿔 앞쪽 둘레에 나 있으며 후측안열이 가장 크고 전측안열이 가장 작다. 위턱의 앞엄니두덩니는 4개, 뒷엄니두덩니는 작은 것이 3개이다. 흉판, 아래턱, 아랫입술은 모두 엷은 갈색이며, 아래턱의 길이는 폭보다 길고 아랫입술은 반원형이다. 다리는 담황색으로 길고 다리식은 1-4-2-3이다. 복부는 난형으로 흐린 황색 바탕에 회색 털이 나 있다. 지표 가까운 풀 사이에 그물을 치고 산다. 우리나라 고유종이다.

분포: 한국

쌍코뿔애접시거미
Paikiniana vulgaris (Oi, 1960)

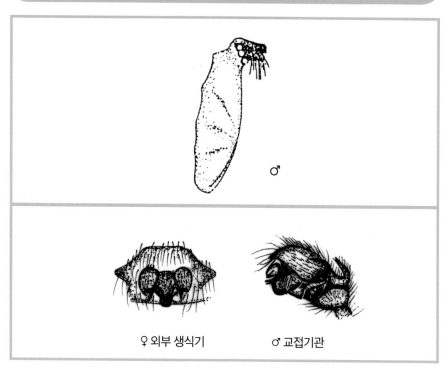

♀ 외부 생식기   ♂ 교접기관

몸길이는 2.2mm 정도이다. 두흉부는 적갈색이고 눈 주변은 검고 목홈과 방사홈은 희미하게 보인다. 수컷의 두부 끝에 뿔 형태의 돌기는 끝이 2갈래로 나뉘고 여러 개의 강모가 밀생해 있다. 8눈이 2열로 늘어서며 전안열은 기의 곧고 후안열은 전곡한다. 전중안이 다른 것보다 다소 작다. 위턱은 적갈색이고 앞엄니두덩니는 4개이다. 흉판은 적갈색으로 너비와 세로가 거의 같은 심장형이다. 다리는 적갈색이며 다리식은 1-4-2-3이다. 복부는 긴 난형이며 회색 내지 검정색으로 특별한 무늬는 없다. 비교적 습한 곳, 풀숲 등에서 보인다.

분포: 한국, 일본

황코뿔애접시거미
Paikiniana lurida (Seo, 1991)

♂ 교접기관

수컷의 몸길이는 1.75mm 정도이다. 배갑은 황색이고 세로가 너비보다 더 길다. 목홈과 가슴홈은 불확실하고 가운데홈은 짧은 선 모양이다. 안역의 융기와 함께 흉부도 볼록하다. 이마는 전중안 직경의 3배이다. 전안열은 후곡하고 후안열은 전곡한다. 위턱은 황색이고 4개의 큰 앞엄니두덩니와 3개의 작은 뒷엄니두덩니가 있다. 다리는 황색이고 다리식은 4-1-2-3이다. 복부는 검고 타원형이며 2 개의 'V' 자형 무늬와 4개의 휘어진 선형 무늬가 있다.

분포: 한국

바구미애접시거미속
Genus *Savignia* Blackwall, 1833

네번째 척절에는 귀털이 없다. 경절 가시털은 첫째다리와 둘째다리에는 2개씩 나 있고 셋째다리와 넷째다리에는 1개씩 나 있다. 수컷의 배갑은 앞쪽으로 주둥이처럼 생긴 돌기가 나 있다.

바구미애접시거미
Savignia pseudofrontata Paik, 1978

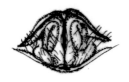 

♀ 외부 생식기   ♂ 교접기관

몸길이는 암컷이 1.8mm이고 수컷은 2mm 정도이다. 두흉부는 황갈색이고, 목홈, 방사홈 및 세로로 뻗는 가운데홈은 검정색이다. 수컷의 두부 앞쪽은 뿔꼴로 길게 뻗으며 끝쪽에 짧은 털이 빽빽이 나 있다. 8눈이 2열로 늘어서고 전안열은 곧다. 전중안이 가장 작고 나머지는 크기가 모두 같다. 위턱은 황갈색으로 앞엄니두덩니가 5개, 뒷엄니두덩니가 4개 있고, 털 무더기나 옆혹은 없다. 흉판은 누르스름한 암갈색으로 너비가 세로보다 길고 뒤끝이 넷째다리 기절 사이로 돌입한다. 다리는 갈황색이고 다리식은 1-4-2-3이다. 볼록하고 뒤끝이 다소 뾰족한 편이며 검정색으로 4개의 적색 근점이 있다.

분포: 한국

920

가슴애접시거미속
Genus *Ummeliata* Strand, 1942

수컷 두부의 미부는 융기되어 있고 안역과의 사이에 홈이 있으며 위턱 앞부분에 특수한 돌기가 있다. 넷째다리의 척절에 귀털이 있다. 눈은 비교적 크고 1~2개의 귀털이 있다. 셋째다리와 넷째다리의 경절에 가시털이 1개 있다.

모등줄가슴애접시거미
Ummeliata angulituberis (Oi, 1960)

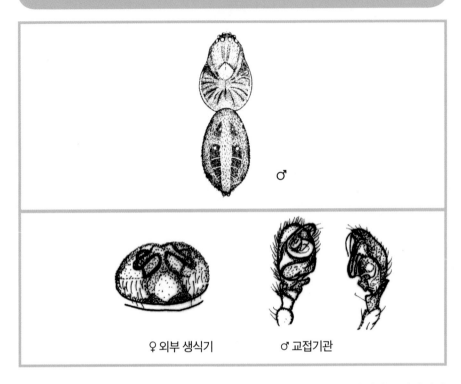

♀ 외부 생식기   ♂ 교접기관

몸길이는 암컷이 2.9mm이고 수컷은 3.2mm 정도이다. 두흉부는 밤갈색이고 가장자리 선은 담갈색이다. 가운데홈과 방사홈이 검정색이다. 암컷은 두부가 구의 형태로 볼록하나 두부 혹은 없다. 수컷에는 앞쪽이 모난 오각형 두부에 혹이 있으며 그 밑에 가로로 패인 홈이 있다. 위턱은 앞쪽에 큰 가시 돌기와 앞엄니두덩니 5개가 있다. 흉판은 짙은 갈색으로 길이가 다소 긴 심장형이며 뒤 끝이 넷째다리 기절 사이로 돌입한다. 다리는 황갈색으로 첫째다리 경절에 2개씩, 넷째다리 경절에 1개씩 가시털이 있고, 넷째다리 척절에는 1개의 귀털이 나 있다. 다리식은 4-1-2-3으로 넷째다리가 가장 길다. 복부는 긴 난형이며 회황색 바탕에 옅은 중앙 무늬와 1쌍의 검정색 옆줄 무늬가 있다.

분포: 한국, 일본

혹가슴애접시거미
Ummeliata feminea (Bösenberg et Strand, 1906)

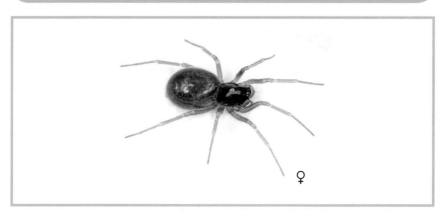

♀

몸길이는 2.5~3.5mm 내외이며 배갑은 진한 갈색이다. 수컷 안역의 후방에 있는 혹은 크고, 눈의 둥근 윗부분은 옅은 황색을 띤다. 복부는 회색이나 검은색이다.

분포: 한국, 일본, 중국

등줄가슴애접시거미
Ummelata insecticeps (Bösenberg et Strand, 1906)

몸길이는 2.5~3.5mm 정도이다. 두흉부는 어두운 적갈색으로 두부 쪽이 밝으며 융기되어 있다. 목홈, 방사홈, 가운데홈은 흑갈색이다. 8눈이 2열로 늘어서며 전안열은 약간 후곡하고 후안열은 전곡한다. 전중안이 가장 작고 측안이 가장 크다. 위턱, 아래턱은 적갈색이고, 아랫입술, 흉판은 어두운 갈색이다. 다리는 황갈색으로 첫째다리의 경절에 2개씩, 넷째다리의 경절에 1개씩 가시털이 있다. 복부는 황색 또는 암갈색으로 중앙에 엷은색 줄무늬가 있다. 수컷은 두부의 미부에 삼각형 황색 혹이 있다.

분포: 한국, 일본, 중국, 대만, 러시아

혹애접시거미속
Genus *Walckenaeria* Blacrwall, 1833

종래 사용되어 왔던 *Cornicularia, Wideria, Walckenaeria* 등을 총합하여 *Walckenaeria* 라고 한다. 수컷의 두부가 앞쪽으로 돌출되어 있다. 돌출부는 기둥의 구형을 이루고 앞 끝부분에 털을 가지고 있다. 눈은 융기된 부위에 있는데, 돌출부에 후중안을 갖는 것도 있다.

고풍쌍혹애접시거미
Walckenaeria antica (Wider, 1834)

몸길이는 암컷이 2~2.6mm이고 수컷은 1.75~2.3mm이다. 배갑은 안역 뒤쪽에 돔형으로 융기하며 후안열은 전곡한다. 복부는 암회색이고 약간 길쭉하다. 첫째다리와 둘째다리 경절은 일반적으로 검다.
분포: 한국, 유럽

와흘쌍혹애접시거미
Walckenaeria capito (Westring, 1861)

♂ 교접기관

몸길이는 암컷이 2.6~3.5mm이고 수컷은 2.6~3.0mm이다. 암컷의 두부는 약간 융기되어 있고 수컷은 줄기 모양인 융기부가 앞쪽으로 향하며 후중안이 그 위에 위치한다.
분포: 한국, 러시아, 유럽, 구북구

적갈혹애접시거미
Walckenaeria ferruginea Seo, 1991

수컷의 몸길이는 2.4mm 정도이다. 배갑은 적갈색이고 목홈과 방사홈은 뚜렷하다. 흉부가 융기되어 있으며 이마는 전중안 직경의 3배이다. 전안열은 후곡하고 후안열은 전곡한다. 위턱에는 4개의 큰 앞엄니두덩니와 4개의 작은 뒷엄니두덩니가 있다. 다리는 황갈색이고 다리식은 4-1-2-3이다. 첫째, 둘째, 셋째다리의 퇴절에는 등면에 가시털이 2개씩 있고 넷째다리 퇴절의 등면에는 1개만 있다. 복부는 타원형이고 등면에는 1개의 'V'자 모양 무늬와 3개의 휘어진 선이 있다.

분포: 한국

가산혹애접시거미
Walckenaeria coreana (Paik, 1983)

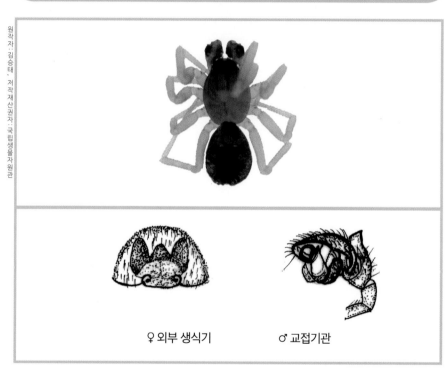

♀ 외부 생식기　　　♂ 교접기관

암컷의 몸길이는 2.4mm 정도이다. 배갑은 황갈색이고 엷은 암색 무늬가 가장자리에 있으며 두부는 어둡다. 이마는 전중안 직경의 2.4배이다. 전안열은 후곡하고 후안열은 전곡하며 전안열이 약간 더 짧다. 위턱은 어두운 황색이고 5개의 큰 앞엄니두덩니와 4개의 작은 뒷엄니두덩니가 나 있으며 발음줄이 확연하다. 복부는 암회색에 구형이며 여러 개의 'V'자 모양 무늬가 있다. 수컷은 알려져 있지 않다.

분포: 한국

927

분홍접시거미속
Genus *Ostearius* Hull, 1911

위턱의 앞부분에 1개의 강모가 있다. 넷째다리 척절에는 귀털이 없다. 모든 경절의 등면에는 2개의 가시털이 있고 측면에는 없다. 넷째다리 척절은 부절의 2배 정도의 크기이다. 수염기관의 경절에는 돌기가 있다.

흑띠분홍접시거미
Ostearius melanopygius (O. P. -Cambridge, 1879)

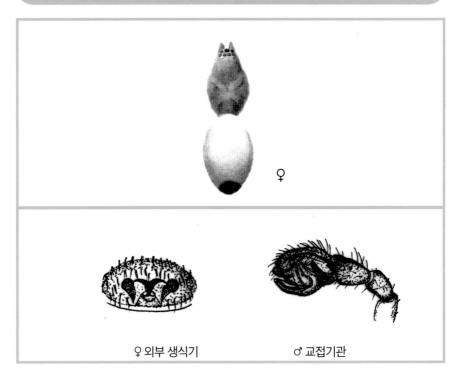

♀

♀ 외부 생식기   ♂ 교접기관

암컷의 몸길이는 2mm이다. 배갑은 밝은 갈색이고 가장자리로부터 가운데홈까지 연한 검은색 무늬가 있다. 이마는 전중안이 직경 2.5배 정도 크기이다. 전안열은 후곡하고 후 안열은 곧다. 위턱은 갈색이고 4개의 큰 앞엄니두덩니와 미세한 5개의 뒷엄니두덩니가 존재한다. 아랫입술과 흉판은 암갈색이고 흉판 미부는 넷째다리 기절에 끼인다. 다리는 연한 황색이고 다리식은 2-1-4-3이다. 넷째다리 측절에는 귀털이 없다. 복부는 타원형이 고 연한 흰색 바탕에 분홍색을 띠며 복부 등면은 진한 분홍색이다. 실젖 둘레는 검은 원 형 무늬가 있고 1쌍의 저정낭을 가지고 있다.

분포: 한국, 일본, 유럽, 세계공통종(중국은 제외)

굴아기거미과

Family Nesticidae Simon, 1894

눈은 8개가 2줄로 늘어서 있으며 전중안이 검고 가장 작다. 전안열은 전곡하고 후안열은 후곡한다. 흉판은 넷째다리 기절에 끼인다. 위턱의 앞엄니두덩니는 2~3개이고 뒷엄니두덩니는 미소한 일련의 이빨이 있다. 아랫입술은 흉판에 유착하지 않고 자유로우며 세로보다 너비가 길고 앞가장자리에 돌기가나 있다. 부배엽이 잘 발달하여 매우 크기 때문에 특이한 형태를 이루고 있다. 암컷의 외부생식기에는 현수체가 없고 사이젖은 뚜렷하며 그 끝에 2개의털을 가진다. 한국에는 2속 5종이 보고되어 있다.

쇠굴아기거미속
Genus *Nesticella* Lehtinen et Saaristo, 1980

몸길이는 2~3.5mm로 크기가 작다. 전중안이 제일 작고 복부는 단일 회색이다. 사이젖은 크고 긴 삼각형이며 털이 많이 나 있다. 부배엽은 배엽과 연결되어 있으며 2가닥이다. 지시기는 단순하고 삽입기는 가늘며 반원형이다. 암컷의 외부생식기는 뒤쪽으로 갈수록 가늘고 둥글며 현수체는 작거나 없다. 대부분 열대지방의 낙엽층에서 서식한다.

꼬마굴아기거미
Nesticella brevipes (Yaginuma, 1970)

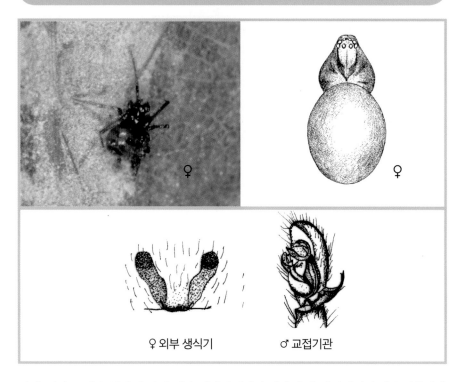

♀

♀

♀ 외부 생식기   ♂ 교접기관

암컷: 배갑은 밝은 황갈색 내지 연한 회황갈색이며 배갑의 양 가장자리와 가운데홈에서 안역으로, 방사상으로 이어지는 3가닥의 희미한 암회색의 줄무늬를 가진다. 8개의 눈은 2열로 늘어서고 전안열이 약간 짧다. 전중안이 가장 작고 검은색을 띤다. 전안열은 강하게 후곡하고 후안열은 거의 곧다. 위턱은 밝은 황갈색 내지는 흐릿한 회황갈색이고, 앞 엄니두덩에는 3개의 이빨이 있으며 뒷엄니두덩니는 없다. 다리는 밝은 황갈색 내지는 어두운 황갈색이지만, 개체에 따라서는 퇴절과 경절 등에 희미한 암회색의 고리 무늬가 있다. 다리식은 1-4-2-3이다. 복부에는 뚜렷한 무늬와 사이젖이 확연하다. 수컷 수염기관은 기부가 둥근 3개의 뾰족한 창처럼 생긴 뚜렷한 부배엽이 있다. 암컷의 외부생식기의 현수체는 위 바깥홈 뒤쪽까지 돌출한다.

분포: 한국, 일본, 중국, 러시아

쇠굴아기거미

Nesticella mogera (Yaginma, 1972)

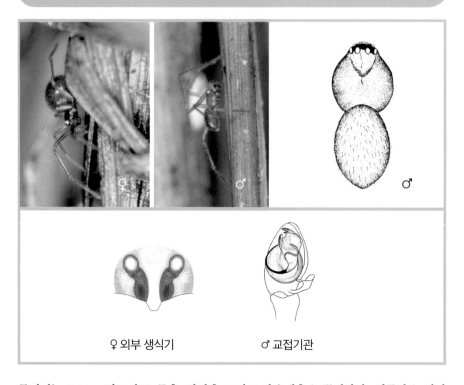

♀ 외부 생식기   ♂ 교접기관

몸길이는 2.2mm 정도이고, 목홈, 방사홈 그리고 가운데홈은 뚜렷하다. 전중안은 직경 만큼 떨어져 있고 전안열은 약간 후곡하며 후안열은 거의 곧거나 약간 전곡한다. 가운데 눈네모꼴은 뒤쪽보다 앞쪽이 작으며 전중안이 제일 작다. 위턱은 갈색이고 앞엄니두덩 에는 3개의 이빨이 있지만 뒷엄니두덩니는 없다. 다리는 황갈색이고 미부 쪽으로 갈수 록 더 검으며 고리 무늬는 없고 다리식은 1-4-2-3이다. 복부는 회색 구형으로 특별한 무 늬는 없다. 수컷의 수염기관에는 3개의 잘 발달된 가지가 있는 부배엽이 있으며 기부는 둥글다.

분포: 한국, 일본, 중국, 하와이, 피지

제주굴아기거미
Nesticella quelpartensis (Paik et Namkung, 1969)

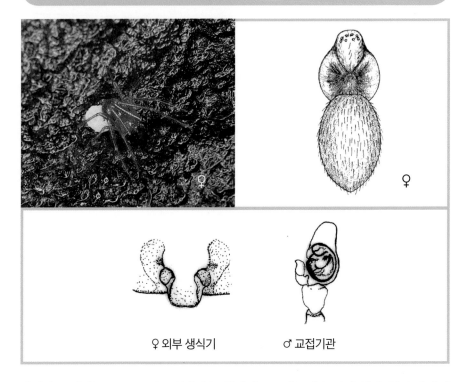

♀ 외부 생식기　　♂ 교접기관

암컷의 몸길이는 2.75mm이고 두흉부는 황갈색으로 아무런 무늬가 없다. 둥근 파임이 있는 가운데홈, 목홈, 방사홈은 누렷하나. 선안열은 약간 전곡하고 후안열은 후곡하다, 전중안이 가장 작고 뒷측안이 가장 크다. 위턱은 갈색이고 3개의 앞엄니두덩니와 7개의 뒷엄니두덩니가 있고, 양 엄니두덩니 사이의 홈에도 미소한 이빨들이 있다. 위턱에는 옆혹이 없다. 아래턱은 갈색이지만 앞 끝은 희다. 아랫입술은 갈색이며 흉판에 유착한다. 흉판은 황갈색이며 검고 긴 털이 나 있다. 형태는 심장형이고 넷째다리 기절 사이에 끼인다. 다리는 황갈색이고 가늘며 다수의 강모를 가진다. 다리에는 가시가 없고 경절과 척절에 귀털이 있다. 다리식은 1-4-2-3이다. 복부는 난형이고 연한 회황색의 긴 털이 있다. 사이젖은 약간 큰 편이고 원뿔형을 하고 있으며 끝에 2개의 털이 있다. 암컷의 외부생식기는 대체로 사각형이다. 수컷의 수염기관은 매우 큰 부배엽을 가지며 그 경절 바깥면에는 엄지손가락처럼 생긴 돌기가 있다.

분포: 한국

굴아기거미속
Genus *Nesticus* Thorell, 1869

몸길이는 4~7mm인 중간 크기이며 회색 바탕에 뚜렷한 흑백색 무늬가 존재한다. 성적 이형은 아니지만 수컷의 다리가 약간 길다. 수컷의 부배엽은 잘 발달하지 않았지만 경절 돌기는 2개로 잘 발달되어 있다. 지시기는 여러 개의 말단 가지로 이루어져 있으며 말단 돌기는 지시기의 기저부에서 융기한다. 암컷의 외부생식기는 뒤쪽이 넓고 저정낭은 사 다리형이다.

반도굴아기거미
Nesticus coreanus Paik et Navkung, 1969

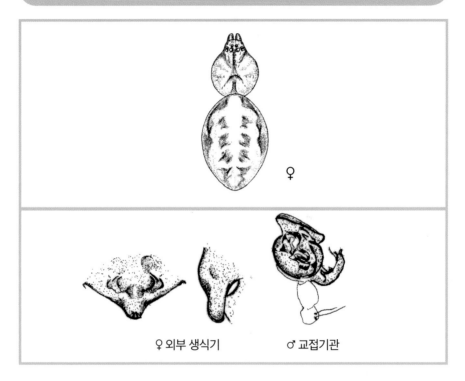

♀

♀ 외부 생식기   ♂ 교접기관

암컷의 몸길이는 4.41mm이고 두흉부는 연한 황색으로 두흉부의 길이가 길고 목홈과 방사홈은 뚜렷하다. 전안열은 진곡하고 후안열은 직선 또는 약간 전곡을 이룬다. 위턱은 황갈색이고 3개의 앞엄니두덩니와 아주 작은 뒷엄니두덩니가 있다. 아래턱과 아랫입술은 황갈색이나 그 끝은 황백색이다. 다리는 가늘고 길며 많은 긴 강모가 존재한다. 복부는 난형이고 등면은 회황색 바탕에 검은 무늬를 가진다. 복부의 복부면은 밝은 황색 바탕에 실젖 앞쪽으로 검은띠 무늬를 가진다.

분포: 한국

노랑굴아기거미
Nesticus flavidus Paik, 1978

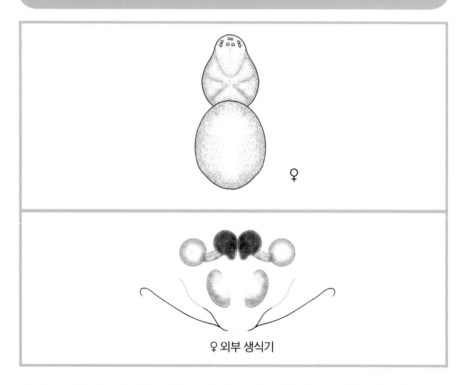

♀

♀ 외부 생식기

암컷의 배갑은 약간 융기하고 목홈과 방사홈 그리고 구형의 가운데홈은 뚜렷하다. 안역은 검고 전중안이 가장 작으며 양 안열은 약간 전곡한다. 위턱에는 3개의 앞엄니두덩니와 2개의 뒷엄니두덩니가 나 있다. 다리는 미부로 갈수록 검고, 고리 무늬는 없다. 복부는 구형이고 특별한 무늬는 없다. 수컷은 알려져 있지 않다.

분포: 한국

꼬마거미과

Family Theridiidae Sundervall, 1833

두흉부는 볼록하며 8개의 눈 가운데 전중안은 검고 나머지는 밝다. 이마가 넓고 위턱에는 옆혹이 없으며 대부분 뒷엄니두덩니도 없다. 다리는 긴 편이고 뒷다리 부절에 톱니를 가진 강모가 줄지어 있다. 복부는 대다수가 구형으로 크고 앞쪽이 볼록하며 두흉부 뒤쪽을 덮고 있다. 기관 숨문은 실젖 가까이 있으며 사이젖은 있는 것과 없는 것이 있다. 대다수가 불규칙한 입체 그물을 치고 먹이를 싸개 띠로 묶어 잡는다. 초원, 산지, 인가 내외 등 여러 곳에 서식하며, 대부분이 거미그물을 치며 더부살이 생활을 하는 종들도 있다.

팔공말꼬마거미속
Genus *Achaearanea* Strand, 1929

두흉부는 세로가 너비보다 길며 8개의 눈은 거의 크기가 같다. 전안열은 앞으로 굽어 있으며 후안열은 곧거나 약간 후곡한다. 복부는 높이가 폭보다 크다. 수컷의 수염기관에는 근부가 없고 중간 돌기는 삽입기 또는 방패판에 부착되어 있다. 다리식은 암컷이 1-4-2-3이고 수컷은 1-2-4-3이다. 사이젖은 없다. 불규칙한 그물을 나뭇가지나 풀 사이에 짓고 낙엽이나 흙 같은 부유물로 위장한다.

팔공말꼬마거미
Achaearanea palgongensis Seo, 1992

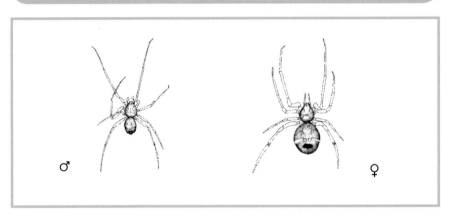

몸길이는 암컷이 3.39mm이고 수컷은 2.42mm이다. 수컷의 배갑은 갈색이고 두부의 가운데 부분은 황색이고 테두리는 어둡다. 가운데홈과 목홈이 뚜렷하다. 넷째다리 경절의 끝부분이 암갈색인 것을 제외하고 나머지 부분은 모두 황갈색이다. 복부 등면에 흑백의 반점이 있으며 2쌍의 희미하고 미세한 융기가 있다. 실젖 주위에 검은띠가 있다. 암컷의 복부는 구형이다.

분포: 한국

어리반달꼬마거미속
Genus *Parasteatoda* Archer, 1946

체색은 회갈색~흑갈색으로, 일부는 밝은 주홍색을 띤다. 머리가슴은 타원형이고, 배는 구형으로 중앙에 넓은 염통무늬가 있고 가로방향의 얼룩이 있다. 암컷 외부생식기의 함몰부는 크고 양옆에 2개의 생식문이 있다. 저정낭은 구형이다. 수컷의 배엽은 길게 늘어나지 않고 부배엽은 덮개형이며, 삽입기는 대체로 길고 지시기는 짧다. 중간돌기는 삽입기와 만나 하나의 경판처럼 보인다.

종꼬마거미
Parasteatoda angulithorax (Bösenberg et Strand, 1906)

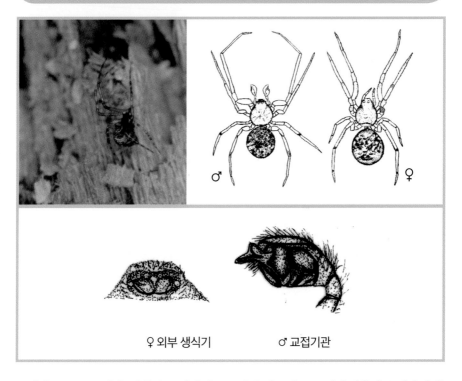

♀ 외부 생식기   ♂ 교접기관

몸길이는 2~3mm이다. 두흉부는 암갈색으로 두부 앞쪽이 좁고 가운데홈이 뚜렷하지 않으며 목홈과 방사홈은 검은색이다. 8눈이 2열로 늘어서며 전안열은 곧고 측안은 서로 접한다. 흉판은 갈색이며 삼각형이고 뒤끝이 넓게 넷째다리 기절 사이에 끼인다. 다리는 첫째다리가 매우 길고 황갈색 바탕에 각 마디에 갈색 또는 암갈색의 고리 무늬가 있다. 복부는 구형으로 부풀어 있고 검정색 바탕에 백색으로 교차되는 복잡한 점무늬와 윤곽이 분명하지 않은 흰색 가로무늬가 있다. 벼랑 등 비탈진 곳이나 나무 뿌리 밑 등에 흙, 모래 따위를 매단 종 모양의 집을 짓고 그 밑에 불규칙한 그물을 치고 살고 있다. 성숙기는 6~8월이다. 크기가 2~3mm인 복숭아색 알주머니는 주거지 속에 두고(통상 2개) 어미가 곁에서 보호한다.

분포: 한국, 일본, 대만, 중국, 러시아

주황꼬마거미

Parasteatoda asiatica (Bösenberg et Strand, 1906)

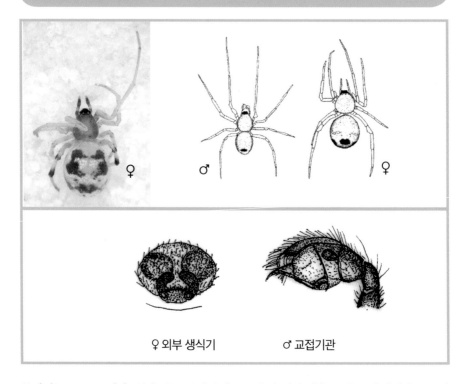

♀ 외부 생식기   ♂ 교접기관

몸길이는 2~3mm이다. 두흉부는 등황색이고 목홈과 가운데홈은 짙은 갈색이다. 8눈이 2열로 늘어서며 안역은 검정색이다. 전안열은 곧고 후안열은 후곡한다. 수컷의 전중안은 거대하다. 위턱, 아래턱이 모두 등황색이나 다소 적색을 띤다. 흉판은 거꾸로 선 삼각형이며 뒤끝이 넷째다리 기절 사이에 끼인다. 다리가 가늘고 길며 등황색으로 각 마디 끝쪽의 색이 진하고 희미한 고리 무늬가 있다. 복부는 너비보다 세로가 약간 긴 난형이며 등적색 바탕에 백색 점무늬가 산재한다. 등 뒤쪽과 측면에 3개의 검은 점무늬가 있다. 화백나무, 산나리, 청미래덩쿨, 참마 등의 잎 뒷면에 불규칙한 거미그물을 치고 있으며 성숙기는 5~6월이다.

분포: 한국, 일본

대륙꼬마거미
Parasteatoda culicivora (Bösenberg et Strand, 1906)

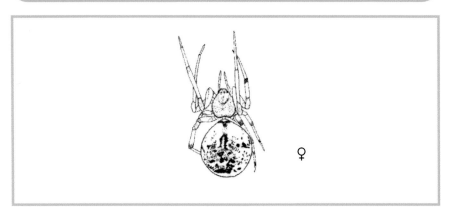

♀

몸길이는 2~3mm이고 수컷은 3~4mm이다. 소형의 거미로 복부 등면의 기울어진 무늬, 뒤쪽의 세로 무늬와 등면 중앙에 1쌍의 백색 무늬 등이 뚜렷하다. 보통 백색이 많지만 개체에 따라 검은 것도 있다. 산기슭에서부터 산지에 서식하고 나뭇가지가 갈라지는 지점에 불규칙적인 거미그물을 치는 경우가 많다. 성숙기는 6~8월이다. 엷은 색의 알주머니는 6~9mm이고 거미그물속이나 상부에 2~3개를 산란한다.

분포: 한국, 일본, 중국

석점박이꼬마거미
Parasteatoda kompirensis (Bösenberg et Strand, 1906)

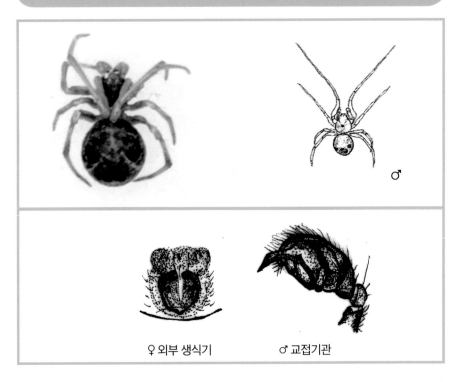

♀ 외부 생식기   ♂ 교접기관

몸길이는 암컷이 3.5~4mm이고 수컷은 2.5~3mm이다. 두흉부는 담황갈색이고 목홈과 방사홈은 흑갈색이다. 8눈이 2열로 늘어서며 전중안은 검고 나머지는 모두 진주빛이 도는 백색이다. 위턱은 담황갈색이고 흉판은 연한 갈색이다. 다리는 흐린 갈색으로 각 마디 끝쪽에 암갈색 고리 무늬가 있으며, 복부는 등황색으로 3개의 검은 점무늬가 있고 위쪽의 2개는 백색의 테두리가 있다. 복부면은 담회색이며 실젖 둘레가 약간 검다. 엉성하고 불규칙한 그물을 치고 있으며 이동할 때는 알주머니를 끌고 다닌다. 어린 거미 상태로 월동하고 성숙기는 6~8월이다.

분포: 한국, 일본, 중국, 대만

왜종꼬마거미
Parasteatoda tabulata (Levi, 1980)

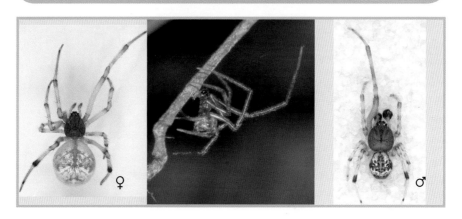

배갑은 암갈색 바탕에 안역에서 가운데홈에 이르는 선과 목홈, 방사홈 등은 검은색이 약간 진하다. 가운데홈은 가로로 달린다. 위턱은 황갈색이고 끝이 둘로 나눠진 이빨이 1개 있다. 턱과 아랫입술은 황갈색이고 끝은 창백하다. 흉판은 흑갈색이지만 그 앞가운데는 밝은 황갈색이다. 다리는 황갈색이고 끝으로 갈수록 색이 약간 짙어진다. 퇴절 이하의 각 마디 끝부분은 검고, 다리식은 1-2-4-3이다. 복부는 암갈색에 검은 무늬가 있으며 개체에 따라 변이가 있다. 사이젖은 없다.

분포: 한국, 일본, 중국, 유럽, 북아메리카

말꼬마거미
Parasteatoda tepidariorum (C. L. Koch, 1841)

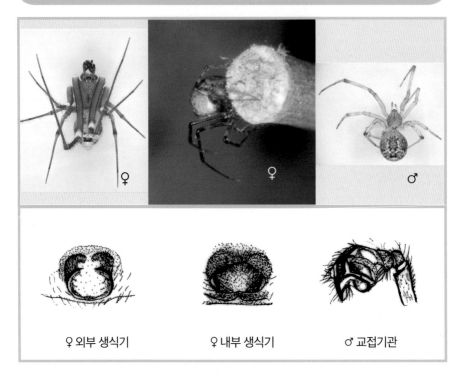

♀ 외부 생식기   ♀ 내부 생식기   ♂ 교접기관

몸길이는 암컷이 6~8mm이고 수컷은 4~6mm이다. 두흉부는 심장형으로 볼록하고 짙은 갈색으로 목홈, 방사홈이 뚜렷하며 가운데홈은 가로로 작다. 8눈이 2열로 늘어서며 전중안만 검고 나머지는 진주빛이 도는 백색이다. 후중안이 크며 측안은 서로 접한다. 흉판은 짙은 갈색으로 심장형이며 그 뒤끝이 넷째다리 기절에 끼인다. 다리는 황갈색으로 각 마디의 끝부분에 회갈색 고리 무늬가 있다. 복부는 구형으로 볼록하며 황백색 바탕에 큰 흑갈색 세로 무늬가 중앙에 있고 그 양쪽에 백색의 '八' 자형 무늬가 늘어서 있다. 뒤쪽과 옆면에 흑색 또는 갈색 반점이 산재해 있다. 복부면에는 실젖 앞에 백색 가로 무늬와 흑갈색 나비 모양 무늬가 있다. 침침한 곳에 불규칙한 입체 그물을 치고 산다. 성숙기는 6~8월이나 거의 연중 성체가 보인다.

분포: 한국, 일본, 중국 대만, 러시아, 유럽, 북아메리카(세계 공통종)

무릎꼬마거미속
Genus *Campanicola* Yoshida, 2015

체색은 회갈색 또는 흑갈색이다. 배 등면에 넓고 긴 염통무늬가 없다. 암컷의 생식관은 가늘고 길며, 수컷 수염기관의 지시기는 뾰족하고 굽지 않으며 정단부로 뻗어 있다. 아래로 넓은 불규칙그물 중앙에 작은 나무조각이나 모래, 흙을 이용해 종 모양의 집을 만든다.

무릎꼬마거미

Campanicola ferrumequina (Bösenberg et Strand, 1906)

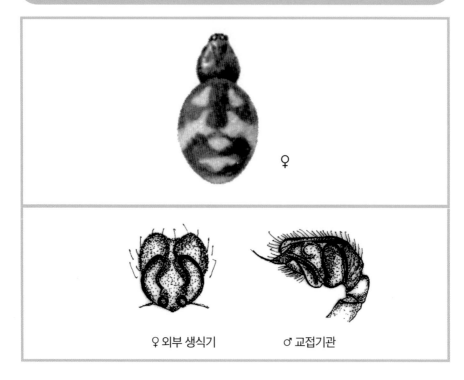

♀

♀ 외부 생식기   ♂ 교접기관

몸길이는 2.5mm이다. 두흉부는 황갈색으로 가운데홈에서 두부 쪽에 걸쳐 검은색 무늬가 있다. 8눈이 2열로 늘어서고, 전안열은 곧으며 전중안만 검고 나머지는 모두 진주빛이 도는 백색이다. 위턱은 황색이고 아래턱, 아랫입술은 담갈색이다. 흉판은 담갈색으로 가장자리가 검다. 다리는 갈황색이며 끝으로 갈수록 색이 짙어진다. 퇴절, 경절, 척절에 고리 무늬가 있고, 슬절은 바깥쪽으로 부풀어 있다. 복부는 공 모양으로 볼록하며, 흑갈색으로 회갈색 무늬가 있으며 복부면은 회갈색 바탕에 폭넓은 검정색 줄무늬와 점무늬가 있다. 실젖은 흰색이다. 돌담이나 나무 뿌리 밑에 흙이나 모래를 매달은 종 모양의 집을 짓고, 그 속에 직경 2mm의 연갈색 알주머니를 만들어 7~8월경에 산란한다.

분포: 한국, 일본, 중국, 대만

점박이꼬마거미속
Genus *Nihonhimea* Yoshida, 2016

체색은 주황색이나 밝은 갈색이다. 배는 둥글고 중앙에 염통무늬가 있다. 암컷 생식관은 짧고 두꺼우며 꼬이지 않는다. 수컷 수염기관 삽입기는 두껍고 살짝 굽었으며, 중간돌기는 안으로 굽었고, 방패판이 작다. 관목 등에 위쪽의 불규칙그물과 아래쪽의 시트그물로 구성된 거미줄을 치며, 불규칙그물 중앙에는 낙엽 등을 걸어 놓고 그 속에 은신한다.

점박이꼬마거미
Nihonhimea japonica (Bösenberg et Strand, 1906)

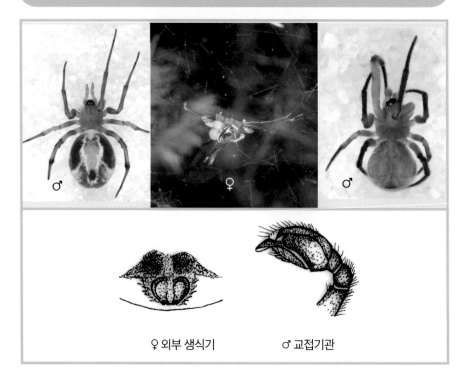

♀ 외부 생식기   ♂ 교접기관

몸길이는 암컷이 4~5mm이고, 수컷은 2~3mm이다. 두흉부는 등황색으로 둥글고 목홈, 방사홈, 가운데홈은 뚜렷하다. 8눈이 2열로 늘어서며, 전안열은 후곡하고 후안열은 전곡한다. 다리는 길고 가시털은 없다. 복부는 구형으로 볼록하고 등색 바탕에 중앙 앞쪽과 옆쪽에 1쌍의 백색 곡선 무늬가 있으며 정중앙부 뒤쪽과 실젖 위쪽에는 검은 점무늬가 있다. 복부의 복부면도 등색이나 중앙에 검은 점무늬가 있기도 하다. 사이젖은 없고 앞실젖은 뒷실젖보다 길다. 보통 산지의 나무 사이나 길가 풀숲 등에서 볼 수 있다. 불규칙한 입체 거미그물을 치며 상부에는 나뭇잎을 매달고 그 속에 숨어 산다. 성숙기는 8~10월이다. 낙엽 속에서 월동하고, 1개의 자갈색 알주머니 속에 25~100개의 알이 있다.

분포: 한국, 일본, 중국, 대만

색동꼬마거미속
Genus *Keijiella* Yoshida, 2016

속의 특징은 색동꼬마거미(*Keijiella oculiprominens*)의 특징과 같다.

색동꼬마거미

Keijiella oculiprominentis (Saito, 1939)

몸길이는 암컷이 2~5mm이고 수컷은 2~3mm이다. 복부는 갈색이며 복부 등면에 독특한 흰 무늬와 검은 무늬가 있다. 논이나 콩밭 주변에 서식하는 조망성 거미이다.

분포: 한국, 일본

잎무늬꼬마거미속
Genus *Anelosimus* Simon, 1891

몸길이는 2~6mm이며 배갑은 폭보다 더 길고 뚜렷한 특징은 없다. 안역은 돌출되지 않았으며 8개의 눈은 거의 비슷하다. 이마는 오목하지 않다. 위턱에는 4개의 앞엄니두덩니와 2~5개의 뒷엄니두덩니가 존재한다. 복부는 구형이고 폭이 높이보다 더 크며 등면에 가로로 검은 중앙무늬가 있다. 저정낭은 1쌍이며 연결관은 얇고 난형이다. 수염기관에는 중간 돌기, 근부 그리고 지시기가 있고 삽입기는 일반적으로 원형이며 뾰족하거나 가지 모양인 경우도 있다. 부배엽 고리는 일반적으로 배엽의 방에 있다.

가시잎무늬꼬마거미
Anelosimus crassipes (Bösenberg et Strand, 1906)

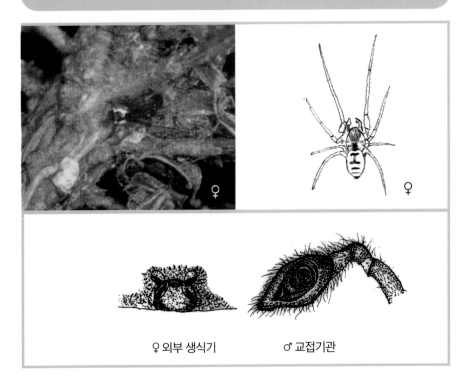

♀

♀

♀ 외부 생식기   ♂ 교접기관

몸길이는 암컷이 3.5~4.5mm이고 수컷은 3.0~4.0mm이다. 복부 등면의 중앙에 검붉은 색이나 흑회색의 무늬가 있고 개체에 따라 양옆에 파도 모양의 연속 무늬를 갖거나 4~5개의 잎 무늬가 있다. 세로 무늬 양쪽에 백색의 띠가 있고 그 가장자리는 갈색이다. 초원이나 임야의 풀이나 나뭇가지 사이에 불규칙한 거미그물을 친다. 특히 해안지역에 많이 서식한다. 연 1회 발생하고 어린 거미로 월동한다. 성숙기는 6~8월이다. 백색 구형의 알주머니는 3.5~4mm이고 거미그물속 또는 상부에 보관한다.

분포: 한국, 일본, 중국, 대만

956

보경잎무늬꼬마거미
Anelosimus iwawakiensis Yoshida, 1986

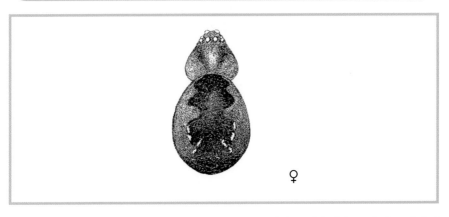

♀

몸길이는 암컷이 2.67mm이고 수컷은 2.09mm이다. 위턱은 회갈색이고, 다리는 황갈색이다. 복부는 난형이고 회백색이다. 복부 등면에는 어두운 세로 방향의 가운데 띠가 있고 작은 흰 점이 있다. 실젖은 어둡고 사이젖은 2개의 강모로 대치된다. 산지에 서식하는 조망성 거미이다.

분포: 한국, 일본

더부살이거미속
Genus *Argyrodes* Simon, 1864

가운데홈은 옆으로 향해 있다. 후안열은 후곡하고 측안은 거의 접해 있다. 안역은 언덕 모양은 아니지만 약간 전방을 향해 돌출해 있다. 복부의 측면은 삼각형으로 높게 융기되어 있는데 실젖 뒷부분이 윗방향으로 퍼져 있다. 다른 거미의 거미그물에 기생하며 숙주를 잡아먹는 경우도 있다. 대부분 남방 계통이다.

백금더부살이거미
Argyrodes bonadea (Karsch, 1881)

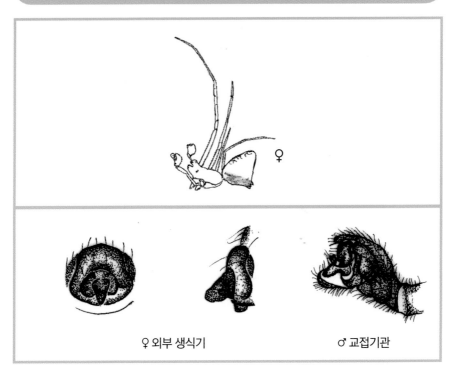

♀

♀ 외부 생식기　　　　♂ 교접기관

몸길이는 암컷이 3~4mm이고 수컷은 2mm이다. 위턱, 아랫입술은 암갈색이고 흉판은 갈색이다. 수염기관은 황색에서 암갈색까지의 색체 변이가 있다. 복부는 등이 뾰족하게 융기하여 옆면에서 보면 삼각형을 이룬다. 전체적으로 은백색 비늘 무늬에 덮여 있고 앞 가장자리와 폐서는 검정색이고 실젖 사이에는 은백색의 둥근 무늬가 있다. 호랑거미, 무당거미 등의 거미그물에서 더부살이 생활을 하고 있다. 성숙기는 7~8월이다. 2~5개의 항아리형 알주머니의 크기는 2~3mm이고 거미그물 속이나 그 근처에 매달려 있다.

분포: 한국, 일본, 중국, 대만, 필리핀

주홍더부살이거미
Agyrodes miniaceus (Doleschall, 1857)

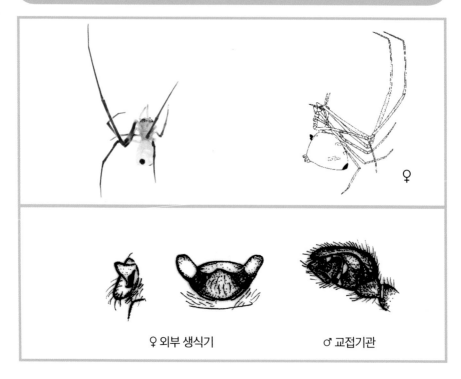

♀ 외부 생식기   ♂ 교접기관

몸길이는 암컷이 5mm이고 수컷은 3~4mm이다. 두흉부는 오각형을 이루며 황갈색 바탕에 가운데홈이 길게 가로로 놓여 있다. 수컷의 두부는 옆면에서 보면 2가닥으로 갈려 있다. 모두 후곡하고 중안역은 폭이 약간 넓으며 앞면이 다소 크다. 아래턱은 좌우가 평행하고 아랫입술은 가로가 길다. 흉판은 삼각형으로 뒤끝이 뾰족하고 넷째다리 기절 사이에 약간 끼인다. 다리는 황색으로 가늘고 길며 각 마디 미부는 검다. 복부는 주홍색이며 뒷면이 높게 융기하여 측면에서 보면 삼각형을 이룬다. 그 정점과 실젖 위쪽에 검정 점무늬가 있고 측면에는 2쌍의 은백색 점무늬가 보인다. 남부지방에 많으며 호랑거미, 무당거미, 먼지거미 등의 거미그물에서 더부살이 생활을 하며 성숙기는 7~9월이다.

분포: 한국, 일본 중국, 대만

꼬리거미속
Genus *Ariamnes* Thorell, 1869

체색은 초록색 또는 갈색이다. 배갑이 매우 홀쭉하고, 암컷과 수컷 모두 복부가 매우 길게 늘어나 있고 이를 구부릴 수 있으며, 다리를 홀쭉한 몸에 일자로 붙여 풀줄기나 솔잎 등을 의태한다. 암컷은 길게 늘어난 병 모양의 알집을 만든다. 실젖은 복부 밑면의 앞쪽에 위치해 있고, 끈끈한 실을 내어 뒷다리로 잡고 다른 거미를 포획해 잡아먹는다.

꼬리거미
Ariamnes cylindrogaster (Simon,1889)

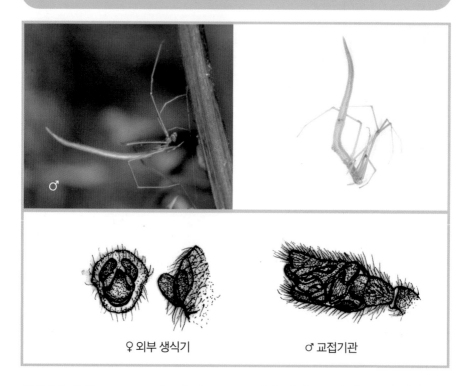

♀ 외부 생식기　　　　♂ 교접기관

암컷의 몸길이는 25~30mm이고 수컷 15~20mm이다. 복부는 극히 가늘고 긴 거미로 나무 틈에 간단한 거미그물을 친다. 전체가 초록색이며 갈색도 있다. 복부는 가느다란 원통형으로 길며, 자유롭게 움직인다. 유심히 관찰하지 않으면 대벌레로 잘못 보기 쉽고, 다리를 모아 정지하고 있을 때는 거미그물에 걸린 솔잎처럼도 보인다. 성숙기는 6~8월이고 2cm정도의 방추형 알주머니를 산란하며 알의 수는 50~60개이다.

분포: 한국, 일본, 중국, 대만

새기생더부살이거미속
Genus *Neospintharus* Exline, 1950

수컷의 배갑 안역과 이마에 돌출부가 있다. 전중안은 각 돌출부 사이에 있다. 위턱에 두 덩니가 있다. 다리는 길며 첫째다리가 가장 길고 셋째다리가 가장 짧다. 복부는 높이가 높은 삼각형으로 뒤쪽 정점은 두 갈래로 갈라진다. 수컷 수염기관에는 완전한 지시기가 있고 삽입기는 경화되지 않으며, 수염기관 끝부분에 넓은 방패판돌기가 있다. 다른 거미의 거미줄에서 먹이를 훔쳐 먹으며, 때로는 주인을 잡아먹기도 한다.

안장더부살이거미
Neospintharus fur (Bösenberg et Strand, 1906)

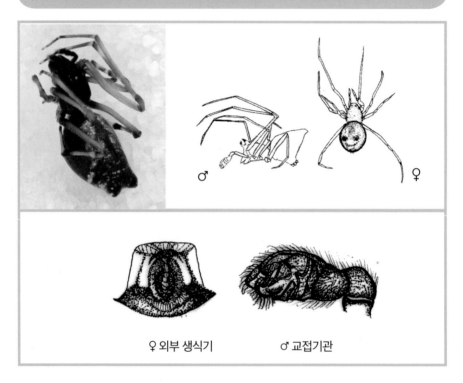

♀ 외부 생식기   ♂ 교접기관

몸길이는 3~4mm 내외이다. 두흉부는 흐린 갈색 또는 회갈색이고 눈 뒤쪽은 밝다. 8눈이 2열로 늘어서고, 양 안열은 모두 후곡하며 측안은 서로 접한다. 위턱은 담갈색이고 아래턱, 아랫입술은 엷은 회갈색이다. 흉판은 흐린 갈색 바탕에 적색 그물 무늬가 있다. 다리는 흐린 황색 또는 회황색에 암갈색 고리 무늬가 있다. 복부는 뒤쪽이 높게 융기하며 미부가 안장형으로 갈라져 있다. 갈색 또는 회갈색 바탕에 검은 그물 무늬와 빛나는 무늬가 있으며 정중부 심장 무늬는 갈색으로 뚜렷하다. 복부면은 암갈색 바탕에 회색과 백색의 점무늬가 뒤섞여 있다. 들풀거미나 접시거미류 따위의 거미그물에 더부살이를 하고 있다. 성숙기는 6~9월이다. 3~5mm 정도의 알주머니는 통상 2개이고 알의 수는 30~40개이다.

분포: 한국, 일본, 중국

창거미속
Genus *Rhomphaea* L. Koch, 1872

체색은 갈색이거나 밝은 상아색으로 얼룩무늬가 있다. 배갑이 홀쭉하고, 수컷의 배갑은 두부에 길게 늘어난 돌기가 있거나, 돌기가 없는 경우 이마가 납작하고 뾰족하거나, 흉부에 혹이 있는 등 다양하다. 복부는 삼각형이면서 뒤쪽으로 길게 늘어난다. 대개 다리가 매우 길다. 다른 거미의 거미줄에서 먹이를 훔쳐 먹으며, 때로는 주인을 잡아먹기도 한다. 실젖에서 끈끈한 실을 내어 뒷다리로 잡고 다른 거미를 사냥한다.

창거미

Rhomphaea sagana (Dönitz et Strand, 1906)

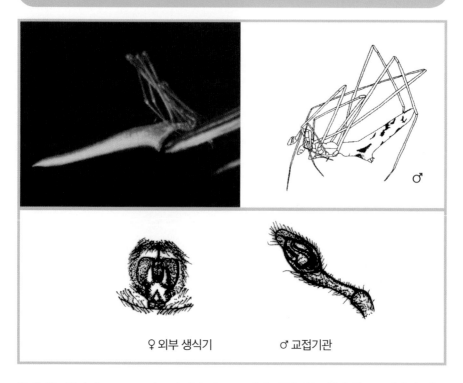

♀ 외부 생식기   ♂ 교접기관

몸길이는 암컷이 9~11mm이고 수컷은 6~8mm이다. 두흉부는 황갈색으로 이마가 넓고 앞으로 돌출하며 가운데홈은 가로로 서 있다. 수컷의 두부는 긴 혹 모양으로 앞으로 뻗어나와 있다. 8눈이 2열로 늘어서고 후안열은 전곡하며 후중안 사이가 측안 사이보다 넓다. 위턱은 빈약하며 두덩니가 없고 흉판은 길이가 매우 길다. 복부는 뒤쪽이 창끝 모양으로 길게 뻗으며 황갈색 바탕에 황백색 비늘 무늬가 있다. 다른 거미의 거미그물에서 더부살이를 하며 꼬마거미류, 접시거미류 등을 습격, 포식한다. 성숙기는 6~9월이다. 산란기는 7~9월로 나뭇가지 사이나 풀 사이에 창 끝과 같은 형태의 엷은 갈색 알주머니를 만들고 알의 수는 50~80개이다.

분포: 한국, 일본, 중국, 러시아, 필리핀

혹꼬마거미속
Genus *Chrosiothes* Simon, 1894

복부는 반구형이거나 삼각형이고 양 가장자리에 혹이 있으며 독특한 색깔을 가지고 있다. 사이젖은 2개의 털에 의해 대치되어 있고, 다리는 두툼하며 첫째다리 또는 넷째다리가 가장 길다. 암컷의 외부생식기는 희미한 구형의 함몰 부위로 보이며 연결관은 꼬인 모양을 하고 있다. 수염기관에는 지시기가 없거나 희미하며 방패판은 긴 삽입기를 보호하기 위해 잘 발달되어 있다.

넷혹꼬마거미
Chrosiothes sudabides (Bösenberg et Strand, 1906)

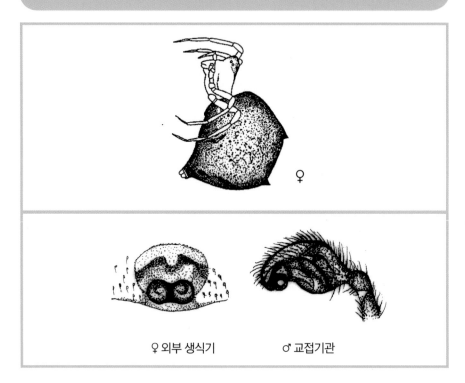

♀ 외부 생식기　　♂ 교접기관

몸길이는 2~3mm 내외이다. 두흉부는 볼록하고 둥글며 담갈색으로 안역에서 가운데홈에 이르는 암갈색 무늬가 있다. 수염기관과 다리는 흐린 황색이고 각 다리마디 끝에는 암갈색 고리 무늬가 있다. 복부는 회백색으로 둥글고 넓적하며, 앞 뒤쪽에 넓게 떨어져 있는 2쌍의 특징적인 융기점은 그 끝이 검은색 둥근 점이다. 복부면은 회백색이다. 풀숲에서 보이나 개체수가 희소한 편이다.

분포: 한국, 일본, 중국

연두꼬마거미속
Genus *Chrysso* O. P. -Cambriidge, 1882

배갑은 평탄하고 암수 모두 두부 부분이 융기되어 있지 않다. 가운데홈은 세로 또는 가로로 향해 있다. 전안열은 전곡하고 후안열은 후곡한다. 크기가 같은 8개의 눈은 2열로 늘어서며 전중안 사이가 측안 사이보다 좁다. 흉판 미부는 넷째다리 기절 사이에 끼인다. 넷째다리는 셋째다리보다 3배 이상 길고 각 다리의 부절은 경절보다 길다. 윗발톱에 4~5개의 이가 나 있고 아랫발톱에 2개의 이가 있으며 위턱의 뒷엄니두덩니는 없다.

별연두꼬마거미
Chrysso foliata (L. Koch, 1878)

♀ 외부 생식기　　　♂ 교접기관

몸길이는 암컷이 5~6mm이고 수컷은 3.5~4mm이다. 두흉부는 엷은 녹색으로 평평하며 가운데홈 부근에 검정색의 짧은 세로 무늬가 있고 그 앞쪽과 안역에 긴 털이 조금 나 있다. 8눈이 2열로 늘어서며, 양 안열은 모두 후곡하고 같은 간격으로 늘어선다. 아래턱은 갈색으로 앞 끝이 희고 아랫입술은 폭이 길며 흉판에 유착한다. 흉판은 황색으로 삼각형이며, 뒤끝이 뾰족하고 넷째다리 기절 사이에 끼인다. 다리는 황갈색이며 끝쪽으로 갈수록 색이 짙어진다. 첫째다리 경절의 관절부와 척절의 미부는 검은색이다. 복부는 중간부의 폭이 넓고 미부는 위쪽으로 뻗으며 전체적으로 담록색이다. 등면 가장자리 쪽으로 5쌍의 검은 점이 배열한다. 강가의 활엽수 잎 뒷면에 불규칙한 그물을 치고 성숙기는 5~8월이다. 백색이나 연한 갈색 구형의 알주머니를 산란하고 알의 수는 300개 정도이며 성체로 월동한다.

분포: 한국, 일본, 중국

조령연두꼬마거미
Chrysso lativentris Yoshida, 1993

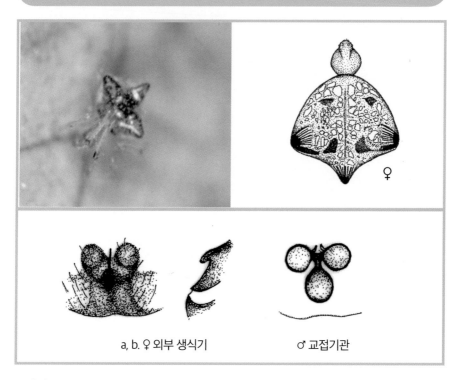

♀

a, b. ♀ 외부 생식기   ♂ 교접기관

몸길이는 3~5mm이고 배갑은 황갈색으로 난형이다. 안역과 가장자리는 어둡다. 위턱은
갈색이고 세로 방향의 검은 줄이 있다. 다리는 황갈색이다. 복부는 구형이며 황갈색 바
탕에 은색 무늬가 있고 복부 등면에 검은 반점이 있다. 수컷은 알려져 있지 않다.
분포: 한국, 대만

비너스연두꼬마거미
Chrysso venusta (Yaginuma, 1957)

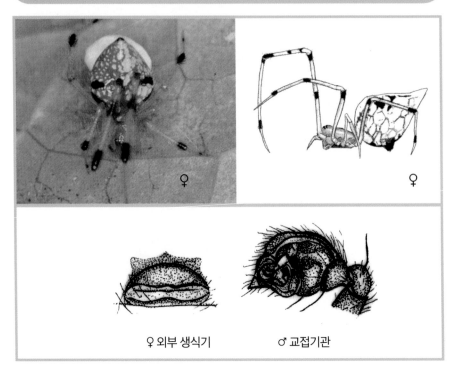

♀

♀

♀ 외부 생식기　　　　♂ 교접기관

몸길이는 암컷이 2.5~3.5mm이고 수컷은 1.5~2mm이다. 복부는 삼각형의 작은 순무형으로 다리 난간에 복숭아 모양의 장식 같은 것이 있다. 복부의 색체는 변화가 있는데 등황색이 제일 흔하고 때로는 검은색인 경우도 있다. 초목의 잎 뒤에 불규칙한 거미그물을 친다. 야간에는 모든 줄이 점성이 있는 실거미그물을 수직으로 치고 백색 구형의 알주머니는 나무나 풀의 잎 뒤에 붙여 놓는다. 성숙기는 5~8월이다.

분포: 한국, 일본, 중국, 대만, 필리핀

치쿠니연두꼬마거미속
Genus *Chikunia* Yoshida, 2009

체색은 붉은색부터 검은색까지 다양하다. 암컷의 배는 좌우로 넓고 역삼각형이면서 양 옆은 둥글고 배 끝은 뾰족하다. 다리는 다소 짧다. 암수이형이 커 수컷의 복부는 난형으로 크게 경화되지 않는다. 활엽의 풀이나 나무의 잎 뒷면에 불규칙한 그물을 치며, 둥근 알집을 만들고 부화하면 일정 기간 보육한다.

삼각점연두꼬마거미
Chikunia albipes (Saito, 1935)

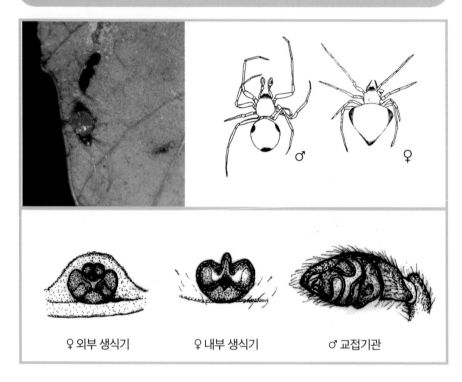

♀ 외부 생식기   ♀ 내부 생식기   ♂ 교접기관

몸길이는 암컷이 3~4mm이고 수컷은 2.5~3mm이다. 두흉부는 황갈색으로 안역이 검고 목홈과 방사홈은 짙은 색깔을 띤다. 양 안열은 모두 후곡한다. 위턱에는 3개의 미소한 뒷두덩니가 있다. 흉판의 형태는 삼각형이며 황갈색으로 앞쪽이 곧고 미부가 넷째다리의 기부 사이에 끼인다. 다리는 등황색이고 끝쪽의 색깔이 진하다. 복부는 폭이 길이보다 큰 둥그스름한 삼각형을 이루고 미부가 뾰족하며, 양옆과 미부에 검정 점무늬가 있다. 개체에 따라 전체가 암회색인 것도 있다. 산지 활엽수의 앞 뒷면에 간단한 집을 만들고 있으며 저녁 때 거미그물을 치고 아침에 거둔다. 성숙기는 5~8월이다.

분포: 한국, 일본, 중국, 러시아

칼집꼬마거미속
Genus *Coleosoma* O. P. -Cambridge, 1882

몸길이는 3mm 이하이며 수컷의 복부를 덮고 있는 경질화된 고리에 의해 다른 속과 쉽게 구별된다. 눈은 매우 작고 이마는 돌출되어 있다. 사이젖은 없고 암컷의 외부생식기는 약간 경화되어 있으며 생식구도 희미하고 매우 다양하다.

여덟점꼬마거미
Coleosoma octomaculatum (Bösenberg et Strand, 1906)

몸길이는 암컷이 2~3mm이고 수컷은 2mm 내외이다. 두흉부는 흐린 황색으로 폭넓은 흑갈색 정중 무늬와 둥근 점모양의 가운데홈이 있다. 위턱, 아래턱, 아랫입술은 모두 흐린 흰색이다. 흉판은 황색으로 미부가 넷째다리 기절에 끼인다. 수염기관과 다리는 흐린 황색이다. 복부는 긴 타원형이며 백색이나 담록색 바탕에 4~5쌍의 검은 반점이 양옆에 늘어서 있다. 복부면은 백색을 띠며 암 생식기와 폐서는 검정색이고 실젖은 엷은 황색이다. 풀밭, 나뭇가지, 특히 논의 벼포기 사이에 많다. 출현 시기는 2~10월이며, 4~5월에 성숙하나 거의 연중 성숙체가 보인다.

분포: 한국, 일본, 중국, 대만

곰보꼬마거미속
Genus *Crustulina* Menge, 1868

큰 사이젖을 가지고 있으며 뒷엄니두덩니는 없다. 배갑과 흉판에 돌기가 있고 암컷의 배자루는 각질화 된 고리에 의해 둘러싸여 있다. 수컷의 수염기관 방패판에는 중간 말단 돌기가 있다.

점박이사마귀꼬마거미

Crustulina guttata (Wider, 1834)

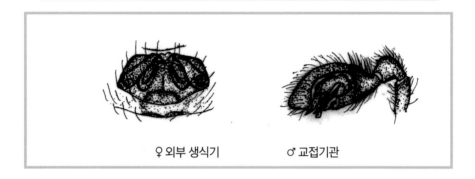

♀ 외부 생식기   ♂ 교접기관

몸길이가 1.5~2mm인 소형 거미류이고 배갑에는 수많은 혹이 있다. 긴 털이 있는 복부에는 반짝이는 하얀 얼룩 무늬가 있고 4개의 적색 반점이 있다. 위턱은 약하고 앞부분에 혹이 나 있다. 다리는 황갈색이고 퇴절, 경절, 척절 그리고 부절의 말단부는 암갈색이다. 첫째다리와 둘째다리의 퇴절에는 작은 혹이 있고, 등면 경절에는 가시가 2개 있고 셋째다리와 넷째다리에는 1개가 있다. 넷째다리에는 귀털이 1개 있다.

분포: 한국, 일본, 러시아, 유럽

사마귀꼬마거미
Crustulina sticta (O. P. -Cambridge, 1861)

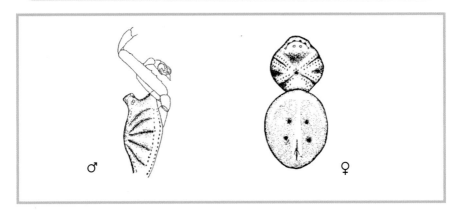

두흉부는 갈색 또는 암갈색으로 전면에 침상의 작은 돌기가 많이 나 있다. 가운데눈네모꼴은 정사각형이다. 위턱은 연약한 편이고 앞엄니두덩니가 나 있다. 흉판은 갈색이나 암갈색으로 미부가 넷째다리의 기절에 끼인다. 복부는 암자색 바탕에 전방과 중앙에서 측면으로 뻗은 백색 무늬가 있고 4개의 붉은 근점이 있으며, 특히 수컷이 더 크다. 다리는 연한 황갈색으로 고리 무늬가 없고 퇴절에는 작은 돌기가 나 있다. 경절에는 1개의 가시가 복부면에 있으며 넷째다리에는 1개의 귀털이 있다. 수컷의 수염기관은 팽대하며 암컷의 외부생식기는 선명치 못하다.

분포: 한국, 일본, 중국, 러시아, 유럽, 미국

979

미진거미속
Genus *Dipoena* Thorell, 1869

두흉부는 전방에서 넓어지고 이마는 높다. 안역은 앞으로 돌출해 있다. 전안열은 전곡하며 후안열은 거의 곧다. 중안열은 앞부분이 뒷부분보다 크고 양측안은 서로 접해 있다. 전중안 사이는 전측안 사이보다 넓다. 흉판은 세로가 너비보다 길고 넷째다리 기절에서 폭넓게 끝난다. 사이젖의 흔적이 있고 2개의 털이 나 있다. 수컷은 다른 형태로 두흉부 부분이 원통형으로 높이 솟아 있다.

서리미진거미
Dipoena punctisparsa Yaginuma, 1967

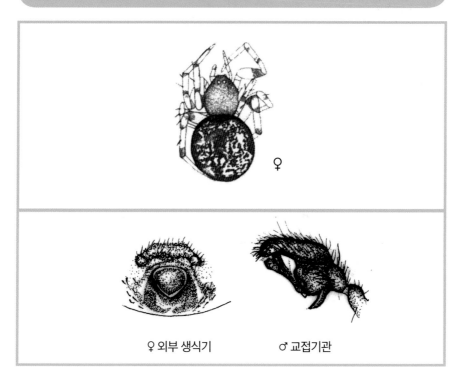

♀

♀ 외부 생식기   ♂ 교접기관

암컷의 몸길이는 3~4mm이고 두흉부는 짙은 암갈색으로 두부가 융기하고 목홈 뒤쪽으로 경사진다. 8눈은 2열로 배열하며 전중안이 가장 크고 측안은 가장 작다. 전중안만 검고 나머지는 모두 진주빛이 도는 백색이다. 흉판은 다소 볼록하고 미부가 넷째다리 기절에 끼인다. 다리는 황백색 바탕에 검은 고리 무늬가 있다. 복부는 큰 구형이고 회색 바탕에 밝은 반점과 흰 비늘 무늬가 얽혀 있다. 밑면은 검정색으로 생식자리홈 둘레와 실젖 주위는 암갈색이다. 나뭇가지나 숲 사이에 거미그물을 치고 있다가 먹이를 잡아먹는다. 성숙기는 5~8월이고 백색 구형의 알주머니는 직경 약 5mm이다.

분포: 한국, 일본

야기누마미진거미속
Genus *Yaginumena* Yoshida, 2002

체색은 보통 온통 검은색이거나 얼룩이 있다. 배갑의 두부가 높게 융기되어 있다. 배는 난형으로 크다. 수컷 수염기관 방패판이 크고 삽입기는 작으며, 암컷 외부생식기에는 큰 경판이 있고 생식공이 뚫려 있다. 주로 개미를 사냥한다.

검정미진거미
Yaginumena castrata (Bösenberg et Strand, 1906)

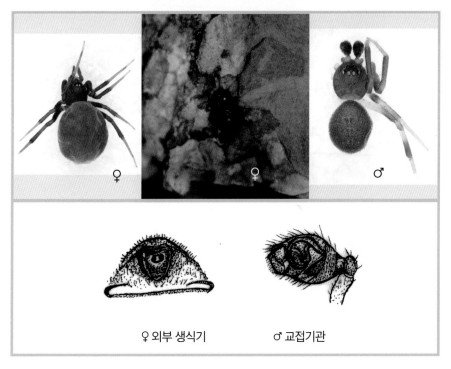

♀   ♀   ♂

♀ 외부 생식기   ♂ 교접기관

몸길이는 3~4mm 내외이고 두흉부는 암갈색이며 복부는 연갈색이나 적색 또는 백색 등으로 색체의 변이가 심하다. 수목이나 풀 사이를 배회하거나 그물을 치고 머물다가 근처를 지나가는 개미를 포획한다. 자신의 몸보다 큰 개미를 간단한 그물을 쳐서 그곳으로 유인하여 포획한다. 성숙기는 7~9월이다.

분포: 한국, 일본, 중국

적갈미진거미
Yaginumena mutilata (Bösenberg et Strand, 1906)

몸길이는 암컷이 1.5~2mm이고 수컷은 1~1.5mm이다. 복부의 변이가 심하며 연황색에서 갈색까지 다양하다. 주간에는 풀 뿌리 근처에서 서식하며 아래를 지나가는 개미를 포획하고, 야간에는 잎의 끝이나 풀 사이에 그물을 치고 그 속에 머물거나 이동한다. 성숙기는 5~10월이다.

분포: 한국, 일본, 대만

미진꼬마거미속
Genus *Phycosoma* O. Cambridge, 1879

체색과 무늬는 종에 따라 다양하다. 수컷의 머리가슴은 크게 변형되어, 배갑 전체가 원기둥 모양으로 높게 솟아 있고 등면이 평평하며, 방사형의 홈이 깊게 패여 있다. 눈구역역시 함께 높아져 이마가 매우 높다. 암컷의 머리가슴 두부로 약간 융기되어 있다. 배는 난형으로 크다. 수컷 수염기관 방패판에 수정관이 복잡하게 꼬여 비쳐 보이며, 지시기와 삽입기가 작고 정단부에 몰려 있다. 암컷 외부생식기는 생식구가 아래쪽에 패여 있으며 내부 생식관과 둥근 수정낭이 비쳐 보인다.

황줄미진거미
Phycosoma flavomarginatum (Bösenberg et Strand, 1906)

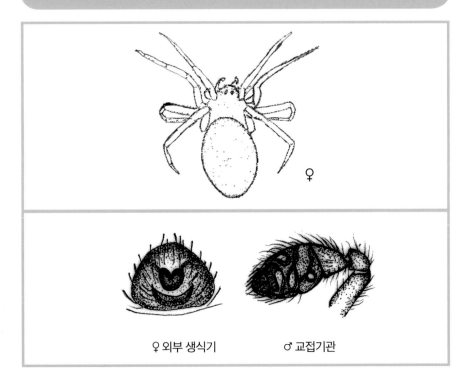

♀

♀ 외부 생식기   ♂ 교접기관

몸길이는 2.2mm이다. 배갑의 정중앙에는 뚜렷한 목홈이 있고 양 측면 가장자리는 황색이다. 다리는 황색이고 넷째다리 퇴절과 슬절의 말단에는 검은 반점이 산재한다. 복부는 타원형이고 회흑색이며 등면에는 회색 반점이 있다. 풀뿌리 근처 등에서 서식하고 아래를 지나가는 개미를 포획한다. 성숙기는 5~8월이다.

분포: 한국, 일본, 대만

점박이미진거미
Phycosoma martinae (Robert, 1983)

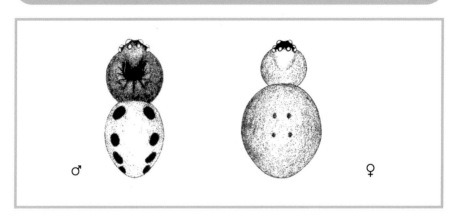

암컷: 몸길이는 2.15mm 내외이고 배갑은 황갈색이다. 안역은 검으며 전중안이 제일 크고 나머지 눈은 거의 비슷하다. 전안열과 후안열은 후곡한다. 위턱에는 엄니두덩니가 없고 황갈색이다. 다리는 갈황색이고 넷째다리가 제일 크다. 복부는 암갈색의 구형이고 4개의 근점이 있다.

수컷: 몸길이는 1.93mm 내외이고 배갑은 원통형으로 높고 목홈은 반원형으로 뚜렷하다. 전중안이 제일 크고 나머지는 비슷하며 전안열과 후안열은 약간 후곡한다. 위턱은 황갈색이며 엄니두덩니는 없다. 복부는 구형이고 폭이 높이보다 더 길고 주황색이며 10개의 작은 반점이 있다. 사이젖은 2개의 강모에 의해 대치되어 있다. 암컷은 아직 알려져 있지 않다.

분포: 한국, 일본, 중국

게미진거미
Phycosoma mustelinum (Simon, 1889)

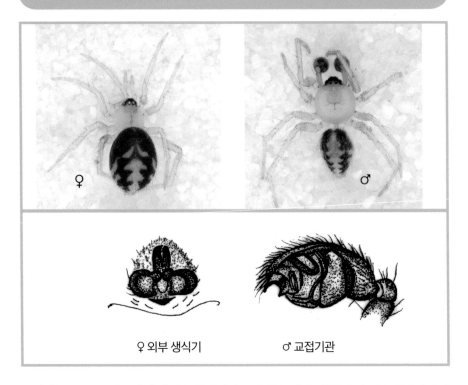

♀ 외부 생식기　　　　♂ 교접기관

몸길이는 2~4mm 정도이며 암컷은 황갈색이고 안역은 검다. 후중안 간격은 후측안보다 좁다. 복부의 등면은 황색이고 2줄의 검은 무늬가 있는데 개체에 따라 무늬에 차이가 있다. 넷째다리가 가장 길다. 수목이나 풀 사이를 배회하거나 그물을 치고 근처를 지나가는 개미를 포획한다. 성숙기는 6~9월이다.

분포: 한국, 일본, 중국, 대만, 러시아

가랑잎꼬마거미속
Genus *Enoplognatha* Pavesi, 1880

배갑은 세로가 너비보다 크다. 눈은 전안열과 후안열이 모두 곧고 같은 크기이지만, 종에 따라서 다소의 차이가 있다. 위턱에는 1개의 큰 뒷두덩니가 있고 아랫입술은 세로보다 너비가 더 길다. 흉판은 미부가 뾰족하고 넷째다리 기절에 약간 끼인다. 사이젖은 뚜렷이 구분되지 않고 그 위치에 2개의 털이 나 있다. 복부의 등쪽에 나뭇잎 모양의 얼룩무늬가 있다. 수컷에는 발음기가 있다.

가랑잎꼬마거미
Enoplognatha abrupta (Karsch, 1879)

a, b, c. ♀ 외부 생식기

몸길이는 암컷이 6~8mm이고 수컷은 4~5mm이다. 두흉부는 황갈색이고 방사홈과 목홈은 어두운 색으로 뚜렷하다. 복부 부분의 잎 모양 무늬는 검은색이나 연한 검은색이다. 후중안이 가장 크고 약간 길다. 전안열은 크기가 거의 같고 중안이 약간 크다. 암컷의 외부생식기의 개구부는 옆으로 길다. 돌이나 나무껍질의 갈라진 틈, 또는 벼랑의 음푹 패인 곳 등에 주거지를 만드는데, 먼지를 뭉쳐 놓은 것처럼 보인다. 산란기는 5~6월이고 연갈색 구형 알주머니는 크기가 6~8mm이며 2~4개를 거미그물 상부 또는 측면에 둔다.
분포: 한국, 일본, 중국

990

흰무늬꼬마거미

Enoplognatha margarita Yaginuma, 1964

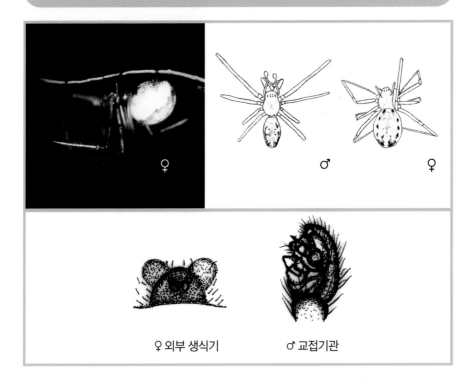

♀

♂   ♀

♀ 외부 생식기   ♂ 교접기관

몸길이는 암컷이 5,8mm 정도이고 수컷은 5.3mm이다. 두흉부, 다리는 황갈색이고 배갑은 흑색의 가는 선이 있다. 복부는 전면이 백색의 비늘 무늬로 덮여 있고 등면에 잎 모양 무늬가 있다. 잎 모양 무늬의 톱니 부분만 흑색이며 톱니는 연속되지 않는다. 등면에 잎맥 모양의 회색 무늬가 있다. 실젖은 갈색이고 전측방으로 각각 1쌍의 백색 점무늬가 있고, 양측에 2쌍의 검은색 무늬가 있다. 주로 고원의 풀 사이에서 서식하고 풀잎을 둥그렇게 말아서 거미집을 만든다. 성숙기는 7~9월이고 백색 구형의 알주머니는 6~8mm이다.

분포: 한국, 일본, 중국, 러시아

작살가랑잎꼬마거미
Enoplognata caricis (Fickert, 1876)

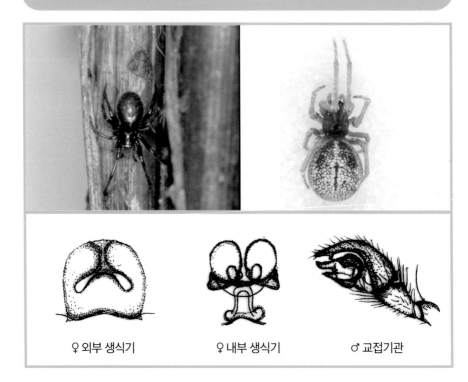

♀ 외부 생식기　　　♀ 내부 생식기　　　♂ 교접기관

몸길이는 암컷이 6~8mm이고 수컷은 4~6mm이다. 두흉부는 황갈색 바탕에 가장자리는 짙은 갈색이고 정중부에는 갈색의 작살 모양 무늬가 있어 안역 뒤쪽에서 2개의 타원형을 그린다. 8눈이 2열로 늘어서며 전중안이 측안보다 작고 후중안은 둥글다. 위턱, 아래턱, 아랫입술, 흉판은 모두 암갈색이다. 수염기관과 다리는 갈색이며 각 마디 끝에는 암갈색 고리 무늬가 있다. 복부 등면은 어두운 회갈색 바탕인데 중앙에 있는 갈색의 심장 무늬와 갈색 그물 무늬로 된 잎새 모양 무늬는 백색으로 둘러싸여 있다. 측면에는 좁은 암갈색의 줄무늬가, 복부의 복부면에는 암갈색의 그물 무늬가 있다. 논의 벼포기 사이에 불규칙한 거미그물을 치고 있으며 뽕밭에서도 많이 보인다. 성숙기는 5~10월이고 알주머니는 갈색의 구형이다.

분포: 한국, 일본, 중국

마름모거미속
Genus *Episinus* Walckenaer, 1809

배갑은 세로가 너비보다 크고 가운데홈은 세로 방향이다. 전안열은 거의 수직이고 후안열은 수직 또는 후곡한다. 전중안 사이는 전측안 사이보다 넓고 측안은 서로 떨어져 있다. 중안역의 중앙은 높고 안역과 이마 사이는 음푹 패어 있다. 흉판은 세로보다 너비가 길고 첫째다리가 가장 길다. 복부의 미부가 마름모형으로 각을 이룬다.

뿔마름모거미
Episinus affinis Bösenberg et Strand, 1906

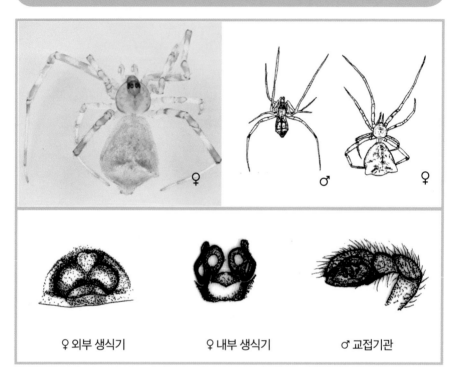

♀ 외부 생식기   ♀ 내부 생식기   ♂ 교접기관

몸길이는 암컷이 5mm이고 수컷은 4mm이다. 두흉부는 안역의 반 정도이고 구형으로 융기하며 둥글다. 황갈색 바탕에 갈색의 중앙 무늬와 목홈, 방사홈이 뚜렷하며 가장자리 금은 짙은 갈색이다. 8눈이 2열로 늘어서며 전안열은 곧고 후중안은 다소 후곡한다. 전중안이 측안보다 작고 두 측안은 서로 떨어져 있다. 위턱, 아래턱은 황색이고 아랫입술은 연한 황색이다. 흉판은 어두운 황갈색으로 적갈색 가장자리 선이 있다. 다리는 황색이고 갈색 고리 무늬가 있다. 복부 등면은 황색이며 사이젖 옆쪽에 1쌍의 검은 점무늬, 앞쪽에 1쌍의 백색 점무늬가 있다. 야간에 역 'Y'자형 그물을 치고 나뭇가지나 잎 등에서 먹이를 포획하며 낙엽 속에서 월동한다. 성숙기는 6~10월이고 백색 빗물받이형 알주머니는 4~5mm이다.

분포: 한국, 일본, 대만

민마름모거미
Episinus nubilus Yaginuma, 1960

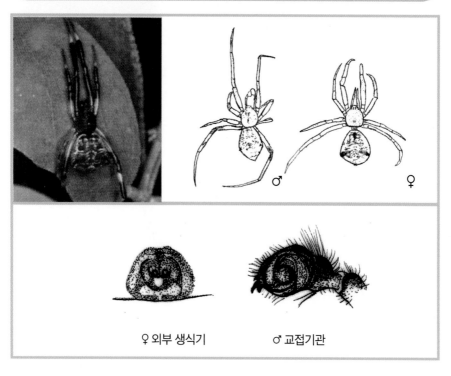

♀ 외부 생식기　　　♂ 교접기관

몸길이는 암컷이 4~5mm이고, 수컷은 3~4mm 정도이다. 안역은 앞으로 돌출되어 있고 전측안, 후측안, 그리고 후중안 주위는 색이 검다. 위턱에는 두덩니가 없다. 다리는 엷은 황갈색에 어둑어둑한 무늬가 있으며 각각의 슬절과 경절 등면에는 가시가 있다. 수염기관은 매우 크고 잘 발달되어 있으며 삽입기는 약간 꼬여 있다. 풀 사이, 돌밑, 나뭇가지 사이 능에 서식하고 'X' 자형 그물을 친다. 성숙기는 6~10월이고 야간에 거미그물을 만들며 백색 구형의 알주머니는 크기가 5mm 내외이다.

분포: 한국, 일본, 중국, 대만

광안꼬마거미속
Genus *Euryopis* Menge, 1868

복부 미부가 가늘어지고 등면에는 광택이 있으며 주로 지상에서 개미를 먹고 산다. 수컷은 외형상 암컷과 비슷하며 약간 더 어둡다. 독특한 외형 때문에 쉽게 구별되지만 작은 크기 때문에 동정하기가 매우 어렵다.

팔점박이꼬마거미
Euryopis octomaculata (Paik, 1995)

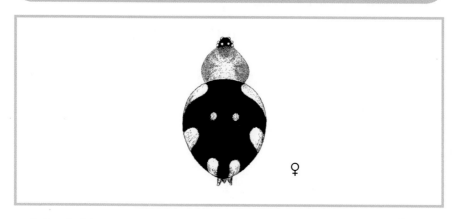

♀

몸길이는 암컷이 2.5mm이고 수컷은 2.2mm이다. 배갑은 암갈색이고 두부는 어둡다. 양 안열은 후곡하고 전중안이 제일 크며 나머지는 비슷하다. 위턱은 황갈색 바탕에 검고, 두덩니는 없다. 다리는 황갈색이며 경절 말단은 붉은색이고 다리식은 4-3-1-2이다. 복부 는 타원형이며 등면은 검고 8개의 흰 반점이 있다. 사이젖은 크고 뒷실젖보다 앞실젖이 더 크다.

분포: 한국, 일본

긴마름모거미속
Genus *Moneta* O. P. -Cambridge, 1870

안열은 평행하고 눈은 매우 작다. 위턱은 작고 2개의 앞엄니두덩니와 1개의 뒷엄니두덩니가 있다. 수염기관에는 배엽의 가장자리에 측면 돌기가 있으며 매우 복잡하다. 다리는 황갈색이며 특별한 돌기나 무늬는 없으며 부절은 매우 짧다.

긴마름모거미
Moneta caudifera (Dönitz et Strand, 1906)

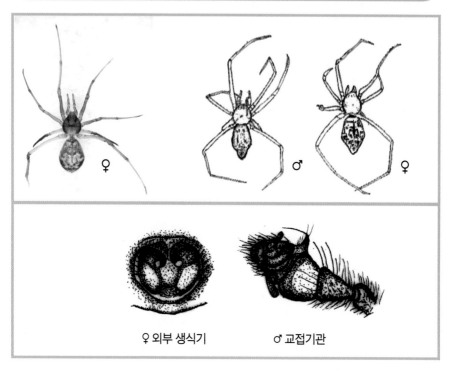

♀ 외부 생식기　　　♂ 교접기관

몸길이는 암컷이 3.6mm 내외이고 수컷은 3.1mm 정도이다. 배갑은 황갈색이고 가장자리는 어둑어둑하다. 전중안은 나머지 눈보다 더 작고 약간 옆으로 돌출되어 있다. 위턱에는 2개의 작은 앞엄니두덩니와 1개의 작은 뒷엄니두덩니가 있다. 다리의 모든 퇴절은 황갈색이고 첫째다리와 둘째다리의 경절과 척절은 엷은 황갈색이다. 모든 슬절 그리고 셋째다리와 넷째다리의 경절과 척절은 엷은 암갈색을 띤다. 성숙기는 6~8월이고 한국에서 보고된 *M. mirabilis*는 이 종과 동일종이다.

분포: 한국, 일본, 중국

진주꼬마거미속
Genus *Neottiura* Menge, 1868

몸길이가 2~3mm인 중간형 꼬마거미류이다. 이마가 돌출되어 있으며, 위턱의 엄니는 매우 작다. 수컷의 흉판에는 하나의 중심돌기(central tubercle)가 있다. 첫째다리가 제일 길고 세째다리가 제일 짧다. 수컷의 네째다리 퇴절에는 가시돌기(spur)가 나 있다. 암컷의 외부생식기에는 돌출부가 있으며 수염기관에는 중간돌기, 지시기 그리고 7개의 경질판(sclerites)으로 이루어진 근부(radix)가 있다.

진주꼬마거미
Neottiura margarita (Yoshida, 1985)

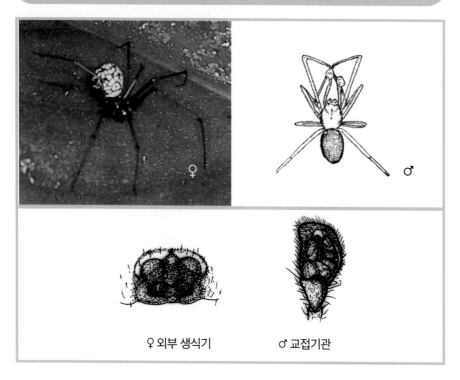

♀ 외부 생식기   ♂ 교접기관

몸길이는 암컷이 2.9mm이고 수컷은 2.1mm이다. 수컷의 배갑은 갈색으로 난형이고 이마가 돌출하며 안역이 부드럽게 융기한다. 가운데홈은 원형으로 특징적이다. 위턱은 암갈색이다. 다리는 황갈색이며 첫째다리와 넷째다리 경절 끝에 검은띠가 있다. 복부는 약간 난형이며 회백색이고 4쌍의 백색 무늬와 중앙, 옆, 복부 등면에 쌍을 이루는 반섬이 있다. 암컷의 배갑은 암갈색이고 밝은 평행 줄이 있다. 복부는 흰색 무늬로 덮여 있고 쌍을 이루거나 어두운 2개의 가운데 반점을 가진다. 논이나 콩밭과 그 주변에서 발견되거나 식물체 사이에 불규칙한 거미그물을 만들기도 한다. 성숙기는 6~7월이다.

분포: 한국, 일본, 중국

혹부리꼬마거미속
Genus *Phoroncidia* Westwood, 1835

두부는 돌출해 있고 흉부와 구별이 뚜렷하다. 눈은 돌출부의 끝을 차지하고 8개의 눈은 거의 크기가 같으며 같은 거리만큼 떨어져 있다. 중안역은 방형이고 측안은 서로 접해 있다. 흉판은 길이와 폭이 비슷하다. 뒷끝이 무디고 절단형이다. 넷째다리가 가장 길고 다른 다리들은 서로 비슷하다. 복부 부분은 구형이고 울퉁불퉁한 요철이 있으며 다수의 갈색 점이 나열되어 있다. 전방이 크게 배갑을 감싸고 있으며 실젖은 키틴판에 싸여 있다.

혹부리꼬마거미
Phoroncidia pilula (Karsch, 1879)

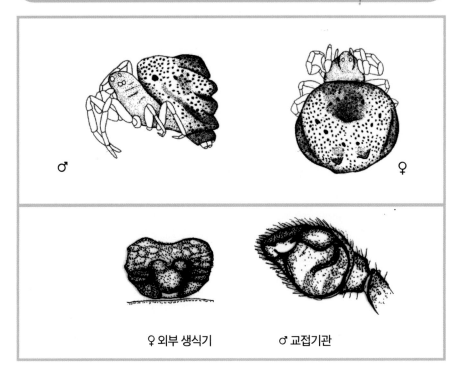

♂

♀

♀ 외부 생식기   ♂ 교접기관

몸길이는 암컷이 1.9mm이고 수컷은 1.6mm이다. 배갑은 암갈색이고 안역은 돌출되어 있다. 다리는 갈색이고 마디 미부에는 희미한 고리 무늬가 있다. 흉판에는 과립 돌기가 있으며 다리의 넷째다리 기절에는 흉판 쪽으로 뾰족한 돌기가 나 있다. 복부는 등면 중앙에 1개의 혹과 미부에 1쌍의 혹을 가지고 있다. 삼나무 등의 잎 사이에 길이 5~10cm 정도의 간단한 1개의 거미그물을 친다. 성숙기는 4~6월과 9~11월이다.

분포: 한국, 일본

반달꼬마거미속
Genus *Steatoda* Sundevall, 1883

배갑은 세로가 너비보다 길다. 가운데홈은 원형 또는 옆으로 향해 있다. 전안열은 곧거나 앞으로 전곡하고 후안열은 곧거나 후곡한다. 중안역은 앞부분이 뒷부분보다 더 넓다. 앞엄니두덩니는 있으나 뒷엄니두덩니는 없다.

흰점박이꼬마거미
Seatoda albomaculata (De Geer, 1778)

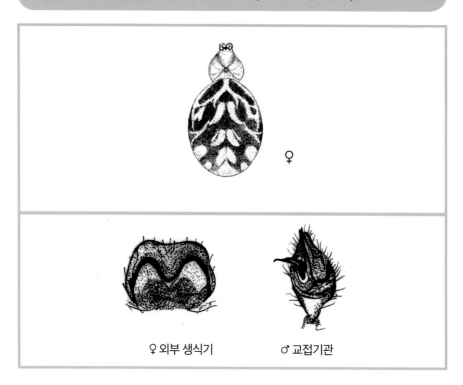

♀

♀ 외부 생식기   ♂ 교접기관

몸길이는 암컷이 5.2mm이고 수컷은 3.6~4.1mm이다. 두흉부는 갈색에서 검은색을 띠고 있지만 과립된 돌출은 없다. 측안은 붙어 있지 않고 아래턱에는 돌출한 부위가 있다. 복부 등면에는 흰 무늬가 둘러싸고 있으며 흰 중앙 반점 열이 있다. 수컷의 위턱에는 큰 원뿔형의 앞엄니두덩니가 있으며 뒷엄니두덩니는 없다. 수염기관의 중간 돌기는 손가락 모양이고 실 모양인 삽입기는 방패판의 중간에 있으며 지시기에 의해 둘러싸고 있다. 주로 얕은 하천가의 돌 아래 살면서 거미그물을 친다. 성숙기는 6~9월이고 백색 구형의 알주머니를 3~4개를 만든다.

분포: 한국, 일본, 중국, 러시아, 북아메리카(세계 공통종)

반달꼬마거미
Steatoda cingulata (Thorell, 1890)

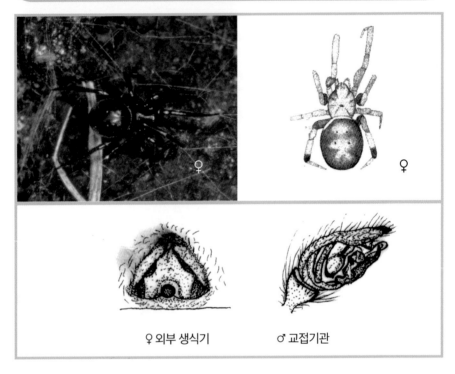

♀

♀

♀ 외부 생식기   ♂ 교접기관

몸길이는 암컷이 7~9mm이고 수컷은 5~6mm이다. 배갑은 흑갈색이고 복부는 검은색이며 전방부에 초승달 모양의 황색 무늬가 있다. 다리는 검은색이고 퇴절의 기부는 적갈색이다. 암벽의 갈라진 틈이나 벼랑의 음푹 패인 곳 등에 불규칙한 그물을 치고 그 주위에 주거한다. 성숙기는 5~9월이고 백색 구형의 알주머니는 크기가 5~8mm이다.

분포: 한국, 일본, 중국, 대만

칠성꼬마거미

Steatoda erigoniformis (O. P. -Cambrkdge, 1872)

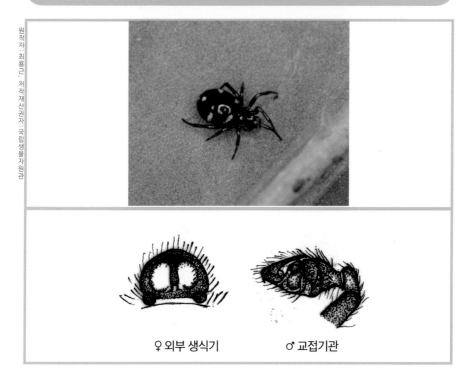

♀ 외부 생식기   ♂ 교접기관

암컷의 몸길이는 7mm 내외이다. 흉부는 갈색 바탕에 검은 가장자리 선이 있고 두부가 흉부보다 약간 높은 편이며 목홈, 방사홈, 가운데홈은 뚜렷하다. 8눈이 2열로 배열하고 전안열은 곧으며 후안열은 약간 전곡한다. 전중안이 가장 작고 전측안이 가장 크다.

분포: 한국, 일본, 대만

별꼬마거미
Steatoda grossa (C. L. Koch, 1838)

♀

♀ 외부 생식기   ♂ 교접기관

몸길이는 암컷이 6.5mm, 수컷은 4~6mm이다. 두흉부는 세로가 너비보다 길며 황갈색으로 특별한 무늬가 없고 목홈과 방사홈이 뚜렷하며 가운데홈은 원 모양으로 움푹하다. 8눈이 2열로 늘어서며 전안열은 곧고 후안열은 후곡한다. 전중안이 측안보다 다소 큰 편이다. 다리는 황갈색으로 강대하며 특별한 무늬는 없다. 복부는 긴 난형으로 흑갈색 또는 검정색 바탕에 몇 쌍의 백색 별모양 무늬가 중앙과 양옆면으로 늘어선다. 개체에 따라 백색 무늬의 일부가 연속되기도 한다. 폐옥이나 야외의 후미진 곳에서 발견되나 개체수가 희소하다.

분포: 한국, 일본, 러시아, 유럽(세계 공통종)

별무늬꼬마거미

Steatoda triangulosa (Walckenaer, 1802)

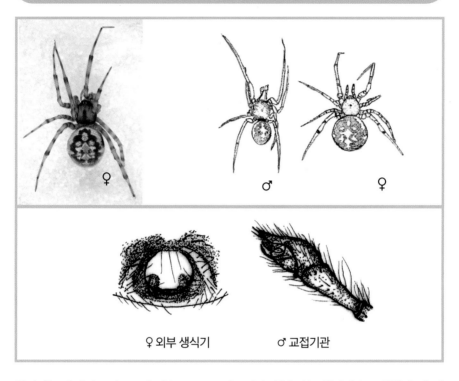

♀ 외부 생식기   ♂ 교접기관

몸길이는 암컷이 5~6mm, 수컷은 3~5mm 정도이다. 두흉부는 황갈색으로 두부가 더 진하고 높다. 두부 앞쪽과 흉부 가장자리는 검은 과립형 돌기가 산재해 있다. 가운데홈 부근에 검은 살촉 모양의 세로 무늬가 있으며 목홈과 방사홈은 길색으로 뚜렷하다. 전안열은 곧고 후안열은 약하게 후곡한다. 위턱은 적갈색이고 아래턱과 아랫입술은 연한 갈색으로 끝이 희다. 흉판은 방패형으로 볼록하며 미부가 넷째다리 기절 사이에 끼인다. 흉판의 색깔은 갈색인데, 정중부가 밝으며 앞쪽으로 갈수록 어두워지고 가장자리 부분의 선은 검다. 다리는 황갈색으로 각 마디에 암갈색 고리 무늬가 있다. 복부는 원형으로 둥글고 흑갈색 바탕이며 정중부에 황백색 마름모 무늬가 줄지어 있다. 그 양옆으로 쌍을 이루는 점무늬가 늘어선다.

분포: 한국, 일본, 중국, 러시아, 유럽(세계 공통종)

울릉반달꼬마거미
Steatoda ulleungensis Paik, 1995

수컷의 몸길이는 2.7mm 내외이다. 배갑은 엷은 황색이고 안역은 검다. 양 안열은 후곡하며 전중안이 제일 작다. 위턱에는 3개의 앞엄니두덩니가 있고 뒷두덩니는 없다. 다리는 엷은 황색이지만 첫째다리 경절은 암회색이고 다리식은 4-1-2-3이다. 복부는 타원형이고 검은 바탕의 등면에는 회색 무늬가 있으며 복부면에는 흰 회색 'U'자형 무늬가 있다. 사이젖은 매우 크다.

분포: 한국

휘장무늬꼬마거미속
Genus *Asagena* Sundevall, 1833

체색은 검붉은 갈색으로 배에는 노랗고 긴 점무늬가 있다. 배갑과 가슴판에는 주름과 파임이 있다. 머리가슴과 배 모두 난형이다. 수컷의 배갑 뒤 모서리에 주름이 있고, 배 앞쪽에 털이 난 돌기들이 줄지어 있는 한 쌍의 구조가 있는데, 발음 기관으로 알려져 있다. 수컷 첫째다리 퇴절이 굵고 안쪽에 가시가 있다. 수컷 수염기관 말단 돌기가 부리 모양이고 삽입기는 채찍처럼 길다. 암컷 외부생식기 판은 넓고 둥글며, 앞쪽 테두리 중앙에 돌기가 있다.

휘장무늬꼬마거미
Asagena phalerata (Panzer, 1801)

♂

♀ 외부 생식기　　　　♂ 교접기관

수컷의 몸길이는 5mm 정도이다. 배갑에는 많은 주름과 과립형 돌기가 있고 두부는 약간 높다. 가운데홈은 수평으로 나 있으며 목홈과 방사홈은 보이지 않는다. 위턱은 약한 갈색으로 1개의 앞엄니두덩니가 존재하고 뒷두덩니는 없다. 흉판은 미세한 입자 모양 돌기가 있으며 넷째다리 기절에 끼이지 않는다. 첫째다리와 둘째다리 퇴절은 검은 갈색이고 불규칙한 돌기가 많이 있으며 셋째다리와 넷째다리는 엷은 갈색이다. 삽입기는 길고 꼬여 있으며 말단 돌기는 새부리처럼 뻗어 있다. 복부 등면에는 2쌍의 미세한 엷은 흰색 수평 무늬가 있고 미부 쪽에 8개의 작은 반점과 3쌍의 근점이 존재한다. 복부면은 암갈색으로 특별한 무늬가 없으며 사이젖이 존재한다. 인가 주변에서 주로 발견되며 수컷은 여름이 주 성숙기이며 암컷은 연중이다.

분포: 한국, 중국, 러시아, 유럽(구북구)

먹눈꼬마거미속
Genus *Stemmops* O. P. -Cambridge, 1894

후중안은 두부 너비의 1/3 이상의 거리로 후측안에서 떨어져 있다. 전중안은 항상 후중안보다 작다. 안역은 검은색이다. 위턱은 작고 엄니두덩니는 없다. 넷째다리는 첫째다리보다 길며 넷째다리 슬절과 경절을 합한 길이는 배갑 길이의 1.5~1.6배이다. 복부 부분은 약간 평평하고 세로가 너비보다 길며 사이젖의 위치에 2개의 가시털이 있다. 암컷 내부 생식기의 저정낭은 2쌍이다.

먹눈꼬마거미

Stemmops nipponicus Yaginuma, 1969

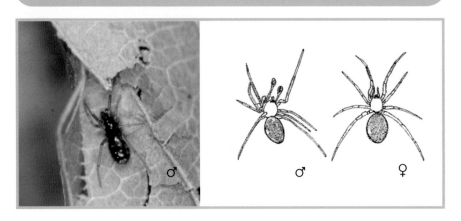

몸길이는 암컷이 2.5~3mm이고 수컷은 2~2.5mm이다. 두흉부는 볼록한 타원형으로 세로가 너비보다 길며 엷은 황갈색에 검은 가장자리 선과 연한 황색의 무늬가 보인다. 8눈이 2열로 늘어서고 전안열은 후곡하고 후안열은 전곡한다. 안역은 전체적으로 검은색이다. 위턱은 황갈색으로 두덩니는 없고 아래턱은 앞쪽이 좁아지며 아랫입술의 폭은 길이의 3배에 이른다. 흉판은 검은색으로 세로가 너비보다 길며 미부가 넷째다리 기절에 끼인다. 다리식은 4-1-2-3이고 척절과 부절은 가늘고 길며 다른 마디는 모두 굵고 튼튼하다. 첫째다리 경절만 검고 나머지는 모두 황갈색이다. 넷째다리 부절에 톱니털이 보이나 특별한 가시털은 없다. 복부는 긴 타원형으로 등쪽에 검은색 긴 털이 나 있고 회색의 사각형띠무늬와 검은색 또는 회색 따위의 점무늬가 보인다. 실젖은 황색이며 검정색 고리무늬가 둘러싸고 있다. 낙엽의 퇴적층 밑이나 돌밑, 땅 속 구멍 등에 불규칙한 거미그물을 치고 배회하며 연중 성체가 보인다.

분포: 한국, 일본, 중국

울릉꼬마거미

Stemmops ulleungensis (Paik, 1995)

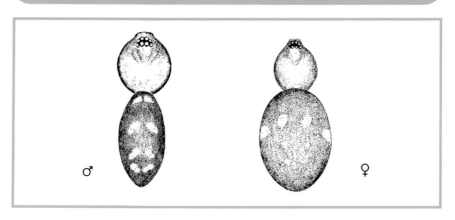

몸길이는 암컷이 3.1mm이고, 수컷은 2mm 정도이다. 수컷의 배갑은 엷은 황갈색이고 양 가장자리는 미세한 검은 선으로 둘러싸여 있다. 안역은 검고 전안열은 강하게 후곡하고 후안열은 곧다. 위턱에는 2개의 앞엄니두덩니와 1개의 뒷엄니두덩니가 나 있다. 다리는 갈색을 띠는 엷은 황색이고 첫째다리 경절과 나머지 다리의 경절과 퇴절의 뒤끝은 어둡다. 복부는 구형이고 폭이 높이보다 더 길다. 4쌍의 흰 반점이 있으며 사이젖은 없다. 암컷은 수컷과 비슷하다.

분포: 한국

꼬마거미속
Genus *Theridion* Walckenaer, 1805

몸길이는 1~5mm이다. 배갑에는 발음기관은 없고 가운데홈은 희미하다. 위턱에는 1~2 개의 앞엄니두덩니가 있으며 뒷엄니두덩니는 없다. 복부는 일반적으로 구형이며 돌출 부는 없다. 사이젖이 없다. 수염기관에는 뚜렷한 중간 돌기와 지시기, 근부 등이 있는 복 잡한 형태를 하고 있으며 1쌍의 저정낭을 가지고 있다.

등줄꼬마거미
Theridion pinastri C. L. Koch, 1872

♀ 외부 생식기   ♂ 교접기관

몸길이는 암컷이 3~3.5mm이고 수컷은 2.5~3mm이다. 두흉부는 암갈색이고 두부 쪽이 다소 밝다. 위턱, 아래턱, 흉판은 암갈색이고 아랫입술은 흑갈색이다. 수염기관은 황갈색이고 다리의 퇴절 복부면 미부에는 암갈색 무늬가 있다. 복부는 구형으로 둥글고 암갈색의 중앙 세로 무늬(적색, 황색 등의 변이가 있다.)는 물결 모양으로 백색 가장자리 선에 둘러싸여 있다. 옆쪽은 갈색으로 밑쪽을 향해 엷어진다. 복부면은 위 바깥홈 뒤쪽 중앙부가 반짝이는 백색이고 옆쪽은 황갈색으로 회색의 그물 무늬가 있다. 실젖 옆쪽에 적색 점무늬가 있다. 초목의 잎 사이, 나뭇가지나 돌 밑 등에 불규칙한 입체 거미 그물을 치고 있다. 갈색 또는 연갈색의 구형 알주머니는 3~5mm이고 1~2개를 그물 상부의 잎이나 가지, 접지부 또는 창틀에 두며 성숙기는 7~8월이다.

분포: 한국, 일본, 중국, 러시아

긴털꼬마거미
Theridion longipili Seo, 2004

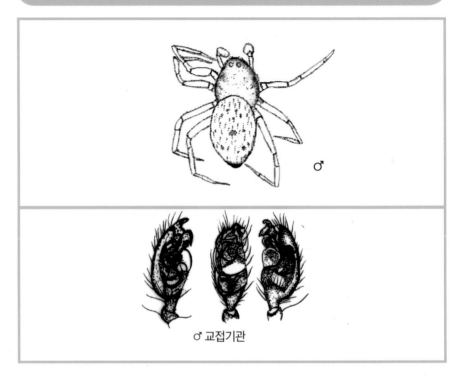

♂

♂ 교접기관

몸길이는 2.58~2.62mm이다. 배갑은 황색이고 두부가 흉선에 의해 구별되고 배에는 긴 털이 밀생한다. 황색인 위턱에는 2개의 앞엄니두덩니와 3개의 뒷엄니두덩니가 있다. 수 컷의 수염기관에는 크고 약간 휘어진 중간돌기와 중앙 쪽으로 휘어진 삽입기가 있다.

분포: 한국

타가이꼬마거미속
Genus *Takayus* Yoshida, 2001

체색은 보통 밝고 배 등면 중앙의 세로무늬와 양옆의 줄무늬가 있다. 배는 구형이다. 암
컷 외부생식기 중앙 하단에 대부분 작은 돌출부가 있다. 수컷의 수염기관 삽입기는 두껍
고 굽지 않으며, 지시기는 커다란 방패판과 함께 한경판을 형성한다. 주로 이파리 뒤에
숨어 있으며 불규칙 그물을 친다.

갈비꼬마거미
Takayus chikunii (Yaginuma, 1960)

♀ 외부 생식기　　　　♂ 교접기관

암컷이 몸길이는 3mm 내외이고 수컷은 2mm 내외이다. 두흉부는 삼각형으로 움푹 패여 있으며 목홈은 확실하다. 눈의 전열은 후곡하고 후열은 전곡한다. 전중안은 전중안 사이보다 넓고 후중안은 거의 같다. 이마는 넓고 중안과 거리가 같다. 아래턱은 옆으로 길고 흉판과 경계가 뚜렷하며 삼각형을 이루는 흉판은 황갈색이다. 복부의 복부면은 황색이고 실젖은 3개의 검은 점이 둘러싸고 있다. 등의 잎모양은 짙고 뚜렷하며 잎 모양의 기울어진 백선은 직선이고 체모가 적다. 나뭇가지나 잎 등에 불규칙하고 평면적인 거미 그물을 치며 성숙기는 5~7월이다.

분포: 한국, 일본

넓은잎꼬마거미
Takayus latifolius (Yaginuma, 1960)

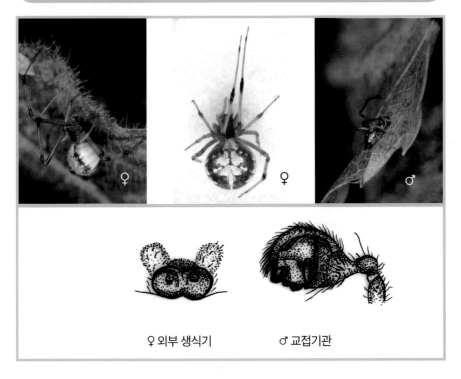

♀ 외부 생식기   ♂ 교접기관

몸길이는 암컷이 5~6mm이고 수컷은 4~5mm이다. 두흉부는 황갈색 바탕에 두부에서 흉부 중앙에 걸친 폭넓은 갈색 줄무늬가 있다. 8눈이 2열로 늘어서고 전안열은 곧으며 양 측안은 접한다. 전중안만 검고 나머지는 밝은색이다. 흉판은 황갈색이며 앞쪽이 다소 짙은 편이다. 다리는 엷은 황갈색이며, 퇴절 끝, 슬절, 경절 끝, 척절 밑부분은 밝은 적갈색이다. 복부는 크고 둥글며 폭넓은 갈색 잎새 무늬가 있다. 그 바깥 둘레는 조잡한 톱니 모양이며 중앙은 백색으로 군데군데 갈색 무늬를 벗어나 백색의 옆면과 연결되며 뒤쪽 정중 무늬도 백색이다. 복부면은 황색이고 실젖은 암갈색이며 검은색 띠무늬가 둘러싸고 있다. 산지성 거미로 나뭇가지나 잎새 사이에 천막형의 불규칙한 거미그물을 치고 생활한다. 나뭇잎 뒷면에 산란하며 어미가 알주머니를 지킨다. 성숙기는 5~7월이다.

분포: 한국, 일본, 중국

초승달꼬마거미
Takayus lunulatus (Guan et Zhu, 1993)

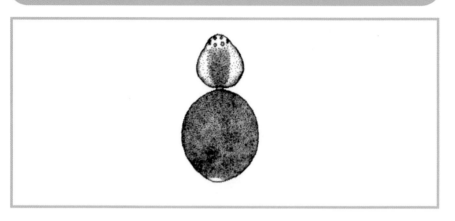

암수의 몸길이는 1.98~2.18mm이다. 배갑은 황색이고 두부에서 흉부 쪽으로 일직선인 검은 무늬가 있다. 구형인 배 등면은 검으며 개체에 따라서 검은 굴곡형 무늬가 있는 종도 있고 배면은 황백색이다.

분포: 한국, 중국

월매꼬마거미
Takayus quadrimaculatus (Song et Kim, 1991)

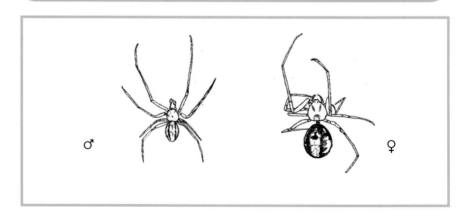

몸길이는 2.5~3.5mm이고, 배갑은 연갈색이다. 목홈과 방사홈이 보이고 전중안은 후곡하고 후중안은 곧다. 위턱에는 2개의 앞엄니두덩니와 3개의 미세한 뒷엄니두덩니가 있다. 다리는 황색이고 다리식은 1-4-2-3이다. 복부의 중간과 측면에는 횡적 무늬가 있고 미부에 4개의 검은 점무늬가 있다.

분포: 한국, 중국

넉점꼬마거미
Takayus takayense (Saito, 1939)

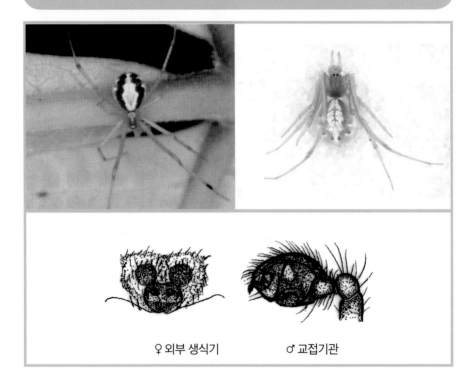

♀ 외부 생식기   ♂ 교접기관

몸길이는 암컷이 3.5~4mm이고 수컷은 3~4mm 정도이다. 두흉부는 황갈색이고 목홈과 방사홈이 뚜렷하다. 가운데홈은 없다. 8눈이 2열로 같은 크기, 같은 간격으로 늘어서며 후안열은 곧고 전안열은 후곡한다. 흉판은 황색으로 볼록한 삼각형을 이룬다. 다리는 담갈색이고 다리식은 1-4-2-3이다. 복부는 엷은 회색으로 백색 정중 무늬가 있고 뒤쪽에 4개의 흑점이 뚜렷하며 옆면에는 불분명한 갈색 줄무늬가 있다. 복부면은 흐린 황색이고 실젖 둘레에 3개의 흑점이 있다. 평지에도 있지만 산지에 많고 나뭇가지나 잎사이에 불규칙하고 앙상한 거미그물을 친다. 백색의 구형 알주머니는 3~4.5mm 정도이고 어미 거미가 입으로 물고 운반한다. 성숙기는 6~8월이다.

분포: 한국, 일본, 중국

탐라꼬마거미속
Genus *Yunohanmella* Yoshida, 2007

체색은 보통 어둡고 배 등면에 중앙의 세로무늬와 양옆의 줄무늬가 있다. 배는 구형이다. 암컷 외부생식기는 함몰된 부분이 없고, 뾰족한 돌출부가 없거나 뭉툭한 돌출부가 있다. 수컷 수염기관의 삽입기는 가늘고 짧으며, 지시기는 커다란 방패판과 접합되어 있고, 방패판돌기는 작다. 주로 이파리 뒤나 나무껍질에 숨어 있다.

서리꼬마거미
Yunohanmella lyrica (Walckenaer, 1842)

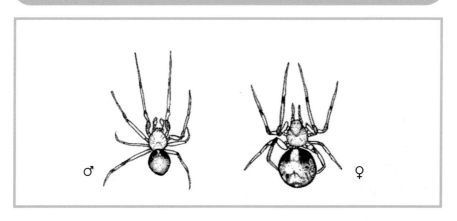

수컷의 몸길이는 2.1~2.8mm이고, 암컷은 2.5~3.5mm이다. 배갑은 검고 배등면 앞부분에는 크고 검은 무늬가 양쪽에 있으며 다른 부위는 흑백의 반점이 혼재하며 개체에 따라 변이가 심하다. 성숙기는 6~8월이고 돌, 나뭇가지 사이 등에 불규칙한 그물을 친다. 구형의 알주머니는 2~4.5mm이고 연갈색 바탕에 진한 흙색이나 진한 갈색이 산재하고 1개의 알주머니를 복부의 뒤끝에 붙여 운반한다.

분포: 한국, 중국, 전북구

이끼꼬마거미
Yunohanmella subadulta (Bösenberg et Strand, 1906)

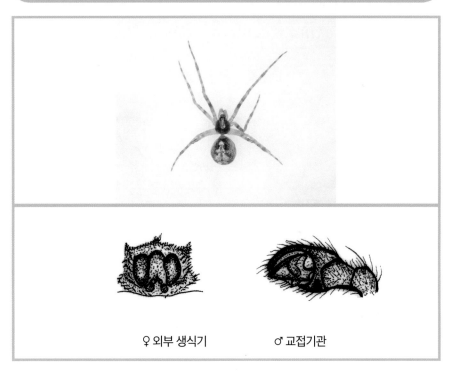

♀ 외부 생식기   ♂ 교접기관

몸길이는 암컷이 3.5mm 내외이고 수컷은 3mm 내외이다. 복부는 붉은색이 섞인 회백색을 띠고 암컷과 수컷의 다리식은 1-4-2-3이다. 나무의 구멍이나 벼랑에 불규칙한 거미그물을 치거나 나뭇가지의 접지부, 석등, 돌담의 빈틈 등에 불규칙한 작은 거미그물을 친다. 구형인 알주머니의 크기는 2~4.5mm이고 연갈색 바탕에 진한 검은색이나 갈색이 산재하고 1개의 알주머니를 복부의 뒤끝에 붙여서 운반한다. 성숙기는 6~8월이다.

분포: 한국, 일본, 중국

살별꼬마거미속
Genus *Platnickina* Koçak et Kemel, 2008

체색은 주로 밝은 상아색이다. 머리가슴은 타원형에 높이가 높고 배갑 눈구역에 검은 줄무늬가 있다. 가슴판 테두리에 검은 점들이 있는 종도 있다. 다리에 띠무늬들이 있고 다리식은 1-2-4-3이다. 배는 구형으로 좌우가 넓고 등면에 여러 색의 얼룩이 있거나 좌우로 검은 반점이 줄지어 줄무늬처럼 나기도 한다. 수컷 수염기관의 지시기는 막질이고 삽입기는 가늘다. 암컷은 구형의 알주머니를 만들어 들고 다니며, 다른 거미를 주로 포식하는 종들도 있다.

살별꼬마거미

Platnickina sterninotata (Bösenberg et Strand, 1906)

♀ 외부 생식기　　　　♂ 교접기관

몸길이는 2~3mm 정도이다. 두흉부는 황갈색이고 두부에서 가운데홈에 걸쳐 암갈색 무 늬가 있다. 위턱은 황색이고 아래턱과 아랫입술은 암갈색이다. 흉판의 바탕색은 황색이 며 뒤쪽 중앙에 살촉 모양의 검정색 세로 무늬가 있나. 앙옆쪽에는 3쌍의 검은 무늬가 있 다. 복부의 형태는 구형으로 둥글고 황색 바탕에 백색, 황백색, 갈색 등의 얼룩 무늬가 있 으며 중앙에서 뒤쪽을 향해 4~5쌍의 검은색 점무늬가 늘어서 있다. 복부의 복부면은 황 색 또는 황백색이며 위 바깥홈과 실젖 중간에 흑갈색 무늬가 있고 옆면에도 검은 빗살 무늬가 있다. 다른 거미의 그물에 침입하여 숙주를 잡아먹는 습성이 있다. 산란기는 8~9 월이고 백색 구형의 알주머니를 다리나 두흉부에 두고 운반한다. 감귤밭 같은 넓고 건조 하며 통풍이 좋은 토질에서 우점종이다. 성숙기는 6~9월이다.

분포: 한국, 일본, 중국

회색꼬마거미속
Genus *Paidiscura* Archer, 1950

체색은 붉은색과 회색, 노란색 등 종에 따라 다양하다. 배는 난형이거나 구형이다. 위턱 홈의 앞줄에 두덩니가 없다. 가슴판 뒤쪽이 넓다. 셋째다리 척절에 귀털이 없고 각 다리의 경절에 가시털이 각각 2-1-1-1개가 나 있다. 수컷 수염기관의 부배엽은 갈고리 모양이다.

회색꼬마거미

Padiscura subpallens (Bösenberg et Strand, 1906)

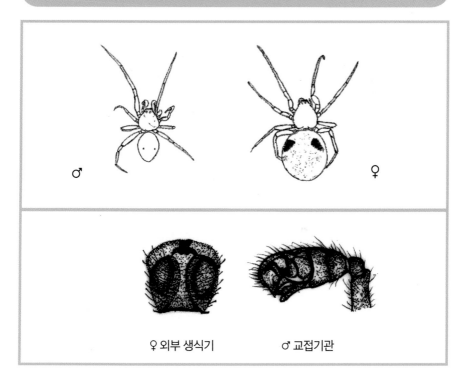

♀ 외부 생식기　　♂ 교접기관

몸길이는 암컷이 2.3~2.7mm이고 수컷은 2~2.5mm이다. 배갑은 등황색이고 복부는 회색이다. 외부생식기가 있는 부분이 돌출되어 있다. 마른 나무의 껍질, 돌담 등에 불규칙한 그물을 친다. 가을에서 겨울에 걸쳐 성체가 되고 낙엽, 돌 아래에서 주로 많이 발견된다. 돌밑이나 사이 또는 표면에 거미그물을 치고 1~8개의 백색 또는 연갈색의 구형 알주머니를 만든다. 알주머니 1개를 복부 끝에 붙이고 운반한다. 성숙기는 연중이다.

분포: 한국, 일본, 중국, 대만

코보꼬마거미속
Genus *Thymoites* Keyserling, 1884

이 속은 꼬마거미속과 유사하나 몸길이가 작고 다리가 상대적으로 짧다. 복부가 구형에
가깝고 경우에 따라 수컷에 경질화된 판 구조가 있다. 말꼬마거미속과는 수컷 수염기관
의 자유로운 중간 돌기와 같은 생식기의 구조적 차이로, 그리고 연두꼬마거미속과 칼집
꼬마거미속과는 복부 미부에 연장된 구조 또는 전반부에 경질화된 링에 의해서 구별할
수 있다.

울릉코보꼬마거미
Thymoites ulleungensis (Paik, 1991)

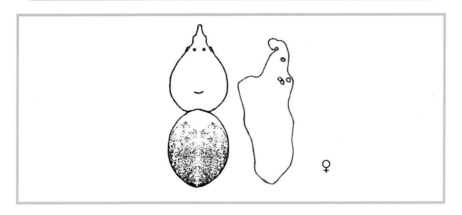

수컷의 몸길이는 2.02mm 정도이다. 두흉부는 연한 황갈색이고 가운데홈은 둥글게 파여 있다. 두부는 앞으로 튀어나와 있고 밑으로 약간 휘어져 있으나 털다발은 없다. 전중안은 혹의 가운데 위치하며 제일 작고 나머지 눈은 비슷하다. 후안열은 후곡한다. 3개의 앞엄니두덩니가 나 있으며 뒷엄니두덩니는 없다. 아랫입술은 반원형이고 폭이 더 넓고 흉판에 융합되어 있다. 다리는 황갈색이고 다리식은 1-4-2-3이며 모든 척절과 부절에는 가시털이 없다. 복부 등면에는 검은 무늬가 있으며 앞쪽에 1쌍의 혹이 나 있다. 수염기관의 뒤쪽 옆돌기는 큰 숟가락 모양이며 긴 털이 앞쪽 모서리에 나 있다.

분포: 한국

갈거미과

Family Tetragnathidae Menge, 1866

복부, 위턱, 아래턱, 다리 등이 모두 잘 발달되어 크고 길다. 퇴절에 귀털이 있어서 왕거미과와 구별된다. 8개의 눈은 2줄을 이루고 두흉부에 가운데홈이 있다. 암컷의 생식기 및 수컷의 수염기관이 잘 발달되어 있지 않다. 수컷은 적이나 먹이를 공격할 때 상대를 조이기 위한 기관(clasping spurs)이 있다. 폐서 틈 사이에 위 바깥홈은 앞으로 굽어 있다. 위턱에 옆혹의 흔적이 있다. 눈의 배열은 육각형을 이루지 않고 이마가 매우 낮다. 뒷실젖도 매우 짧다. 숨문 사이에 있는 상복부의 주름은 전곡되어 있으며, 위턱의 주름에 많은 이가 있다. 갈거미과의 거미들이 왕거미과의 거미와 다른 섬는 첫번째는 눈의 배열, 두번째는 왕거미과의 거미보다 단순한 암수의 외부생식기의 형태, 세번째는 좀더 발달한 위턱 그리고 너비보다 세로가 긴 복부와 배갑의 길이 등이다. 갈거미과의 거미줄은 주로 물가에 서식하지만 가끔씩 건조한 초원지역에서도 발견된다. 이들은 거미그물을 수평으로 치는데, 바퀴통(Hub)이 열린 완전 원형 그물이다. 또 이들은 휴식을 취할 때 특이한 모습을 취하는데, 몸은 나뭇가지에 가까이 밀착시킨 채 첫째다리와 둘째다리는 앞으로 뻗고 넷째다리는 뒤로 뻗어 셋째다리만으로 나뭇가지를 잡고 몸을 지탱한다.

백금거미속
Genus *Leucauge* White, 1841

안역에서 중안 사이는 측안 사이보다 좁고 측안은 붙어 있다. 눈은 거의 크기가 같고, 후 안열은 직선에 가까우며 전안열은 후곡되어 있다. 이마는 중안 부위와 같은 크기이거나 조금 좁다. 암컷의 촉지에 발톱이 있다. 위턱에는 이빨이 앞엄니두덩에 3개, 뒷엄니두덩 에 4개 있다. 다리는 길고 앞쪽이나 뒷부분은 완만하고 둥글며 등면은 전체가 은색 비늘 로 덮여 있다. 중앙에 바퀴통이 없는 수평 원형 그물을 친다.

중백금거미
Leucauge blanda (L. Koch, 1878)

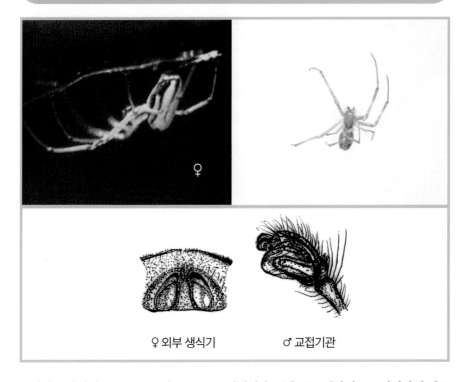

♀

♀ 외부 생식기   ♂ 교접기관

몸길이는 암컷이 9~12mm, 수컷은 6~7mm 내외이다. 두흉부는 황갈색으로 가장자리 선은 짙은 갈색이고 목홈과 방사홈이 뚜렷하다. 흉판은 갈색이다. 눈은 8눈이 2열로 늘어서며 전안열은 후곡하고 후안열은 곧다. 양옆의 중안 사이는 모두 측안과의 사이보디 좁다. 위턱은 갈색으로 앞엄니두덩니는 3개, 뒷엄니두덩니는 4개가 있다. 아래턱과 아랫입술은 황갈색이다. 다리는 황갈색이고, 다리식은 1-2-4-3이다. 첫째다리가 특히 장대하다. 넷째다리 퇴절에 2줄의 귀털이 있다. 복부는 길쭉하며 앞쪽에 흑갈색 반점이 있는 2개의 어깨 융기가 있다. 황금색을 띠는 은백색 바탕에 앞쪽이 닫히고 중간 부분에서 뒤쪽으로 좁아지는 3줄의 암갈색 세로 무늬가 있다. 복부의 복부면에는 암갈색의 폭넓은 세로 무늬가 전면에 산재한다. 실젖 돌기 앞쪽에 1쌍, 뒤쪽에 3쌍의 황색 반점이 있다. 산지, 평원 등에 원형그물을 친다. 남부지방에 많고 성숙기는 6~8월이다.

분포: 한국, 일본, 중국, 대만, 러시아

왕백금거미
Leucauge celebesiana (Walckenaer, 1841)

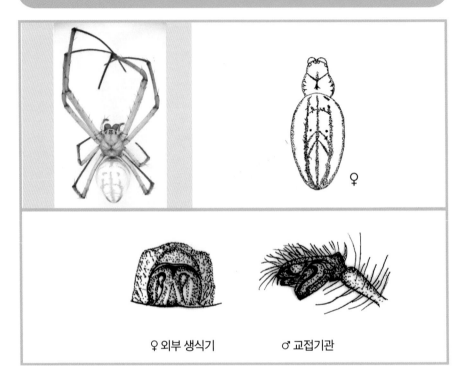

♀ 외부 생식기   ♂ 교접기관

몸길이는 암컷이 12~15mm, 수컷은 8~10mm 내외이다. 두흉부는 황갈색으로 흉부 가장자리가 검다. 눈은 8눈이 2열로 늘어서며 전안열은 후곡하고 후안열은 곧다. 양안열 측안은 근접해 있다. 위턱에는 앞엄니두덩니 3개, 뒷엄니두덩니 4개가 있다. 다리는 황록색이며 마디 끝쪽이 검고, 넷째다리에 2줄의 귀털이 있다. 흉판은 검은색이다. 복부는 은백색이다. 어깨 돌기가 검은 반점이 없고, 3줄의 검은 등줄 무늬가 앞에서 연결되거나 뒤에서 좁혀지는 것 없이 뻗으며, 그 사이의 앞쪽에 1쌍, 뒤쪽에 2쌍의 검은 빗살 무늬가 있다. 실젖 앞쪽에 1쌍의 뚜렷한 황색 점무늬가 있으나 뒤쪽의 것은 뚜렷하지 않다. 중백금거미와 비슷하나 복부 등면 양 어깨에 융기가 없고 외부생식기는 키틴화되어 있다. 산지 등의 물가와 그 부근에 수평의 그물을 치고 있다. 성숙기는 7~9월이다.

분포: 한국, 일본, 중국, 대만

꼬마백금거미
Leucauge subblanda Bösenberg et Strand, 1906

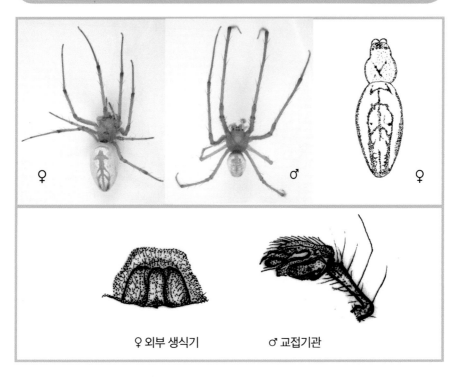

♀   ♂   ♀

♀ 외부 생식기   ♂ 교접기관

몸길이는 암컷이 6~8mm 내외이다. 복부의 세로 줄무늬는 좁고 살아 있을 때는 명료하게 보이지 않는 것이 많다 복부의 복부면은 세로 줄무늬 중에 은색의 비늘이 조금 산재한다. 실젖의 앞부분에 1쌍의 황색 반점이 있다. 주로 산지에 서식한다.

분포: 한국, 일본, 중국, 인도

금빛백금거미

Leucauge subgemmea Bösenberg et Strand, 1906

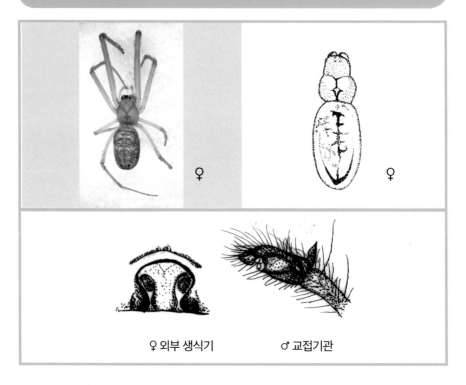

♀

♀

♀ 외부 생식기   ♂ 교접기관

몸길이는 7~9mm 내외이다. 두흉부는 담갈색이며 목홈과 가운데홈은 암갈색이다. 눈은 후안열은 전곡하고 중안이 측안보다 길다. 복부는 길지만 폭의 2배에는 미치지 못한다. 등면 전체가 황금색이며 뚜렷한 줄무늬는 없다. 어떤 자극이나 빛에 접하면 변색하여 갈색으로 된다. 복부의 복부면에는 짧고 넓은 세로무늬가 있다. 산지 오솔길, 풀숲, 나뭇가지 사이에 수평원형그물을 치며, 뽕나무 등에서도 자주 보인다. 성숙기는 7~9월이다.

분포: 한국, 일본, 중국

시내거미속
Genus *Meta* C. L. Koch, 1836

두부는 둥글고 흉부보다 약간 높다. 가운데홈은 깊고 삼각형이다. 아래턱은 길고 아랫입술은 옆으로 길다. 전안열은 뒤로 굽어 있다. 후안열은 곧거나 약간 뒤로 굽어 있다. 측안은 접해 있다. 척절은 부절보다 훨씬 길다. 부절 말단에 귀털 줄이 없다. 위 바깥홈에 가로홈이 없다. 수컷 수염기관의 가운데 돌기는 발달되어 있지 않다.

만주굴시내거미
Meta manchurica Marusik et Koponen, 1992

몸길이는 암컷이 11~14mm, 수컷은 9~11mm 내외이다. 두흉부는 황갈색으로 가운데홈
과 흉부의 뒤쪽과 가장자리 쪽은 적갈색이다. 눈은 8눈이 2열로 늘어서며 전안열은 후곡
하고 후안열은 곧다. 전후의 측안은 서로 접한다. 다리는 적갈색 바탕에 검은색 무늬가
있으며 끝 쪽의 빛깔이 진하다. 복부는 구형으로 볼록하고 황갈색 바탕에 흑갈색 무늬가
중앙과 그 양쪽에 쌍을 이루고 있다. 옆쪽에는 몇 쌍의 황색 줄무늬가 있다. 동굴 속 입
구 가까운 곳에 비교적 작은 수평 원형 그물을 치고 있으며, 동굴 밖 바위 틈 등 비교적
습하고 어두운 곳에서 발견되기도 한다. 연중 성체가 보인다.

분포: 한국, 러시아

가시다리거미속
Genus *Metellina* Chamberlin et Ivie, 1941

배갑의 길이는 폭보다 길고 가운데홈이 있다. 방사홈, 목홈은 뚜렷하다. 측안들은 접해 있다. 위턱은 수직이거나 엄니두덩니가 있다. 아랫입술은 아래턱의 1/2에 못 미친다. 다리 중에서 특히 첫째다리가 가장 길고 척절 및 부절에 큰 가시털이 있다. 넷째다리 퇴절에 비늘털이 있다.

가시다리거미

Metellina ornata (Chikuni, 1955)

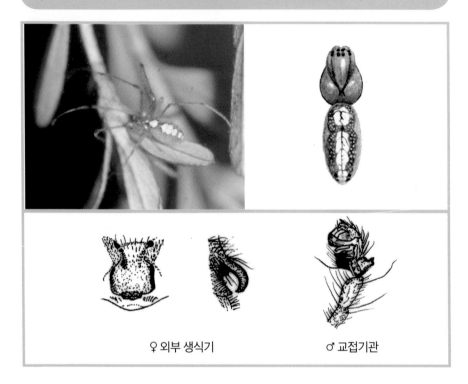

♀ 외부 생식기   ♂ 교접기관

몸길이는 암컷이 9mm, 수컷이 6mm 내외이다. 두흉부는 황갈색으로 너비와 세로가 같다. 목홈과 가운데홈은 'Y'자 모양을 이루며 흉판은 황갈색이다. 눈은 8눈이 2열로 늘어서고 전후안열 모두 후곡하며 중안 사이가 좁다. 위턱의 앞엄니두덩니와 뒷엄니두덩니는 각각 3개씩이다. 다리는 황색이며 퇴절, 경절에 장대한 가시털이 늘어서 있다. 각 경절, 척절 말단은 엷은 검은색이다. 복부는 긴 난형으로 회갈색이며 중앙에 황색의 무늬가 있다. 산지 풀숲의 넓은 잎 뒷면에 간단한 그물을 친다. 성숙기는 5~9월이다.

분포: 한국, 일본

무늬시내거미속
Genus *Metleucauge* Levi, 1980

복부는 난형이고 중간 부분이 가장 넓다. 외부생식기는 편평하고 양옆에 주머니를 가지고 있다. 수컷의 수염기관은 다소 길고 전절은 끝 쪽에 갈퀴가 있으며 부배엽은 작다. 배갑은 너비보다 세로가 길다. 위턱은 3개의 앞엄니두덩니와 3~4개의 뒷엄니두덩니가 있다. 아랫입술은 세로보다 너비가 길다. 흉판은 너비보다 세로가 길다.

병무늬시내거미

Metleucauge kompirensis (Bösenberg et Strand, 1906)

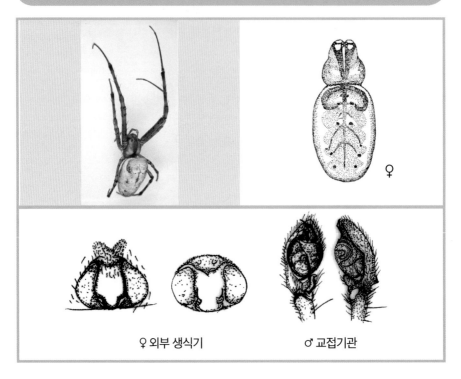

♀ 외부 생식기　　　　♂ 교접기관

몸길이는 암컷이 11~14mm, 수컷은 8~10mm 내외이다. 두흉부는 황갈색으로 두부 쪽의 폭이 넓고 2줄의 적갈색 세로 무늬가 있으며 가운데홈은 삼각형으로 깊고 둘레가 적갈색이다. 흉판은 흑갈색이다. 전안열은 후곡하고 후안열은 곧으며 두 측안은 서로 접한다. 위턱은 길고 튼튼하며 옆혹이 잘 보이지 않는다. 퇴절, 경절, 척절에 흑갈색 고리 무늬가 있고 척절은 부절에 비해 훨씬 길다. 복부는 긴 난형으로 회백색 바탕에 앞쪽이 더 짙은 황갈색 잎새 무늬가 있다. 개체에 따라서는 무늬가 없고 전체적으로 황백색인 것도 있다. 복부면은 갈색이며 양옆으로 흰 줄이 있다. 산지 등의 물가에 수평 또는 비스듬한 원형그물을 치고 있으며, 성숙기는 5~8월 사이이다.

분포: 한국, 일본, 중국, 대만, 러시아

안경무늬시내거미
Meleucauge yunohamensis (Bösenberg et Strand, 1906)

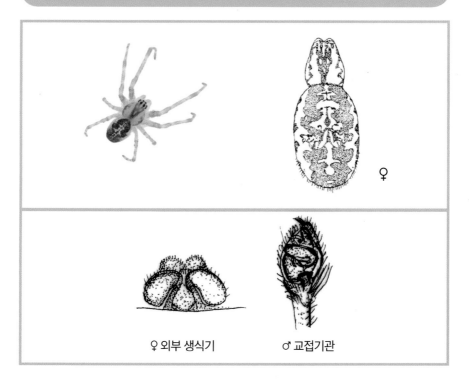

♀

♀ 외부 생식기　　　♂ 교접기관

몸길이는 암컷이 10~13mm이고, 수컷은 8~10mm 내외이다. 두흉부는 황갈색 바탕에 갈색 세로 무늬가 중앙에 있으며, 그 전반부는 황색 정중 무늬이고 뒤쪽은 1쌍의 안경 모양 황색 무늬와 1개의 황색 점무늬가 있다. 두부가 둥글고 흉부보다 높으며 가운데홈은 깊은 삼각형이다. 흉판은 검은색이다. 전안열은 후곡하고 후안열은 강하게 후곡하고 있으며 측안은 서로 근접한다. 위턱은 튼튼하고 옆혹은 흔적적이다. 아래턱은 길이가 길고 아랫입술은 폭이 길이보다 길다. 다리는 황갈색으로 갈색 내지 흑갈색의 고리 무늬가 있고 강대한 가시털이 나 있다. 복부는 긴 난형이며 백색 내지 황갈색 바탕에 선명한 갈색 잎새 무늬가 있다. 산골짜기의 물가에 수평원형그물을 치고 매달려 있다. 성숙기는 5~7월이다.

분포: 한국, 일본, 중국, 대만, 러시아

턱거미속
Genus *Pachygnatha* Sundevall, 1823

복부는 난형이며, 위바깥홈은 전혀 보이지 않는다. 두부와 흉부의 명확한 경계가 없다. 이마는 중안 부위보다 좁지 않다. 측안들은 붙어 있거나 거의 붙어 있다. 길고 두꺼운 턱을 가지고 있다. 위턱은 몸에 비해 크고, 아래턱은 약하게 아랫입술로 모이는 형태로 말단부가 팽창하지 않는다. 위턱에는 강력한 이빨이 있고, 아래턱은 전방에서 가깝다. 다리는 비교적 짧고 가시털이 없다. 복부가 난형이라는 점에 갈거미와 다르다. 미성숙 개체들은 그물에 있는 것이 관찰되지만, 성숙한 것들은 그물을 만들지 않는다.

턱거미
Pachygnatha clercki Sundevall, 1823

♀ 외부 생식기　　　♂ 교접기관

몸길이는 암컷이 6mm, 수컷은 5mm 내외이다. 두흉부는 황갈색이고 가운데 줄무늬와 목홈이 갈색이며 옆쪽에 갈색의 무늬가 있다. 전면에 작은 오목점이 산재되어 있다. 흉판은 밝은 갈색으로 작은 오목점이 산재해 있으며 가장자리는 석살색이다. 눈은 8눈이 2열로 늘어서며 전안열은 후곡하고 후안열은 곧다. 2줄 모두 중안 사이가 측안과의 사이보다 좁으며 측안은 서로 접해 있다. 위턱은 몸에 비해 크고, 암컷은 앞엄니두덩니 3개, 뒷엄니두덩니 4개가 있다. 수컷은 앞엄니두덩니 4개, 뒷엄니두덩니 2개이다. 아래턱은 앞 끝이 안으로 기울어져 있고, 아랫입술은 폭이 길이보다 길다. 다리는 황갈색 바탕에 가운데 부분이 밝고 넓은 갈색의 무늬가 있다. 풀밭, 습지, 논 등에서 서식하며, 성숙기는 5~9월이다.

분포: 한국, 일본, 중국, 러시아, 유럽(구북구)

점박이가랑갈거미

Pachygnatha quadrimaculata (Bösenberg et Strand, 1906)

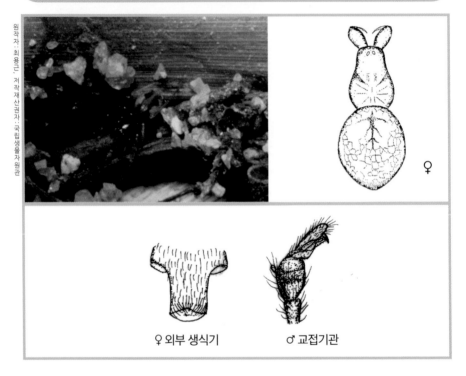

♀

♀ 외부 생식기   ♂ 교접기관

몸길이는 암컷이 3mm이고, 수컷은 2mm 내외이다. 두흉부는 후방까지 함몰되어 있다. 두부는 적갈색, 흉부는 주황색으로 전면에 작고 음푹 패인 점이 있다. 배갑의 중심보다 후방에 가운데 홈이 있다. 위턱은 두툼하고 짧으며 적갈색이다. 표면에는 작은 점이 널려 있다. 아래턱은 앞으로 몰려 있다. 복부는 회색의 난형으로서 흑갈색의 점이 2개 있다. 다리는 길고 황색이다. 숨문은 실젖의 바로 앞에 있다.

분포: 한국, 일본, 중국

애가랑갈거미

Pachygnatha tenera Karsch, 1879

♀

몸길이는 암컷이 3mm이고, 수컷은 2.5mm 내외이다. 두흉부는 길이가 매우 길며 두부가 흉부보다 크고 길다. 두흉부 앞쪽 절반은 적갈색이며 가장자리는 검고 목홈은 'U' 자형이다. 흉판은 짙은 적갈색으로 가장자리가 검다. 눈은 8눈이 2열로 늘어서며 전안열은 전곡하고 후안열은 곧다. 후중안이 크고 측안들은 서로 접한다. 다리는 황갈색이며 첫째 다리가 가장 길다. 복부는 흐린 황백색으로 검은 무늬가 있으며, 개체에 따라 은빛 비늘무늬가 흩어져 있는 폭넓은 검은 줄무늬가 있는 것도 있다. 암컷의 생식기는 등면 중앙에 있고, 숨구멍은 실젖 돌기 바로 앞에 있다. 수컷은 대체로 색이 진하다. 풀숲 사이를 배회하며, 논이나 모판에서 많이 발견된다.

분포: 한국, 일본, 중국, 몽골

갈거미속
Genus *Tetragnatha* Latreille, 1804

2개의 안열은 거의 수평이거나 모이는 경향이 있지만 측안들은 결코 연속적이지 않다. 위턱이 잘 발달되었는데 특히 수컷에서 그렇다. 위턱의 엄니두덩에는 많은 이빨들이 있으며 엄니 기부 근처에는 커다랗게 돌출된 기관이 있다. 복부는 매우 길며 종종 암컷은 기부(복부의 기부, 즉 하단부)가 팽창되어 있다. 갈거미속 대부분의 종들은 물 근처의 긴 풀, 수풀, 초원에 자신의 거미그물을 친다. 거미그물은 몇 개의 가로줄과 열린 바퀴통으로 구성되어 있는데, 거미는 이 바퀴통에 자리잡고 있다. 복부, 위턱, 엄니, 다리는 모두 길다. 두부는 좁고 낮으며 전방은 둥글다. 가운데홈도 둥글다. 눈은 다소의 차이는 있으나 거의 큰 편이다. 측안 사이의 거리는 약간의 차이가 있으나 반드시 떨어져 있다. 아랫입술은 세로가 너비보다 길다. 암컷의 외부생식기는 보이지 않고 위바깥홈은 전곡되어 있다.

꼬리갈거미
Tetragnatha caudicula (Karsch, 1879)

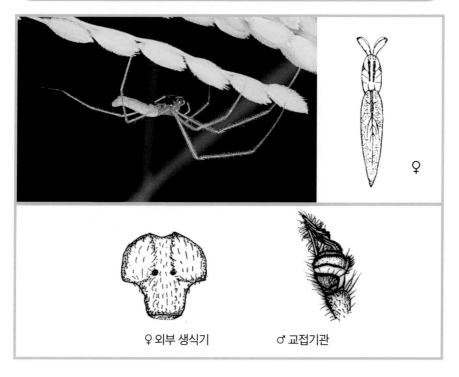

♀

♀ 외부 생식기   ♂ 교접기관

몸길이는 암컷이 12~15mm이고, 수컷은 10~15mm 내외이다. 두흉부는 황갈색이며 가운데홈, 목홈, 방사홈이 뚜렷하다. 눈은 전안열은 곧고 후안열은 강하게 후곡한다. 전후측안 사이는 전후 중안 사이 간격의 2배이다. 다리는 황갈색으로 약한 가시가 있다. 복부는 황백색이고 가는 비늘 무늬로 덮여 있다. 어깨쪽에는 나뭇가지 모양의 정중선에 줄무늬가 뻗어 있다. 뾰족한 복부 끝은 실젖 돌기를 넘어서 길게 뻗는다. 풀숲에 수평 또는 수직의 원형 그물을 치며 낮에는 풀잎 뒤에 숨어 있다. 논이나 뽕나무 밭에서도 보인다. 성숙기는 6~8월이다.

분포: 한국, 일본, 중국, 러시아

큰배갈거미
Tetragnatha extensa (Linnaeus, 1758)

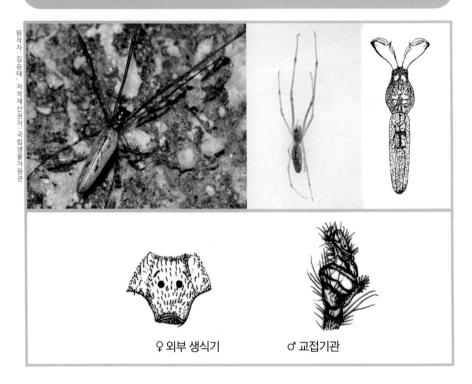

♀ 외부 생식기   ♂ 교접기관

몸길이는 암컷이 8~12mm이고, 수컷은 6~9mm정도이다 두흉부는 황갈색이고 가장자리와 홈줄은 암갈색이다. 흉판은 암갈색으로 전반부 중앙에 밝은 황색 세로 무늬가 있다. 눈은 8눈이 2열로 늘어서며 전안열은 곧고 후안열은 후곡한다. 전중안 사이가 측안과의 사이보다 좁고, 후안열은 같은 거리로 배열한다. 위턱은 갈색으로 앞엄니두덩니가 8~9개 있다. 다리는 황갈색으로 작은 가시털이 나 있다. 첫째다리가 장대하다. 복부는 폭이 길다. 등면은 황록색 내지는 백색으로 정중부가 은빛 비늘 무늬로 덮여 있으며 그 양측은 은빛이다. 실젖 양측에도 난형의 은빛 무늬가 있다. 물가, 풀숲 등에 수평 원형 그물을 치고 있으며, 성숙기는 7~8월이다.

분포: 한국, 일본, 중국, 러시아 등 구북구

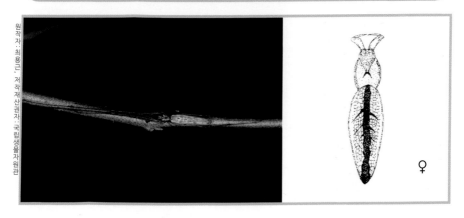

♀

몸길이는 5mm 내외이다. 두흉부는 황갈색이고 흉부의 가장자리가 은백색이며 목홈과 가운데홈 부근은 암갈색이다. 눈은 8눈이 2열로 늘어서며 양 안열이 모두 후곡한다. 전 중안 사이는 측안과의 사이보다 좁고 후안열은 같은 거리로 배열한다. 측안은 눈두덩 위에 있다. 위턱은 황갈색이며, 암컷은 앞엄니두덩니 5개, 뒷엄니두덩니 6개가 있다.

분포: 한국, 일본, 중국, 대만

민갈거미
Tetragnatha keyserlingi Simon, 1890

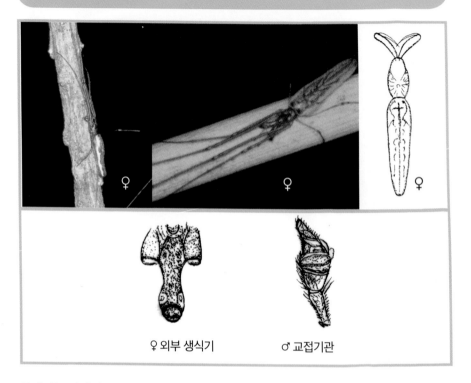

♀ 외부 생식기   ♂ 교접기관

몸길이는 암컷이 10~13mm, 수컷은 7.0~10mm 내외이다. 두흉부는 엷은 갈황색이다. 목홈과 가운데홈이 뚜렷하다. 눈은 8눈이 2열로 늘어서며, 전안열은 후곡하고 후안열은 곧다. 전후 측안은 근접해 있다. 위턱은 앞으로 뻗어 있고 두흉부보다 길다. 엄니가 둥글게 굽으며 밑부 바깥쪽 돌기가 없다. 암컷은 앞엄니두덩에 작은 것 2개, 뒷엄니두덩에 큰 것 1개, 중간 크기의 이빨이 6개가 있고 수컷은 앞엄니두덩니 11개, 뒷엄니두덩니 11개 (큰 것 3개)가 있으며, 위턱의 밑부 뒤 끝 돌기의 말단이 갈라지지 않는다. 아래턱은 황색이고, 아랫입술은 암갈색이며 흉판은 어두운 황갈색이다.

분포: 한국, 일본, 중국, 대만, 방글라데시, 필리핀, 남아프리카

백금갈거미

Tetragnatha pinicola L. Koch, 1870

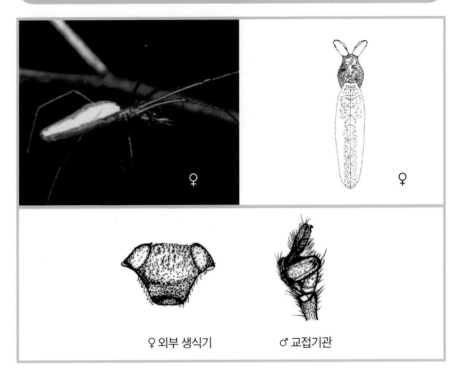

♀

♀

♀ 외부 생식기　　　♂ 교접기관

몸길이는 암컷이 6~8mm이고, 수컷은 5~7mm 내외이다. 두흉부는 밝은 황갈색이다. 목홈과 가운데홈 부근은 검다. 흉판은 긴 삼각형이며 흑갈색으로 중앙은 황색이다. 다리는 엷은 황갈색으로 특별한 무늬가 없고 가시도 약하다. 눈은 8눈이 2열로 늘어서며 전안열은 곧고 후안열은 다소 후곡한다. 중안 사이는 측안과의 사이보다 짧다. 양측안은 떨어져 있다. 위턱은 황색이고 엄니의 밑부 돌기가 없다. 암컷은 앞엄니두덩니가 5개이고, 수컷은 앞엄니두덩니가 3개이다. 복부는 은록색이고 빛나고 정중부에 몇 쌍의 검은 점이 늘어서며, 액침하면 나뭇가지 모양의 무늬가 나타난다. 복부면은 정중부의 검은 줄무늬가 있고 은백색 반점이 산재하나 실젖은 흐린 황색이다. 고산성 거미로 관목 사이에 원형 그물을 친다.

분포: 한국, 일본, 중국, 러시아

장수갈거미
Tetragnatha praedonia L. Koch, 1878

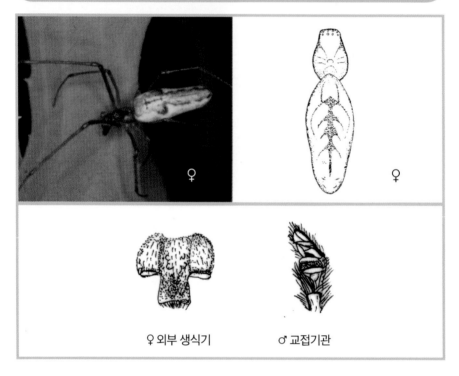

♀ 외부 생식기　　　♂ 교접기관

몸길이는 암컷이 13~15mm이고, 수컷은 10~12mm 내외이다. 두흉부는 좁고 길며 목홈과 가운데홈이 깊고 길다. 적갈색으로 두부 뒤쪽과 흉부 가장자리는 흑갈색이다. 흉판이 황갈색이며 가장자리가 검다. 눈은 8눈이 2열로 늘어서며 전안열은 곧고 후안열은 약간 후곡한다. 전중안 사이가 측안과의 사이보다 넓고, 양 안열 측안은 근접한다. 위턱은 강대하다. 끝 갈고리가 크며 만곡부 외측에 돌기가 있다. 다리는 매우 길고 가시털이 나 있다. 적갈색으로 마디 끝의 색이 더 진하다. 복부는 앞쪽이 더 넓은 긴 원통형으로 등면은 황갈색 바탕에 은빛 비늘 무늬가 덮여 있으며 나뭇가지 모양으로 뻗는 흑갈색의 세로무늬가 있다. 복부의 복부면은 갈색 바탕에 황색의 세로무늬가 있고 실젖에 앞쪽과 옆쪽에는 은빛 반점이 있다. 산야의 물가에 수평 원형 그물을 치고 살며, 성숙기는 6~8월이다.
본포: 한국, 일본, 중국, 대만, 러시아

비늘갈거미

Tetragnatha squamata Karsch, 1879

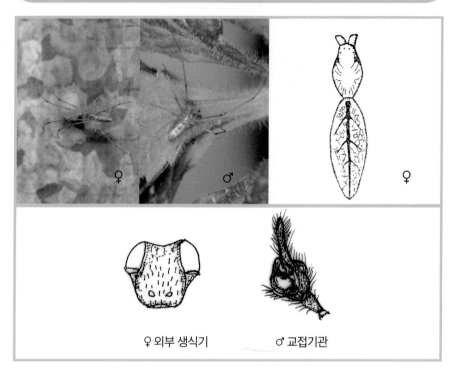

♀ 외부 생식기　　　♂ 교접기관

몸길이는 암컷이 7~9mm이고, 수컷은 6~7mm 내외이다. 두흉부는 황록색이고 목홈과 기오데홈이 뚜렷하다. 흉판은 담갈색으로 긴 삼각형이다. 눈은 8눈이 2열로 대체로 평행하고 후곡하며 두 측안이 넓게 떨어져 있다. 위턱은 담살색으로 튼튼하다. 다리는 황록색이고 긴 가시털이 있다. 복부는 긴 난형이며 황록색 내지 초록색으로 은백색 비늘 무늬로 덮여 있다. 수컷은 등면 앞쪽과 뒤쪽에 붉은 무늬가 있다. 측면과 복부면은 황록색 비늘 무늬로 덮여 있다. 실젖은 흐린 황색이다. 풀밭, 나뭇잎 뒤에 지름 10cm 정도의 수평 원형 그물을 친다. 논의 벼포기 사이에서도 때때로 볼 수 있다. 자극에 의해 몸의 색깔을 변화시킨다. 성숙기는 5~7월이다.

분포: 한국, 일본, 중국, 대만

논갈거미

Tetragnatha vermiformis Emerton, 1884

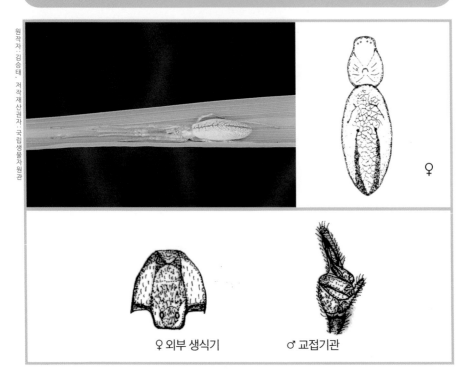

♀

♀ 외부 생식기　　　♂ 교접기관

몸길이는 암컷이 7mm, 수컷이 6.5mm 내외이다. 두흉부는 황갈색이며 두부 쪽이 진하고, 가운데홈 양쪽에 작은 흑갈색 가로 무늬가 있다. 흉판은 주황색으로 세로가 길고 뒤쪽이 뾰족하다. 눈은 8눈이 2열로 늘어서며, 전안열이 후안열보다 길고 전후 측안 사이가 넓게 떨어져 있다. 위턱은 황색으로 길다. 암컷은 앞엄니두덩니 5개, 뒷엄니두덩니 6개이며, 수컷은 밑부 근처 앞쪽에 2개의 큰 돌기가 있고, 앞엄니두덩니 5개, 뒷엄니두덩니 큰 것 2개, 작은 것 7개이다. 다리는 황색으로 작은 털이 몇 개 나 있다. 복부는 길며 황색으로 은빛 비늘 무늬가 있다. 실젖은 끝이 뭉툭한 고리 모양이다.

분포: 한국, 일본, 중국, 중앙아메리카, 남아프리카, 필리핀

북방갈거미
Tetragnatha yesoensis Saito, 1934

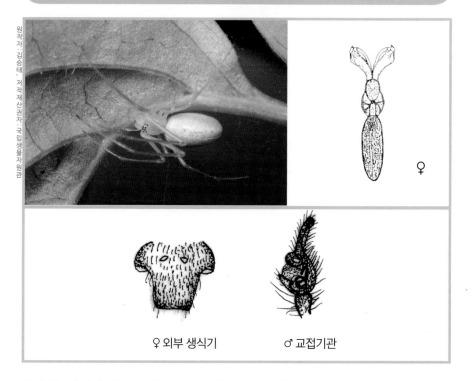

♀

♀ 외부 생식기   ♂ 교접기관

몸길이는 수컷이 6~9mm 정도이다. 두흉부는 황갈색이고 목홈, 방사홈 및 가운데홈이 암갈색으로 뚜렷하다. 흉판은 황갈색으로 가늘고 길다. 눈은 8눈이 2열로 늘어서며 양 안열이 모두 후곡하는데 후안열이 더 강하게 후곡한다. 전중안이 가장 크고 전측안이 가장 작다. 위턱은 황갈색으로, 앞엄니두덩니 4개, 뒷엄니두덩니 3개이며 끝부분 옆의 것이 특이하고 길다. 다리식은 1-2-4-3이다. 복부는 원통형으로 회황색 바탕에 은빛 비늘 무늬로 덮여 있고 자극을 받으면 갈색 나뭇가지 모양의 무늬가 나타난다. 복부면은 등면보다 다소 어두운 편이며 비늘 무늬가 흩어져 있다.

분포: 한국, 일본, 러시아

얼룩시내거미속
Genus *Zhinu* Kallal et Hormiga, 2018

체색은 배갑은 황색에 갈색 얼룩무늬가 있고 배는 짙은 얼룩무늬가 있다. 수컷의 두부는
앞으로 늘어나 있고, 위턱이 매우 길고 아래로 향한다. 배에 혹이나 돌기가 없이 둥글다.
수컷 수염기관의 배엽 기부가 길게 늘어나 있고, 크게 2부분으로 구분되는 복잡한 돌기
가 있으며, 배엽 정단부가 크고 둥글게 파여 있다. 암컷의 외부생식기는 경화되어 있고
납작하다. 바위 밑 등 어두운 곳에 성긴 수직 둥근 그물을 친다.

얼룩시내거미
Zhinu reticuloides (Yaginuma, 1958)

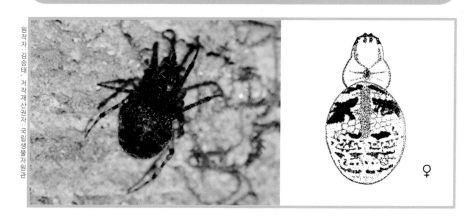

♀

몸길이는 암컷이 6~9mm, 수컷은 5mm 내외이다. 두흉부는 황색으로 두부 앞 가장자리와 측안에서 목홈에 걸친 흑갈색 무늬가 있다. 가운데홈 앞쪽에도 흑갈색 세로 무늬가 있고, 양옆면에도 흑갈색 무늬가 있다. 가운데홈 앞쪽에도 흑갈색 세로 무늬가 있다. 양옆면도 흑갈색이다. 흉판은 짙은 적색이다. 눈은 8눈이 2열로 늘어서며 전안열은 후곡하고 후안열은 곧다. 두 측안은 근접한다. 수컷의 위턱은 매우 길다. 다리는 척절이 부절보다 훨씬 길고 적갈색이다. 첫째다리의 퇴절과 경절에 흑갈색의 점이 산재하며, 넷째다리 각 마디에 갈색 고리 무늬가 있다. 복부는 구형으로 볼록하며 회황색 바탕에 흑갈색 점무늬가 집결하여 잎새 모양 무늬를 이룬다. 복부면은 검은색으로 양옆면에 백색의 줄무늬가 있다. 침침한 바위 틈이나 벼랑 밑에 원형그물을 친다. 성숙기는 8~10월이다.

분포: 한국, 일본

알망거미과

Family Theridiosomatidae Simon, 1881

8개의 눈이 2열로 늘어서며 후안열이 약간 전곡하고 전중안만 검고 나머지는 모두 희다. 위턱에 옆혹이 없고 흉판의 뒤끝은 절단형이다. 다리에 강모는 있으나 가시털이 없다. 퇴절에 귀털이 없고 넷째다리 척절의 톱니털이 없다. 수염기관이 매우 크며 부배엽이 뚜렷이 존재하나 경절의 돌기는 없다. 암컷의 외부생식기도 비교적 크다. 둥근 그물을 치며 알주머니를 거미그물 끝에 매달아 놓는다.

알망거미속
Genus *Theridiosoma* O. P. -Cambridge, 1879

알망거미과와 같은 특징을 나타내며 우리나라에서는 1종이 기록되어 있다.

알망거미

Theridiosoma epeirodes Bösenberg et Strand, 1906

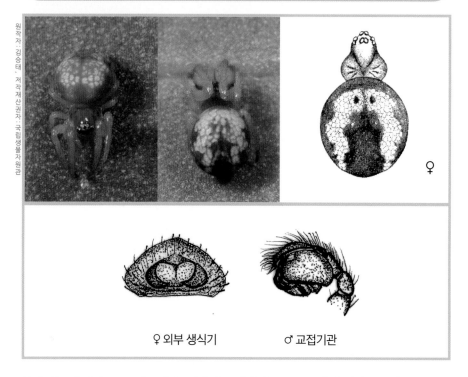

♀

♀ 외부 생식기　　　♂ 교접기관

몸길이는 암컷이 2mm 정도이다. 두흉부는 황갈색으로 두부가 융기하고 암갈색의 세로 무늬가 있다. 8눈이 2열로 늘어서며, 전안열은 곧고 후안열은 후곡한다. 가운데눈네모꼴은 앙옆이 펑행하고 세로가 니비보다 길다. 위딕은 황갈색으로 앞엄니두넝니는 삭고 3개이며, 뒷엄니두덩니는 없다. 아래턱은 황갈색이며 앞가장자리에 밝은 갈색 털다발이 있다. 흉판은 회갈색으로 가장자리에 검은 선두리가 있는 삼각형이며 뒤끝이 폭넓게 넷째다리 기절 사이로 돌입한다. 다리는 황갈색이며 첫째다리의 퇴절은 굵고 발톱은 3개이다. 복부는 구형으로 볼록하며 회황색 바탕에 은빛 비늘 무늬로 된 특이한 큰 등판 무늬가 있고 옆면은 갈색이다. 뚜렷한 사이젖이 있다. 산지성 거미로 나뭇가지 사이에 작은 원형 그물을 치며 알주머니를 거미그물 끝에 매달아 놓는다.

분포: 한국, 일본

깨알거미과

Family Mysmenidae Petrunkevitch, 1928

배갑은 황갈색으로 안역과 흉부 주변은 암갈색이다. 안역이 앞쪽으로 돌출되어 있다. 전안열은 전곡하고 후안열은 후곡한다. 다리는 담황갈색으로 각 마디 말단은 암색이다. 다리식은 1-2-4-3이다. 복부는 복부면에서는 구형이나 측면에서는 긴 난형이다. 수염기관은 크게 부풀어 있으며 삽입기는 특이하게 길고 꼬여 있다. 외부생식기의 저정낭은 작은 반점 모양이고, 현수체는 투명하고 주름지며 측면에서 볼 때 끝이 뾰족하고 굽어 있다.

깨알거미속
Genus *Microdipoena* Banks, 1895

깨알거미과의 특징과 같다.

깨알거미
Microdipoena jobi (Kraus, 1967)

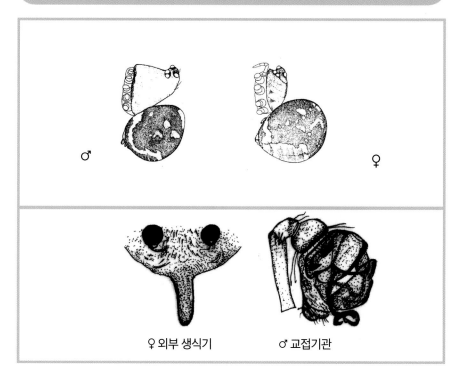

♂ 외부 생식기　　　♂ 교접기관

수컷: 배갑은 흐린 황갈색으로 안역과 흉부 가장자리는 암갈색이다. 두부가 높고 안역이 앞쪽으로 돌출하여 배갑은 세로보다 너비가 더 크다. 전안열은 전곡하고 후안열은 약간 후곡한다. 전중안은 그 지름의 2배가량 떨어져 있고 양측안은 서로 접해 있다. 이마는 수직이고 그 높이는 전중안의 7배가량이다. 위턱, 아래턱, 아랫입술은 밝은 갈색이며, 아랫입술은 폭이 길이보다 길고 흉판에 유착되어 있으며 앞쪽이 평대해 있다. 흉판은 길이가 더 길고 미부가 무딘 역삼각형이다. 중앙의 줄무늬는 밝은 갈색이고 양옆은 흑갈색이다. 다리는 담황갈색이고 각 마디 말단은 암색을 띤다. 다리식은 1-2-4-3이다. 복부는 측면에서는 긴 난형이지만 복부면에서는 구형이다. 흑갈색 바탕에 몇 개의 백색 반점과 여러 개의 반점이 산재해 있고 후반부에는 5~6개의 백색 가로 무늬가 있다. 수염기관은 크게 부풀어 있으며 삽입기는 특이하게 길고 꼬여 있다.

암컷: 수컷과 비슷하지만 두부 높이가 다소 낮은 편이며 첫째다리 퇴절에 단추 모양의 흑색 반점이 있다. 외부생식기의 저정낭은 작은 반점 모양이고 현수체는 투명하며 주름

져 있고 측면에서 볼 때 끝이 뾰족하고 굽어 있다.

분포: 한국, 일본

도토리거미과

Family Anapidae Simon, 1895

두흉부는 두부 쪽이 높이 융기하고 목홈이 뚜렷하다. 눈은 4~8개이고 이마가 매우 높으며 수직을 이룬다. 위턱에 옆혹이 없다. 아랫입술은 흉판에 유착되어 움직이지 못한다. 수염기관(또는 촉지)이 퇴화되는 경향이 있으며 심한 것은 완전히 소멸된 것도 있다. 암컷의 촉지에 갈고리가 없고, 수컷에는 부배엽이 없다. 다리에는 털다발이 없고, 부절이 척절보다 길며 발톱은 3개이다. 사이젖은 크고 뚜렷하나 없어진 것도 있다. 몸이 작고 복부는 구슬 모양으로 둥글다. 지면이나 나무 등의 이끼류 사이에 작은 그물을 친다. 어둡고 습기 많은 곳에 살고 동굴 속에서도 종종 발견된다. 한국에는 2속 2종이 있다.

갑옷도토리거미속
Genus *Comaroma* Bertkau, 1889

몸길이는 1.3mm로 매우 작은 거미류에 속한다. 전안열은 거의 인접하고 안역은 두부보다 훨씬 좁으며 양 안열은 곧다. 낙엽층에서 주로 서식한다.

갑옷도토리거미
Comaroma maculosa Oi, 1960

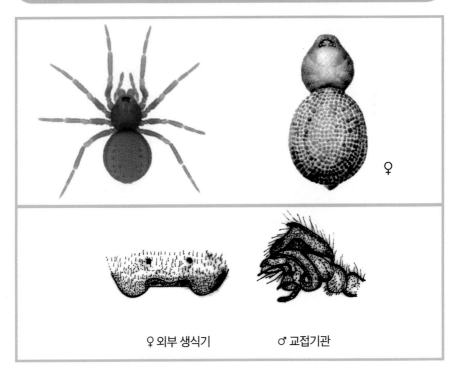

♀

♀ 외부 생식기   ♂ 교접기관

몸길이는 1.3mm로 매우 작은 거미류에 속한다. 전안열은 거의 인접하고 안역은 두부보다 훨씬 좁으며 양 안열은 곧다. 위턱은 크고 3~4개의 앞엄니두덩니가 나 있다. 흉판은 심장형이고 넷째다리 기절 사이에 끼인다. 복부에는 적갈색의 키틴질판이 암컷의 외부 생식기와 실젖 사이에 있다. 복부의 복부면에는 적갈색의 반점이 많이 존재한다. 낙엽층에서 주로 서식한다.

분포: 한국, 일본, 중국

도토리거미속
Genus *Conculus* Komatsu, 1940

눈은 8개이며 크기는 전중안이 가장 작다. 다리의 부절은 척절보다 약간 길다. 숨문은 위바깥홈과 실젖의 중간보다 약간 앞쪽에 위치한다. 실젖은 키틴질고리로 둘러싸여 있지 않다. 배자루의 둘레에는 키틴질 고리가 있다. 다리식은 1-2-3-4 또는 1-2-4-3이고 수컷의 첫째다리 퇴절에는 여러 개의 가시모양의 돌기를 가진다. 위턱 기부에 돌기가 있다. 흉판과 배갑은 키틴판으로 연결된다. 사이젖은 매우 작다.

도토리거미

Conculus lyugadinus Komatsu, 1940

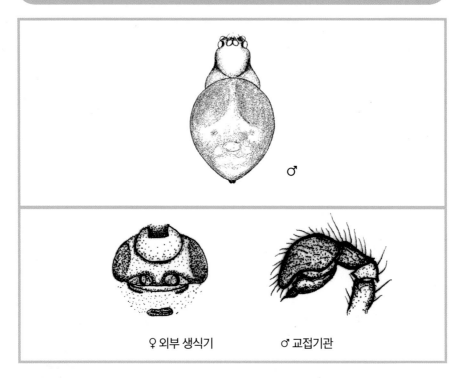

♀ 외부 생식기   ♂ 교접기관

땅바닥이나 나무 둥지의 이끼 무리에 작은 그물을 치고 살지만 종류에 따라서는 깔개 그물, 삼각 그물 등을 치는 경우도 있다. 가랑잎 아래처럼 어둡고 습기가 많은 곳에 살며, 동굴 속에서도 발견된다. 몸길이는 수컷이 2.2mm, 암컷이 2.48mm 정도이다. 암컷은 수컷에 비해 흉부 폭이 약간 넓고 길이는 비슷하다. 수컷은 배갑, 위턱, 흉판 및 아래턱이 암갈색이다. 배갑은 너비보다 세로가 길고 두부 부분이 매우 융기되어 있으며 그 표면은 거칠다. 두부는 검은 털이 드문드문 나 있으나 흉부에는 털이 없다. 목홈은 매우 현저하나 가운데홈과 방사홈은 없다. 전안열은 전곡하고 후안열은 후곡한다. 전중안은 검고 나머지 눈은 진주빛이 도는 백색이다. 이마는 수직이고 그 높이는 가운데눈네모꼴의 높이와 같다. 위턱은 튼튼하며 그 표면에 거칠고 검은 털이 드문드문 나 있다. 2개의 큰 앞엄니두덩니와 1개의 뒷엄니두덩니 및 기절 앞면 기부에 1개의 작은 돌기를 갖는다. 아래턱은 삼각형이다. 흉판은 배갑과 유착하고 각 다리의 기절 및 배자루가 연결되는 부분은 키틴질의 고리로 둘러 싸여 있다. 다리는 갈색이고 긴 털이 드문드문 나 있다. 복부는 구형을 이루고 등면은 회백색 내지 회갈색 바탕에 황백색 내지 황갈색의 무늬를 갖는다. 기관 숨문은 실젖보다는 위바깥홈에 가까이 위치하고 있다. 앞, 뒤실젖은 황갈색이고 각기 2마디로 되어 있으며 끝절은 기절보다 매우 짧다. 양 앞실젖은 서로 맞닿아 있다. 사이젖은 뚜렷하다.

분포: 한국, 일본, 중국

찾아보기

한글명 찾기

1085

학명으로 찾기

1099

1102

1103

* 이미지 및 그림 저작권

본 도감에 사용된 이미지들은 저작권자가 따로 표시되지 않은 것들은 모두 저자에게 공여되거나 저자가 직접 작업한 것들입니다. 그 외의 이미지들은 이미지 좌측에 원작자와 저작권자가 표시되어 있습니다.

한국거미도감

초판 1쇄 인쇄 2023년 04월 30일

지은이 김주필
편　집 강완구
펴낸이 강완구
펴낸곳 우물이있는집
디자인 S디자인

출판등록 | 2005년 7월 13일 제 2017-000293호

주　소 | 서울시 마포구 망원로 94, 2층 203호

전　화 | 02-332-9384　　　**팩　스** | 0303-0006-9384

이메일 | sunestbooks@yahoo.co.kr

ISBN | 979-11-90631-61-7 (96490)　　 값 98,000원

2023ⓒ 김주필

* 〈우물이있는집〉은 〈써네스트〉의 인문브랜드입니다.